Biographien von Pflanzensippen

Von

Dr. Rudolf Scharfetter
tit. o. Professor an der Universität Graz

Mit 80 Textabbildungen

Springer-Verlag Wien GmbH
1953

ISBN 978-3-662-24440-1 ISBN 978-3-662-26581-9 (eBook)
DOI 10.1007/978-3-662-26581-9

Ursprünglich erschienen bei Springer-Verlag in Vienna 1953.

Vorwort.

> Die Geschichte der Pflanzenwelt ist das großartigste, das höchste und letzte Ziel, das wir mit allen unseren botanischen Forschungen erstreben.
>
> A. v. KERNER, Pflanzenleben, 2. Bd., S. 4.

Der etwas sonderbar anmutende Titel dieses Buches wird sofort verständlich, wenn ich an die Biographien bedeutender Menschen erinnere. In der Regel wird zunächst unter Angabe ihrer Geburtsdaten von ihren Eltern und Vorfahren und dem Erbgut berichtet, das sie von diesen als körperliche und geistige Anlagen mitbekommen haben.

Jeder Mensch wird nun in eine bestimmte, zeitbedingte Umwelt hineingeboren; je nach seinen Anlagen setzt er sich mit dieser Umwelt auseinander; es *ist sein Schicksal*, ob er in Friedens- oder in Kriegszeiten geboren wurde, ob er Gelegenheit hat, seine Anlagen zu entfalten oder ob er sich gegen ein widriges Geschick durchsetzen muß. Mit der Umwelt, die sich im Laufe der Zeit ändert, wechseln die Geschicke des Einzelnen, die Ausbildung einzelner Anlagen wird durch die Gunst der Zeit gefördert, die Ausbildung anderer gehemmt: der Mensch bewährt sich oder er versagt in den verschiedenen Lebenslagen, in die ihn im Laufe der Zeit sein Schicksal versetzt. *Die Darstellung der Wechselfälle der Umwelt und das Verhalten des Menschen dazu bildet den Inhalt der „Geschichte" des Individuums.*

Die Biographien der Menschen erzählen also von ihrer *Erbwelt* (Genealogie) und ihren Beziehungen zur *Umwelt*, von ihren Schicksalen.

Übertragen wir diese Gedankengänge auf die Betrachtung der Pflanzen, so können wir einerseits ihre Erbwelt (systematische Gliederung der Sippe und ihrer Verwandtschaft, Phylogenie oder Stammesgeschichte, Genetik usw.), kurz ihre Genealogie erforschen, anderseits ihr Verhalten zur Umwelt (Verbreitung, Ökologie) im Laufe der geologischen Perioden, ihre Schicksale, ihre Geschichte im engeren Sinne zum Gegenstand der Betrachtung machen.

Auf jeden Fall können die Angaben, die zur Darstellung der Geschichte der Pflanzen benützt werden, nur von den Pflanzen selbst stammen, und unsere Aufgabe besteht darin, ihre Merkmale als Bruchstücke ihrer Selbstbiographie (Autobiographie) zu erfassen.

In jedem einzelnen Falle fragen wir: zeigt die Pflanze in ihrer Lebensform und Lebensweise Merkmale, die auf ihre Abkunft und ihre Geschichte schließen lassen? Begleitet uns diese Fragestellung auf einer botanischen Wanderung, so gewinnen viele Einzelheiten, an denen wir sonst achtlos vorübergehen, eine ungeahnte Bedeutung. Die Hainbuche (*Carpinus Betulus*) z. B. wirft ihr Laub im Herbst nicht ab; es bleibt vertrocknet den Winter über am Baum. Von Vorfahren, die tropische Gegenden bewohnten, abstammend, hat dieser Baum die Anpassung an das Klima der gemäßigten Zone noch nicht vollständig durchgeführt.

Aus Einzelbeobachtungen, die wir teils an fossilen Resten, teils an der lebenden Pflanze machen, erschließen wir die Geschichte der Arten.

Viele Merkmale, die heute als verkümmerte Organe erscheinen, können nur als Reste von Organen, die in der stammesgeschichtlichen Entwicklung, im Erbgang, voll ausgebildet waren, gedeutet werden (z. B. Reste von Samenanlagen bei der Roßkastanie, *Aesculus Hippocastanum*, beim Buschwindröschen, *Anemone nemorosa* u. a.); wir nennen sie Formatavismen.

Lebenserscheinungen, die heute bedeutungslos erscheinen, wie das oben erwähnte Festhalten des Laubes bei der Hainbuche, den Johannistrieb usw. deuten wir als Erinnerungen an Lebensvorgänge, die ehemals unter anderen Lebensbedingungen zur Ausbildung kamen und bezeichnen sie als Phänatavismen.

Das Buch besteht aus zwei Teilen. Im ersten Teil sind einzelne Pflanzensippen abgehandelt. Bei der Ausarbeitung ergab sich, daß gewisse Grundprobleme sich immer wiederholen und daß es zweckmäßig war, diese im Zusammenhang zu erörtern, um dadurch häufige Wiederholungen zu vermeiden. So entstand der zweite der „Allgemeine Teil". Er hätte sich leicht zu einer

„Entwicklungsgeschichte der Flora Mitteleuropas" ausbauen lassen. Dann wäre der erste Teil sozusagen eine Beispielsammlung zum zweiten Teil geworden. Das wollte ich vermeiden: im Mittelpunkt der Betrachtung soll die Einzelpflanze bleiben. Diese steht mir konkret in der Natur gegenüber. Entwicklungsgeschichten der mitteleuropäischen Flora gibt es bereits (ENGLER, BERTSCH, A. SCHULZ, WALTER u. a.).

Das Neuartige an meinem Buche soll sein, daß die Pflanze gewissermaßen zu uns spricht, daß sie selbst durch ihre Merkmale ihre Geschichte erzählt. Ich sehe in der Einzelpflanze ein Glied des großartigen Entfaltungsprozesses des pflanzlichen Lebens; es gilt, in der Einzelpflanze die Spuren dieses Entfaltungsprozesses aufzufinden.

Bleiben wir bei dem Vergleiche mit einer Beispielsammlung. Auch ein guter Mathematiker kann bei der Lösung einer speziellen Aufgabe im Zweifel sein, welchen Lehrsatz der Mathematik er zur Lösung heranziehen soll. Darum gibt es Anleitungen zur Lösung der Aufgaben. Ähnlich soll der Botaniker bei der Betrachtung der Einzelpflanze Hinweise erhalten, welche Probleme allgemeiner Natur im Einzelfalle herangezogen werden sollen und müssen. Erst bei der Lösung spezieller Aufgaben gewinnen die mathematischen Lehrsätze Leben und Bedeutung. Auch die Entwicklungsgeschichte der Pflanzen gewinnt erst Leben und Bedeutung bei Betrachtung der Einzelpflanze.

Die Sippe (Art, Gattung) ist Ausgangspunkt und Mittelpunkt der Betrachtung; es gilt, sie als Ganzheit zu erfassen. Wertvolle Beobachtungen, die, als Musterbeispiele in Abhandlungen weit zerstreut, der Erörterung allgemeiner Probleme der Morphologie, der Verbreitung, der Photoperiodizität, des Johannistriebes usw. dienen, sollen im Brennpunkt der Sippe vereinigt dazu helfen, tiefer in ihr Wesen einzudringen. Darum habe ich bei einzelnen Gattungen und Arten an Stelle einer Zusammenfassung eine „Anleitung zur geschichtlichen Betrachtung" — kurz als „Anleitung" bezeichnet — eingefügt.

Aus demselben Grunde bin ich von der üblichen Voranstellung des allgemeinen Teiles abgewichen. Er soll ja nur dazu dienen, den Leser aufmerksam zu machen, wieweit einzelne Probleme für die Geschichte der Sippe herangezogen werden können.

Dieses Buch zu schreiben war ein Wagnis, denn niemand kann heute die vielen Teilgebiete der Botanik — Morphologie, Systematik, Phylogenie, Ökologie, Physiologie, Geobotanik usw., dazu Paläogeographie, Klimatologie, Paläoklimatologie, Geologie, Bodenkunde usw. — auch nur annähernd beherrschen, niemand kann die zahllosen Einzelbeobachtungen, die ganze Forschergenerationen in der Literatur niedergelegt haben und die doch alle in ihrem Zusammenhalt von größter Bedeutung für die Geschichte der einzelnen Art sein können, auch nur mit einiger Vollständigkeit sammeln. Man muß sich an den Satz erinnern, den J. SACHS in seiner Geschichte der Botanik (1875 S. IX) schreibt: „Die Aufgabe eines Geschichtsschreibers der Botanik ist eine sehr schwierige, da es vielfach nur mit vieler Mühe gelingt den roten Faden des wissenschaftlichen Gedankens aus einem unglaublichen Wust empirischen Materials herauszufinden. Es war von jeher das hauptsächliche Hindernis eines raschen Fortschrittes der Botanik, daß die Mehrzahl der Schriftsteller Tatsachen einfach zusammentrugen, ohne ihre theoretische Verwertung genügend durchzuführen oder auch nur zu versuchen.“

Mit der Bebilderung beabsichtige ich, den Text vieler Seiten in einprägsamen Skizzen zusammenzufassen. Dies gilt vor allem für die Entwicklungsschemata. Die Vorlagen für alle Bilder und Karten wurden neu gezeichnet, weil die Beschaffung von Klischees aus anderen Büchern derzeit sehr erschwert, wenn nicht unmöglich ist; doch habe ich mich bemüht, Autor und Werk, dem die Grundlagen entnommen sind, gewissenhaft anzugeben. Herrn F. SCHREYER, der die Zeichnungen nach meinen Angaben und Entwürfen mit großer Geschicklichkeit und Geduld ausgeführt hat, danke ich herzlich für seine Mühe.

Mein Dank gebührt vor allem den Vorständen der Grazer botanischen Universitätsinstitute, die mir ihre Hilfsmittel bereitwilligst zur Verfügung stellten, den Herren Prof. Dr. F. J. WIDDER und Prof. Dr. FRIEDL WEBER und ihren Assistenten Prof. Dr. O. HÄRTEL, Doz. Dr. W. RÖSSLER, Frau Dozent Dr. A. BUSCHMANN, dem Direktor des Botanischen Institutes und Gartens der Universität Wien, Herrn Prof. Dr. L. GEITLER, ferner Herrn Prof. Dr. R. BIEBL (Wien) für ihre Hilfe bei Beschaffung von Literatur und viele wertvolle Ratschläge. Herrn Prof. K. KOEGELER (Graz) verdanke ich die Mitteilung von bisher unveröffentlichten Ergebnissen seiner langjährigen *Campanula*-Studien.

Zu allergrößtem Dank aber bin ich Herrn Prof. Dr. E. JANCHEN (Wien) verpflichtet, der sich in kollegialer Freundschaft der mühevollen Aufgabe unterzog, die Korrekturbogen mitzulesen, vor allem die Nomenklatur der Arten einer gründlichen Revision zu unterziehen und Bemerkungen anzufügen, die zu einem anregenden Briefwechsel führten.

Am Schlusse, aber nicht zuletzt, danke ich dem SPRINGER-Verlag, Wien, der das Erscheinen des Buches trotz der Schwierigkeiten der Zeit ermöglichte und mit großer Sorgfalt durchführte.

Graz, im April 1953.

R. SCHARFETTER.

Inhaltsverzeichnis.

Die Geschichte einzelner Sippen.

Allgemeiner Teil.

Die Geschichte einzelner Sippen.

I. *Coniferae.* — Nadelhölzer.

Über die Nadelhölzer existiert eine ganze Bibliothek von Büchern und Zeitschriftenaufsätzen. Je mehr ich sie zu Rate zog, umso schwieriger wurde die Aufgabe, die Ergebnisse morphologischer, systematischer, phylogenetischer, paläontologischer und ökologischer Studien zu einer einheitlichen übersichtlichen Darstellung des Entwicklungsganges zusammenzufassen.

Zwei Angaben erschweren vor allem das richtige Verständnis unserer Nadelhölzer: 1. ihre weite Verbreitung in der nördlich gemäßigten Zone, die sie für diese Zone, die ja geradezu als Zone der Nadelhölzer abgetrennt wird, als charakteristische Gewächse erscheinen lassen und 2. die Auffassung des Nadelblattes als xeromorphe Anpassung an die austrocknenden Winde bei mangelndem Wasserbezug aus dem gefrorenen Boden. Beide Angaben, die man in allen botanischen Werken findet, sind an sich richtig — finden aber im Lichte des Entwicklungsganges dieser Pflanzengruppe eine ganz andere Deutung.

1. Die Nadelhölzer sind, wie uns fossile Funde lehren, in der heutigen nördlich gemäßigten Zone entstanden — aber zur Zeit ihrer Entstehung in der ausgehenden Karbonzeit lag diese Zone infolge einer anderen Pollage (S. 433) in der Tropenzone. Die Koniferen sind daher in der Tropenzone entstanden. Dieser Zone entspricht auch die Lebensform des immergrünen Baumes (S. 448), die in einem Klima, das keine Unterbrechung der Vegetationszeit kennt, zur Ausbildung gekommen ist. Als später diese ursprünglich tropischen Gebiete durch Polverlagerung in die gemäßigte Zone zu liegen kamen, erwies sich die Lebensform der Nadelhölzer zur Einfügung in die neuen Klimaverhältnisse geeignet. Die Nadelhölzer hatten

dort wenig Konkurrenten und konnten sich, den Nadelwaldgürtel bildend, über weite Strecken ausbreiten.

2. Ebenso wie die Lebensform des immergrünen Baumes ist auch das Nadelblatt keine Anpassung an das nördlich-gemäßigte Klima, sondern ein übernommenes und fest fixiertes Organisationsmerkmal.

Tatsache ist, daß das Nadelblatt xeromorph gebaut ist, d. h. Anpassungen zur Verminderung der Transpiration (Wasserabgabe) zeigt: geringe Blattoberfläche, verdickte Cuticula, eingesenkte Spaltöffnungen u. a. Trotzdem sind die Koniferen keine Xerophyten, d. h. Pflanzen, die Trockenklimate bewohnen.

Das zeigt vor allem ihre Verbreitung. Kontinentale Gebiete werden gemieden, wie aus der Verbreitungskarte der Gattung *Pinus* hervorgeht (Abb. 5). Die meisten einheimischen Nadelhölzer stellen große Ansprüche an Feuchtigkeit. Selbst die Kiefer, *Pinus silvestris*, die im allgemeinen trockenen Boden bevorzugt, kann noch auf sehr feuchtem Boden wachsen (K., L., Sch. 1904, S. 176). Es gibt geradezu xeromorphe Hygrophyten, d. h. feuchte Orte bewohnende Pflanzen mit Verdungstungsschutzeinrichtungen, z. B. *Carex*-(Seggen-)Arten, *Ericaceae* (Besenheide). Wollgräser (*Eriophorum*-Arten).

Diesen Widerspruch hat SCHIMPER (1908, S. 4) damit zu erklären versucht, daß er von physiologischer Trockenheit des Bodens sprach, aus dem die Pflanzen wegen des Humussäuregehaltes oder wegen der Kälte des Bodens Wasser schwer entnehmen können.

Heute wissen wir durch die Untersuchungen FARMERS, Bruno HUBERS (1924), STEFANOFFS (1930), daß die Xeromorphie dieser Pflanzen nicht auf erschwerter Wasseraufnahme, sondern auf erschwerter Wasserleitung beruht. Nach B. HUBER (1924, S. 29) fällt bei den sommergrünen Laubhölzern die strenge Proportionalität der Ausbildung des Leitungssystems zum Wasserverbrauch auf, die trotz starker Unterschiede in diesem das Verhältnis T : L nahezu konstant erscheinen läßt. (T = stündlicher Wasserverbrauch, L = Leitfläche der Versuchszweige.) Die Verhältniszahl T : L gibt die Wassermenge (in Kubikzentimeter) an, die in der Stunde 1 cm^2 Leitfläche durchsetzt. HUBER erhält für die

Birke 22,3 cm^3/cm^2: durch 1 cm^2 Leitfläche geht in 1 Stunde 22,3 cm^3 Wasser

Fichte 4,8 cm^3/cm^2: durch 1 cm^2 Leitfläche geht in 1 Stunde 4,8 cm^3 Wasser

Wir sehen bei den Laubhölzern dieses Verhältnis zwischen 20,3 und 23,4 cm^3/cm^2 schwanken, während bei Nadelhölzern und immergrünen Laubhölzern die Leitfähigkeit des Holzes (engere oder keine Gefäße) wesentlich geringer ist. Die geringere Strömungsgeschwindigkeit liegt also im Widerstand der Leitungsbahnen, die bei den phylogenetisch primitiveren Koniferen noch keine Gefäße besitzen. Die Xeromorphie der Nadelblätter ist daher ein anatomisches, oder wie STEFANOFF (1930, S. 94) sagt, in der Architektur der Koniferen verankertes Organisations- und kein Anpassungsmerkmal. Dieses Organisationsmerkmal erwies sich als wertvoll, als die Koniferen aus einem Tropenklima durch Polverlagerung in ein gemäßigtes Klima versetzt wurden. Die Nadel der Koniferen ist kein reduziertes Laubblatt, sondern eine primäre Bildung.

3. Verlängerung der Vegetationszeit. Mit dieser Abkunft aus den Tropen hängt eine phänologische Erscheinung zusammen. Die Vegetationsperiode ist in der gem. Zone offenbar zu kurz, um die Entwicklung der Samen von der Blüte bis zur Samenreife durchzuführen. Den Koniferen stand in ihrer tropischen Heimat eine lange, nicht durch jährliche Klimaschwankungen gestörte Vegetationszeit zur Verfügung. Die kurze jährliche Vegetationszeit der gem. Zone wird dadurch verlängert, daß entweder die Blüten bereits in der vorhergehenden Vegetationsperiode angelegt und ± entwickelt werden oder die Samen in der folgenden Periode erst zur Reife kommen oder beides zugleich (***Juniperus***). Ich deute also diese Vegetationsrhythmik als Hilfsmittel, die erbgewohnte längere Reifungsperiode wiederherzustellen.

4. Auch die Ausbildung von zweierlei Trieben, von Kurztrieben im Frühjahr und von Langtrieben im Sommer kann man als ausgelöst durch die wechselnden klimatischen Bedingungen in der gemäßigten Zone betrachten. Das ist umso auffallender als eine Gruppe unserer einheimischen Koniferen nur eine Art von Trieben, Langtriebe, ausbildet (Fichte, Tanne, Eibe), während eine zweite Gruppe (Kiefer, Lärche) Kurz- und Langtriebe bildet. Die Ausbildung von Kurztrieben ist bei den Koniferen zweimal, unabhängig von einander, in zwei verschiedenen Sippen, den *Lariceae* bei *Larix* und den *Pineae* bei *Pinus* zu verschiedenen Zeiten, und zwar bei der Kiefer schon in der Kreidezeit, bei der Lärche vielleicht erst im Tertiär erfolgt. Bei der Kiefer ist die Kurztriebbildung eine alte, organisatorisch tief verankerte Bildung, bei der Lärche

eine jüngere, noch nicht so fest verankerte Bildung, denn ihr Kurztrieb kann noch zu einem Langtrieb auswachsen. Bei der Kiefer ist die Arbeitsteilung schon weiter vorgeschritten, denn nur ihre proleptischen Kurztriebe tragen die assimilierenden Blätter, während bei der Lärche sowohl die Lang- als die Kurztriebe assimilierende Blätter besitzen. Fichte und Tanne haben nach dieser Auffassung ihre einem gleichmäßigen tropischen Klima entsprechende Lebensform bewahrt, die phylogenetisch jüngeren Kiefer und Lärche haben dem gemäßigten Klima entsprechende Triebformen entwickelt.

5. Blattdimorphismus (Heterophyllie). Einen bedeutungsvollen Hinweis auf die Entwicklungsgeschichte der einzelnen Koniferen-Arten gibt die Ausbildung der Blätter. In ihrer verschiedenen Ausbildung in der Jugend und in der Folgezeit erblicken wir Reste und Zeugen des ehemaligen Entwicklungsganges der Arten (Biogenetisches Grundgesetz). Es ist die besondere Aufgabe dieses Buches, solche Reste (Form- und Phänatavismen) an der heute lebenden Pflanze aufzusuchen.

Bei der ontogenetischen Entwicklung vieler Koniferen beobachtet man nämlich, daß nach den Keimblättern zunächst Jugendblätter von besonderer Form und Stellung, meist als Einzelblätter in schraubiger Anordnung, ausgebildet werden, denen später Blätter in der Reifeform, z. B. an Kurztrieben (*Larix*) zu 5—8—∞ gebüschelt folgen. Der Baumschulgärtner sagt: die Pflanze charakterisiert sich oft erst im dritten Jahre. (Kiefer S. 26.) Besonders deutlich ist diese Erscheinung in der Gattung *Pinus* und bei den *Cupressaceae (Juniperus, Thuja)* zu sehen und zwar bei der Unterfamilie der *Juniperoideae*, Gattung *Juniperus*, wo die Untergattung *Oxycedrus* mit *Juniperus communis* (Wacholder) nadelförmige Blätter, die Untergattung *Sabina* mit *Juniperus Sabina* (Sevenstrauch) nadelförmige Jugendblätter und schuppenförmige Folgeblätter hat.

6. Monopodiale Verzweigung ist für tropische Gewächse charakteristisch. Die Hauptachse schließt mit einer Endknospe, die sich nach kürzerer oder längerer Ruhe mit einem neuen Trieb fortsetzt. Die Zeit der Bildung des neuen Triebes wird im tropischen Klima durch Eigenrhythmik (innere Rhythmik), im gemäßigten Klima mit Jahreszeitrhythmik (Winter) durch die Jahreszeit geregelt (Jahrestrieb, meist Frühlingstrieb). Im gemäßigten Klima stirbt die Endknospe der Hauptachse häufig ab und die Fortsetzung erfolgt durch eine ältere, d. i. widerstandsfähigere Seitenknospe (Sympodium).

Die Koniferen zeigen (wenigstens in der Jugend) durchwegs monopodiale Verzweigung.

7. Prolepsis. In der gem. Zone ist der Jahrestrieb gewöhnlich unverzweigt. Die Seitenknospen müssen zum Austreiben der Seitenzweige in der Regel bis zum nächsten Frühjahr warten. In der Tropenzone erfolgt der Austrieb der Seitenknospen noch in derselben Vegetationsperiode während des Weiterwachsens des Haupttriebes (Syllepsis). Wenn nun ausnahmsweise bei Bäumen der gemäßigten Zone schon im ersten Jahr die Seitenknospen auswachsen, der Trieb sich also verzweigt, so spricht man von Prolepsis, die nichts anderes als ein Rückschlag (Phänatavismus) in tropische Wachstumsweise ist. Kiefer und Lärche machen von April bis Oktober ununterbrochen sylleptische Triebe.

8. Befruchtungsverzögerung. Bei vielen Koniferen erfolgt die Befruchtung erst lange nach der Bestäubung; bei *Pinus* z. B. wächst der Pollenschlauch im Jahre der Bestäubung nur wenig in die Samenanlage hinab. Darauf steht sein Wachstum still und erst in der Mitte des nächsten Jahres findet die Befruchtung statt. Deutung dieser Erscheinung S. 35.

9. Getrenntgeschlechtlichkeit. Die Blüten sind getrennten Geschlechtes, vorherrschend einhäusig; bei einzelnen Gattungen auch zweihäusig. Es handelt sich hier um eine ursprüngliche Verschiedenheit der Geschlechter.

A. Phylogenie (Stammesgeschichte) der Koniferen. Bevor wir uns mit der Phylogenie der Sippen (Sippenphylogenetik, W. ZIMMERMANN 1930) beschäftigen, wollen wir das phylogenetische Alter der einzelnen Merkmale (Merkmalsphylogenetik) betrachten. JANCHEN (1949, S. 208) hat die ursprünglichen Merkmale der Koniferen sehr übersichtlich den abgeleiteten gegenübergestellt. Wir entnehmen daraus die morphologischen Merkmale der mitteleuropäischen Sippen und ergänzen sie durch phänologische Merkmale.

Ursprüngliche Merkmale.	Abgeleitete Merkmale.
1. Kein Holzzapfen, sondern ein Fleischzapfen oder ein Lederzapfen oder gar kein Zapfen: die *Taxales* und die *Cupressaceae-Juniperoideae*. In Mitteleuropa *Taxus* und *Juniperus*.	1. Holzzapfen, die *Pinales* mit Ausnahme der *Cupressaceae-Juniperoideae*. Alle mitteleuropäischen Koniferen mit Ausnahme von *Taxus* (Eibe) und *Juniperus* (Wacholder).

2. Samenwulst fehlend oder undifferenziert.	2. Samenwulst deutlich entwickelt, alle *Taxaceae* und alle *Abietaceae.*
3. Der Samenwulst erzeugt eine Samenhülle. *Taxaceae* (*Taxus*, Eibe).	3. Der Samenwulst erzeugte eine Samenschuppe: *Cupressaceae* (*Juniperus*), alle *Abietaceae.*
4. Samenschuppen fleischig, mit einander verwachsen. *Juniperus* mit *Sabina.*	4. Samenschuppen trocken, holzig. *Cupressaceae* außer *Juniperus*, alle *Abietaceae.*
5. Tragschuppe und Samenschuppe nur am Ende gesondert: *Cupressaceae.*	5. Beide Schuppen fast vollständig gesondert, Samenschuppe stärker als die Tragschuppe entwickelt: alle *Abietaceae.*
6. Tragschuppe länger als die Samenschuppe. *Abies* teilweise, *Larix* teilweise.	6. Samenschuppe länger als die Tragschuppe. *Abies* z. T., *Picea*, *Larix* z. T., *Pinus.*
7. Samenanlage aufrecht: *Taxaceae*, *Cupressaceae.*	7. Samenanlage umgewendet: *Abietaceae.*
8. Häufig mehr als zwei Pollensäcke an einem Pollenblatt. *Taxaceae* 4—8, *Cupressaceae* 2—7.	8. Stets nur zwei Pollensäcke: *Abietaceae.*
9. Pollenkörner ohne Luftsäcke. Bei *Larix* ist das Fehlen der Luftsäcke eine sekundäre Rückbildung.	9. Pollenkörner mit Luftsäcken, die meisten *Abietaceae: Abies*, *Picea*, *Pinus.*
10. Blätter flach-nadelförmig. *Taxaceae*, die meisten *Abietaceae*, *Juniperus* subgen. *Oxycedrus.* Jugendblätter der meisten *Cypressaceae-Cupressoideae* und von *Juniperus* subgen. *Sabina.*	10. Blätter schuppenförmig, Folgeblätter aller *Cupressaceae-Cupressoideae* und von *Juniperus* subgen. *Sabina.*
11. Kurztriebe (vegetative Laubsprosse) fehlen der überwiegenden Mehrzahl der Koniferen.	11. Kurztriebe sind vorhanden: *Lariceae* (*Cedrus*, *Larix*), *Pinus.*
12. Kurztriebe mit zahlreichen Nadeln: *Lariceae.* Die Kurztriebe entwickeln sich an einem Langtrieb des Vorjahres.	12. Kurztriebe mit wenigen freien Nadeln, Reduktion ihrer Zahl: *Pinus.* Die Kurztriebe entwickeln sich bereits im selben Jahre wie der Langtrieb, der sie trägt.
13. Keimblätter 2. Die meisten *Cupressaceae*, auch *Juniperus* teilweise.	13. Keimblätter in größerer Zahl. 2—6 *Juniperus.* 4—8 *Larix.* 5—8 *Abies.* 3—11 *Picea.* 5—18 *Pinus.*

14. Monopodiale Verzweigung.	14. Sympodiale Verzweigung.
15. Verzweigter Jahrestrieb (Syllepsis).	15. Unverzweigter Jahrestrieb. Syllepsis als Rückschlag.
16. Nadeln überwinternd.	16. Jährlich abfallende Nadeln: *Larix.*

Auf Grund dieser phylogenetischen Bewertung der einzelnen Merkmale entwirft E. JANCHEN (1949, S. 213) folgende:

Natürliche Gliederung der Nadelhölzer.

I. Ordnung. *Taxales.* Keine Holzzapfen, meist überhaupt keine Zapfen. Dagegen fleischige Bildungen um die Samen oder unter denselben, die entweder aus der Außenschicht des Integumentes (bzw. der Samenschale) oder aus dem Samenwulst oder aus Achsen- und Blattgebilden unterhalb der Blüte hervorgehen.

1. Familie *Cephalotaxaceae.* Eine Gattung.
2. Familie *Taxaceae.* Fünf Gattungen.
   a) Tribus *Torreyeae*, Samenhülle den Samen völlig einhüllend.
   b) Tribus *Taxeae*, Samenhülle den Samen an der Spitze freilassend: *Taxus.*
3. Familie *Podocarpaceae.* Sieben Gattungen.

II. Ordnung. *Pinales.* Meistens Holzzapfen, nur selten fleischige Samenstände, d. i. Fleischzapfen, u. zw. Beerenzapfen oder Steinzapfen, die durch Fleischigwerden und Verschmelzen aller Samenwülste eines Blütenstandes hervorgehen.

4. Familie *Cupressaceae.* 18 Gattungen. Fleischzapfen oder häufiger Holzzapfen.
   4 A. Unterfamilie *Juniperoideae*, Fleischzapfen.
      a) Tribus *Junipereae*, Fleischzapfen oder Beerenzapfen.
      Juniperus. Untergattung *Oxycedrus* mit *Juniperus communis*, Wacholder. Untergattung *Sabina* mit *Juniperus Sabina.*
   4 B. Unterfamilie *Cupressoideae.* Holzzapfen, Blätter schuppenförmig.
5. Familie *Taxodiaceae.* Zehn Gattungen, stets Holzzapfen.
6. Familie *Araucariaceae.* Zwei Gattungen, stets Holzzapfen.
7. Familie *Abietaceae* (= *Pinaceae*). Neun Gattungen. Stets Holzzapfen. Weiblicher Blütenstand aus schraubig angeordneten Blüten aufgebaut. Der Samenwulst entwickelt sich zu einer ver-

holzenden Samenschuppe, die von der schmäleren Tragschuppe fast ganz frei ist. Zwei Samenanlagen. Pollenkörner mit zwei Luftsäcken.

a) Tribus *Abieteae.* Keine Kurztriebe: *Abies,* Tanne, *Picea,* Fichte.

b) Tribus *Lariceae.* Lang- und Kurztriebe. *Cedrus, Larix,* Lärche. Langtriebe mit Nadelblättern. Kurztriebe mehrere Jahre weiterwachsend, mit zahlreichen Nadeln (Nadelbüschel).

c) Tribus *Pineae.* Lang- und Kurztriebe. Langtriebe nur mit häutig-schuppigen Niederblättern. Kurztriebe schließen schon im ersten Jahre ihre Entwicklung ab und tragen nur wenige, meist 2—5 (1—8) Nadeln. *Pinus,* Kiefer.

Wir halten dieses System der Koniferen nach den Angaben JANCHENS in einer Verwandtschaftsskizze der Familie (Abb. 1) und einiger Gattungen (Abb. 2) fest.

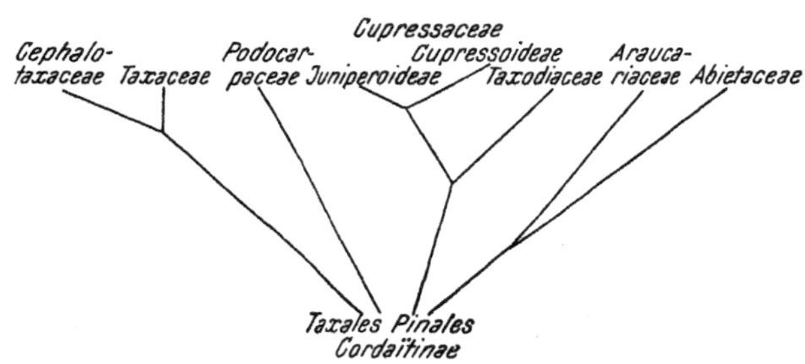

Abb. 1. Stammesgeschichtlicher Zusammenhang der Koniferen-Familien. Nach einer Arbeit von E. Janchen, 1949.

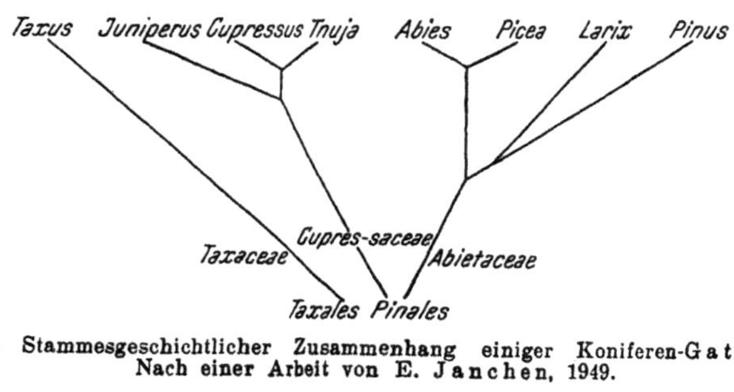

Abb. 2. Stammesgeschichtlicher Zusammenhang einiger Koniferen-Gattungen. Nach einer Arbeit von E. Janchen, 1949.

B. Die Geschichte der Koniferen. Dieses System ist nun mit Hilfe der Verbreitung der einzelnen Sippen zu überprüfen. Schon durch die Verbreitungsstatistik lassen sich einige für die Entwicklungsgeschichte der K. wichtige Tatsachen feststellen. Die Koniferen umfassen nach E. JANCHEN, dem ich brieflich (1951) die folgenden Zahlen verdanke, 52 Gattungen mit etwas über 600 Arten. Auf Zahlangaben ist kein allzu großer Wert zu legen, denn diese ändern sich nach dem Stande der Forschung und der Auffassung der Sippenbegriffe. Daher setzen wir hinter die Sippenzahl auch die Jahreszahl, die angibt, wann die Zählung erfolgte, z. B. STUDT zählte 46 Gattungen (1926).

Die Verteilung der Gattungen auf die sieben Familien ist bei der „Natürlichen Gliederung der Koniferen" angegeben. Die in Mitteleuropa vorkommenden Gattungen zählen:

Taxus: 6 Arten.

Juniperus: rund 80 Arten. Untergattung *Oxycedrus* wenig über zehn Arten. Untergattung *Sabina* etwa 70 Arten.

	Am.	Eur. Afr. WAs.	OAs.
Abies: über 50 Arten (1949)			
Sekt. *Marginalis* PATSCHKE	8	10	10
Sekt. *Centrales* PATSCHKE	4	—	13
	12	10	**23**
Picea: 48 Arten (1940)			
Sekt. *Eupicea* WILLK.	7	1	30
Sekt. *Omorika* WILLK.	2	1	7
	9	2	**37**
Larix: 11—15 Arten (1940)			
Sekt. *Multiseriales* PATSCHKE	2	—	3
Sekt. *Pauciseriales* PATSCHKE	1	1—3	4—6
	3	1—3	**7—9**
Pinus: über 100 Arten (1940)	**55**	10	**30**

Die Statistik erlaubt zwar im allgemeinen nur recht unzuverlässige Schlüsse auf die Entwicklungsgeschichte der Pflanzen. In unserem Falle aber zeigt sie eindeutig und sehr klar eine auffallende Lücke in der Artenzahl sämtlicher in Mitteleuropa vorkommender Gattungen an. Diese Lücke ist zweifellos auf die Wirkung der Eiszeit zurückzuführen.

Auf die Eiszeit geht auch die Zusammendrängung der K.-Arten auf vier Massenzentren zurück. Diese liegen südlich der Grenze der großen nordischen Vereisung und in Meeresnähe. Wir können in Nordamerika ein pazifisches und atlantisches, in Südeuropa ein mediterranes und endlich ein ostasiatisches Massenzentrum unterscheiden. Diese Zentren sind zugleich Zentren der Erhaltung und auch der Neubildung von Arten, endlich auch die Ausgangspunkte für die nacheiszeitliche Wiederbesiedlung der ehemals vergletscherten Gebiete im Norden der Kontinente. Im Mittelmeergebiet haben sich *Tetraclinis articulata* (= *Callitris quadrivalvis*) und *Picea Omorika* als alte Relikte der Tertiärzeit erhalten, zahlreiche *Abies*-Arten haben sich dort ausgegliedert, endlich sind *Taxus, Abies, Juniperus* postglazial von dort nach Norden vorgedrungen.

Besonders auffällig ist, daß jedes dieser vier Gebiete seine besonderen Arten besitzt, die auf das Gebiet beschränkt sind. Nur *Juniperus communis, Pinus silvestris* und *P. Cembra* machen eine Ausnahme von dieser Regel. Die mitteleuropäischen K. finden entweder in Ostasien (Zirbe, Lärche, Fichte) oder im Mittelmeergebiet ihren verwandtschaftlichen Anschluß.

Auf Grund der Statistik und unter Berücksichtigung der fossilen Reste kommt STUDT (1926, S. 212) zum Ergebnis, daß die Koniferen in der heutigen(!) nördlich-gemäßigten Zone entstanden sind und von hier aus nach Norden und Süden ausgestrahlt sind. Zur Zeit ihrer Entstehung hatte aber die heutige nördlich gemäßigte Zone ein Tropenklima. Die Koniferen sind daher ihrer Herkunft nach tropische Pflanzen.

Geschichte der Arealgestaltung. In der Geschichte der Ausbreitung der Nadelhölzer können wir drei Ausbreitungsphasen unterscheiden:

1. Vom Oberkarbon bis zur Trias treten die ersten Vorläufer der Koniferen hauptsächlich in der heutigen (!) nördlich gemäßigten Zone von Eurasien und Nordamerika auf. „Europa rückte damals (im Zechstein = Oberperm) aus dem bisherigen äquatorialen Regengebiet in ein Trockengebiet, wie aus den gleichzeitigen Salzablagerungen hervorgeht“ (WEGENER 1924, S. 47) (Abb. 76). „Alle großen Züge der Entwicklung der Organismen haben ihre äußeren Ursachen und hängen mit bestimmten allgemeinen Änderungen unseres Erdkörpers zusammen“ sagt H. SIMROTH, Die Entstehung der Landtiere, S. 410.

2. Im Mesozoikum (Trias, Jura, Kreide) erreichen die meisten Koniferen-Gattungen eine weltweite Verbreitung. Gegen Ende des Mesozoikums bildet sich deutlich eine nördliche

Gruppe (*Taxaceae* und *Cupressaceae*) und eine südliche Gruppe (*Araucariaceae, Podocarpaceae*) aus.

In diesen beiden Phasen zeigt sich eine viel einheitlichere Zusammensetzung der Flora als in der folgenden dritten Phase. Die Übereinstimmung der Floren in weit voneinander entfernten Gebieten, wie etwa England, Transbaikalien, Antarktis geht bis auf die Arten hinab.

An Stelle der heutigen Koniferenarmut in Europa finden wir in dieser Periode einen Reichtum an Koniferen, der denjenigen Nordamerikas noch übertrifft.

3. Die Eiszeit mit ihren ausmerzenden Wirkungen hat den europäischen Koniferenreichtum vernichtet, während er sich in Nordamerika und Ostasien infolge besonderer Bedingungen fast ungeschmälert erhalten konnte. Nach Abschluß der Eiszeit haben sich in den letztgenannten Gebieten manche neue Formen entwickelt.

Während also die Flora in der ersten und zweiten Phase viele weltweit verbreitete Formen aufweist und überhaupt eine viel einheitlichere Zusammensetzung erkennen läßt, macht sich in der dritten Phase eine deutliche Differenzierung bemerkbar, besonders gekennzeichnet durch die Koniferenarmut Europas im Gegensatz zu Nordamerika und Ostasien.

Die Wiederbesiedlung Mitteleuropas durch Koniferen fand in verschiedenen Zeitabschnitten der Nacheiszeit statt: bereits in der Späteiszeit breiteten sich *Pinus silvestris, P. montana, P. Cembra* und *Larix decidua* aus; *Picea excelsa* erreichte in der frühen Wärmezeit ihre größte Verbreitung, während *Abies* und *Taxus* in der Nachwärmezeit einwanderten (Firbas, 1949).

1. *Taxus* L. — Eibe.

Die Gattung *Taxus* ist in acht schwer voneinander zu unterscheidenden Arten in der nördlich-gemäßigten Zone der Alten und Neuen Welt heimisch. Das Gesamtgebiet der Eibe gliedert sich in mehrere Gebiete, die alle südlich der Eislinie liegen. In jedem dieser Teilgebiete (Abb. 3) hat sie besondere Arten entwickelt.

Die Gesamtverbreitung zeigt deutlich den ozeanischen Charakter der Gattung durch die Lücken im Präriegebiet Nordamerikas und in den trockenen Hochplateaus Mittelasiens an.

Aus der Verbreitungskarte läßt sich auch das hohe Alter der Eibe ablesen, da diese Verbreitung nur vor der Trennung

Nordamerikas von Europa zustande kommen konnte. Im Vergleich mit anderen Koniferengattungen ist *Taxus* stammesgeschichtlich als sehr alter, ursprünglicher, historisch aber als relativ jüngerer Typus zu bezeichnen, da fossile Formen erst aus dem Tertiär bekannt sind, während z. B. *Pinus* sich bis in die Jura- und Kreideperiode zurückverfolgen läßt.

Die Geschichte der Eibe in Europa verläuft so wie die der beiden anderen ozeanischen Bäume, nämlich der Tanne und

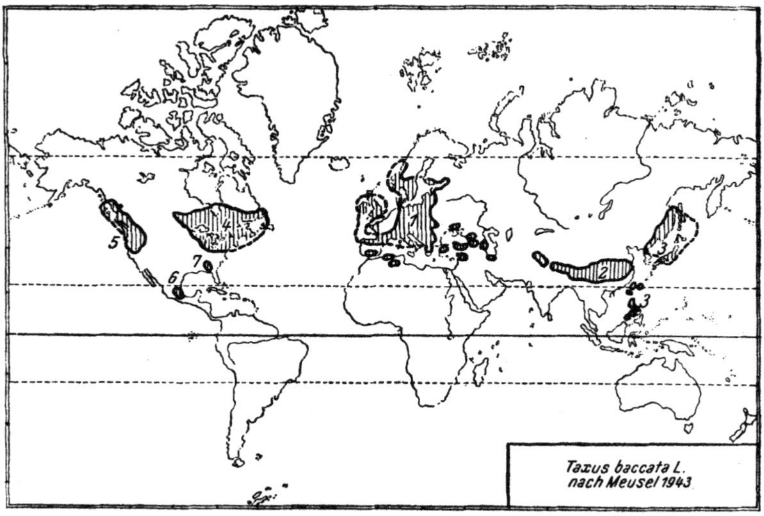

Abb. 3. Verbreitungsgebiet von *Taxus baccata* L. — Eibe. *Taxus baccata* L. s. l. wird in mehrere geographisch getrennte Arten aufgegliedert: *1 eubaccata* Pilger, *2 Wallichiana* Zucc., *3 cuspidata* Sieb. et Zucc., *4 canadensis* Marsh., *5 brevifolia* Nutt., *6 globosa* Schlechtd., *7 florida* Hapm.

Buche. Nach Abdrängung nach Süden zur Eiszeit erfolgt die Rückwanderung nach Mitteleuropa am Ende der Eichenmischwaldzeit in der atlantischen Buchenzeit.

Eibe, Tanne und Buche sind die frostempfindlichsten von unseren Waldbäumen. Besonders Spätfröste sind ihnen verderblich, daher sind die heutigen Nord- und Ostgrenzen dieser drei Bäume kontinentale Klimagrenzen.

Die Eibe gedeiht in Westeuropa am besten, wo sie es zu riesenhaftem Wuchse (3 m Stammdurchmesser und 17 m Höhe) bringt. Ihre Ostgrenze zeigt mit der Jänner-Isotherme von — 4.5° C eine sehr gute Übereinstimmung.

Die Vegetationszeit wird durch die Anlage der männlichen und weiblichen Blüten im Herbste verlängert; die fleischigen Früchte reifen bereits im ersten Jahre. Die weiblichen Blütenknospen werden als Kurztriebe in den Blattachseln jüngerer Zweige angelegt.

Die einzeln stehenden Blätter dagegen finden sich an Langtrieben wie bei Fichte und Tanne im Gegensatz zu den zu zwei oder fünf oder mehr in Büscheln an Kurztrieben stehenden Blättern der Gattungen *Pinus* und *Larix*.

Am Hauptsproß der Eibe ist Prolepsis eine nicht gerade seltene Erscheinung; man sieht häufig den Endtrieb schon im ersten Jahre sich verzweigen. Wir fassen diese Wachstumsart als Phänatavismus, als einen Rückschlag in die tropische Wachstumsart, auf. Auch die Frostempfindlichkeit weist auf eine wärmere Heimat hin.

Anleitung zur historischen Betrachtung der Eibe.

a) An die tropische Abkunft erinnern:
   1. Das immergrüne Blatt. Dauer im Mittel acht Jahre.
   2. Die monopodiale Verzweigung.
   3. Die Verlängerung der Vegetationsperiode. Blütenanlage im Herbst.
   4. Der häufig verzweigte Jahrestrieb.
   5. Die große Frostempfindlichkeit.

b) Ursprüngliche Merkmale:
   6. Nur Langtriebe. Keine Arbeitsteilung in Lang- und Kurztriebe.
   7. Einzelnadeln an dem Langtriebe.
   8. Der Besitz einer fleischigen Samenhülle ist ein ursprüngliches Merkmal, gegenüber der Trockenfrucht der phylogenetisch jüngeren Koniferenarten.

2. *Juniperus* L. — Wacholder.

Die Gattung *Juniperus* ist mit etwa 80 Arten auf der ganzen nördlichen Halbkugel verbreitet. Die Nordgrenze bildet die Baumgrenze, die Südgrenze geht durch Mexiko, die Kanarischen Inseln, Nordafrika, Abessinien, längs des Himalaja, China, Formosa. In Afrika überschreitet die Gattung den Äquator. Die Arten werden in zwei Untergattungen, *Oxycedrus* und *Sabina*, eingeteilt.

Fossile Reste sind nicht zahlreich: aus der Kreide von England, dem Tertiär von Neusibirien, aus dem Miozän von Schlesien und Süd-Limburg. England lag zur Kreidezeit in der Tropenzone: nackte Knospen weisen noch heute auf diese Abkunft hin (S. 516). *Juniperus communis* L., der gewöhnliche Wacholder, gehört zur Untergattung *Oxycedrus*, die besonders im Mittelmeergebiet (*J. Oxycedrus*, *J. macrocarpa*) und in Japan entwickelt ist. Er bewohnt ganz Europa (35—71° n. Br.) vom äußersten Westen (Portugal) bis nach Asien, ferner Nordamerika und Südamerika. In SE ist er auf die Gebirge beschränkt.

Juniperus sibirica LODD. (= *J. nana* WILLD.) der Zwergwacholder, gilt als alpin-arktische Unterart des gewöhnlichen Wacholders und ist durch zahlreiche Zwischenformen mit ihm verbunden. PODPĚRA (1925) sieht ihn als eine klimatische Anpassung (Psychromorphose) des gewöhnlichen Wacholders an die eiszeitlichen Verhältnisse an.

Für die Geschichte des Wacholders steht jedenfalls einwandfrei fest, daß er bereits vor der Eiszeit in Mitteleuropa vorkam und daß er diese in einer besonderen Zwergform (*nana*) an günstigen Stellen überdauern konnte. Auffallend ist, daß weder BROCKMANN (in SCHRÖTER, Pflanzenleben, S. 1152) noch BERTSCH (1940) den Zwergwacholder als einen Bestandteil der Dryasflora aufzählen.

Eine Verlängerung der zur Samenbildung notwendigen Zeit tritt dadurch ein, daß die männlichen und weiblichen Blüten bereits im Herbst als kurze Seitensprosse in den Blattachseln angelegt werden, anderseits die Beeren erst im zweiten Jahre reifen.

Der Keimling zeigt nur zwei Keimblätter, auf die zunächst viergliedrige und erst später dreigliedrige Quirle folgen. Findet man an ausgewachsenen Exemplaren viergliedrige Quirle, so können diese als Rückschlag zur Jugendform betrachtet werden.

Der Wacholder ist zweihäusig (♀ bei günstigen, ♂ bei ungünstigen Ernährungsbedingungen); es kommen aber auch einhäusige Pflanzen und solche mit zwittrigen Blütenständen vor.

Juniperus Sabina L., der Sebenstrauch, gehört zur Untergattung *Sabina*, die etwa 70 Arten aufweist und wie die Untergattung *Oxycedrus* ihre Hauptentwicklung einerseits in Ostasien, anderseits im Mittelmeergebiet hat; auch in Nordamerika kommen sechs Arten dieser Untergattung vor.

Der Sebenstrauch findet sich in den Gebirgen Südeuropas, in den Karpaten, im siebenbürgischen Erzgebirge, im Kaukasus, südlichen Ural, sehr zerstreut im russischen Flachlande, in Mittel- und Nordasien, ferner in Nordamerika.

Er bevorzugt warme sonnige Bergabhänge und Felsen, findet sich als Unterholz in Föhrenwäldern, auf Sandbänken und Dünen. Der xerophile Strauch ist eine Charakterpflanze in der zentralalpinen Föhrenregion (Wallis) und in der Föhnzone. In den Alpen tritt er bald selten und vereinzelt auf, dann wieder überzieht er weite Strecken.

Der Sebenstrauch dürfte schon zur Tertiärzeit aus Asien in die Alpen eingewandert sein. In der trocken-warmen postglazialen Periode nach Rückgang der Vergletscherung hat er seine größte Verbreitung erreicht. Die heutigen disjunkten Standorte auf felsig-steinigem Boden zeigen ihn als Flüchtling vor den nachdrängenden Waldbäumen an Reliktstandorten, d. h. an Standorten, wo die Konkurrenz anderer Gehölze gering ist. Die Zerstückelung des Areals erfolgte in der atlantischen Buchenzeit.

Die jungen Pflanzen entwickeln etwa bis zum zehnten Lebensjahre nur nadelförmige, spitz abstehende Blätter, während die Blätter der ausgewachsenen Sträucher vorwiegend schuppenartig sind. An älteren, besonders an kultivierten Exemplaren kann man zuweilen nadelförmige Blätter mit Schuppenblättern zusammen beobachten. *Juniperus*-Arten mit Nadelblättern dürften also die Stammeltern der *Sabina*-Gruppe sein (biognetisches Grundgesetz).

Auch bei *J. Sabina* tritt eine Verlängerung der zur Fruchtreife notwendigen Zeit dadurch ein, daß die Beerenzapfen erst im Frühjahr des folgendes Jahres reifen.

Anleitung zur historischen Betrachtung des Wacholders.

Juniperus communis.

Phylogenetisch alte Form, drei Blätter im Quirl, Jugendform vier Blätter; bei ausgewachsenen Exemplaren sind vierblättrige Quirle Rückschläge (Atavismus); ursprünglichste Blattform: Nadelblatt gegenüber *J. Sabina* mit schuppenförmigem Blatt. Zweihäusig, aber auch einhäusig und mit Zwitterblüten. Die fleischige Frucht ist ursprünglich; die Verholzung in der Fruchtregion bei den anderen Koniferen ist abgeleitet.

Tropische Abkunft: nackte Knospen.

Verlängerung der Vegetationsperiode: erstes Jahr Blütenanlage, zweites Jahr grüne Beeren, drittes Jahr reife schwarze Beeren.

3. *Abies* MILL. — Tanne.

Die Gattung *Abies* umfaßt über 50 Arten in zwei Sektionen; die von PILGER (1926) angenommenen 43 Arten verteilen sich auf die beiden Sektionen wie folgt:

§ 1. *Marginales* PATSCHKE in Amerika 8, in Europa-Afrika **10,** in Ostasien 8 Arten = 26 Arten.

§ 2. *Centrales* PATSCHKE in Amerika **4**, in Europa-Afrika 0, in Ostasien **13** Arten = 17 Arten.

Die Arten sind zumeist auf je eines der vier als Massenzentren bezeichneten Gebiete (S. 9) beschränkt, was auf die selbständige Entwicklung der Gattung in den einzelnen Gebieten hinweist.

Während also § 1, zu der unsere Tanne gehört, in Europa eine Reichtumszone aufweist, zeigt im Gegensatz dazu § 2 in Europa eine Armutszone. Von den zehn europäischen Arten bewohnt unsere Tanne (*Abies alba* MILL. = *A. pectinata* LAM.) die Gebirge Mitteleuropas (Abb. 4). Zehn weitere Arten finden sich im Mittelmeergebiete, das als sekundäres Entwicklungszentrum der Gattung erscheint, denn die Arten bilden eine genetische Einheit, sind untereinander verwandt und lassen sich von einer asiatischen Urform, die hier in der feuchten Tertiärzeit ein großes Areal gewann, ableiten. In einer später einsetzenden Trockenzeit erfolgte eine Versteppung des Mittelmeergebietes, die eine Auflösung des Tannenareals in mehrere Teilgebiete zur Folge hatte, in denen sich besondere Formen bildeten (MATTFELD 1925). Die in Nordrußland vorkommende *A. sibirica* (§ *Centrales*) hat mit den mediterranen Tannen (§ *Marginales*) nichts zu tun.

Die Geschichte unserer einheimischen Tanne gliedern wir in drei Abschnitte.

1. Tertiärzeit. Die Tanne findet sich im ausgehenden Tertiär zur Pliozänzeit bei Tagelen an der Maas nahe der holländisch-deutschen Grenze und bei Schwanheim im Mainzer Becken. Diesem hohen Alter der Gattung entspricht ihre Verbreitung im Mittelmeergebiet (Abb. 4), wo zehn weitere Arten, die eine genetische Einheit bilden, auf ganz kleine Gebiete in weit auseinanderliegenden Gebirgen beschränkt sind: 1. *A. maroccana* in Nordwest-Marokko, 2. *A. pinsapo* in Südspanien, 3 *A. numidica* bei Algier, 4 *A. nebrodensis* auf Sizilien, 5 *A. cephalonica* in Griechenland, 6 *A. Borisii regis* in Mazedonien, 7 *A. equi trojani* bei Troja, 8 *A. Bornmülleriana* im Pontischen

Gebirge, 9 *A. Nordmanniana* in der Kolchis und 10 *A. cilicica* auf dem Taurus und Libanon.

Nur unsere Weißtanne, die ebenfalls dem mediterrannen Entwicklungskreis angehört, erreichte eine größere Verbreitung, die in Süditalien und Albanien bis nahe an das Gebiet jener versprengten Mittelmeertannen reicht.

Unter den letzteren ist die König-Boris-Tanne die merkwürdigste; sie wird als eiszeitlicher Bastard der *A. cephalonica* mit

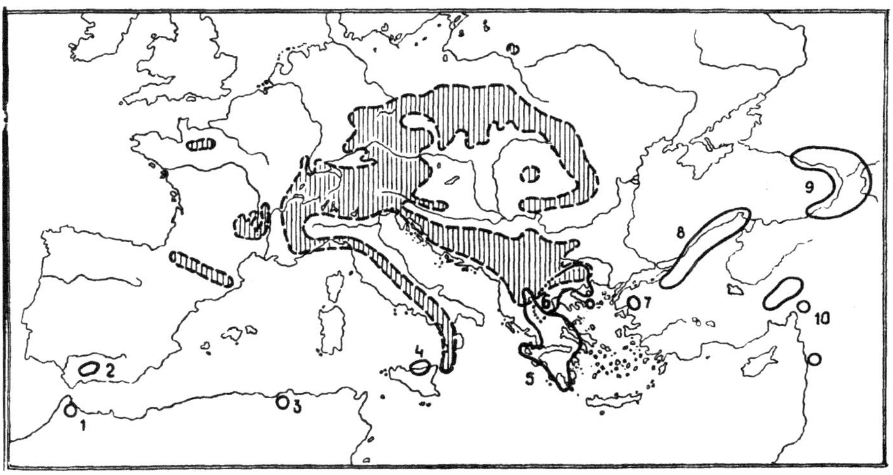

Abb. 4. Verbreitungsgebiet der mediterranen *Abies*-Arten — Tannen. Nach J. Mattfeld, Pflanzenareale Reihe I, Heft 2, 1926. Diese genetisch einheitliche Gruppe umfaßt neben unserer Tanne (*A. alba*) noch weitere 10 Arten. Die Erklärung der Ziffern findet sich im Text, S. 16 und 17.

A. alba gedeutet und zeigt an, daß die Weißtanne zur Eiszeit so tief nach Süden hinabgerückt ist, daß sie mit der Griechentanne zusammenkam und sich mit ihr kreuzen konnte.

2. Die Tanne zur Eiszeit. Während der vorletzten Zwischeneiszeit fand sie sich bei Cannstatt und Innsbruck, in der letzten Zwischeneiszeit reichte sie noch weit über ihr heutiges Gebiet hinaus bis Hamburg, Posen, Grodno, Jaglewicze und Kopys am Dnjepr.

Eiszeitliche Reste hat man in Italien gefunden, spärlich an der tyrrhenischen Küste Toskanas und reichlich in den pontinischen Sümpfen südlich von Rom.

Zufluchtsstätten fand die Tanne im SW Frankreichs und im Süden der Alpen.

3. Im Postglazial ist die Tanne auf drei Wegen nach Deutschland eingewandert: Vom SW Frankreichs das Rhonetal aufwärts in den Jura und Schwarzwald, von Westen her die Alpen umfassend; der Alpenweg führte sie vom Misox am Südabhang der Alpen über die Pässe in den Rhätikon, von wo aus sie sich in weitem Bogen nördlich des Bodensees nach Westen hin ausbreitete, endlich drittens vom SO der Alpen wanderte sie über Niederösterreich und Oberösterreich nach Salzburg. Diese Wanderungen lassen sich nach BERTSCH (1940, S. 47) durch das zeitlich immer spätere Auftreten der Tanne in den Moorschichten pollenanalytisch feststellen. Sie begannen vor der Haselzeit (vgl. S. 424) und setzten sich bis zur Buchenzeit (Hohenlohe in Württemberg) fort.

Ihre weitere Wanderung nach Norden wurde durch ihr hohes Feuchtigkeitsbedürfnis und ihre Frostempfindlichkeit gehemmt. Vor allem Spät- und Winterfröste ließen sie nicht über die mitteldeutsche Gebirgsschwelle hinaus nach Norden vordringen, obwohl sie in der Nähe der Nord- und Ostsee nach Ausweis künstlicher Kulturen bereits wieder ausgezeichnete Lebensbedingungen gefunden hätte.

Das mediterrane Entfaltungszentrum teilt *Abies alba* mit vielen anderen Bäumen der mitteleuropäischen Flora, z. B.

Fagus silvatica	Buche.
Acer Pseudoplatanus	Bergahorn.
Corylus Avellana	Haselnuß.
Carpinus Betulus	Hainbuche.
Quercus Robur	Stieleiche.
Fraxinus excelsior	Esche.

Die Entfaltung der Gattungen reicht zumeist bis ins Tertiär zurück; daneben ist aber jüngere Formbildung anzunehmen (siehe *Fraxinus*, S. 339, *Quercus* S. 61 u. a.). Ein gemeinsamer Zug in der Geschichte dieser Gattungen ist, daß sie in der Eiszeit im mediterranen Gebiet ihre Zufluchtsstätte fanden, und daß nur eine oder wenige Arten nach der Eiszeit nach Mitteleuropa mehr oder weniger weit nach Norden einwandern. Die Tanne zeigt auch ± deutliche Phänatavismen, d. h. Lebensgewohnheiten, deren Entstehung auf ein wärmeres Klima, als es Mitteleuropa heute besitzt, hinweisen, nämlich

1. die Frostempfindlichkeit,
2. das monopodiale Wachstum,
3. die Verlängerung der Vegetationszeit durch Anlage der Blütenknospen im August für das nächste Jahr.

Als Hinweis auf das stammesgeschichtlich höhere Alter der Tanne gegenüber Lärche und Kiefer gilt Folgendes: Die assimilierenden Nadeln werden bei der Tanne an Langtrieben entwickelt. Die Kurztriebe tragen nur die Blütenstände.

Lärche und Kiefer zeigen eine weitergehende Differenzierung: Die Nadeln stehen zu zwei oder mehreren (Blattbüschel) an Kurztrieben, die an Langtrieben sich entwickeln.

4. *Picea* DIETR. — Fichte.

NEGER (1907, S. 66) zählt 22 Arten der Gattung *Picea* auf, von denen in Nordamerika 7, in Europa 2, in Asien 13 Arten vorkommen.

Das Verhältnis der Artenzahlen verschiebt sich nicht, wenn auch STUDT (1926) etwa 38 Arten aufzählt. Europa ist heute jedenfalls eine Armutszone; denn hier kommt nur je eine Art der beiden Sektionen, in die die Gattung eingeteilt wird, vor:

§ *Eupicea* — in Europa nur *Picea excelsa* (LAM.) LK. — die gewöhnliche Fichte.

§ *Omorika* — in Südeuropa. *Picea Omorika,* Relikt im Drinagebiet (West-Serbien).

I. *Eupicea* WILLK. mit 31 Arten: Amerika 7, Europa 1, Asien 23 = 31.

II. *Omorika* WILLK. mit 7 Arten: Amerika 2, Europa 1, Asien 4 = 7.

1. Die Fichtenarten vor der Eiszeit. Europa war aber nicht immer Armutszone, denn aus der Kreide und aus dem Tertiär sind *Picea*-Arten aus Europa bekannt. Im Präglazial ist eine der *P. Omorika* PANČIĆ nahe verwandte Form bei Lüneburg, *P. excelsa* aus dem Präglazial von Norfolk und im Pliozän der deutsch-holländischen Grenze nachgewiesen. Wichtig ist, daß im europäischen Tertiär ostasiatische und nordamerikanische Formen vorhanden sind (STUDT 1926, S. 180). Es ist daher zweifellos, daß die Gattung *Picea* in Europa im Tertiär in mehreren Arten lebte, welche durch die Eiszeit teils vernichtet, teils nach Süden abgedrängt wurden. *P. Omorika* findet sich heute als Relikt am Balkan.

2. Unsere Fichte ist wahrscheinlich mit Einbruch einer kühleren Periode am Ende der Tertiärzeit, im Pliozän, aus Sibirien über Nordrußland in Europa eingewandert. In ihrer Begleitung wanderten aus der gleichen Heimat eine große Zahl von Arten ein: *Larix decidua* (die Lärche),

Pinus Cembra (die Zirbe), *Alnus viridis* (die Grünerle), *Clematis alpina* (Alpenrebe), *Sambucus racemosa* (Traubenholunder), *Lonicera coerulea;* von krautigen Pflanzen *Lilium Martagon* (Türkenbundlilie), *Veratrum album* (Weißer Germer, *Thalictrum aquilegifolium, Ranunculus lanuginosus, Delphinium alpinum* s. l., *Trollius europaeus, Pleurospermum austriacum, Heracleum Sphondylium, Cortusa Matthioli, Veronica longifolia.* Freilich ist bei der Mehrzahl der genannten Arten das Verbreitungsareal kein so geschlossenes wie bei der Fichte. Teilweise fehlen sie auf weite Strecken. Es ist dies verständlich, wenn man bedenkt, daß die folgende Eiszeit die Pflanzen an manchen Stellen vernichtet hat (VIERHAPPER, 1911).

3. Wiedereinwanderung im Postglazial. Die Fichte lebte also vor der Eiszeit bereits in Europa, die Eiszeit hat sie nach Süden zurückgedrängt und sie konnte in Rußland, in den Karpaten, den Transilvanischen Alpen und dem ungarischen Mittelgebirge sowie am Ost- und Südrand der Alpen Zufluchtsorte finden (FIRBAS 1949, S. 204). Von diesen Refugien breitete sie sich nach der Eiszeit wieder aus. Durch pollenanalytische Untersuchungen sind wir über die Wanderwege gut unterrichtet. Die Fichte drang vom Südabfall der Alpen, wo sie z. B. in Südtirol in einer Höhe von 900—1100 m, also über den Talgletschern, die Eiszeit überdauerte, über die Alpenpässe ins nördliche Alpenvorland vor; auch von Niederösterreich aus fand eine Besiedelung der Ostalpen statt, so daß in der kulminierenden postglazialen Wärmezeit, also zur Zeit, wo im Alpenvorland der Eichenmischwald zur Herrschaft gelangte, die Fichte und die Lärche das Waldbild der Zentralalpen beherrschten. In der abnehmenden Wärmezeit zog sich die Fichte in die Alpen zurück und räumte im Vorlande der Buche den Platz, während ihr in der Bergregion die Tanne Konkurrenz machte (SCHARFETTER 1938, S. 332). Im größten Teil des norddeutschen Flachlandes fehlt die Fichte als ursprünglicher Waldbaum. Es hatte sich nämlich ein Wandel vom Land- zum Seeklima vollzogen, so daß die Fichte ihre weitere Wanderung gegen Nordwesten und Westen einstellen mußte, da sie nicht mehr die zu ihrem gesunden Aufwuchs nötige Winterruhe fand. Einer durchschnittlichen Jännertemperatur von 0° ist sie nicht mehr gewachsen. Im vorausgehenden Landklima aber hatte sie die sommerliche Trockenheit von den Tiefländern ausgeschlossen und gezwungen, sich bei ihren Wanderungen im wesent-

lichen an die Gebirgszüge zu halten (BERTSCH 1940, S. 40, FIRBAS 1949, S. 203 ff.).

Außer dem Alpenweg kann die Einwanderung der Fichte noch durch den Sudetenweg, der von den Ostkarpathen, die als zweite eiszeitliche Zufluchtsstätte gelten können, über Tatra—Riesengebirge—Erzgebirge—Harz verfolgt werden. während der Nordweg in Zentralrußland beginnt und nach Litauen, Ostpreußen, Skandinavien führt.

4. Die Fichtenwälder der Alpen sind verschieden alt: Der Fichtenheidewald, das Piceetum myrtilletosum, dringt zuerst nach der Eiszeit in die damals im Alpenraume herrschenden Föhrenwälder (Föhrenwaldsteppe) „wie ein Keil" (SCHMID 1936, S. 38) ein; während der Fichtenwiesenwald, das Piceetum normale, erst in der atlantischen Periode der Nacheiszeit in den feuchten Außenketten der Alpen infolge des Eindringens der Buche und ihrer Begleiter zur Ausbildung kommt (SCHARFETTER 1938, S. 101).

5. Die Fichte in der Kulturzeit. In der Kulturzeit hat das Areal der Fichte eine ganz gewaltige Ausdehnung erfahren; sie ist wenigstens in den Alpenländern das Musterbeispiel eines Apophyten, d. h. einer Pflanze, die in der natürlichen Flora des Landes vorhanden ist und durch die menschliche Kultur in ihrer Ausbreitung gefördert wird. Diese Bevorzugung der Fichte gründet sich auf ihr rasches Wachstum. Die Fichte kann bereits in einem Alter von 30 Jahren als Schleifholz zur Papierfabrikation geschlägert werden, während z. B. die Buche nicht vor dem 50. Jahre als Nutzholz verwendet wird.

An die tropischen Vorfahren und das hohe Alter der Gattung erinnern:

1. Die monopodiale Verzweigung.
2. Die „immergrünen" Blätter. Dauer 8 (9—12) Jahre.
3. Schraubige Anordnung der Einzelnadeln an Langtrieben (dagegen Nadeln in Büscheln an Kurztrieben bei Kiefer, Lärche).
4. Verzweigte Jahrestriebe kommen vor (Prolepsis).
5. Verlängerung der Vegetationszeit. Im Sommer bereits Blütenknospen, die sich im nächsten Frühjahr entfalten; Samenreife im Oktober, Samenentlassung im nächsten Frühjahr, Abfallen der Zapfen im Sommer.

5. *Larix* MILL. — Lärche.

Die Gattung *Larix* enthält elf Arten, die in zwei Sektionen gruppiert werden.

Sekt. *Multiseriales* PATSCHKE, mit fünf Arten, von denen drei in Ostasien, zwei in Nordamerika vorkommen. Die Lücke in Europa wird durch Fossilfunde aus dem Tertiär ergänzt.

Sekt. *Pauciseriales* PATSCHKE mit fünf Arten in Eurasien (darunter *L. decidua* MILL. = *L. europaea* DC.), besonders in Ostasien, eine Art im subarktischen Nordamerika. *L. sibirica* LEDEB. reicht von Sibirien bis zum südlichen Ural und die östlichen Karpaten. Von den Karpaten bis Südfrankreich (Dauphiné) ist die europäische Lärche verbreitet.

Arealentwicklung der europäischen Lärche. Es lassen sich drei Phasen unterscheiden:

1. Vor der Eiszeit. Das disjunkte Auftreten der Lärche in Mitteleuropa läßt den Schluß zu, daß sie ein Relikt ist und daß das Areal im Anschluß an die nah verwandte *Larix sibirica* einst geschlossen war. Die Einwanderung fand erst am Ausgange des Pliozäns (zusammen mit Fichte und Zirbe) aus Sibirien und nicht früher oder später statt. Dafür spricht, daß sich die mitteleuropäische *Larix decidua* von der sibirischen Stammform *L. sibirica* als eigene Rasse abgegliedert hat; die Beziehung zu ihrer Stammform ist eine noch viel innigere als in der Regel Rassen zeigen, die sich schon im Tertiär abgegliedert haben, jedoch weniger innig als bei Rassen, die erst im Postglazial zur Absonderung gelangten (vgl. VIERHAPPER 1911, S. 72).

2. Zur Eiszeit wurde die Pflanze aus Mitteleuropa verdrängt, muß aber nicht weit nach Süden abgedrängt worden sein, da aus dem Interglazial mitten im ungarischen Tiefland zwischen Donau und Theiß, in der Höttinger Breccie bei Innsbruck, in Polen, in den Karpaten, in der Schweiz, in Deutschland und Frankreich die Lärche fossil gefunden wurde.

3. Nach der Eiszeit breitete sich die Lärche am Ende der Kiefernzeit, von verschiedenen Erhaltungsgebieten ausgehend, aus und dürfte ihre größte Verbreitung in der borealen Zeit erreicht haben. Durch den Wettbewerb der nachfolgenden Laubhölzer in tieferen Lagen, durch die vordringende Fichte im Gebirge wurde sie in die höheren Gebirgsregionen abgedrängt, so daß ihr heutiges Areal zerstückelt als Reliktareal erscheint, trotzdem sie in tieferen Lagen günstigere Wachstumsverhältnisse aufweist als in den Hochlagen. Die Vorkommen in den Ebenen Polens sind als Rückzugsposten (Relikte) anzusehen.

Die Lärche zeigt in der Entwicklung ihrer Lebensform Erscheinungen, die nur als Atavismen verstanden werden können.

Die heute lebende Lärche trägt so viele Spuren ihrer Geschichte an sich, daß sie als *Musterbeispiel* für die Anwendung der ökologisch-historischen Methode bezeichnet werden kann.

Erstes Jahr: Nach den Keimblättern entwickeln sich *Einzelnadeln* in schraubiger Anordnung, die *überwintern*. Die Hauptachse schließt mit einer überwinternden Endknospe ab.

Zweites Jahr: Die Endknospe setzt die Hauptachse fort (*Monopodium*) und der Trieb schließt wieder mit einer Endknospe ab. Die Seitenknospen des ersten Jahrestriebes entwickeln *büschelig* benadelte Kurztriebe.

Drittes und viertes Jahr: Die oberen Nadeln am Stamm und den seitlichen Langtrieben überwintern. In späteren Jahren finden sich keine überwinternden Nadeln.

Die *überwinternden* Nadeln, welche dem Erdboden und der *Laubdecke* des Bodens nahe sind und im Winter auch leichter als die Nadeln älterer Bäume durch eine *Schneedecke* geschützt sind, weisen auf eine durch Erblichkeit erhaltene Eigenschaft *immergrüner Vorfahren* der Lärche hin (Phänatavismus). Die *Einzelnadeln* in der Jugend und ihre *schraubige* Anordnung sind Zeugen der phylogenetischen Entwicklung der Lärche (Formatavismus).

Die Lärche entwickelt Lang- und Kurztriebe; beide Arten von Trieben tragen assimilierende Blätter; die Langtriebe Einzelnadeln in schraubiger Anordnung, die Kurztriebe in Nadelbüscheln. Durch diese Arbeitsteilung erweist sich die Lärche als phylogenetisch junge Form.

Syllepsis. Aus den Endknospen (und einigen oberen Seitenknospen) der vorjährigen Langtriebe entwickeln sich Kurztriebe, deren Vegetationsspitze nach einer kurzen Ruhepause noch im selben Sommer zu einem Langtrieb auswächst. SPÄTH (1912, 29) bezeichnet solche durch *innere* Ursachen bedingte regelmäßig auftretende Sommertriebe als *sylleptische* Triebe im Gegensatz zu den durch äußere Ursachen ganz unregelmäßig auftretenden proleptischen Trieben. Die Lärche entwickelt vom April bis Oktober ununterbrochen sylleptische Triebe. Wir deuten die sylleptischen Triebe als ein ursprüngliches, von den Vorfahren in der tropischen Heimat erworbenes Merkmal, das sich als Phänatavismus erhalten hat.

Auch bei der Lärche ist eine Verlängerung der Vegetationszeit zu beobachten. Die Zapfen reifen zwar Mitte September, aber die Samen werden erst im Frühjahr des zweiten Jahres entlassen und die Zapfen bleiben noch lange am Baum.

6. *Pinus* L. — Kiefer.

Die *Abietaceae* (= *Pinaceae*) sind die an Arten reichste Familie der Koniferen. Sie werden in drei Tribusse geteilt, die sich bereits im Jura ausgegliedert haben, weil sie schon in der Kreide vorhanden sind.

Abieteae mit fünf Gattungen,
Lariceae mit drei Gattungen,
Pineae mit einer Gattung.

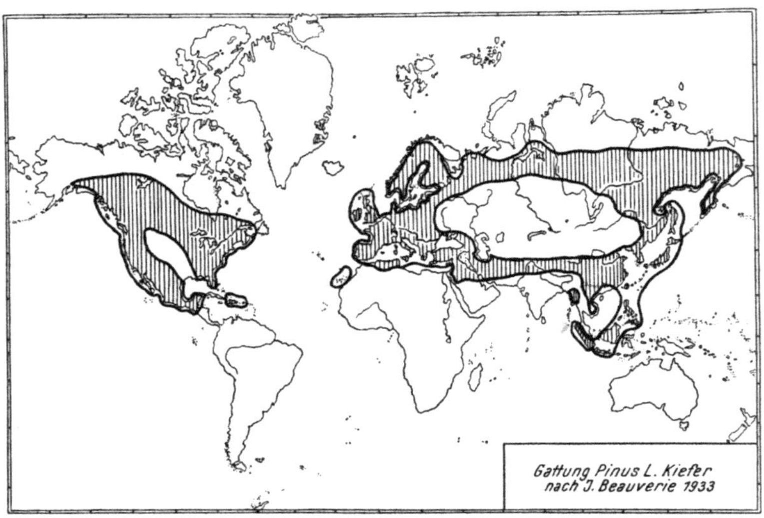

Abb. 5. Verbreitung der Gattung *Pinus* L. — Kiefer. Die Gattung bevorzugte die ozeanischen Randgebiete der Kontinente und meidet die kontinentalen Innengebiete.

Die Gattung *Pinus* ist mit ca. 100 Arten die größte Gattung. Fast sämtliche Arten kommen in der nördlich-gemäßigten Zone vor; einzelne Arten überschreiten den Wendekreis nach Süden, sind aber dann auf Gebirge beschränkt. Auf der Nordhalbkugel gibt es in der Verbreitung der Gattung zwei Lücken, die eine in der Prärienregion Nord-Amerikas, die andere in Zentralasien in der Region der großen Wüstenplateaus. Ausgesprochen kontinentale Gebiete werden gemieden (Abb. 5).

Deutlich tritt die Armutszone Europa-Afrika hervor.

Amerika **55**, Europa 10, Asien **30** Arten. (Zählung 1940).

Das war aber nicht immer so: fast sämtliche Gruppen der *Abietaceae*, die heute in Nordamerika und Ostasien heimisch sind, waren während des Tertiärs auch in Europa verbreitet; zu dieser Zeit war die Gattung *Pinus* in Europa sogar stärker verbreitet als in Nordamerika.

Die einheimischen *Pinus*-Arten gehören zwei Untergattungen an:

1. *Haploxylon* mit *P. Cembra*, der Zirbe, die aus Nordosten zu uns gekommen ist.
2. *Diploxylon*, deren europäischen Arten sich geographisch in zwei Gruppen gliedern lassen:
   a) in südeuropäische Arten mit Reliktarealen: *P. nigra*;
   b) in eurasiatisch-mitteleuropäische Arten: *P. silvestris*, *P. montana*.

Paläontologie. Die ersten Vorläufer der *Abietaceae* begegnen uns in der Trias der heutigen (!) nördlich-gemäßigten Zone mit einer Ausnahme. In derselben Zone werden im mittleren Jura die Reste schon häufiger; in der untersten Kreide begegnen wir Resten im hohen Norden (Grönland, Spitzbergen, Franz-Josefsland, etwas später auch in Südamerika, Australien und Neuseeland). Im Tertiär verschwinden die Arten aus dem hohen Norden und Süden; das Areal zeigt dieselbe Gestaltung wie in der Gegenwart. Mit großer Wahrscheinlichkeit kann man sagen, daß die ersten Abietaceen in der heutigen(!) nördlich-gemäßigten Zone aufgetreten sind, sich dann später bipolar ausgebreitet haben und schließlich in der Gegenwart fast ganz auf die Nordhalbkugel beschränkt sind (STUDT 1926, S. 187).

Phylogenie. Vergleichen wir die Kiefern in Bezug auf ihre Organisationshöhe mit den Fichten, Tannen und Lärchen, so müssen wir sie als die weitest entwickelte, höchstorganisierte Gattung der *Abietaceae* bezeichnen und zwar aus folgenden Gründen:

1. Die Tragschuppe ist bei *Pinus* (wie bei *Picea*) ganz verkümmert. *Pinus* ist die einzige Abietaceen-Gattung, bei welcher der im geschlossenen Zapfen unbedeckt bleibende Teil der Samenschuppe eine besondere Differenzierung als Schuppenschild oder Apophyse erfahren hat. Bei den ursprünglichsten Sektionen (*Strobus*, *Cembra*) ist der Schuppenschild flach, bei den anderen $\pm$ verdickt, vorspringend, hakig, sogar dornig (nach JANCHEN).

2. Bei den Kiefern findet die Ausbildung von zweierlei Trieben, Lang- und Kurztrieben, die verschiedenen Aufgaben dienen (Arbeitsteilung), statt, von den einheimischen Koni-

feren haben nur Kiefer und Lärche Lang- und Kurztriebe. Die Langtriebe sind selbstverständlich ursprünglicher als die Kurztriebe.

Die Langtriebe tragen nur reduzierte Blätter in Form von Schuppen, während die assimilierenden Nadelblätter an den Kurztrieben stehen. Die Langtriebe werden dadurch nur zu Trägern der Kurztriebe.

3. Die Kurztriebe der Kiefern sind sehr stark reduziert; sie entwickeln sich wie Blätter gleichzeitig mit ihrer Mutterachse. Dieser Fall normaler Prolepsis (S. 502), d. h. Entwicklung der Seitenachse im gleichen Jahre wie die Hauptachse, ist hier durch die Reduktion der Langtriebblätter in chlorophyllose Schuppen veranlaßt. Würde sie nicht stattfinden, so stünde der Langtrieb ein ganzes Jahr als nackter, blattloser Trieb da, weil die Kiefern nur in der Jugend Einzelnadeln entwickeln.

Diese Art der Arbeitsteilung bei der Ausbildung der Triebe konnte nur eine Pflanze treffen, bei der Prolepsis eine regelmäßige, erblich bedingte Erscheinung ist (SPÄTH bezeichnet sie als Syllepsis), wie dies bei Pflanzen im tropisch-subtropischen Klima der Fall ist, wo kein Winter den Austrieb der Seitentriebe verzögert und aufs nächste Jahr verschiebt.

Diese im Vergleich zu Fichte und Tanne spezialisierte Organisation läßt die Kiefern als jüngere, abgeleitete Formen erkennen und führt zur Ansicht, daß die Kiefern von Fichten-Tannen ähnlichen Vorfahren abstammen. Diese Ansicht wird dadurch gestützt, daß

4. der Stamm der Kiefern nach Entfaltung der Keimblätter grüne Einzelblätter erzeugt, die schraubig am Stamm angeordnet sind. Während dieser Periode ähneln die jungen Kiefern einer Fichte: es ist die Jugendform der Kiefer. Diese Jugendform erhält sich manchmal bis zu Beginn des zweiten Jahres *(Pinus Strobus)*, sie kann aber auch mehrere (2—4) Jahre dauern. Die Kiefer durchläuft also während ihrer Entwicklung (Ontogenie) ein Fichtenstadium, das sich durch schraubig angeordnete Einzelblätter anzeigt, während im erwachsenen Zustand die Blätter zu 2—6 je nach der *Pinus*-Art in Kurztrieben angeordnet sind. Die Ontogenie der Kiefer wiederholt also in abgekürzter Form ihre Phylogenie, die die Abstammung der Kiefer von der Fichte annimmt (Biogenetisches Grundgesetz — HÄCKEL).

5. Eine weitere Stütze findet diese Ableitung in der Tatsache, daß man in der Kreide eine Pflanze mit Ein-

zelblättern gefunden hat, die nach ihren Merkmalen den Namen *Praepinus* verdient; sie ist älter als die Kiefern und Fichten und scheint die gemeinsame Stammform zu sein.

6. Schon UNGER 1870 bringt die Sektionen der Gattung *Pinus* in eine Entwicklungsreihe, die durch die abnehmende Zahl der Blätter am Kurztrieb charakterisiert ist:

a) *P. Cembra,* Zirbelkiefer	4—6	Nadeln
b) *P. Strobus,* Weymuthskiefer	5	Nadeln
c) *P. Pseudostrobus*	5	Nadeln
d) *P. Taeda*	3	Nadeln
e) *P. Pinus nigra, montana, silv.*	2	Nadeln
f) *P. Pinea,* Pinie	2(3)	Nadeln

7. KRONFELD 1888, 1889 beobachtete abnorme Nadelverhältnisse bei *P. silvestris* und *P. Mughus.* Es ist anzunehmen, daß die Arten mit zweinadligen Kurztrieben von Formen mit mehrnadligen Trieben abstammen. Das häufige Auftreten von vier oder fünf Nadeln ist als Rückschlag zur Nadelzahl der Vorfahren aufzufassen.

8. Daß die Gattung nicht in einer gemäßigten Zone entstanden ist, kann man daraus ersehen, daß die Zapfen nicht in einer Vegetationsperiode, sondern erst im 2.—3. Jahre reifen.

9. *Pinus* entwickelt vom April bis Oktober ununterbrochen sylleptische Triebe (SPÄTH 1912, S. 6) — eine Tatsache, die wir als Phänatavismus deuten.

a) *Pinus Cembra* L. — Zirbe, Arve.

P. Cembra gehört zur Untergattung *Haploxylon* mit den Sektionen (§): *Strobus, Cembra, Paracembra* (mit verdicktem Schuppenschild). § *Strobus* ist die ursprünglichste, *Cembra* die zweitälteste Sektion. Beide § besitzen in der Regel 5 (4, 3, 6) Nadeln am Kurztrieb und flache Zapfenschuppen (Samenschuppen), deren Endteil (Apophyse) nicht wie bei den übrigen *Pinus*-Arten verdickt ist. Die § *Strobus* hat geflügelte Samen (Windverbreitung); die § *Cembra* dagegen schwere, ungeflügelte (oder fast ungeflügelte) Samen (Tierverbreitung: Häher, Nagetiere), sie ist von der Anemochorie zur Zoochorie übergegangen und der Samenflügel ist daher verlorengegangen oder nur in Resten nachweisbar. Die ungeflügelten Samen sind ein abgeleitetes Merkmal.

Die § *Cembra* war schon in der Vorzeit formenreich entwickelt (vier Arten in der Kreide Belgiens). Auch gegenwärtig umfaßt sie vier Arten; diese sind:

P. Cembra L. — Sibirien, Europa.
P. pumila REGEL. — Ost-Sibirien.
P. parviflora SIEB. et ZUCC. — Japan, Korea.
P. koraiensis SIEB. et ZUCC. — Korea, Kamtschatka.

Das hohe Alter der Sektion ist durch die Verbreitung erwiesen. Nach UNGER geht sie dem Erlöschen entgegen.

Die Arealentwicklung der einheimischen Art *P. Cembra* L. erfolgte in drei Phasen:

P. Cembra. Einwanderung in Europa am Ende der Tertiärzeit aus Sibirien.

Zur Eiszeit fand eine Zerlegung des Areals in zwei Teilgebiete statt: in ein nordisch-eurasiatisches und in ein alpinkarpathisches.

Einwanderung in die Alpen in den ersten Abschnitten des Postglazials. Bevorzugung der kontinentalen Innenalpen. Reliktstandorte in den Außenketten. Einwanderung in die Alpen von Osten über die Karpathen, nicht von Norden über die mitteldeutsche Gebirgsschwelle.

Entwicklung. Primärnadeln einzeln. Benadelte Kurztriebe erst im zweiten Jahr. Sproßbau in der Jugend ein sehr regelmäßiges Monopodium. Häufig Ersatz des Hauptgipfels (Schneedruck, Sturm) durch Sekundärgipfel.

Meist fünf Nadeln am Kurztrieb, ausnahmsweise vier oder drei. Entwicklungstendenz zur Reduktion der Nadeln, die später (bei der Rotföhre) herrschend wird.

Verlängerung der Vegetationszeit. Der Zapfen erreicht im ersten Jahr Walnußgröße (grün) und reift im Herbst des zweiten Jahres.

b) *P. nigra* ARN. (= *Pinus nigricans* HOST, *P. austriaca* HÖSS) — Schwarzföhre.

Sie gehört zur Untergattung *Diploxylon*, u. zw. zur Sektion *Eupitys*, zu der auch *P. silvestris*, *P. Frieseana* (= *lapponica*) und *P. Mugo*, sowie sämtliche *Pinus*-Arten des Mittelmeergebietes mit einziger Ausnahme von *P. Pinea*, Pinie, welche eine eigene Sektion bildet, gestellt werden.

Das Verbreitungsareal ist in viele Teilgebiete zerstückelt und erstreckt sich über die Bergabhänge von Zentral- und Südeuropa, vom südlichen Spanien bis zum cilicischen Taurus und vom Wiener Wald bis Sizilien und Kreta.

Wir haben es zweifellos mit einer Art zu tun, die bereits im Tertiär in Mitteleuropa lebte, durch die Eiszeit nach Südeuropa abgedrängt wurde und sich dort in mehrere Formen gliederte. Die disjunkten Areale am Ostrande der Alpen (Baden bei Wien) und am Südhange des Dobratsch (Arnoldsteinerweg) sind vielleicht interglazialen Alters oder Reliktvorkommnisse der postglazialen Wärmezeit. Sie findet sich stets auf sterilem Boden (Kalk, Dolomit), an Standorten, wo sie sich als „Flüchtling" im Kampf um den Raum vor der nachdrängenden Waldflora erhalten konnte. Ihre Bestände bilden keine soziologisch selbständige Pflanzengesellschaft, ihre Begleitflora ist eine Mischung baltischer, illyrischer und pannonischer Florenelemente.

c) *Pinus silvestris* L. — Rotföhre, Weißföhre, Weißkiefer.

Die Geschichte der Rotföhre in Europa kann in kürzester Form durch ihre Verbreitungsgeschichte, die vier Phasen aufweist, dargestellt werden.

1. Entwicklung und Verbreitung zur Tertiärzeit.

2. Verbreitung zur Eiszeit. Mehrere Zufluchtsgebiete.

3. Postglaziale Ausbreitung. Kiefernzeit. Schrittweises Vordringen läßt sich pollenanalytisch verfolgen. Größte Verbreitung in Mitteleuropa in der frühen Wärmezeit (Firbas 1949, S. 132).

4. Gebietsverluste in der folgenden Hasel- und Eichenzeit. Ursachen des Rückganges:

a) Konkurrenz schattengebender Bäume.

b) Klimaänderung vom kontinentalen zum ozeanischen Klima. Relikte an unfruchtbaren Standorten. Reliktföhrenwälder (E. Schmid, 1936). Aus klimatischen Gründen Reliktwestgrenze in Deutschland.

Anleitung zur geschichtlichen Betrachtung der Föhre.

1. Streng monopodiale Verzweigung in der Jugend.
2. Schraubige Anordnung der Einzelblätter (Schuppen) am Langtrieb.
3. Immergrüne Nadeln. Dauer 3 (4, 5) Jahre.
4. An den Kurztrieben je zwei Nadeln. Atavistisch 4—5 Nadeln.
5. An den Langtrieben nur Blattschuppen.
6. Jugendform: schraubig angeordnete Einzelblätter (2.—4. Jahr).
7. Verlängerung der Vegetationszeit. Zapfenreife im dritten Jahr. Blütenzapfen, grüne Zapfen, reife Zapfen gleichzeitig am Baum.
8. Regelmäßig bilden sich verzweigte Jahrestriebe (sylleptische Triebe) vom April bis Oktober.

d) *Pinus Mugo* TURRA (=*P. montana* MILL.) Bergkiefer, Latsche.

1. Verbreitung. Baum oder Strauch der Mittel- und südeuropäischen Gebirge. Fehlt im N. Gutes Gedeihen als Kulturpflanze auch in der Ebene, daher Flucht ins Gebirge vor Konkurrenten, auf sterile Standorte (Dolomit, Kalk), Lawinenzüge, Hochmoore.

2. Die Wuchsformen (aufrechter Baum, Knieholz) sind nicht Standortsformen, sondern erbliche Abänderungen. Die Knieholzform deutet PODPĚRA als klimatische Anpassung an die eiszeitlichen Verhältnisse (Psychromorphose).

3. Die aufrechte Bergföhre zeigt bis ins höchste Alter monopodialen Aufbau (tropische Abkunft).

4. Schon der erste Jahrestrieb der Keimachse kann Seitensprosse entwickeln (Prolepsis). Tropische Abkunft.

5. Die Nadeln stehen an den Kurztrieben zu zwei, nicht selten zu drei (Atavismus).

6. Verlängerung der Vegetationszeit. Die Zapfen reifen im Herbst des zweiten Jahres. Ausstreuen der Samen im folgenden Frühjahr (also drei Vegetationsperioden). Tropische Abkunft.

7. Stärkster Knospenschutz von allen *Pinus*-Arten aus 8 bis 10 Schichten von Schuppen.

8. Tendenz zur Zweihäusigkeit.

9. Es gibt zwei Arten von Legföhrenbeständen:

a) basiphile über Kalk; es überwiegen Pflanzen, deren Heimat in den Alpen liegt (*Erica carnea, Biscutella, Gentiana Clusii, Carex sempervirens, Sesleria varia*);

b) azidiphile, ein vorgeschrittenes Stadium bei Versauerung des Bodens, es überwiegen eurosibirische und circumpolare Elemente (*Alnus viridis, Vaccinium*-Arten, *Calluna, Sorbus aucuparia, Lonicera coerulea* u. a.).

Zusammenfassung. Der Schlüssel zum Verständnis der Koniferen liegt in der Erkenntnis, daß eine ursprünglich tropische Familie sich den Lebensbedingungen der gemäßigten Zone angepaßt hat. Diese Anpassung ist zwangsweise erfolgt, weil das Wohngebiet der Familie infolge kosmischer Ereignisse (Polverschiebungen) in die gemäßigte Zone verlegt wurde. Die Geschichte der Familie läßt sich an der Hand der geologischen Erdzeitalter verfolgen. Viele morphologische und phänologische Merkmale der heute lebenden Arten sind teils als alte tropische Merkmale (Monopodium, Syllepsis, Langtrieb, nackte Knospen, immergrüne Nadeln u. a.), teils als Anpassungen an das Klima der gemäßigten Zone (Opistholepsis, Prolepsis, Kurztrieb, geschützte Knospen, Laubabwerfen, Verlängerung der Vegetationsperiode u. a.) zu erklären. Wie die einzelnen Arten gleichzeitig phylogenetisch ursprüngliche und abgeleitete Merkmale in verschiedener Kombination vereinen (S. 543), so treten auch tropische und temperierte Merkmale an den einzelnen Arten gleichzeitig in verschiedener Kombination auf.

Literatur.

E. P. Nat. Pfl.-Fam. 2. Aufl. **13** (PILGER 1926), das grundlegende Werk. — K. L. Sch. I/57, 1904. Hier ausführliche Literaturangaben. — BERTSCH, K. 1940. Die Geschichte des deutschen Waldes, Jena. — FIRBAS, F. **1949**. Spät- und nacheiszeitliche Waldgeschichte Mitteleuropas nördlich der Alpen. Jena. — FLORIN, R. 1938—1940. Die Koniferen des Oberkarbons und des unteren Perms, Palaeontographica **85**, Abt. B, Heft 1—5. Große Bedeutung für die Morphologie und Phylogenie der Koniferen. Entscheidend für die Deutung des Kieferzapfens als Blütenstand. — HEGI I, 2. Aufl. 1936, S. 101—174. — HUBER, B. **1924**. Beiträge zur Kenntnis der Wasserbewegung in der Pfl. D. B. G. **42**. — HUTCHINSON, J. 1924. Contribution towards a phylogenetic classification of flowering plants III. The genera of Gymnosperms. Kew Bull. — JANCHEN, E. **1949**. Das System der Koniferen. Sitzungsberichte Öst. Ak. d. Wiss. Abt. I, 158, 3. Heft. — KOCH, F. 1924. Über die rezente und fossile Verbreitung der Koniferen im Lichte neuerer geolog. Theorien. Mitt. DDG. **34**. — KRONFELD, M. 1888. Über Polyphyllie bei *P. Mughus* SCOP. und *P. silvestris* L. Verh. zool.-bot. Ges. Wien **38**. — MÄGDEFRAU, K. **1942** Palaeobiologie der Pflanzen. Jena. — MATTFELD, J. 1925. Die in Europa und den Mittelmeerländern wildwachsenden Tannen. Mitt. D. Dendrolog. G. — NEGER, F. W. 1907. Die Nadelhölzer, Sammlung Göschen. — PODPĚRA, J. 1925. Versuch einer epiontologischen Gliederung des europäischen Waldes. Festschrift Carl SCHRÖTER, Veröff. Geobot. Institut RÜBEL. 3. Heft, Zürich. — STEFANOFF, B. 1930. Versuch zur Darstellung einer parallelen Klassifikation der Klimate und der Vegetationstypen Sofia, Akad. **26**. — STEFANOFF, B. und STOIČKOFF, J. 1932. Über den Wasserhaushalt der Holzpflanzen. The journal of ecology **20**. — STUDT, W. 1926. Die heutige und frühere Verbreitung der Koniferen und die Geschichte ihrer Arealgestaltung. Mitt. Inst. allg. Bot. Hamburg **6**. — UNGER, F. Geologie der europäischen Waldbäume. Mitt. Nat. Ver. f. Steiermark **2**, 1869/70. — VIERHAPPER, F. 1911. *Conioselinum tataricum*, neu für die Flora der Alpen. Ö. B. Z. **61**. — VIERHAPPER, F. 1910. Entwurs eines neuen Systems der Koniferen. Abh. zool.-bot. Ges. — ZIEGENSPECK, H. 1927. Die Phylogenie der Koniferen. Ber. Westpr. Bot. Zool. Ver. **49**. — ZIMMERMANN, W. 1930. Die Phylogenie der Pflanzen. Jena 1930.

II. *Betulaceae* = *Corylaceae*. — Birkengewächse.

Unterfamilie I: *Betuloideae* (ursprünglicher).
1. *Betula* L., gegen 100 Arten.
2. *Alnus* GAERTN., über 50 Arten.

Unterfamilie II: *Coryloideae* (abgeleitet).
3. *Carpinus* L., gegen 60 Arten.
4. *Ostryopsis* DECNE., 2 Arten (Mongolei, Yünnan).
5. *Ostrya* SCOP., 10 Arten.
6. *Corylus* L., etwa 20 Arten.

Gesamtartenzahl: gegen 250 Arten.

Wohl kaum von einer anderen Familie dürften so viele Fossilien aus (der Kreide? *Betula*) dem Tertiär und Diluvium beschrieben worden sein, so daß ihre ursprüngliche zirkumpolare Verbreitung feststeht. Die Aufgliederung der Familie in ihre Gattungen muß schon im Tertiär erfolgt sein, weil mit Ausnahme der zentralasiatischen *Ostryopsis* jede Gattung ihre Vertreter in Amerika, Europa und Asien besitzt.

Die Verbreitungskarte der Gattung *Carpinus* (Abb. 7) gibt ein anschauliches Bild von der Verlagerung des Areals, das im Tertiär weiter nördlich bis in die heutige arktische Region ausgedehnt war, nach Süden und zeigt die Auflösung des einheitlichen gürtelförmigen Areals in getrennte Teilareale in Amerika, Europa und Asien. Diese Teilareale sind Erhaltungszentren alter Arten, aber auch Entfaltungszentren jüngerer Arten. Jedenfalls sind es Anhäufungsstellen von Arten (Massenzentren). Der Kaukasus mit 15 Arten (6 davon endemisch); Nordchina 25 Arten (14) und das Atlantische Nordamerika 18 Arten (4) heben sich als Massenzentren und Entwicklungszentren endemischer Formen deutlich heraus (Zahlen nach H. WINKLER 1904).

Die folgenden Bemerkungen zu den einzelnen Gattungen und Arten lassen uns in großen Umrissen erkennen, wie die Birkengewächse durch Abänderung ihrer Wuchsform (Zwangssympodium), durch Änderung der Rhythmik ihrer Lebenserscheinungen (Verlängerung der Vegetationszeit durch Vorverlegung der Blütenanlage auf das vorhergehende Jahr), durch Verschiebung ihrer Areale in günstig gelegene Zufluchtsgebiete der Vernichtung infolge des Klimasturzes von der Tertiärzeit zur Eiszeit zu entgehen suchten. Wir finden reichlich Relikte geographischer Natur, Atavismen in Morphologie und Ökologie der heute lebenden Birkengewächse.

Zweifellos ist der Klimasturz auch die direkte oder indirekte Ursache der „Verzögerung der Befruchtung", wenn wir auch die Zusammenhänge heute noch nicht überschauen. Eine besondere Darstellung soll diese für das Verständnis der Betulaceen so wichtige Erscheinung in das Blickfeld zukünftiger Forschung rücken.

Verzögerung der Befruchtung. Bei den Birkengewächsen (*Betulaceae*) verstreicht wie bei den Koniferen zwischen Bestäubung und Befruchtung einige Zeit. Zunächst die Tatsachen.

Hainbuche (*Carpinus*), Samenanlagen erst Ende Mai deutlich, Wachstum des Pollenschlauches ruht von Mai bis Juli.

Hasel (*Corylus*), die Samenanlagen bilden sich erst Ende Mai, Pollenschlauch ruht Februar bis Juni.

Birke (*Betula*), Samenanlagen bilden sich anfangs Juni, Pollenschlauch ruht vier Wochen.

Erle (*Alnus*), Samenanlagen entstehen zur Zeit der Bestäubung, Pollenschlauch ruht $2^1/_2$ Monate.

Die Vorfahren der Betulaceen lebten in einer tropischen Umwelt; die Zeit der Bestäubung und Befruchtung wurde in dem gleichmäßigen Klima nur durch innere (in der Pflanze selbst liegende) Gründe, also durch die Eigenrhythmik bestimmt.

Beim Eintritt der Pflanze in ein Klima mit Unterbrechung der Vegetationszeit durch Trockenheit oder Winterkälte mußte der Zeitpunkt der einzelnen Lebenstätigkeiten mit der ungünstigen Jahreszeit in Einklang gebracht werden: „Geregelte Zwangsrhythmik."

Rein theoretische Erwägungen ergeben folgende Verteilung der Lebenstätigkeiten:

Der Winter wird am besten durch Samen überdauert, daher im vorhergehenden

Sommer und Herbst die Bildung der Samen, zugleich die günstigste Zeit, Reservestoffe zur Deponierung im Samen zu bilden. Um den Sommer ausnützen zu können, erfolgt im

Frühjahr Bestäubung und Befruchtung.

Betrachten wir den Rhythmus getrennt für männliche und weibliche Blütenstände.

Für die männlichen Kätzchen besteht kein notwendiger Rhythmus. Der reife Blütenstaub muß nur zur Verfügung stehen, wenn die Samenanlagen zur Befruchtung reif sind.

Bei windblütigen Pflanzen wird das Kätzchen vor der Belaubung stäuben, damit nicht die Blätter den Blütenstaub auffangen, so daß er nicht zur Narbe gelangt. Daher erfolgt die

Entwicklung der männlichen Kätzchen zeitig im Frühjahr und die Anlage des Kätzchens schon im vorhergehenden Sommer.

Die frühzeitige Entfaltung des Kätzchens empfiehlt sich auch, weil es am Ende des Sprosses steht. Es schließt das Wachstum des Sprosses ab und fällt nach Entlassung des Blütenstaubes ab. Die Fortsetzung des Sprosses erfolgt aus einer (in der Regel der obersten) Seitenknospe. Sympodium als Organisationsmerkmal.

Das weibliche Kätzchen soll im Frühjahr (siehe oben) die Samenanlagen zur Befruchtung bereitstellen. Bei der übergroßen Mehrzahl unserer Pflanzen ist dies der Fall.

Hainbuche, Hasel, Birke und Erle werden aber mit der Ausbildung der Samenanlagen nicht rechtzeitig fertig, sie verzögert sich bis Ende Mai, Anfang Juni.

Um nun doch die Befruchtung zu sichern, schlägt die Pflanze einen interessanten Mittelweg ein. Die Entwicklung der Narbe eilt der Entwicklung der anderen Teile der weiblichen Blüte voraus. Sie ist bereits im ersten Frühling belegungsreif, während die anderen Blütenteile, vor allem die Samenanlagen, noch nicht ausgebildet sind. Die Narbe fängt nun den Blütenstaub (Pollen) auf und der Pollenschlauch wächst in den Griffel ein. Bald aber hört sein Wachstum auf und ruht 1—4 Monate, bis die Samenanlage herangewachsen und befruchtungsfähig geworden ist. Dann erst wird die Befruchtung vollzogen.

So sinnreich diese Einrichtung ist, so schwierig ist sie zu deuten. Die Einstellung des Wachstums des Pollenschlauches versucht man damit zu erklären, daß der Fruchtknoten zunächst nicht die nötigen Hormone abscheidet, die sein Weiterwachsen veranlassen. Umgekehrt meint man, daß der Pollenschlauch Stoffe absondert, die das Ausreifen der Samenanlagen beeinflussen.

Ganz unbeantwortet bleibt aber die Frage, warum gerade bei den Koniferen und bei den Birkengewächsen Bestäubung und Befruchtung zeitlich so weit getrennt sind.

Eines sehen wir mit aller Deutlichkeit, mit welchen Schwierigkeiten die Pflanze bei der Umstellung aus einem tropisch gleichmäßigen Klima in ein gemäßigtes, rhythmisch geregeltes Klima kämpft.

Nicht unerwähnt soll bleiben, daß auch bei Tieren der nördlich-gemäßigten Zone, z. B. bei Reh, Dachs, Edelmarder, Zobel und arktisch-paläarktischen Bären eine ähnliche (aber nicht gleiche) Entwicklungsverzögerung eintritt. Bei Reh dauert die Keimruhe, d. h. die Unterbrechung der Weiterentwicklung des Embryos vom Zeitpunkt der Einbettung des Eis in die Schleimhaut der Gebärmutter bis in die zweite Dezemberhälfte, also rund vier Monate. Auch die Vorfahren des Rehes sollen in einer tropischen oder doch winterlosen Umwelt gelebt haben (Prof. Dr. W. HOFFER, mündliche Mitteilung. Lit. HANS KRIEG, Das Reh in biologischer Betrachtung. Verlag J. Neumann, Neudamm 1936).

Prof. JANCHEN machte mich nach Durchsicht des Manuskriptes auf die Erklärung der Befruchtungsverzögerung durch WETTSTEIN aufmerksam (WETTSTEIN 1935, S. 593, JANCHEN 1950, Ö. B. Z. **97**). WETTSTEIN bezeichnet sie als „Ausdruck der Herkunft der betreffenden Organe von einer eigenen Generation“.

Die Pollensäcke der Angiospermen sind den Mikrosporangien (S. 553), die Samenanlagen den Makrosporangien (S. 448) der heterosporen Pteridophyten homolog. Die weitere Entwicklung der Mikrospore bei den Angiospermen schildert WETTSTEIN S. 555, die der Makrospore S. 567. Wir können nur auf die dort geschilderten Vorgänge hinweisen und festhalten, daß die Ausbildung der ♂, bzw. ♀ Geschlechtszellen auf zwei ganz verschiedenen Wegen und zunächst völlig unabhängig voneinander erfolgt.

Die Zurückführung der Befruchtungsverzögerung auf diesen verschiedenen Entwicklungsgang ist ein genialer Gedanke WETTSTEINS, der nur des konsequenten Durchdenkens unter dem Schlagwort „getrennt marschieren und vereint schlagen“ bedarf, um auch die groben morphologischen und zeitlichen Unterschiede in der Blütenbildung der Gymnospermen und der genannten Angiospermen-Familie zu verstehen. Die männliche und die weibliche Blüte geht eben ganz selbständig ihren eigenen Entwicklungsgang, der nicht nur in der verschiedenen Ausbildung der Geschlechtszellen, wie sie WETTSTEIN schildert, sondern auch in der Ausbildung des ganzen Geschlechtsapparates ihren Ausdruck findet. Man denke an die männlichen und weiblichen Blütenstände der Hasel oder an das Erscheinen der männlichen Blütenstände des Nußbaums am alten Holz, d. h. am Vorjahrstrieb, und der weiblichen Blütenstände am jungen Holz, d. h. am heurigen Jahrestrieb, so wird man sich bewußt, daß hier wirklich zwei ganz verschiedene Entwicklungswege, die tief in den Aufbau und das Leben dieser Bäume eingreifen, vorliegen und doch letzten Endes die Auswirkung des schon bei den heterosporen Pteridophyten eingeschlagenen Entwicklungsganges darstellen.

Auch die ungleichmäßige Entwicklung der Blütenstände wird dadurch verständlich, handelt es sich doch um zwei grundsätzlich verschiedene, voneinander unabhängige Entwicklungsvorgänge, die erst allmählich im Laufe der Gesamtentwicklung der Blütenpflanzen räumlich vereint und zeitlich „synchronisiert" werden und sich bis zur ungleichzeitigen Geschlechtsreife der Pollenzellen, Narben und Samenanlagen in den Zwitterblüten der höheren Blütenpflanzen wirksam zeigen: Proterogynie. Proterandrie.

Die Befruchtungsverzögerung zeigt nur die Schwierigkeit der Synchronisierung der Reifezeit, der auf ganz verschiedenen Wegen erfolgten Bildung der Geschlechtszellen.

Bei der Verbindung der beiden Entwicklungsprozesse können wir eine fortschreitende Spezialisierung in der Auswahl des Keimbettes des Pollenkorns verfolgen. Zunächst keimt es, d. h. es beginnt seine Entwicklung durch das Austreiben des Pollenschlauches bei genügender Feuchtigkeit, unabhängig von der chemischen Beschaffenheit der Unterlage = des Keimbettes; das bevorzugte Keimen des Pollenkorns in Zuckerwasser deutet bereits auf Auswahl in der chemischen Beschaffenheit des Keimbettes hin, die sich steigert, wenn der Pollen nur auf den Ausscheidungen der Narbe nah verwandter Arten (Bastarde!) keimt, bis schließlich im extremsten und häufigsten Fall die Keimung und Weiterentwicklung nur auf Narben der eigenen Art (species) erfolgt. Die Entwicklung der männlichen Geschlechtszelle gerät in immer größere Abhängigkeit vom weiblichen Geschlechtsapparat. Ähnlich wie in den physiologischen Beziehungen sehen wir ein stufenweises Fortschreiten der gegenseitigen Abhängigkeit in räumlicher Beziehung (Chalazogamie).

Die Befruchtungsverzögerung betrifft die zeitliche Regelung und Zusammenpassung zweier ursprünglich voneinander unabhängigen Entwicklungsgänge der ♂ und ♀ Geschlechtszellen.

Die ungleichzeitige Funktionsfähigkeit der Geschlechtsorgane der Zwitterblüten (Proterogynie, Proterandrie) ist daher nicht als eine Einrichtung zur Verhinderung der Selbstbestäubung entstanden, sondern eine Folgeerscheinung der schon bei den heterosporen Pteridophyten getrennt eingeschlagenen Entwicklungswege der Geschlechtszellen.

1. *Betula* L. — Birke.

Die Gattung umfaßt etwa 33, fast ausschließlich auf die nördlich-gemäßigte Zone beschränkte Arten. WINKLER 1904 bringt die vier Arten Mitteleuropas in folgendes System.

Sect. I. *Eubetula* REGEL.

Subs. 1. *Nanae* REGEL, Strauchbirken.
B. nana L.
B. humilis SCHRANK.

Subs. 2. *Albae* REGEL, Baumbirken.
B. verrucosa EHRH., (= *pendula* ROTH = *alba* L. p. p.) mit var. *oycowiensis* (BESS.) REGEL.
B. pubescens EHRH. (= *alba* L. p. p.).

B. verrucosa, die gewöhnliche Birke, und *B. pubescens*, die Moor-Birke, sind sehr nahe verwandt und werden nicht immer scharf auseinander gehalten. Auch wir wollen sie gemeinsam besprechen.

Beide Arten sind eurasiatische Elemente und fehlen in N.-Am. *B. pubescens* findet sich aber in Grönland.

B. verrucosa: junge Zweige mit warzigen Harzdrüsen, Zweige überhängend, bevorzugt warme, trockene Standorte, geht weiter nach S.

B. pubescens: junge Zweige flaumig behaart, Zweige aufrecht, bevorzugt kalte feuchte Standorte, geht weiter nach N. Bildet oft die Grenze des Baumwuchses nach Norden. Auch bei den Erlen geht die behaarte *A. incana* weiter nach N. als *A. glutinosa; Betula nana* (behaart) geht weiter nach N. als die durch Harzdrüsen geschützte *B. humilis.*

1. Verzweigung. a) Die junge Pflanze ist in der Regel im ersten Jahre unverzweigt, doch finden sich manchmal bereits Seitenzweige (Syllepsis).

b) Ebenso verzweigen sich die Langtriebe nicht selten schon im Jahre ihrer Entstehung (Syllepsis). Nach der Zeit ihrer Entstehung werden die Seitentriebe auch Johannistriebe genannt.

c) Die Endknospe und die Hauptachse der Langtriebe bleiben unvollkommen und vertrocknen schon in der ersten Hälfte Juli bis zur obersten Seitenknospe, die überwintert und den Sproß im nächsten Jahre fortsetzt (Sympodium).

Die Tatsache, daß eine Knospe zuerst entwickelt wird, dann aber, ohne je in Funktion getreten zu sein, abstirbt, kann nur als Phänatavismus gedeutet werden, d. h. die Knospe und der aus ihr entstehende Sproß entwickelte sich ursprünglich unter anderen Lebensbedingungen als den heutigen, die ihn zum Absterben bringen. Eine ursprünglich monopodial wachsende Pflanze hat erst unter dem Zwang geänderter Lebensbedingungen die sympodiale Verzweigungsform angenommen.

d) Die Birke entwickelt Kurztriebe, die nur 1 Jahr oder auch 2—3 Jahre vegetieren, dann absterben (!) und als geringelte Hervorragungen den älteren Zweigen ansitzen. Ökologische und historische Bedeutung? Warum zuerst Ausbildung und dann Absterben? Der Langtrieb kann auch mit einem endständigen (terminalen) männlichen Kätzchen abschließen. Sind, was häufig vorkommt, zwei oder drei Kätzchen vorhanden, so entspringen die übrigen aus den Achseln zur Blütezeit abgefallener Blätter (K. L. Sch. 235, 245). Die Endknospe des Langtriebes wartet also zur Ausbildung des Kätzchens nicht das nächste Jahr ab, sondern entwickelt es p r o l e p t i s c h. Es handelt sich nach GAMS (1928, S. 36) um eine ausnahmsweise atavistische Rückkehr zu einem primitiven Sproßbau.

Während das terminale Kätzchen bei *B. verrucosa* nur ausnahmsweise auftritt, ist es bei *B. oycowiensis* ein konstitutionelles erbliches, nicht nur potentiell vorhandenes Merkmal. GAMS hält *B. o.* für phylogenetisch jünger als *B. pendula* und deutet *B. o.* als eine a t a v i s t i s c h e M u t a t i o n von *B. pendula.*

2. Die männlichen Kätzchen überwintern n a c k t, die weiblichen verharren den Winter über in Knospen.

3. Die weiblichen Kätzchen werden schon ein Jahr v o r ihrer Reife angelegt. (Verlängerung der Vegetationszeit.) Nach ALBERT 1. Juli, nach LOHWAG 8. Juli.

4. Auch die Entwicklung der männlichen Kätzchen beginnt bereits im Frühling des dem Ausstäuben vorhergehenden Jahres.

5. Zur Zeit der Bestäubung sind die Samenanlagen noch nicht entwickelt. Die Pollenschläuche wachsen daher nur bis an die Narbenbasis und ruhen hier etwa 4 Wochen, bis anfangs Juni die Ausbildung der Samenanlagen beendet und die Teilung des primären Embryokernes eingetreten ist, dann erst dringen sie von der Chalaza her in die Samenanlage ein.

Zwischen Bestäubung und Befruchtung liegt also ein längerer Zeitraum (vgl. Haselnuß). Befruchtungsverzögerung.

6. Für die stammesgeschichtlichen Erwägungen ist von Bedeutung, daß Rudimente von 2—4 Samenanlagen vorhanden sind, während die Früchte einsamige Nüßchen sind.

Betula nana L. — Zwergbirke. Zusammenhängendes Areal im nördlichen und arktischen Europa und Amerika (arktisch-zirkumpolar) und sporadische Standorte in Mitteleuropa auf Hochmooren als Glazialrelikt und fossil in glazialen Tonablagerungen (*Dryas*-Tone).

Die Zweige sind anfangs kurz filzig behaart, später kahl. Weiteres Vordringen nach N. als *B. humilis*, die mit Drüsenhaaren bedeckt ist.

B. humilis SCHRANK. — Nordische Birke. Sie bewohnt Torfmoore und sumpfige Wiesen mit Torfuntergrund in vier getrennten Gebieten: 1. Nordrand der Alpen. 2. Mittleres europ. Rußland. 3. Ural. 4. Asien vom Altai bis Kamtschatka und zu den Aleuten. Die Areale 1 und 2 dürften zur Eiszeit in Zusammenhang gestanden sein, während 3 und 4 selbständig von Norden her besiedelt wurden und auf ein ehemaliges zirkumpolares Areal schließen lassen.

Die Spitzen der Langtriebe ragen oft als vertrocknete (!) Spitzchen über die oberste, die Achse fortsetzende Seitenknospe hinaus. Sympodium. Deutung: Verhinderung der monopodialen Verzweigung durch das Klima. Die männlichen Kätzchen stehen — wie bei *B. pendula* — am Ende der Langtriebe oder in deren Blattachseln, die weiblichen Kätzchen stehen am Ende von beblätterten Kurztrieben, die nach dem Blütenjahr durch Vermittlung ihrer obersten Seitenknospen weiter wachsen können.

2. *Alnus* MILL. — Erle.

Die Gattung umfaßt ca. 30 Arten, die vornehmlich in der nördlich-gemäßigten Zone verbreitet sind. Fossile Arten sind in der Kreide, häufiger im Tertiär und Diluvium nachgewiesen.

In Mitteleuropa finden wir drei Erlen-Arten:

A. viridis (CHAIX) LAM. et DC. — Grünerle, eurasisch alpin.

A. incana (L.) MOENCH — Grauerle, amphiboreal montan kontinental.

A. glutinosa (L.) GAERTN. — Schwarzerle, eurasisch meridional montan ozeanisch (besitzt in Nordamerika verwandte Arten).

Die Verteilung der Arten zeigt die charakteristische Armutszone Europa, Sibirien als Folge der Eiszeit.

Amerika 16, Europa 3, Mediterrangebiet 3, Sibirien 1, Ostasien 6 Arten.

Natürliche Einteilung der Gattung *Alnus* (WINKLER 1904, S. 101).

Sect. I. *Alnobetula* KOCH (zwei Arten: *firma* Japan u. *viridis* Eurasien).
II. *Clethropsis* ENDL. (zwei Arten: Himalaya 1, China 1).
III. *Gymnothyrsus* SPACH (zwölf Arten, darunter *incana* u. *glutinosa).*
IV. *Cremastogyne* H. WINKL. (eine Art, China).

a) *Alnus viridis* (CHAIX) LAM. et DC. — Grünerle.

Vermittelt zwischen den Gattungen *Alnus* und *Betula* als besondere Sektion *Alnobetula.* Die Sektion *Alnobetula* steht von allen *Alnus*-Sektionen der Gattung *Betula* am nächsten, sie ist aber eine ganz ausgesprochene *Alnus.* ♀ Kätzchen blattachselständig und endständig an kurzen, 1—3blättrigen heurigen Laubzweigen (vgl. Birke).

1. Subalpiner und alpiner Strauch (2000 m) des Nadelholzgürtels. Glazialrelikt in der Berg- und Hügelstufe (Weinregion). Besiedelt Lawinenzüge (elastische Zweige). Feuchte, schattige Nordhänge auf Schiefer und Urgebirge.

2. Die ♀ Kätzchen überwintern in Knospenschuppen, während die Kätzchen bei allen andern *Alnus*-Arten nackt überwintern.

3. Kurzlebige Kurztriebe, die nur eine terminale Knospe tragen.

4. Männliche Kätzchen schon im Mai des ihrer Entfaltung vorausgehenden Jahres angelegt. Die weiblichen Kätzchen werden ebenfalls schon im Jahre vor ihrer Entfaltung angelegt.

5. Der Pollenschlauch wächst ohne Ruhepause durch die Chalaza in den Nucellus. (Dagegen Birke, Erle, Haselnuß).

b) *Alnus incana* (L.) MOENCH — Grauerle.

1. Rasches Wachstum in der Jugend (1. Jahr ½m, 2. Jahr 1¼ m, 5. Jahr bis 5 m), später Abnahme des Wachstums. Niederwaldbetrieb (Ausschlagsvermögen, Wurzelbrutbildung, Syllepsis).

2. Blätter in der Jugend graufilzig. Vordringen nach Norden bis 70° 30′ (Schwarzerle 63°—65°). Höhersteigen im Gebirge bis 1500 m.

3. Wurzelknöllchen (Stickstoffaufnahme).

4. Große Widerstandsfähigkeit gegen Winterkälte.

c) *Alnus glutinosa* (L.) GAERTN. — Schwarzerle.

1. Verzweigung. *Alnus glutinosa* ist ein gutes Beispiel für sylleptische Triebe. Der Jahrestrieb bringt aus den

Achseln aller Blätter Seitentriebe und Blütenanlagen hervor: Phänatavismus.

2. Die überwinternden gestielten Laubknospen entbehren der Knospenschuppen (nackte Knospen); sie sind von den Nebenblättern des ersten Laubblattes geschützt. Nackte Knospen stellen die ursprüngliche Knospenform dar, die einem gleichmäßig warmen und feuchten Klima entspricht (Phänatavismus).

3. Männliche und weibliche Blüten stehen unmittelbar trugdoldenartig nebeneinander am Ende eines Langtriebes. Das ♂ Kätzchen nimmt das Ende des Sprosses ein, unter dem ♀ Zäpfchen bemerkt man die Abbruchsnarbe eines Blattes, es stellt also einen Achselsproß dar. SCHUMANN 1904, S. 321.

4. Die Samenanlagen werden erst einige Wochen nach der Bestäubung gebildet. Verzögerung der Befruchtung. Vgl. Birke, Hasel.

5. Die Fruchtstände des Vorjahres fallen erst im Frühjahr zur Zeit der Vollblüte m i t oder nach Ausstreuung der Samen ab. Verlängerung der Vegetationszeit: Phänatavismus.

6. Schließfrucht. Nur ein Keimling im Samen. Rest einer zweiten Samenanlage: Formatavismus.

7. Häufiges Fehlschlagen der Früchte erstreckt sich oft auf sämtliche Bäume des Gebietes. Gemeinschaftliche Ursache?

8. Es bilden sich Kurztriebe, die nur 1 oder 2, allenfalls auch 3 Jahre vegetieren und dann absterben. Bedeutung? Vgl. Birke.

9. Stockausschläge mit Bildung von Johannistrieben (Syllepsis).

10. Beim Laubfall vergilben die Blätter nicht, sondern fallen grün ab, manche bleiben hängen und vertrocknen schließlich. Unvollkommene Durchführung des herbstlichen Laubfalles, einer Anpassung an das gemäßigte Klima.

11. Der ganze Blütenstand wird schon i m S p ä t s o m m e r des vorhergehenden Jahres a n g e l e g t und ü b e r w i n t e r t n a c k t: Phänatavismus der tropischen Vorfahren. Verlängerung der Vegetationszeit. Die Samenreife tritt im Sept.-Okt. ein; das Ausfallen zieht sich aber bis zum Frühjahr hin.

12. Blütenentwicklung (wie bei der Birke): α) V o r der Bestäubung ist der Fruchtknoten noch unentwickelt. β) Zur Zeit der Bestäubung entstehen die Anlagen der Samenknospen. γ) Zur Zeit der Befruchtung, die nach einer R u h e p a u s e i m W a c h s t u m d e s P o l l e n s c h l a u c h e s (31. März bis 17. Juni = $2^1/_2$ Monate) geschieht, sind die beiden Samenknospen vollkommen ausgebildet. Disharmonie zwischen Bestäubung und Befruchtung.

Grauerle und Schwarzerle.

Grauerle: kontinental, feuchte Standorte mit durchlüftetem Boden (Erlenau), Spaltöffnungen eingesenkt, zarte Haare, kalkreicher Boden, Alpen bis 1500 m.

Schwarzerle: ozeanisch, feuchte Standorte mit stagnierender Nässe (luftarmer Boden, Erlenbruch), Spaltöffnungen ungeschützt, kalkarmer Boden, Alpen bis 1200 m.

Die Grauerle ist phyletisch älter als die Schwarzerle, wie C. SCHÄFFER (1895, S. 32) aus den Blatt-

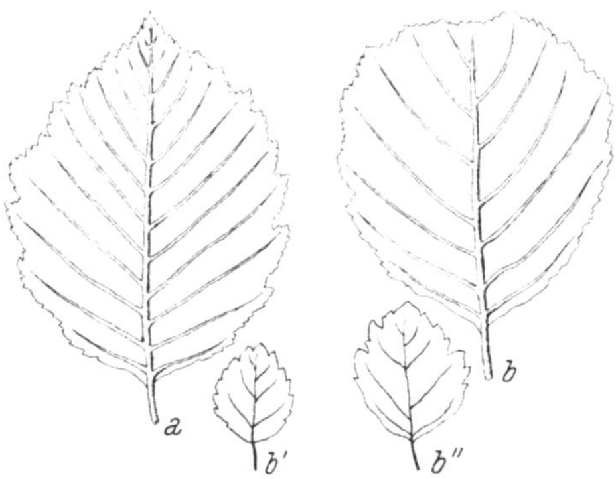

Abb. 6. Blattformen der Grauerle und Schwarzerle.

a Grauerle, *Alnus incana*	*b* Schwarzerle, *Alnus glutinosa*
Blätter relativ schmal	Blätter rundlich
Blätter oben abgeschrägt	Blätter oben abgerundet
Blätter größte Breite unter der Mitte	Blätter größte Breite ober der Mitte
Basis abgerundet	Basis schlank keilförmig
Deutliche Primärzähne	Undeutliche Primärzähne

b' und *b''* Jugendblätter der Schwarzerle; sie sind zugespitzt, haben ihre größte Breite unter der Mitte und eine abgerundete Basis — d. h. sie haben die Form der Grauerlenblätter. Erst vom 2. Jahre an nehmen die Schwarzerlenblätter mit Übergangsformen ihre Normalform an. Diese Folge der Blattformen zeigt, daß sich die Schwarzerle von einer der Grauerle ähnlichen Form ableitet. (Schäffer 1895, S. 32.)

Die Grauerle ist phyletisch älter als die Schwarzerle.

formen (Abb. 6) ableitet, denn die Schwarzerle besitzt in den Jugendblättern der Keimpflanze und in den unteren Blättern der Frühjahrssprosse Blattformen, die den Grauerlenblättern ähnlich sind. Die Sproßbasis zeigt die phyletisch älteren, die Sproßspitze die jüngeren Charaktere, so daß auch das Verkümmern der Gipfelknospe der Erlen als ein phyletisch jüngeres, vielleicht erst zur Eiszeit erworbenes Merkmal angesehen werden kann.

3. *Carpinus* L. — Hainbuche.

Zur Tertiärzeit dehnte sich in Nordamerika, Europa und Asien ein einheitlicher Waldgürtel aus. Der Wald bestand aus Arten, die sich noch heute in Mitteleuropa finden oder nächst Verwandten (Buche, Hainbuche, Eiche, Haselnuß, Ulme, Spitzahorn, Wildapfel, Sommerlinde, Stechpalme, Kiefer, Lärche und Fichte), ferner aus europäischen Arten, die heute nur in den Balkanländern vorkommen (Edelkastanie, Walnußbaum,

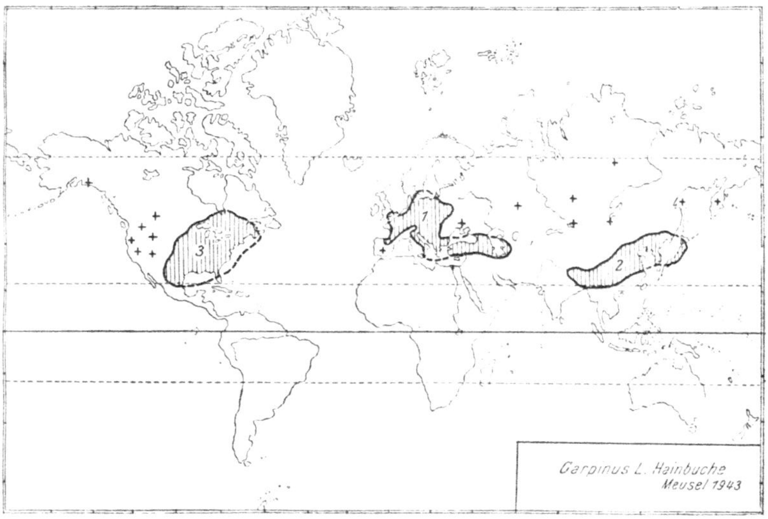

Abb. 7. Verbreitung der Gattung *Carpinus* L. — Hainbuche. *1 C. betulus* L. und *C. orientalis* Mill. — *2 C. japonica* Bl., *C. laxiflora* Bl. u. a. ostasiatische Arten. — *3 C. caroliniana* Walt. Die Kreuzchen bezeichnen Fundstellen aus der Kreide- und Tertiärzeit außerhalb der heutigen Areale.

Roßkastanie), außerdem finden sich 30% der Arten heute in Ostasien und 20% in Nordamerika. Viele davon werden heute in unseren Parkanlagen kultiviert, z. B. *Carya, Liquidambar, Ginkgo, Liriodendron, Thuja, Sequoia.*

Dieser pliozäne, aus Laub- und Nadelhölzern gemischte Waldgürtel lag früher nördlicher als heute und erfuhr infolge der am Ende der Tertiärzeit einsetzenden Klimaverschlechterung eine Verschiebung nach Süden; dabei wurde der einheitliche Gürtel aufgesplittert und in Restareale zerlegt.

Die Arealkarte der Gattung (Abb. 7) zeigt sehr schön die ursprüngliche Lage des Waldgürtels, belegt durch Fossilfunde aus Kreide und Tertiär, sowie die Aufsplitterung des Areals in vier Teilgebiete (vgl. S. 9). Auch die Artenzahl der Gattung vermindert sich; aus dem Tertiär sind 25 Arten beschrieben, denen 20 lebende Arten gegenüberstehen.

Carpinus Betulus L. ist in fast ganz Europa (fehlt Norwegen, Mittel- und Süd-Rußland) bis Kleinasien heimisch. Südosteuropa und Kleinasien besitzen verwandte Formen (Entfaltungszentrum).

MEUSEL bezeichnet *Carpinus Betulus* als südeuropäisch-montan-mitteleuropäisches Element.

An der lebenden Pflanze erinnern folgende Merkmale an die Geschichte ihrer Vorfahren.

1. Es finden sich verzweigte Jahrestriebe. Syllepsis.

2. Der Sproß endet mit dem ♀ Kätzchen. Die Fortsetzung des Sprosses erfolgt aus der Achselknospe des zweiten oder dritten obersten Blattes im nächsten oder auch schon im selben Jahr (Prolepsis — tropisches Merkmal, Sympodium — in diesem Falle Organisationsmerkmal, weil der Sproß mit Blütenstand abschließt).

3. Das schwache oberste Sproßende verfärbt sich gewöhnlich im Juni und wird nach Ausbildung einer Trennungsschichte abgestoßen. — Ausbildung eines einst funktionierenden, heute nutzlosen Organes, das erst beim Übergang in das gemäßigte Klima unbrauchbar wurde. Phänatavismus. Fortsetzung des Sprosses durch eine Seitenknospe. Sympodium in diesem Falle Anpassungsmerkmal.

4. Sehr selten wird eine entwicklungsfähige Endknospe ausgebildet. Das ursprüngliche Monopodium lebt in diesen seltenen Fällen wieder auf.

5. Verzögerte Befruchtung. HARTIG fand nach Bestäubung Mitte Mai die Samenanlagen erst Ende Mai deutlich. Nach Miß BENSON ruht der Pollenschlauch einige Zeit nach der Bestäubung, etwa vom Mai bis zum Juli, um erst dann weiter zu wachsen und die Befruchtung auszuführen.

6. Frühtreiben. Das normale Austreiben der Blätter erfolgt zwischen 10. April und 25. Mai. Ein zwölfstündiges Bad in 20% Alkohol regte die Blattknospen bereits im Dezember zur Entfaltung an. — Aufhebung der Zwangsrhythmik.

7. Der Laubfall verzögert sich, viele Blätter bleiben den ganzen Winter über am Baum. Nach dem Blattfall tritt in der Vernarbungsschicht Verholzung und Verkorkung und in den Gefäßen Holzgummibildung ein. Im späten Winter entsteht unter der (primären) Verkorkungsschicht ein wenig tätiges

Korkkambium, das die Verkorkungsschicht erneuern kann (sekundäre Verkorkungsschicht). Dadurch wird der spätere Abfall der am Baum im Herbst vertrockneten Blätter herbeigeführt. — Diese Besonderheit des Laubfalles zeigt, daß die Vegetationszeit unseres Klimas zu kurz war, um rechtzeitig die histologischen Gewebsdifferenzierungen, die dem regulären herbstlichen Laubfall vorhergehen, einzuleiten.

8. Die reife Frucht ist ein (einsamiges) Nüßchen. denn von den zwei Samenanlagen, die noch im Juli zu sehen sind, entwickelt sich ab August nur eine weiter (Formatavismus). Die Frucht reift im Oktober, ihre Ablösung vom Baum verzögert sich bis in den Winter. Dies und der Laubfall zeigen, daß die Anpassung an das gemäßigte Klima noch nicht restlos vollzogen ist.

9. Große Ausschlagsfähigkeit und Syllepsis machen die Hainbuche zur Heckenpflanze geeignet.

4. *Ostrya* Scop. — Hopfenbuche.

Die Gattung umfaßt nach neuerer Auffassung zehn Arten (1940), die sich folgendermaßen verteilen:

Amerika 5: *guatamalensis, mexicana, virginiana, Bayleii, Knowltonii.*

Japan 1: *japonica.*

China 3: *Liana, Rehderiana, multinervis* (in drei verschiedenen Provinzen).

Europa und West-Asien 1: *carpinifolia* (Mittelmeergebiet und submediterrane Zone der Alpenländer).

Bei Hubert Winkler (1904) wurden noch alle amerikanischen Arten außer *O. Knowltonii* und alle ostasiatischen Arten unter dem Namen *O. italica* Scop. subsp. *virginiana* (Mill.) H. Winkler zusammengefaßt.

Die Gattung zeigt ihre Hauptentwicklung in Amerika, denn dort wachsen fünf Arten. Von diesem Zentrum in Amerika reicht die Gattung einerseits nach Ostasien, anderseits ins Mittelmeergebiet.

Wegen dieser weiten Verbreitung und der geringen systematischen Gliederung können wir der Gattung ein hohes Alter zuschreiben (13 fossile Arten namentlich aus dem Tertiär. *O. Walkeri* Heer in Grönland, *O. „virginiana* Willd.“ im Tertiär Japans).

Aus der Verbreitungskarte schließen wir, daß die Gattung in der Tertiärzeit ihren Ausgangspunkt in der damaligen subtropischen Zone hatte, infolge der Eiszeit nach Süden abgedrängt wurde und unter Verlust zahlreicher Arten sich in drei getrennten Reliktgebieten erhalten konnte (Abb. 8). Im Mittelmeergebiet und in Amerika entwickelten (oder erhielten) sich besondere Formen.

Aus dem Mittelmeergebiet hat *O. carpinifolia* in der postglazialen Wärmezeit sich wieder nach Norden verbreitet und in der folgenden kühleren Periode sich nur an einzelnen Stellen bei

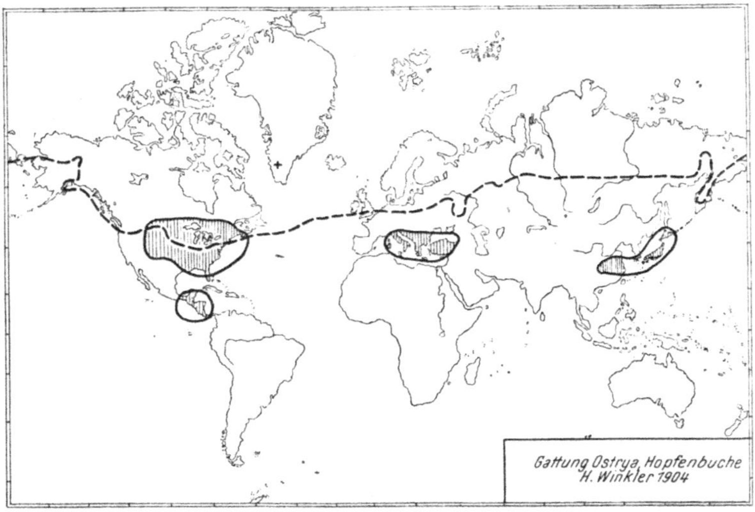

Abb. 8. Verbreitung der Gattung *Ostrya* Scop. — Hopfenbuche. Die Gattung ist fossil (+) aus dem Tertiär Grönlands (O. Walkeri Heer) bekannt. Während der Eiszeit findet sie südlich der Grenze der Vereisung — — — in Amerika, im Mittelmeergebiet und in Ostasien, weit von einander getrennte Erhaltungsgebiete.

Innsbruck (Mühlau), in Kärnten und in der Weizklamm in der Steiermark (hier vielleicht als Tertiärrelikt) erhalten.

Die Frostempfindlichkeit des Baumes deutet auf seine Heimat in wärmeren Gegenden.

5. *Corylus* L. — Die Hasel.

Geschichte der Gattung. Das Entstehungszentrum der Gattung liegt im tertiären (subtropischen) Laub-Nadelwald-Gürtel der nördlichen Hemisphäre. Mit diesem wurde die Gattung am Ausgang der Tertiärzeit nach Süden gedrängt und es entwickelten sich in Nordamerika, Südeuropa — Kleinasien,

Himalaja — Ostasien Erhaltungszentren. Man kennt 13 fossile und 8 lebende Arten der Gattung *Corylus*; die Klimaverschlechterung hatte also eine Verminderung der Artenzahl zur Folge.

Das südeuropäische Erhaltungszentrum besitzt heute nur drei Arten: *A. Colurna* L., *C. maxima* Mill. und *C. Avellana* L. Von diesen drei Arten hat nur *Corylus Avellana*, der Haselstrauch, interglazial (Pfahlbauten der Alpenländer, Tiefmoore Schwedens) und postglazial Mitteleuropa, wo er bereits in einer

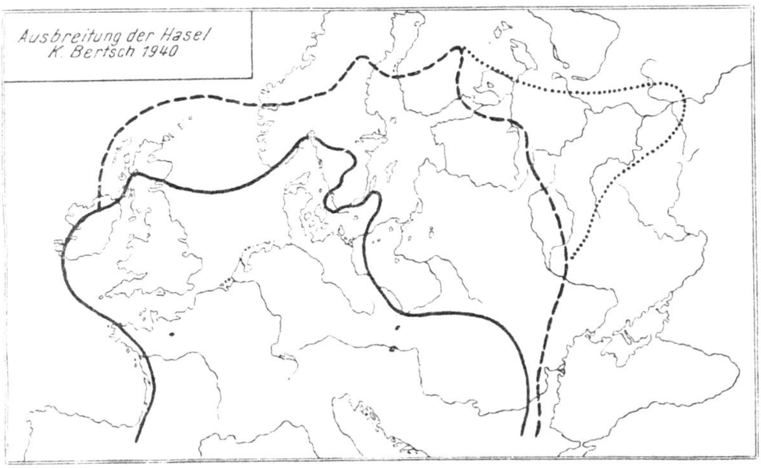

Abb. 9. Postglaziale Ausbreitung von *Corylus Avellana* in Mitteleuropa.

Von einem Erhaltungszentrum in Südwesteuropa breitet sich die Hasel in der mittleren Steinzeit (Haselzeit) —— in Mitteleuropa aus, erweitert in der jüngeren Steinzeit (Eichenmischwaldzeit) — — — ihr Areal nach Norden und Osten, in der Bronzezeit .... noch weiter nach Osten. In der folgenden Hallstattzeit (Buchenzeit) tritt ein Rückzug aus Norden und Osten ein, weil das bisher kontinentale Klima Mitteleuropas in ein ozeanisch getöntes Klima übergeht. Die Hasel bewohnt heute in Mitteleuropa ein Rückzugs-(Relikt-)Areal.

C. Quarrii sehr nahestehenden Form im Miozän lebte, wieder erobert.

Postglazial reichte er zur Zeit des Wärmemaximums (zur Haselzeit S. 424) in Europa nicht nur weiter nach Norden, sondern auch nach Osten. In der darauffolgenden atlantischen Buchenzeit verlor er wieder an Areal. Sein heutiges Areal ist also ein Reliktareal (Abb. 9). Der Rückgang in Schweden und Finnland wurde von Bertsch (1940, Abb. 21) kartographisch festgestellt. Eine Karte ihrer Verbreitung in Europa zur mittleren und jüngeren Steinzeit, sowie zur Bronzezeit bringt MEUSEL (1943, Abb. 36). Wir sind also über die Geschichte der Hasel in der Nacheiszeit durch ihre Arealgeschichte sehr gut unterrichtet.

In der Kulturzeit ist die Hasel nach Schlägerung des Waldes am Südfuß der Alpen als Niederwald und in den Alpen als Haselwiesen (Lungau) von landwirtschaftlicher Bedeutung.

Die postglaziale Ausbreitung in Europa geht bei der Hasel (und Buche) nur von einem südlichen, bei der Fichte und Kiefer dagegen nicht nur von einem südlichen, sondern auch von einem östlichen Erhaltungszentrum aus (MEUSEL 1943, S. 117).

Biologische Merkmale der Hasel, die zum Teil ihre Abkunft von subtropischen Vorfahren anzeigen.

1. Die Spitze des austreibenden Zweiges wird von einem winzig kleinen Vegetationskegel abgeschlossen. Dieser wächst aber nicht zur Fortsetzung des Sprosses aus, sondern nach kurzer Zeit beginnt die Spitze des Zweiges mit einigen kleinen Blättern und dem Endknöspchen zu welken, sie vertrocknet und fällt ab. Die Fortsetzung des Zweiges übernimmt vielmehr die stets etwas kräftiger als die übrigen Knospen entwickelte Knospe aus der Achsel des obersten Blattes. Atavistisch wird die Endknospe zur monopodialen Fortsetzung des Sprosses angelegt. Ihre anfängliche Ausbildung und das folgende Absterben zeigt, daß die ursprüngliche, den subtropischen Lebensbedingungen der Vorfahren entsprechende monopodiale Verzweigung unter den winterlichen Klimaverhältnissen der gemäßigten Zone der sympodialen Verzweigung weichen mußte.

2. Die Hauptachse wird durch Seitensprosse übergipfelt. Basitone Förderung. Strauchform.

3. Der Jahrestrieb trägt unten Kleinknospen, die in der Regel nicht austreiben, in der Mitte Knospen, aus denen Kurztriebe, die 3—4 Jahre alt werden, zu oberst Knospen, aus denen Langtriebe hervorgehen. Was bedeutet das Austreiben und folgende Absterben der Kurztriebe?

4. Der Jahrestrieb verzweigt sich nicht selten(!) noch im Jahre seiner Entstehung. Prolepsis. Rückschlag in tropische Wachstumsweise. Das Austreiben der Seitenknospe folgt der Eigenrhythmik und wartet zu ihrer Entfaltung nicht auf die kommende günstige Vegetationsperiode, das Frühjahr.

5. Die Markstrahlen geben auch im Winter intensive Stärkereaktion (Stärkebaum), wodurch der Haselstrauch als Pflanze wärmerer Gegenden charakterisiert wird.

6. Anlage der Blüten- und Blattknospen im April und Mai, in dem der Entfaltung vorhergehenden Jahr. Verlängerung der Vegetationsperiode.

7. Die Kätzchen lassen sich experimentell zu vorzeitigem Austreiben bringen. Wiederherstellung der Eigenrhythmik durch Aufheben der durch das Klima aufgezwungenen Rhythmik.

8. Die ♂ überwintern nackt, die ♀ in Knospen, geschützt durch außen filzig behaarte Deckschuppen. Nackte Knospen stellen die ursprüngliche Knospenform dar, die einem gleichmäßig warmen und feuchten Klima entspricht. Phänatavismus.

9. Zur Zeit der Vollblüte (der Bestäubung) ist noch keine Fruchtknotenhöhle und keine Spur von Samenanlagen vorhanden. Erst Ende Mai bildet sich der Fruchtknoten mit den Samenanlagen, jetzt erst geht die Befruchtung vor sich.

Die Weiterentwicklung der weiblichen Blüte unterbleibt, wenn die Blüte nicht bestäubt wird und der Pollenschlauch keinen Anstoß zur Entwicklung der Samenanlagen gibt. Der in die Narbe eingedrungene Schlauch r u h t von Februar bis Juni. Verzögerung der Befruchtung.

10. Der zweijährige Fruchtknoten enthält zwei, seltener drei Samenanlagen. In der Regel reift nur eine Samenanlage aus. Die zweite Samenanlage findet sich in der Frucht (Haselnuß) als weißes Schüppchen. Man hat zwei- und dreisamige Früchte beobachtet: Formatavismus.

Die Birkengewächse sind, wie durch Fossilien nachgewiesen ist, kreidezeitlichen oder arktotertiären, d. h. tropischen Ursprungs, der sich, wie ich zu zeigen versuchte, auch an den heute lebenden Formen durch mehrere Merkmale nachweisen läßt. Im Laufe der Tertiärzeit haben sie sich so stark an die Klimabedingungen der gemäßigten Zone angepaßt, daß sie zu einer charakteristischen, typischen Familie dieser Zone geworden sind. Wir können uns vorstellen, daß für die Birkengewächse die Umstellung von tropischen auf temperierte Formen durch kosmische Ereignisse (Polverlagerung) erzwungen wurde, während umgekehrt nach der Eiszeit kein Zwang vorlag, sich wieder auf tropische Lebensformen umzustellen, was auch wegen der Nichtumkehrbarkeit (Irreversibilität) biologischer Entwicklungsgänge nicht möglich ist. Ähnliches gilt für zahlreiche Koniferen; sie b l e i b e n Pflanzen der nördlich gemäßigten Zone und suchen in den Tropen Gebirgslagen auf.

Literatur.

HEGI III/65. — SCHÄFFER, C. Über die Verwendbarkeit des Laubblattes der heute lebenden Pflanzen zu phylogenetischen Untersuchungen. Abh. aus dem Gebiete der Naturwiss. Herausgegeben vom Nat. Verein in Hamburg. 1895. — WINKLER, HUBERT in ENGLER: Das Pflanzenreich, 1904.

III. *Fagaceae.* — Buchengewächse.

Die folgende Zusammenstellung, für die ich auch an dieser Stelle Herrn Prof. JANCHEN (briefl. 1951) herzlich danke, ermöglicht eine rasche Übersicht über die Aufteilung der Familie (ca. 850 Arten) in 11 Gattungen, die Verbreitung der Gattungen und ihre Artenzahl nach O. SCHWARZ 1936. In Klammern sind die Zahlen der bis 1940 beschriebenen Arten beigefügt.

Nothofagus: etwa 17 Arten in der südl.-gem. Zone (nicht in Afrika).

Fagus: etwa 9 (+ 1) Arten in der nördl.-gem. Zone (nicht in Afrika).

Castanopsis: etwa 30 (+ 11) Arten im trop. u. subtrop. Asien u. in Malesien, 1 Kalifornien.

Castanea: 8 Arten in der nördl.-gem. Zone.

Pasania: wenigstens 100 Arten in Ostasien u. Malesien, eine Art in Kalifornien.

Cyclobalanus: etwa 30 Arten in Südost-Asien und Malesien.

Lithocarpus: rund 10 (+ 27) Arten in Malesien und Südost-Asien, bes. auch in Neu-Guinea.

Cyclobalanopsis: rund 80 (+ 2) Arten in Ostasien und Malesien.

Erythrobalanus: rund 175 Arten in Nord- u. Mittel-Amerika.

Macrobalanus: etwa 10 Arten in Mittelamerika.

Quercus *): etwa 320 Arten in der gem. Zone u. in den Subtropen der nödl. Halbkugel, in Amerika südlich bis Ecuador.

Aus dieser weltweiten, z. T. sehr lückenhaften Verbreitung schließt IRMSCHER (1922, 99), daß die Ausbreitung dieser sehr alten Familie, von der Fossilien aus der mittleren Kreide gefunden wurden, bereits zu einer Zeit erfolgte, als die Erdoberfläche ein anderes Großformenbild als heute zeigte, das sowohl auf der nördl. wie südl. Hemisphäre Landbrücken enthielt.

Phylogenie der Fagaceen. „Der Versuch, diese oder jene Gattung der Fagaceen als die ursprüngliche zu erklären

*) *Quercus* im weiteren Sinne, d. i. ohne Abtrennung (O. SCHWARZ) von *Erythrobalanus* (bekannteste Art *E. rubra* SCHWARZ = *Quercus borealis*) und *Macrobalanus* zählt (bis 1936) rund 505 Arten.

und eine Gattung von der anderen abzuleiten, muß scheitern. Denn die Gattungen sind Endglieder verschiedener phylogenetischer Reihen. Gruppiert man die Gattungen nach einzelnen Merkmalen, z. B. nach dem Bau der Griffel oder des Fruchtbechers (Kupula) oder der Samenanlagen, so ergeben sich immer verschiedene Reihen, deren Glieder zwar in natürlicher Verwandtschaft stehen, aber doch nicht den Entwicklungsgang der Familie erschließen lassen. Denn jede Gattung hat nicht den gleichen genetischen Grundstock erhalten, es hat vielmehr jede einen Teil desselben eingebüßt, einen anderen Teil, der oft genug auch in einer anderen Gattung bewahrt wurde, zur besonderen Entwicklung gebracht, in diesem sich also spezialisiert. Weil damit aber jede der Gattungen neben gewissen primitiven Zügen auch spezielle Züge entwickelte, ergaben sich schließlich eine ganze Reihe Spezialisierungsüberschneidungen, so daß trotz überall sichtbar werdender Konvergenzen keine einzige Gattung von einer anderen direkt abgeleitet werden kann. Es ist das Zusammenwirken ganz verschiedener Merkmale, aus dem das Charakteristische einer Gattung ensteht und von dem aus wir ein Bild der natürlichen Verwandtschaft gewinnen können. nicht aber ein einziges Merkmal". O. SCHWARZ 1936, S. 36, vergl. auch O. SCHINDEWOLF, 1950.)

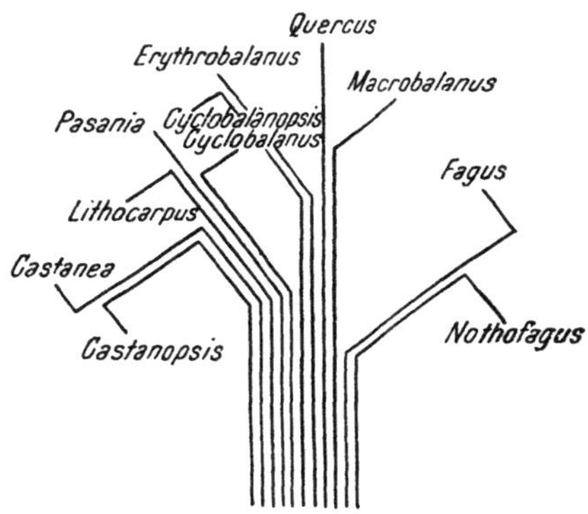

Abb. 10. Stammbaum der *Fagaceae* — Buchengewächse.

Auf Grund dieser theoretischen Auseinandersetzung entwirft O. SCHWARZ ein Verwandtschaftsschema der Fagaceen, das von den üblichen „Stammbäumen" abweicht und als Vorbild für das Studium anderer Familien gelten kann (Abb. 10).

In das Zentrum der Entwicklung ist *Quercus* gestellt. Die Plastizität ihrer vegetativen Organe, die primitiveNarbenbildung, die Mannigfaltigkeit ihrer Becherschuppen, der große Formenreichtum (Gattung mit größter Artenzahl), das weiteste Gattungsareal läßt sie als lebenskräftigsten Sproß der Familie, in dem diese den Höhepunkt ihrer Entwicklung erreichte, erkennen.

Die Gattung *Quercus* vereinigt in annähernd gleichem Umfang ursprüngliche und abgeleitete Merkmale und ist mit diesem umfangreichen Besitz von Erbeinheiten die am wenigsten spezialisierte Gattung der Fagaceen.

Die systematische Stellung der Fagaceen hängt wesentlich von der Vorstellung ab, die man sich über die Herkunft der Angiospermenblüte macht. Manche Autoren, z. B. O. SCHWARZ (1936), bezeichnen die Fagaceen als blütenbiologisch hochgradig reduziert, so daß sie auf keinen Fall als primitiv in dem Sinne, daß sie den ursprünglichsten und allgemeinsten Angiospermentypus am nächsten ständen, angesehen werden können. E. JANCHEN (1950) kommt auf Grund schwerwiegender Tatsachen zum überzeugenden Schluß, daß die Fagaceen jedenfalls als primitiv, keinesfalls als hochgradig reduziert anzusehen sind. Allerdings sind sie nicht so primitiv wie die Juglandaceen und Betulaceen. Ob man die Reihenfolge der Apetalen mit den Juglandaceen oder mit den Betulaceen beginnen soll, ist bis zu einem gewissen Grade Geschmackssache, denn im männlichen Geschlechte sind die Betulaceen ursprünglicher, im weiblichen Geschlechts die (Myricaeen und) Juglandaceen (JANCHEN briefl. 1951.)

Die Anemogamie (Windbestäubung) der meisten Fagaceen (*Castanea* ist entomogam) ist wahrscheinlich ein primitives, ein ursprüngliches Verhalten.

Zu ganz anderen Anschauungen kommt O. PORSCH, 1950: Alle Gattungen besaßen ursprünglich zwitterige Insektenblüten und bei allen finden sich Reste des anderen Geschlechtes. Diese Blüten konnten bei Eingeschlechtigkeit, Ein- oder Zweihäusigkeit sekundär wieder windblütig werden.

Castanea ist eine einhäusige, primitive Käferblume auf dem Wege wieder windblütig zu werden; ihre Verwandten haben die Windblütigkeit schon ± erreicht (PORSCH, S. 313). Die Scheinähren dieser insektenblütigen Pflanzen stehen aufrecht.

Fagus ist ein einhäusiger Windblütler. — Hängende Kätzchen.

Quercus ist ein einhäusiger Windblütler. — Hängende Kätzchen.

Die Wachstumsweise der Fagaceen ist ursprünglich monopodial und tritt deutlich bei den Johannistrieben von Buche und Eiche hervor. Bei Buche und Kastanie stirbt aber die Gipfelknospe häufig ab. Das Blühen erfolgt bei der Kastanie und Buche am jungen Holz, bei der Eiche entwickeln sich die ♀ Blütenstände am jungen, die ♂ Blütenstände am alten Holz. In Wachstumsweise und Blütenstandsstellung zeigen die Buchengewächse Merkmale ihrer tropischen Abkunft. Übergangserscheinungen leiten zum Leben in der gemäßigten Zone über.

Daß die Fagaceen eine sehr alte Familie sind, ist durch fossile Funde aus der mittleren Kreide belegt.

Schalten wir einen kurzen Überblick über die *Monochlamydeae* (= *Apetalae*) ein. Unter dieser Bezeichnung faßt WETTSTEIN (1935, S. 616) Familien zusammen, die entweder keine oder nur eine einfache Blütenhülle (Perianthium) besitzen.

Die gröbste Methode der pflanzengeschichtlichen Forschung — die Statistik — gibt uns einen aufschlußreichen Einblick in die Entwicklungsfähigkeit der einzelnen Familien und Gattungen der Apetalen. Wir zählen unter den heute lebenden Formen:

Betulaceen:	6 Gattungen,	240 Arten:	*Betula*	100 Arten
			Alnus	50 Arten
			Carpinus	60 Arten
			Ostrya	10 Arten
			Corylus	20 Arten
Fagaceen:	11 Gattungen,	850 Arten:	*Fagus*	9 Arten
			Castanea	8 Arten
			Quercus	**320** (**505**) Arten
Juglandaceen:	6 Gattungen,	47 Arten:	*Juglans*	8 Arten
Salicaceen:	2 Gattungen,	650 Arten:	*Populus*	150 Arten
			Salix	**500** Arten
Ulmaceen:	15 Gattungen,	120 Arten:	*Celtis*	20 Arten
			Ulmus	30 Arten

Die Salicaceen sind zweifellos stark abgeleitet (Vielsamigkeit, rasche Samenentwicklung, Kapselfrüchte u. a.). Die Ulmaceen sind noch stärker abgeleitet, noch weniger primitiv.

Die Gattungen *Salix* (Weide) und *Quercus* (Eiche) heben sich von allen anderen Gattungen durch ihre große Artenzahl ab. Durch fossile Funde ist für alle Gattungen ein hohes Alter festgestellt. Das gilt auch für *Salix* und *Quercus;* beide Gattungen aber zeigen erst in jüngerer Zeit (in Europa im Miozän) nach dem Verschwinden wärmerer, bzw. sogar tropischer Formen ein Aufblühen in der gemäßigten Zone, während alle anderen Gattungen nur als Restflora in geringerer Artenzahl auftreten.

Beiden Gattungen ist die große Mannigfaltigkeit an Blattformen und die Fähigkeit, Bastarde zu bilden, gemeinsam.

1. *Fagus* L. — Buche.

Zu dieser Gattung gehören etwa 8 Arten im nördlichen extratropischen Florenreich. Durch fossile Funde wird dieses

Areal bis auf die südliche Halbkugel erweitert, denn es finden sich diese reichlich und wohl mit Sicherheit aus Kreide und Tertiär von Neuseeland und Australien, dann aber auch von der antarktischen Seymourinsel.

Auf der nördlichen Halbkugel weisen fossile Funde von Nordamerika, Alaska, Grönland, Island, Spitzbergen und Westasien auf eine einst andersgeartete Verbreitung hin. Höchst auffallend ist das heutige Fehlen von *Fagus* in Süd-

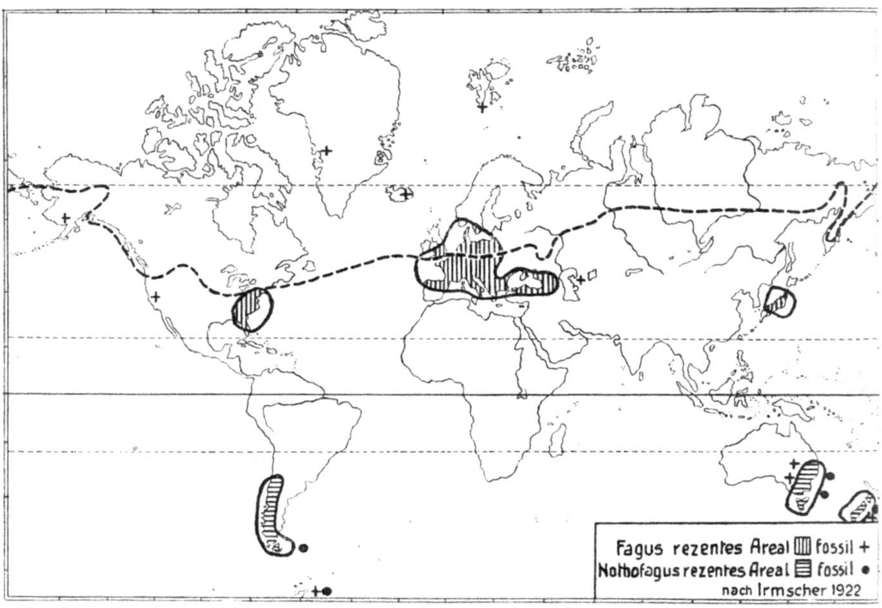

Abb. 11. Verbreitungsgebiet der Gattungen *Fagus* — Buche und *Nothofagus*.

Die Gattung *Fagus* findet sich in Europa im Tertiär fossil in der heutigen Arktis, wird zur Eiszeit nach Süden abgedrängt, erhält sich in drei weit von einander getrennten Gebieten und dringt nach der Eiszeit (Eislinie ———) wieder nach Norden vor. *Nothofagus* findet sich auf der südlichen Halbkugel.

amerika und Australien, sowie das völlige Fehlen von Buchen in Afrika und dem südlichen Asien (Abb. 11).

Die nahe verwandte Gattung *Nothofagus* bewohnt die südlich gemäßigte Zone und enthält immergrüne Arten.

Es erscheint damit die Annahme einer tropischen Stammart, die nach Norden die Gattung *Fagus*, nach Süden *Nothofagus* entwickelte, begründet. Wir werden später untersuchen, ob wir an unserer heutigen Buche noch Spuren dieses tropischen Ursprungs auffinden können. Wir halten den immergrünen *Nothofagus*-Typus für ursprünglich im regenreichen, südlichen Gebiete und in geringer Höhe, den sommergrünen Typus dagegen für sekundär entstanden in nördlicheren, trockeneren, durch größere Temperaturextreme ausgezeichneten Gebieten in größerer Höhenlage.

Bildungszentrum der Buche und Einwanderung in Europa. Die gegenwärtige Verbreitung der Gattung *Fagus* in Ostasien, Vorderasien, Europa und Nordamerika weist auf Japan als Bildungs- und Ausstrahlungszentrum hin. Die im Tertiär Europas lebenden Buchen füllen die heute bestehende Lücke zwischen den östlichen und westlichen Arten aus. GRADMANN nimmt an, daß die Einwanderung der Buche nach Europa entlang einer Linie südlich vom aralo-kaspischen Meere vor sich ging, etwa der Linie Ostasien—Altai—Aralsee—Kaspisee-Kaukasus—Kleinasien (LÄMMERMAYR, 1923, S. 63).

A. ENGLER (1879, II, 96) nimmt an, daß „*Fagus* und *Nothofagus* gleichwertige, einem gemeinsamen Stamm entsprungene Gruppen darstellen. Der Ursprung beider dürfte vielleicht im indischen Archipel zu suchen sein, wo wir alle, auch anderswo fehlende Sektionen der Gattung *Quercus*, sowie *Castanopsis*, an welche sich *Castanea* anschließt, vertreten finden. Es wird dies auch dadurch wahrscheinlich, daß eine Art, *Fagus Morrei*, noch in Neu-Südwales vorkommt, das ja jetzt noch viele Formen mit dem indischen Archipel gemein hat."

Zur Eiszeit starb die Buche in Mitteleuropa aus; sie wurde nach Süden und Südosten zurückgedrängt. Refugien (Zufluchtsstätten) fand sie im Westen etwa in der Gegend von Lyon, in den Ostalpen in Südsteiermark nördlich bis etwa Graz, in den Ostkarpaten, in den südeuropäischen Halbinseln Spanien, Italien, vor allem am Balkan. Der Schwerpunkt der Verbreitung war im Diluvium ausgesprochen der Südosten. Vergleicht man das heutige Buchenareal mit dem diluvialen, so kommt man zum Schlusse, daß im Verlauf der West-, Süd- und Ostgrenzen keine wesentlichen Verschiedenheiten bestehen; die Nordgrenze aber verlief südlich des 50° n. Br. Die Zufluchtsgebiete waren vielfach von einander getrennt (Karte I bei LÄMMERMAYR, 1923).

Die Rückwanderung der Buche nach Mitteleuropa in der Nacheiszeit hat K. BERTSCH (1940, S. 48) auf Grund pollenanalytischer Untersuchungen ausführlich dargestellt. Die Einwanderung fand verhältnismäßig spät statt, die atlantische Buchenzeit folgt auf die kontinentale Eichenmischwaldzeit. Die größte Entfaltung zeigt die Buche in Mitteleuropa am Ende der Bronzezeit, etwa um das Jahr 800 v. Chr. Geburt. Die Einwanderung erfolgte einerseits von Südwesten (Lyon) um den Westflügel der Alpen, anderseits um den Ostflügel herum; die Buche ist aber auch über den Brennerpaß ins deutsche Voralpengebiet eingewandert.

Von der Zufluchtsstätte in Südosteuropa sehen wir die allmähliche Verspätung in ihrem Auftreten in Niederösterreich, in Inner-Böhmen, im Erzgebirge, in Schleswig, Dänemark und Schweden.

Im jüngsten Abschnitt der Nacheiszeit hat die Buche wieder an Gebiet verloren, besonders in Nord- und Ost-Europa, doch auch in den Alpen (Wallis). Im Riesengebirge ist ihre Höhengrenze um rund 300 m gesunken.

Wenn wir auch die tertiären Buchenarten nicht mit unserer *F. silvatica* gleichsetzen dürfen, so können wir doch mit Bestimmtheit sagen, daß unsere Rotbuche *(F. silvatica)* im Tertiär ein großes Areal bewohnte, daß dieses in der Eiszeit stark verkleinert wurde, in der Nacheiszeit, und zwar in der Bronzezeit sich neuerdings erweiterte, um bei Annäherung an die Gegenwart wieder zurückzugehen (fünf Phasen der Arealgestaltung). Daher ergibt sich zusammenfassend für die

C h o r o g e n e s e (= Entwicklung des Verbreitungsgebietes):

1. Tertiäres Areal für die Gattung: weitere Verbreitung nach Norden (Grönland usw.), für die Art *Fagus silvatica*: im Pliozän weitere Verbreitung in Mitteleuropa (Frankreich, Frankfurt a. M., Schlesien).

2. Eiszeitliche Refugien im Südosten und Südwesten der Alpen (Lyon, Steiermark); interglazial nachgewiesen (Hannover, Thüringen, Suffolk, Hötting u. a.).

3. Postglaziale Ausbreitung in Mitteleuropa.

4. Im jüngsten Abschnitt der Nacheiszeit erfolgte ein Rückgang besonders im Norden und Osten Europas. Die Höhengrenze ist um 300 m gesunken.

5. Durch die Kultur wird die Buche zugunsten der Fichte zurückgedrängt.

Diese Geschichte hat in der heute lebenden Buche Spuren hinterlassen. Ich führe kurz die Tatsachen nach KIRCHNER, LOEW, SCHRÖTER, Lebensgeschichte usw. an (in Klammern die Seitenzahl).

1. Die Buche ist gegen Spätfröste sehr empfindlich (S. 14). — Erbgut eines wärmeren Klimas, nicht in der gemäßigten Zone erworben.

2. Ungeregelte Entwicklung von Kurz- und Langtrieben. Die Blütenbildung ist nicht wie bei anderen Bäumen an die Kurztriebe gebunden (S. 28, 29). — Noch nicht fixierte Arbeitsteilung.

3. Absterben des Gipfelsprosses (S. 50). Der Abschluß des Frühlingstriebes kann(!) durch eine Endknospe geschehen, nicht selten aber stirbt die Triebspitze ab und die oberste Seitenknospe rückt an ihre Stelle ein, d. h. das ursprüngliche Monopodium wird zum Sympodium, an Stelle der Wachstumsweise der Tropen tritt die der gemäßigten Zone. Diese Umstellung ist aber noch nicht zur Regel, zur Gesetzmäßigkeit geworden. Die Buche schwankt gewissermaßen zwischen beiden Wachstumsweisen. — Zuerst Ausbildung und dann Absterben ist Materialverlust, Folge des ungünstigen Klimas. Phänatavismus. Ausbildung geht auf wärmeres, Absterben auf ungünstiges Klima zurück.

4. Johannistrieb, Laubausschütten (S. 49). — Vgl. Eiche, S. 65. Von größter theoretischer Bedeutung ist die Tatsache, daß der Johannistrieb stets ein Monopodium ist, denn Späth (1912, S. 11) stellt fest: „Schließt ein nochmals treibender Trieb der Buche mit einer Terminalknospe, so entwickelt diese den Johannistrieb, schließt er mit zwei Knospen, so ist immer die obere bevorzugt."

5. Laubfall. Die Blätter bleiben nicht selten (!), namentlich im Unterholz, den ganzen Winter über und länger hängen, weil die Bildung der Trennungsschichte ausgeblieben ist. (S. 56.) — Vgl. Eiche S. 66. Unvollkommene, nicht fixierte Anpassung an das gemäßigte Klima.

6. Der Verschluß der Blattnarben nach dem Laubfall durch Bildung des Periderms beginnt unmittelbar nach dem Blattfall und ist im Dezember beendet, unterbleibt aber manchmal ganz (S. 56). — Unvollendete Anpassung.

7. Die ♂ Blüten werden schon im August des Vorjahres bis zur Antherenausbildung entwickelt; die ♀ schreitet im Jahre vor der Entfaltung bis zur völligen Gestaltung des Fruchtknotens, der Fruchthöhle, der Narbenarme und des Perigons vor; nur die Samenanlagen sollen erst im Frühjahr der Blütezeit auftreten (S. 62). — Verlängerung der Vegetationsperiode.

8. Getrenntgeschlechtig (einhäusig), aber Reste des männlichen Geschlechts kommen ausnahmsweise in den weiblichen

Blüten vor (S. 65). — Ursprünglich also Zwitterblüten. Atavismus.

9. Die Frucht ist meist eine einsamige Nuß; doch sind zweisamige Früchte nicht ganz selten und auch drei- und sechssamige kommen vor (S. 65). — Atavismus.

10. Verkahlen der Blätter. — Behaarung der jugendlichen Blätter im wärmeren Klima erworben. Atavismus.

11. Unter normalen Bedingungen entwickeln an jüngeren Bäumen die oberen Knospen der Zweige Langtriebe, die unteren Knospen der Zweige Kurztriebe. Später überwiegt die Kurztriebbildung; abgesehen vom Alter ist das Mengenverhältnis zwischen Kurz- und Langtrieben wohl auch von den Feuchtigkeitsverhältnissen und der Bodenbeschaffenheit abhängig (S. 29). — Unvollendete Anpassung.

Der Buchenwald. Die Buche gehört zu den wichtigsten Waldbildnern Europas, denn sie bedeckt große Teile dieses Erdteils in mehr weniger reinen Beständen. Der Buchenwald wurde daher auch Gegenstand eingehender Untersuchungen (RUBNER, 1934). Wir verdanken dem Organisationstalent Prof. RÜBELS in Zürich einen Sammelband „Die Buchenwälder Europas", in dem die angesehendsten Pflanzensoziologen die Assoziation in ihrem Wechsel in den verschiedenen Teilen Europas schildern. Die Entwicklung der Buchenassoziation im Laufe der Zeit verfolgen R. KELLER, 1896, L. LÄMMERMAYR, 1923, K. BERTSCH, 1940.

Die Buchenpflanzengesellschaft ist heterogenen Ursprungs und hat erst nach der Eiszeit ihre gegenwärtige Zusammensetzung erhalten.

2. *Castanea* HILL. — Edelkastanie.

Die Gattung *Castanea* gliedert sich nach IRMSCHER (1922) in die beiden Sektionen *Castanopsis* und *Eucastanea*, von denen erstere neuerdings wieder als eigene Gattung (von DODE) behandelt wird.

Castanopis zählt etwa 25 Arten, von denen eine im westlichen Nordamerika von Kalefornien bis Oregon, die übrigen ca. 24 Arten aber vom Himalaya bis zum Malaischen Archipel vorkommen. Die Lücke in Europa wird durch fossile Funde nicht geschlossen.

Eucastanea umfaßt etwa 3—5 einander sehr nahestehende Arten, deren Verbreitung aus der Karte Abb. 12 zu ersehen ist. Auffallend ist der ozeanische Zug, indem die Randbezirke der

Kontinente bevorzugt sind; umso auffallender ist das Fehlen von *Castanea* im pazifischen Nordamerika. (Vgl. auch Koniferen S. 9.)

Dieser ozeanische Zug in der Verbreitung der Gattung (Sektion) *Castanea* wiederholt sich auch in kleinem Raum, indem der Baum, ähnlich wie die Buche, in den Alpenländern die feuchten Randzonen bewohnt, was umso auffallender hervortritt, wenn man vergleichsweise die Areale von Kiefer und Zirbe betrachtet, welche die kontinentale Innenzone besiedeln.

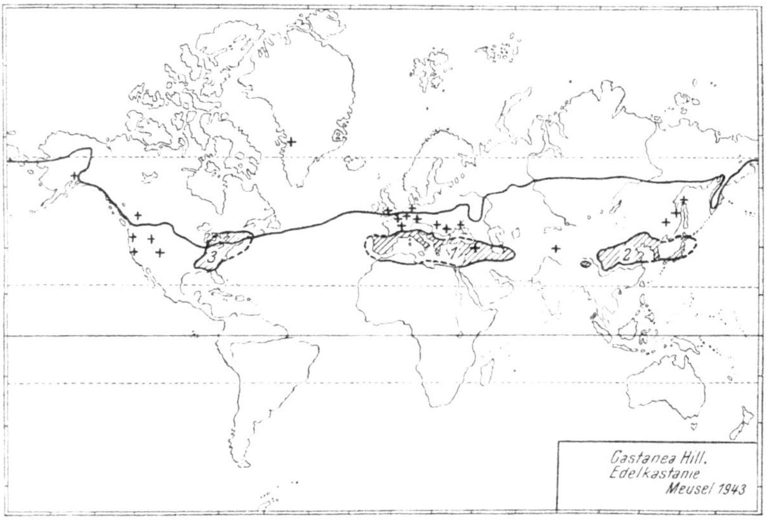

Abb. 12. Verbreitungsgebiet der Gattung *Castanea* Hill. — Edelkastanie. Die Gattung war im Tertiär (Fossilfunde +) bis in die Arktis verbreitet, fand zur Eiszeit südlich der Vereisungsgrenze (—) in Europa (*1 C. sativa*), in Ostasien (*2 C. japonica*) und im atlantischen Nordamerika Zufluchtsstätten. In Nordamerika wurde die Zufluchtsstätte zu einem schwachen Entwicklungszentrum (*3 C. dentata, C. pumila, C. nana*).

Fossile *Castanea*-Arten sind aus Alaska, Nordkanada, aus dem westlichen Nordamerika, aus Europa, Japan und Sachalin bekannt. In Mitteleuropa treten sie im älteren Tertiär, besonders aber im Pliozän, auf. Interglazial wurde die Kastanie auf der Südseite der Alpen festgestellt (Abb. 12).

Wir haben also wieder die uns schon von Eiche, Buche, Walnuß usw. bekannte dreiphasige Arealgestaltung: ein tertiäres, weit nach Norden reichendes und ein eiszeitliches, stark eingeengtes Areal im Süden und Südosten der

Alpen. Daneben ein drittes Kulturareal, das die Edelkastanie in den Vogesen, im Schwarzwald, Mittelrheintal, ja sogar auf Rügen und in Pommern zeigt. Es handelt sich aber hier überall um kultivierte und verwilderte Bäume. ARNOLD ENGLER (Ber. schweiz. bot. Ges. 1901) nimmt an, daß die Kastanie auch im Gebiete der Alpen, wo heute am Südfuße in Tessin und Südtirol ausgedehnte Kastanienhaine vorhanden sind nicht ursprünglich ist.

Die Kastanie ist also ähnlich wie der Walnußbaum aus den eiszeitlichen Refugien nicht mehr nach Mitteleuropa zurückgewandert; sie ist auch nicht am Aufbau der mitteleuropäischen Waldgesellschaften beteiligt.

Hinweise auf ihre ursprünglich tropisch-subtropische (tertiäre) Abkunft erblicken wir in folgenden Tatsachen:

1. Ältere Bäume leiden unter Spätfrösten weniger als der Nußbaum; junge Pflanzen aber sind empfindlicher (K. L. SCHR., S. 131).

2. Die Spitzen der Zweige sterben oft wie bei anderen Cupuliferen ab (K. L. SCHR., S. 136).

3. Häufig tritt Johannistriebbildung ein. (K. L. SCHR., S. 136.)

4. Die abgestorbenen Blätter haften oft bis zum nächsten Frühjahr. Vgl. S. 57.

5. In der Jugend tragen die Laubblätter, namentlich auf der Unterseite, Seidenhaare und kurze Drüsenhaare, die bereits während der Blattentfaltung schrumpfen und undeutlich werden (K. L. SCHR., S. 138). Atavismus.

Für die Stammesgeschichte sind bedeutungsvoll:

6. Ausnahmsweise werden Zwitterblüten beobachtet. — Dies scheint dafür zu sprechen, daß sich die getrenntgeschlechtigen einhäusigen Blüten von Zwitterblüten ableiten. (Vielleicht Atavismus.) Sekundärer Windblütler. (S. 487.)

7. Der Fruchtknoten ist oberständig, aber seitlich mit der Blütenhülle verwachsen, so daß er unterständig erscheint; er ist gewöhnlich (!) sechsfächerig und enthält in jedem Fache zwei hängende Samenanlagen, von denen aber meist (!) nur eine zum Samen heranreift. (Vielleicht Atavismus, nach NEUMAYER 1924 ein ursprüngliches Merkmal.)

3. *Quercus* L. — Eiche.

Die Gattung umfaßt über 320 gute, zum Teil aber sehr schwer zu gruppierende und von einander zu unterscheidende

Arten, welche vorwiegend in Nordamerika, Europa und Westasien beheimatet sind.

Die den lebenden an Zahl nicht nachstehenden fossilen Formen beginnen in Nordamerika schon in der unteren Kreide, die Gattung gehört also mit zu den ältesten bekannten Dikotylen. In jüngeren Kreideschichten Nordamerikas, Grönlands, Mitteleuropas, sowie Australiens und Neuseelands findet sich die Gattung in zahlreichen Arten. Im Tertiär mehrt sich die Formenfülle auf der nördlichen Halbkugel, ebenso in Australien und Neuseeland; auch aus dem Pliozän Brasiliens sind vier *Quercus*-Arten bekannt (Abb. 13).

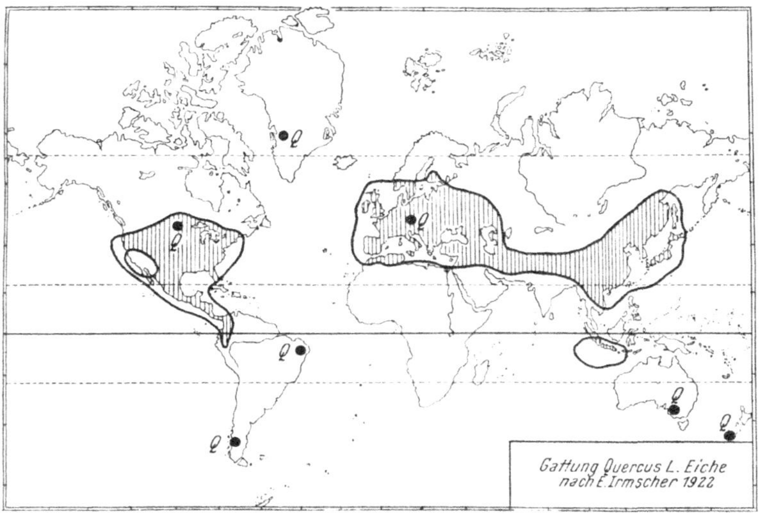

Abb. 13. Verbreitungsgebiet der Gattung *Quercus* L. — Eiche. Fossile Reste der Gattung finden sich bereits in der Kreide außerhalb des heutigen Verbreitungsgebietes. Einzelne Arten bewohnen heute die Tropen.

Arten der Sektion *Robur*, zu der die zwei in Mitteleuropa verbreitetsten Arten gehören, erscheinen in Europa im Miozän. Die heutigen Typen erscheinen erst in junger Zeit nach dem Verschwinden wärmerer, bzw. sogar tropischer Formen.

Qu. Robur und *Qu. petraea* (= *Qu. sessiliflora*) kennt man auch aus interglazialen Ablagerungen der Südalpen sowie aus den Pfahlbauten der Steinzeit.

Wir finden daher bei unseren Eichen wieder die typische Drei-Phasen-Arealgestaltung: 1. ein tertiäres durch fossile Funde belegtes Areal, 2. ein eiszeitliches Rückzugsareal (mit interglazialen Vorstößen) und 3. das heutige Areal, das durch Wiedereinwanderung in der Postglazialzeit in seinem Werden durch pollenanalytische Untersuchungen verfolgt werden kann.

Die Rückwanderung erfolgte gleichzeitig mit Ulme und Linde, die alle fast gleiche klimatische Ansprüche stellen und heute nahezu das gleiche Gebiet bewohnen; man spricht daher vom „Eichenmischwald" und einer „Eichenmischwaldzeit", die in einen wärmeren Klimaabschnitt der Nacheiszeit fällt. Je weiter man nach Norden kommt, desto mehr verspätet sich die Entwicklung des Eichenmischwaldes, deren Höhepunkt in südlichen Gebieten bereits in den Haselgipfel fällt; im bayrischen Alpenvorland tritt der Eichenmischwaldpollen umso später auf, je weiter man nach Osten kommt, die Besiedelung ist also hier von Westen her erfolgt.

Die Eichenmischwaldzeit ist durch ein kontinentales Klima charakterisiert. Als später in der atlantischen Buchenzeit in Mitteleuropa ein ozeanischeres Klima zur Herrschaft kam, gingen Ulme und Linde bedeutend zurück. Unsere vier Eichenarten verhielten sich verschieden. Die Stieleiche, *Qu. Robur*, scheut weder das Land- noch das Seeklima. Sie wurde also vom Klimawechsel wenig betroffen. Demgegenüber bevorzugt die Traubeneiche, *Qu. petraea*, ozeanische Klimatönung und ihr Gebiet fällt nahezu mit dem der Rotbuche zusammen, ihre Verbreitung wurde also in der atlantischen Buchenzeit gefördert. Die Flaumeiche, *Qu. pubescens*, aber zeigt abgesprengte Vorkommen bei Jena und im Odertal, so daß wir auf ein ehemals größeres Wohngebiet während der Eichenmischwaldzeit schließen müssen. Sie hat sich an den abgesprengten Orten nur in den pontischen und südeuropäischen Reliktgesellschaften erhalten können; ebenso findet sich die südeuropäische Zerreiche, *Qu. cerris*, als Relikt in Steiermark, Niederösterreich und Mähren.

Die Ausbildung des Laubes steht in engem Zusammenhang mit den klimatischen Verhältnissen der Wohngebiete der Arten. In Europa sind alle möglichen Fälle vertreten. Im wintermilden Mittelmeergebiete finden wir immergrüne Arten (*Qu. Ilex*, *Qu. crenata* = *Pseudosuber*, *Qu. Suber*, *Qu. coccifera* u. a.), in Mitteleuropa laubabwerfende Arten (*Qu. Robur*, *petraea*, *pubescens*, *Cerris*). Die sommergrünen Arten stammen zweifellos von immergrünen Arten ab und zeigen die allmähliche Anpassung an den herbstlichen Laubfall.

Die mitteleuropäischen Eichen gliedern sich folgendermaßen:

1. B. immergrün — *Qu. Ilex* L., Grüneiche, Steineiche, Mediterran, Relikt in Südtirol.
2. B. abfällig.
   a) B. lappen stachelspitz. — *Qu. Cerris* L., Zerreiche (Karstwald, Südeuropa, Relikt in Steiermark, Niederösterreich, Mähren).
   b) B. lappen wehrlos.
      α) Junge Zweige u. B. flaumig. — *Qu. pubescens* WILLD. (= *lanuginosa* THUILL., non LAM.), Flaumeiche, submediterran, Relikt in Mitteleuropa.
      β) Junge Zweige u. B. kahl.
         B. langgestielt, Frucht kurzgestielt. — *Qu. petraea* (MATTUSCHKA) LIEBLEIN = *sessiliflora* SALISB., Traubeneiche, Europa, atlant. Ausbreitung.
         B. fast sitzend, Frucht langgestielt. — *Qu. Robur* L. (= *Qu. pedunculata* EHRH.), Stieleiche, Europa, atlant. u. sarm. Ausbreitung.

Die geographische Anordnung der Arten (Abb. 14) entspricht phylogenetischen Gesichtspunkten, die mit den ökologischen Ansprüchen im Einklang stehen.

Paläontologische, geographische und phylogenetische Tatsachen führen zum Schlusse, in der Gattung Eiche ein Pflanzengeschlecht tropisch-subtropischer Abkunft zu sehen, das durch Wanderungen oder Klimaänderungen in ein gemäßigtes Klima gelangt ist. Es ist nun reizvoll, die Spuren aufzuzeigen, die diese Geschichte in den heute lebenden, einheimischen Eichenarten hinterlassen hat.

In der „Lebensgeschichte der Blütenpflanzen Mitteleuropas" von KIRCHNER, LOEW und SCHRÖTER sind eine Reihe von Tatsachen vermerkt, die wir als Spuren dieser Geschichte deuten. Dabei folgen wir der Weisung WETTSTEINS, Tatsachen und Deutung scharf zu trennen.

1. Das Blatt der einjährigen Stieleiche hat die Form des Traubeneichenblattes; die für die Stieleiche so bezeichnenden Öhrchen des Blattgrundes treten erst in späteren Jahren hervor. — Nach dem biogenetischen Grundgesetz wäre daher die Traubeneiche die Stammform der Stieleiche. Auch in ihren ökologischen Ansprüchen steht die Traubeneiche — sie ist wärmebedürftiger als die Stieleiche — dem tropisch-subtropischen Heimatgebiete näher. Die Stieleiche dagegen ist besser an

das Klima der gem. Zone angepaßt. Die morphologischen Unterschiede verlieren an Schärfe, je mehr wir uns dem Kaukasus, dem Ursprungsgebiet beider Arten, nähern. (Vgl. Punkt 2.)

2. Beide Eichenarten *(Qu. Robur* u. *petraea)* entwickeln Kurz- und Langtriebe, ohne daß sich ganz scharfe Grenzen ziehen lassen; bei der Traubeneiche ist die Langtriebbildung mehr entwickelt, so daß eine gleichmäßig verteilte

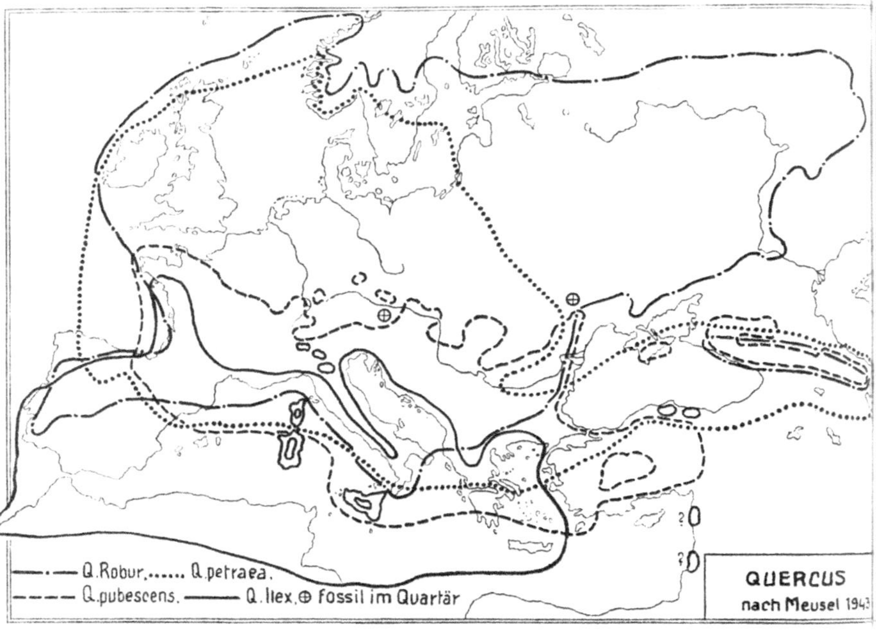

Abb. 14. Die Verbreitung mitteleuropäischer *Quercus*-Arten. — Eichen. *Qu. Ilex* ist eine mediterrane Art, *Qu. pubescens* besiedelt die wärmeren Teile Mitteleuropas, *Qu. petraea* und *Qu. Robur* gehen weiter nach Norden. Die geographische Anordnung der Arten entspricht ihren abnehmenden phylogenetischen Alter.

reiche Belaubung entsteht. Die Stieleiche entwickelt Kurztriebe in größerer Zahl, so daß das Laub mehr auf größere und kleinere Büschel konzentriert ist. — Die Langtriebbildung ist ursprünglicher als die Kurztriebbildung, die als Hemmungserscheinung aufzufassen ist.

3. Der Aufbau des Sproßsystems erfolgt durch Axillarknospen. Die Endknospe der Jahrestriebe kann (!) ebenfalls einen Sproß entwickeln, der aber später sehr oft verloren geht. Das primäre Monopodium wird dadurch zum Sympo-

dium. — Die Ausbildung des Endsprosses ist in diesem Falle eine Baustoffvergeudung und kann daher nur als Atavismus verstanden werden

4. Die Eichen bilden echte Johannistriebe, die sich aus Endknospen, also monopodial, entwickeln. Das Längenwachstum der Zweige vollzieht sich in der sommerlichen Wachstumsperiode nicht kontinuierlich, sondern in Intervallen. Auf eine Periode höchst beschleunigten stoßweisen Wachstums folgt eine solche anscheinend absoluter Ruhe, die wieder von stark beschleunigtem Wachstum abgelöst wird; es kann dieser Wechsel sich ein zweitesmal und noch öfter (mitunter sogar viermal) wiederholen. — Ich fasse die Johannistriebbildung als Phänatavismus tropischer Triebbildung auf und verweise auf die Ausführungen S. 498.

5. Die Anfänge der Laubblätter (K. L. Sch., S. 99) sind schon im August des ihrer Entstehung vorausgehenden Jahres in der Knospe wahrzunehmen. — Auf diese Weise wird eine Verlängerung der Vegetationsperiode erzielt, die für Gewächse tropischer Herkunft in der durch den Winter verkürzten Vegetationsperiode der gemäßigten Zone notwendig erscheint.

6. Die Eichen sind gegen Spätfröste sehr empfindlich. Weil aber der Laubausbruch erst Ende April—Anfang Mai erfolgt, sind die Eichen weniger gefährdet als die Buchen, die bereits Mitte April (13. April in Baden-Baden) austreiben. — Frostempfindlichkeit ist ein Erbgut von Bäumen, deren Heimat in wärmeren Gebieten liegt.

7. Die Traubeneiche belaubt sich meist (bis 14 Tage) später als die Stieleiche — sie ist die ursprünglichere Art (Punkt 1), was sich auch in ihren ursprünglicheren, d. h. höheren Wärmeanforderungen zeigt.

8. Im Warmhaus entfalteten ätherisierte Zweige der Stieleiche bereits in der ersten Dezemberhälfte die männlichen Kätzchen. — Aus der Möglichkeit durch künstliche Mittel die Ruheperiode so leicht aufheben zu können, geht hervor, daß diese Ruhe nicht tief verankert ist, daß sie nur durch das gemäßigte Klima aufgezwungen ist, daß die Anpassung an dieses Klima nicht völlig durchgeführt ist und die durch innere Gründe bestimmte Rhythmik wiederhergestellt werden kann. Phänatavismus.

9. Heterophyllie (Verschiedenblättrigkeit).

Man beobachtet bei den Eichen an ein- und demselben Baume sehr verschieden gestaltete Blätter; besonders der Johannistrieb entwickelt gewöhnlich Blätter, deren Form von denen des

1. Triebes stark abweicht. Dabei ist von großer Bedeutung, daß die Reihenfolge der verschiedenen Blattformen bei den ersten Trieben sehr junger Pflanzen gerade umgekehrt von der Reihenfolge an Johannistrieben ist. Wir betrachten vergleichend Stieleiche *(Quercus Robur)* und Traubeneiche *(Qu. petraea)*.

Junge Pflanzen.	Johannistrieb.
Die Blätter der einjährigen Pfl. haben die Form des Traubeneichenblattes *(petraea)*; erst in späteren Jahren die charakt. Form der Stieleiche. (Lebensgeschichte, S. 79.)	Der erste Trieb hat die Stieleichenblattform, der Johannistrieb die Traubeneichenblattform. (SPÄTH 1912, Abb. 8.)
Qu. petraea ist die Stammform. (Vgl. Punkt 1.) Biogenetisches Grundgesetz. Morphatavismus.	Im Johannistrieb Wiederaufleben der Stammform. (Rückschlag zur Stammform.) Wiederaufleben der ursprünglichen Rhythmik. Morph- und Phänatavismus.

10. Der Laubfall der Eichen vollzieht sich ziemlich unregelmäßig. Viele Blätter fallen bereits frühzeitig mit den Absprüngen (abgestoßene Kurztriebketten) zu Boden, andere gehen noch grün und funktionierend in den Spätherbst hinein. An jungen Traubeneichen, namentlich auch an Stockausschlägen bleiben sie abgestorben und vergilbt oft bis zum nächsten Frühjahr an den Trieben haften. Die Bildung der Trennungsschicht kann (!) ausbleiben, namentlich wenn vorzeitiger Frost die Blätter tötet; sie zersetzen sich dann langsam am Baume selbst. — Es ergibt sich, daß der Prozeß des herbstlichen Laubfalles noch keine regelmäßige und völlig durchgeführte Anpassungserscheinung ist, besonders bei der Traubeneiche, die bereits früher (Punkt 1, 9) als ursprünglicher und daher den tropischen Ahnen näherstehend bezeichnet wurde. Auch Stockausschläge sehen wir als Langtriebe mit ungehemmtem Wachstum als ursprünglicher an.

11. Die Blüten entstehen an heurigen Sprossen; der Gipfelsproß trägt ♂ und ♀ Blüten, die Achselsprosse der oberen Sproßblätter ♀, die der unteren und der Knospenschuppen ♂ Blüten. — Eine Verlängerung der Vegetationsperiode durch Blütenanlage im Vorjahre findet daher bei diesen beiden Eichen *(Robur* u. *petraea)* nicht statt. Auch die Früchte reifen im Herbste desselben Jahres. Umso interessanter ist, daß bei *Qu. borealis* und *Cerris* die Früchte erst im zweiten Jahre

reifen, also zwei Vegetationsperioden benötigen. *Qu. borealis* (= *Erythrobalanos rubra* = *Qu. rubra* auct., non L.) (Heimat Nordamerika) geht von allen Arten am weitesten nach Norden und steigt im Gebirge am höchsten hinauf. (HEGI, S. 106.)

Literatur.

ANDRÉJEFF, W. Über die homologen Reihen der Formen der Stieleiche, Traubeneiche und Flaumeiche. Mitt. D. Dendrol. Ges. 1929. — BERTSCH, K. Geschichte des deutschen Waldes, 1940. — HEGI III/94. — JANCHEN E. Die Herkunft der Angiospermenblüte und die systematische Stellung der Apetalen. Ö. B. Z. **97**, 1950. — KELLER, R. Flora von Winterthur, II. Teil, Geschichte der Fl. v. W., Winterthur, 1896. — KIRCHNER, LOEW, SCHRÖTER, Lebensgeschichte, Bd. II, 1. Abt. 1911. — KRAŠAN, F. Beiträge zur Entwicklungsgeschichte der mitteleurop. Eichenformen. E. B. J. 1886. — KRAŠAN, F., Über regressive Formerscheinungen bei *Quercus sessiliflora*. Sitzb. Akad. Wiss. Wien, I. Abt., Bd. XCV, 1887. — LÄMMERMAYR, L. Die Entwicklung der Buchenassoziation seit dem Tertiär. FEDDE. Rep. spec. nov. Beihefte Bd. 24, 1923. — LÄMMERMAYR, L. *Fagus silvatica*, die Pflanzenareale. Reihe 1, Heft 2, 1926. — PORSCH, O. Geschichtliche Bewertung der Kastanienblüte. Ö. B. Z. **97**, 1950. — RUBNER, K., Die Pflanzengeogr.-ökolog. Grundlagen des Waldbaues, 1934, 3. Aufl. — RÜBEL, E. Die Buchenwälder Europas. Veröff. d. geobot. Institutes RÜBEL in Zürich, 8. Heft, 1932. — SCHWARZ, O. Monographie der Eichen Europas, bes. des Mittelmeergebiets. FEDDE Rep. Sonderheft D. 1936. — SPÄTH, H. Der Johannistrieb. Berlin, Paul Paray, 1912.

IV. *Juglandaceae.* — Walnußgewächse.

Die Familie der Juglandaceen zählt fünf Gattungen mit etwa 47 Arten. Durch die reichlichen fossilen Funde werden die heutigen, z. T. stark disjunkten Areale in einer Weise ergänzt, wie wir es kaum ähnlich in einer anderen Familie wiederfinden. Die fünf Gattungen zeigen folgende Verbreitung.

Platycarya hat eine Art in Japan und Ost-China. Fossile Funde sind nicht bekannt.

Engelhardtia zählt elf Arten vom Himalaja bis in den Indischen Archipel, eine Art in Zentral-Amerika. Zahlreiche fossile Funde in Europa und Nordamerika verbinden diese so weit auseinanderliegenden Areale. Verbindet man die heutigen und früheren Areale der Gattung, so ergibt sich eine Kurve, die von der Richtung der heutigen Breitegrade weit abweichend, diese in Amerika und Ostasien schneidet und zwischen beiden im europäischen Gebiet in nördlicher Richtung emporsteigt (Karte bei IRMSCHER, 1922, Tafel I, Fig. 11). Diese Kurve zeigt den Verlauf der tropischen Zone in der Kreidezeit an.

Pterocarya ist heute durch eine Art im Kaukasus und fünf Arten in Ostchina und Japan vertreten. Fossile Funde in Nordamerika, Grönland, Europa und Asien bezeugen ihre einstige Verbreitung auf der nördlichen Halbkugel.

Carya (= *Hicoria*) findet sich heute nur im östlichen Nordamerika mit etwa zwölf Arten. Auch diese Gattung war, wie Fossilien zeigen, im Tertiär viel weiter (Alaska, Grönland. Island, Spitzbergen, Europa) verbreitet.

Juglans zählt 15 Arten und ist eine der ältesten Dikotylengattungen, ursprünglich zweifellos ein subtropischer Typus. Von allen rezenten Juglandaceengattungen besitzt sie heute die weiteste Verbreitung (Nord-, Mittel-, Südamerika; Griechenland bis Himalaya, Ostasien). Dieses Areal wird durch die fossilen Funde nördlich erweitert bis Alaska, Grönland, Nordeuropa, Sachalin. Südlich des Wendekreises finden sich solche nicht.

Vergleichen wir die einstigen Areale der Gattungen mit den heutigen, so tritt uns wie kaum bei einer anderen Familie in solch umfassender Weise die Einengung der Areale in geologisch junger Zeit vor Augen. Von den vier Gattungen, die einst Europa besiedelten, ist nur noch eine (*Juglans*) erhalten. *Pterocarya* ist auf ihren asiatischen, *Carya* auf ihren amerikanischen Anteil beschränkt, während *Engelhardtia* sich in zwei hochgradig disjunkten Bezirken (Costa Rica—Hinterindien) erhalten hat.

Aus dem Zusammentreffen der Gattungen (mit Ausnahme von *Carya*) in Ostasien läßt sich vermuten, daß Zentralchina das eigentliche Entstehungszentrum der Familie ist. In Ostasien reicht das Familienareal bis weit in tropische Gebiete hinein. Die in den gemäßigten Breiten entwickelten Gattungen und Arten der Juglandaceen können wie die der Aceraceen, Fagaceen, Aquifoliaceen usw. nur als Vorposten, bzw. Reste einer reichen tropisch-subtropischen Vegetation angesehen werden.

Die Familie tritt schon in der oberen Kreidezeit auf, hat das Optimum und Maximum ihrer Entwicklung etwa im Miozän erreicht und ist seitdem in starkem Rückgang begriffen.

Juglans regia L., Edler Walnußbaum, läßt sich nach NAGEL (1914, S. 485) mit Sicherheit bis in die obere Kreide verfolgen. In Europa existierte der Baum schon im Tertiär (Pliozän). Durch die Eiszeit wurde er aus Europa verdrängt und fand in Griechenland, im östlichen Ätolien am Korax, in Phthiotis am Öta und Kukkosgebirge und in Eurytanien, namentlich zwischen 650 und 1300 m, seine europäische Zufluchtstätte.

Es ist höchst charakteristisch, daß sich diese Zufluchtstätten im äußersten Südosten und in den pontischen und transkaukasischen Gebirgen befinden, weil dort während der Tertiärzeit die europäische Laubwaldflora mit der tropischen Gehölzvegetation humider Klimate in engem Zusammenhang stand, während sonst das mitteleuropäische Laubwaldgebiet gegen Süden an die mehr oder weniger xerophile Hartlaubvegetation des Mittelmeergebietes grenzt. In diesen r e g e n f e u c h t e n Gebieten liegen auch die Zufluchtstätten von *Syringa vulgaris*, *Aesculus Hippocastanum*, *Forsythia europaea* u. a.

Im Gegensatz zu anderen, durch die Eiszeit aus Europa vertriebenen Bäumen, z. B. Eiche, Buche, ist der Nußbaum (und die Kastanie) in der Nacheiszeit nicht mehr in seine zur Tertiärzeit bewohnten Gebiete zurückgekehrt. Sein heutiges Vorkommen in Mitteleuropa verdankt er dem Menschen. Das Kulturareal deckt sich etwa mit den Weinbaugebieten.

Wir müssen also für den Nußbaum drei Areale — ein tertiäres, ein eiszeitliches und ein Kulturareal — in zeitlicher Aufeinanderfolge feststellen (Abb. 15).

Wenn wir uns diese Geschichte des Walnußbaumes, vor allem seine tropisch-subtropische Ahnenreihe, vor Augen halten, dann erscheinen uns manche biologische Tatsachen, die wir am heute lebenden Nußbaum beobachten können, als Spuren und Erinnerungen an vergangene Zeiten, die der Baum unter anderen Lebensbedingungen verbrachte (Phänatavismen). Zum Schlusse führen wir einige Rückschlagserscheinungen an, die auf seine Stammesgeschichte Streiflichter werfen (Formatavismen).

1. Die E m p f i n d l i c h k e i t g e g e n F r ü h- u n d S p ä t f r ö s t e; unsere empfindlichste Holzart.

2. Die Verzweigung erfolgt bis zur Blühreife monopodial; nur wenn die Endknospe verloren geht, treiben seitliche Knospen aus.

3. Mitte Juli finden sich bereits vollkommen ausgebildete Knospen, deren äußere Schuppen lederartig, aber r e l a t i v d ü n n sind und harzige Ausscheidungen absondern.

4. Die relativ s p ä t e B l a t t e n t f a l t u n g, weil er aus einem milderen Himmelstrich stammt. Während die Buche beinahe in vollem Laubschmuck prangt, hat der Nußbaum eben die Knospen geöffnet (Stettin 9. Mai, Prag 26. April). K. L. SCHR. I, S. 279.

5. Die Blätter sind in der Jugend behaart, später verkahlen sie (NAGEL, 1914, S. 519). Eine Eigenschaft von Arten des Monsungebietes.

6. Die Teilblättchen des gefiederten Blattes enden mit einer Träufelspitze — eine Einrichtung des feuchten Tropenwaldes. Vgl. Refugium im regenfeuchten pontischen Gebirge.

7. Normalerweise werden nur Langtriebe ausgebildet (K. L. SCHR. I, S. 270); Kurztriebe nur beim Eingehen der Zweigspitze (K. L. SCHR. I, S. 272).

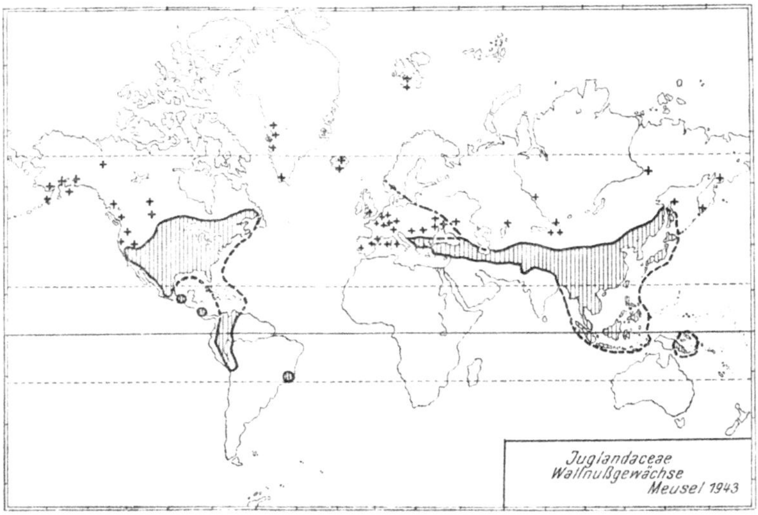

Abb. 15. Verbreitungsgebiet der *Juglandaceae*.
Die Karte zeigt die Entwicklung des Areals in drei Phasen: *1.* das heutige Areal (schraffiert); *2.* die in der Kreide- und Tertiärzeit (Fossilfunde +) weiter nach Norden reichende Verbreitung; *3.* die heutige Kulturgrenze des Nußbaumes in Europa (— . — . —).

8. Gelegentlich wurden schon im Juli neben zahlreichen halbentwickelten Früchten, welche von den Frühlingsblüten herrührten, Sommerblüten beobachtet (HEGI III, S. 10). Blüten und Früchte gleichzeitig am Baume finden sich bei tropischen Bäumen.

9. Krautige Knospenhülle im Sommer als tropisches Erbgut.

Schon Mitte Juli kann man vollkommen ausgebildete Knospen finden. Bei manchen Exemplaren (also nicht regelmäßig) wird die Terminalknospe von drei noch grünen (!) blattartigen

Gebilden, die Mittelbildungen zwischen Laub- und Niederblättern darstellen, umschlossen. Das unterste besteht aus einem flachen, relativ breiten, 1—2 cm langen Blattstiel, der am oberen Ende 3—5 Blättchen trägt, das zweite läßt eine Gliederung in Blattstiel und Blattspreite kaum mehr erkennen, das dritte endlich hat ganz die Form einer Knospenschuppe mit lang ausgezogener Spitze. Diese Mittelbildungen zwischen Laub- und Niederblättern, die übrigens nicht konstant (!) auftreten, werden frühzeitig abgeworfen (!), so daß man sie in der zweiten Hälfte September, wenn sonst noch die volle Belaubung vorhanden, nur in höheren Lagen noch am Baume findet (K. L. SCHR. I, S. 282, Abb. 246).

Wir gehen wohl nicht fehl, wenn wir diese rudimentären Blätter, die im Nachsommer bei Abschluß des Längenwachstums die Terminalknospe umhüllen, mit den Hüllen der Laubknospen tropischer Holzgewächse gleichsetzen, über die SCHIMPER (1908, S. 354) schreibt: „In anderen Fällen sind sowohl die aktiven wie die ruhenden Knospen behüllt. Solche Hülle ist beinahe stets krautig-saftig (!) und wird von Nebenblättern oder von den Stielen (!) der nächst älteren Blätter gebildet. Der Typus der Winterknospen mit ihrer mächtigen, trockenen Schuppenhülle ist dem immerfeuchten Regenwalde fremd."

10. Der Nußbaum ist eingeschlechtig, einhäusig, nur selten sind ganz männliche Exemplare beobachtet. Z w i t t e r b l ü t e n d ü r f t e n d e r A u s g a n g s p u n k t sein, denn bisweilen treten rudimentäre Fruchtknoten in den männlichen Blüten auf (Atavismus).

11. Die männlichen Blütenkätzchen treten an v o r j ä h r i g e n Zweigen blattachselständig auf, die weiblichen am d i e s j ä h r i g e n Gipfeltrieb. Bei der verwandten Gattung *Platycarya* stehen die ährigen Blütenstände, die an derselben Spindel oben die ♂, unten die ♀ Blüten tragen, an d i e s j ä h r i g e n Trieben. Diese Gattung zeigt also noch die ursprünglichen Verhältnisse und noch nicht die Aufteilung der Blüten auf zwei getrennte Blütenstände, die noch dazu einerseits an diesjährigen, anderseits an vorjährigen Trieben stehen: Die Blüten erscheinen gewöhnlich v o r den Blättern, selten n a c h h e r. Die V o r b l ü t i g k e i t ist also noch n i c h t f i x i e r t. Die tertiärtropische Kurztagpflanze stellt sich auf den Langtag der gemäßigten Breiten um.

12. Auffallend ist, daß J o h a n n i s t r i e b b i l d u n g n i c h t b e o b a c h t e t wurde; auch den Frühtreibverfahren setzt der Nußbaum großen Widerstand entgegen. Seine Rhythmik ist also fest verankert.

Der Walnußbaum verdankt also

1. die Wuchsform des Baumes seinem Ursprung in den kreidezeitlichen Tropen,

2. die jahreszeitlich geregelte Lauberneuerung („laubabwerfender" Baum) der Überstellung in die gemäßigte Zone infolge einer Polverlagerung.

3. sein heutiges Fehlen in der natürlichen Vegetation der Eiszeit,

4. sein heutiges Vorkommen in Mitteleuropa der Kultur.

Literatur.

KRONFELD, M. 1888. Beiträge zur Kenntnis der Walnuß. Engl. Bot. Jahrb. 9. — NAGEL, K. 1944. Studien über die Familie der Juglandaceen. Engl. Bot. Jahrb. 50.

V. *Salicaceae.* — Weidengewächse.

Die Salicaceen umfassen nur zwei Gattungen: *Populus* (Pappel) und *Salix* (Weide). *Populus*, deren ♂ Blüten 3 bis 30 Staubgefäße enthalten, kann als die ältere Gattung bezeichnet werden, während *Salix*, bei der die Zahl der Staubgefäße auf 2—5 reduziert ist, als jüngere Gattung zu gelten hat.

Die Familie gehört zu den ältesten Gruppen der Dikotylen, da beide Gattungen bereits in der unteren Kreide, die zu ihrer Entstehungszeit in den Tropen lag, auftreten.

Der Ursprung der Salicaceen ist daher in den Tropen zu suchen.

Beim Übertritt aus der tropischen in die gemäßigte Zone mußte das Weiterwachsen der Sprosse nach der Unterbrechung durch den Winter gesichert werden. Um dies zu erreichen, haben die Salicaceen bei ihrer stammesgeschichtlichen Entwicklung zwei verschiedene Wege eingeschlagen (Abb. 16).

1. Der Sproß schließt mit einer vegetativen Endknospe ab, die den Winter überdauert und im folgenden Jahr sich wieder als Langtrieb weiter entwickelt. Diese Wuchsform — ein Monopodium — ist charakteristisch für die Gattung *Populus* (Pappel).

2. Der Sproß wächst den ganzen Sommer hindurch weiter, bis die Spitze durch den ersten Frost abstirbt. Die Fortsetzung des Sprosses im folgenden Jahr erfolgt durch das Austreiben einer Seitenknospe (Sympodium). Diesen Weg der Anpassung an das gemäßigte Klima hat die Gattung *Salix* (Weide) eingeschlagen.

Die Frage, welche der beiden Wuchsformen sich im Laufe der weiteren Entwicklung der Familie besser bewährt hat, beantwortet uns die Statistik: *Populus* zählt heute rund 150, *Salix* über 500 Arten. Das Sympodium erwies sich als abänderungsfähiger und konnte sich durch Ausbildung von besonderen Wuchsformen (Baum, Strauch, Zwergstrauch, Teppichstrauch, je nach den besonderen Umweltverhältnissen) spezialisieren.

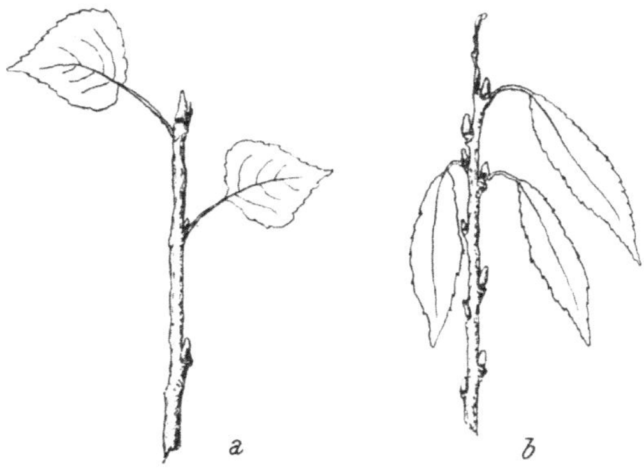

Abb. 16. Verzweigungsform der Pappeln und Weiden. *a Populus nigra* L. — Schwarzpappel. Monopodiale Verzweigung durch die Endknospe. *b Salix fragilis* L. — Bruchweide. Sympodiale Verzweigung durch die Seitenknospe. Die Spitze des Triebes mit der Endknospe stirbt ab.

1. *Populus* L. — Pappel.

Die Gattung *Populus* zählt etwa 160 Arten, die sich in der nördl.-gemäßigten Zone in vier Massenzentren (in Ostasien, im Mittelmeergebiet, im atlantischen und pazifischen Nordamerika) anhäufen. Die Gattung tritt schon in der Kreidezeit in der Arktis (Grönland) auf und ist aus dem Tertiär mit mehreren fossilen Formen bekannt.

In Mitteleuropa finden sich nur drei Pappelarten.

Von der Silberpappel (*P. alba* L.) und der Schwarzpappel (*P. nigra* L.) nimmt Schröter an, daß sie in Deutschland einheimisch sind. Sie haben sich nach Firbas (1949, S. 144) nördlich der Alpen erst in den wärmeren Abschnitten der Nacheiszeit verbreitet. Die Pyramidenpappel (*P. nigra* subsp. *pyramidalis* = *P. nigra* var. *italica*) wurde aus dem Orient (nur ♂ Exemplare, Vermehrung durch Stecklinge) eingeführt.

Die Zitterpappeln, Espen, treten zuerst im Miozän auf. Als ihre zirkumpolare Stammform gilt *P. Richardsoni* HEER, fossil im arktischen Tertiär am Mackenzie-River, Sachalin, Spitzbergen, Grönland) aus der sich nach Abwanderung nach Süden in Eurasien die Zitterpappel, *P. tremula L.*, in Amerika *P. tremuloides* als vikariierende geographische Sippen entwickelten. Die Zitterpappel war neben der Birke einer der ersten Bäume, die nach dem Rückzug der Gletscher der letzten Eiszeit wieder nach Norden und zwar sofort bis zur Nordgrenze ihres möglichen Vorkommens einwanderten (FIRBAS 1949, S. 501).

Die Hauptetappen ihrer Geschichte gleichen sehr denen der Koniferen: arktisch-tropischer Ursprung, Zurückdrängung zur Eiszeit auf vier südlich der Vergletscherung gelegene Erhaltungsgebiete, die zugleich sekundäre Entwicklungsgebiete und die Ausgangsgebiete für das postglaziale Vordringen nach Norden sind.

2. *Salix* L. — Weide.

a) System.

Bei den Weiden gibt es keine unfehlbaren Einteilungsprinzipien und jede auf eine oder einige Merkmale gegründete Klassifikation bleibt künstlich. Eine natürliche Einteilung der Weiden ist daher noch zu machen (BUSER, 1883).

In den verschiedenen Weidensystemen (KERNER 1860, HAYEK 1908—1911, SEEMEN 1908—1913) werden neben der Zahl der Staubgefäße und Nektarien besonders die Farbe der Kätzchenschuppen, die Länge des Griffels, die Behaarung des Fruchtknotens, die Wuchsform usw. als Einteilungsgründe herangezogen.

BUSER (1883, 1940) untersuchte den relativen Wert der jetzt zu Klassifikationszwecken benützten Eigenschaften der Blütenstruktur und kommt auf Grund seiner ausführlichen Merkmalsbewertung zu folgendem System:

System der Schweizer Weiden.
R. BUSER 1883, ed. 1940.

Classis	I. *Salices Pleiandrae* ANDERS.	
Trib.	I. *Fragiles* KOCH	1. *Salix pentandra* L.
		2. — *fragilis* L.
		3. — *alba* L.

Trib.	II. *Amygdalinae* Koch	4.	— *triandra* L. (= *S. amygdalina* L.)
Classis	II. *Salices (Diandrae) Mononectariae.*		
Trib.	III. *Purpureae* Koch	5.	— *purpurea* L.
	IV. *Incanae* Anders.	6.	— *incana* Schrank (= *S. Elaeagnos* Scop.)
	V. *Viminales* Koch	7.	— *viminalis* L.
	VI. *Capreae* Hegetschw.	8.	— *cinerea* L.
		9.	— *aurita* L.
		10.	— *caprea* L.
		11.	— *grandifolia* Seringe (= *S. appendiculata* Vill.)
		12.	— *pubescens* Schleicher
	VII. *Argenteae* Koch	13.	— *repens* L. (= *S. rosmarinifolia* L.)
	VIII. *Mallanthae.*	14.	— *daphnoides* Vill.
		15.	— *hastata* L.
	IX. *Nigrescentes* Hegetschw.		
		16.	— *nigricans* Sm.
		17.	— *caesia* Vill.
	X. *Arbusculae* Kern.	18.	— *phylicifolia* L.
		19.	— *Waldsteiniana* Willd. (= *S. prunifolia* Sm.)
		20.	— *arbuscula* L.
	XI. *Villosae* Anders.	21.	— *helvetica* Vill.
Classis	III. *Salices (Diandrae) Dinectariae.*		
Trib.	XII. *Sericeae* Anders.	22.	— *glauca* L. (= *S. glaucosericea* Floderus).
	XIII. *Retusae* Hegetschw.	23.	— *retusa* L.
		24.	— *serpyllifolia* Scop.
	XIV. *Myrtosalix* Kern.	25.	— *Myrsinites* L.
	XV. *Herbaceae* Anders.	26.	— *herbacea* L.
	XVI. *Reticulatae* Anders.	27.	— *reticulata* L.

In kürzerer Form ergibt sich folgende Einteilung:

I. *Salices Pleiandrae* (mehrere Staubgefäße).
Fragiles, *Amygdalinae.*

II. und III. *Salices Diandrae* (zwei Staubgefäße).

II. *Dinectariae* (zwei Nektarien).

a) filamenta pilosa (behaarte Staubfäden).
Reticulatae, Sericeae.

b) filamenta glabra (kahle Staubfäden).
Retusae, Myrtosalices, Herbaceae.

III. *Mononectariae* (ein Nektarium).

a) filamenta pilosa.

Purpureae, Nigrescentes, Incanae, Capreae.

b) filamenta glabra.

Villosae, Viminales, Incubaceae, Arbusculae, Mallanthae.

Für Niederösterreich gibt E. JANCHEN (briefl. 1951) folgende vorläufige Einteilung.

Pleiandrae: Lucidae (pentandra), Triandrae; Fragiles, Albae.

Glaciales: Reticulatae, Herbaceae, Retusae.

Frigidae: Myrtosalices, Arbusculae.

Squarrosae: Nigricantes, Capreae.

Virgatae: Pruinosae (daphnoides), Incanae, Viminales, Repentes, Purpureae.

KERNER (1860) kam zum Schlusse, daß die Feststellung der engeren Verwandtschaftskreise sich ziemlich ungezwungen ergibt, die Bildung größerer Gruppen dagegen aber immer mehr oder weniger gezwungen sein wird. In der Tat ist auch in der Folgezeit die Zusammenfassung nächst verwandter Arten zu Sektionen usw. im allgemeinen ziemlich unverändert geblieben und bildet damit einen gesicherten Ausgangspunkt für geschichtliche Untersuchungen.

Über die drei großen Abteilungen der *Pleiandrae, Dinectariae* und *Mononectariae* äußert sich BUSER, S. 589: „So ansprechend diese Einteilung ist, so bleibt sie trotzdem eine künstliche. Sie wird bloß aufeinanderfolgenden Epochen gerecht, sofern diese sich durch schrittweise, aber dabei ziemlich allgemeine und gleichmäßige Vereinfachung der Blütenstruktur (ausgedrückt in Staminazahl und Nektarumbildung) auszeichneten, nicht aber den natürlichen Verwandtschaften. Wenn offenbar in geringerem Maße, so erleiden auch Stamina und Nektarium, wie alle anderen Organe, graduelle Variation".

Hinsichtlich der Nektarienstruktur findet sich kein Übergang von den *Pleiandrae* zu den *Diandrae*; dagegen gibt es zwischen den *Dinecteriae* und den *Mononectariae* alle Übergänge und keine scharfen Grenzen.

Die Umstrittenheit des „natürlichen" Systems tritt bei der graphischen Darstellung deutlich hervor. Je nach der wissenschaftlichen Anschauung des Betrachters wird sie als richtig oder unrichtig beurteilt werden. Wenn ich hier einen Versuch einer graphischen Darstellung des Entwicklungsganges der Weiden (Abb. 17)) beifüge, so geschieht es, weil ich mir un-

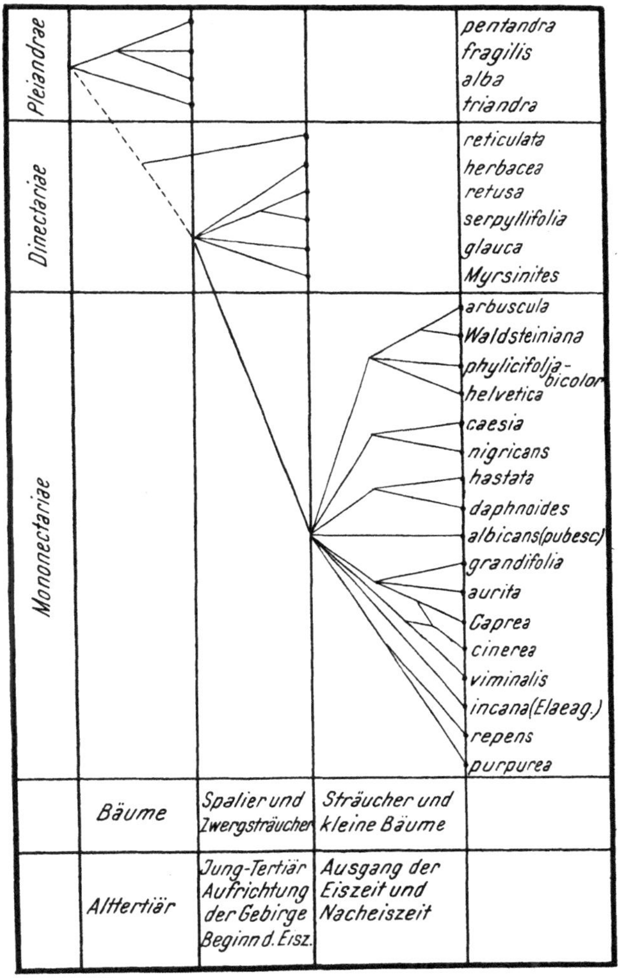

Abb. 17. Entwurf eines Entwicklungsschemas der mitteleuropäischen Weiden (*Salices*).

bedingt irgendeine Vorstellung machen wollte und mir ganz bewußt bin, daß die Skizze durchaus nicht die tatsächliche, sondern nur eine mutmaßliche, vielleicht wahrscheinliche Entwicklung festzuhalten versucht.

1. *Salices Pleiandrae.* Die *Pleiandrae* zeigen Verwandtschaft mit der Gattung *Populus*, im Gegensatz zu den anderen Weiden. Durch die konstant kahlen Fruchtknoten, die entwickeltere Nektariumbildung, die größere Zahl der Stamina, die Hinfälligkeit der Schuppen; *S. pentandra* und *fragilis* erinnern zudem durch die Klebrigkeit der jungen Blätter und die oft deutlich eingeschnittenen Schuppen an die *Populus*-Sektion *Aigeros*.

Die Kätzchen entwickeln sich gleichzeitig mit den Blättern, endständig auf kleinen, seitlichen Laubtrieben; die ♂ sind nach dem Verstäuben ohne diese abfällig.

So gut jedoch die Gruppe charakterisiert ist, so läßt sich doch eine Tendenz zu derjenigen Vereinfachung hier schon erkennen, wie sie in den nachfolgenden Gruppen konstant wird: Die Kätzchenschuppen bleiben länger anhaften bei den *Amygdalinae*, das Nektarium ist in der ♀ Blüte der *S. triandra* und *S. alba* (hier in der Regel wenigstens) auf das später normal hintere beschränkt, die Stamina werden schon auf zwei reduziert, so selten bei *S. triandra*, gewöhnlich bei *S. fragilis*, normal bei *S. alba* und den nordamerikanischen *Longifoliae*. Letztere Gruppe zeigt auch neben kahlen schon bekleidete Fruchtknoten.

Geologisch sind die *Pleiandrae* die ältesten Weiden. Alle *Pleiandrae*-Arten machen sich durch geringe Anpassung an unser Klima bemerkbar, bedürfen im Frühjahr eines bedeutenden Wärmegrades zur Einleitung ihrer Entwicklung, sind daher überall an den Weiden gleichen Standortes die spätesten, so daß keine mononektarische Weide mehr mit ihnen gleichzeitig blüht. Die Bestäubung wird weniger durch Bienen als durch Fliegen und Ameisen besorgt. Alle Arten sind rein kampestrer Natur, vorzugsweise in den tieferen Flußniederungen angesiedelt und gehen, selbst *S. pentandra*, im Gebirge nicht auf die Hänge über. Diesem Gesamteindruck einer unseren klimatischen Verhältnissen wenig angepaßten, den Charakter des Alten an sich tragenden Gruppe entspricht auch das sexuelle Verhalten. Mit Ausnahme der *S. triandra* sind keinerlei Bastarde der *Pleiandrae* mit den nachfolgenden Gruppen weder aus der Natur bekannt, noch durch Züchtung erhalten worden. Die beiden bekannten *triandra*-Abkömmlinge sind von allen Bastarden die sexuell geschwächtesten.

Alle unsere Arten sind Europa und Asien, keine zugleich Amerika gemeinsam, wo sie allerdings durch analoge Spezies vertreten sind, wie *S. pentandra* durch *S. lucida* MÜHL., *S. trian-*

dra durch *S. nigra* MARSH. Lokalformen fehlen uns. *S. pentandra* haben wir über den Norden, die anderen aus dem Osten und Südosten erhalten, wo (Kleinasien bis Indien) die ganze Sektion ihr Massenzentrum hat.

Salices Diandrae. Stamina überall auf zwei, nur in den seltesten Fällen auf eins reduziert (*S. Cutleri* TUCKERM.; *S. incana* var. *monandra,* teilweise auch *S. sitchensis* SANSON). Ausnahmen im Sinne einer Mehrzahl (3—∞) sind nie beobachtet worden. Kätzchenschuppen durchwegs haften bleibend.

2. *Salices (Diandrae) Dinectariae.* Die aus lateralen Knospen hervorgehenden Kätzchen stehen auf beblätterten Stielen oder am Ende von den vegetativen gleichen Trieben, die Blätter letzterer daher auch Knospen anlegend. Schuppen meist einfärbig; Nektariumumbildung analog und ähnlich abgestuft wie bei den vorigen.

Sie bilden den exquisit glazialen Anteil unserer Weidenflorula und sind Bewohner der höchsten Gebirgspartien und gleichzeitig, die *Retusae* ausgenommen, zirkumpolar.

Es ist gewiß beachtenswert, daß die kleinsten wie die größten Weiden in der binektarischen Ausbildung ihrer Blüten miteinander übereinstimmen und dadurch von den anderen Weiden mittleren Wachstums sich unterscheiden (WICHURA, S. 77). BUSER führt dies darauf zurück, daß beide Gruppen (die *Pleiandrae* und die *Salices Diandrae-Dinectariae*) genetisch direkt aufeinander gefolgt sind und daß die späteren (die binektarischen Zwergweiden) zu einer Zeit sich bildeten, wo die Weiden die kompliziertere Nektariumstruktur allgemein noch besaßen. Alles deutet darauf hin, daß die *Diandrae Dinectariae* in der frühesten Glazialzeit entstanden, also unmittelbar auf die tertiären Weiden, deren Charakter die *Pleiandrae* forterbten. Erst später, man kann also sagen, vom Ende der Glazialzeit an, wäre dann diejenige Nektariumvereinfachung Norm geworden, die alle neueren Weiden zeigen und welche zugleich deshalb mittleren Wachstums sind, weil sie nicht so extrem verschiedenen Epochen, wie die Tertiär- und Glazialzeit, entstammten. Die nähere Verwandtschaft der Zwergweiden und der *Pleiandrae* ist verständlich, weil die Gebirgsweiden von tropischen (subtropischen) Ebenenweiden abstammen.

Sexuell ist die Gruppe mit der folgenden so verbunden, daß eine Trennung unmöglich ist.

3. *Salices (Diandrae) Mononectariae.* Das allen Gemeinschaftliche besteht einzig in der noch weitergehenden

Vereinfachung der Blütenstruktur, in der Reduktion des Nektariums auf einen hinteren Lappen und in dem Charakter entwicklungsgeschichtlich neuester Bildungen. Ein Teil der Spezies fällt ihrer Entstehung nach in die spätere Glazialzeit (*S. myrtilloides, phylicifolia, hastata, helvetica),* andere sind neueren Ursprungs, Glieder der Ebenenflora (wie *S. daplnoides, purpurea, viminalis, caprea, cinerea*) oder Endemiten (wie *grandifolia, pubescens* und fast alle *Nigrescentes* der Alpen und die *Retusae*).

Keine einzige Art ist dem europäischen, asiatischen und nordamerikanischen Kontinent gemeinsam (weil die Entstehung der Sektion erst nach der Trennung Amerikas von Eurasien erfolgte), ausgenommen die zirkumpolare *S. myrtilloides*, die sich genetisch, wie morphologisch und sexuell, der vorhergehenden Gruppe zunächst anschließt. Allerdings gibt es hie und da parallele Spezies wie *S. livida* WAHLB. und *S. rostrata* RICHARDS., die Formen (Arten?) der *S. speciosa* HOOK. et ARN. (Parallelentwicklung nach der Trennung der Kontinente). Die große Mehrzahl der Arten ist eurasiatisch, d. h. Europa und dem gemäßigten Asien gemeinsam; daneben finden wir eine reiche Entfaltung von Arten mit ausgedehntem, aber nur einen Kontinent umfassendem Areal (*livida, vera, nigricans, phylicifolia, Lapponum*) und eine noch reichere von Endemiten kleiner und kleinster Umgrenzung. Man erhält so den Gesamteindruck einer neueren, in Formbildung begriffenen Gruppe.

Fast in allen Abteilungen der *Dinectariae* trifft man daher, bei der Flüssigkeit der Formen, eine weitgehende Anpassung an unsere klimatischen Verhältnisse, eine Tendenz zur Frühblütigkeit. Die Kätzchen erscheinen vor den Blättern, sind sitzend oder sehr kurz beastetgestielt, d. h. den Blütendeckblättern gehen nur kleine, oft blasse Niederblätter voraus, die nicht assimilieren; nach der Blüte oder der Fruchtreife fällt daher das Kätzchen mit dem Stiele ab. Je mehr die Anpassung sich ausspricht, umso intensiver färbt sich, dunkelbraun bis schwärzlich (bracteolae seminigrae) der freiliegende Teil der Kätzchenschuppen, wodurch offenbar die in den ersten Frühlingstagen noch spärliche Wärmewirkung gesteigert wird, desto länger, dichter und steifer wird der die Schuppen außen bedeckende Haarpelz, der oft nur noch die Narbe hervorragen läßt, als ein Schutz gegen die Nachtfröste. Daß dies in der Tat lediglich Adaptationserwerbungen sind, zeigt der Umstand, daß, je frühblütiger eine Spezies ist, desto entwickelter diese Merkmale sind *(daphnoides, caprea)*, zeigt der Vergleich frühblütiger mit ihren zunächst verwandten, aber spätblütigen Arten *(Capreae)*, wie die fernere Erscheinung, daß, wo an normal frühblütigen Weiden aus irgendwelchem Grunde Herbstblüten zur Entwicklung kommen, die Schuppen dieser fast einfärbig blaß und wenig behaart sind *(Capreae)*. Umgekehrt nimmt Hand in Hand mit zunehmender Frühblütigkeit die Behaarung der Filamente ab, wenn diese Art einem Typus mit behaarten Filamenten angehört (es gibt nämlich auch ganze Gruppen, wo diese der Anlage nach kahl sind, z. B. die *Arbusculae, Mallanthae)*.

b) Verbreitung.

Im System der Weiden ist grundlegend und geschichtlich von größter Bedeutung die Gruppierung in 1. *Pleiandrae*-Arten mit mehr als zwei Staubgefäßen und 2. *Diandrae*-Arten mit zwei Staubgefäßen in der ♂ Blüte. Die erste Gruppe ist die ältere und vermittelt den Anschluß an die Gattung *Populus*, die zweite Gruppe ist die jüngere, abgeleitete Gruppe.

Die Gattung *Salix* (ca. 500 Arten) bewohnt vor allem die nördl. gem. Zone der alten und neuen Welt, weist jedoch auch Arten im arktischen Gebiet sowie mehrere in den Tropen von Südamerika, Afrika (Kap, Angola, Senegal, Sudan, Abessinien, Nubien, Madagascar) und Asien (Ostindien, Große Sundainseln und Philippinen) auf. Sämtliche tropischen Formen sind miteinander nahe verwandt (Sect. *Humboldtiana)* und durch Pleiandrie ausgezeichnet.

Die fossilen Funde von *Salix* ermöglichen, die Beziehungen der rezenten pleiandrischen tropischen Formen zu den nördlicheren Typen aufzuhellen. Sämtliche in den Tertiärablagerungen Europas, Amerikas und der Arktis gefundenen Weiden gehören nämlich, soweit sicher bestimmbar, zu den pleiandrischen Formen und schließen sich zum Teil äußerst eng an diese rezenten tropischen Formen an. Erst die Diluvialablagerungen führen Arten aus anderen Verwandtschaftskreisen. Die heute tropischen Formen besaßen also im Tertiär ein weiter nördlich ausgedehntes Areal, in dem sie dann durch die heute im arktischen und gemäßigten Gebiete herrschenden Arten mit wenigen Staubgefäßen abgelöst wurden.

Dies muß zu dem Schluß führen, daß letztere die Deszendenten der tropischen Typen darstellen und erst in neuerer geologischer Zeit sich aus jenen entwickelten. (IRMSCHER 1922, S. 95.)

Nach ihrer Herkunft, bzw. ihren Einwanderungswegen hat BUSER (S. 600) die mitteleuropäischen Weiden in folgende Gruppen gebracht.

1. Nördlich-südlicher, glazialer Zug.

Glaziale Einwanderer aus dem Norden.

a) Weiden des Hochgebirges und zugleich zirkumpolar.

Ausstrahlend aus dem mittleren Asien (CHRIST) haben sie sich von hier über den ganzen polaren Gürtel und von da oft tief nach Süden in die kontinentalen Gebirge Europa-Asiens und Amerikas verbreitet: Es sind dies nach der Größe ihrer europäischen Areale geordnet:

S. herbacea, reticulata, Myrsinites, glauca (S. sericea VILL., *S. glaucosericea* FLODERUS); *S. polaris* erlosch in den Alpen schon in der Glazialzeit.

b) Weiden mittlerer Alpen und der präalpinen Hochmoore, vorwiegend boreal-alpin:

S. arbuscula, phylicifolia, Lapponum (S. helvetica VILL.), *hastata, pentandra, repens, nigricans, aurita.*

S. livida Wahlb. und *S. myrtilloides* haben die Alpen nicht erreicht und auf dem Zuge nach Süden auf den Torfmooren Südbayerns haltgemacht.

Gruppe a) ist zu Anfang der Eiszeit und Gruppe b) ist am Ende der Eiszeit eingewandert.

Während außerhalb der Alpen (Karpaten, Sudeten, Harz, Auvergne) Weiden nordischer Herkunft den nordischen Charakter beibehalten haben, treten bei den gleichen Arten in den Alpen meist durch Anpassung an trockene Standorte und durch den Einfluß der stärker wirkenden Insolation beträchtliche Abweichungen entweder im Sinne einer Verstärkung der Blattdrüsen *(S. arbuscula, S. myrsinites)* oder des gesamten Vestimentums *(S. myrsinites* var. *lanata, S. sericea* VILL., *S. helvetica* VILL.) auf. Ein geübtes Auge kann in der Mehrzahl der Fälle die Herkunft aus den beiden Hauptgebieten (alpin oder extraalpin) unschwer erkennen.

2. Östlich-westlicher, postglazialer Zug.

Postglaziale Einwanderer aus dem Osten.

Gebirgsweiden: *S. Jacquini* Host, *S. Waldsteiniana* Willd. Kampestre Arten: *S. fragilis, alba, triandra, caprea, cinerea, purpurea, viminalis, incana, daphnoides, (angustifolia* Wulf. *).

Alle sind europäisch und zugleich asiatisch (eurasiatisch).

Die zweite Gruppe umfaßt hauptsächlich Weiden, die in den Niederungen sich oft zu ganzen Massenvegetationen entwickeln, aber weder hoch in die Gebirge, noch auf die Hochmoore übergehen.

Interessant ist, daß von zwei nächstverwandten Arten, die eine, z. B. *S. arbuscala* aus dem Norden, die andere *S. Jacquini* aus dem Osten nach Zentraleuropa gekommen sind. Das gleiche gilt von *S. myrsinites* — *S. Waldsteiniana* und *S. repens* und *angustifolia* (= *rosmarinifolia* Koch *).

3. Endemiten der Alpen.

Auf die Alpen beschränkt:

S. pubescens Schl. (Mt. Cenis, Waadt, Rhonegletscher, Längental in Tirol). Hegi, III, S. 38.

S. serpyllifolia Scop. (in Himalaja zahlreiche verwandte Arten).

S. caesia Vill.,

S. Mielichhoferi Sauter.

In den Alpen haben ihr Massenzentrum und strahlen von hier aus:

S. glabra (Ostalpen bis Bosnien und Siebenbürgen) und als *S. crataegifolia* Bert. in den Apenninen),

S. grandifolia (Alpen, Jura, Apennin. Dinarische Alpen).

S. retusa (Alpen, Pyrenäen. Karpaten),

Es beschränkt sich also der Endemismus auf die *Capreae*, die fast in jedem größeren Gebiete zur Bildung lokaler Arten gekommen sind, auf die *Retusae* und die damit verwandten *Nigrescentes*.

---

*) Zur Nomenklatur, die aus Buser (1940, S. 600) übernommen ist, bemerkt Janchen (briefl.): *S. angustifolia* Wulf. ist die schmalblättrige Unterart der *S. repens* L., also dasselbe wie *S. rosmarinifolia* L. Der gültige Name ist: *S. repens* L. subspec. *rosmarinifolia* (L.) Čelak.

c) Phylogenie.

Bevor wir versuchen, die Entwicklung der Gattung *Salix* in ihren Grundzügen darzustellen, müssen wir uns fragen, welche Merkmale als ursprünglich, welche als abgeleitet zu gelten haben.

Ursprüngliche Merkmale	Abgeleitete Merkmale
Zwitterblüten	Eingeschlechtliche Blüten
Einhäusigkeit (Monözie)	Zweihäusigkeit (Diözie)
Einfarbige Deckschuppen	Zweifarbige Deckschuppen
Abfällige Schuppen	Haftende Schuppen
Staubgefäße: Unbestimmte Zahl, mehr als zwei	Bestimmte Zahl: zwei
Behaarte Staubfäden	Kahle Staubfäden
Zwei Nektarien *(Dinectariae)*	Ein Nektarium *(Mononectariae)*
Gestielte Bl. *(S. reticulata)*	Ungestielte Blätter
Blattstieldrüsen	Keine Blattstieldrüsen
Rhythmus: Zuerst Entfaltung der Blätter, dann der Blüten: Blatt-Blüten-Folge.	Zuerst Entfaltung der Blüten, dann der Blätter: Blüten-Blatt-Folge

S. reticulata nimmt eine ganz besondere Stellung ein, sie ist ein von allen Weiden ganz abweichender Typus: Die Basis der Staubblätter oder des Fruchtknotens umgibt ein Kranz drüsiger Verlängerungen des Torus, einem 5—6teiligen Perigonrudimente ähnlich; er erinnert an den perigonartigen, einen schief abgeschnittenen Becher darstellenden Torus der Pappeln. Auch die netznervigen Blätter stimmen durch die langen Stiele mit den Pappeln überein und bilden einen auffallenden Gegensatz zu den kurzgestielten fiedernervigen Weidenblättern. Ich erinnere ferner daran, daß *S. reticulata* in Mitteleuropa die einzige wintergrüne Weide ist — also auch dadurch ihr hohes Alter erweist.

S. reticulata unterscheidet sich von *S. arbuscula* und *S. retusa* in der Stellung der Infloreszenzen. Diese stehen nicht terminal an Kurztrieben unterhalb einer vegetativen oberen Region, sondern terminal an einer Triebperiode. Das bisher funktionslose Achsenende wird zur Ausbildung einer langgestielten Infloreszenz verwendet (Abb. 18). Es ist dies ein von den übrigen Weiden abweichendes Verhalten, das nur noch bei

S. herbacea und *S. polaris* anzutreffen ist. Nach der Blüte trocknet der Infloreszenzschaft ab. (Rauh, 1937, S. 296.) Buser (S. 602) sagt, daß *S. retusa* wie die *Pleiandrae* endständige Kätzchen auf seitlichen Laubtrieben besitzt. Nach Rauh (1937, S. 299) stimmt die Wuchsform von *S. reticulata* mit *S. retusa* überein.

Die Knospenentwicklung in den Winkeln der Blätter der Kätzchentriebe ist nur einigen der ältesten „*Glaciales*“ eigen und ursprünglich wohl eine Anpassung an die ungünstigsten Vegetationsverhältnisse, die nur die Anlage weniger Triebe und Knospen erlaubten. Daß die Eigentümlichkeit aber für die Art, vielleicht auch für die betreffende Tribus von Wert ist, beweist die einfache Beobachtung, daß sich andere Weiden auf dem gleichen Standorte anders verhalten und daß die betreffenden Arten (*S. reticulata, herbacea*) in Kultur ihr Verhalten nicht ändern. Übergänge zum Wachstumsmodus der Ebenenweiden zeigen die *Retusae* und *Sericeae*. Beraubt man eine Weide der Ebene der Blatt- und teilweise der Sekundanknospen, so kann man an den Kätzchen ähnliche Erscheinungen hervorrufen. (Buser.)

S. reticulata hat ein bis in den Herbst hinein andauerndes Wachstum, so daß die Triebe krautig überwintern. Verholzung und Internodienstreckung erfolgt erst im zweiten Jahr nach der Triebentfaltung (Rauh 1937, S. 301.) Schließlich wurde in einer Winterknospe noch zwei weitere Knospengenerationen gefunden, so daß also eine Knospe 2½ Jahre vor ihrer Entfaltung angelegt wird. Diese frühzeitige Anlage dürfte mit der Kürze der Vegetationszeit in Verbindung stehen. Weiden niederer Lage zeigen eine viel spätere Anlage der Knospen und entwickeln sich in einem Jahr (Schröter 1926, 290).

Alle diese Umstände berechtigen uns, *S. reticulata*, die Netzweide, als ältestes, heute lebendes Glied der Weiden zu bezeichnen, das noch viele Anklänge an tropische Verhältnisse zeigt und den Zusammenhang mit der älteren Gruppe der Salicaceen, den Pappeln, aufweist.

d) Stammesgeschichte der Gattung *Salix* auf Grund der Bastardierung.

Den entwicklungsgeschichtlichen Zusammenhang der einzelnen Weidengruppen versuchte A. v. Kerner (1860) mit Hilfe der in dieser Gattung so häufigen Bastarde klar zu stellen.

Er ging von der Annahme aus, daß diejenigen Arten die geringste Verwandtschaft besitzen, die miteinander keine Bastarde erzeugen, obwohl die Bedingungen der Bastardierung für sie in der freien Natur gegeben sind, und daß umgekehrt jene Arten die größte Verwandtschaft besitzen, die untereinander zahlreiche Bastarde bilden. Die Ergebnisse der Untersuchung, die KERNER auf Grund dieser zweifellos richtigen Annahme an der Hand seines heute überholten Weidensystems durchgeführt hat, besitzen deshalb heute nur zum Teile Geltung; doch verspricht eine neuerliche, auf seinen Gedankengängen beruhende Untersuchung mit den Methoden der modernen Genetik wertvolle und wichtige Ergebnisse.

e) Wuchsformen (Abb. 18).

I. Im Bauplan der Weiden ist Folgendes festgelegt:

1. eine Endknospe des Jahrestriebes wird nicht ausgebildet.
2. Die Fortsetzung des Sprosses erfolgt daher von einer Seitenknospe aus: Sympodium.

II. Dieser Bauplan erfährt mancherlei Abänderungen, die zu verschiedenen Gestalten (Wuchsformen) führen: Baum, Teppichstrauch, Strauch.

III. Die Wuchsformen wiederum zeigen Spezialisierungen in der Feinausführung, z. B. in der Farbigkeit der Kätzchenschuppen, der Länge des Griffels usw. (siehe Bewertung der Merkmale S. 473).

Die Natur hält sich nun nicht an dieses Schema, sondern zeigt so viele Variationen, daß es notwendig ist, auf Besonderheiten einzugehen.

I. Der Bauplan scheint bei den Urformen ursprünglich monopodiale Verzweigung gehabt zu haben wie bei den Pappeln. Die Endknospe, die bei den Pappeln stets vegetativ ist, abortiert bei den Weiden fast immer an den vegetativen Zweigen. Die Seitenzweige (Kurzzweige) schließen mit Kätzchen ab, die in den Achseln meist vorjähriger Blätter stehen. Doch wird bei manchen Weiden aus der § *Humboldtiana* auch die Gipfelknospe entwickelt und dann stehen die Kätzchen in den Blattachseln diesjähriger Zweige.

Bei den tropischen Ausgansformen der Salicaceen ist, wie bei den heute lebenden Pappelarten die Gipfelknospe entwickelt, während sie bei den Weidenarten unter dem Einfluß des gemäßigten Klimas abstirbt, mit Ausnahme von Weiden südlicher Verbreitung (§ *Humboldtiana* in Ostindien, Madagaskar,

Ägypten, Senegambien, Amerika). Bei den Weiden der gemäßigten Zone aber übernehmen blattachselständige Seitensprosse die Fortsetzung des Triebes, es kommt so zur Aus-

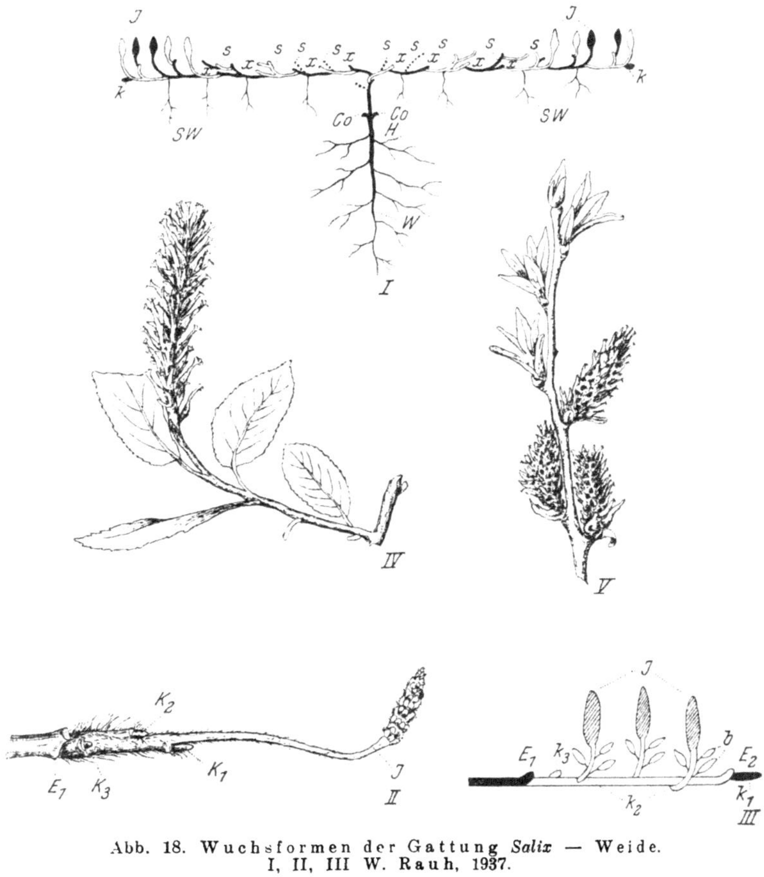

Abb. 18. Wuchsformen der Gattung *Salix* — Weide.
I, II, III W. Rauh, 1937.

I. Salix reticulata. Schematisch. Sympodialer Teppichstrauch. *x* Triebspitzen der Sympodialglieder, *s* Seitenäste dickasialer Sympodialglieder, *K* Fortsetzungssprosse, *J* Infloreszenzen, *Co* Cotyledonen, *H* Hypocotyl, *W* Wurzeln.

II. Salix reticulata, blühender Trieb, entblättert. E_1 Ende des Sympodialgliedes, K_1—K_3 Knospen eines Jahrganges, K_1 Fortsetzungsprozeß, K_2 wird zu einem Seitenast, K_3 bleibt in Ruhe, *J* endständige Infloreszenz.

III. Salix retusa ssp. serpyblifolia, E_1 E_2 Enden der Sympodialglieder, *J* seitenständige Infloreszenzen, K_1 Fortsetzungssproß, K_2 Blütenkurztriebe, K_3 ruhende Knospe, *b* Laubblätter.

IV. Salix fragilis, beblätterter Seitenzweig mit weiblichem Kätzchen. Keine Arbeitsteilung in fertile und vegetative assimilierende Sprosse.

V. Salix viminalis, Seitenzweig. Arbeitsteilung in unbeblätterte Kätzchen und beblätterte Sprosse.

bildung eines Sympodiums, u. zwar eines Zwangssympodiums unter der Einwirkung des gemäßigten Klimas.

Sehr aufschlußreich ist in dieser Hinsicht das Verhalten der Ausläufer bei *Salix herbacea.* Nach RAUH (1937, S. 302) stellen die unterirdischen Ausläufer im Herbst nicht ihr Längenwachstum durch Verkümmerung der Endsprosse ein, sondern wachsen monopodial fort, erst nach einer gewissen Zeit setzt, wenn sie über den Boden wachsen, Sympodienbildung ein. Die oberirdischen Ausläufer dagegen stellen am Ende der Vegetationsperiode das Wachstum ein, der Sproß setzt sich sympodial fort. Wir können also auch hier von einem Zwangssympodium sprechen.

Alle Weiden sind Holzpflanzen und zeigen dadurch ihre tropische Abkunft an (S. 445). Alle Abänderungen der Wuchsformen beschränken sich auf Holzpflanzen, es werden keine Kräuter und Einjährigen ausgebildet (vgl. S. 447). Auch *S. herbacea,* die Krautweide, bleibt holzig; sie nähert sich stark den Geophyten mit Ausläufern.

II. Gestaltungen des Bauplanes. Wuchsformen.

Die Wuchsform des Baumes ist charakteristisch für die Tertiärweiden *(Pleiandrae),* die der Teppichweiden für die Eiszeit, die des Strauches für die Spät- und Postglazialzeit. Diese Wuchsformen lassen sich ungezwungen mit den klimatischen Verhältnissen der einzelnen Klimaperioden in Zusammenhang bringen: Plagiotroper (niederliegender) Wuchs mit Wind und Schnee in der Arktis und im Hochgebirge, basitone Förderung in einer durch Schnee geschützten Zone des Hauptstammes führen zum Strauchwuchs.

III. Spezialausgestaltungen.

In Anpassung an besondere Verhältnisse stellen sich kleinere, nicht tief in das Wesen der Pflanze eingreifende Abänderungen ein, die für die systematische Bewertung eine geringe Rolle spielen, aber biologisch von Bedeutung sind, z. B. die Vorblütigkeit. Färbung der Kätzchenschuppen. Länge des Griffels usw. Auch die Blätter erfahren je nach Bedarf eine verschiedene Ausbildung, und zwar als ökologische Konvergenz in verschiedenen Sippen (schmal- und breitblättrige Weiden).

Die Unterseite mehrerer, die feuchten, nebelreichen Flußufer bewohnenden Weiden *(S. triandra, purpurea, daphnoides)* ist mit einer feinen Wachsschicht bedeckt, um die Benetzung der Spaltöffnungen zu verhindern. Ein anderes Mittel, das Vordringen des Wassers zu den Spaltöffnungen zu verhindern, ist die Ausbildung von H a a r e n, die sich häufig nur an der Blattunterseite finden: zweifarbige Blätter, oberseits kahl, unterseits weiß oder grau behaart, z. B. *Salix incana* (vgl. *Alnus incana, Rubus idaeus, Cirsium heterophyllum, Filipendula Ulmaria).*

f) P h ä n o l o g i e.

Um die Geschichte einer Pflanzensippe zu erforschen, hat man sich zumeist auf die Morphologie gestützt und durch vergleichende Betrachtung der einzelnen Organe ihre Entwicklung zu verstehen gesucht. Es muß nun mit Nachdruck darauf hingewiesen werden, daß auch die Betrachtung der Lebensäußerungen der Pflanzen so manche aufschlußreiche Tatsache ergibt, an der man nicht achtlos vorübergehen kann, denn oft lassen sich morphologische Abänderungen aus den wechselnden Umweltbedingungen, in die eine Pflanzensippe im Laufe der Zeit versetzt wurde, zwanglos erklären oder wenigstens verstehen. Für die Weiden wollen wir einige Tatsachen der Phänologie zusammenstellen und zeigen, wie sie für die Geschichte dieser Gattung ausgewertet werden können, bzw. ausgewertet wurden.

D i e B l ü t e z e i t. Die Arten § *Pleiandrae* blühen im allgemeinen s p ä t e r als die anderen Weiden der Ebene.

S. pentandra im Mai und Juni.

S. triandra im April und Mai; — d a g e g e n:

S. viminalis im März und April.

S. caprea im März und April.

S. purpurea im März bis Mai.

Die ältere Gruppe der Tertiärweiden folgt mehr der Eigenrhythmik als der Zwangsrhythmik des gemäßigten Klimas.

Salix triandra, die zuweilen im Sommer und H e r b s t n o c h m a l s blüht, zeigt damit, daß sie sich der Rhythmik unseres Klimas nicht voll angepaßt hat. Diese Weide blüht als arkto-tertiär-tropische Kurztagpflanze im Kurztag des Frühlings, bzw. Herbstes.

g) B i o l o g i s c h e, u m w e l t b e d i n g t e M e r k m a l e.

1. Die für die Weiden der Ebene so charakteristische Vorblütigkeit, d. h. das Entfalten der Blüten vor den Blättern, scheint ein relativ spät erworbenes Merkmal zu sein. Weiteres vgl. S. 93.

Es ist zu vermuten, daß die V o r b l ü t i g k e i t e r s t a m E n d e d e r T e r t i ä r z e i t in Anpassung an die Wärme- und Lichtverhältnisse (Photoperiodizität) der Eiszeit e n t s t a n d e n ist.

2. Alle Pappeln und Weiden sind laubabwerfend; es gibt keine immergrünen Arten dieser Gattungen. Manche Arten jedoch behalten ihre Blätter sehr lange als Dauerblätter (feuilles persistantes) bis zur Entfaltung der neuen Triebe (DODE, 1909, S. 151), so verliert z. B. die Trauerweide in den tropischen und subtropischen Ländern das Laub erst kurz vor dem Erscheinen des Jahrestriebes. Diese Art der Lauberneuerung findet sich auch bei Tropenpflanzen. Unsere laubabwerfenden Pappeln und Weiden stammen daher trotz ihrer tropischen Abkunft nicht von immergrünen Vorfahren; ihr jährlicher Laubwechsel, der sich bei der einzelnen Art je nach der geographischen (klimatischen) Lage ihres Standortes zwischen Spätherbst und Februar verschieben kann, ist ein ursprüngliches Merkmal.

3. Auch der Laubwechsel der Gletscherweiden ist nicht streng geregelt. Die Blätter sterben zwar im Herbst ab, bleiben aber vertrocknet oft den ganzen Winter am Stamm. *S. reticulata* ist sogar oft wintergrün (HEGI, III, 29). Nach den Untersuchungen RÜBELS, 1925, treiben die Gletscherweiden auch im Winter sofort aus, wenn man sie ins Warmhaus bringt — ein Beweis, daß die Winterruhe nur aufgezwungen ist.

4. Die Färbung der Kätzchenschuppen, die bei den alten Tertiärweiden und der Gruppe der Gletscherweiden einfarbig, bei den jüngeren, postglazial entstandenen *Diandrae Mononectariae* aber an der Spitze dunkelfärbig sind, ist nach BUSER eine Anpassung der frühblühenden, vorblütigen Weiden an das Klima der gemäßigten Zone.

5. Die Weiden besitzen sylleptische Triebe, d. h. die Blattachselknospen des heurigen Triebes, die eigentlich für das nächste Jahr angelegt sind, treiben normalerweise bereits in der gleichen Vegetationsperiode. Sie deuten dadurch auf das ununterbrochene, nicht scharf periodisch gegliederte Wachstum tropischer Gewächse hin — sind also als Phänatavismus aufzufassen. Vgl. S. 497.

6. Die Knospen werden im allgemeinen frühzeitig angelegt, bei den Weiden der Ebene etwa um die Zeit der Blüte, entwickeln sich schnell bis zum Herbst weiter und treten mit vollständig vorgebildeten Organen in die Winterruhe ein.

7. Die Kätzchen der Gletscherweiden sind sehr früh vorbereitet; schon im Herbst, beim Laubfall, sind die Blüten für das folgende Jahr soweit entwickelt, daß die Samenanlage angelegt und die Pollenmutterzellen differenziert sind (SCHRÖTER, 1926, S. 289). Bei *S. reticulata* wird

die Knospe sogar schon 2½ Jahre vor ihrer Entfaltung angelegt (S. 290).

Dieses Verhalten läßt sich nur so deuten, daß eine Vegetationsperiode für die Ausbildung und Entfaltung der Kätzchen zu kurz ist, daß also zwei (bis drei) Vegetationsperioden dazu verwendet werden müssen. Eine ununterbrochene Entwicklung der Kätzchen von der Anlage bis zur Entfaltung ist wohl die ursprüngliche Wachstumsweise, die durch die ungünstige Winterszeit zwangsweise gestört wurde (Phänatavismus).

8. Die Samen der Weiden (Buser, S. 619) entbehren des Eiweißes, enthalten reichlich Chlorophyll, sind nur wenige Tage keimfähig und vertrocknen in trockener Luft sehr rasch.

Die kurze Dauer der Keimfähigkeit der Samen und das Fehlen von Reservestoffen erscheint uns als ursprüngliches Erbgut, das die Weiden in günstiger (tropischer) Lebenslage erworben haben. In der Geschichte der Weiden hat dieser Phänatavismus für die Gletscherweiden und für das Überdauern der Eiszeiten gewiß eine entscheidende Rolle gespielt. Die Samen keimen meist sehr schnell und wachsen noch im ersten Jahre kräftig heran (K. L. Schr., S. 307).

g) Die Geschichte der *Salicaceen*.

Verfolgt man geschichtlich den Entwicklungsgang der Weiden, so lassen sich die Modifikationen des Bauplans, der Rhythmus im Erscheinen der Blätter und Blüten, sowie die Prolepsis der Blütenkätzchen einiger Weiden verstehen. Der Entwicklungsgang dieser Teilerscheinungen wurde von verschiedenen Forschern meist unabhängig von der Gesamtentwicklung der Gattung festgestellt. Es spricht sehr für die Richtigkeit der Deutung dieser Teilerscheinungen, daß sie sich so gut in den Gesamtentwicklungsgang einfügen.

1. Modifikationen des Bauplans. Der Sproß der Salicaceen wird ursprünglich durch die Endknospe (monopodial) fortgesetzt, wie dies für die Pappeln charakteristisch ist. Ebenso zeigen die ursprünglichen Weidenarten z. B. die tropische *S. Humboldtiana* und *S. capensis* monopodiales Wachstum (Pax, 1894, S. 29). Auch *S. herbacea* aus der ursprünglichen Gruppe der *Pleiandrae* wächst anfangs monopodial (Rauh, 1937, S. 302). Erst nach einiger Zeit, wenn die Pflanze über den Boden heraustritt, setzt Sympodienbildung ein —

ein Beweis, daß diese eine Anpassung an das Luftklima ist. Der Großteil der übrigen Weiden, die fast ganz auf die arktische und gemäßigte Zone beschränkt sind, zeigt infolge des Absterbens der Gipfelknospe sympodiales Wachstum.

Über die Stellung der Blütenstände findet man im Schrifttum recht verschiedene Angaben; die Kätzchen der Weiden werden bald als endständig, bald als seitenständig bezeichnet. Dies ist meist auf eine unklare Ausdrucksweise zurückzuführen. In Wirklichkeit liegt ein einheitlicher Bauplan vor:

Die Blütenkätzchen stehen endständig an mehr oder weniger entwickelten Kurztrieben.

Diese gesetzmäßige Stellung wird nur scheinbar abgeändert. Wir folgen A. TÖPFFER (K. L. SCH. 1925, Band II, 1. Abt., S. 346); doch bringen wir seine Angaben entsprechend dem allgemeinen Entwicklungsgang der Weiden in umgekehrter Reihenfolge (Abb. 19).

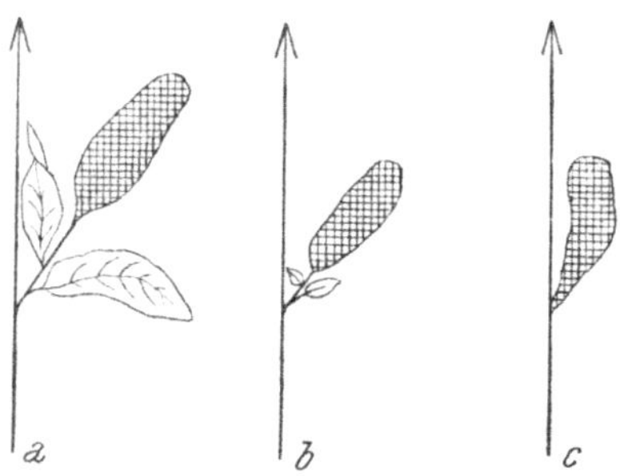

Abb. 19. Die Stellung der Weidenkätzchen.
Die Kätzchen stehen endständig an seitlichen Kurztrieben, die entweder *a* langgestielt und beblättert sind (*S. fragilis*), oder *b* kurzgestielt mit schuppenartigen Laubblättern sind (*S. grandifolia*) oder *c* ohne Stiel und unbeblättert an der Hauptachse sitzen, so daß die Kätzchen scheinbar seitenständig sind (*S. viminalis*).

a) Die Kätzchen sind langgestielt, der Kätzchenstiel ist mit Laubblättern besetzt.

Zu dieser ersten Entwicklugsstufe gehören die meisten Baumweiden (*Pleiandrae*): *S. alba, babylonica, fragilis, pentandra, triandra* z. T. und die Gletscherweiden *S. herbacea, retusa* und *reticulata*. Von *S. arbuscula* und *S. retusa* unterscheidet sich *S. reticulata* dadurch, daß sich bei dieser Weide das Kätzchen zugleich mit der Mutterachse in derselben Triebperiode, also sylleptisch entwickelt (RAUH, 1937, S. 301). Nach der Fruchtreife fällt nur der obere Teil des Kurztriebes, nämlich nur das terminale Kätzchen ab, während sich aus den Knospenanlagen in den Achseln der Blätter des Kurztriebes Blätter entwickeln. Würde der ganze Kurztrieb abfallen, wie dies bei den Weiden der dritten Entwicklungsstufe der Fall ist, so wäre dadurch der Bestand des Individuums bedroht, weil sich dann am ganzen Sträuchelchen keine lebensfähige Knospe mehr finden würde (TÖPFFER 1925, S. 348)

b) Bei der zweiten Entwicklungsstufe stehen die Kätzchen auf viel kürzeren (1—2 cm langen) Stielen, die nur kleine ungestielte Blättchen tragen: *S. arbuscula, caesia, glabra, helvetica, myrsinites, myrtilloides* und z. T. *grandifolia incana, nigricans, phylicifolia, triandra* und sehr selten *purpurea* — also mit Ausnahme von *triandra* durchwegs Weiden der phylogenetisch jüngeren Gruppen.

c) Die dritte Entwicklungsstufe hat die Kätzchenstiele noch stärker reduziert; die Stielchen fehlen oder sind nur 1—2 mm lang und tragen am Grund nur wenige, kleine, schuppenartige Blättchen: die Kätzchen erscheinen sitzend an der Hauptachse, so bei *S. acutifolia, aurita, caprea, cinerea, daphnoides, grandifolia* z. T., *incana* z. T. *lapponum* z. T., *livida, nigricans* z. T., *phylicifolia* z. T., *silesiaca* z. T., *viminalis, purpurea*. Auch diese Weiden gehören den jüngeren Artengruppen an. Die Beifügung z. T. = zum Teil zeigt an, daß es sich um kein bereits fixiertes Merkmal handelt, sondern um eine noch im Fluß befindliche Erscheinung.

Mit fortschreitender Entwicklung der Gattung wird also der blättertragende seitliche Kurztrieb immer mehr reduziert, bis er schließlich verschwindet und das ursprünglich endständige Kätzchen der Nebenachse nunmehr als seitlich sitzend an der Hauptachse erscheint.

2. Die Blatt-Blüten-Folge. Auch die Tatsache daß bei einigen Weiden zuerst die Blätter und dann erst die Blüten, bei sehr vielen anderen aber zuerst die Blüten und später die Blätter erscheinen, findet im Rahmen der Gesamtentwicklung der Gattung eine einfache Erklärung. Die phänologischen Erscheinungen sind mit der geschilderten Morphologie der Kätzchen gekoppelt.

a) Der ursprüngliche Ablauf der Lebenserscheinungen war bei den tropischen Vorfahren und den ihnen noch nahestehenden Anfangsgruppen der Weiden (*Pleiandrae* und *Glaciales*) die Blatt-Blüten-Folge (*Serotinae* = spätblühende W.), entsprechend der Kätzchenbildung der ersten Entwicklungsstufe, bei der die Arten als Beispiele angeführt sind.

b) Die Blatt-Blüten-Folge geht auf der zweiten Entwicklungsstufe in die gleichzeitige (*Coaetaneae*) Entfaltung der Blätter und Blüten über. Beispiele siehe oben.

c) In der dritten Entwicklungsstufe der Kätzchenbildung erscheinen zuerst die Blüten (*Praecoces*) und dann die Blätter. Die Vertreter dieser Gruppe gehören durchwegs den phylogenetisch jüngeren Sektionen an.

Es ist ganz augenscheinlich, daß diese Umstellung von der Blatt-Blüten-Folge auf die Blüten-Blatt-Folge eine im Verlauf der Gattungsentwicklung sich immer mehr durchsetzende Anpassung an die klimatischen Bedingungen der gemäßigten Zone ist. Im Einklang damit steht die Tatsache, daß viele Weiden der Ebene beim Ansteigen im Gebirge aus vorlaufend blühenden zu gleichzeitig blühenden Weiden werden. Die Blatt-Blüten-Folge, bezw. Blüten-Blatt-Folge ist noch ein labiles, nicht gefestigtes Merkmal; daher findet sich auch bei den einzelnen Beispielen der Zusatz zum Teil, das heißt ab und zu, nicht regelmäßig.

3. Was endlich die Prolepsis mancher Weidenarten betrifft, muß daran erinnert werden, daß bei unseren mitteleuropäischen Holzgewächsen in der Regel die Knospen schon im Sommer und Herbst angelegt werden, den Winter hindurch aber, von Knospenschuppen geschützt, in Ruhe verharren und erst im kommenden Frühjahr austreiben. Wenn nun einige Weiden, besonders die vorlaufenden Weiden, z. B. *S. aurita, caprea, incana, nigricans, purpurea* u. a., häufig und alljährlich (*S. triandra*) schon im Sommer (Juli bis September) — also vorzeitig, d. h. proleptisch, austreiben und verzweigte (sylleptische) Jahrestriebe bilden, muß dies als Rückschlag (Phänatavismus) zu einer Lebenserscheinung gedeutet werden, die unter klimatischen Bedingungen, die keinen Winter kannten, natürlich war. Diese Sommertriebe erscheinen bei unsern Pflanzen zur Zeit des höchsten Sonnenstandes im Jahr, wo sich unser Klima am meisten den tropischen Verhältnisen nähert.

Sehr interessant ist, daß an diesen Sommertrieben die Blütenkätzchen nicht sitzend an der Hauptachse erscheinen, sondern endständig an langen Stielen, welche in den Blattachseln oft Knospen tragen. Sie erinnern damit an die als erste Entwicklungsstufe der Kätzchenbildung (S. 92) bezeichneten Formverhältnisse der *Pleiandrae*; wir können sie auch in dieser Hinsicht als Rückschläge (Formatavismen) bezeichnen.

Betrachten wir den Entwicklungsgang der Gattung *Salix* überschauend, so kommen wir zur Erkenntnis, daß dieser von der Tendenz zur Reduktion (Zahl der Staubgefäße, der Nektarien, der Kätzchenbildung usw.) und von den Folgen der Umstellung einer ursprünglich tropischen Sippe auf die Lebensverhältnisse der gemäßigten Zone (Laubabwerfen, Opistholepsis [S. 502] und Prolepsis, unverzweigte Jahrestriebe usw.) beherrscht wird. Die Tendenz zu Reduktionen betrifft vor allem die reproduktiven Einrichtungen, die im Zusammenhang mit den Bestäubungsarten stehen. Nach M. J. FISCHER soll z. B. der Entfall des vorderen Nektariums darauf zurückzuführen sein, daß es bei der Bestäubung unter die vom Insektenkörper herabgedrückten Staubblätter zu liegen kam und daher rückgebildet wurde. Wir greifen diese Erklärung auf, weil sie uns eine Vorstellung geben kann, wie es zur Weiterbildung der *Dinectariae* zu den *Mononectariae* gekommen ist. Dieselbe Forscherin kommt auch zum Schluß, daß „die ältesten Salicaceen insektenblütig waren und später windblütig wurden. Ein Teil der Weiden kehrte wieder zur Insektenblütigkeit zurück. *Populus* und die pleiandrischen Weiden sind noch windblütig, die diandrischen, besonders die arktischen Arten, sind oft schwach insektenblütig" (PORSCH 1951, S. 296).

Verfolgen wir nun die Geschichte der Salicaceen im Laufe der Erdperioden, so können wir uns folgendes Bild machen.

Bei den tropischen Ausgangsformen der Salicaceen sind am Sprosse vegetative Gipfel- und Seitenknospen entwickelt (Atavismus in der § *Humboldtianae*).

Den ersten großen Anstoß zur Differenzierung der Formen gab die Änderung der Pollage, die Urformen der Salicaceen waren gezwungen, sich dem gemäßigten Klima anzupassen. Die Fortsetzung des Sprosses wird entweder der Gipfelknospe (Pappel) oder der Seitenknospe (Weide) übertragen. Als Folge davon ergibt sich der monopodiale Aufbau der Pappeln, der sympodiale der Weiden. Der Laubwechsel wird durch das Klima geregelt, Laubausbruch und Laubfall folgen dem Klimarhythmus. Es zeigt sich, daß die älteren Weidenarten dem Klimarhythmus nicht so willig folgen *(S. babylonica, S. fragilis)* wie die jüngeren Gruppen. Spätere Blütezeit. Als Atavismus aus tropischer Vergangenheit erscheint der Mangel an Reservestoffen in den Samen und das Fehlen einer Samenruhe.

Als zweites die Entwicklung der Weidenfamilie stark beeinflußendes Ereignis hat die Hebung der Gebirge Anlaß zur Entwicklung einer besonderen Gruppe (Classis *Salices Dinectariae*) gegeben. Die Arten dieser Gruppe zeigen noch manche altertümlichen Züge, so daß angenommen werden muß, daß ihre Ausbildung als Höhenformen (Oreophyten) frühzeitig in der Tertiärzeit aus tropisch-subtropischen Ebenenformen erfolgte. Der Laubfall ist fakultativ; in milden Wintern haften die braunen Blätter der *S. retusa* den ganzen Winter über; *S. reticulata* ist wintergrün. Um die notwendige Temperatur für das Ausreifen der Samen zu gewinnen, wird die Zeit von der Blütenanlage bis zur Blütenentfaltung bei *S. reticulata* auf

2½ Vegetationsperioden, immer unterbrochen durch den Winter, ausgedehnt.

Mit dieser in Anpassung an das Höhenklima der tropischen Gebirge erworbenen Lebensform konnten die Weiden zur Eiszeit auch das arktische Klima ertragen und zur Eiszeit neue Arten entwickeln, die durch Reduktionen in den vegetativen Organen (Zwergstrauch und Teppichstrauch) und in den fertilen Organen charakterisiert sind. Als Salices *Mononectariae* erlebten im Spät- und Postglazial (Abb. 17 u. S. 80 die Weiden neuerdings einen Aufstieg ihrer Entwicklung, der bis heute andauert. Wenn sie sich auch mit zunehmender Besserung der klimatischen Verhältnisse in ihrer äußeren Gestalt von Teppichsträuchern über Zwergsträucher, Sträucher bis zur baumartigen Wuchsform wieder den tertiären Weiden (*Pleiandrae)* näherten, die Spuren der eiszeitlichen Formänderungen blieben in den reduzierten fertilen Organen erhalten. Von den phänologischen Erscheinungen ist es vor allem die Vorblütigkeit — das Erscheinen der Blüten vor den Blättern — und die frühe Blütezeit, die anzeigt, daß sie die Lebensweise der alten *Pleiandrae*-Gruppe nicht mehr wieder erreichen konnten. In ihrer geographischen Verbreitung bevorzugen sie vor allem die ehemals vereisten Gebiete, offenen und beweglichen Boden (Flußalluvionen, Auen), der den neuentstehenden Formen Gelegenheit zur Ansiedlung gibt; geschlossene Pflanzengesellschaften werden gemieden.

Die Geschichte der Weiden spiegelt in großartiger Weise die kosmischen Ereignisse, die die Erde seit der Tertiärzeit erfuhr, wieder. Wir sehen, wie diese Anstoß zum Aufblühen und zum Niedergang der einzelnen Gruppen, die wir heute Sektionen nennen, gegeben haben (vgl. *Gentiana,* S. 320).

Anleitung zur historischen Betrachtung der Weiden.

a) Bruchstücke aus der Geschichte der Weiden.
   1. *S. reticulata* Mittelstellung zwischen *Populus* und *Salix.*
   2. *S. retusa* monopodiale unterirdische, sympodiale oberirdische Ausläufer.
   3. *Pleiandrae* tertiäre, *Dinectariae* glaziale, *Mononectariae* postglaziale Arten.

b) Merkmale, die auf tropische Abkunft hinweisen.
   1. Ununterbrochenes Wachstum bis in den Herbst, kein Abschließen der Endknospe, Absterben der Zweigspitzen durch Frost im Herbst.
   2. Sylleptische = verzweigte Jahrestriebe.

3. Frühtreiben.
4. Wintergrüne Blätter bei *S. reticulata.*
6. Verlängerte Vegetationsperiode. Frühzeitige Anlage der Blüten.
7. Keine Samenruhe, dünne Samenschale, keine Reservestoffe.

c) Merkmale, welche die Weiden zur Überdauerung der Eiszeit geeignet erscheinen lassen.
1. Geographische Verbreitung. Ertragen des glazialen Klimas: Arktis, Alpenhöhen, Gletscherweiden.
2. Frühblühend, Ausnutzung der kurzen Vegetationszeit.
3. Raschfruchtend, Ausnutzung der kurzen Vegetationszeit.
4. Vegetative Vermehrung. Stecklinge.
5. Standorte — feuchte, nasse Standorte —, Alluvionen, Gerölle, Moränen, Schneetälchen, Salherbetum.

Literatur.

BUSER, R. Kritische Beiträge zur Kenntnis der schweizerischen Weiden (1883, herausgegeben von WALO KOCH, 1940). Ber. d. Schweiz. Bot. Ges. **50**, 1940. — CHAMBERLEIN, Ch. Contrib. to the life history of *Salix*. Bot. Gaz. 1897, S. 147. — DODE, L. A. 1909. Peupliers et Saules a feuilles peristantes. Bull. soc. dendrologique de France. S. 151 bis 153. — FISCHER, M. J. 1928. The morphology and anatomy of the flowers of the *Salicaceae*. Am. Journ. of Bot., S. 307—372. — HEGI III, p. 12. — HERIBERT-NILSSON NILS. Experimentelle Studien über Variabilität, Spaltung, Artbildung und Evolution in der Gattung *Salix*. Lund, Leipzig 1918. — KERNER, A. v. Niederösterreichische Weiden. Verh. z. b. Ges. Wien **10**, 1860. — PAX, F. In Nat. Pfl.-Fam. III/1, 1894. — PORSCH, O. 1950. Geschichtliche Bewertung der Kastanienblüte. Ö. B. Z. **97**, S. 269—321. — RÜBEL, E. Alpenmatten-Überwinterungsstadien. Festschrift CARL SCHRÖTER. Veröff. d. Geobot. Inst. RÜBEL in Zürich, 3. Heft, 1925. — SCHMUCKER, TH. Die Baumarten der n. gemäßigten Zone und ihre Verbreitung. Silvae Orbis 4. Berlin 1942. — SCHNEIDER, C. Über die systematische Gliederung der Gattung *Salix*. Ö. B. Z. 1915. — TÖPFFER, A. in K. L. SCHR., II/1, 1925. — WICHURA, M. Bastardbefruchtung im Pflanzenreich, erläutert an den Bastarden der Weiden. Breslau 1865.

VI. *Ulmaceae.* — Ulmengewächse.

Die Familie umfaßt (nach IRMSCHER 1922) 15 Gattungen mit etwa 120 Arten; (nach H. WALTER 1931) 13 Gattungen mit 160 Arten. Von den 15 Gattungen kommen

11 Gattungen in der Tropenzone, und 4 Gattungen außerhalb der Tropenzone vor. (*Ulmus* vorwiegend in der nördl. gem. Zone, *Celtis* in der nördl. und südl. gem. Zone, *Planera* in Nordamerika, *Pteroceltis* in Asien).

Aus diesen Angaben entnehmen wir, daß die U. eine vorwiegend tropische Familie sind, deren Entstehungszentrum ebenfalls in der tertiären Tropenzone zu suchen ist, wie Fossilfunde aus Nordamerika, Europa und Asien bezeugen.

Die Verschiebung der Tropenzone nach Süden und ihre Aufsplitterung am Ende der Tertiärzeit hat die heutige Verteilung der U.-Gattungen zur Folge. Europa bot infolge des west-östlichen Verlaufes der Pyrenäen, der Alpen und Karpaten schlechte Ausweichmöglichkeiten, während Nordamerika und Ost-Asien den Südwanderungen kein Hindernis entgegenstellte. Daraus erklärt sich das Zahlenverhältnis:

Amerika **7** (4 endem.), Europa 3 (0), Afrika 4 (2), Asien **9** (2), Austr.-Polynes. 5 (0).

1. *Ulmus* L. — Ulme, Rüster.

Die Gattung *Ulmus* (16 Arten, 1911) besitzt in Mitteleuropa nur drei Arten.

U. carpinifolia GLEDITSCH (= *U. campestris* L.), Feldulme.

U. scabra MILL. (= *U. montana* WILLD.), Bergulme.

U. laevis PALLAS (= *U. effusa* WILLD.), Flatterulme.

U. carpinifolia und *U. scabra* sind nahe verwandt und nicht immer leicht zu unterscheiden.

Fossile Reste der Gattung *Ulmus* finden sich im Tertiär (im Eozän noch zweifelhaft, im Oligozän reichlich) und zwar bis weit nach Norden (Spitzbergen, Island, Grönland, Grinnell-Land, Kalifornien, Alaska, Sachalin und Japan) (Abb. 20).

Das Entstehungszentrum der Gattung liegt also im tertiären nördlichen Waldgürtel, der weiter nördlich als heute verlief und tropisch-subtropisches Klima besaß.

Als infolge der Bildung des atlantischen Ozeans die Kontinente Amerika—Eurasien sich trennten, wurden die damaligen Arten langsam in die so nahe verwandten eurasischen und nordamerikanischen Arten differenziert.

Eurasien	Nordamerika
U. carpinifolia (= *U. campestris*) *U. scabra* (= *U. montana*)	*U. fulva*
U. laevis (= *effusa*)	*U. americana*

Zur Eiszeit starben die Ulmen im Norden Europas aus und fanden im Süden Zufluchtstätten, von denen sie im Interglazial (Funde: Höttinger Breccie, Südfuß der Alpen, Cannstadt, Fismes [Aisne] in Frankreich) und im Postglazial in der Eichenmischwaldzeit (Wärmemaximum) wieder nach Mitteleuropa einwanderten. Die Ulme konnte damals höhere Lagen besiedeln und weiter nach Norden vordringen. In Mitteleuropa drang der Eichenmischwald hauptsächlich aus Südwesten vor,

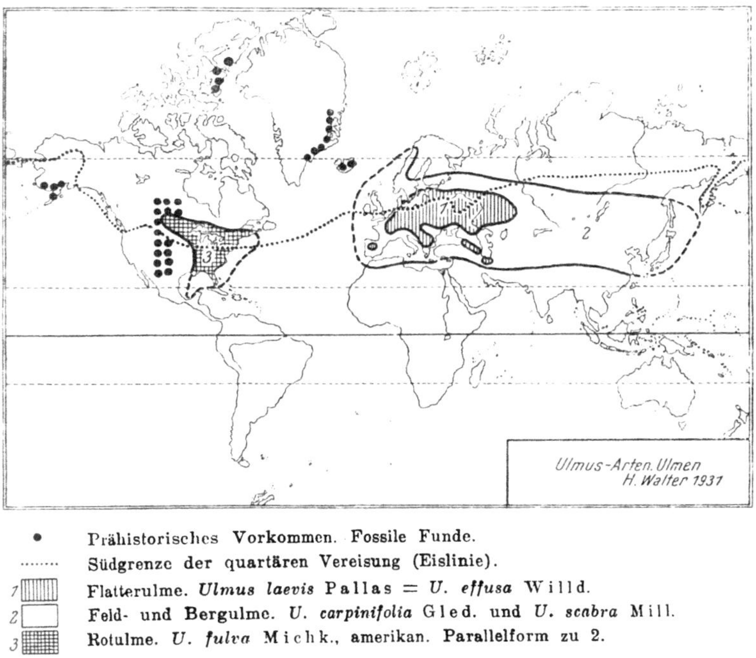

Abb. 20. Verbreitungsgebiete einiger Ulmen-Arten. Arkto-tertiäre fossile Funde sind Zeugen des tropischen Ursprungs der Familie. Das heutige Areal der Ulmenarten wird durch die Eislinie in ein tertiäres Erhaltungsgebiet und in ein postglaziales Ausbreitungsgebiet gegliedert.

und zwar die Ulme zuerst (flugfähige Samen), dann die Eiche und zuletzt die Linde. (Kt. K, L. SCH., S. 617, Fig. 6.)

In der subatlantischen Periode verliert infolge der einsetzenden Klimaverschlechterung der wärmeliebende Eichenmischwald und mit ihm die Ulme wieder an Verbreitung. (In Skandinavien geht sie vom 64° nördlich auf 61° zurück. Reliktbezirke.) Sie wird durch Birke, Erle und Buche ersetzt.

Ulmus carpinifolia geht weniger weit nach Norden als *U. scabra*.

Aus der großen Fülle der Beobachtungen, die H. WALTER in seiner ausgezeichneten Darstellung der Ulme in K. L. SCH. mitteilt, heben wir jene hervor, die für die Beurteilung der Geschichte der Gattung von Bedeutung sind und als Atavismen ihre Entwicklung widerspiegeln. Wir wollen ja nicht einen Auszug aus der Literatur geben, sondern eine Sammlung und Sichtung der für die Geschichte der Arten wertvollen Beobachtungen, die sonst in der Fülle unbeachtet bleiben und nicht entsprechend herausgestellt werden.

1. *U. carpinifolia* bildet im südlichen Sardinien als Folge eines Sommerschlafes, während dessen die Bäume ihr Laub verlieren, deutliche doppelte Jahresringe. Experimentell konnte SPÄTH nach Entfernung junger Triebe, an proleptischen Trieben deutlich geschlossene falsche Jahresgrenzen erzeugen. (Sommerschlaf, Laubabwerfen, Prolepsis, Abbildung der Triebzeiten in den Jahresringen.)

2. Die Ulmen verzweigen sich sympodial. Infolge des Absterbens der Gipfelknospe übernimmt die oberste Seitenknospe die Fortführung des Zweiges.

Über das Absterben des Zweiges machte ich folgende Beobachtung. Am 29. Juli 1950 waren an einer Bergulme im botanischen Garten Graz die Spitzen des Sprosses (etwa 5 cm) vertrocknet. — Die Entwicklung des Sprosses ist Zeuge eines tropischen Familienerbgutes, das Absterben Zeuge der Versetzung der Familie in ein temperiertes Klima.

3. Die Jahrestriebe entwickeln regelmäßig noch im Jahre ihrer Entstehung Seitenzweige. Bestes Beispiel für Syllepsis als Phänatavismus tropischer Vorfahren.

4. Blatt- und Blütenknospen werden bereits im Frühjahr für das folgende Jahr angelegt. Verlängerung der Vegetationszeit.

5. Frühtreiben. Anpassung an die mitteleuropäische Klimarhythmik noch nicht fixiert, läßt sich künstlich beeinflussen.

6. Mitte November ist ein großer Teil der Blätter von *U. carpinifolia* noch sommerlich grün, während *U. scabra* bereits kahl ist. Nicht volle Anpassung an die Klimarhythmik der gemäßigten Zone.

7. Es gibt wintergrüne Ulmen: *U. parviflora* Jacqu. in China und Japan.

2. *Celtis* L. — Zürgelbaum.

Die Familie der Ulnaceen gliedert sich in die beiden Unterfamilien

Ulmoideae — alle Blüten oder wenigstens die ♂ erscheinen am alten Holz, Früchte nicht steinfruchtartig, sehr oft geflügelt.

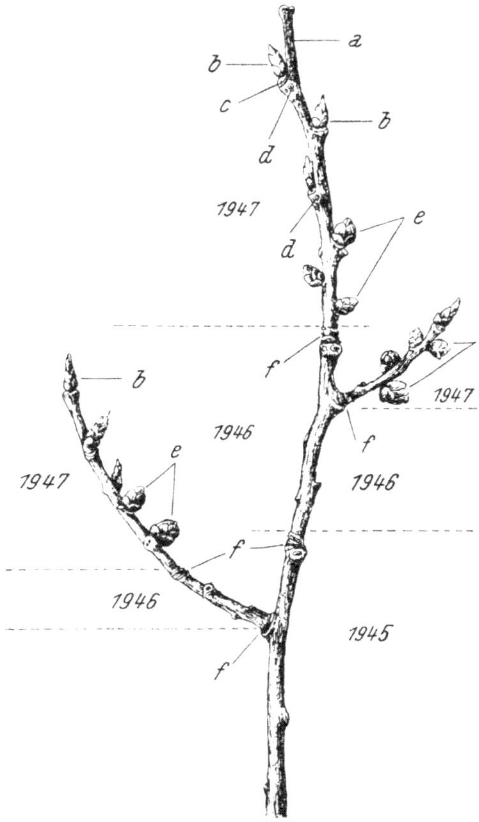

Abb. 21. Zweig von *Ulmus laevis* Pallas (= *effusa* Willd.), Flatterulme. Der Zweig zeigt als Spuren seiner Geschichte: *a* = abgestorbener Gipfeltrieb, ein Zeuge ehemaliger monopodialer Verzweigung; *b* = Blattknospen; die oberste setzt im nächsten Jahre den Sproß fort; *c* = Narbe des Tragblattes der Knospen; *d* = Narbe des Nebenblattes; *e* = Blütenknospen vom jungen Holz, die sich erst im nächsten Jahr, also am alten Holz, entfalten; *f* = Narben der Schuppen der Knospe, aus der der Fortsetzungstrieb entstanden ist, – – – – Grenzen der Jahrestriebe.

Celtoideae — die Blüten erscheinen (wenigstens die ♀) am diesjährigen Holz, Früchte meist steinfruchtartig.

Als zweite Tatsache führen wir an, daß *Ulmus* in Europa nördlich der Alpen bis zum 61° n. B. vordringt, während

Celtis als mediterrane Gattung nur s ü d l i c h der Alpen vorkommt u. zw. *C. australis* L. an ihrem Südfuß, *C. Tournefortii* Lam. in Sizilien, Griechenland, Kleinasien; *C. caucasica* Willd. in Bulgarien, Ostrumelien, im Kaukasus usw.

Die Kombination beider Tatsachen ergibt, daß die südliche Gattung *Celtis* am jungen Holz, das heißt am heurigen Jahrestriebe blüht und damit ein ungehindertes (tropisches) Wachstum zeigt, während die nördliche Gattung *Ulmus* eine Anpassung an das gemäßigte Klima dadurch zeigt, daß sie am heurigen Jahrestriebe nur die Blütenknospe, d. h. die Blütenanlage ausbildet und ihre Entfaltung auf das kommende Jahr verschiebt, so daß die Blüte am vorjährigen Triebe, am alten Holz erscheint (Abb. 21).

Das Blühen am alten Holz bedeutet daher eine Verlängerung der Vegetationsperiode. Die Verzögerung des Blühens kann als eine auf inneren Ursachen (Erstarkung des Triebes) beruhende Erscheinung aufgefaßt werden oder wie in unserem Falle, wo eine nahe verwandte Gattung am jungen Holze blüht und die Erstarkung des Triebes nicht abwartet, als eine Zwangserscheinung, hervorgerufen durch die eiszeitlichen Klimaverhältnisse, betrachtet werden, als eine dauernde Erinnerung an das Eiszeiterlebnis. *Celtis* zeigt diese Erinnerung nicht, weil sie Gegenden bewohnt, die weitab von der Inlandeisbedeckung lagen. Vergleiche die Ausführungen über das Hemmungssympodium (S. 453) und den unverzweigten Jahrestrieb (S. 456). Die mediterrane Gattung *Celtis* zeigt bei den Arten *occidentalis* und *sinensis* mit allen Varietäten Syllepsis, während bei den *Ulmus*-Arten nur bei *carpinifolia* und *parviflora* Syllepsis vorkommt. bei allen übrigen Arten in geringem Maße oder gar nicht.

L i t e r a t u r.

ASCHERSON und GRAEBNER, 1911. — E. P. Natürliche Pflanzenfamilien III/1, 1904. — HEGI III. — K. L. SCH. (H. WALTER), Bd. II/1, S. 603 ff., 1931.

VII. *Urticaceae.* — Nesselgewächse.

Bei Nennung der Brennessel denken wir unwillkürlich an eine Allerweltspflanze (einen Kosmopoliten). Diese Vorstellung zu verallgemeinern und auf alle Urticaceen auszudehnen, würde zu einem ganz falschen Bilde führen. Im Gegenteil eine auffallend große Zahl der Gattungen, nämlich 22 von 45, ist auf einen kleinen Raum beschränkt. Man zählt 45 Gattungen mit etwa 550 Arten. Die Verbreitung der Gattungen, besonders aber die der Arten zeigt deutlich die uns schon bekannte Artenarmut Europas. Es zählt an

Gattungen: Amerika **15** (6) — Europa 5 (2) — Afrika 18 (1) — Asien **31** (11) — Australien, Polynesien **18** (2)

Arten: Amerika **33%**. — Europa 3.5%. — Afrika 14%. — Asien **33%**. — Australien, Polynesien 14%.

Ein charakteristischer Zug der Urticaceen-Verbreitung ist der größere Prozentsatz (5—6%) in der Vegetation von Inseln sowohl der Alten als Neuen Welt gegenüber ihrem Vorkommen in den kontinentalen Gebieten (nicht mehr als 2%); es werden also ozeanische Gebiete ganz deutlich vor kontinentalen bevorzugt.

Das Massenzentrum der Urticaceen liegt in den Tropen; außerhalb derselben sind sie schwach vertreten. Die Familie ist von hohem Alter, denn

1. das Gesamtareal umfaßt auch altisolierte Gebiete und Inseln z. B. die Kanaren, Madagaskar, Neuseeland, Hawai;
2. auf diesen isolierten Gebieten finden sich z. T. endemische Gattungen (nicht bloß Arten);
3. die meisten Gattungen sind recht artenarm.

Im Vergleich zu anderen Familien, die wir gewohnt sind an den Anfang des Pflanzensystems zu stellen (z. B. im Vergleich zu den Betulaceen, Fagaceen, Juglandaceen, Salicaceen) sind die Urticaceen stärker abgeleitet, was sich nicht nur im Blütenbau äußert, sondern auch in der Ausbildung der verschiedensten Wuchsformen als Bäume ,seltener als Sträucher, Halbsträucher, mehrjährige und einjährige Kräuter. Während die holzigen Formen vor allem in den Tropen vorkommen, sind die Urticaceen in unserer nördlich gemäßigten Zone durch ein- und mehrjährige Kräuter vertreten. In Mitteleuropa kommen nur die Gattungen *Urtica* und *Parietaria* vor.

1. *Urtica* L. — Nessel.

Die Gattung *Urtica* umfaßt etwa 40 Arten in den gemäßigten Zonen beider Erdhälften. Die Arten verteilen sich auf Amerika und Asien-Ozeanien, während Europa mit Ausnahme der Mittelmeerländer sehr artenarm ist. In Mitteleuropa finden sich nur:

Urtica urens L., die kleine Brennessel als Archäophyt.

Urtica dioica L., die große Brennessel als Apophyt.

Urtica urens ist Archäophyt, d. h. die Pflanze fehlt in der ursprünglichen Vegetation Mitteleuropas. Sie gehört zwar schon lange zum Bestande unserer Flora, ist aber keine heimische (spontane) Art im strengen Sinne des Wortes. Im Gegensatz zu den spontanen Arten meidet sie die natürlichen Pflanzengesellschaften unserer Heimat, die verschiedenen Gehölze, Rasen- und Moorgesellschaften fast völlig und findet sich nur in Kultur- und Halbkulturgesellschaften: auf wüsten Plätzen, an Mauern, Zäunen, auf Schutt, Gartenland usw., also in Pflanzen-Agglomerationen, nicht aber in Assoziationen.

Die Pflanze ist einjährig; sie vermehrt sich sehr reichlich durch Samen, welche schnell reifen. Das Blühen dauert vom Frühjahr bis in den Spätherbst, im Süden ohne Unterbrechung das ganze Jahr hindurch. Wir dürfen darin wohl altes tropisches Erbgut erblicken, das nur durch innere Rhythmik, nicht aber durch die wechselnden klimatischen Verhältnisse der gemäßigten Zone beherrscht wird.

Urtica dioica L., die große Brennessel, gilt als Apophyt, d. h. als Pflanze, die in der ursprünglichen Vegetation, nämlich in Auenwäldern, in der Uferflora, im Bergwald, auf Geröllhalden im Urgesteinsgebirge, vorkommt, wobei zu beachten ist, daß diese Pflanzgesellschaften labilen Boden besiedeln. Durch die Kultur aber wird die Pflanze in ihrer Verbreitung sehr stark begünstigt, so daß sie heute weltweit (kosmopolitisch) verbreitet und in der Nähe menschlicher Siedlungen überall zu finden ist. Als Kulturrelikt zeigt sie oft die Stätte aufgelassener Bauernhöfe, von Ruinen usw. an. Als düngerliebende Nitratpflanze findet sie sich um Sennhütten und auf Lagerplätzen von Schafen, Ziegen und Gemsen hoch im Gebirge (bis 2400 m). Durch die Brennhaare ist sie vor dem Gefressenwerden durch die meisten Tiere geschützt (zoogenes Relikt).

Die mehrjährige Pflanze vermehrt sich auch vegetativ als unterirdischer Stengelwanderer, wobei der Sproß rückwärts abstirbt.

Die große Brennessel hat monozyklische Sprosse, welche in einem Jahre ihre Blühbarkeit erreichen, während dizyklische Sprosse im zweiten Jahre ihres Lebens blühbar werden. Zahlreiche mitteleuropäische Pflanzen haben dizyklische Sprosse; sie bilden im ersten Jahre grundständige, häufig in Blattrosetten angeordnete Blätter; erst im zweiten Jahre verlängert sich der Sproß zur blütentragenden Achse (*Cirsium*). Diese Wuchsform darf man wohl mit der durch den Winter unterbrochenen Vegetationszeit in Verbindung bringen und umgekehrt monozyklische Sprosse als Erbgut aus Gebieten, in denen wie in den Tropen und Subtropen eine ununterbrochene Vegetationszeit herrscht, deuten.

Dieser monozyklischen Wuchsform der Brennessel mit beblättertem Stengel (*Urtica*-Typus) stellen wir die in der gemäßigten Zone so häufige dizyklische Wuchsform mit grundständigen Blättern (*Ranunculus acer*-Tpyus) gegenüber. Der *Urtica*-Typus ist für krautige Pflanzen der gemäßigten Zone, die aus wärmeren Gegenden stammen, charakteristisch und findet sich bei zahlreichen Lippenblütlern *(Lamium)*, bei *Vincetoxicum, Aristolochia, Asperula, Galium* usw. wieder.

Im Herbste bleiben die Brennesselsprosse sehr lange grün und ihr Abfrieren erfolgt meist plötzlich bei Eintreten des Frostes ohne vorhergehende Vergilbung der Blätter — ein Zeichen, daß die aus einem tropischem Verwandtschaftskreis stammende Pflanze keine Vorbereitung für den herannahenden Winter trifft, daß ihre Anpassung an das Klima der gemäßigten Zone bis heute noch nicht vollständig erfolgt ist.

Zusammenfassung. Die Brennesseln gehören einer vorwiegend tropischen Familie an.

Unsere einheimischen Arten lassen diese Abkunft erkennen:

1. durch eine Blütezeit, die sich durch das ganze Jahr hinzieht (*U. urens*);
2. durch die Wuchsform monozyklischer Sprosse (*U. dioica*);
3. durch ihr Verhalten im Herbste.

2. *Parietaria* L. — Glaskraut.

Die Gattung zählt etwa sieben, in der gemäßigten Zone zerstreut auftretende Arten; in den Tropen ist sie selten. Die beiden in Mitteleuropa vorkommenden Arten gehören dem mediterranen Florenelement an.

Parietaria officinalis L., das aufrechte Glaskraut, dürfte ursprünglich wild nördlich der Alpen höchstens in der Rheinebene, in den wärmeren Gegenden der Nordschweiz, in Vorarlberg, in Nordtirol, in Niederösterreich und vielleicht in Mähren, in Auen (besonders in den Donau-Auen um Wien), feuchten Gebüschen und unter Felsen vorkommen. Meist aber tritt sie als Kulturflüchtling aus Weinbergen an Mauern, Zäunen, Schutt, bei Ruinen usw. auf; an vielen Stellen hat sie sich völlig eingebürgert. Ob sie als Apophyt oder Archäophyt (in der Römerzeit nach Deutschland gebracht) zu bezeichnen ist, muß unentschieden bleiben.

Sie ist eine ausdauernde Pflanze mit monozyklischer Wuchsform. Sie besitzt eine Träufelspitze. Ihr mediterraner (subtropischer) Ursprung äußert sich auch darin, daß ihre Ruheperiode experimentell aufgehoben werden kann (*Asperula*-Typus, DIELS, 1918, 342).

Parietaria judaica STRAND, das ästige Glaskraut, ist in der Verbreitung viel enger an das Mediterrangebiet gebunden als *P. officinalis*. Ihre Einwanderung erfolgte wahrscheinlich durch das Rhonetal, dann durch das Moseltal und rheinaufwärts, wahrscheinlich zum Teil unter dem Einfluß der menschlichen Kultur. In den Südalpen findet sie sich in Insubrien, zerstreut in Südtirol, in Krain und Küstenland, in Steiermark (einzig auf dem Grazer Schloßberg, zweifellos als Archäophyt).

VIII. *Buxaceae.* — Buchsgewächse.

Die etwa 30 Arten der Familie verteilen sich auf sechs Gattungen, die mit Ausnahme der geographisch sehr unregelmäßig verbreiteten Gattung *Buxus* in der nördlich und südlich gemäßigten Zone, sowie in den Tropen gut umschriebene und völlig getrennte Gebiete bewohnen (Abb. 22) (vgl. Arealschollen bei *Ilex*). Meist immergrüne Sträucher oder (seltener) Bäume, bisweilen Stauden, ohne Milchsaft.

Buxus L. — Buchsbaum.

Die Gattung (Abb. 22) umfaßt 20 Arten in zwei Sektionen.

Erste Sektion: *Tricera* SW. (etwa elf Arten — westindische Inseln).

Zweite Sektion: *Eubuxus* BAILL. (etwa neun Arten — in der Alten Welt). Die meisten Arten leben in Gebieten mit sehr altertümlichen Floren: auf Madagaskar, Sokotra, in Japan, Himalaja, Syrien, Südspanien, Balearen, Sardinien.

Alle Arten sind Sträucher mit immergrünen, lederartigen Blättern.

***Buxus sempervirens* L. — Buchs**, ein bis 1 m hoher Strauch oder bis 8 m hoher Baum mit immergrünen, lederartigen Blättern (Blütezeit März, April) findet sich in Süd- und Mitteleuropa, Nordafrika, Kaukasus, Kleinasien, Südufer des Kaspischen Meeres, im westlichen Himalaja an warmen, ziemlich trockenen Orten, meist in Laubmischwäldern, Trockenwiesen, Schuttfluren, seltener auf Felsen. In Mitteleuropa von der Ebene bis in die montane Stufe. Im Norden bevorzugt er den warmen Kalkboden.

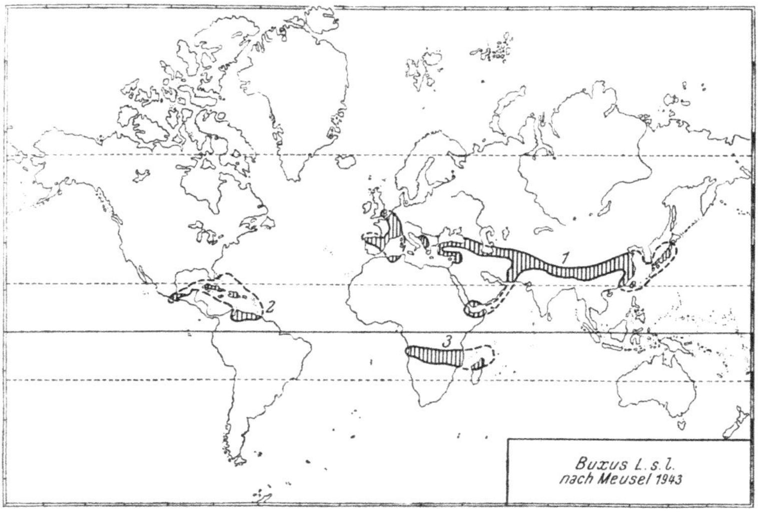

Abb. 22. Verbreitungsgebiet der Gattung *Buxus* L. — Buchs. Die tropischen Beziehungen der Sektion *Eubuxus* *1* mit dem mitteleuropäischen Buchsbaum werden durch die Verbreitung der Sektionen *Iricera* *2* und *Buxella* *3* hervorgehoben.

Die Verbreitungskarte Abb. 23 zeigt ihn als submediterran-montanes Element, das aber durch die Kultur weit verbreitet wurde (in Norwegen bis 67° n. Br.).

Der Buchs ist eine tertiäre Holzpflanze, die sich in einem großen Teil ihres Verbreitungsgebietes durch die quartäre Periode bis heute erhalten hat. Der xeromorph gebaute Strauch kann im Sommer bedeutende Wärmegrade und Lufttrockenheit ertragen und den mitteleuropäischen Winter im allgemeinen überdauern. Ungewohnt tiefes Sinken der Wintertemperatur kann er nicht ertragen, daher fehlt er auch in den zentralalpinen Tälern. Sein Verbreitungsgebiet überschreitet die 10° Jahresmittel-Isotherme nicht. Ein Vergleich mit der atlantischen Stechpalme und dem Efeu zeigt ihn als submediterranen, aber nicht als atlantischen Typus (Fehlen in Nordwest-Frankreich und

England). Er steht zu diesen Pflanzen auch durch seine Fähigkeit, volles Sonnenlicht zu ertragen, in Gegensatz. Daher findet er sich auch als Besiedlungspionier für einen lichten Föhrenwald auf offenem Schutt und an steilen Felsen; auf Schlagflä-

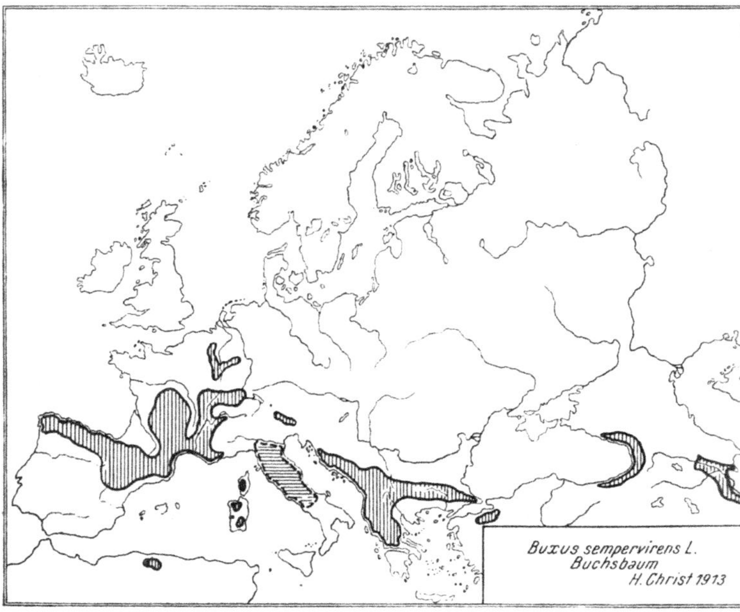

Abb. 23. Verbreitungsgebiet von *Buxus sempervirens* L. — Buchsbaum. Das Areal des Buchsbaumes (senkrecht schraffiert zeigt eine Lücke in Italien (waagrecht schraffiert), die nach H. Christ auf die späte Hebung der italienischen Halbinsel zurückzuführen ist.

chen breitet er sich rasch aus. Da sich die Begleitflora der Buxeten dem Quercetum petraeae eng anschließt, bezeichnet Braun-Blanquet das Buxetum als dessen Subassoziation. Im niederschlagsreichen kolchischen Gebiet bildet der Buchs mit *Ilex Aquifolium*, *Prunus Laurocerasus* und *Rhodododron ponticum* in gemischten Laubwäldern, besonders in Buchenwäldern, ein dichtes Unterholz.

Die gegenwärtige Verbreitung des Buchses zeigt eine deutliche Spaltung in ein westliches und in ein östliches Gebiet mit einer Lücke in Italien (Abb. 23). Dieses Areal kann nur mit Hilfe der Florengeschichte erklärt werden. Fossile

Funde aus dem Diluvium zeigen eine viel weiter nach Norden gehende Verbreitung.

Die heutigen Vorkommen am Nordfuß der Alpen (bei Steyr, Unken) sind wahrscheinlich ursprünglich (?). Interglazial wurde der Buchs in Hötting bei Innsbruck, bei Lugano, Pianico-Sellere, bei Schaffhausen, im Seinebecken usw. festgestellt. Durch den allmählichen Temperaturrückgang und — im Mittelmeer-Becken — durch geologische Umgestaltungen verursacht, starb der Buchs an vielen Orten aus; seine Grenze wurde südwärts verlegt und die Spaltung des Gesamtgebietes in die beiden Verbreitungshälften trat ein (H. Christ, 1913).

Für Mitteleuropa ist ein Rückgang des Strauches nur in den nördlichen Gebietsteilen bis einschließlich des Alpenzuges anzunehmen, der vielleicht schon am Ostrande der Juraketten seinen Abschluß fand.

Postglazial ist dann für Mitteleuropa vom südwestlichen Hauptareal aus eine Neueinwanderung im Verein mit vielen anderen Gliedern der xerothermen Flora erfolgt, die bis zur Mosel und bis nach Belgien vorgestoßen ist.

Der Buchs ist ein alter tertiärer Typus, aber nicht der Eozänflora, welche einen paläotropischen Charakter trägt mit Palmen, Feige u. a., sondern ein Glied des tertiären Elementes, wie es sich im Miozän durch das Pliozän hindurch bildete, mit Juglandaceen, Cupuliferen, *Acer, Abies, Rhododendron, Ilex, Prunus Laurocerasus, Smilax*. Die Pliozänflora ist heute noch im kolchisch-pontischen Bezirk erhalten.

Entsprechend dieser Herkunft ist der Buchs ein Glied eines wärmeren Mischwaldes, in dem *Quercus petraea, Acer campestre* u. a. dominieren, d. h. des Eichenmischwaldes, der später durch den Buchenwald verdrängt wurde; daher ist auch der Buchs an seiner Arealgrenze nicht im Vorschreiten, sondern im Rückgang begriffen.

Bedeutsam ist, daß sich auf seinen Blättern epiphylle Flechten *(Cartillaria, Pilocarpon, Parmelia, Strigula)* finden als einziges Beispiel dieser sonst tropischen Erscheinung in unserer Flora. Diese epiphyllen Flechtenkolonien sind ein subtropischer, also tertiärer Zug.

Ein tertiärer Zug ist auch die klimatische Anpassungsfähigkeit des Buchses, weil in der Tertiärzeit die Differenzierung der Klimate und folglich auch die Spezialisierung der Anpassungen nicht so weit entwickelt war, wie heute. Das heutige kolchische Klima entspricht etwa dem ursprünglichen Tertiärklima. Gegen große Temperaturschwankungen ist auch der Buchs als alte Tertiärpflanze empfindlich.

Das erwachsene Blatt des Buchsbaums läßt sich sehr leicht spalten, weil das Palisadengewebe schwach entwickelt ist. Diese Eigentümlichkeit ist bei anderen *Buxus*-Arten, ausgenommen manchmal *B. balearica,* nicht vorhanden; sie kommt also weder der ganzen Gattung noch ihren Vorfahren zu. Auch ist sie nicht absolut spezifisch, denn in sehr vielen Fällen bleibt das Gewebe ungeteilt, und zwar regelmäßig bei Individuen, die in meridionalen Gegenden gewachsen sind, wo Fröste unbekannt oder sehr selten sind. Im Jura beobachtete H. Spinner (1923) nach sehr kalten Nächten oft Eiskristalle zwischen beiden Blattschichten. Er hält daher diese sonderbare Spaltung für eine Schutzanpassung an ein rauheres Klima. Während *Aucuba, Prunus Laurocerasus, Viburnum Tinus* oft frostbeschädigte Blätter haben, bleibt *Buxus sempervirens* immer unbeschädigt.

Der Fruchtansatz ist bereits im südwestlichen Deutschland reichlich, während in Mitteldeutschland oft jahrelang keine Früchte gebildet werden. Vollreife Samen keimen meist nach zwei bis vier Monaten völlig aus. Den günstigen Keimverhältnissen ist es zuzuschreiben, daß der Buchs so leicht aus der menschlichen Kultur entweicht und auch an natürlichen Standorten so reichlich Nachwuchs besitzt. Ebenso gewährt die Bildung von Adventivsprossen an den Wurzeln dem Strauch nicht nur ein zähes Ausharren am Wurzelort, sondern sogar eine beschränkte Ausbreitung.

Späth (1912, S. 5, 7) führt den Buchs unter den Holzpflanzen an, die schon im Juni aus Blattachselknospen neue Sprosse bilden, ohne vorher Knospenschuppen entwickelt zu haben; es kommt nicht zur Ausbildung einer terminalen Knospe, sondern die Spitze des einjährigen Triebes fährt ununterbrochen in der Blattbildung fort. (Sylleptische Triebe.)

Altes tropisches Erbgut sind 1. die Lebensform (Holzgewächs), 2. die immergrünen Blätter, 3. die Syllepsis (S. 499). Auf die mediterrane Abkunft weist die Empfindlichkeit gegen tiefe Wintertemperaturen und die unterbleibende, bzw. spärliche Ausbildung der Früchte in Mitteldeutschland hin.

Die Abstammung der eingeschlechtigen, einhäusigen Blüten von zweigeschlechtlichen Blüten zeigt ein sehr kleines Fruchtknotenrudiment in den ♂ Blüten an. Dagegen halten H. NEUMAYER 1924 und E. JANCHEN 1950 die eingeschlechtige Blüte für ursprünglich.

Literatur.

CHRIST, H. Über das Vorkommen des Buchsbaums (*B. sempervirens*) in der Schweiz und weiterhin in Europa und Kleinasien. Verh. d. natf. Ges. Basel **24** (1913), mit einer Karte. — HEGI, V/1, 202. — IRMSCHER, 1922, 128. — MEUSEL, 1943, Karte 59 a. — SPINNER, HENRI, Contribution à la géographie et à la biologie du Bois. (*Buxus sempervirens*). Verh. d. natf.Ges. in Basel **35**, 1923.

IX. *Aristolochiaceae.* — Osterluzeigewächse.

Die Familie umfaßt nur wenige (5—7) Gattungen mit etwa 400 Arten, welche die heißen und wärmeren Gegenden der Erde bewohnen. Die Aristolochiaceen sind vor allem zahlreich in Südamerika vertreten, während sie in Australien fast vollständig fehlen. In Mitteleuropa finden sich nur zwei Gattungen: *Aristolochia* und *Asarum*. Auch diese Familie und besonders die Gattung *Asarum* zeigt die Armutslücke in Europa-Afrika. Es besitzt Gattungen: Amerika **4** (2), Europa 2 (0), Afrika 1 (0), Asien **5** (3), Hawaii 1.

Die mitteleuropäischen Arten sind Ausstrahlungen eines weiten subtropisch-tropischen Familienareals.

Durch ihre weltweite Verbreitung bei relativ geringer Gattungs- und Artenzahl sowie durch die disjunkte Verbreitung der Arten (vgl. *Asarum*-Karte) offenbart sich das hohe Alter der Familie.

Die Aristolochiaceen treten in der Wuchsform meist windender Holzpflanzen (besonders in den Tropen) oder ausdauernder Kräuter (meist in den gemäßigten Zonen) auf.

1. *Aristolochia* L. — Osterluzei.

Die Gattung umfaßt etwa 300 Arten, von denen nur wenige in Europa vorkommen, wo sie vor allem die warmen Mittelmeerländer besiedeln und weit nach Norden vorstoßen, z. B. *A. rotunda* L. bis ins Tessin, *A. pallida* Willd. bis Untersteiermark.

A. Clematitis L., die gewöhnliche Osterluzei, ist im Mittelmeergebiet bis zum Kaukasus und Kleinasien verbreitet. Nördlich der Alpen kommt sie nirgends ursprünglich vor. Sie ist ein alter Kulturbegleiter (Archäophyt), der als Unkraut in Weingärten und als alte Arzneipflanze leicht verwildert und sich einbürgert.

Durch ihre holzige, gegliederte, kurzkriechende ästige Grundachse, an der sich sehr oft Adventivknospen bilden, verrät sie ihre Abstammung von tropischen Holzgewächsen.

Daß unser Klima die Ansprüche des mediterranen Einwanderers nicht voll befriedigt, zeigt sich darin, daß die Pflanze nördlich der Alpen verhältnismäßig selten Früchte entwickelt und daß sie an manchen Stellen, z. B. am Mönchsberg in Salzburg, nicht in jedem Jahr Blüten ausbildet.

Über ihre Wuchsform vgl. *Urtica* (Brennessel, S. 105).

2. *Asarum* L. — Haselwurz.

Zur Gattung *Asarum* gehören etwa 60 Arten der nördlich-gemäßigten Zone. Die Verbreitung über dieses ausgedehnte Gebiet (Abb. 24) zeigt das hohe Alter der Gattung an, denn dieses Areal kann von der Stammform nur in einer Zeit erworben worden sein, in der die einzelnen Kontinentalmassen noch im Zusammenhang standen. Da sich Nordamerika von Europa im Laufe des Quartärs abgetrennt hat, muß die Gewinnung des Gesamtareals der Gattung bereits in der Tertiärzeit erfolgt sein (Reliktareale).

Die Verteilung der heute lebenden Haselwurzarten ist recht ungleichmäßig und zeigt sehr deutlich eine Armutslücke in Europa, wo sich nur eine Art *(A. europaeum)* findet. Die geringe Artenzahl in Europa führen wir auf die Wirkung der Eiszeit zurück.

Asarum europaeum L. Die europäische Haselwurz hat etwa folgende Geschichte. Sie ist bereits im Tertiär in Europa aus einer boreomeridional verbreiteten Stammform entstanden. Da die Gattung einem tropisch-subtropischen Formenkreis (Familie) angehört, mußte sie unter der Eiszeit, die am Ende der Tertiärzeit über Europa hereinbrach, schwer leiden. Folge davon war die systematische Isolierung — die Haselwurz ist ein Einarter unserer Flora — und die Zurückdrängung auf unvergletscherte Gebiete Südeuropas. Von diesen Zufluchtstätten aus hat die Pflanze postglazial nach Rückgang der Vereisung Mitteleuropa wieder besiedelt.

Können wir aus der Gestalt (Morphologie) und dem Ablauf der Lebenserscheinungen (Phänologie) Spuren dieser Geschichte ablesen?

1. Zwischen den drei Abschnitten der Blütenhülle können gelegentlich drei kleine Zähnchen beobachtet werden, die wahrscheinlich das Rudiment eines inneren Perigonkreises darstellen.

2. Die Grundachse (Scheinachse) ist dünn, kriechend, ästig gegliedert; sie enthält daher nur wenig Reservestoffe. Das ist

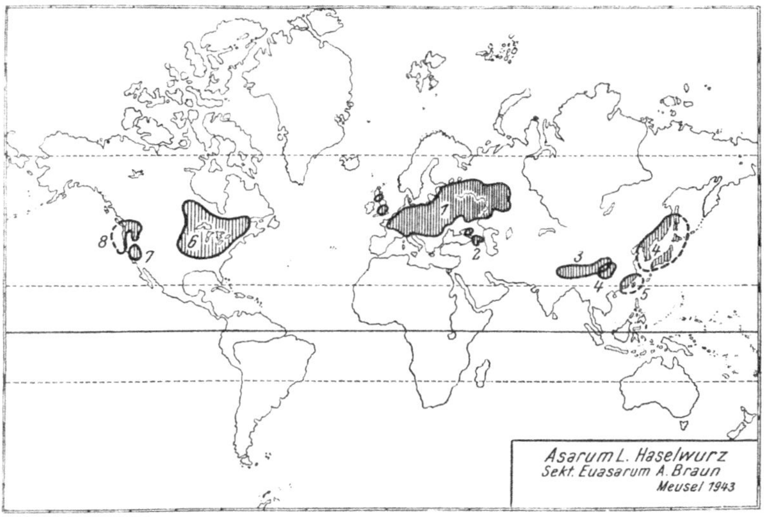

Abb. 24. Verbreitungsgebiet der Sekt. *Euasarum* der Gattung *Asarum* L. Die weite Verbreitung der Stammart ist bereits im Tertiär erfolgt. Diese gliedert sich in geographisch umgrenzte Arten: *1 A. europaeum* L.; *2 A. ibericum* Steph.; *3 A. himalaicum* Hook. fil. et Th.; *4 A. Sieboldi* Miqu.; *5 A. caudigerum* Hance; *6 A. canadense* L. einschl. *A. reflexum* Bicknell und *A. acuminatum* (Ashe) Bicknell, *7 A. Lemmonii* S. Wats. und *A. Hartwegii* S. Wats. *8 A. caudatum* Lindl.

charakteristisch für tropische Gewächse mit ununterbrochenem Wachstum, zum Unterschiede von extratropischen Pflanzen, die in Wurzelstöcken, Knollen, Zwiebeln usw. Speicherorgane für die Baustoffe besitzen, die sie nach einer durch Kälte oder Trokkenheit aufgezwungenen Ruheperiode zum raschen Aufbau der Blüte verwenden. Im Zusammenhang mit dem Fehlen von Speicherorganen steht der Bau der

3. Blätter; sie sind derb, etwas lederig und wintergrün, d. h. sie werden im Herbst nicht eingezogen, sie überdauern den Winter und werden erst im Laufe der folgenden Vegetationsperiode erneuert. Da im Frühling somit keine Zeit auf die Bildung der Blätter verwendet werden muß, kann die

Assimilation sofort nach der Schneeschmelze einsetzen. Reservestoffbildung ist daher nicht nötig. Lederige wintergrüne Blätter finden wir auch bei anderen Tertiärpflanzen: *Hepatica nobilis, Cyclamen europaeum, Cardamine trifolia, Vinca minor* u. a. Die Ausbildung solcher Blätter entspricht offenbar den klimatischen feucht-warmen Bedingungen der Tertiärzeit und ist damals als subtropische Blattart als Abschwächung des immergrünen tropischen Blattes entstanden.

Wir finden in der Gattung *Asarum* alle Übergänge vom immergrünen Blatt (*A. virginianum, A. arifolium* im atlantisch-südlichen Nordamerika) über das wintergrüne Blatt *(A. europaeum)* zum rasch abwelkenden Blatt bei *A. canadense* (DRUDE, 1913, S. 257).

4. Die Haselwurz verzweigt sich sympodial. In der Achsel jedes vorjährigen Blattes findet sich eine Knospe; von diesen entwickelt sich fast stets nur eine und liefert den Fortsetzungssproß. *Asarum* hat eine gleichmäßig fortwachsende Grundachse. Die Blüten mit dem sie begleitenden Laubblattpaar werden schon im vorigen Jahr angelegt und vollkommen entwickelt (SCHUMANN, 1904, S. 31). Verlängerung der Vegetationsperiode.

5. Für das hohe Alter spricht auch das einfache ungeteilte Blatt, denn wir wissen, aus dem Vergleich mit den Blättern anderer dikotylen Familien, daß ungeteilte Blätter phylogenetisch meist älter sind als geteilte und zusammengesetzte Blätter (Ranunculaceen. Umbelliferen, Jugendblätter der Esche).

Fragen wir, welche Einrichtungen diese Tertiärpflanze befähigten die für so viele andere Tertiärpflanzen vernichtende Wirkung der Eiszeit zu überstehen und sich in größerer Entfernung von den Gletschern zu erhalten, so fallen uns

6. vor allem die Bestäubungsverhältnisse auf. Die Haselwurz wird nicht von Schmetterlingen und Bienen, deren Entwicklung zur Eiszeit erschwert war, bestäubt, sondern die auf dem Boden liegenden (zuweilen im Laub versteckt und geschützt), unscheinbaren Blüten werden von kleinen Tierchen als Versteck benützt und dabei wird die Bestäubung vollzogen. Außerdem ist die Blüte so eingerichtet, daß leicht Selbstbestäubung erfolgen kann.

7. Die Blüte entfaltet sich bereits im März, bald nach der Schneeschmelze. Diese frühe Blütezeit und das rasche Reifen der Früchte im Frühsommer erwies sich bei der kurzen Vegetationszeit zur Eiszeit als günstige Einrichtung: Kurztagpflanze.

8. Auch die vegetative Vermehrung durch die ästige Grundachse erhöhte die Unabhängigkeit vom Insektenbesuch.

9. Trotz dieser Einrichtungen ist *Asarum europaeum* keine Glazialpflanze, denn sonst müßte sie in arktischen oder alpinen Gebieten vorkommen, die sie beide meidet. Eingedenk ihres tropischen Erbgutes überschreitet sie die Grenze der edlen Laubbäume (Buche, Eiche) nur wenig, bewohnt die Ebene und steigt in die Bergregion nur bis 1300 m empor.

10. Formationsanschluß. Die Haselwurz ist bereits ein wesentlicher Bestandteil der tertiären Laubwälder, mit denen ihr Schicksal verknüpft ist. Als ihre Begleitpflanze zieht sie sich in der Eiszeit auf Refugien in West-, Süd- und Südosteuropa zurück und in ihrer Begleitung dringt sie nach der Eiszeit wieder nach Mitteleuropa vor. Das wintergrüne Blatt ist altes Erbgut und nicht eine Anpassung zur Ausnützung der Lichtzeit des Laubwaldes, wie das oft dargestellt wird; es gab der Pflanze die Möglichkeit, sich in den Vegetationsrhythmus der Laubwälder einzufügen, weil sie andere Konkurrenten, die die Lichtzeit nicht ausnützen können, an Lebenskraft übertraf.

11. Als soziale Anpassung an die Laubwaldgesellschaft fassen wir mit SERNANDER die Myrmekochorie, d. h. die Verbreitung der Samen durch Ameisen auf. Während die Früchte und Samen der Hochwaldschicht (Fichte, Ahorn, Esche, Linde u. a.) durch den Wind verbreitet werden, werden die Früchte in der Feldschichte, wo die Kraft des Windes gebrochen ist, von Tieren verbreitet. Beerenfrüchte und Früchte mit Anhängevorrichtungen treten hier auf. In der bodennahen Schichte des Waldes besorgen dies die Ameisen. Die Samen haben ein fleischiges Anhängsel (Elaiosom). Anemochorie (Windverbreitung) ist nach SERNANDER eine ursprüngliche, während die durch Ameisen (Myrmekochorie) eine abgeleitete Verbreitungseinrichtung ist.

Zusammenfassend charakterisieren wir *Asarum europaeum* geographisch als Abkömmling und nördlichen Vorposten einer tropischen Flora, historisch als Rest der Tertiärflora.

Literatur.

LAVRENKO, E. 1937. Les centres de la conservation des relictes silvestres tertiaires entre les Carpathes et l'Altai. Acta soc. scienc. nat. moravicae IV, fasc. 2, Cechoslovakia. Karte 3: *Asarum europaeum*. — SCHUMANN, K. 1904, S. 30.

X. *Ranunculaeceae.* — Hahnenfußgewächse.

Von den Ranunculaceen kennt man über 3000 Arten (in 68 Gattungen) und noch immer werden, besonders in Ost-Asien, neue Arten gefunden. Die Hauptmasse der über die ganze Erde verbreiteten Familie ist in der nördlich gemäßigten Zone vorhanden. Dabei gibt es jedoch sehr wenig endemische Gattungen.

Die Ranunculaceen werden vor allem nach der Ausbildung von Fruchtknoten und Fruchtanlagen in vier Unterfamilien eingeteilt (HEGI VII, 179).

1. *Hydrastidoideae.* Keine Hochblatthülle, keine Nektarblätter. Fruchtblätter 1—∞, frei oder verwachsen, mehr- oder einsamig.

2. *Paeonioideae,* die nach dem Bau der Samenanlagen der Familie der Berberidaceae nahe stehen, von der sie sich durch die Mehrzahl der Staub- und Fruchtblätter unterscheiden.

3. *Helleboroideae,* gekennzeichnet durch die mehrsamige Balgkapsel.

4. *Ranunculoideae,* gekennzeichnet durch einsamige Schließfrüchtchen (Nüßchen), die aus der Balgkapsel durch Reduktion der Samenanlagen hervorgegangen sind. Nach ihrem Vorkommen in tropischen und südlich extratropischen Gebieten erfolgte die Abgliederung dieser Gruppe schon sehr frühzeitig.

Die ziemlich gleichmäßige Verbreitung der Gattungen sowie die geringe Zahl endemischer Gattungen ist zweifellos auf eine relativ neuere Entwicklung vieler Typen zurückzuführen, womit nicht geleugnet werden soll, daß einzelne Formen wie *Caltha* ein hohes Alter der Familie erweisen.

Für die relativ neuere Entwicklung vieler Typen spricht ferner 1. das Fehlen von besonderen Formen in Reliktgebieten und auf Inseln, 2. die weitgehende Anpassung an Insektenbestäubung, 3. die Arealgestaltung der weitverbreiteten Gattungen.

Gliederung der *Ranunculaceen.*

(Nach E. JANCHEN 1949. Aufgenommen wurden nur die Gattungen, die in Mitteleuropa vertreten sind. Die erste Zahl gibt die Zahl der Arten in der Gattung an, die eingeklammerte Zahl bedeutet die Zahl der Arten in Mitteleuropa. Die Unterfamilien sind fett gedruckt.)

A. Hydrastidoideae, nur zwei Arten (1 Japan, 1 Nordamerika), Rhizomstauden.

B. Paeonioideae, mit Balgfrucht, Ringnektarium.

2. *Paeonieae.* *Paeonia* 33(2)

C. Helleboroideae, mit meist mehrsamiger aufspringender Frucht; meist Balgfrucht.

3. *Isopyreae.* Nektarblätter becherförmig, selten zu Kronblättern umgebildet o. fehlend.
(*Xanthorrhiza* 1 Nordamerika, holzig.)

a) *Cimicifuginae*	*Cimicifuga*	20(1)
	Actaea	11(1)
b) *Helleborinae*	*Helleborus*	26(7)
	Eranthis	2(1)
c) *Isopyrinae*	*Isopyrum*	26(1)
	Aquilegia	120(4)

4. *Trollieae.* Nektarblätter flächenförmig, seltener fehlend oder zu zygomorphen Kronblättern umgebildet.

a) *Calthinae*	*Caltha*	40(1)
	Trollius	29(1)
b) *Nigellinae*	*Nigella*	22(1)
c) *Delphiniinae*	*Aconitum*	350(7)
	Delphinium	370(2)
	Consolida	60(2)

D. Ranunculoideae (= Anemonoideae), mit einsamiger Schließfrucht.

5. *Clematideae.*

a) *Thalictrinae*	*Thalictrum*	250(8)
b) *Anemoninae*	*Anemone*	120—130(6)
	Hepatica	5—8(1)
	Pulsatilla	50(7)
c) *Clematidinae*	*Clematis*	400(6)

6. *Ranunculeae*

a) *Ranunculinae*	*Batrachium*	35(8)
	Ranunculus	800(29)
	Ceratocephalus	2—5(2)
	Ficaria	10(1)
	Myosurus	17(1)
b) *Adonidinae*	*Callianthemum*	16(3)
	Adonis	40(4)

Aus den beigefügten Zahlen können wir entnehmen:

1. welche Gattungen heute stark aufgegliedert sind und welche in der Formentwicklung zurückgeblieben sind oder durch Ausfall an Artenzahl reduziert wurden;

2. daß Mitteleuropa durchwegs sehr wenig Arten der einzelnen Gattungen enthält. Einarter sind in diesem Gebiet:

Caltha, Trollius, Eranthis, Isopyrum, Myosurus; daraus ergibt sich, daß entweder das Entwicklungszentrum dieser Gattungen außerhalb Mitteleuropas liegt oder an Arten stark verarmt ist.

Vergleicht man die Artenzahlen der mitteleuropäischen Gattungen in der Tabelle, so erhält man ein sehr aufschlußreiches Bild. Die *Helleboroideae*, also die ursprünglichere Gruppe mit mehrsamigen Balgkapseln, zeigen — mit Ausnahme der Gattung *Delphinium*, die gesondert besprochen werden soll — geringe Artenzahl im Gegensatz zu den *Ranunculoideae*, der abgeleiteten jüngeren Gruppe.

Man kann daraus ersehen, daß die Entwicklung der R., wie die vieler anderer Familien, nicht in einem ununterbrochen fortlaufenden kontinuierlichen Prozesse, sondern in mehreren Absätzen erfolgte. Auf Zeiten lebhafter Formenbildung folgen Zeiten, die der Formneubildung ungünstig sind, ja sogar zur Zerstörung des schon erreichten Formenbestandes führen, und diese Zeiten werden wieder von Zeiten erneuter Formbildung abgelöst. Aus diesem Grunde finden sich heute alte, systematisch isolierte Formen (z. B. *Hepatica nobilis*) gleichzeitig neben jüngeren Formen, die durch Übergangsformen miteinander verbunden sind (z. B. *Pulsatilla pratensis).*

Beispiele für diese Anschauung finden sich nicht nur in der Entwicklung der Gattungen, sondern auch der Arten, von denen die einen erstarrte Formen zeigen, andere wieder derzeit im Zustande lebhafter Varietäten- und Rassenbildung sich befinden.

Während bei den großen Familien der Gramineen und Juncaceen eine durchaus einheitliche Blattform (Grasblatt) fixiert ist, sind die Ranunculaceen durch eine große Mannigfaltigkeit der Blätter ausgezeichnet, die bald gestielt, bald sitzend, bald breitflächig ungeteilt *(Caltha),* bald zerschlitzt (*Ranunculus*) in allen erdenklichen Zwischenstufen vertreten sind. Phylogenie und Ökologie wirken bei dieser Ausbildung zusammen und erzeugen zahlreiche Formen, denen Artcharakter zukommt. Die Blattformen beherrschen geradezu die „Spezialausführung“ (S. 473) der Wuchsformen.

Betrachten wir nochmals unsere Übersicht (S. 117) so fallen uns die großen Artenzahlen der Gattungen *Delphinium, Clematis* und *Ranunculus* auf. Bei *Delphinium* ist die große Artenzahl durch die Formen des Mediterrangebietes verursacht. Bei *Delphinium* und auch bei *Clematis* handelt es sich um ein Übertreten der Gattungen in ein Gebiet mit anderen Lebensbedingungen. Dieser Wechsel ist dann von reger Formausbildung begleitet. Auch die große Formanzahl der Gattung *Ranunculus* ist auf die Mannigfaltigkeit der Standorte, an die sich die Gattung

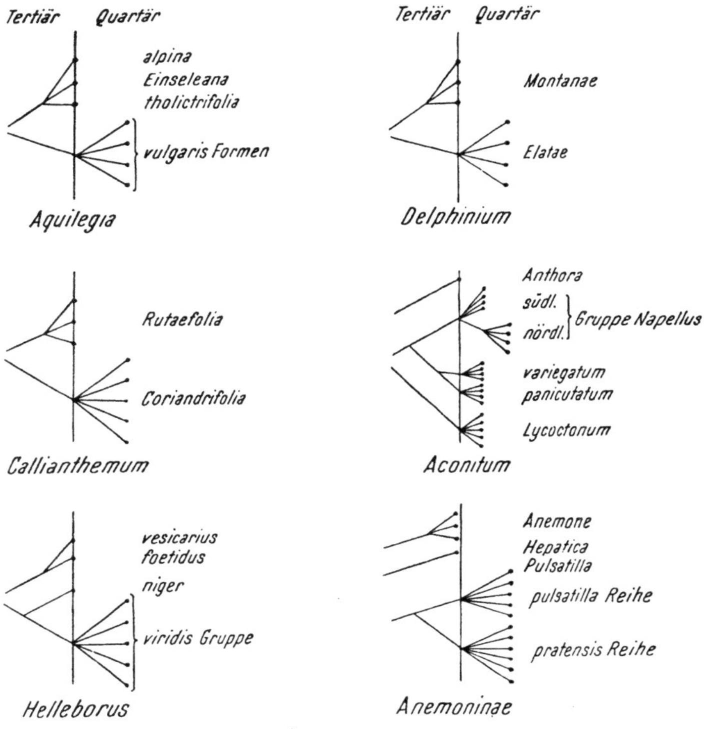

Abb. 25. Entwicklungsgang einiger *Ranunculaceen*-Gattungen
Der Entwurf läßt voreiszeitliche (tertiäre) und nacheiszeitliche (quartäre) Formen unterscheiden. Diese Zweiteilung wiederholt sich bei vielen mitteleuropäischen Gattungen anderer Familien.

anzupassen vermag, Alpenhöhen, Wälder, Wiesen, Sümpfe, Wasseransammlungen, Ruderalstellen usw. zurückzuführen.

Zusammenfassung. Die meisten in Mitteleuropa vorkommenden Ranunculaceen-Gattungen zeigen deutlich eine Gliederung in alte tertiäre, systematisch isolierte Arten mit Reliktarealen und eine stürmische jüngere Entwicklung von Formenschwärmen im Postglazial (Abb. 25).

Zur Phylogenie der *Ranunculaceen.*

Vgl. PRANTL 1888, SENN 1904, RASSNER 1932, JANCHEN 1949.

Stellen wir zunächst die Merkmale zusammen, die bei den Ranunculaceen als ursprünglich, bzw. als abgeleitet zu gelten haben! Diese Scheidung führt uns zu der Vorstellung des Entwicklungsganges der Familie, denn sie zeigt uns die Tendenzen auf, die der Entwicklung zugrunde liegen.

Ursprüngliche Merkmale.	Abgeleitete Merkmale,
Anordnung der Blütenteile schraubig	zyklisch durch Internodienstauchung der Blütenachse a) nur in der Hülle: hemizyklisch z. B. *Ranunculus* b) auch Andrözeum und Ignözeum zyklisch *Aquilegia*
Zahlenverhältnisse unbestimmt	bestimmt
Blüten strahlig (aktinomorph)	hälftig (zygomorph)
Balgfrucht apokarp	Balgfrucht synkarp Schließfrucht. Nuß (reduzierte Balgfrucht)
viele Samenanlagen	eine Samenanlage
kurze Blütenachse mit wenig Fruchtblättern	lange Blütenachse mit vielen Fruchtblättern
zwei Integumente	ein Integument
ungeteiltes Blatt *(Caltha)*	geteiltes, zerschlitztes Blatt *(Anemone, Pulsatilla, Nigella)*
	Staubgefäße in Nektarblätter umgewandelt

Weitere Beispiele für ursprüngliche und abgeleitete Merkmale in den einzelnen Gattungen in der ausgezeichneten Arbeit von E. JANCHEN 1949.

Die Blütenhülle der ursprünglichsten Ranunculaceen war ein einfaches Perigon (sechs Blätter in zwei dreigliedrigen Kreisen).

Die Nektarblätter leiten sich von Staubgefäßen ab und entstanden unabhängig voneinander zu wiederholten Malen in verschiedenen Verwandtschaftskreisen. Gattungen ohne Nektarblätter stellt man an den Anfang der Gattungsreihen.

Die zymöse Rispe mit mäßiger Blütenzahl und mäßiger Blütengröße ist als ursprünglich zu betrachten. Die traubigen und doldigen, bzw. trugdoldigen, sowie sehr reichblütige, aus kleinen Blüten aufgebaute Blütenstände, sowie auch Einzelblüten von ansehnlicher Größe sind abgeleitet.

Krautige Pflanzen mit mehrblättrigem, oberirdischem Stengel sind ursprünglicher als solche mit auffallend armblättrigem Stengel oder mit nur grundständigen Blättern.

Rhizomstauden sind ursprünglicher als Knollenstauden.

Von Wichtigkeit ist die Tatsache, daß sich ursprüngliche und abgeleitete Merkmale nebeneinander an derselben Pflanze finden, d. h. einige Merkmale sind auf derselben Organisationshöhe stehen geblieben, andere haben eine weitere Umbildung erfahren. So zeigen z. B. der Eisenhut (*Aconitum)* und Rittersporn *(Delphinium)* die ursprüngliche mehrsamige Balgkapsel, aber den abgeleiteten hälftigen (zygomorphen) Blütenbau.

Die *Paeonieae* vermitteln zwischen den Berberidaceen und Ranunculaceen, unter denen sie durch ihren Fruchtbau in enger Beziehung zu den *Helleborioideae* stehen.

Die *Helleboroideae* dürften stammesgeschichtlich eine einheitliche Gruppe sein.

Die *Ranunculoideae* dürften sich von verschiedenen Untergruppen der *Helleboroideae* ableiten: *Thalictrum* von der Gruppe 3 c *(Isopyrum, Aquilegia)*; *Ranunculus* von Gruppe 4 a *(Caltha, Trollius)*. Man kann aber nicht für alle *Ranunculoideae* eine gesicherte Anknüpfungsstelle finden. *Trollius* hat eine große Zahl von Fruchtblättern. Wir sehen hier den ersten Schritt jener Entwicklungsrichtung, die bei noch weiter gehender Vermehrung der Fruchtblätter und gleichzeitiger Verminderung der Samenanlagen jedes einzelnen Fruchtblattes über den Typus *Callianthemum* zu den *Ranunculeae* führt.

Die *Ranunculoideae* sind gegenüber den *Helleboroideae* durch die Reduktion der Samenanlagen charakterisiert. Aber gerade diese Reduktion führt zu einem neuen Aufschwung der Familie, da jetzt Wind (Federschweifflieger — *Clematis, Pulsatilla*) und Ameisen (Myrmekochorie — *Hepatica*) als Verbreitungsmittel der kleinen Schließfrüchtchen mit ihren Rückwirkungen auf die Formgestaltung in Erscheinung treten.

Den phylogenetischen Zusammenhang der Ranunculaceen-Gattungen auf Grund der Chromosomenzahlen zeigt Abb. 80, S. 539 (nach GUNDERSON, 1950, S. 22).

Wuchsformen der *Ranunculaceen.*

Die Ranunculaceen sind mit der Beberideen durch die Gattungen *Glaucidium, Hydrastis* und *Paeonia* so nahe verwandt.

daß die Stellung dieser Gattungen wiederholt wechselte. Die im System von R. von WETTSTEIN den beiden Familien in der Reihe *Polycarpicae* vorangehenden Familien umfassen durchwegs Holzgewächse (Magnoliaceen, Annonaceen, Myristicaceen usw.).

Die Ranunculaceen und Berberidaceen sind teils Holzpflanzen, teils krautige Pflanzen. In beiden Familien überwiegt die Anzahl der krautigen Gattungen, an Arten aber sind bei den Berberidaceen die Holzpflanzen in der Überzahl (400 gegen 60). Die Ranunculaceen sind fast durchwegs krautige Pflanzen, doch finden sich vereinzelt Holzpflanzen, so in der sehr ursprünglichen Unterfamilie *Paeonioideae*, die beiden Halbsträucher *Paeonia suffruticosa* und *P. Delavayi* in China, die Gattung *Xanthorrhiza* mit einer Art, *X. apiifolia* L'Herit. im atlantischen Nordamerika, ferner die strauchige *Anemone capensis*, der halbstrauchige *Helleborus foetidus* u. a. Viele *Clematis*-Arten sind wahrscheinlich sekundär holzig geworden.

Aus krautigen Pflanzen können sich sekundär wieder holzige Pflanzen entwickeln, wenn sich die krautigen Pflanzen von ihren eigenen holzigen Vorfahren nicht allzu lange Zeit und daher in ihrer Organisation nicht allzu weit entfernt haben. Sekundäre Holzpflanzen dürften die holzigen Arten der Gattungen *Clematopsis* und *Clematis* sein, da man sie nicht lückenlos von holzigen Vorfahren ableiten kann. Vielleicht hängt es damit zusammen, daß man in diesem Verwandtschaftskreis keine höheren aufrechten Sträucher, sondern nur Klettersträucher findet (JANCHEN, 1949, S. 14).

Aus dem großen Verwandtschaftskreis mit Holzpflanzen und dem vereinzelten Vorkommen von Holzpflanzen, gerade bei der ursprünglichen Gattung *Paeonia,* geht wohl hervor, daß auch die Ranunculaceen aus Holzpflanzen sich entwickelten.

Literatur.

DELPINO, F. 1899. Rapporti tra la evoluzione e la distribuzione geografica delle *Ranunculaceae.* Acad. Bologna. — DIELS, L., 1924. — GUNDERSEN. A., 1950. — HEGI, III/451, VII/174. — JANCHEN, E. 1949. Die systematische Gliederung der Ranunculaceen und Berberidaceen. Denksch. Akad. d. Wiss. Wien, math.-nat. Klasse, **108.** — LANGLET, O. 1932. Einteilung der R. auf Grund der Chromosomenzahlen. Svensk bot. Tidkr. **26.** — PRANTL, K. 1888. Beiträge zur Morphologie und Systematik der Ran. ENGL., Bot. Jahrb. **9.** — PRANTL, K.

1891 in E. u. P., NatPfl. fam. III/2, Nachtrag IV. — RASSNER, E. 1931. Primitive und abgeleitete Merkmale im Blütenbau einiger R. Planta, **15**. — SCHRÖDINGER, R., 1909. Der Blütenbau der zygomorphen R. Abh. zool. bot. Ges. Wien, **4**. — SCHRÖDINGER, R., 1914. Das Laubblatt der R. Abh. zool. bot. Ges. Wien, **8**. — TRAPL, S. 1912. Morphol. Studien über Bau usw. der R.-Blüte. Beihefte B., C., **28**. — WERTH, E., 1941. Die Blütennektarien der R. und ihre phylogenetische Bedeutung. B. D. B. G. **59**, S. 246. — WETTSTEIN, 1935/703. Reiche Literaturangaben. Über die meisten Gattungen liegen Monographien vor.

A. (C.) — *Helleboroideae.*

1. *Helleborus* L. — Nießwurz (*H. niger* — Schneerose).

Die Gattung zählt 26 Arten in sechs Sektionen im Mittelmeergebiet und seinen Ausstrahlungen nach Mitteleuropa einerseits, in die Kaukasusländer anderseits. Sie besteht

1. aus einzelnen, isolierten Formen, die wenig variieren und wechselseitig nicht bastardieren: alte Tertiärarten, z. B. *foetidus*, *niger* und

2. aus einem Formenschwarm (*odorus* und Verwandte) mit Übergangsformen, Bastarden und dgl., also einer jungen, in Entwicklung begriffenen Gruppe.

System der mitteleuropäischen *Helleborus*-Arten.

		Verbreitungszentrum
A. *Hellebori caulescentes*		
Sect. I. *Syncarpus* SCHIFFN.	*H. vesicarius* AUCH.	Südkleinasien
Sect. II. *Griphopus* SPACH.	*H. foetidus* L.	Pyrenäenhalbinsel
Sect. III. *Chenopus* SCHIFFN	*H. corsicus*	Inseln des westl. Mittlemeergeb.
B. *Hellebori acaules*		
Sect. IV. *Chinorhodon* SPACH.	*H. niger* L.	Nordöstliche Kalkalpen
Sect. V. *Euhelleborus* SCHIFFN.	*H. odorus* W. et K. *H. multifidus* VIS. *H. viridis* L. *H. dumetorum* W. et K. *H. atrorubens* W. et K. *H. purpurascens* W. et K.	Untere Donauländer, etwa Banat, Kroatien

Jede Sektion hat ihr eigenes Verbreitungszentrum. Die Sect. I: *Syncarpus* hat überhaupt eine sehr beschränkte Verbreitung, und zwar im südlichen Teile Kleinasiens. Sect. II: *H. foetidus* gehört dem westlichen Europa an, das Zentrum seiner Verbreitung liegt auf der Pyrenäenhalbinsel. Die Sect. III: *Chenopus* ist auf die Inseln des westlichen Mittelmeeres beschränkt. Die Formen der Sect. IV: *Chinorhodon (H. niger)* erreichen das massenhafteste Auftreten in den nördlichen Kalkalpen Salzburgs und Steiermarks. Das Eldorado der Sect. V: *Euhelleborus* sind die unteren Donauländer, etwa das Banat, Kroatien und Slawonien.

Von diesen Zentren aus verbreiten sich die einzelnen Formen mehr weniger weit nach allen Richtungen (SCHIFFNER, S. 42).

Die Geschichte der Gattung verläuft in drei Abschnitten:

1. Im Tertiär Entstehung der Stammformen der Sektionen aus einer mediterranen Urform.

2. Während der Eiszeit systematische und geographische Isolierung der Arten durch Aussterben von Arten. Reliktareale von *H. niger* in den Apenninen, in Serbien und den walachischen Karpaten.

3. Im Postglazial erweitern die alten Tertiärarten (*H. foetidus, niger*) ihr Areal auf ehemals vergletscherte Gebiete Mitteleuropas. Stürmische Neubildung von Formen in der *odorus-viridis*-Gruppe mit Ausdehnung des Areals auch auf Halbkulturformationen (Wiesen, Obstgärten).

Spuren dieser Geschichte.

Ontogenie: 1. Entwicklungsreihe vom ungeteilten (Jugendblätter des *H. corsicus*) zum vielfach geteilten Blatt (3- bis 5lappig bis zerschlitzt bei *H. multifidus*). 2. Verarmung des Blütenstandes *H. foetidus* bis 20 Blüten. *H. niger* 3, 2, meist eine Blüte.

Auf die mediterrane Herkunft weisen 1. die holzighalbstrauchige Lebensform des *H. foetidus;* 2. die Übergänge vom wintergrünen (*foetidus, odorus*) über das fakultativ wintergrüne (*odorus, multifidus*) zum sommergrünen (*viridis, dumetorum*) Blatt — Zeichen, daß die Gattung die Anpassung an das mitteleuropäische Klima noch nicht restlos vollzogen hat; 3. Lederblätter tertiärer, ozeanischer Arten *H. niger* (vgl. *Buxus, Vinca* u. a.); 4. die frühe Blütezeit im Kurztag, entsprechend dem milden mediterranen Tertiärklima; 5. das Auftreten einer zweiten Blüte im Juni bei *H. niger* — Phänatavismus, Rückschlagserscheinung.

H. niger konnte die Eiszeit überdauern durch: 1. wintergrüne Lederblätter; 2. frühe Blütezeit und rasche Fruchtentwicklung zur Ausnützung der kurzen Vegetationszeit; 3. Bevorzugung des warmen Kalkbodens; 4. hohes Ansteigen im Gebirge (1850 m) charakterisiert sie noch heute als „Schneerose". Die Arten der anderen Sektionen haben ihr Verbreitungszentrum in südlichen, unvergletschert gebliebenen Gebieten.

Literatur.

SCHIFFNER, V. Monographia *Hellebororum*. Nova acta Leop.-Car.-Acad., **56**, 1890.

2. *Aquilegia* L. — Akelei.

Die Gattung umfaßt etwa 120 Arten, die über die nördlich gemäßigte Zone in Zentralasien, Sibirien und Mitteleuropa, im Mittelmeergebiet, einige auch in Nordamerika verbreitet sind. Wir betrachten nur die vier mitteleuropäischen Arten.

(Siehe Tabelle auf S. 126.)

R. RAPAICS (1909) unterscheidet in der Entwicklung der Gattung *Aquilegia* drei Entwicklungstendenzen und damit drei Verwandtschaftskreise (V. Kr.). Diese sind folgende:

1. Der V. Kr. der *Aquilegia parviflora* (*Subscaposae-Orthocentrae* BORBÁS), Entwicklungszentrum = EZ. Ostasien.

2. Der V. Kr. der *Aquilegia vulgaris* (*Elatiores-Campylocentrae* BORBÁS), EZ. Ostasien.

3. Der V. Kr. der *Aquilegia leptoceras* (*Elatiores-Longicornes* BORBÁS), auf Ostasien beschränkt.

Diese V. Kr. können nicht als Sektionen getrennt werden, weil die Arten miteinander in enger Verbindung stehen.

1. Der V. Kr. der *A. parviflora* ist durch kleine Blüten und einen kurzen, nicht gekrümmten Sporn charakterisiert. Dieser Gruppe gehören die ältesten Typen (*A. Henryi*, China; *A. ecalcarata*, China; *A. parviflora*, Mandschurei; *A. glauca*, Tibet; *A. pubiflora*, Himalaja; *A. brevistyla*, Nordamerika) an. Die europäischen Verwandten sind durch niederen Wuchs und Kleinblütigkeit gekennzeichnet. Hieher gehören:

A. Kitaibelii SCHOTT, Velebit.

A. Einseleana F. SCHULTZ. Südliche Kalkalpen, selten auch in den nördlichen Kalkalpen.

A. thalictrifolia SCHOTT et KOTSCHY (nach RAPAICS nur Varität von *Einseleana*), Endemisch, Südtirol, Venezien.

Sporn gerade	Sporn hakig gekrümmt.
Tertiäre Formen, disjunkte Verbreitung	Postglaziale Formbildung.
1. Blüten sehr groß (5 bis 8 cm). *A. alpina* L. Alpenakelei. Vor der Eiszeit nach Europa, Westalpen, Vorarlberg. Erstarrte Form. 2. Blüten kleiner (2—3 cm). a) Blätter ± behaart, drüsig, Blattabschnitte eiförmig-rundlich. *A. Einseleana* F. W. Schultz Ostalpen (Como, Südkärnten und Kalkalpen). b) Blätter drüsig-klebrig, Blattabschnitte lineallänglich. *A. thalictrifolia* Schott et Kotschy. Endemisch, Südtirol, Lombardei, Venetien. Alle Arten sind selten und finden sich an disjunktiven Stellen (Reliktareal).	*A. vulgaris* L. Mit zahlreichen Formen, die ineinander übergehen, in Süd- und Mitteleuropa, Nordafrika, gem. Asien bis China. 1. subsp. *vulgaris* L. Acht Varietäten. Ebene bis 2000 m. 2. subsp. *atroviolacea* Avé-Lall. = *A. atrata* Koch. Gebirge, Alpen.

A. Ottonis Orph. Italien, Griechenland; var. *grata* Maly, Serbien, Herzegowina.

A. beata Rap. (= *A. pyrenaica* DC. partim), Pyrenäen.

Alle diese Arten bewohnen in Südeuropa Reliktareale. Zwischen *A. Einseleana* und *parviflora* läßt sich eine gewisse Verwandtschaft feststellen, was uns zur Annahme führt, daß diese Artengruppe auf ostasiatischen Ursprung zurückgeht, wenn auch nähere Verwandte nicht zu finden sind. Die Abgliederung und Wanderung aus Asien hat jedenfalls schon im Tertiär stattgefunden; die geographisch und systematisch verbindenden Zwischenglieder sind ausgestorben, nur ums Mittelmeer haben sich einzelne Arten erhalten, von denen *A. Einseleana* postglazial sich über die Alpen und *beata* (= *pyrenaica*) über die Pyrenäen ausbreitete.

2. Der V. Kr. der *A. vulgaris* hat ebenfalls in Ostasien seinen Ursprung. Mit der Abkühlung des Klimas am Ende der Tertiärzeit zog sich ein Teil der Artgruppe nach Süden gegen den Himalaja zurück, ein anderer nahm den Weg nach Europa. Den Wanderweg zeigen bis auf den heutigen Tag die Schwesterarten:

A. sibirica in Sibirien, Japan.

A. oxysepala in Nordost-Sibirien.

A. Karelini im Alatau.

A. olympica in Armenien, Persien, Kaukasus.

A. vulgaris in Europa.

A. alpina in den Alpen.

(Vgl. Kettenareale, Wanderung in den Gebirgsketten [Bews]; vgl. *Wulfenia*-Arten.)

Auch diese Gruppe traf vor der Eiszeit in Europa ein und überdauerte sie an geeigneten Orten. Während *A. alpina* in ihrer Formbildung erstarrte und heute ein Reliktareal bewohnt, nahm *A. vulgaris* postglazial einen neuen Aufschwung, spaltete sich in viele Formen und verbreitete sich auf die ehemals vereisten Gebiete bis nach China (vgl. *Helleborus niger* und *H. viridis*).

Die Akelei-Arten Europas sind ursprünglich Bewohner der höheren Gebirge und der Alpen. Alle Arten sind ausdauernd; viele treiben unterirdische Ausläufer und sichern dadurch die Art, wenn früh eintretender Schneefall das Ausreifen der Samen verhindert.

Bei vielen alpinen Akelei-Arten ist der Stengel sehr niedrig, fast unbeblättert und unverzweigt oder wenig-ästig und wenigblättrig (*Subscaposae* Borbás — *A. Kitaibelii, A. beata*); die Pflanze hat für ihren vegetativen Aufbau wenig Zeit und Mühe verwendet, sie eilte zur Blüte und Fruchtbildung, denn die Vegetationszeit auf den Alpen ist kurz. Die Transpiration wird durch kleine, brakteenartige Stengelblätter *(A. thalietrifolia)*, durch behaarte *(A. Kitaibetii)* oder drüsige Blätter *(A. thalictrifolia)* eingeschränkt. Auch im Bau der Frucht äußert sich die Kürze der Lebenstätigkeit, denn zehn *A.*-Arten zeichnen sich durch verkürzte Balgkapseln *(A. brachycarpae)* aus, während die Aquilegien der südlichen Gebiete meistens großfrüchtig sind *(A. macrocarpae* BORBÁS, 1886).

3. Der V. Kr. der *Aquilegia leptoceras* blieb auf Ostasien und Nordamerika beschränkt.

Nach DIELS (1910/16) gibt es in Hochasien spornlose (*A. ecalcarata)*, kurzgespornte *(A. glandulosa)* und langspornige *Aquilegia*-Arten. In Amerika wiegen gerade Sporne vor, die, je weiter südwärts, immer länger werden (Mexiko: *A. Skinneri* mit ungewöhnlich langem Sporn).

In Europa finden sich neben geraden auch gekrümmte Sporne vom Typus der *A. vulgaris.* RAPAICS (1909) bezeichnet die Formen mit geradem Sporn als phylogenetisch älter. Die geographische Verbreitung (Reliktareale) und die fixierten Formen gegenüber dem Formenschwarm der *A. vulgaris* spricht dafür.

Zusammenfassung: Die Stammformen und nächsten Verwandten der Gattung *Aquilegia* gelangten schon in der Tertiärzeit aus Ostasien nach Europa, wo ein Teil der Arten in der Eiszeit zugrunde ging; ein anderer Teil überlebte in Südeuropa diese ungünstige Zeit und breitete sich im Postglazial wieder aus.

Literatur.

BORBÁS. 1882, 1883, 1886. Bot. Centralbl. — RAPAICS, R. 1909. Die Gattung *Aquilegia.* De genere *Aquilegia.* Botanikai Közlemények 8, 1909. — ZIMMETER. 1875. Verwandtschaftsverhältnisse und geographische Verbreitung der in Europa einheimischen Arten der Gattung *Aquilegia.* Steyr 1875.

3. *Caltha* L. — Sumpfdotterblume.

Die Gattung *Caltha* mit zirka 40 Arten ist die weitaus ursprünglichste Gattung der *Trollieae;* sie gliedert sich in die beiden geographisch getrennten Untergattungen:

1. *Eucaltha* — nördlich-gemäßigtes Florenreich.
2. *Psychrophila* — südlich-gemäßigtes Florenreich.

Schon aus dieser weiten Verbreitung können wir auf das hohe Alter der Gattung, die auch morphologisch ursprüngliche Züge, wie nicht-fixierte Zahl der Blütenhüllblätter, der Staubgefäße, der Fruchtknoten (5—8), das ungeteilte Blatt, strahlige Blüte, Balgkapsel u. a. aufweist, schließen.

R. Keller rechnet unsere Sumpfdotterblume (*C. palustris* L.) zu den Glazialpflanzen, d. h. zu jenen Pflanzen, die vermöge ihrer Verbreitung und ökologischen Eigenschaften die Eiszeit in Mitteleuropa überdauern konnten.

1. Geographische Verbreitung auch heute
   α) in arktischen Ländern (Nowaja-Semlja, sibir. Küste des Eismeers).
   β) bis in alpine Höhen (2530 m Scesaplana).
2. Frühblühend, die kurze Vegetationszeit ausnützend.
3. Raschfrüchtig (tachyspor).
4. Selbstbestäubung möglich bei der Insektenarmut der Eiszeit.
5. Vegetative Vermehrung (vielköpfiger Wurzelstock).
6. Auch die Standorte an Bachrändern, in Sumpfwiesen entsprechen den feuchten Standorten, die während der Eiszeit in Mitteleuropa zwischen Moränenschutt an den Gletscherbächen zur Vegetationszeit besiedelbar waren; sie sprechen für das Überdauern während der Eiszeit. Vgl. Huflattich (S. 390).

4. *Aconitum* L. — Eisenhut.

Die Gattung gehört sowohl in ökologischer als auch in geographischer Hinsicht der nördlich-extratropischen Zone an; tropische und südlich-extratropische Arten sind unbekannt.

Betrachtet man die Verbreitung der einzelnen Sektionen, in die man die Gattung einteilt, so fällt sogleich auf, daß sich alle asiatischen und nordamerikanischen Sektionen in Ostsibirien zusammenfinden. Die europäischen *Aconitum*-Arten hängen zwar geographisch nicht mit der Flora Ostasiens zusammen, aber der morphologische Vergleich ergibt, daß die europäischen Formen sich an gewisse sibirische Arten eng anschließen. Zweifellos war Sibirien in der Tertiärzeit der Mittelpunkt der Entwicklung der Gattung. (Hegi, III S. 492.)

Nach Westen entwickelten sich die Sektionen *Lycoctonum, Napellus, Cammarum* und *Anthora,* nach Osten im Küstengebiet des Beringmeeres die Subsektion *Palmata.*

Die heute lebende *Aconitum*-Flora setzt sich aus drei Elementen zusammen:

1. Reliktarten, d. h. jene tertiären Formen, deren nähere Verwandtschaft ausgestorben ist: *A. gymnandrum* (Himalaja, Tibet) mit seinen vielen Fruchtblättern ist der älteste Zweig der ganzen Gattung; *A. uncinatum* (Amerika) ist der ursprüngliche Typus der Subgattung *Tuberaconitum;* ferner *A. moschatum, A. Hookeri* u. *A. heterophyllum* (fünf Arten).

2. Stammarten, das sind jene tertiären Arten, die mit ihrer ganzen, engeren Verwandtschaft die Eiszeit überdauert haben (23 Arten).

3. Junge Arten, welche durch Spaltung von tertiären Stammarten in der Eiszeit entstanden sind (29); es sind mit Ausnahme von zwei Arten geographisch stellvertretende (vikariierende) Arten.

Als am Ende der Tertiärzeit das Klima immer rauher wurde, zogen sich die Aconiten von ihrem tertiären Mittelpunkt stufenweise nach Süden, nach Mittelasien, Mitteleuropa und Nordamerika zurück. Wir finden sie heute im Himalaja bzw. Alleghaniengebirge als Reliktarten.

Jene Sektionen, deren Mittelpunkt in der Tertiärzeit West-Sibirien war, zogen sich einerseits längs der das Hanhaj umgürtende Gebirge durch China und Turkestan bis zum Himalaja zurück, anderseits wanderten sie in südwestlicher Richtung bis nach Europa.

Das Entwicklungszentrum der Eisenhutarten in der Tertiärzeit verlor mit und nach der Eiszeit für die weitere Entwicklung seine Bedeutung; seine Rolle übernahm das zentralasiatische Florengebiet. Neben diesem Mittelpunkte ersten Ranges entstanden noch mehrere Mittelpunkte zweiten Ranges, die sich nicht durch die Erhaltung der tertiären Akonitenflora, sondern durch ihren Reichtum an jungen endemischen Arten auszeichnen. Solche Mittelpunkte zweiten Ranges sind Ostasien, Sibirien und Mitteleuropa.

Wir schalten nun eine Übersichtstabelle über die fünf mitteleuropäischen Arten ein:

Blüten gelb	Blüten blau, gescheckt oder weiß
a) Blattzipfel schmal-lineal, xerophile, südeurop.-montane Pflanze. Kelch bleibend *A. Anthora* L. Relikt	a) Traube unverzweigt oder Endtraube stärker als die Seitentrauben. Samen glatt, schmalgeflügelt. *A. Napellus* L., Sammelname für zahlreiche junge endemische Arten.
b) Blattzipfel relativ breit, Kelch abfallend *A. Vulparia* Rchb.	b) Traube ästig. Samen mit Querleisten. Stengel kahl: *A. variegatum* L. Stengel drüsig-klebrig: *A. paniculatum* Lam.

Natürliche Gliederung der europäischen *Aconitum*-Arten (J. Gáyer 1909).

Section I. *Anthora* DC.	*A. Anthora* L.
Section II. *Euaconitum* C. A. Mey.	
Subst. 1. *Napellus* DC.	*A. Napellus* L.
Subst. 2. *Cammarum* DC.	*A. paniculatum* L.
(= *Cammaroidea* Rchb.)	*A. variegatum* L.
Section III. *Lycoctonum* DC.	*A. Vulparia* Rchb.

Die § *Lycoctonum* macht in ihren Vegetationsorganen (Rhizome, nicht Knollen) einen ursprünglicheren Eindruck, sie ist aber wegen ihres stark abgeleiteten Blütenbaues unbedingt an das Ende zu stellen. Sie zeigt eine deutliche Annäherung an *Delphinium* (Janchen 1949, 37).

Heute finden sich die ältesten Relikte und ursprünglichsten Formen der Gattung in Ostasien, wo auch noch die größte Artenzahl vorkommt. *A. gymnandrum* (östl. Tibet), mit seinen vielen Fruchtblättern ist nach Rapaics der älteste Zweig der ganzen Gattung. Auch in anderen Gegenden ist die Gattung durch einen außerordentlichen Polymorphismus ausgezeichnet und die Neubildung ist noch in vollem Schwunge. Demgemäß sind auch die mitteleuropäischen Arten nicht gleichen Alters (Hegi III, S. 492).

1. *A. Anthora* L., Giftheil, ist selten auf felsigen Abhängen unter Buschwerk, bewohnt das südliche Europa von

den Pyrenäen bis zum Balkan und verbreitet sich nördlich bis Niederösterreich, Mähren und Galizien (hier auch blaublühend!).

Die Art ist wenig veränderlich und kann auch wegen ihrer xerophilen Lebensweise als Relikt einer wärmeren Periode angesehen werden.

2. *A. Napellus* L., Blauer Eisenhut, bewohnt die Alpen (bis 3000 m), Karpaten und zerstreut die gebirgigen Teile Europas, nördlich bis Schweden. Häufig und massenhaft findet er sich an Halbkulturstandorten an feuchten, humosen Stellen auf überdüngtem Boden, um Sennhütten, auf Viehweiden (vom Vieh gemieden), im Erlengebüsch, an Wegen, Zäunen, Mauern usw.

Diese Gesamtart ist außerordentlich vielgestaltig und gliedert sich in zahlreiche Kleinarten.

Gáyer (1909, S. 128) führt die Vielgestaltigkeit (Polymorphismus) auf Mutationen zurück und unterscheidet folgende Formen:

A.

I.
- 3. *A. Ataurricum* Wulf., Ostalpen — Transsilvanien. Verbreitungslücke.
- 4. *A. eustachyum* Rchb. (= *A. latemarense* Deg. et Gáy.). Tiroler Dolomiten und Ober-Italien.
- 5. *A. formosum* Reichb., Salzburg.
- 6. *A. compactum* Reichb., Schweiz.

7. *A. occidentale* Timb.-Lagr., Spanien.

II.
- 8. *A. Linnaeanum* Gáy., Schweden.
- 9. *A. neomontanum* Wulf., Ostalpen — Rheingebiet. Verbreitungslücke.
- 10. *A. strictum* Bernh., Krain.

16. *A. pyramidale* Mill., Südwest-Deutschland, Nordfrankreich.

III.
- 17. *A. Lobelianum* Reichb., Ostalpen.
- 18. *A. Bauhini* Reichb., Schweiz, Frankreich.
- 19. *A. delphinense* Gáy., Dauphiné.
- 20. *A. capiriense* Jeanb. et Timb., Pyrenäen.

IV.
- 14. *A. firmum* Reichb., Sudeten, Karpaten.
- 15. *A. bucovinense* Gáy., Ost-Karpaten.

13. *A. romanicum* Wol., Ost-Karpaten.

25. *A. Zahlbruckneri,* Gáy., Südtirol.

B. 22. *A. nevadense* UTR., Sierra Nevada.
21. *A. lusitanicum* ROUY., Portugal.
23. *A. corsicum* GÁY., Korsika.
2. *A. Burnati* GÁY., Seealpen.
24. *A. angustifolium* BERNH., Südostalpen.
11. *A. adriaticum* GÁY., Kroatien.
12. *A. Šoštarićianum* FRITSCH, Bosnien.
1. *A. divergens* PANČ., Serbien.

Anmerkung: Die laufenden Ziffern bedeuten die Nummern, unter welcher die betreffende Art von GÁYER, 1909, beschrieben wurde. Durch die Klammer ist die engere Verwandtschaft der Arten angedeutet, die sich in vier Gruppen zusammenfassen lassen, deren einzelne Glieder bei größter Übereintimmung im Habitus durch geographisch gesonderte und konstante Merkmale voneinander verschieden sind.

Wir können diese Formen in zwei Gruppen, A und B, aufteilen.

Die Gruppe A, kurz als nördliche Gruppe bezeichnet, enthält 17 Formen, die untereinander viel näher verwandt sind als die Formen der Gruppe B untereinander. Die Gruppe bewohnt Gebiete, die durch die Eiszeiten stark gelitten haben und deren Flora stark dezimiert wurde. Postglaziale Wiederbesiedelung des Gebiets unter gleichzeitiger geographischer Rassenbildung erinnert an die Verhältnisse, die WETTSTEIN bei der Gattung *Euphrasia* beschreibt.

Die Arten der Gruppe B, der südlichen, sind sowohl untereinander als auch von den Arten der nördlichen Gruppe viel schärfer geschieden. Sie wachsen in Gebieten, die durch die Eiszeiten weniger gelitten haben oder aber, wie Korsika, ganz unberührt geblieben sind und deren Flora zahlreiche Arten enthält, die auf ein hohes Alter hinweisen.

Wir können daher mit großer Wahrscheinlichkeit annehmen, daß die Napelloïdeen bereits im Tertiär eine reiche Gliederung aufgewiesen haben. Der breite Waldgürtel, der damals die nördliche Hemisphäre umgab und die unbewaldeten Kuppen, die aus den tertiären Wäldern hervorragten, waren für eine reiche Entwicklung der Gattung geeignet. Beim Einbruch der Eiszeiten ging diese *Aconitum*-Flora zum Teil zugrunde, zum Teil erhielt sie sich an geschützteren Stellen. In den südlichen Gebieten haben sich Arten, wie ihre reiche Gliederung zeigt, gut erhalten und weiterentwickeln können, während in den von den Gletschern vereisten Gegenden sich weniger Typen erhalten konnten, denn die Arten der nördlichen Gruppen können (mit Ausnahme von *A. Zahlbruckneri* und *A. romanicum*) leicht auf vier Typen: *tauricum*, *neomontanum*, *Lobelianum* und *firmum* reduziert werden.

Als aber nach dem Zurückweichen des Eises große Gebiete für die Besiedlung eröffnet wurden, haben sich auch diese Typen weiter verbreitet und die heutige Gliederung in geographische Rassen angenommen. Sehr deutlich ist das bei *A. Linnaeanum* Schwedens zu sehen, das sicher erst nach den Eiszeiten sein heutiges Gebiet besetzte, indem es — ursprünglich wohl mit *A. neomontanum* eine einheitliche Art bildend — von Dänemark her in Schweden eindrang und unter den veränderten Lebensverhältnissen in die heutige Gestalt umgeprägt wurde (GÁYER, 1909).

Sehr charakteristisch ist für diese postglaziale Entwicklung des *Napellus*-Formenschwarmes die Vorliebe für Halbkulturstandorte (vgl. *Helleborus virdis*-Gruppe, S. 124).

3. *Aconitum variegatum* und

4. *A. paniculatum* gehören zur Subsektion *Cammarum*, die sich von der Subsektion *Napellus* vor allem durch die Form des Helmes und den Bau der Samenschale unterscheidet.

Die Entwicklung beider Subsektionen wird von der Tendenz beherrscht, drüsenhaarige und nicht drüsenhaarige Formen zu entwickeln; es ergibt sich daraus eine „Parallelentwicklung", die dadurch kompliziert wird, daß die tertiäre Stammform jeder der beiden Subsektionen in Asien einerseits und nach der Einwanderung von Asien in Europa anderseits stellvertretende (vikariierende) Arten ausbildeten. Wir erhalten daher:

Eu-Aconitum	*Napelloideae*	drüsenhaarig	Asien	*A. baicalense*
			Europa	*A. divergens*
		kahl	Asien	*A. ambiguum*
			Europa	*A. Napellus*
	Cammaroideae	drüsenhaarig	Asien	*A. glandulosum*
			Europa	*A. paniculatum*
		kahl	Asien	*A. Kusnezofii*
			Europa	*A. variegatum*

Parallelentwicklung in der Sektion *Euaconitum* der Gattung *Aconitum*.

Zuerst erfolgte die Entstehung der morphologisch parallelen Arten und erst später die geographische Isolierung, denn die drüsenhaarigen und die nicht drüsenhaarigen Arten bewohnen ganz verschiedene Gebiete. Während *A.* ***Napellus*** eine charakteristisch mitteleuropäische Art ist, lebt *A.* ***divergens*** im Mittelmeergebiete, und zwar — sicherlich infolge einer zur Eiszeit entstandenen Isolierung — an drei weit voneinander liegenden Stellen, darunter zwei Fundorte, wo *Napellus* gar nicht vorkommt.

Es ist interessant, beim kahlen bunten Eisenhut *(A. variagatum)* Formen mit eingemengten Drüsenhaaren (var. *oenipontanum* GÁYER und var. *pilipes* RCHB.) zu beobachten, anderseits beim drüsigbehaarten rispigen Eisenhut *(A. paniculatum)* bei der *f. calvum* GÁYER eine kahle Form und bei der subspec. *vallesiacum* GÁYER eine fast kahle Traubenspindel anzutreffen.

Man ersieht daraus, daß beiden Arten — wie einst der Stammart — die Anlage, drüsige, bzw. kahle Formen zu bilden, zukommt. Im Laufe der Entwicklung wurde die eine, bzw. die andere Anlage unterdrückt. Atavistisch aber können sie bei einzelnen Formen zur Entwicklung kommen.

5. Auch bei den europäischen Arten der Sektion *Lycoctonum* trifft man einen gewissen morphologischen Parallelismus an, doch dieser Parallelismus und der geographische schließen einander nicht aus. Mit den asiatischen Bruderarten zusammen haben nämlich von neun jungen Arten vier lila und fünf gelbe Blüten. Die Erklärung ist auch hier, daß jene tertiäre Stammart, welche der Urahn dieser neun jungen Arten war, in zwei Variationen (gelb und lila) lebte, bevor sie sich infolge der geographischen Isolierung in stellvertretende Arten spaltete. Das *A. orientale*, das mit den Stammformen dieser jungen Arten in nächster Verwandtschaft stand, ja sogar mit denselben identisch sein kann, lebt auch heute in einer lilafarbigen und einer gelben Variation.

Literatur.

GÁYER, J. Vorarbeiten zu einer Monographie der europ. *Aconitum*-Arten. Ungar. bot. Blätter, 8, 1909. — GÁYER, in HEGI III, S. 492—507, 1912. — RAPAICS, R. Die Pflanzengeographie der Gattung *Aconitum*. Növénytani Közlemények 7, 1908.

5. *Delphinium* L. — Rittersporn.

Die Gattung umfaßt 420, unter sich allerdings nahe verwandte Arten, die über die nördlich gemäßigte Zone sehr ungleich verteilt sind. Sie muß nach den blütenmorphologischen Untersuchungen SCHRÖDINGERS (1909) auf zwei Gattungen oder Untergattungen (*Delphinium*, 360—380 Arten, und *Consolida*, ca. 60 Arten) aufgeteilt werden.

Die beiden Gattungen (Untergattungen) weichen nicht nur in ihrer heutigen Gestalt stark voneinander ab, sondern sind auch schon seit langem getrennte Wege gegangen. Sie unterscheiden sich durch tiefgehende Unterschiede im Nektarapparate, zu denen parallel auch Unterschiede in Lebensform und Verbreitung auftreten. *Consolida* ist die vorgeschrittenste Gruppe.

In Europa sind sämtliche Arten der Untergattung *Consolida* auf das Mittelmeergebiet beschränkt, nur *D. Consolida* (= *Consolida regalis*), *D.* (*C.*) *Ajacis* und *D. orientale* (= *Consolida orientalis*) finden sich als einjährige Unkraut- und Ruderalpflanzen, bzw. eingeschleppt und verwildert in Mitteleuropa.

Über die europäischen Vertreter der Untergattung *Delphinium* verdanken wir B. PAWŁOWSKI (1934) eine ausführliche Studie, der wir zunächst die systematische Gliederung der Arten entnehmen, wobei wir ausdauernde Arten voranstellen.

Natürliche Gliederung der europäischen Arten der Gattung *Delphinium*.

I. Untergattung *Delphinium*.

a) Ausdauernde Arten.

1. Sektion *Delphinastrum* DC.

Serie *Montana* PAWŁ.

montanum DC., nur in den Pyrenäen und Südtirol; ssp. *tiroliense* in N-Tirol.

dubium PAWŁ., drei disjunkte Areale: Westalpen, Piemont, Ostalpen.

oxypetalum BORB. et PAX., Zentralkarpaten.

Serie *Elata* PAWŁ.

elatum L. ssp. *intermedium* ssp. *helveticum* ssp. *alpinum*	boreal-subalpine Art

Simonkaianum PAWŁ., Transsilvanien.

cuneatum STEV., Steppen Südrußlands.

rossicum LITW., Rußland.

dictyocarpum DC., Rußland, Westsibirien.

Serie *Fissa* PAWŁ., mit knollenförmigem unterirdischem Organ und ungeflügelten, beschuppten Samen.

fissum W. K., Südost-Europa.

b) Ein- bis zweijährige mediterrane Arten.

2. Sektion *Delphinellum* DC.
3. Sektion *Staphisagria* DC.

II. Untergattung *Consolida* (alle einjährig, es fehlen seitl. Kron-, bzw. Honigbl.).

D. Consolida L., Unkraut, ruderal.

D. Ajacis L., Unkraut, ruderal.

D. orientale GÁY., eingeschleppt aus Südosteuropa, Tibet.

Die europäischen Arten der § *Delphinastrum* gehören zwei verschiedenen Serien an, die eine verschiedene geschichtliche Entwicklung aufweisen.

1. Die Serie *Elata*, zu der unser *D. elatum* mit zahlreichen Formen gehört, hat ihr heutiges Verbreitungs- und Entfaltungszentrum in Asien. „Was ihre Einwanderung von Asien nach Europa anbelangt, so kann diese am ehesten zur Diluvialzeit erfolgt sein. Auch eine frühere Einwanderung ist nicht ausgeschlossen, dagegen eine postglaziale, wenigstens für das boreal-subalpine *D. elatum* schwerlich annehmbar. Wohl aber hat diese Art seine heutige Ausbreitung in den Alpen und in Nordrußland erst postglazial erlangen können" (PAWŁ., S. 178). Das ganze nordrussische Areal liegt auf postglazialem Boden, erst in Sibirien greift es auf unvereiste Gebietsteile über. Postglazial sind auch große Teile des mitteleuropäischen Areals, besonders in den Alpen. *D. elatum* ist dort mit Ausnahme des östlichen Gebirgsflügels auf postglazialen Boden beschränkt. — Die größte Artenhäufung der Serie *Elatae* fällt auf die südsibirischen Gebirgsketten (PAWŁ., S. 168), dort liegt ihr heutiges Verbreitungs- und Entfaltungszentrum.

2. Die Serie *Montana* weist in ihrer Verbreitung viel altertümlichere Züge als das europäische Areal von *D. elatum* auf. *D. montanum* DC. findet sich in den Pyrenäen und in Süd-Tirol, seine Unterart *tiroliense* in Nord-Tirol, *D. dubium* PAWŁ. in drei disjunkten Arealen in den Westalpen, in Piemont und in den Ostalpen. *D. oxypetalum* BORB.

et Pax in den Zentralkarpaten. Diese Verbreitung zeigt uns ihr hohes, vordiluviales Alter an. Da die Serie zu keiner asiatischen Sippe wirklich nahe Beziehungen aufweist, so sind diese Arten dem tertiären Grundstock der mitteleuropäischen Hochgebirgsflora zuzuzählen.

Das Entstehungszentrum der Gattung *Delphinium* s. l. ist nach HUTH (1895) in den Himalaya zu verlegen, wo Vertreter aller Sektionen zusammentreffen und von wo sie nach allen Richtungen ausstrahlen. Da die gespornten Blüten der Gattung jedenfalls aus ungespornten Ranunculaceen-Formen hervorgegangen sind, dürften die Himalaja-Arten mit ganz kurzem, sackartigem Sporn, wie ihn z. B. *D. Brunonianum* besitzt, als Urtypus der Gattung zu betrachten sein. Nach Westen wandernd hat dann die Gattung im Orient und im Mittelmeergebiet durch starke Differenzierung ihre größte Mannigfaltigkeit erreicht, während die nordöstlichen Vertreter konstanter geblieben sind (HUTH 1905, S. 337).

Literatur.

HEGI, III., S. 485. — HUTH, E. Monographie der Gattung *Delphinium.* Engler B. J., 20, 1895. — PAWŁOWSKI B. Studien über mitteleurop. Dephinien aus der sogenannten Sekt. *Elatopsis.* Acad. Polon., serie B, 1933. — SCHRÖDINGER, R. Der Blütenbau der zygomorphen Ranunculaceen. Abh. zool. bot. Ges. Wien, 4, 1909.

B. (D.) *Ranunculoideae* (= *Anemonoideae*).

6. *Anemone* L. — Windröschen.

Die Gattung *Anemone* im weitesten Sinne, wie sie von LINNÉ, PRANTL, FRITSCH u. a. umgrenzt wurde, wird, wie bereits ehedem von MILLER, so auch wieder von vielen neueren Systematikern auf Grund eingehender morphologischer Analyse in drei selbständige Gattungen: *Anemone,* Windröschen, *Hepatica,* Leberblümchen und *Pulsatilla,* Kuhschelle, zerlegt. JANCHEN (1949) faßt diese drei Gattungen, nebst vier außereuropäischen Gattungen, zur Gruppe der *Anemoninae* zusammen.

Wir schalten zunächst die Gliederung der alten Gattung *Anemone* nach K. PRANTL (1888 in ENGLER A. und PRANTL K., Die natürlichen Pflanzenfamilien) ein. PRANTL hat schon damals *A. Hepatica* als eigene Gattung abgetrennt. Die Einteilung von E. JANCHEN (1949) folgt später.

Natürliche Gliederung der mitteleuropäischen Arten der Gattung *Anemone*.

Untergattung A. *Euanemone*, Frucht ohne Federschweif.

Sect. I.	*Anemonanthea* DC.	*A. nemorosa* L.
		A. trifolia L.
		A. narcisssiflora L.
Sect. II.	*Eriocephalus* HOOK. et THOMS	*A. silvestris* L.
		A. baldensis L.
Sect. IV.	*Homalocarpus* DC.	*A. narcissiflora* L.
Sect. V.	*Hepatica* SPRENG.	*A. Hepatica* L.

Untergattung B. *Pulsatilla* TOURNEF., Frucht mit Federschweif.

Sect. VII.	*Preonanthus* EHRH.	*A. alpina* L.
Sect. IX.	*Campanaria* ENDL.	*A. Pulsatilla* L.
		A. pratensis L.
		A. patens L.
		A. vernalis L.

Bastarde zwischen Arten verschiedener Sektionen kommen nicht vor (ULBRICH, 1906, S. 182). Daraus schließen wir, daß die Trennung der Sektionen weit zurückreicht.

Den Sektionen I und V kommt ein höheres Alter zu als den Sekt. II u. IV.

I u. V haben schon zur jüngeren oder vielleicht zur mittleren, z. T. sogar zur älteren Tertiärzeit gelebt, II u. IV sind wahrscheinlich erst später (Diluvium) entstanden.

JANCHEN 1949, S. 42, bringt die von E. ULBRICH unterschiedenen Sektionen der Gattung *Anemone* in nachstehende Reihenfolge:

1. *Pulsatilloides* (*A. capensis* strauchig; die übrigen Arten in Südostafrika, Mittelasien, Himalaja, China).
2. *Homalocarpus*, darunter *A. narcissiflora*.
3. *Eriocephalus*, hieher *japonica, silvestris, baldensis, coronaria*.
4. *Rivularidium*.
5. *Anemonidium*.
6. *Anemonanthea*, hieher *trifolia, nemorosa, ranunculoides, apennina*.

Von diesen Sektionen ist die § *Pulsatilloides* von Bedeutung, weil sie Arten mit etwas verlängertem und zugleich behaarten Griffel sowie strauchige Formen besitzt.

Darin sind die ersten Anfänge für eine Entwicklung des Griffels zu erblicken, die zu den geschwänzten Früchten vom Typus der Federschweifflieger führt, wie sie sehr viele *Clematis*-Arten und alle *Pulsatilla*-Arten besitzen. Damit ist die nahe Verwandtschaft der Gattungen *Clematis* und *Anemone* bezeugt. Die Verbindung beider Gattungen stellt die afrikanische Gattung *Clematopsis* her. PRANTL nannte diese Gruppe *Clematis* sectio *Pseudanemone*, um damit die vermutlichen stammesgeschichtlichen Beziehungen anzudeuten (JANCHEN 1949, S. 40).

Als Einteilungsgrund der oben wiedergegebenen Einteilung PRANTLs dient die Beschaffenheit der Früchte. Es ist ein scheinbar generatives Merkmal, in Wirklichkeit ein ökologisches Merkmal, das die Anemonen nach der Art der Verbreitung der Früchte durch Tiere (Untergattung A, Sektion I und V) oder durch den Wind (Untergattung A, Sektion II und IV, und Untergattung B) in Gruppen scheidet. Die morphologische Ausstattung der Früchte steht jedenfalls unter dem Einfluß der Umwelt. Die Windverbreitung bei *A. narcissiflora* durch Abflachung der Früchte, bei *A. silvestris* und *A. baldensis* durch ihre Behaarung ist ursprünglicher als die Ameisenverbreitung bei der Sektion *Anemonanthea* (*A. trif.*, *nem.*, *ranunc.*). Daran schließt sich *Hepatica*. Vgl. die Anordnung der *Anemone*-Sektionen bei JANCHEN.

Die Differenzierung der *Anemoninae* in die beiden Gattungen *Anemone* und *Pulsatilla* erstreckt sich nicht nur auf die Morphologie, sondern bei den mitteleuropäischen Arten auch auf das Alter, die Arealgestaltung, die Standorte u. a.

Anemone.	*Pulsatilla*
1. Systematisch isolierte Typen	1. Kohärente Typen
2. Weite Verbreitung, alte u. neue Welt (WILLIS)	2. Kleine Areale (z. B. *polonica, slavica, stiriaca*) WETTSTEIN-Regel
3. Disjunkte Reliktareale	3. Geschlossene Areale, aufgelockert durch postglaziale Klimaschwankungen.
4. Hohes Alter: Tertiäre Arten	4. Jünger: Viele quartäre Arten
5. Alte Standorte: Wälder u. Gebirge (BEWS-Regel)	5. Jüngere Standorte (Gebirge, ehemal. Meeresboden oder Glazialboden)
6. Feuchte Standorte (Ausnahmen *silvestris, baldensis*)	6. Trockenwiesen
7. Weiße u. gelbe Pollenblumen	7. hell- oder schwarzviolette Bienenblumen

Allgemeine Entwicklungstendenzen der Gattung *Anemone:*

1. Verarmung des Blütenstandes: *A. narcissiflora.* Dolde 8—3 Bl.; *ranunculoides* 5—2—1 Bl.; *trifolia,* reduzierte Bl.-Knospe.

2. Die Entwicklung der Gattung scheint an bestimmte Sektionsstandorte gebunden zu sein: *Anemonthea* — Wälder; *Homalocarpus* — Gebirge; *Eriocephalus* — Felsen, Steppen. Die Entstehungszeit der Sektionen entspricht etwa dieser Reihenfolge, nicht aber die Verbreitungsart der Früchte, die als sekundäre Standortsanpassung zu deuten wäre.

Anemone L. — Windröschen (120—130 Arten). Über die Entwicklung der Gattung *Anemone* sind wir durch eine Arbeit von Ulbrich (1906) sehr gut unterrichtet. Wir entnehmen folgende Angaben.

Die 1. Sektion *Anemonanthea (A. trifolia, nemorosa, ranunculoides)* besteht fast ausschließlich aus Gebüsch- und Laubwald-, seltener aus Wiesenpflanzen des n. extratropischen Florenreiches. Ihre reichste Entfaltung liegt in Ostasien.

Der 2. Sektion *Eriocephalus (A. silvestris, baldensis)* gehören ausschließlich Steppen- und Felsenpflanzen an, die zwar auch in Nadelwäldern vorkommen, schattige Laubwälder jedoch meiden. Sie finden sich fast im ganzen n. extratrop. Florenreiche und sind besonders charakteristisch (Series *Oriba)* für das Mittelmeergebiet und für die Steppengebiete Nord- u. Süd-Amerikas, d. h. für Gegenden, die erst in geologisch jüngerer Zeit für höhere Pflanzen bewohnbar wurden.

Die 3. Sektion *Homalocarpus* (*A. narcissiflora*) besteht ausschließlich aus Gebirgspflanzen, deren Entwicklungszentrum im Himalaja zu suchen ist, und die von hier westlich bis nach den Pyrenäen, östlich bis in die Rocky Mountains ausstrahlt.

1. Die Sektion *Anemonanthea (A. trifolia, nemorosa, ranunculoides)* muß ein sehr hohes geologisches Alter besitzen, weil 1. die Zahl der endemischen Arten eine sehr hohe ist 45.0%; 2. die Zahl der disjunkten Arten 50%; 3. die Zahl der Arten mit geschlossener Verbreitung mit 4.1% ganz in den Hintergrund tritt. Zahlreiche der jetzt noch lebenden Arten müssen im Miozän schon eine weite Verbreitung

besessen haben, z. B. *A. trifolia, nemorosa* u. a., da ihnen in späterer Zeit eine Wanderung in die Gegenden, wo wir sie jetzt antreffen, nicht mehr möglich war.

Nehmen wir an, daß diejenigen Arten die ältesten seien, welche morphologisch die größte Einfachheit zeigen, d. h. deren Blattspreiten noch das geringste Maß von Teilung aufweisen, so besitzt *A. trifolia* L. ein sehr hohes geologisches Alter, das sich auch aus ihrer Verbreitung erkennen läßt.

A. trifolia besitzt ein sehr zerrissenes, aus lauter nur sehr kleinen, z. T. sehr weit getrennten Teilgebieten zusammengesetzes Areal (1. in den Gebirgen Portugals und Nordspaniens, 2. in den Südalpen, 3. in den Südostkarpaten, 4. in den Alleghanies). Bei den Stammarten und ursprünglichen *Anemone*-Arten herrscht eine große Unbeständigkeit in der Zahl und Gestalt der Perigonblätter (5—10 rundliche bis schmale); bei den meisten Arten trat allmählich große Beständigkeit und Reduktion in der Zahl und Ausbildung der Perigonblätter (5—6) ein. *A. trifolia,* die älteste Art, muß schon im miozänen arktischen Walde zirkumpolar verbreitet gewesen sein. Sie gelangte auf ihrer Wanderung nach Süden einerseits nach Europa, wahrscheinlich von Norden her, und nach Asien, andererseits nach Nordamerika. Sie unterlag fast überall den aus ihr entstandenen besser angepaßten Arten und erhielt sich nur an wenigen Stellen (siehe oben).

Schon bevor die Stammart der *A. trifolia* aus dem tertiären Walde des Polargebietes nach Süden wanderte, muß aus ihr eine Art entstanden sein, die sich durch stärkere Blatteilung unterschied. Sie verbreitete sich in zwei Formen, zirkumpolar die eine, welche zur Stammart von *A. nemorosa* wurde; sie zeigte große Unbeständigkeit in Zahl und Gestalt der Perigonblätter, meist Neigung zur Reduktion der Zahl bis auf 5. Die andere wurde zur Stammart der *A. altaica.*

Für diese Annahme spricht das Fehlen der *A. nemorosa* im Ural, Kaukasus, Altai, Sajan bis Amurland (exkl.), woselbst mit Ausnahme des Kaukasus überall *altaica* vorkommt. Diese beiden Stammarten rückten im Miocän oder Pliocän nach Süden vor, und so verbreitete sich *nemorosa* über ganz Europa (mit Ausnahme des Ostens), den östl. Teil von Asien, nämlich das Gebiet des temperierten Ostasiens und Nordamerikas, *altaica* über das Gebiet von Ostrußland, Ural durch ganz Sibirien bis zur sibirischen Küste und Zentralchina und Japan. Hier wie in Osteuropa finden sich also beide Arten, jedoch sind, wenigstens scheint das für Osteuropa der Fall zu sein, die Areale getrennt.

A. nemorosa verhielt sich auf ihrer Wanderung nach Süden in den einzelnen Gebieten sehr verschieden: sie variierte in Europa anders als in Asien, anders in Nordamerika, so daß man aus der Gestalt der Involukral- und Grundblätter usw. mit einiger Sicherheit auf die Herkunft der Exemplare schließen kann.

A. nemorosa besitzt eine viel höhere Anpassungsfähigkeit als *trifolia*, letztere findet sich in Höhen von etwa 250 bis höchstens 1350 m, während *nemorosa* von der Ebene bis über 1600 m hinaufsteigt.

Anemone ranunculoides muß schon sehr früh aus der Stammart der *Keiskeana* entstanden sein, vielleicht noch im Pliocän. Den Ursprungsort haben wir vielleicht in den mandschurischen Gebirgen zu suchen. Von hier aus verbreitete sich die Stammart östlich über Korea nach Japan und den Kiu-Schiu-Inseln, die Kurilen nach Kamtschatka bis zur Behringstraße hin, nördlich durch die Küstengebiete Ostsibiriens bis zur Tschuktschenhalbinsel, westlich über die Gebirge Sibiriens zum Altai und anderseits durch den Himalaja nach Turkestan. Vom Altai gelangte sie in den Ural, den Kaukasus, die Karpaten, Alpen bis in die Pyrenäen. Die Stammart gliederte sich allmählich in die beiden sich sehr nahe stehenden Arten *A. ranuncoloides* im Westen und *A. coerulea* im Osten. Daß *A. r.* als indigene Pflanze in England fehlt, beweist nicht, daß sie zu einer Zeit nach Europa kam, als England schon nicht mehr mit dem Festland in Zusammenhang stand: sie kann trotzdem schon früher in England vorhanden gewesen sein, wurde aber durch die Eiszeit später vernichtet. Daß *A. ranunculoides* hier ausstarb, während *nemorosa* sich hier erhielt, erklärt sich daraus, daß *A. nemorosa* viel anpassungsfähiger und imstande ist, selbst auf Wiesen ganz ohne Schutz durch Laubwald oder Gebüsch und hoch oben in Gebirgen schon fast in der Knieholzregion zu gedeihen, während *A. ranunculoides* stets des Schutzes bedarf. Aus demselben Grunde starb sie auch im größten Teile Skandinaviens aus. Die zahllosen Formen, welche wir bei *ranunculoides* und in noch höherem Grade bei *nemorosa* antreffen, mögen erst nach der Diluvialzeit entstanden sein in Gegenden, die nach dem Abschmelzen des Inlandeises von ihr wieder in Besitz genommen wurden.

Die Sektion *E r i o c e p h a l u s* (*A. silvestris, baldensis*) hat den niedrigsten Prozentsatz endemischer Arten aufzuweisen, nämlich nur 25%, d. i. nur 7.2% der Gattung, ferner sind 50% der *Eriocephalus*-Arten mit zusammenhängenden und nur 25 bis 29.1% mit disjunkten Arealen versehen. Nur sieben Arten, darunter *baldensis*, sind H o c h g e b i r g s a r t e n, alle übrigen sind S t e p p e n p f l a n z e n, d. h. bewohnen Gegenden (natürlich nicht ausschließlich) die erst nach der Tertiärzeit, frühestens im späteren Pliozän für höhere Pflanzen bewohnbar wurden. Alle diese Gründe sprechen dafür, daß die Section *E.* viel j ü n g e r e n U r s p r u n g s ist, als die bisher besprochenen. Die Sektion *Eriocephalus* dürfte von Sektion *Pulsatilloides* abstammen und zwar haben wir die E n t s t e h u n g der S. *E.* im zentralasiatischen Gebiete und wahrscheinlich i m w e s t l. H i m a l a j a und in den östlich an das Mittelmeergebiet (im weiteren Sinne) angrenzenden Gebirgssystemen zu suchen. H i e r entstanden vielleicht schon z u r T e r t i ä r z e i t, d. h. etwa im Pliocän oder Miocän die Stammarten der *baldensis*-Gruppe.

Eine der ältesten Arten ist die durch ihr Vorkommen in den Südalpen bekannte

A n e m o n e b a l d e n s i s. Für ihr h o h e s A l t e r spricht ganz besonders ihre ganz einzig dastehende Verbreitung, die sehr an *A. trifolia* erinnert, wenn auch *trifolia*, wie ihr Vorkommen in Nordamerika beweist, unstreitig älteren Ursprungs ist. *A. baldensis* e n t s t a n d aus einer der *Thomsonii* sehr ähnlichen *Pulsatilloides*-Art vielleicht schon z u r M i o c ä n- o d e r P l i o c ä n z e i t in Z e n t r a l a s i e n und verbreitete sich von hier aus östlich durch den Himalaja (?), die sibirischen Gebirge über die Behringstraße oder die Aleuten nach Nordamerika, wo sie den Rocky Mountains folgend, südlich auf der Landbrücke Mittelamerikas bis ins andine Gebiet (?) gelangte .... Nach Westen verbreitete sich *baldensis* von Zentralasien über Persien, den Kaukasus, die Karpaten, Algäu bis zu den Pyrenäen. Sie s t a r b jedoch z u r G l a z i a l z e i t überall aus bis auf die wenigen Standorte, wo wir sie jetzt noch finden, nämlich Pyrenäen, Alpen (zerstreut bis Kärnten und Niederösterreich), südöstliche Karpaten; pazif. Nordamerika (Rocky Mountains, Cascadengebirge, Sierra Nevada) (HEGI, S. 525).

A n e m o n e s i l v e s t r i s gehört zur Subsektion *Brevistylae*, die sich auf zwei Stammarten, eine asiatische und eine amerikanische, zurückführen läßt. Die asiatische muß in der

Provinz des Himalaja entstanden sei, da sich hier alle vier Arten der Gruppe finden. Schon frühzeitig muß aus der Stammart im nordwestlichen Himalaja eine Art entstanden sein, die sich in *A. silvestris* im Westen und *A. rupicola* im Osten gliederte. *A. silvestris* wanderte vom Nordwesthimalaja westlich über die Gebirge Turkestans, von Beludschistan, Afghanistan durch den Kaukasus nach dem Ureal, den Karpaten, Nordalpen bis zu den Pyrenäen. Diese Wanderung erfolgte wohl besonders zur Diluvialzeit. Nach derselben verbreitete sich *A. silvestris* auch in den Hügelgegenden Mittel- und des südlichen Nordeuropas. Daß sie in England und dem größten Teile Skandinaviens fehlt, erklärt sich daraus, daß sie bei ihrer ost-westlich gerichteten Wanderung in diese Gegenden noch nicht gelangt ist. Vom Nordwesthimalaja drang *A. s.* gleich längs der sibirischen Gebirge bis in das subarktische und arktische Nordostsibirien vor.

Anemone narcissiflora gehört zur Sektion *Homalocarpus*, die in spättertiärer Zeit oder erst zu Beginn der Eiszeit aus einer Stammart hervorgegangen ist, die sich eng an die Sektion *Pulsatilloides* anschloß. Diese Stammart lebte im zentralen und westlichen Himalaja und bildete zur Glazialzeit eine Art im Westen *(narcissiflora)* und eine im Osten *(demissa)* aus, die imstande waren, auch tiefere Temperaturen zu ertragen und dicht an der Schneegrenze zu leben.

A. narcissiflora verbreitete sich zur Glazialzeit westlich durch Turkestan, Persien, den Kaukasus, wo sie ganz besonders formenreich auftritt, die Karpaten, Alpen und Pyrenäen. Von den Alpen gelangte sie südlich in den Apennin, südöstlich in die Gebirge der Balkanhalbinsel (im Norden), nördlich in die Schwäbische Alb, den Jura, die Vogesen, Bayern, nordöstlich in die Sudeten, nach Galizien, Podolien, Wolhynien und in den Süd- und Mittelural und bis zum Gouvernement Wologda. Daß sie in England und Skandinavien wie *A. silvestris* fehlt, erklärt sich vielleicht damit, daß sie auf ihrer Wanderung nach Westen dorthin noch nicht gelangt ist. In östlicher Richtung verbreitete sich *narcissiflora* von Zentralasien durch die Gebirge nördlich vom Han-hai-Becken bis nach dem nordöstlichsten Sibirien und zur Lenamündung und wanderte über Kamtschatka und die Kurilen nach Japan; daß sie hier vom Norden her gekommen ist, beweist 1. der Umstand, daß sie nur im Norden auf Yesso und den zugehörigen kleinen Inseln vorkommt, 2. daß die Formen, in denen sie hier auftritt, sich den arktischen eng anschließen. Von Kamtschatka aus gelangte sie über die Aleuten und von der Behringsstraße über die Behringsinseln nach Nordamerika, wo sie augenscheinlich nur im Nordwesten vorkommt. Es ist anzunehmen, daß sie sich auch hier noch weiter nach Osten hin verbreiten wird.

7. *Hepatica* MILL. — Leberblümchen.

Die Gattung *H.* umfaßt 5—8 Arten, welche die nördlich gemäßigte Zone bewohnen. Sie ist nächstverwandt mit der Sektion *Anemonanthea* der Gattung *Anemone.* Im Gegensatz zu dieser ist die dreiblättrige Blatthülle an das abfällige korollinische Perigon herangerückt und kelchartig ausgebildet (JANCHEN 1949, S. 42).

Die Gattung *Hepatica* muß ein sehr hohes geologisches Alter besitzen; dafür spricht

1. der sehr hohe Prozentgehalt endemischer Arten, 60% ;

2. die Verteilung der endemischen Arten über das Areal der Gattung: 1 in Europa, 1 in Asien, 1 in Nordamerika;

3. die Verbreitung von *Hepatica nobilis* MILL. (=*Anemone Hepatica* L.), die sie nicht erst im Laufe der Quartärzeit erlangt haben kann (Abb. 26);

4. die ganz isolierte systematische Stellung.

Die *Hepatica*-Arten müssen, nach ihrer heutigen Verbreitung zu schließen, zur Tertiärzeit an der zirkumpolaren Verbreitung teilgenommen haben. *Hepatica nobilis* wanderte dann zur Glazialzeit von Norden her in Europa westlich vom Ural ein, ebenso in Nordamerika und in das mandschurisch-japanische Gebiet. Daß sie nach Europa von Norden her gelangte und nicht etwa wie *ranunculoides* von Osten her, beweist ihr Fehlen im Kaukasus und allen Gebirgen West- und Zentralasiens. Trotz der sehr großen Ausdehnung ihres Areals variierte sie nur sehr wenig und bildete nur im atlantischen Nordamerika eine endemische Art: *acutiloba,* die sich durch die Alleghanies und ihre Vorberge verbreitete.

Die Gattung *Hepatica* enthält nur Laubwald- und Gebüschpflanzen, die nicht in die alpine Region der Gebirge aufsteigen und anderseits Steppengebiete gänzlich meiden. Sie bedürfen immer des Schutzes höherer Bäume und Sträucher.

Über die Wuchsform der Pflanze wird S. 161 (Abb. 30) berichtet. Eine besondere Ausgestaltung erfährt diese durch die Verbreitung der Früchte durch Ameisen (Myrmekochorie, S. 490).

Zum Abschlusse bringen wir eine kurze „Anleitung zur historischen Betrachtung" des Leberblümchens, die uns tiefer in das Wesen dieser Pflanze einführt als die bisherige Darstellung in den Büchern.

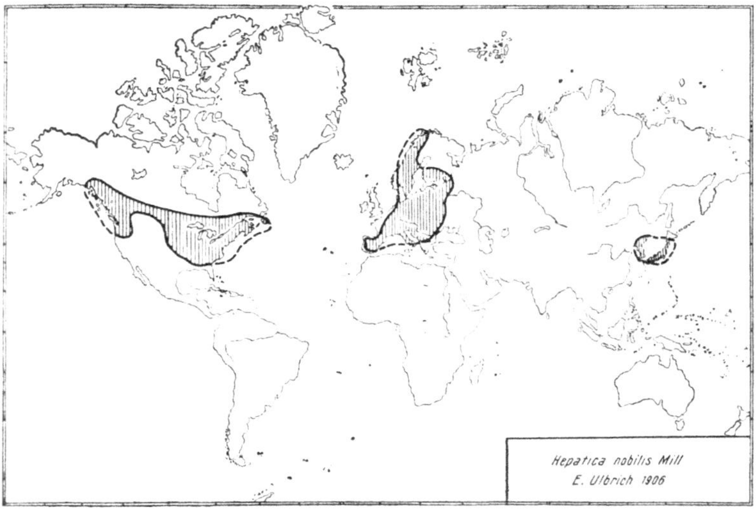

Abb. 26. Verbreitungsgebiet von *Hepatica nobilis* Mill. Das auf drei Kontinente verteilte (schraffierte) Areal zeigt das hohe tertiäre Alter der Art an. Aus Scharfetter, Pflanzenschicksale.

Hepatica nobilis MILL. — Leberblümchen.

1. Die isolierte Stellung unter den *Anemoninae* spricht für hohes Alter.

2. Die weite amphiboreale Verbreitung war nur in der Tertiärzeit möglich, in der ein gleichmäßiges tropisch-subtropisches Klima im ganzen arktotertiären Waldgürtel herrschte. Das große Areal ist heute in disjunkte Teilstücke getrennt.

3. Diesem Klima entspricht der monopodial-zweiachsige Bauplan, den ich S. 162 als einen charakteristisch tropischen Bauplan bezeichnet habe.

4. Dieser Bauplan erfährt eine Sonderausgestaltung bei der Klimaänderung am Ende der Tertiärzeit z. B. durch starke Verkürzung der Internodien, um die Endknospe des Jahrestriebes in Bodennähe zu bringen.

5. Verschiebung der Vegetationsrhythmik von der Blatt-Blütenfolge zur Blüten-Blattfolge. Die Blätter des Vorjahres überwintern.

(Anklang an die tropische Abkunft), die neuen Blätter entwickeln sich zur Zeit der Blüte. Kein Laubfall der Blätter, sondern Vertrocknung am Stamm.

6. Als arkto-tertiär-tropische Kurztagpflanze fügte sie sich in die Lichtzeit des Waldes ein. (Phänatavismus.)

7. Als junge Ausgestaltung der Form kann die Myrmekochorie (Verbreitung der Samen durch Ameisen) betrachtet werden. Nach der Blüte fallen die Stengel schlaff zu Boden und die Samen werden von Ameisen verschleppt. Zur Blütezeit fehlen bei *Hepatica nobilis* im Stengel mechanische Elemente durchaus. Nach der Blüte entwickelt sich eine schwache Verholzung im Stereïdenbelag des Leptoms, der aber nicht imstande ist, den Stengel aufrecht zu halten, weil sein Parenchym nach dem Abblühen an Turgeszenz zu verlieren beginnt. Die Entwicklung des mechanischen Systems nach der Blüte ist wahrscheinlich als ein nahezu unnützes funktionsloses Erbe zu betrachten (SERNANDER 1906, S. 288).

Hepatica nobilis vereint also eine altertümliche Wuchsform mit einer jungen speziellen Ausgestaltung.

8. Die Ausbildung der Wuchsform muß samt ihrer Feingestaltung schon vor Eintritt der Eiszeit abgeschlossen gewesen sein, weil später die weite Verbreitung der Pflanze nicht möglich gewesen wäre.

8. *Pulsatilla* MILL. — Kuhschelle.

Das Zentrum der Gattung *Pulsatilla*, die rund 50 Arten zählt, liegt in Mittel- und Ostasien und erstreckt sich von hier aus westwärts bis über den größten Teil Europas, ostwärts bis Kalifornien. Man unterscheidet fünf Sektionen, nämlich *Preonanthus*, *Preonanthopsis* (nur eine Art in Japan), *Iostemon* (nur eine Art in Mittelasien), *Semicampanaria* (drei Arten in Ostasien) und *Campanaria*. Von den mitteleuropäischen Arten gehört *P. alpina* zu *Preonanthus* mit laubblattähnlichen Hochblättern. Die übrigen Arten *vernalis*, *vulgaris*, *pratensis* gehören zur höchstentwickelten und zugleich artenreichsten Sektion *Campanaria*, welche Nektarblätter des kopfigen Typus besitzt, d. h. kleine Staminodien, die normalen Staubgefäßen sehr ähnlich sehen, deren scheinbare Anthere jedoch keinen Pollen erzeugt, sondern Nektar abscheidet (JANCHEN, 1949, S. 42, ZĀMELS und PAEGLE, 1927, Acta horti Bot. Univ. Latviensis, Riga 2, Inst. Bot. Jahresb. 1927/1, S. 784).

Pulsatilla alpina (= *Anemone alpina* L.) zerfällt in zwei Subspezies.

1. Subspec. *eualpina* HEGI, weiße Alpen-Kuhschelle und

2. subspec. *sulphurea*, (gelbe Alpen-Kuhschelle).

Die weiße Alpen-Kuhschelle bewohnt amphiboreal zwei weitgetrennte Gebiete: Die eurasiatischen Gebirge einerseits von den Pyrenäen bis nach Transkaukasien mit Vorstoß bis zum Riesengebirge und Brocken, anderseits Nordamerika von Alaska bis in die Rocky Mountains und bis Kolorado (im Felsengebirge durch die nahe verwandte *A. occidentalis* vertreten).

CHRIST rechnete sie zu den Alpenpflanzen amerikanischen Ursprungs, HEER dagegen hält die Arktis für ihren Ausgangspunkt und erklärt ihr Fehlen in der eurasiatischen Arktis durch Aussterben. Die Entstehungszeit dieses Oreophyten verlege ich ins Jungtertiär.

Die gelbe Alpen-Kuhschelle ist rein mitteleuropäisch-alpin: Pyrenäen, Alpen, Kaukasus. Nach SCHRÖTER (S. 565) kann die weiße Alpen-Kuhschelle, die weitaus verbreitetere Form, auf beiderlei Boden (Kalk- und Urgesteinsboden) gleichgut gedeihen. Jedoch läßt sich die weiße Alpen-Kuhschelle nach Blattzuschnitt und Blütengröße weiter in zwei Unterarten gliedern, nämlich: *P. alpina* subsp. *myrrhidifolia* (VILL.) NEUMAYER (= *Anemone alpina* subsp. *myrrhidifolia* [VILL.] ROUY et FOUCAUD = *P. alpina* im engeren Sinn), großblütige Alpen-Kuhschelle, die auf kalkreicher Unterlage wächst, und *P. alpina* subsp. *alpicola* (ROUY et FOUC.) NEUMAYER (= *Anemone alpina* subsp. *alpicola* ROUY et FOUC. = *Pulsatilla micrantha* [DC.] SWEET = *Anemone alba* [RCHB.] KERN.), kleinblütige Alpen-Kuhschelle, die auf kalkarmem Boden, auf Urgestein wächst.

Die gelbe Alpen-Kuhschelle, die lokalisiertere, gedeiht weit besser auf kalkarmem Boden (sie ist „kalkscheu“) und ist hier der weißen überlegen. Wo also beide nebeneinander vorkommen, wird die weiße auf dem Urgebirgsboden ± vertrieben, die gelbe nahezu vertrieben auf dem Kalkboden, weil sie dort sehr schlecht gedeiht; sie wird in der Tat selten auf Kalkboden angegeben.

Es ist vielleicht anzunehmen, daß die Differenzierung der *Pulsatilla alpina* nach der Bodenunterlage unter dem Einfluß der Eiszeit erfolgte.

Die indifferente, daher weitverbreitete weiße Alpen-Kuhschelle (subsp. *eualpina*) wäre als ursprünglich aufzufassen, die zur Eiszeit auf dem wärmeren Kalkboden Zuflucht fand und hier eine besondere Form (subsp. *sulphurea*) ausbildete.

Pulsatilla vernalis (L.) MILLER (= *Anemone vernalis* L.). — Frühlings-Kuhschelle, weicht von den übrigen *Pulsatilla*-Arten durch die ganz andere Blatteilung stark ab und bewohnt auch mit Arten aus dem Formenkreis der *Pulsatilla vulgaris* MILL. und *P. pratensis* (L.) MILL. gemeinsame Gebiete. Sie steht mit keiner der beiden Artengruppen in einem näheren verwandtschaftlichen Zusammenhang; vielmehr spricht ihre gesonderte systematische Stellung und ihre geringe Variabilität dafür, daß wir in ihr einen sehr alten Typus zu erblicken haben, der sich schon frühzeitig von den beiden Stammformen der Formenkreise der *P. pratensis* und *P. vulgaris* (= *Anemone Pulsatilla*) abgetrennt hat (HAYEK, 1904, S. 457).

Für ein hohes Alter sprechen auch die überwinternden Blätter, deren Scheiden als Winterschutz des jungen Triebes dienen; die neuen Triebe kommen erst nach den Blüten zur Entwicklung. Die Blüten sind schon im Herbst sehr weit vorgebildet und blühen ab und zu an schneefreien Stellen schon im Winter auf.

Die Frühlings-Kuhschelle hat zwei getrennte Verbreitungsbezirke: einen nordischen, kampastren, von den Heiden und Kiefernwaldungen Norddeutschlands (Preußen, Pommern) und der Herzynia durch Skandinavien, Finnland und Archangelsk bis zu den Kirgisensteppen und zum Amurgebiet (im Ural und Altai fehlt sie, sicher auch in der Arktis) und ein mitteleuropäisches Gebirgsareal in den Alpen, und zwar einerseits hochalpin (Wallis 1500—3600 m, Glarus 1850—2450 m), anderseits im Vorland auf den bayrischen Heiden bis 330 m, im Osten in Ungarn, Niederösterreich, Mähren, Böhmen und Schlesien (SCHRÖTER, 1926, S. 638).

CHRIST nennt sie „eine pontische Art, die nach Norden xerische Oasen der Ebene, im Süden aber alpine Standorte besiedelt mit einem Hiatus von der Breite der schweizerischen Ebene und noch breiter zwischen ihren kampestren und alpinen Standorten".

P. (A.) vernalis (JEROSCH, S. 185) hat nach CHRIST (1866, S. 22) in den Alpen „allerdings mit geringer Sicherheit" ihre Heimat.

Die *Pulsatilla*-Arten der Sektion *Campanaria* ohne *P. vernalis* und *P. ajanensis* gliedern sich in zwei Reihen, nämlich in die *vulgaris*-Reihe und die *pratensis*-Reihe.

MEUSEL (1943, I, S. 174, Karte 65 c) macht darauf aufmerksam, daß sich die drei Unterarten der *A. pratensis*-Reihe, *P. (A.) pratensis* s. str., *P. (A.) nigricans* und *P. (A.) mon-

tana, im östlichen Teile des Gesamtgebietes überschneiden, während sie sich im westlichen Abschnitt voneinander trennen und von Süden gegen Norden einander ablösen. *P. (A.) nigricans* und *P. (A.) montana* sind europäische Glieder eines eurasiatisch verbreiteten Formenkreises (MEUSEL, S. 390), der sich aus ostwestlich einander ablösenden Arten zusammensetzt. An die weit verbreitete *A. patens* schließen sich randlich nahe verwandte Formen mit eng begrenztem Areal an. Randabspaltung (MEUSEL, 1943, S. 175).

A. Die *vulgaris*-Reihe besitzt hellviolette aufrechte Blüten.

Wir haben es durchweg mit vikariierenden Formen zu tun, die sich gegenseitig in ihren Verbreitungsgebieten vertreten. Die Verwandtschaft der einzelnen Arten ist eine noch viel nähere als im Formenkreise der *P. pratensis,* da jede dieser Rassen mit den übrigen durch Zwischenformen verbunden ist. Bastarde der *Pulsatilla*-Arten spielen bei der Neubildung von Arten keine Rolle (S. 458).

Die gemeinsame Stammform aller dieser Rassen ist wahrscheinlich schon längst ausgestorben, aber wir können mit größter Wahrscheinlichkeit annehmen, daß sie der *A. patens* oder der *A. angustifolia* sehr nahe gestanden hat. Denn einerseits ist die Blattform der *A. patens* der Ausdruck des typischen Ranunculaceenblattes, wie wir es in den meisten Ranunculaceengattungen in geringfügigen Modifikationen wiederfinden, z. B. bei *Trollius, Eranthis, Delphinium, Aconitum, Anemone,* also gerade auch in jenen Gattungen, welche wie *Trollius* und *Eranthis,* alte, von der ursprünglichen Stammform nur wenig abweichende Typen darstellen. Anderseits lassen sich aus der Blattform von *A. patens* die anderen Blattformen ohne weiteres ableiten und oft genug kann man tatsächlich bei gewissen Arten wie z. B. *A. slavica, styriaca* und *grandis* solche Rückschläge in die ursprüngliche Form beobachten. Vgl. S. 157.

Alle diese Formen sind einander völlig gleichwertig und es ist nicht gerechtfertigt, drei Arten, nämlich *patens, pulsatilla* und *Halleri* herauszugreifen und die übrigen Formen als Varietäten zu subsummieren (HAYEK, 1904, S. 456).

B. Die *pratensis*-Reihe mit schwarzvioletten, nickenden Blüten.

Alle diese Formen haben fiederförmig geteilte Blätter. Jede von ihnen bewohnt ein geographisch getrenntes Gebiet, in welchem außer ihr keine andere verwandte Art vorkommt. Dies läßt den Schluß zu, daß alle diese Formen zueinander in einem verwandtschaftlichen Verhältnisse stehen und infolge der verschiedenen klimatischen und geologischen Verhältnisse der Gebiete sich aus einer gemeinsamen Stammform differenziert haben.

Natürliche Gliederung der Gattung *Pulsatilla* Mill.

nach A. Zāmels und B. Paegle, 1927, S. 156.

Stark vereinfacht.

I. Sectio *Preonanthus* Ehrh. (zwei Arten).
P. alpina (und *occidentalis*).

II. Sectio *Preonanthopsis* Zāmels.
P. Taroi (ssp. *kurilensis, nipponica*).
Die Sectio *Iostemon* mit der einzigen Art *P. Kostyczewii* in Mittel-Asien.

III. Sectio *Semicampanaria* Zāmels.
P. chinensis, dahurica, cernua, Ostasien.

IV. Sectio *Campanaria* Endl.
P. vernalis.
P. ajanensis, Ostasien.
coll. *P. vulgaris* = *Anemone Pulsatilla*-Reihe Hayek
P. patens — Halleri (*styriaca*) — *vulgaris.*
coll. *P. pratensis* = *Anemone pratensis*-Reihe Hayek
P. montana, pratensis mit ssp. *nigricans.*

A. Die **stammesgeschichtliche Entwicklung** wird durch folgende ursprüngliche und abgeleitete Merkmale charakterisiert:

a) In der Entwicklung der Hochblatthülle bilden die Sektionen folgende Progressionsreihe: *Preonanthus* — *Preonanthopsis* — *Semicampanaria* — *Campanaria.*

Preonanthus (*P. alpina*). Phylogenetisch älteste Sektion. Die drei Blätter der Hochblatthülle sind wie bei der nächst verwandten und primitiveren Gattung *Anemone* frei und den grundständigen Laubblättern ähnlich.

Preonanthopsis und *Semicampanaria.* Die Blätter der Hochblatthülle sind schon ± deutlich umgegewandelt und am Grunde zusammengewachsen, doch ist die Grenze zwischen diesen noch ± deutlich zu sehen.

Campanaria. Die Hochblatthülle ist stark in lineale Zipfel zerschlitzt und so vollständig verwachsen, daß die Grenze zwischen den drei Blättern meist nicht mehr wahrnehmbar ist.

b) Bei *Preonanthus* und *Preonathopsis* fehlen Nektarien. Bei *Semicampanaria* und *Campanaria* finden sich Nektarien = umgewandelte Staubblätter.

c) Fortschreitende Vermehrung und Zerschlitzung der Blattabschnitte.

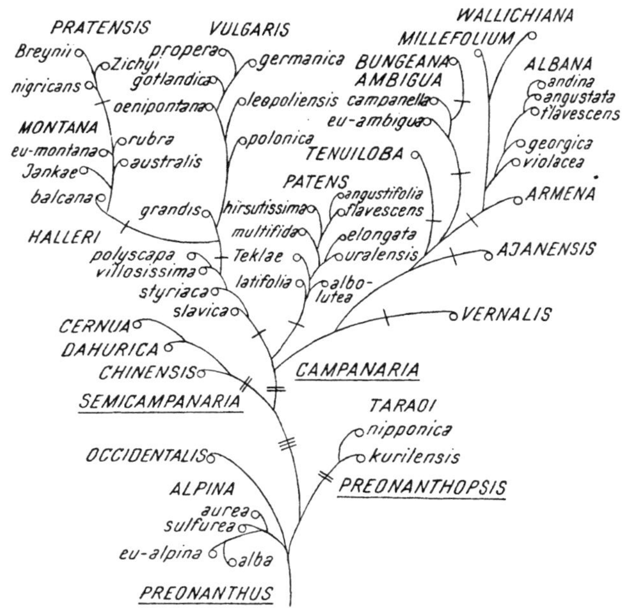

Abb. 27. Verwandtschaftsschema der Gattung *Pulsatilla* Tourn. A. Zāmels und B. Paegle, 1927.

d) Fortschreitende Entwicklung des Gefäßbündelsystems in den Blattstielen (ZĀMELS, 1927).

Diesen Ableitungen folgt die Anordnung der Arten in der „Natürlichen Gliederung".

B. Die **geschichtliche Entwicklung** der Gattung *Pulsatilla* läßt sich aus der Verbreitung der Arten erschließen.

Die Sektion *Preonanthus (alpina)* ist wahrscheinlich im Jungtertiär bei Aufrichtung der Faltengebirge entstanden. Das ausgedehnte, zerrissene Areal in Eurasien und Nordamerika konnte nur während der Tertiärzeit besiedelt werden.

Die Sektionen *Preonanthopsis* und *Semicampanaria* bewohnen Gebiete, die auch sonst zahlreiche Tertiärrelikte bewohnen.

In der Sektion *Campanaria* nimmt *P. vernalis* eine Sonderstellung ein. Auf Grund ihrer Wuchsform (einzige Art mit immergrünen Blättern) und Phänologie ist sie als tertiär zu bezeichnen. Die *vulgaris*-Reihe dürfte sich während der Eiszeit, die *pratensis*-Reihe nach der Eiszeit in Gebieten, die ehemals vom nordischen Inlandeis bedeckt waren, entwickelt und ausgebreitet haben. Verbreitungskarten bei MEUSEL, 1943, Karte 63 c und 68 c.

ZĀMELS und PAEGLE (1927) stellen zunächst auf Grund anatomischer Merkmale des Baues des Blattstieles die verwandtschaftlichen Beziehungen zwischen den Sektionen Arten und Rassen der Gattung *P.* fest, ergänzen diese durch Anführung morphologischer und geographischer

	Anemone z. B. *A. nemorosa* ursprüngliche Merkmale	*Pulsatilla* Sectio *Preonanthus* z. B. *P. alpina* höhere Entwicklungsst.	*Pulsatilla* Sectio *Campanaria* z. B. *P. Halleri* höchste Entwicklungsstufe
Hochblatthülle	aus 3 getrennten Blättern, die den Grundblättern ähnlich	wie bei *Anemone*	vollständig verwachsen stark zerschlitzt
Zahl der Perianthblätter	Grundzahl 6 (5—20)	meist 6 (7—10)	meist 6, selten mehr
Nektarien	fehlen	wie bei *Anemone*	Nektarien aus Staubblättern entstanden
Blütenfärbung	weiß oder gelb	wie bei *Anemone*	violett (Europa) oder gelb (Asien, westlich bis Polen)
Areal	zerrissen, Reliktareale aus der Tertiärzeit	wie bei *Anemone*	Reliktareale bei *P. Halleri* Postglaziale Areale bei *P. vulgaris* s. l.

Tatsachen, so daß sie die Entwicklung der Gattung mit großer Wahrscheinlichkeit in einem Stammbaum (Abb. 27) zur Darstellung bringen können. Wir beziehen auch die primtivere Gattung *Anemone* in den Vergleich ein und erhalten die nebenstehende Zusammenstellung ursprünglicher und abgeleiteter Merkmale.

O. PORSCH (Ö. B. Z. **97**, 1950, S. 293, 294) weist auf die phylogenetische Bedeutung der Dreizahl von Blütenorganen bei den Ranunculaceen hin, die er als altes Erbstück bezeichnet. Sie findet sich bei Arten von *Eranthis, Isopyrum, Anemone, Hepatica, Clematis, Ranunculus.*

In Europa beobachten wir zweierlei nebeneinander vorkommende Typen von Kuhschellen, solche mit großen, hellvioletten, aufrechten Blüten *Pulsatilla vulgaris* (= *Anemone Pulsatilla*) und solche mit kleineren, meist schwarzvioletten, stets nickenden Blüten *P. (A.) pratensis.*

Jede derselben gliedert sich in eine Reihe geographischer Rassen, die bald als eigene Arten, bald als Varietäten aufgefaßt werden. Die Verhältnisse liegen lange nicht so kompliziert, als es den Anschein hat. Die Formen lassen sich in zwei Reihen bringen, die aus je elf, bzw. zwölf geographisch voneinander getrennten Arten bestehen (HAYEK, 1904).

P. alpina und *P. vernalis,* die in ihren morphologischen Eigenschaften in höherem Grade abweichen, stehen außerhalb dieser Formenreihen.

1. *P. alpina.* Die beiden Formen, die weiße auf kalkreichem, die gelbe auf kalkarmem Boden, sind ein klassisches Beispiel vikariierender Formen. Die Verbreitung auf den eurasiatischen Gebirgen einerseits, in Nordamerika anderseits zeigen das hohe tertiäre Alter der Art an. Im Gegensatz zu *P. vernalis* ist *P. alpina* (sowohl *eu-alpina* als *sulphurea*) gegenüber Frösten zur Blütezeit empfindlich (W. KNOLL, 1923, CHRIST-Festschrift, S. 355). Ich deute die Frostempfindlichkeit als tertiäres Erbgut.

2. *P. vernalis,* über einen großen Teil Europas verbreitet, weicht von den übrigen Arten durch die ganz andere Blatteilung stark ab. Sie steht mit keinem der beiden Formenkreise *P. vulgaris* und *P. pratensis* in einem näheren verwandtschaftlichen Zusammenhang; vielmehr spricht ihre gesonderte systematische Stellung und ihre geringe Variabilität dafür, daß wir in ihr einen sehr alten Typus zu erblicken haben, der sich schon frühzeitig von den Stammformen der *Pulsatilla pratensis* und *P. vulgaris* abgetrennt hat. Die Grundblätter der *P. vernalis*

sterben im Winter nicht ab, nur bei ihr finden sich immergrüne Blätter (SCHRÖTER, 1926, S. 562).

Die Blattscheiden der fiederschnittigen Blätter (Tunika) dienen als Winterschutz des jungen Triebes; die neuen Blätter kommen erst nach dem Blühen zur Entwicklung; die Pflanze ist einachsig. Selbstbestäubung tritt überall beim Schließen der Blüten ein. Die Blüten sind schon im Herbst sehr weit vorgebildet und blühen ab und zu an schneefreien Stellen schon im Winter auf.

P. vernalis hat zwei getrennte Verbreitungsgebiete; ein nordisches kampestres in Heiden und Kieferwaldungen und ein mitteleuropäisches Gebirgsareal, und zwar einerseits hochalpin (1500—3600), anderseits im Vorland auf den bayrischen Heiden (SCHRÖTER, 1926, S. 637).

Die Wuchsform der beiden phylogenetisch ältesten *Pulsatilla*-Arten führt zur Annahme, daß die Gattung im Gebirge — also im Jungtertiär — entstanden ist. Die ledrigen, immergrünen Grundblätter der *P. vernalis* deuten ebenso auf den tertiären Ursprung wie ihre Rhythmik: Erscheinen der jungen Blätter nach dem Blühen (vgl. *Hepatica*) und die Anlage der Blüte im Jahre vor der Entfaltung, die sehr frühzeitig, oft schon im Winter, erfolgt. Das zerstreute Vorkommen in den Alpen weist auf Überdauern der Eiszeit, auf Nunatakern, das nordische Teilareal auf Ausbreitung nach der Eizeit hin. Selbstbestäubung ist für Glazialpflanzen charakteristisch.

Heterophyllie der Pulsatillen. Ein aufmerksames Studium der Blattypen ist die erste Notwendigkeit, sich über den Entwicklungsgang der Pulsatillen zu orientieren (BEAUVERD, 1923, S. 220). Die gemeinsame Stammform der *vulgaris*-Reihe ist wahrscheinlich schon längst ausgestorben, aber wir können mit größter Wahrscheinlichkeit annehmen, daß sie der *P. patens* sehr nahe gestanden hat. Denn einerseits ist die handförmige Blattform der *P. patens* der Ausdruck des typischen Ranunculaceenblattes, wie wir es in den meisten Ranunculaceen-Gattungen in geringfügigen Abwandlungen wieder finden, z. B. bei *Trollius, Eranthis, Delphinium, Aconitum, Anemone,* also gerade in jenen Gattungen, die wie *Trollius* und *Eranthis* alte, von der ursprünglichen Stammform nur wenig abweichende Typen darstellen. Anderseits lassen sich aus dieser Blattform von *P. patens* die anderen Blattformen ohne weiteres ableiten und oft genug kann man tatsächlich bei gewissen Arten, wie z. B. bei *P. sla-*

vica, styriaca und *grandis* solche Rückschläge in die ursprüngliche Form beobachten (HAYEK, 1904).

Nach GUYOT (1923, S. 171) verläuft die Blattentwicklung bei *P. Halleri* im drei deutlich geschiedenen Etappen: 1. Die Erstlingsblätter sind oval und dreigeteilt. 2. Hierauf folgen handförmig geteilte Blätter (*patens*-Stadium). 3. Schließlich gefiederte Blätter (*vulgaris*-Stadium).

P. vulgaris zeigt an den gefiederten Blättern, die am blühenden Sproß nach dem Aufblühen im Frühling (Frühlingsblätter)

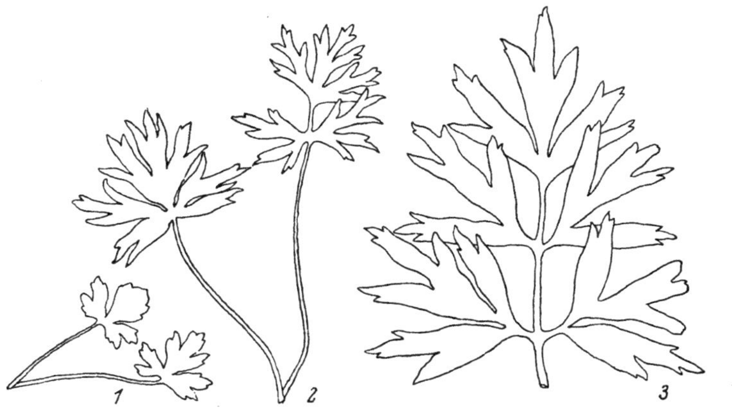

Abb. 28. Blattformen der *Pulsatilla* (*Anemone*) *styriaca*. Nach F. J. Widder.
1 Handförmige *patens*-artige Jugendformen.
2 Zwei Blätter einer jungen Rosette; das ältere Blatt *patens*-artig, das jüngere Blatt mit einem Fiederpaar, *ajanensis*-artig.
3 Sommerblatt mit zwei Fiederpaaren.
In der weiteren Entwicklung der Gattung *Pulsatilla* treten drei und mehr Fiederpaare auf; die Blattzipfel werden zahlreicher und schmäler.
Die Entwicklung der Blattformen der *P. styriaca* wiederholt die Entwicklung der Blattformen der Gattung (vgl. Abb. 29).

erscheinen, zwei Paare von Seitensegmenten, während die im Herbst (Herbstblätter) an sterilen Sprossen entwickelten Blätter, wie die Jugendblätter ihrer Stammform *P. ajanensis*, nur ein Paar von Seitensegmenten besitzen; erst die folgenden Blätter besitzen zwei Paar Seitensegmente (BEAUVERD, 1923, S. 213, Fig. 1). Dieselbe Ausbildung zeigen die Blätter von *P. styriaca* (Abb. 28).

In allen diesen Fällen wiederholt die Ontogenie die Stammesgeschichte (Abb. 29).

Nach dem Studium der zitierten Literatur ist es nicht schwierig, sich ein Bild vom Entwicklungsgang der Gattung *Pulsatilla* zu machen. Im Sinne dieses Buches fragen wir:

1. Können wir an den *Pulsatilla*-Arten Spuren ihrer stammesgeschichtlichen Entwicklung beobachten? Ja. Die Jugendblätter von *P. vulgaris* haben ein Paar Seitensegmente, wie die Blätter der *P. ajanensis*, die blühenden Sprosse nach der Anthese haben zwei Paar Segmente. *P. Halleri* und *P. styriaca* haben als Jugendblätter den *patens*-Typus der Stammform; erst die Folgeblätter zeigen den stärker gegliederten *vulgaris*-Typus.

2. Die immergrünen Blätter der *P. vernalis* fassen wir als Erinnerung an die Alttertiärzeit auf, ebenso die Reste der Blätter (Tunica) als Zeichen nicht völlig durchgeführten Absterbens im Herbst. Das Erscheinen der Blüten vor den Blättern zeigt die Umstellung der Pflanze von den Lebensbedingungen der Tertiärzeit auf die Bedingungen der gemäßigten Zone an. Auch die frühzeitige Anlage der Blüten im Vorjahre und ihre Entfaltung im ersten Frühjahre ist als Verlängerung der Vegetationszeit aufzufassen, die bei dieser Umstellung notwendig ist.

3. Die weitere Entwicklung und Geschichte der Gattung *Pulsatilla* hat F. WIDDER, 1934, nach sorgfältiger Untersuchung der *P. styriaca* (PRITZEL) JÁVORKA (= *Anemone styriaca* [PRITZEL] HAYEK) klar und überzeugend dargestellt; er gliedert die *Pulsatilla*-Reihe (=*vulgaris*-Reihe) in drei Artengruppen (Abb. 29):

a) Der Formenkreis der *A. patens* i. w. S. hat seine außerordentlich weite Verbreitung (Mitteleuropa—Nordasien—Nordamerika) und seine Gliederung in mehrere durch primitive, dem ursprünglichen Ranunculaceenblatt ähnliche, handförmig gebaute Blätter ausgezeichnete Arten (bis zur amerikanischen *A. hirsutissima*) schon im Tertiär erreicht. WIDDER, S. 76.

b) Der Formenkreis der *A. Halleri* beginnt sich im Spättertiär bei Aufrichtung der Gebirge von *A. patens* abzugliedern. Er ist durch fiederförmige breitzipfelige Blätter charakterisiert. Die Formbildung erstarrt aber frühzeitig bereits am Beginn der Eiszeit, daher sind die drei Sippen *A. slavica*, *A. styriaca* und *A. Halleri* i. e. S. einander weitgehend ähnlich geblieben. *A. Halleri* (Westalpen) und *A. slavica* (Karpaten) reichen über die Waldgrenze, *A. styriaca* bleibt montan-subalpin: die Formen sind nicht nur morphologisch, sondern auch arealgeographisch (Reliktareale) und ökologisch erstarrt und haben sich nicht weiter entwickelt. Sie sind Abkömmlinge *patens*-ähnlicher Stammformen, deren oreophile Umwandlung während des Eiszeitalters zum Stillstand gekommen ist."

Abb. 29. Blattformen der Gattung *Pulsatilla*. — Kuhschelle.
Nach A. Zämels, 1926.
Die zunehmende Zerschlitzung der Blattfläche und die fortschreitende Vermehrung der Blattabschnitte zeigt den stammesgeschichtlichen Entwicklungsgang der Gattung von der *patens*- über die *Halleri*- zur *vulgaris*-Gruppe an.

c) Der Formenkreis der *A. pulsatilla* i. w. S. bewohnt z. T. Gebiete, die während des Eiszeitalters vom nordischen Inlandeis bedeckt waren. Während die Arten der *Halleri*-Gruppe standortstreu sind, treten die der *Pulsatilla*-Gruppe aus der Steppenheide auf ungedüngte Halbkulturböden, auf Schafweiden und Magerwiesen über. Als jüngere von *A. grandis* ähnlichen Formen abgeleitete Sippe erfährt der Fiederblattypus der *Halleri*-Gruppe eine weitere Ausgestaltung durch Vermehrung und Verschmälerung der Blattzipfel, sowie durch ein höchstentwickeltes Gefäßbündelsystem (ZĀMELS). Die störungsfreie Anordnung der heutigen, sich berührenden Sippenareale deutet darauf hin, daß sich die Weiterentwicklung dieses Formenkreises erst in der Nacheiszeit, besonders in der postglazialen Wärmeperiode, vollzogen hat.

Literatur.

BEAUVERD, G. 1923. Documents systematiques relatifs à la connaissance phylogenetique des genres *Pulsatilla* et *Erythronium*. Verh. natf. Ges. Basel, **35**. CHRIST-Festschrift, 1923. — GUYOT, H., 1923. Sur l'origine du *Dryas octopetala* L. lusus *Christii* Guyot et du *Pulsatilla Halleri* WILLD. Verh. natf. Ges. Basel, **35**, CHRIST-Festschrift. — HAYEK, A. v., 1904. Kritische Übersicht über die *Anemone*-Arten aus der Sektion *Campanaria* ENDL. und Studien über deren phylogenetischen Zusammenhang. ASCHERSON-Festschrift, S. 451. — HAYEK, A. v., 1909 Atavistische Blattformen von *Anemone grandis*. Verh. zool. bot. Ges. Wien, **59**. — KNOLL, W. 1923. *Anemone alpina* und deren Variatät *sulfurea* in Arosa. Verh. natf. Ges. Basel, **35**, CHRIST-Festschrift. — MEUSEL, H. 1943. Vergleichende Arealkunde. S. 175, Karten 63 c, 68 c. — WIDDER, F., 1934. Zur Kenntnis der *Anemone styriaca* und ihres Bastardes mit *Anemone nigricans*. Fedde, Repert. **35**. — ZĀMELS, A., 1926. Beiträge zur Kenntnis des Formenkreises *Pulsatilla patens* (L.) Mill. Acta horti bot. Univ. Latviensis I, 1926, Nr. 1. — ZĀMELS, A. und PAEGLE, Berta, 1927. Untersuchungen über den anatomischen Bau der Blattstiele in der Gattung *Pulsatilla* Tourn. Acta horti bot. Univ. Latviensis II, 1927, Riga. — ZIMMERMANN, W., 1930. Die Phylogenie der Pflanzen. Jena. Bemerkenswerte Rassen schwäbischer Pflanzen.

Die Wuchsformen der mitteleuropäischen *Anemoninae*. Zu 6—8.

Wir wollen die Besprechung der Wuchsformen in zwei Abschnitte gliedern: A. Tatsachen (Beschreibung), B. Deutung der Tatsachen.

A. **Tatsache.** Unter den Wuchsformen der *Anemoninae* können wir drei Typen unterscheiden:

1. den *Hepatica*-Typus (Leberblümchen),
2. den *Anemone*-Typus (Windröschen),
3. den *Pulsatilla*-Typus (Kuhschelle).

1. Der *Hepatica*-Typus. Während sowohl die echten Anemonen als die Pulsatillen, so wie fast alle Ranunculaceen mit regelmäßigen Blüten, einachsige Pflanzen sind, ist *Hepatica nobilis* eine zweiachsige Pflanze. Auf die Keimblätter folgen zunächst einige Niederblätter (N), hierauf Laubblätter (L) und im weiteren Wechsel N—L—N—L. Die Hauptachse wächst unbegrenzt weiter. Die jährlich im Frühjahr zur Entfaltung kommende Endknospe wird schon im vorangehenden Jahre gebildet und enthält 5—8 N- und 3—5 L-Blätter. Zur Zeit der Entfaltung der neuen Laubblätter sind die vorjährigen Laubblätter, die den Winter überdauert haben, noch mehr oder weniger erhalten. Die Blüten entspringen seitlich in den Achseln der Niederblätter und entfalten sich vor den über ihnen stehenden Laubblättern (Abb. 30).

Abb. 30. Zwei Jahrestriebe von *Hepatica nobilis*. Leberblümchen. Schematisch nach A. Braun, 1853. An der Hauptachse, die dauernd weiter wächst, entwickeln sich zuerst Niederblätter, in deren Achseln die Blüten erscheinen, hierauf die Laubblätter. Der Jahrestrieb wird mit einer überwinternden Endknospe abgeschlossen. Die Laubblätter überwintern. Im folgenden Jahre wiederholt sich dieser Zyklus. Zur Blütezeit finden wir daher zweierlei Laubblätter: am Grunde die Blätter des Vorjahres, an der Spitze der sehr verkürzten Achse die jungen heurigen Blätter.

2. Der *Anemone*-Typus. Die Grundachse liegt horizontal in der Erde und schließt mit einem unter einem rechten Winkel von ihr aufsteigenden Blütenstengel. Die jährliche Verlängerung der Grundachse wird bis zur Blühreife, die oft erst nach mehreren Jahren erreicht wird, durch eine terminale Knospe bewirkt, so daß bis dahin die verschiedenen Jahrgänge, von denen die älteren absterben, sämtlich Glieder einer Achse sind (Monopodium). Erst dann, wenn ein Blütenstengel die Hauptachse abgeschlossen hat, wird die Fortsetzungsknospe lateral (Sympodium). Sie wird aber wieder terminal, wenn ein Jahrgang einmal keine Blüte bringt (IRMISCH, 1850, S. 204).

3. Der *Pulsatilla*-Typus. *Pulsatilla vulgaris* hat eine tief in den Boden eindringende ausdauernde Pfahlwurzel. Die Hauptachse schließt mit einer Blüte ab; die Erneuerungssprosse sind daher Achselsprosse. Alljährlich stirbt der Sproß bis auf einen ganz kurzen Fußteil ab und diese Fußteile bilden die kurzen Rhizomstücke. Die Internodien des Stammes sind äußerst kurz gestaucht (Widder, 1934, S. 52). Die frischen Laubblätter gehören zu der von dem nächstjährigen Blütenstengel abgeschlossenen Achse (Irmisch, 1850, S. 200). Manchmal entwickelt sich die eigentlich nächstjährige Blüte schon in diesem Jahre. Die abgestorbenen Laubblätter umgeben mit ihren Resten das Rhizom als schützende Tunika.

B. **Deutung der Wuchsformen. Wie entstanden diese Wuchsformen?** Die in der Tertiärzeit unter tropisch-subtropischen Verhältnissen lebenden Stammarten der heutigen *Anemoninae*-Arten kamen durch eine Polverlagerung in die Umweltbedingungen der gemäßigten Zone. Viele Arten vermochten nicht, sich an diese anzupassen und starben daher aus; andere Arten aber vollzogen die notwendige Anpassung, und zwar, wie uns die Tatsachen zeigten, auf drei verschiedenen Wegen.

1. Der *Hepatica*-Typus steht der tertiär-tropischen Ausgangsform noch im nächsten, ist also von den heutigen Wuchsformen die älteste und zeigt noch manche Spuren seiner Abkunft. Die Regelung der Lauberneuerung ist noch nicht voll im Sinne der in der gemäßigten Zone üblichen Weise erfolgt; dies bezeugen die wintergrünen Blätter von lederiger Beschaffenheit. Ihre Erneuerung ist zwar durch das Klima vereinheitlicht und geregelt, insofern aber ungewöhnlich, als die Erneuerung der Blätter erst nach dem Erscheinen der Blüten erfolgt. Diese Besonderheit kann als Rest der Lebensgewohnheit einer tropischen Kurztagpflanze (S. 523) gedeutet werden. An die tropische Heimat erinnert das unbegrenzte Wachstum der Grundachse (Hauptknospe terminal, Blütenknospe lateral), woraus sich der monopodiale Aufbau der Pflanze ergibt. Die Überdauerung des Winters beruht auf der Erhaltung der terminalen (endständigen) Hauptknospe und dieser Typus war daher besonders gefährdet. Wir begreifen, daß gar manche tertiäre Form des *Hepatica*-Typus dieser Anforderung nicht genügen konnte und ausstarb. Daraus ergibt sich die systematische Isolierung der *Hepatica nobilis*. Daß trotzdem diese Art den Winter und die Eiszeit überdauern konnte, kann auf besonderer Widerstandsfähigkeit

der Endknospe und auf dem Standortsklima des Waldes, für das eine Abschwächung der Temperaturextreme, besonders in Bodennähe, charakteristisch ist, sowie auch auf der schützenden Schnee- und Laubdecke beruhen.

2. Der *Anemone*-Typus ist ebenfalls eine Wald-Lebensform, für die daher das zuletzt Gesagte gleichfalls Gültigkeit hat. Die Anpassungen an das Klima der gemäßigten Zone sind bereits viel schärfer ausgeprägt. Die Lauberneuerung steht vollkommen unter dem Zwang des Klimas; die Blätter sind nicht mehr wintergrün, sondern werden im Ablauf der Vegetationszeit völlig eingezogen. Die Regelung der Blütezeit — unterscheide Blütenbildung und Blütenentfaltung — fügt sich wie beim *Hepatica*-Typus in die Lichtzeit des Waldes ein.

Der unterirdische Stamm der *Anemone nemorosa* wächst zunächst wie beim *Hepatica*-Typus monopodial. Die Umstellung auf das sympodiale Wachstum tritt bei der Blütenbildung ein, steht also mit dieser in direkter Beziehung und ist auf die Stellung der Blüte am Ende der Hauptachse zurückzuführen, während die Blüte bei *Hepatica nobilis* seitlich steht. Die Hauptachse wächst daher bald unbegrenzt, solange die Pflanze nicht blüht und wenn sie mit dem Blühen aussetzt, bald begrenzt, zur Zeit der Blüte. Dieser Wechsel der Wachstumsweise ist organisatorisch bedingt und läßt sich nicht durch die Umweltverhältnisse erklären. Blütenstandssympodium (S. 454).

Daß die Achse des *Anemone*-Typus waagrecht im Erdboden liegt, ist eine Anpassung an den weichen Waldboden. Dadurch ist die Endknospe durch die Bodendecke (Humusecke) bedeutend besser geschützt als beim *Hepatica*-Typus. Auch darin zeigt sich die vorgeschrittene Anpassung dieser Wuchsform an das gemäßigte Klima, womit deutlich im Zusammenhang steht, daß die Arten dieser Wuchsform in viel größerer Zahl den Winter, bzw. die Eiszeit überdauerten.

3. Der *Pulsatilla*-Typus schließt sich insofern wieder enger an den *Hepatica*-Typus an, als die Grundachse nicht waagrecht im Boden liegt, sondern senkrecht bis schief im Boden steht. Die Arten dieses Typus bewohnen aber nicht den weichen Waldboden, sondern trockene Steppenböden oder Felsböden. Die Architektur entspricht dem *Anemone*-Typus. Die Hauptachse wird durch die Blüte abgeschlossen, die Erneuerung erfolgt durch Seitenknospen, woraus sich der sympodiale Aufbau ergibt. Die Regelung der Blütezeit erfolgt aber anders als

bei beiden vorhergehenden Typen, bei denen die Rhythmik an den Winter als die ungünstige Jahreszeit angepaßt ist, während der Sommer für Waldpflanzen die günstige Vegetationszeit ist. Für die Pflanzen der Trockengebiete ist aber der Sommer wegen der Austrocknungsgefahr eine besonders ungünstige Zeit, die überwunden werden muß. Die Rhythmik des *Pulsatilla*-Typus ist der Sommerruhe angepaßt. Natürlich ist auch dieser Typus der Winterruhe unterworfen, aber während diese Ruhezeit als eine durch äußere Ursachen hervorgerufene Hemmung erscheint, ist die Sommerruhe, die nach der Blütezeit eintritt, durch innere Rhythmik verursacht. Das ersieht man daraus, daß die Winterruhe sowohl was die Länge ihrer Dauer als den Zeitpunkt ihres Eintrittes betrifft, nicht fest fixiert ist, sondern von der jeweils herrschenden Klimaschwankung beeinflußt wird, die Pflanzen verkürzen die Winterruhe und blühen bisweilen schon im Spätsommer und Herbst, regelmäßig aber im ersten Frühjahr, sobald ein milder oder verspäteter Winter die Hemmungszeit verkürzt.

Diese doppelte Ruhezeit erfordert ein besonders geschicktes Ausweichen, das seinen Ausdruck in der komplizierten Wuchsform findet, die im Tatsachenbericht geschildert ist. Besonders hervorzuheben ist, daß die Blüten an einer anderen Achse erst im nächsten Frühjahr erscheinen.

1. Der *Hepatica-Typus* ist die älteste Wuchsform mit Anklängen an die tropischen Wachstumsverhältnisse. Wintergrüne lederige Blätter. Bewohner des tertiären Waldes. Monopodium. Systematische Isolierung. Weite Verbreitung in Nordamerika, Europa, Asien.

2. Der *Anemone*-Typus ist eine jüngere Wuchsform mit vorgeschrittenerer Anpassung an das Klima der gemäßigten Zone. Horizontale Grundachse — weicher Waldboden. Umstellung des Monopodiums auf das Sympodium.

3. Der *Pulsatilla*-Typus ist die jüngste Wuchsform. Anpassung an Trockengebiete. Sommerruhe. Änderung der Entwicklungszeiten der Blätter und der Entfaltung der Blüten. Postglaziale Formenschwärme.

Die Eiszeit wirkte bei der Ausbildung der Wuchsformen der *Anemoninae* nicht formgestaltend, wohl aber verstärkte sie die Anpassungen an den Winter. Sie wirkt auslesend.

Der *Hepatica*-Typus mit monopodialer Hauptachse ist von den beiden anderen Typen wesentlich verschieden. Auch dies rechtfertigt die Abtrennung der Gattung *Hepatica* von den Gattungen *Anemone* und *Pulsatilla*.

Auf Grund dieser Wuchsformen-Analyse erhalten wir etwa folgendes Bild vom

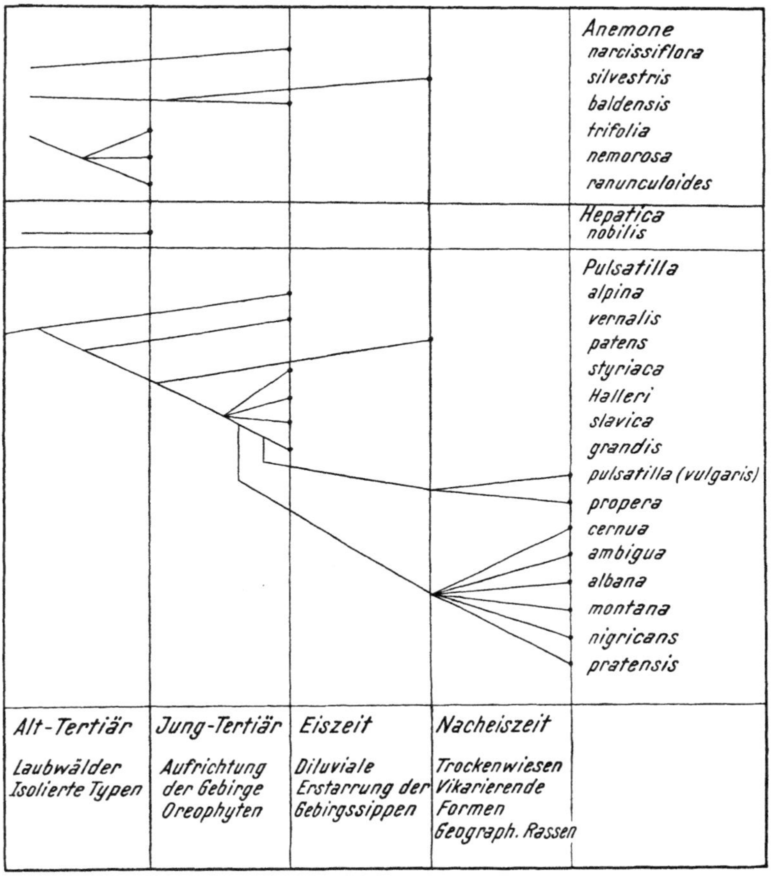

Abb. 31. Versuch eines Entwicklungsschemas der Ranunculaceen-Gruppe *Anemoninae*.
Nach Angaben von E. Janchen und einem Stammbaum von A. Zämels und B. Paegle, 1927.

Entwicklungsgang der *Anemoninae*.

1. Als älteste Gruppe erscheint die Gattung *Hepatica* mit Bewohnern des Tertiärwaldes, eines Mischwaldes mit tropisch-subtropischem Klima, das noch keine Anhäufung einer dicken

Humusschichte kennt. *Hepatica*-Typus, amphiboreale Verbreitung, in der Folgezeit disjunkt.

2. Allmählich erfolgte infolge einer Polverlagerung die Entmischung des Tertiärwaldes (S. 180); es bildeten sich im gemäßigten Klima reine Laubwälder, in denen sich, weil die Zersetzung des jährlich im Herbste abfallenden Laubes nicht mehr so rasch wie im Tropenwald erfolgte, eine Humusschichte aufbaute. In Anpassung an diese Verhältnisse bildete sich die § *Anemonanthea* (*trifolia, nemorosa, ranunculoides*) mit dem *Anemone*-Typus aus. Amphiboreale Verbreitung.

3. Als in der Tertiärzeit die Aufrichtung der Gebirge erfolgte, entwickelten sich gebirgsbewohnende Formen. Mittlerweile hatte sich bereits die phylogenetische Trennung der *Anemoninae* in die Gattungen *Anemone* und *Pulsatilla* vollzogen, so daß sich mehrere Reihen von gebirgsbewohnenden *Anemoninae* ausbildeten: *baldensis, narcissiflora, alpina* und *vernalis.*

4. Ebenso entwickelten sich jetzt, als im Zusammenhang mit der Gebirgsbildung große Meeresteile austrockneten und Trokkengebiete bildeten, xerophytische Arten der *Pulsatilla,* § *Campanaria* (*Pulsatilla vulgaris, pratensis, vernalis*); die § *Campanaria* erreichte ihre größte Entwicklung in der Nacheiszeit. Da mittlerweile Amerika von Eurasien abgetrennt wurde, blieb sie auf Eurasien beschränkt.

Diese Schilderung des Entwicklungsganges der *Anemoninae* (Abb. 31) gründet sich nur auf die Wuchsformen und scheint im Widerspruch mit der Stammesgeschichte zu stehen, die *Hepatica* mit ihren kelchartigen Hochblättern (die übrigens am urspürlichen ungeteilten Ranunkulaceenblatt festhalten) und ihren abfälligen, kronblattartigen Perigonblättern als sehr stark abgeleitet, also sehr jung bezeichnet, während wir sie hier als eine der ältesten Arten anführen. Die Gattung ist eben phylogenetisch jung, aber historisch alt, d. h. die Formbildung ist sehr frühzeitig (bereits im Altertertiär) abgeschlossen. Im gleichen Sinne ist die Gattung *Pinus* phylogenetisch jung, aber historisch alt.

Literatur.

HAYEK, A. v. 1904. Kritsche Übersicht über die *Anemone*-Arten der Sektion *Campanaria*, ASCHERSON-Festschrift. S. 541 — HEGI, III., S. 517. — ULBRICHT, EBERHARD. 1906. Über die systematische Gliederung und geographische Verbreitung der Gattung *Anemone.* Engl. Bot. Jahrb. **37**, 1906. — WIDDER, E. J. Zur Kenntnis der *Anemone styriaca* und ihres Bastardes mit *Anemone nigricans.* Fedde, Repert. **35**, 1934.

9. *Clematis* L. — Waldrebe.

Die Gattung *Clematis* umfaßt gegen 400 Arten und ist in fast allen Teilen der gemäßigten und warmen Zone vertreten. Die mitteleuropäischen Arten gehören drei Sektionen an: 1. *Viorna* (*C. alpina*), 2. *Flammula* (*C. Vitalba, C. Flammula, C. recta, C. integrifolia*), 3. *Viticella* (*C. Viticella*).

Die Entwicklung der Gattung: Die ursprünglichen, mit *Anemone* nahe verwandten Formen wohnten in den Tropen der Alten Welt. Die Sect. *Flammula* ist dort zur weiteren Entfaltung gelangt, hat sich aber von hier aus einerseits nach Australien und Neuseeland ausgedehnt, anderseits nach Norden, besonders nach Nordamerika, wo eine reiche Formenentwicklung stattfand. Die Sect. *Viorna (C. alpina)* hat sich vorherrschend im nördlichen extratropischen Gebiet, besonders auf Hochgebirgen, entwickelt, während Sect. *Viticella* sich frühzeitig einerseits in eine zentral- und ostasiatische, anderseits in eine mediterrane Reihe gespalten hat.

In Mitteleuropa finden sich folgende Arten:

Art	Wuchsform	Verbreitung	Heimat	Pflanzengesellschaft
§ 1 *C. alpina* (L.) Mill.	Kletternd V—VII	Amphiboreal	NO.-Asien	Gebüsch, Wald 1000—2400 m
C. Vitalba L.	Kletternd VI—IX	Amphiboreal	Himalaya	Gebüsch, Hekken, bis 1500 m
§ 2 *C. Flammula* L.	Kletternd VI—VIII	Medit. Persien	Orient	Gebüsche
C. integrifolia L.	Aufrecht VI, VII	Eurasien	Innerasien	Ziemlich selten, buschige Abhänge, feuchte Wiesen. Stromtalwanderer.
C. recta L.	Aufrecht V, VI	Eurosibirisch	Innerasien	Steppen (S-Mähren, N.-Ö., Krain)
§ 3 *C. Viticella* L.	Kletternd VI—VIII	Mediterran	Mediterr.	Adventiv, Gärten

Wuchsformen. Die einfachste Wuchsform ist, wie bei der nächstverwandten Gattung *Anemone* die einachsige Staude (*integrifolia, recta*), deren krautige Jahressprosse mit einer Endblüte bzw. mit einem bei fortschreitender Entwicklung immer komplizierter werdenden Blütenstand abschließen. Bei den Sträuchern erfolgt die Erneuerung teils aus dem Rhizom teils aus den untersten oberirdischen Blattachseln (*Viticella)* oder nur aus Blattachselknospen *(Vitalba).* Bei dieser von PRANTL (1888, S. 261) gegebenen Darstellung ist beachtenswert, daß als primäre Wuchsform die krautige Staude, als sekundär der holzige Kletterstrauch angenommen wird. Das Wiederaufleben einer tropischen Lebensform (holzige Liane) erinnert an tropische Vorfahren, ebenso die Verkümmerung der Endknospe bei *C. Vitalba,* die das kontinuierliche tropische Wachstum unter dem Zwange des gemäßigten Klimas gewaltsam unterbricht und sich nur aus Knospen der unteren Blattachseln erneuert (vgl. *Salix).* Die gekreuzt gegenständige Blattstellung läßt sich zwanglos von einer schraubigen Blattstellung ableiten und ist mit dieser durch Übergänge verbunden, die man an Jugendstadien beobachten kann.

Heterophyllie (Verschiedengestaltigkeit der Laubblätter). Es finden sich ungeteilte Blätter

1. bei den Jugendblättern der Keimpflanzen (*C. Vitalba,* HEGI III, S. 516, Fig. 668 d);
2. bei den Anfangsblättern der späteren Sprosse *(C. recta);* die Folgeblätter sind unpaarig gefiedert.

Man wird darin Abbilder der Blattform der Vorfahren sehen müssen. *C. integrifolia* hat nur ungeteilte Blätter. Die Gattung bietet ein schönes Beispiel für die bei den Ranunculaceen häufige Entwicklungsfolge vom ungeteilten zum geteilten Blatt.

Lebensrhythmus. Die große Spanne der Blütezeiten (bei *C. Vitalba* VI—IX) läßt erkennen, daß die Pflanze nicht in den mitteleuropäischen Breiten heimisch sein kann, weil ja sonst ihr Wärmebedürfnis den dort herrschenden klimatischen Bedingungen entsprechen würde. Durch ihre Empfindlichkeit gegen höhere und niedrigere Temperatur steht sie in einem unverkennbaren Gegensatz zu den in Deutschland heimischen Arten, so daß sie nur als halbakklimatisiert bezeichnet werden kann (KRAŠAN 1882, S. 96).

Im Herbste tritt bei *C. Vitalba* keine Laubverfärbung ein, sondern die Blätter fallen grün ab — ebenfalls ein Zeichen noch nicht völliger Akklimatisierung.

C. alpina (L.) MILL., die Alpenrebe, zeigt in ihrer Verbreitung zwei Hauptareale: 1. Pyrenäen, Alpen (auf große Strecken fehlend), Karpaten und von diesen durch etwa 1000 km getrennt in Nordrußland, Sibirien, Kamtschatka, Japan, Nordamerika; dagegen fehlt sie völlig in Skandinavien, im Kaukasus und in der Arktis. Ihr ganzes Verhalten, namentlich auch ihre Vielgestaltigkeit im östlichen Areal spricht für die Annahme, daß sie in Nordostasien ihre Heimat hat. Schon zur Tertiärzeit in Europa; lückenhafte Verbreitung in den Alpen infolge der Eiszeit. Die blauen Blüten werden nur von Bienen und Hummeln bestäubt (SCHRÖTER, 1926, S. 324).

C. Vitalba L., die Gewöhnliche Waldrebe, ist bei uns geradezu eine Ruderalpflanze, die sich in der Nähe der Dörfer und Städte, in den Tälern, an Gebüschen der Straßenränder einfindet. Wäre sie ein Rest aus der Tertiärzeit, so würden wir sie im Gebüsch, am Felsen des Gebirges antreffen, wie alle jene Arten, die aus älteren Perioden stammen, sich aber nur mehr an wenigen isolierten Stellen (Reliktstandorten) erhalten. In ihrer wirklichen Heimat, im Küstenlande, ist sie keine Ruderalpflanze. Von Süden ausstrahlend ist sie in jüngster Zeit in die nördlicheren Teile Europas vorgedrungen. In Graz anfangs Oktober 1949 zum zweitenmal reich blühend.

Die ursprüngliche Heimat der *C. Vitalba* ist das Himalajagebiet, weil dort die Art am meisten variiert; von dort hat sie sich amphiboreal ausgebreitet.

Mit den mitteleuropäischen Umweltverhältnissen stehen in Disharmonie: 1. verholzende Liane, 2. Abfrieren der Endknospe, 3. Laubfall beim ersten Frosttage, 4. Blütezeit von Juli bis September. Phylogenetisch von Bedeutung sind die ungeteilten Jugendblätter (Folgeblätter sind gefiedert).

C. recta L. *C. Flammula* L. gehören nach O. KUNTZE (1885, S. 116) zum selben Formenkreis. Bei Benennung dieses Formenkreises hatte KUNTZE die Wahl zwischen den Namen *C. recta* und *C. Flammula;* er bevorzugte die Bezeichnung „Formenkreis der *C. recta*“, weil dieser ursprünglich aufrechte (erekte) Formen enthält, während *Flammula* nur für eine kletternde Rasse gilt.

C. recta L. hat ihre Heimat in den innerasiatischen Steppen und ist von dort nach Osten bis China, nach Westen bis Süd- und Mitteleuropa gewandert, wo sie als pannonisch-pontische Steppenpflanze längs der großen Stromläufe (Elbe, Weichsel, Donau, Main) einwanderte. Im Süden und Osten der Alpen ist *C. recta* ein häufiger Bestandteil des Flaumeichenbuschwaldes (*Quercus pubescens*).

In wärmeren Gebieten (Mittelmeergebiet, Südrußland, Orient bis Persien) entwickelte sich die kletternde, krautige, höchstens am Grunde verholzende *C. Flammula* als mediterrane Abart der *C. recta*. Die ursprüngliche Steppenheimat des ganzen Formenkreises kommt wieder zum Durchbruch, wenn eine Form der *C. Flammula* als f. *maritima* vielerort als Bestandteil der Dünenflora auftritt.

C. integrifolia L., eine nicht kletternde Staude mit starr aufrechtem Stengel dürfte aus Nordamerika nach Europa und Asien gekommen sein. In Asien ist sie nur bis Westsibirien, zum Altai und in die Dsungarei vorgedrungen, weiter im Osten fehlt die Pflanze. Auch in Deutschland und der Schweiz fehlt sie und findet sich nur in Südosteuropa westlich bis Küstenland, Krain, Ungarn, Niederösterreich, Mähren vereinzelt auf feuchten Wiesen.

C. Viticella, die italienische Waldrebe, klettert mit einem verholzten Stengel. O. KUNTZE verlegt ihre Heimat ebenfalls nach Nordamerika, weil sie in Ostasien fehlt. In Süd- und Osteuropa, im Orient und Kaukasus ursprünglich, findet sie sich in Mitteleuropa manchmal aus Gärten verwildert und eingebürgert.

Literatur.

HEGI, III., S. 507. — KUNTZE, OTTO. 1885. Monographie der Gattung *Clematis*. Verh. d. bot. Ver. d. Provinz Brandenburg, **26**. — PRANTL, C. 1888. Beiträge zur Morphologie und Systematik d. Ranunculaceen. E. B. J. **9**.

10. *Callianthemum* C. A. MEY. — Schmuckblume, Jägerkraut.

Die Gattung (neun Arten) gliedert sich in zwei Gruppen (*Rutaefolia* und *Coriandrifolia*), deren Trennung schon in die Tertiärzeit fällt. Die Gattung dürfte in Zentralasien heimisch sein und von dort nach Europa gewandert sein, und zwar die Stammform der *Rutaefolia* früher als die der *Coriandrifolia*.

Die meisten Arten sind feuchtigkeitsliebend *) — eine ursprüngliche Eigenschaft der Ranunculaceen. Bei beiden Gruppen finden sich 1, selten 2 bis 3 Blüten (Reduktion des Blütenstandes).

---

*) *C. anemonoides* wächst in trockenen Föhrenwäldern.

Rutaefolia	*Coriandrifolia.*
1. Formen bestimmt und scharf getrennt. Keine Zwischenformen. Selbständige Arten, Spezies. J. Witasek 1899. Bereits ausgegliederte Arten.	1. Scharfe Trennung nicht möglich. Zwischen- und Übergangsformen. Nur Subspezies derselben Art. In Artbildung begriffen.
2. Typus des dreiteiligen Blattes.	2. Typus des fiederteiligen Blattes.
3. Inselförmiges Vorkommen der einzelnen Arten. *C. tibeticum*, Tibet. *C. pimpinelloides*, Himalaja. *C. Kernerianum*, Südtirol — Endemit. C. *anemonoides* (Zahlbr.) Schott. (= *C. rutaefolium*), Nordöstlich Kalkalpen. Endemit.	3. Weite Verbreitung. *C. coriandrifolium* Rchb.
4. Daher alte tertiäre Formen.	4. Nach dem Tertiär sich weiterentwikkelnd.
5. Wanderung im Tertiär, zur Eiszeit nicht wanderfähig, nur an günstigen Stellen im Osten und Süden der Alpen erhalten. Große Lücke zwischen Altai und Alpen. *C. anemonoides* steigt in Niederösterreich nur bis 1200 m.	5. In der Eiszeit wanderfähig, daher in den Pyrenäen, Alpen, Karpaten, Bosnien; Auflockerung der Teilareale in der postglazialen Wärmezeit. *C. coriandrifolium* wächst auf der Pasterze bei 2400 bis 2500 m besonders üppig.
6. Wie viele andere alte Tertiärarten ist *C. a.* in tieferen Lagen wachsend vorblütig (vgl. *H. niger*, *Daphne Mezereum* u. a.). Als Tertiärpflanzen — Kurztagpfl. (?)	6. Die Blätter sind zur Blütezeit bereits entwickelt. An den Langtag angepaßt (?)

Literatur.

WITASEK, J. 1899. Die Arten der Gattung *Callianthemum.* (Mit zwei Karten.) Verh. zool. bot. Ges. Wien, **49**, 1899.

XI. *Violaceae.* — Veilchengewächse.

Ich beginne die Besprechung dieser Familie mit einer Zusammenstellung von Tatsachen, aus denen wir rasch einen aufschlußreichen Überblick über ihre Geschichte und Herkunft gewinnen können. Die Familie enthält Formen mit strahligen (*) und solche mit hälftigen (zygomorphen, dorsiventralen, ↓) Blüten und zwar

*	9	Gattungen in den Tropen, holzige Gewächse: *Rinorea* mit 260 Arten und Gattungen mit 7, 7, 5, 5, 4, 4, 3, 3 Arten =	300 Arten
↓	6	Gattungen in den Tropen, holzige Gewächse: *Hybanthus* mit 75 Arten und Gattungen mit 12, 8, 4, 2, 1 Arten =	100 Arten
↓	1	Gattung in nördl. gem. Zone, krautig: *Viola*	400 Arten
	16	Gattungen mit	800 Arten

Die Zahlen sind aus MELCHIOR in ENGLER, Pflanzenfamilien, 2. Aufl. (1925) entnommen.

Aus dieser Zusammenstellung können wir mit großer Sicherheit ableiten:

1. Die ursprünglichen Gattungen mit strahligen (aktinomorphen) Blüten finden sich in den Tropen und Subtropen; wir verlegen daher das Entstehungszentrum der Familie in diese Zonen. Wir würden also ein ganz falsches Bild von der Familie der Violaceen bekommen, wenn wir allein an die bei uns vorkommende und hochentwickelte Gattung *Viola,* die der Familie den Namen gegeben hat, denken würden. Wir müssen diese Gattung als Abkömmlinge einer tropischen Familie ansehen.

2. Die tropischen Violaceen sind meist holzige Arten, während die Arten der nördlich-gemäßigten Zone Kräuter, Stauden, seltener Halbsträucher sind. Wie in zahlreichen anderen Familien, z. B. Leguminosen, lassen sich die krautigen Pflanzen von holzigen ableiten. Wir können die Holzpflanze als die ursprüngliche, die krautige Pflanze als die phylogenetisch jüngere, in Anpassung an die klimatischen Verhältnisse der gemäßigten Zone entstandene Wuchsform bezeichnen.

3. Aus der Zusammenstellung entnehmen wir ferner, daß die Familie in den Tropen 13 Gattungen, in der nördlich gemäßigten Zone aber nur die Gattungen *Viola* und *Jonidium* ausgebildet hat, daß aber die tropischen Gattungen durch geringe Artenzahl mit Ausnahme der Gattungen *Rinorea* und *Hybanthus*, die Gattung *Viola* dagegen in der gemäßigten Zone durch eine auffallend große Artenzahl ausgezeichnet ist.

Dieser Tatbestand läßt sich dahin deuten, daß die Familie in den Tropen entweder viele Ansätze zu Entwicklungsreihen gemacht hat, aber nur wenige dieser Anstäze (*Rinorea*, *Hybanthus*) eine lebhafte Entwicklung genommen haben und nach geringer Artbildung (vgl. die früher angeführten Zahlen) weitere Formenbildung eingestellt haben — oder daß einst auch in den Tropen Gattungen mit reich entwickelter Artenzahl vorhanden waren, daß diese aber durch ein gewaltiges Naturereignis (Polverlegung) reduziert wurden, also gewissermaßen als Relikte erscheinen. Diese Frage kann durch eingehende Untersuchungen geklärt werden; wir deuten hier nur an, daß *Rinorea* und *Hybanthus* die Tropen beider Erdhälften bewohnen, während die anderen tropischen Gattungen durchwegs auf kleine Erdräume beschränkt sind.

4. Es läßt sich ohne jede Spekulation ein Bild von dem Typus der Violaceen entwerfen, aus dem durch die verschiedenartigsten Abänderungen die heute lebenden Gattungen und Arten hervorgegangen sind. Der Typus hat zwitterige, radiär gebaute Blüten nach der Formel * C 5 K 5 A 5 G (5). Die Kronenblätter waren nicht sehr auffällig gefärbt und auch noch nicht in Nagel und Platte differenziert. Der Fruchtknoten bestand ursprünglich aus 5 Fruchtblättern, die später in den meisten Fällen auf 3 reduziert wurden. Als Rückschlag (Atavismus) findet man bei *Viola* 4—5, niemals mehr Fruchtblätter.

Die Familie der Violaceen, die mit den rein tropischen Flacourtiaceen und den Cistaceen nächst verwandt ist, hat ihre Hauptverbreitung auf den Gebirgen von Nord- und Süd-Amerika. Etwa die Hälfte der heute unterschiedenen Gattungen und mehr als die Hälfte der Arten sind auf die südamerikanischen Kordilleren beschränkt.

Nur die Gattung *Viola*, die fast $^2/_3$ aller Arten ausmacht, reicht von den Kordillieren, auf denen sie auch durch z. T. sehr abweichende Rosettenstauden vertreten ist, bis nach Nordamerika und Europa.

Viola L. — Veilchen.

Die Gattung *Viola* ist ohne Zweifel die am höchsten stehende Gattung der Familie und zeigt in ihrer Verbreitung wiederum ein ähnliches Bild wie die Familie.

Natürliche Einteilung der *Viola*-Arten Mitteleuropas.

Nach W. RÖSSLER, 1943, und E. JANCHEN, 1951, brieflich.

I. *Nomimium.*

1. ***Rostratae***, ***Caulescentes*** (mit Schleudermechanismus der Früchte).
   a) Ohne Blattrosetten. ***Caulescentes arosulatae***, ***Pratenses***; zweiachsig.

elatior, Eurasien ***stagnina***, Eurasien ***pumila***, Eurasien (pontisch) (***montana***), Eurasien ***canina***, Eurasien	Zentralasiatischen Ursprungs; postglaziale Einwanderer aus Osten, Steppen, Magerwiesen (***stagnina*** Flachmoor).

   b) Mit Blattrosetten. ***Caulescentes rosulatae***, ***Silvestres***, ***Cauliformes***; dreiachsig.
   rupestris, Holarktis, Nunatakerpflanze; Föhrenwälder, sehr alt.
   Riviniana, Europa, Eichenwälder.
   silvestris, Eurasien, Buchenwälder.
   mirabilis, Eurasien, Laubwälder, zuerst zweiachsig, dann dreiachsig.
2. ***Uncinatae***, ***Acaules*** (ohne Schleudermechanismus: ***Hypocarpeae***).
   a) Ohne Ausläufer, ***Acaules eflagellatae***; zweiachsig, Entwicklungszentrum Zentralasien.
   ambigua, Eurasien (pontisch), Trockenwiesen, Fels, Relikt aus glazialen Steppen.
   ****Thomasiana***, Alpen, Magerwiesen, Felsspalten.
   pyrenaica, Pyrenäen bis Kaukasus, Magerwiesen, Fels, präglazial.
   hirta, Eurasien, Wiesen.
   collina, Eurasien, Wälder auf warmen kalkreichen Boden.
   b) Mit Ausläufern, ***Acaules flagellatae***, zweiachsig, Entwicklungszone: Mitmeergebiet.
   alba, mediterran bis Kleinasien, Laubgehölze.
   Beraudii (= ***sepincola***), submediterran, Gebüsche, Magerwiesen.
   odorata, submediterran, Laubhölzer.
3. ***Patellares***, ***Cordatae***, ***Stolonosae***.

uliginosa, nordpontisch, baltisch ***epipsila***, Europa, Nordamerika ***palustris***, Europa, Nordamerika	Moore, disjunkte Areale

4. ***Pinnatae***.
   pinnata, altaisch-alpin, Felsspalten, kalkstet, präglazial aus Osten.

II. *Dischidium.*

   biflora, zirkumpolar, subalpine Wälder, präglazial aus Ostasien.

III. *Melanium.*

1. ***Elongatae*** (= ***Caudiculatae***).
   tricolor inkl. ***arvensis***, Eurasien, Wiesen, E. Z.: Zentralasien präglazial.
   lutea, südeuropäisches Gebirge, Magerwiesen; alpigen.
   Dubyana, südliche Kalkalpen, Magerwiesen, Felsen; Reliktendemit.
2. ***Scaposae***.
   alpina, Ostalpen, Kalkhalden, Reliktendemit.
3. ***Calcaratae***.
   calcarata, südeuropäisches Gebirge, Magerwiesen, Schutt.
   Zoisii, Dinarische Gebirge, Karawanken, Magerwiesen, Fels.
   cenisia, Alpensystem, Kalk- und Dolomitgeröll. Tertiärrelikt.
   [***cornuta***, südeuropäische Gebirge, Kalk, Magerwiesen, Tertiärrelikt.]

Die Verwandtschaft der einzelnen mitteleuropäischen Arten zeigt graphisch die Abb. 32.

Von den 13 Sektionen, in die MELCHIOR (1925) die Arten aufteilt, haben 10 eine geringe Artenzahl (8, 4, 3, 8, 2), während 3 Sektionen (*Andinium, Melanium* und *Nomimium*) sehr zahlreiche Arten entwickelt haben. Wieder weisen die p r i m i-

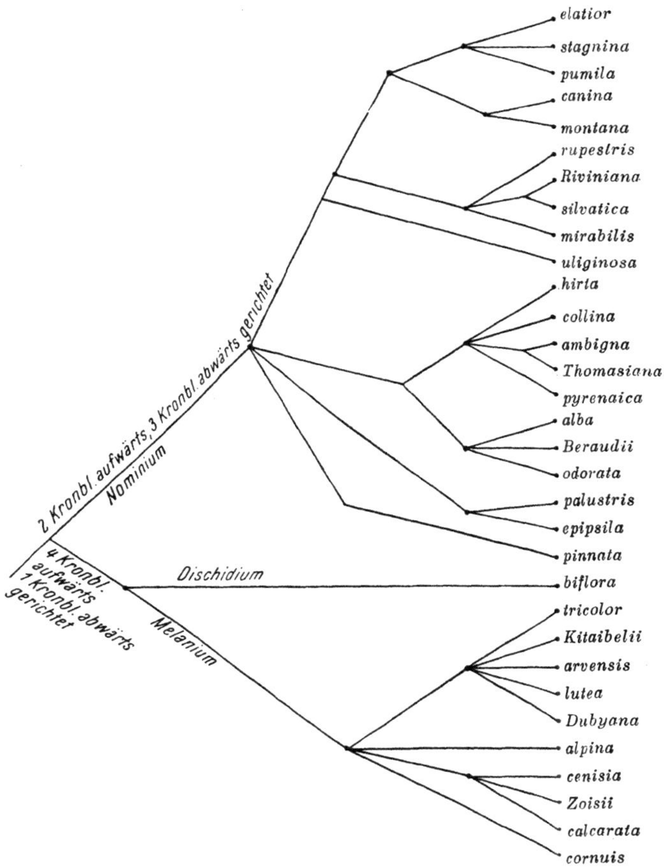

Abb. 32. V e r w a n d t s c h a f t s s c h e m a d e r m i t t e l e u r o p ä i s c h e n A r t e n d e r G a t t u n g *Viola.* Nach W. R ö s s l e r und E. J a n c h e n.

t i v e n S e k t i o n e n e i n e g e r i n g e A r t e n z a h l auf und sind dabei meist auf enge, aber sehr weit von einander entfernte Gebiete z. B. Hawaii-Inseln, Chile, Kapland, Mediterrangebiet beschränkt. Wir fassen daher in Schlagworte: Primitive Formen zeigen geringe Artenzahl in den Sektionen, bei disjunkter weltweiter Verbreitung. Im Gegensatz dazu bewohnen die jungen abgeleiteten Sektionen *Melanium* und *Nomimium* nur Eurasien mit ausgedehnten Arealen mit zahlreichen, in voller Entwicklung begriffenen Arten.

Die primitiveren Sektionen *Nosphidium*, *Xylinosium* und *Rubellium* haben strauchige, holzige Wuchsform und bewohnen Gebiete nächst der Wendekreise. Damit leiten sie zu den krautigen Arten der übrigen Sektionen in den gemäßigten Zonen über.

Primitive und abgeleitete Merkmale in der Familie der Violaceen (MELCHIOR 1925).

Ursprünglich	abgeleitet
Wuchsform: Holzpflanze oder hochwüchsige Staude	Staude — einjährige Rosettenpflanze
Blüte: strahlig (aktinomorph)	hälftig (zygomorph).
Griffel: gerade	gekrümmt
Kelch: ohne Anhängsel	mit Anhängsel
Blätter: ungeteilt	geteilt
Nebenblätter: ungeteilt, laubig	gegliedert, gefranst
Blütenstand	Einzelblüte
Ohne Nektarorgane	Nektarorgane (Sporn)
Allogamie	Kleistogamie
Autochorie (Ausschleuderung der Samen)	Myrmekochorie (Ameisenverbreitung)
kurzer Sporn	längere Sporne (Falterblume)
Blütenfarbe: blau, violett (Anthokyan)	gelb (Anthochlor)
(*Nomimium* durchwegs blau usw.)	(*Melanium*, auch gelbe Farben)
Speziell für *Viola* gilt ferner:	
Blätter: lanzettlich, eiförmig	herzförmig, nierenf., geteilt

Phylogenie der Gattung *Viola*. KUPFFER (1903, S. 327) sagt, daß in der phylogenetischen Entwicklung der Gattung *Viola* Veränderungen im Wuchs und dem damit zusammenhängenden anatomischen Bau schneller und häufiger erfolgen konnten als anscheinend zwecklose Abweichungen im Bau der Blütenteile. Daher können Differenzen im Narbenbau der Veilchen einen sichereren Aufschluß über ihre genetische Verwandtschaft bieten als Verschiedenheiten in den vegetativen Organen. RÖSSLER (1943, S. 120) hat auch die Ausbildung bzw. das Fehlen von Gerbstoffzellen in den Laubblättern der europäischen Veilchenarten phylogenetisch ausgewertet. Am eingehendsten aber hat sich MELCHIOR (1925) mit der Phylogenie der Gattung beschäftigt und ist dabei zu Ergebnissen gekommen, die sich graphisch in beifolgendem Schema (Abb. 33) darstellen lassen (links).

JANCHEN (briefl.) kommt zu einer etwas anderen Verknüpfung der europäischen Sektionen (rechts).

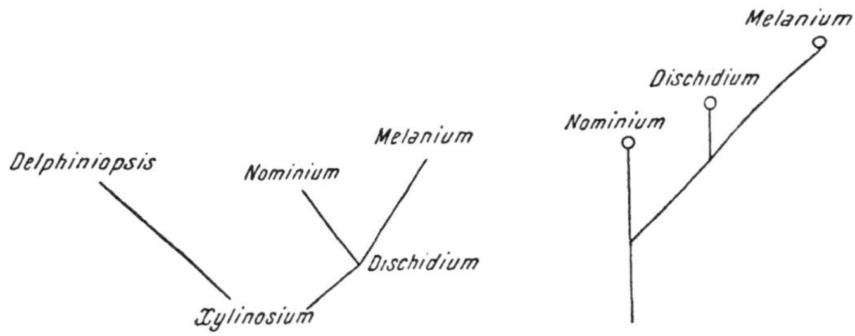

MELCHIOR (1925). RÖSSLER-JANCHEN (1951).

Abb. 33. Der phylogenetische Zusammenhang einiger Sektionen der Gattung *Viola* L. Veilchen.

Wuchsformen der Gattung *Viola*. Die Polverlagerung während der Tertiärzeit versetzte die ursprünglich tropische Familie der Violaceen in ein gemäßigtes Klima und es galt nun, sich den geänderten Lebensbedingungen anzupassen. Nur 4 Gattungen von 16 gelingt diese Anpassung. Die strauchigen, holzigen Formen der Tropen treten z. T. zurück, z. T. sterben sie aus.

Die Mehrzahl der Arten nimmt in den gemäßigten Zonen die Wachstumsform (Lebensform) der Stauden und Kräuter an. Dies gilt vor allem für die Gattung *Viola*, die erst im gemäßigten Klima zu voller, reicher Entwicklung (ca. 400 Arten) kommt. Es bilden sich die verschiedensten Wuchsformen aus.

Während GAMS (in Hegi V/1, S. 588) die Wuchsformen der Veilchen in morphologisch gegliederter Anordnung aufzählt, versuche ich im Folgenden zur Erkenntnis vorzudringen, warum und unter welchen Lebensbedingungen es zur Ausbildung der einzelnen Wuchsformen gekommen ist (statistische und dynamische Beschreibung der Wuchsformen).

Wir gehen von der Tatsache aus, daß dem Bauplan der Gattung *Viola* zufolge die Hauptachse unbegrenzt wächst, die Blüten aber seitenständig (axillär) in den Blattachseln entstehen. Das unbegrenzte Wachstum der Hauptachse ist bei einem gleichmäßigen (tropischen) Klima möglich; bei einem durch sommerliche oder winterliche Extreme gekennzeichneten Klima, wie es in den gemäßigten Zonen auftritt, ist diese Wuchsform aber gefährdet.

So stirbt bei *Viola tricolor* alljährlich die Sproßspitze ab und die Pflanze wird dadurch zur Einjährigkeit gezwungen. Durch Ausbildung sommer-, bzw. winterannueller Formen (S. 461) wird dieser Typus weiter ausgestaltet. Bei Erfrieren der Endknospe kann die Sproßfortsetzung durch Seitensproße erfolgen, wenn die Hauptachse nicht bis zum Grunde abfriert. Übergang zur ausdauernden Pflanze.

Für die Erhaltung der Pflanze über den Winter besteht aber ein sicherer Weg darin, die Endknospe in eine geschützte Lage zu bringen, entweder knapp an den Erdboden (Chamäphyten) oder unter die Erde (Geophyten) zu verlegen. Das erstere geschieht durch Verkürzung der Internodien, wodurch an einem ± aufrechten oder schiefen Erdstock eine grundständige Blattrosette gebildet wird. Bei den Rosettenpflanzen können wir Formen unterscheiden, bei denen die Blüten direkt aus dem Erdstock entspringen (zweiachsige Veilchen) und Formen, bei denen die Blüten sich an einem beblättertem Stengel entwickeln (dreiachsige Veilchen). Es fällt auf, daß die dreiachsigen, einheimischen Arten durchwegs Waldpflanzen sind. Die große Mehrzahl unserer Veilchen sind Chamäphyten. Eine weitere Ausgestaltung erfährt dieser Typus dadurch, daß z. B. im weichen Moor- und Waldboden oberirdische oder unterirdische Ausläufer gebildet werden *(Cordatae, Acaules flagellatae)*; auf trockenem Boden unterbleibt die Ausläuferbildung.

Ein weiterer Schritt zur Sicherung der Endknospe besteht darin, daß die Hauptachse in den Boden verlagert und damit den Unbilden des Winters entzogen wird. Solche Grundachsen (Wurzelstöcke) finden wir bei den *Cordatae* oder *Patellares* (Moorveilchen), den dreiachsigen *Cauliformes* oder *Silvestres* (Waldveilchen) und bei *Viola biflora* (ebenfalls ursprünglich ein Waldveilchen).

Die Ausbildung der verschiedenen Wuchsformen geht nicht parallel mit der phylogenetischen Entwicklung, so ist z. B. die Ausläuferbildung bei verschiedenen systematischen Gruppen unabhängig voneinander aufgetreten.

In der § *Melanium* ist die Primärachse entwickelt

a) als krautiger, Blätter und Blüten tragender Sproß *(tricolor, lutea, Dubyana)*. Ein-, mehrjährige Kräuter.

b) als verzweigter, in kurze Stengel übergehender Erdstock (*calcarata, cenisia, Zoisii*),

c) als Erdstock, aus dem direkt Blätter und in deren Achseln Blüten entspringen (*alpina*).

Es empfiehlt sich, an die Besprechung der Wuchsformen die der Kleistogamie, d. h. der Ausbildung nicht vollentwickelter Blüten, die nach Selbstbefruchtung reife Samen bilden, anzuschließen, denn wir dürfen wohl auch diese Einrichtung als Folgeerscheinung der Klimaverschlechterung am Ende der Tertiärzeit auffassen, weil sich Kleistogamie experimentell durch Verschlechterung der Ernährungsbedingungen hervorrufen läßt. Die kleistogamen Blüten waren bei dem zur Eiszeit schwächeren Besuch von Insekten im Vorteil, weil sie ohne Fremdbestäubung reife Samen hervorbrachten, also sich vermehrten, während die Blüten, die auf Insektenbesuch angewiesen waren (chasmogame Blüten) mit der Erzeugung reifer Samen, also von Nachkommenschaft, zurückblieben. Ihrer Entstehung nach stellt die Kleistogamie also ein Anpassungsmerkmal dar, das bei verschiedenen Veilchengruppen unabhängig von einander (polyphyletisch) auftritt, erblich fixiert wird und auch später, als nach der Eiszeit die Bedingungen für die Insektenbestäubung wieder günstig werden, beibehalten wird. Letzten Endes kommt bei der Kleistogamie wieder der tropische Grundzug im Wesen der Veilchen zum Ausdruck, der Blüten zu jeder Jahreszeit nur von innerer Rhythmik bestimmt, vorsieht. Die Ausbildung der Blüten aber wird durch die Differenzierung des Klimas in der gemäßigten Zone zeitweise gehemmt. Im mitteleuropäischen Klimagebiet finden wir zu jeder Jahreszeit blühende Veilchen, allerdings verschiedene Arten; im ersten Frühjahr (*odorata, hirta*) bis in den späten Herbst (*tricolor*). Frühtreiben!

Gesellschaftsgebundene Entwicklung der *Viola*-Arten. Unterzieht man den Bestimmungsschlüssel der einheimischen *Viola*-Arten in den verschiedenen Florenwerken einer näheren Betrachtung, so findet man sehr viele vegetative Merkmale zur Differenzialdiagnose herangezogen. Das kommt daher, daß der Typus der Blüte seit der Tertiärzeit festgelegt ist und nur wenig Abänderungen zeigt, während die vegetativen Merkmale seit dieser Zeit infolge der klimatischen Änderungen vielfach Umgestaltungen ihrer Wuchsform erfuhren. Ja, die Aufgliederung der Gattung beginnt eigentlich erst mit der Differenzierung der Pflanzengesellschaften, die in der gemäßigten Zone gegen das Ende der Tertiärzeit einsetzt.

Es werden durch Entmischung der Wälder, die zur Scheidung der tertiären Mischwälder in Nadel- und Laubwälder führte, durch Trockenlegung von tertiären Meeresbecken, Aufrichtung von Gebirgen, Aufstauung von Wasseransammlungen besondere Lebenslagen geschaffen, die zur Bildung besonderer Pflanzengesellschaften führen.

Es ist ganz auffällig, wie sich die einzelnen Veilchengruppen den Pflanzengesellschaften anpassen und in ihnen besondere Lebensformen entwickeln. So faßt SERNANDER z. B. die Myrmekochorie als biologische Anpassung an die windarme unterste Waldschichte auf. Die einzelnen *Viola*-Arten bevorzugen so deutlich bestimmte Pflanzengesellschaften, daß wir ihre Entstehung mit dem Eintritt in diese Gesellschaften in Zusammenhang bringen müssen:

1. Wälder: *Cauliformes* (*mirabilis, silvestris, Riviniana, rupestris* als Übergang zu Gruppe 2), *Acaules flagellatae* (*alba, sepincola, odorata*), *Viola biflora.*
2. Moore: *Cordatae* (*uliginosa, epipsila, palustris*).
3. Trockenwiesen: *Caninae* (*canina, pumila*), *Acaules eflagellatae* (*ambigua, hirta, collina*).
4. Alluvionen, Äcker: *elatior; tricolor, arvensis.*
5. Alpen (Schutt, Geröll, Magerwiesen): *Melanium.*

Wir können im Anschluß an den von KÖGELER geprägten Begriff „Gattungsstandort" von einem Sektionsstandort, d. h. von einem für eine Sektion charakteristischen Standort sprechen.

Die Myrmekochoren der Gattung *Viola* gehören zu zwei verschiedenen Typen: dem *Viola odorata*- und dem *Euphorbia*-Typus SERNANDERS.

Bei den Arten des *Euphorbia*-Typus (*V. elatior, Riviniana, mirabilis,* usw.) stehen die Achsen und Kapseln zur Zeit der Fruchtreife aufrecht, die Kapseln springen auf (explosive Früchte) und schleudern die Samen aus. Außerdem kommt als Verbreitungsmittel ein kleiner ölführender Anhang (Elaiosom) hinzu. Deutliche Tachysporie findet sich auch bei Arten, die, wie *V. mirabilis,* chasmogame Frühlingsblüten und kleistogame Sommerblüten haben.

Bei den Arten des *Viola odorata*-Typus (*V. odorata*) neigen sich die Blütenstiele kurze Zeit nach der Blüte zu Boden, die

Kapseln öffnen sich, die Samen, die ein großes Elaiosom besitzen, fallen heraus oder werden von den Ameisen herausgeholt. Es treten keine Spannungserscheinungen in den Klappen und keinerlei explosive Erscheinunigen auf.

Der Bau der Gewebeelemente findet sich bei beiden Gruppen in derselben Anordnung, aber diese Elemente weisen beim *Viola odorata*-Typus wegen mangelhafter Mächtigkeit und wegen der Schwäche der Zellwände nicht die Spannungserscheinungen des *Euphorbia*-Typus auf.

Der *Viola odorata*-Typus hat sich aus dem *Euphorbia*-Typus entwickelt.

Gams in Hegi V/1, S. 589, unterscheidet darnach zwei ökologische Hauptgruppen:

1. *Epicarpeae* (mit Schleudermechanismus) = *Euphorbia*-Typus: *V. elatior, Riviniana, mirabilis* usw.

2. *Hypocarpeae* (ohne Schleudermechanismus) = *Viola odorata*-Typus: *V. hirta, collina, alba, odorata* usw.

Die *Hypocarpeae* bilden eine sehr einheitliche, hochspezialisierte Gruppe, die sehr zu Unrecht meist an den Anfang der Gattung gestellt wird. Die Trennung in *Eflagellatae* und *Flagellatae* ist wenig scharf. Auch *V. collina* bildet oft ausläuferähnliche Rhizomäste und Wurzelsprosse, die an Bodenausläufer erinnern; solche treten auch nicht selten bei *V. canina* und *V. silvestris* auf.

Geschichtliche Entwicklung der Gattung *Viola*. Die Entwicklung der Veilchen ist deutlich gesellschaftsgebunden. Der immer mehr anschwellende Umfang des Buches zwingt uns zu kürzester, schlagwortartiger Fassung.

Alttertiäre — Waldveilchen. I. *Nomimium* 1. *Rostratae.*

Jungtertiäre — Gebirgsveilchen. II *Dischidium;* III *Melanium.*

Eiszeitliche — Moorveilchen I *Nomimium* 3. *Stolonosae.*

Nacheiszeitliche — Trockenrasenveilchen. I *Nomimium* 2. *Uncinatae eflagellatae.*

Alttertiär: Tertiärer Laubmischwald, der bei Herannahen der allmählichen Klimaverschlechterung sich entmischt, d. h. sich in Laub- und Nadelwälder gliedert, die durch den gestaffelten Rückzug der Bäume nach Süden und die gestaffelte Rückwanderung nach der Eiszeit immer stärker hervortritt. Dreiachsige Veilchen als primärer Wuchsform. *V. silvestris* Stengel oft z. T. überwinternd, vgl. *Hepatica.*

Jungtertiär: Die Aufrichtung der Gebirge bildet einen Anhaltspunkt zur Zeitbestimmung (!) der Entstehung der Formen. Der großen Mannigfaltigkeit der Standorte im Gebirge entspricht die Ausbildung verschiedener Wuchsformen.

Eiszeit: Entstehung der Torfmoore. Die Kälte liefert schlechte Lebensbedingungen für die Fäulnisbakterien, es kommt zur Torfbildung.

Nacheiszeit. Steppenperiode. Trockenrasen, Magerwiesen. Pontische Hügel. Blüte vor dem Einsetzen der sommerlichen Trockenzeit. Frühblüher.

Diese zeitliche Gliederung wurde ohne Rücksicht auf das phylogenetische Alter vorgenommen. Tempora mutantur et nos mutamur in illis. Die Wuchsformen ändern sich im Laufe der Zeiten.

a) Die Alpenveilchen.

Die Alpenveilchen gehören der Sektion *Melanium* (in Mitteleuropa acht Arten) an.

Die große Mehrzahl der Alpenveilchen sind autochthone Pflanzen der südeuropäischen Gebirge, die in der Tertiärzeit bereits entstanden sind und sich in disjunkter Verbreitung als Relikte erhalten haben; als Einwanderer erscheint aus Zentralasien *V. tricolor* [aus Ostasien *V. biflora*].

Der Ursprung der § *Melanium* liegt in den Gebirgen Mittelasiens, die Ausgliederung der Formen begann bei Aufwölbung der Gebirge schon zu Anfang des Tertiärs.

Die Ausgangsform der *Tricolores* muß ebenfalls sehr weit zurückliegen, weil bereits vor dem Miozän das Areal bis Nordamerika ausgedeht war, wo sich dann neue Formen entwickelten.

Die *calcarata*-Urform verbreitete sich einerseits in Asien *(altaica)*, anderseits nach Westen über den Kaukasus, Balkan, Alpen, Pyrenäen und entwicklete zahlreiche Formen, die heute teils noch weiter verbreitet sind (*lutea* bis atlantisches Europa), teils als Relikte erscheinen (*Zoisii, Dubyana*).

Die Wuchsformen sind bereits sehr verschieden: es finden sich Pflanzen ohne Blattrosetten, mit Blattrosetten, ohne und mit Ausläufern, zweiachsige ohne Ausläufer.

Von Interesse ist auch die gelbe Farbe der Blüten dieser alttertiären Veilchengruppe, die nach MÜLLER ursprünglicher ist als die violette.

V. lutea hell- bis lebhaftgelb,
V. calcarata dunkelviolett, selten gelb,
V. Zoisii meist (in den Alpen stets) lebhaft gelb,
V. tricolor subspec. *minima*, blaßgelb; subsp. *arvensis* unterstes Kronbl. lebhaft gelb, subsp. *alpestris* hellgelb usw.

Viola tricolor fällt aus dem Rahmen der Gebirgsveilchen insofern heraus, als die Pflanze subspec. *arvensis* von den Küsten bis über die Waldgrenze allgemein verbreitet ist. Es wirft sich somit die Frage auf, ob wir es mit einer Pflanze der Ebenen, die hoch ins Gebirge hinaufsteigt oder umgekehrt mit einer Gebirgspflanze, die in die Ebene hinabgestiegen ist, zu tun haben. Jede der beiden Möglichkeiten wird vertreten. WITTROCK und BECKER halten die großblütigen Gebirgsformen für die ursprünglichsten und nehmen an, daß die kleinblütigen Formen aus ihnen durch Anpassung an ein trockenwarmes Klima hervorgegangen sind. HOFFMANN hatte durch bloße Auslese aus den Nachkommen gewöhnlicher *V. arvensis* große mehrfarbige, z. T. reinviolette Formen gezogen, so daß BECKER 1904 den (allerdings nicht zwingenden) Schluß zog, daß die groß- und violettblütigen Formen von den klein- und gelbblütigen abstammen. GAMS (HEGI V/1, S. 600) vermutet, da sowohl *V. arvensis* wie *V. tricolor* s. str. durch Kreuzung *occulta*- und *minima*-ähnlicher Urformen mit auch schon abgeleiteten großblütigen Gebirgsformen hervorgegangen seien. Wir dürfen die aufgeworfene Frage also wohl dahin beantworten, daß auch *V. tricolor* ihrem Wesen nach als Gebirgspflanze zu bezeichnen ist.

Viola tricolor erregt noch in anderer Hinsicht unsere Aufmerksamkeit: abweichend von allen anderen einheimischen Veilchenarten ist die Pflanze ein- bis mehrjährig. BECKER (B. B. C., **40**, S. 69) führt aus: Die groß- und kleinblütigen Formen — sie sollen als *V. tricolor* und *arvensis* bezeichnet werden — stehen in allernächster phylogenetischer Beziehung zu einander und sind spezifisch eins. *V. tricolor* blüht in Norddeutschland an sonnigen Orten im Frühjahr großblütig und bildet dann im Juni kleinere mehr *arvensis*-artige Blüten aus. Infolge der Trockenheit des Sommers hört sie dann auf zu vegetieren; die Stengel sterben ab, so daß also die obersten Blatt- und Blütenanlagen nicht mehr zur Entwicklung kommen. (Zwangseinjährigkeit). In ihrem untersten Teile bleibt aber die Pflanze lebenskräftig und treibt in demselben Jahre von neuem aus, so daß sie also im Spätsommer und Herbst noch ein zweitesmal blüht. Im kommenden Frühjahr schlägt sie wieder aus.

V. tricolor ist also an geeigneten Orten eine ausdauernde Pflanze. Übermäßige Trockenheit vernichtet sie aber häufig. Auf Äckern entstehen neue Pflanzen aus Samen von Mai bis zum Herbst. Infolgedessen blüht *V. tricolor* hier auch während der heißesten Zeit des Jahres. Ist ihr Standort schon im Herbst oder Winter umgepflügt, dann zeigt sie sich eher, bei Frühjahrspflügung später. In feuchteren Klimaten, z. B. im Gebirge und an der Meeresküste, wird die Blütenperiode während des Sommers nicht unterbrochen.

Die kleineren *arvensis*-artigen Blüten der *V. tricolor* werden ohne Zweifel durch die Trockenheit des Sommers hervorgerufen. *Viola arvensis* MURR. scheint nur eine Anpassung an ein trockeneres und wärmeres Klima zu sein und tritt deshalb in ausgedehnten Gebieten ohne *V. tricolor* auf. Ausgesprochen feuchtes Klima begünstigt die Entstehung völlig violetter Blüten, während trockene Klimate helle Blütenfärbung hervorruft. Diese Beobachtung scheint mir überaus wichtig, weil hier die Entstehung der Blütenfarbe völlig unabhängig von den blütenbesuchenden Insekten ist.

Es gibt aber auch Pflanzen, die im Herbst aus Samen keimen und im darauffolgenden Frühjahr blühen. Aus den Achseln aller Blätter mit Ausnahme der Keimblätter treiben oft üppige Sprosse, die sich auf die Erde legen und an der Spitze aufstreben.

Die Samen des Stiefmütterchens, welche aus den ersten Blüten des Jahres hervorgehen, gelangen noch in demselben Jahre zur Blüte. Auch die im Frühjahr blühenden sind nur durch die herabgehende Temperatur an einer weiteren Entwicklung gehindert worden und haben in dem Zustand voller Entwicklung mit angelegten Blüten überwintert. Es liegt also auch hier eine Zwangsunterbrechung der Entwicklung vor.

Für die Phylogenie der *Tricolores* nimmt BECKER (S. 71) an: eine großblütige *V. palaeo-tricolor* dürfte während des Tertiärs die vorder- und mittelasiatischen Gebirge bewohnt haben. Von hier aus breitete sie sich westlich über den zentralen Gebirgszug Europas aus und gelangte in Asien südlich bis an die Südspitze Indiens. Vor dem Miozän muß ihr Areal bis Amerika ausgedehnt gewesen sein, wofür das Auftreten der *V. tenella* und *andina* in diesem Erdteil spricht. Am Südrande des europäisch-asiatischen Gebirgszuges, vielleicht besonders südlich des pontisch-kaspischen Gebietes, dürften sich am Ende des Tertriärs neue Arten ausgegliedert haben.

Die überaus große Zahl der Formen des Gartenstiefmütterchens *V. Wittrockiana* GAMS ist auf Kreuzungen verschiedener wildwachsender Arten, bes. *V. tricolor, lutea, altaica,* auf Mutationen und Heteroploidie zurückzuführen.

Bei historischer Betrachtung von *V. tricolor* als tertiärer Gebirgspflanze fällt auf: keine Internodienstauchung, als verständlich bei Ableitung von einer tropischen Ebenenflora (vgl. *Saxifraga rotundifolia, Gentiana lutea* — im Gegensatz zu den oreophytischen Rosettenpflanzen *G. § Cyclostigma* und *Thylacites.*

Hochwüchsigkeit von *Tricolor* gegenüber anderen *Viola*-Arten weist auf dauerndes Wachstum (tropisches) hin, das zwangsweise durch Trockenheit des Sommers oder des Winters unterbrochen wird.

Anleitung zur historischen Betrachtung von *V. tricolor.*

Bei historischer Betrachtung der *V. tricolor* fallen Merkmale auf, die auf die tropisch-tertiären Vorfahren zurückzuführen sind.

1. Dauerndes Wachstum, das zwangsweise durch klimatische Einflüsse plötzlich beendet wird und zur Einjährigkeit führt.
2. Dem dauernden (kontinuierlichen) Wachstum entspricht die hochwüchsige Gestalt, da keine Internodienstauchung (Rosettenbildung) eintritt. Ein charakterisisches Merkmal für die tertiären Vorfahren vieler Oreophyten, z. B. *Saxifraga rotundifolia — Thylacites.*
3. Blütezeit das ganze Jahr über, noch nicht durch Anpassung an die mitteleuropäische Klimarhythmik geregelt und fixiert.

Viola lutea HUDS. ist eine vielgestaltige (polymorphe) Art der südeuropäischen Gebirge vom Balkan bis zu den Pyrenäen. Die typische Unterart findet sich in der Tatra, den Sudeten, sehr disjunkt in den Alpen (Rottenmanner Tauern, Helvetische Kalkalpen), Vogesen, Mittelfrankreich, rheinisch-belgisches Schiefergebirge, England, Schottland. BECKER (BBC 18 (1905), S. 376/393) rechnet zur Gesamtart *lutea* als Kleinarten auch *Dubyana, declinata, Orphanidis.* In Mitteleuropa lassen sich 3 geogr. Rassen unterscheiden: Subsp. *sudetica.* Kristalline Unterlage — Sudeten, ganz isoliert in den Niederen Tauern. Subsp. *grandiflora.* Nur in den Nunatakgebieten der West- und Mittel-Schweiz. Subsp. *elegans.* Vogesen.

V. Dubyana. Felshänge südl. Kalkalpen, Grigna-Mt. Baldo. Dieser Reliktendemit der südalpin-dinarischen Kalkalpen gehört zu einer an Kleinarten von meist ähnlich beschränkter Verbreitung reichen Gruppe der süd- und südosteuropäischen und orientalischen Gebirge, die sowohl zu *V. lutea* und *V. tricolor*, wie zu *V. calcarata* Beziehungen zeigt.

V. calcarata. Die typische Sippe nur in den Alpen und im südlichen Jura, andere Unterarten auf den Apenninen und am Ätna, nahe verwandte Arten auch auf den übrigen südeuropäischen Gebirgen.

V. Zoisii. Nur auf den dinarischen Gebirgen: Albanien, Montenegro, Herzegovina, Südbosnien, Karawanken.

V. cenisia. Die typische Unterart nur in den Seealpen bis zu den Helvetischen Alpen; abweichende Rassen (nahe verwandte Arten und Unterarten) in den Bergamasker Alpen, Seealpen, Korsika, Spanien, Kanaren, Apenninen, Balkan, Kleinasien, Armenien, Kaukasus.

V. alpina nur auf Kalk in den Ostalpen und Karpaten. Die Verbreitung erstreckt sich in den Ostalpen nur so weit, als diese in der Eiszeit auf größere Strecken unvergletschert waren, sie hat also reliktartigen Charakter (Hegi, S. 614).

V. cornuta. Die Verwandtschaft dieser heute fast ganz auf die Pyrenäen beschränkten Pflanze deutet auf eine Herkunft aus dem Orient. Aus den Alpen ist sie offenbar nur durch die Vereisungen vertrieben worden. Das Vorkommen in den südöstlichen Alpen ist kein Relikt-Areal, wie man längere Zeit annahm, sondern beruht auf Verpflanzung durch Menschenhand *).

b) Veilchen der Wälder und Wiesen.

§ *Dischidium.* Zu dieser Sektion zählen etwa 8 Arten, die in Ostasien (Westchina) ihr Entwicklungszentrum haben. Während die anderen Arten auf kleine Gebiete beschränkt sind, hat sich

*) Das Vorkommen in Krain (Berg Begunjščica in den westlichen Karawanken) beruht, wie sich nachträglich mit voller Sicherheit feststellen ließ, auf absichtlicher Anpflanzung (oder Aussäung); das Material dafür war aus den Pyrenäen bezogen worden. Diese irreführende Breicherung der Flora Ober-Krains erfolgte durch Mag. pharm. H. Roblek in Radovljica (Radmannsdorf), der sich dadurch nach seiner eigenen brieflichen Aussage mit Prof. A. Paulin (Ljubljana, Laibach) „einen Spaß erlaubt hat". (Mitteilung von Dozent Dr. Ernest Mayer, Ljubljana, an Prof. E. Janchen, Wien; auch von E. Mayer bereits veröffentlicht.)

V. biflora L. — das zweiblütige Veilchen — holarktisch verbreitet. In die Alpen ist es wohl schon vor der Eiszeit eingewandert.

Die Pflanze ist dreiachsig, wie die Arten der *Cauliformes (Silvestres)*. Wie die meisten dieser Arten ist sie ein Waldbewohner subalpiner Wälder (Krummholz, Alpenrosen, Alpenerlengebüsche), deren Humus ihre Grundachsen durchspinnen. Wir dürfen die Dreiachsigkeit dieser Waldveilchen wohl mit ihrem Standort in Verbindung bringen.

Die Blüten stehen auf einer relativ sehr niederen Entwicklungsstufe. Auch die seitlichen Kronblätter tragen keinen Haarbesatz. Ein 2—3 mm langer Rüssel genügt, um zum Honig zu gelangen. Bestäuber sind hauptsächlich Syrphiden und Musciden, daneben aber auch einzelne Apiden und Schmetterlinge. Gelbe Blütenfarbe (MÜLLER, 1881, S. 497).

Selbstbestäubung durch die Ausbildung kleistogamer Blüten; auf dieser Unabhängigkeit von der Insektenwelt beruht die Erhaltung während der Eiszeit in Europa und die weite zirkumpolare Verbreitung. Die Kleistogamie führt GOEBEL auf ungünstige Ernährungsbedingungen zurück (HEGI, S. 591), so daß ihre Entstehung auf den eiszeitlichen Verhältnissen beruhen kann.

§ *Nomimium*. Die Entwicklung der § *Nomimium* im Einzelnen darzustellen ist Aufgabe des Spezialisten. Das von mir auf S. 175, Abb. 32, entworfene Schema soll zeigen, wie systematische Verwandtschaft (also die Erbwelt), Wuchsform, Pflanzengesellschaft (gesellschaftsgebundene Artentwicklung) und Verbreitung in Zusammenhang stehen.

Hier möchte ich nur darauf hinweisen, daß die Arten der trockenen Standorte nach Ursprung und Einwanderungszeit sich unterscheiden. Die *Acaules eflagellatae* enthalten in *V. ambigua* eine Art, deren Areal als Überrest der glazialen Steppe gedeutet wird (GAMS und HEGI, S. 644), und in *V. pyrenaica* eine Art, die interglazial in der Höttinger Breccie vorkommt (GAMS in HEGI, S. 645). Daraus wäre zu schließen, daß Arten dieser Gruppe bereits während der Eiszeit in Europa eingewandert sind — die Arten der *Caninae* dagegen nach der Eiszeit (postglazial) als Stromtalwanderer auf den trockenen Schottern der Alluvionen eingewandert sind: *V. hirta* einerseits und *V. collina* anderseits können in dieser Frage nicht herangezogen werden, weil beide in der Gegenwart bei stärkster Formenbildung eine weite Verbreitung in der Halbkulturformation der Wiesen erlangt haben.

1. *Pratenses* (*Caulescentes arosulatae*). Ursprungsland ist Zentralasien. Alttertiäre Arten. Formenbildung durch Mutation. Steppenpflanzen, die längs der Stromtäler wanderten und sich z. T. an feuchte Standorte angepaßt haben (BECKER B. B. C., 34, 1917, S. 377).

trockene Standorte		feuchte Standorte
pumila	*canina*	*stagnina*
|	|	|
Jordani	*micrantha*	*elatior*
	|	
	V. palaeo-canina	

V. pumila. Steppenpflanze. Anpassung an trockenes Klima, beim Vordringen nach Westen auch an nasse Standorte. In den bayrischen Heidewiesen mischt sich das Steppenelement mit Flachmoorelementen. Stromtalwanderer östlicher Herkunft. Pontisches Florenelement.

V. canina in Magerwiesen, Heiden, Mooren. Magerkeitszeiger. Zahlreiche Formen, die ökologisch und geographisch charakterisiert sind. Gemäßigtes Eurasien. Grundform alttertiär, postglaziale Neubildung von Formen.

V. elatior, im Osten eine Steppenpflanze, in Mitteleuropa fast ausschließlich an feuchten Standorten in Flußtälern. Sarmatisches Element. Von Sibirien durch Rußland bis Frankreich.

V. stagnina dürfte sich in nördlicher Richtung in Anpassung an feuchte Unterlagen in einem kühleren Klima von *V. elatior* abgezweigt haben. Stromtalpflanze östlicher Herkunft.

2. *Silvestres* (*Caulescentes rosulatae*). Die Gruppe umfaßt dreiachsige Halbrosettenstauden (Rosetten mit beblätterten Stengeln), die in Mitteleuropa Wälder bewohnen und gesellschaftsgebunden eine weite Verbreitung in Eurasien zeigen. Von etwa 20 Arten der Gruppe finden sich in Mitteleuropa vier Arten. Die Heimat der Gruppe liegt in Ostasien.

V. silvestris ist aus dem östlichen Asien in Europa eingewandert, bevorzugt im Gegensatz zu *V. Riviniana* ein feuchtes Klima und findet sich besonders in Buchen- und Fichtenwäldern; sie fehlt in trockenen Gebieten, erreicht deshalb im Kaukasus die Ostgrenze des europäischen Areals und tritt erst im regenreichen Kaschmir wieder auf. Im Gegensatz zu den meisten einheimischen *Nomimium*-Arten blüht sie oft nochmals im Herbst, bis in den Dezember und Jänner, und zwar sowohl kleistogam wie chasmogam.

V. Riviniana verträgt ein trockeneres und auch kälteres Klima als *silvestris;* sie geht am Kaspischen Meer über das Areal der *V. silvestris* nach Osten hinaus. Sie gehört einem alten tertiären

Typus an. Die Standorte liegen im Eichen-, Kastanien- und *Ilex*-Klima, aber auch im kontinentaleren Föhren- und Lärchenklima. Phylogenetisch steht sie in Beziehung mit

V. rupestris, einer Pflanze, die gleichfalls trockene Standorte (Föhrenwälder, Trockenwiesen, Alluvionen, Felsschutt) bevorzugt. In Ostasien entstanden, hat sie eine sehr weite Verbreitung in Eurasien und Nordamerika erlangt, sie ist zirkumpolar verbreitet und stellt einen sehr alten Typus dar. Die Pflanze gehört in Mitteleuropa dem pontisch-sarmatisch-zentraleuropäischen Elemente an. Sowohl im nordwestlichen Norwegen wie in den Zentral- und Südalpen scheint sie die letzte Eiszeit als Nunatakerpflanze überdauert zu haben. Sie wächst in Trockenwiesen mit *Koeleria vallesiaca, Stipa pennata* usw. und im Unterwuchs der Föhrenwälder mit *Carex alba* und *C. humilis.*

V. mirabilis entwickelt im Frühjahr nur eine Blattrosette mit achselständigen Blüten (zweiachsig). Zu Beginn des Sommers sprießen aus den Blattachseln blatt- und blütentragende Stengel hervor (dreiachsig). Die grundständigen Blüten sind chasmogam und meist unfruchtbar, die stengelständigen Blüten meist kleistogam und stets fruchtbar. GOEBEL konnte dadurch, daß er Pflanzen unter ungünstige Ernährungsverhältnisse brachte, auch die Grundblüten kleistogam und fruchtbar werden lassen. Eurasiatische Waldpflanze. Den normalen Standort bilden lichte Laubwälder (Eichen-, Buchen-, Auenwälder), in denen sie in Gesellschaft von *V. silvestris, hirta, odorata* u. a., *Allium-, Gagea-, Corydalis-, Primula-, Pulmonaria*-Arten usw., also lauter Myrmekochoren, auftritt. Über die Entstehung der Myrmekochorie, siehe S. 490., Gesellschaftsgebundene Entwicklung (LIPPMAA, 1938).

3. *Acaules eflagellata.* Die Veilchen dieser Gruppe sind zweiachsige Rosettenstauden; ihr Entwicklungszentrum liegt in Zentralasien. Die Gruppe befindet sich heute in voller Formbildung. *V. hirta* u. *V. collina* sind in Mittel- und Nordeuropa morphologisch gut geschieden, in der asiatischen Flora und im Kaukasus dagegen nähert sich die *hirta* so sehr der *collina,* daß es kaum möglich ist, im Sommerstadium die Formen mit Sicherheit zu scheiden (BECKER, B. B. C., **36,** 1918)

V. hirta findet sich auf trockenen und nassen Wiesen und Weiden, in Gebüschen und lichten Wäldern häufig und oft gesellig im größten Teile Europas, in Asien bis zum Altai mit Ausschluß der Steppenwiesen. Myrmekocherie sehr ausgeprägt.

V. collina besiedelt Föhren-, Eichen-, Lärchenwälder, Gebüsche, fast nur auf Kalk. Offene Trockenwiesen scheinen ihr nicht zuzusagen. Von Mittelasien durch Rußland westlich bis zum Mittelrhein, Jura, westl. Alpen; Istrien.

V. ambigna besiedelt von den Ländern um das Schwarze Meer als pontisches Florenelement westlich durch die Balkanländer, Ungarn, Galizien Böhmen, Alpenländer Trockenwiesen, Heiden, Felsspalten auf kalkarmer Unterlage.

V. Thomasiana ist eine endemische Felsenpflanze des Urgesteines der Südalpen.

V. pyrenaica kommt nur in den Alpen und im südlichen Jura sehr zerstreut **vor und dürfte** als südeuropäische Montanpflanze die Alpen schon vor der Rißeiszeit, vielleicht schon präglazial besiedelt haben, weil Blätter in der altinterglazialen Höttinger Breccie bei Innsbruck wahrscheinlich dieser Art angehören.

4. *Acaules flagellatae.* Zweiachsige Rosettenstauden mit Ausläufern; das Entwicklungszetrum liegt im Mittelmeergebiet. Formneubildung.

V. alba ist eine submediterrane Art, die in lichten Laubgehölzen, besonders in Niederwäldern (bis 1200 m), in den Alpen (vorwiegend in der Laubwaldrandzone) vorkommt und im Westen bis ins Saargebiet, im Osten bis Mähren nach Norden vordringt. Nicht wurzelnde Ausläufer, Myrmekochorie, kleistogame Blüten.

V. sepincola (= *V. Beraudii* = *austriaca* = *cyanea*) besitzt ober- und unterirdische Ausläufer und besiedelt Hecken, lichte Wälder, Eichengebüsche, Weinbergmauern usw. in zahlreichen Formen, die von *V. odorata* nur schwer abzutrennen sind. Kleinasien, Balkan, Illyrische Länder, Alpen, Süd- und Mittelfrankreich.

V. odorata entwickelt Ausläufer, die sich bewurzeln, und bewohnt lichte Laubgehölze. Die ursprünglich mediterrane Art reicht bis zu den Südalpen und im atlantischen Europa bis Südengland; im übrigen Europa ist die Art wohl nur eingebürgert. Interessant ist die als „Baumveilchen" (fo. *arborea*) bekannte Wuchsform, von der bereits IRMISCH sagt, daß sie sowohl als Strauch als auch als Staude bezeichnet werden kann. Diese Bäumchenform erhält man durch Entfernen der Ausläuferanlagen und der Blütenknospen. GOEBEL (Jahrb. f. wiss. Bot. 1886, S. 233) berichtet von einem völligen Schwinden der Zygomorphie bei gefüllten Blüten. — Das herdenweise Auftreten ist durch die Ausläuferbildung und durch die Samenverbreitung durch Ameisen bedingt. — Leichtes Frühtreiben, wiederholte Blüte im Jahre (fo. *semperflorens*, Monatsveilchen) und wintergrüne Blätter erinnern an tropische Vorfahren.

5. *Patellares* (*Cordatae*). Die drei mitteleuropäischen Arten

uliginosa — nordpontisch-baltisch
epipsila — amphiboreal
palustris — amphiboreal

bewohnen Hoch- und Flachmoore. Sie sind zweiachsige Rosettenstauden mit unterirdischem Wurzelstock, *palustris* hat außerdem kriechende Bodenausläufer — Lebensformen, die dem weichen Moorboden entsprechen. Regressive Sonderentwicklung aus der *Cauliformes*-(*Silvestris*-)Gruppe in Anpassung an Moorboden- und Moorgesellschaften. Gesellschaftsgebundene Entwicklung. Gesellschaftstreue. *V. palustris* hat kleistozäne Blüten, *V. uliginosa* nicht.

6. *Pinnatae. V. pinnata* hat nahe verwandte Arten in Mittel- und Nordasien, fernerstehende in Nordamerika; woraus auf hohes Alter zu schließen ist. Nach Europa aus dem Osten, wahrscheinlich vor der Eiszeit eingewandert. S. 20 Alpin-sibirisches Element (vgl. *Saussurea discolor, Sweertia perennis, Callianthemum anemonoides*) Pionier auf Schutthalden, in Felsspalten (*Potentilla caulescens*), selten in geschlossenen Gesellschaften. Kleistogame Blüten, Überdauern der Eiszeit.

Literatur.

BECKER, W. 1905. BBC. 18. — BECKER, W., 1910. *Viola* Europaeae Dresden. — BECKER, W., 1917, 1918, Beih. BC **31**, **36**. — BECKER, W., 1923, *Violae* Asiaticae et Australienses, Beih. BC. **40**. — BRAUN, A., 1853. *V. hirta*: Tafel III, Fig. 1; *V. silvestris*: Tafel III, Fig. 2. — EXELL, The phylogeny of *Viola*, Journ. of Botany **63**, 1925. — E. P. Nat. Pfl.-fam. 2. Aufl., **21**, bearbeitet v. MELCHIOR. — HEGI, V/1, S. 589, bearbeitet v. H. GAMS. — IRMSCHER, 1922, S. 140. — KIRCHNER, O., 1911. Blumen u. Insekten, S. 287. Kleistogamie. — KUPFFER, 1903. Ö. B. Z. **53**. — MELCHIOR, H., Die phylogenetische Entwicklung der Violaceen und die natürlichen Verwandtschaftsverhältnisse ihrer Gattungen. FEDDE, Rep. spec. n. r. veg. Beihefte **36**, 1925. — MEUSEL, 1943. Kt. 21c. *V. sivestris*-Gruppe. — RÖSSLER, W. 1943. Inhalt und systematische Bedeutung der Phloroglucingerbstoffzellen in den Laubblättern europ. *Viola*-Arten, Wiener bot. Zeit. 1943. — SERNANDER, R., 1901, 1906.

XII. *Guttiferae* (=*Hypericaceae*). — Johanniskrautgewächse.

Die Familie zählt 43 Gattungen mit etwa 820 Arten. Der weitaus größte Teil der Gattungen und Arten bewohnt die Tropen, nur eine Gattung (*Hypericum*) greift auch in die Subtropen und sehr stark in die gem. Zonen über. Die nächsten Verwandten der fast rein tropischen Familie sind die Theaceen und Dipterocarpaceen.

Ihre gegenwärtige weite geographische Verbreitung, die endemischen Gattungen auf Neukaledonien, Madagaskar und Neu-Guinea, sowie die sehr unregelmäßige Verbreitung in den Tropen zeigen das hohe Alter der Familie an. Arten der Gattungen *Vismia* Vell. und *Symphonia* L. können als Stützen der WEGENERschen Hypothese einer alten Landverbindung zwischen Westafrika und Südamerika herangezogen werden.

Die tropischen Gattungen enthalten durchwegs Holzpflanzen: Bäume, Sträucher, seltener Kettersträucher, ausnahmsweise Epiphyten. Die Laubblätter sind teils typische, tropische Glanzblätter, teils in den trockeneren Klimaten lederartig, nehmen bisweilen kleine, schmale bis nadelförmige, selbst schuppenförmig sich deckende Gestalt von xeromorphem Bau an und zeigen alle Übergänge vom immergrünen zum sommergrünen Typus.

Vergleichen wir die Guttiferen nach Verbreitung und Gliederung mit den Violaceen, so fallen manche Ähnlichkeiten auf. Auch die Violaceen sind eine vorwiegend tropische Familie, von denen nur die eine Gattung *Viola* in die gem. Zone übertritt und dort zu reicher Entwicklung kommt.

Violaceen 16 Gattungen mit 800 Arten; in der gem. Zone nur eine Gattung *Viola* mit 400 Arten.

Guttiferen 46 Gattungen mit über 1000 Arten; in der gem. Zone nur eine Gattung *Hypericum*, mit über 300 Arten.

Bei beiden Gattungen finden sich holzige Arten in den Tropen, während die Arten der gem. Zone durchwegs Kräuter, Stauden und Halbsträucher sind (vgl. S. 445).

Hypericum L. — Johanniskraut. (HEGI, V/1, S. 502).

Die Gattung *Hypericum* zählt etwa 300 Arten, die hauptsächlich in den Gebirgen der Tropen (vgl. S. 447) und Subtropen vorkommen. Dort hat die Gattung die Anpassung an eine unterbrochene Vegetationszeit erworben und war nun imstande, ihre Vertreter in die Hügelländer und Ebenen der gemäßigten Zonen, besonders der nördlichen gem. Zone, zu entsenden.

Aus dem Reichtum an endemischen Formen, der Art-Verteilung innerhalb gewisser Sektionen in verschiedenen Erdteilen, dem Auftreten vikariierender Arten in geologisch älteren Gebieten oder auch dem gemeinsamen Besitz derselben Arten auf lang isolierten Gebieten ergibt sich mit völliger Klarheit das hohe Alter der Gattung. Ihre große Artenzahl, lebhafte Varietätenbildung einzelner Arten (z. B. bei *H. maculatum* Crantz, *H. perforatum* L. lassen erkennen, daß die Vitalität dieser Gattung noch ungebrochen ist. Bastarde sind selten und bisher nur von wenigen Arten nachgewiesen.

Innerhalb der Gattung *Hypericum* existieren alle Übergänge von Bäumen, Sträuchern, Halbsträuchern bis zu Stauden mit unterirdischem Rhizom, ja selten zu einjährigen Kräutern. Desgleichen finden sich mannigfache Übergangsstufen von immergrünen und ausdauernden Blättern zu zarten, vergänglichen Blättern.

Die in Mitteleuropa vertretenen Arten gehören sämtlich zum RAUNKIAERschen Typus der Hemikryptophyten, d. h. ihre Überwinterungsknospen liegen über der Erdoberfläche. Eine Ausnahme macht bisweilen *H. humifusum*, das auch einjährige Formen auszubilden vermag. Von den Arten mit dauernd lebensfähiger Primärwurzel und ästigem Erdstock, an dem die überwinternden Sprosse aufrecht stehen, bis zu denjenigen Arten, deren Primärwurzel abstirbt und durch Adventivwurzeln am Grunde kurz ausläuferartig kriechender Sprosse ersetzt wird und deren Stengel aus niederliegendem Grunde aufsteigen, finden sich alle Übergänge.

In der Lebensrhythmik der mitteleuropäischen Arten hat sich ein letzter Rest alten tropischen Erbgutes erhalten, denn eine ± ausgesprochene Vegetationsruhe scheint bei diesen nicht einzutreten, da bereits im Spätherbst, wenn die Fruchtstengel vollständig abgedorrt stehen, die neuen Triebe über der Grundachse zu treiben beginnen und dicht beblättert den Winter überdauern.

Literatur.

ENGLER in E. u. P., Nat. Pfl.fam., 2. Aufl., Bd. 21, 1925.
HEGI, Bd. V/1, S. 502, zum großen Teil aus ENGLER wörtlich übernommen.

XIII. *Rosaceae.* — Rosengewächse.

1. *Potentilla* L. — Fingerkraut.

Wir verdanken Th. WOLF (1908) eine ausführliche Monographie der Gattung *Potentilla*. Soll diese mühsame, vieljährige Arbeit wirklich Nutzen stiften, so müssen die Ergebnisse seiner Studien auch außerhalb der engeren Fachkreise bekannt werden. Ich stellte mir deshalb die Aufgabe, aus dem 714 Seiten starken Quartband einen Auszug auf wenigen Seiten herzustellen, der in möglichst klarer und übersichtlicher Weise den

Entwicklungsgang der Gattung darstellt. Diese Arbeit war durchaus nicht leicht; sie erforderte eingehende Durcharbeit der Monographie an der Hand des mir zugänglichen Pflanzenmaterials und ich hoffe, daß meine Arbeit vielen Botanikern, die sich mit der Gattung vertraut machen wollen, ohne sich in Spezialstudien versenken zu können, viel Mühe erspart. Den Abschluß meiner Arbeit bildet eine „Skizze des Entwicklungsganges" der Gattung die es ermöglichen soll, die einheimischen Fingerkrautarten in den Werdegang der Gattung einzugliedern.

Die Gattung *Potentilla* ist mit rund 400 Arten, deren Zahl allerdings je nach der Bewertung der Formen stark wechselt, in der gemäßigten Zone zirkumpolar verbreitet, zählt in den Gebirgen Amerikas und Eurasiens zahlreiche Arten und erreicht nur mit wenigen Arten die Tropen. Endemische Arten mit sehr beschränktem Areal (z. B. *grammopotela*) wechseln mit fast kosmopolitischen, ruderalen Arten (z. B. *Anserina*). Diesem weiten Verbreitungsgebiet mit verschiedenen Umweltbedingungen entsprechend wechseln auch die Lebensformen von Halbsträuchern bis zu Stauden und mehrjährigen Kräutern.

Natürliche Gliederung der Gattung *Potentilla*.

Nach WOLF, Th., 1909, mitteleuropäische Arten mit Nummern nach HEGI, IV/2, S. 805. * bedeutet große Formenmannigfaltigkeit.

Sectio I. *Trichocarpae* (mit behaarten Früchtchen. $^1/_8$ aller *P.*).

Subs. A. *Rhopalostylae* (mit keuligem Griffel, Fiederblatt).

1. *Fruticosae* (Sträucher),	2 Arten.	*fruticosa* L. (1505)
2. *Bifurcae* (Halbsträucher),	1 Art.	

Subs. B. *Nematostylae* (mit fadenförmigem Griffel).

Serie a. *Suffruticulosae* (Sträucher).

3. *Xylorrhizae*,	2 Arten.	
4. *Biflorae*,	2 Arten.	
5. *Palustres*,	2 Arten.	*P. palustris* L. (= *Comarum p.*) (1504)
6. *Tridentatae*,	3 Arten.	
7. *Eriocarpae*,	4 Arten.	

Serie b. *Herbaceae* (Kräuter).

8. *Speciosae*,	5 Arten. Italien → Kaukasus.	
9. *Nitidae*,	3 Arten. Pyrenäen → Ostalpen.	*nitida* L. (1506)
10. *Curvisetae*,	3 Arten. Afghan. Himalaja.	

11. *Crassinerviae*,	7 Arten. Spanien → Kaukasus.	
		grammopetala MOR. (1507)
12. *Caulescentes*,	2 Arten. Spanien → Albanien.	
		Clusiana JACQ. (1508)
		caulescens L. (1509)
13. *Fragariastra* (*genuina* = echte),	4 Arten. Ursprüngliches VZ: Spanien → Albanien, heute weiter gegen Norden und Osten.	
		alba L. (1510)
		sterilis (L.) GARCKE (1511)
		micrantha RAM. (1512)

Sectio II. *Gymnocarpae* (nackte Früchtchen, $^7/_8$ aller *P.*).

Subs. A. *Closterostylae* (spindelförmiger, am Grunde stehender Griffel).

14. *Rupestres*,	11 Arten.	
		rupestris L. (1513)

Subs. B. *Conostylae* (keulenförmiger Griffel, $^2/_3$ aller *P.*).

Serie a. *Eriotrichae* (filztragende — selten filzlose — Arten).

15. *Multifidae*,	27 Arten.	
		multifida L. (1514)
16. *Graciles*,	24 Arten, nur Nordamerika, Mexiko.	
17. *Haematochroae*,	10 Arten, rotblühend, Nordamerika, Himalaja.	
18. *Niveae*,	12 Arten.	
		nivea L. (1515)
19. *Argenteae*,	9 Arten.	
		argentea L. (1516) *
		canescens BESSER (1517)
19 a. *Collinae*,	1 (16—25) Arten.	
		collina WIB. (1518) *

Serie b. *Orthotrichae*.

20. *Tanacetifoliae*.		
21. *Rectae*,	21 Arten.	
		recta L. (1519) *
		hirta L. (1520)
22. *Rivales*,	21 Arten.	
		supina L. (1521)
		norvegica L. (1522)
		intermedia L. (1523)
23. *Persicae*,	19 Arten, EZ. persisches Hochland.	
24. *Grandiflorae*,	6 Arten, EZ. Alpenkette.	
		grandiflora L. (1524)
25. *Chrysanthae*,	13 Arten, EZ. Mittel-Westasien.	
		chrysantha TREV. (1525)
		P. assurgens VILL. (= *thuringiaca* BERNH.)

26. *Multijugae*, 12 Arten, nur westliches Nordamerika.
27. *Ranunculoides*, 16 Arten, EZ. Nordamerika → Ostasien, Altai.

Subs. C. *Gomphostylae* (fast endständiger, oberwärts verdickter Griffel).

28. *Aureae.*

Aureae frigidae, 11 Arten.
Brauneana HOPPE (= *dubia* ZIMM.) (1526)
frigida VILL. (1527)

Aureaealpestres, 3 Arten.
Crantzii BECK (1528)
aurea L. (1529)

Aureae opacae, 7 Arten.
heptaphylla JUSL. = *opaca* L. (1530)
patula W. et K. (1531)

Aureae vernae, 7 Arten.
Tabernaemontani ASCHERS. = *verna* L. p. p. (1532) *
pusilla HOST (= *glandulifera* KRAŠAN = *Gaudini* (1532)
arenaria BORKH. (1532)

29. *Fragarioides*, 2 Arten, gefiederte Bl., sehr alte, isolierte asiatische Gruppe.

30. *Tormentillae*, 8 Arten.
erecta (L.) RAEUSCH. (1533)
anglica LAICH (= *probens* SIBTH.) (1534)
reptans L. (1535)

Subs. D. *Leptostylae.*

31. *Anserinae.*
Anserina L. (1536)

Die Urpotentillen besaßen gefiederte Blätter. Die Sträucher und Halbsträucher der Sektion *Trichocarpae*, die als Reste der ältesten Potentillen anzusehen sind, besitzen fast alle gefiederte Blätter. Wo dreizählige Blätter auftreten, sind diese aus zwei- bis dreipaarige gefiederten durch Wegfall von einem oder zwei Fiederpaaren entstanden und würden besser als einpaarig-gefiedert bezeichnet. So kann man z. B. an jedem Strauch von *P. fructicosa* neben den gefiederten auch zahlreiche dreizählige Blätter beobachten. Auch in der

Sektion *Gymnocarpae* besitzen die ältesten Arten gefiederte Blätter (z. B. alle Arten der *Rupestres*).

Bei *P. Crantzii* (= *P. alpestris*) und bei *P. pusilla* (= *P. Gaudini*) scheint das dreiteilige Blatt aus einem fünf- bis neunteilig gefingerten Blatt durch Reduktion der Seitenblättchen hervorgegangen zu sein.

Das gefingerte Blatt kann man sich aus dem Fiederblatt durch ein Zusammenschieben der Fiederpaare gegen das Endblättchen entstanden denken.

Bei *P. alpestris* und *P. Gaudini* treten als Atavismus kleine Fiederchen am Blattstiel auf.

Ursprüngliche	abgeleitete Merkmale
in der Gattung *Potentilla*.	
holzig (strauchig, halbstr.)	krautig
Verholzter Erdstock (z. B. *nitida*)	
Reduzierte Grundachse	
zweiachsig	einachsig *(argentea)*
Gefiedertes Blatt	Gefingertes Blatt
behaarte Früchtchen *(Trichocarpae)*	unbehaarte Früchtchen *(Gymnocarpae)*
Windverbreitung.	Tierverbreitung.

Das tertiäre Zirkumpolarland mag die Heimat der Urpotentillen gewesen sein.

Einige dieser arktotertiären Potentillen haben sich in Resten bis heute erhalten. Als solche sehr alte Gruppen sehen wir jene an, die heute in allen drei Nordkontinenten erhalten sind: *Fruticosae*, *Palustres*, *Rupestres*, *Niveae* und *Anserinae*, auch für die *Aureae* ist arktotertiärer Ursprung anzunehmen, wenn sie auch in Amerika fehlen.

Als die Tertiärzeit zu Ende ging und die klimatischen, tropisch-subtropischen Bedingungen sich verschlechterten, ging ein großer Teil der arktotertiären Arten zugrunde, ein anderer Teil wurde nach Süden abgedrängt, erhielt sich aber auch noch im hohen Norden (zirkumpolare Arten).

Einige dieser Typen haben sich mit großer Zähigkeit ziemlich unverändert erhalten, andere haben sich in ihrer neuen südlicheren Heimat verändert und umgebildet. Gewisse alte Gruppen, z. B. die *Multifidae*, schlugen in ihrer Weiterentwicklung in verschiedenen, weit von einander getrennten Ländern verschiedene Richtungen ein, ja es entstanden im Laufe der Zeit ganz neue (neotype) Gruppen, von denen wir jetzt im Norden keine Spur finden und von denen höchstwahrscheinlich in der Tertiärzeit noch keine Repräsentanten vorhanden waren.

Nachdem die alte nordische Potentillenquelle versiegt war, konnte von dort kein Nachschub erfolgen, der alle drei Kontinente mit der gleichen Art versorgt hätte, jeder Kontinent begann seine eigene, unabhängige Entwicklung; es entstanden spezifisch asiatische, europäische und amerikanische (*Multijugae, Ranunculoides, Graciles, Haematochroae?*) Gruppen. Wegen der Landverbindung Asien-Europa ist auch der Zusammenhang der Formen größer als mit den amerikanischen. Gar manche asiatische Gruppe drang später nach Osteuropa (pontisches Element) und manche europäische nach Westasien vor.

Subsekt. A. *Rhopalostylae.*

1. *Fruticosae* (2 Arten). Das Strauchfingerkraut (*P. fruticosa* L.) zeigt in seiner Verholzung, den gefiederten Blättern, seiner holarktischen Verbreitung Züge hohen Alters. Als Reste der vor der Eiszeit nach Süden erfolgten Wanderung sind die ganz isolierten Reliktareale in Nord- und Südeuropa (Pyrenäen, Seealpen) anzusehen.

Neben gefiederten treten bei *P. fruticosa* auch dreizählige Blätter auf.

Subsekt. B. *Nematostylae.*

Die *Nematostylae* gliedern sich in zwei Reihen (Series), halbstrauchige (*Suffruticulosae*) und krautige (*Herbaceae*), die sich in ihrer geschichtlichen Stellung wesentlich unterscheiden.

Serie a, die *Suffruticulosae* (z. B. *palustris*) haben in ziemlich früher Tertiärzeit ihre Hauptentwicklung in zirkumpolaren Gegenden durchgemacht und sind von diesen aus später weiter gegen Süden gewandert.

Da sich bei einigen Arten darüber streiten läßt, ob man sie noch zu den Halbsträuchern oder schon zu den perenierenden Kräutern rechnen solle (umgekehrt auch bei der Serie *Herbaceae*) legt Wolf das Hauptgewicht auf die Einachsigkeit. Die große Verschiedenheit der hier zusammengefaßten Gruppen im äußeren Aussehen, ihre scheinbare Isoliertheit kommt daher, daß sie offenbar sehr alte, im Aussterben begriffene Typen darstellen. Sie schließen sich ziemlich eng an die *Rhopalostylae* an.

Serie b, die *Herbaceae* dagegen entwickeln sich erst gegen Schluß der Tertiärzeit in ihrem südlicheren Verbreitungsgebiet.

Der genetische Zusammenhang zwischen den beiden Reihen ist für die einzelnen Gruppen nicht mehr nachzuweisen.

Auffallend ist der Zusammenhang: holzig-einachsig einerseits und krautig-zweiachsig anderseits.

5. *Palustres* (2 Arten). Das Sumpf-Blutauge (*P. palustris* [L.] Scop. = *Comarum palustre* L.) ist eine halbstrauchige Staude mit 5—7zählig gefiederten Blättern, wodurch ihr genetisch hohes Alter bezeugt wird. Zirkumpolare Verbreitung, hohes Ansteigen im Gebirge (Wallis 2100 m), vegetative Vermehrung, Vorliebe für nasse Standorte in Zwischen- und Übergangsmooren kennzeichnen sie als Glazialpflanze (S. 481).

8—12 *Herbaceae*. Die Arten dieser Gruppe werden zum Unterschiede von den verholzten, strauchigen Arten (*Suffruticulosae*) als krautige (*Herbaceae*) Gruppe, die früher als *Fragariastra* im weiteren Sinne bezeichnet wurde, zusammengefaßt. Wolf hat von ihr die § 13 als *Fragariastra* (im engeren Sinne als echte = *genuina*) abgetrennt. Diese Abtrennung ist vor allem geographisch berechtigt, denn die Arten der § 8—12 sind Pflanzen der Hochgebirge der Mittelmeerländer von Spanien bis Kleinasien, Syrien vereinzelt bis zum Himalaja während

13. die *Fragariastra genuina* zwar eine ähnliche horizontale Verbreitung besitzen, aber sich nicht auf den Hochgebirgsgürtel beschränken, sondern am Fuße derselben weit nach Norden (bis Schweden und Mittelrußland) über Hügel- und Flachländer verbreitet sind. Diese weite Verbreitung dürften sie erst in jüngster postglazialer Zeit erlangt haben, in der die älteren verwandten Gruppen der *Herbaceae* bereits in ihren beschränkten Gebieten stabil blieben oder sich im Rückzug befanden. Auch genetisch sind sie eine jüngere Gruppe der *Herbaceae*, sie leiten sich wahrscheinlich von den *Caulescentes* ab. Auf neuere Entstehung weist auch ihre Neigung zur Hybridenbildung und ihre große Verbreitung in ehemals vergletschertem Gebiet in zahlreichen Individuen hin.

Von allen anderen *Herbaceae* unterscheidet sich die § *Fragariastra* dadurch, daß die ihr angehörigen Arten bloß am Nabelstrang oder untersten Teil der Früchtchen (an deren Ansatzstelle) behaart sind; nur selten zeigen sich (infolge von

Atavismus?) auch vereinzelte Haare weiter aufwärts oder an der Bauchnaht.

Das ursprüngliche Verbreitungszentrum der Gruppe dürfte ungefähr mit dem der *Caulescentes* übereinstimmen, doch greift es jetzt — vielleicht erst seit jüngerer Zeit — viel weiter gegen Norden aus und auf das westliche Asien über.

Ohne Zweifel sind alle *Herbaceae* nicht nur morphologisch, sondern auch genetisch unter sich nahe verwandt und in den Hochgebirgen der genannten Länder entstanden und zwar — wohl mit Ausnahme der § 13 (*Fragariastra*) — in sehr alter Zeit, worauf die jetzige Lokalisierung und Isoliertheit, Seltenheit und Formenarmut der Gruppenangehörigen hinweist. Anderseits haben sie sehr nahe morphologische und jedenfalls auch genetische Beziehungen zu gewissen *Trichocarpae suffruticulosae* (z. B. zu den *Tridentatae*), die WOLF aus der arktotertiären Flora ableitet, von denen sie aber geographisch meist weit getrennt sind. Wir müssen annehmen, daß in sehr alter Zeit (Tertiär) von Norden her gewisse uns unbekannte *Trichocarpae suffruticulosae* sehr weit nach Süden vorgerückt sind und sich auf den mediterranen Gebirgen umgebildet und in die uns bekannten *Herbaceae* differenziert haben. Möglicherweise sind erst in posttertiärer Zeit die letzten Reste der einst von Norden nach Süden führenden Brücke verschwunden.

Auf diese Abkunft weisen einzelne Merkmale hin:

P. nitida ist ein Halbstrauch mit verholztem Erdstock.

P. grammopetala ist unterseits graufilzig (KERNER, S. 480).

14. *Rupestres* (11 Arten). Im System isoliert. Sehr alte §, nimmt unter den *Gymnocarpae* eine ähnliche Stellung ein wie die *Fruticosae* unter den *Trichowarpae* (ebenfalls Griffel an der Basis des Fruchtknotens angeheftet, gefiederte Blätter, ganzrandige Kronenblätter, beinahe halbstrauchiger Wuchs, weite Verbreitung über Nord-Amerika, Europa und Asien).

Der tertiäre Urstamm der *Rupestres* hatte bei seinem Vordringen von Norden nach Süden seine Entwicklung noch nicht vollendet, wie dies bei den *Fruticulosae* der Fall gewesen zu sein scheint, sondern differenzierte sich weiter in spezifisch amerikanische und asiatische Arten. Letztere entfernen sich umso mehr vom Urtypus, je weiter sie nach Süden vorgeschoben sind.

15. *Multifidae* (27 Arten). Älteste Stammgruppe der filzhaarigen (eriotrichen) *Conostylae*, von der sich

die anderen Gruppen dieser Reihe ableiten, z. B. *nivea* durch Reduktion des Fiederblattes. *P. multifida*, Schlitzblättriges Fingerkraut, hat (3—)5zählig gefiederte Blätter und bewohnt Nord- und Mittel-Asien, in Europa die Arktis Rußlands und Skandinavien, ferner die Westalpen, wo sie die letzte Eiszeit nach ihrem reliktartigen Vorkommen überdauert haben dürfte. Alpin-arktisches Element.

Einachsige Halbrosettenstaude, Erdstock und Tunica.

18. *Niveae* (12 Arten). Mit sehr weiter Verbreitung in Amerika, Europa und Asien, aber nur in den kalten Gegenden (Arktis, Subarktis), weiter südwärts auf den höchsten Gebirgen. Europa besitzt nur 1 Art (*nivea*), die auch in Asien und Nord-Amerika vorkommt und vielleicht den Urstamm der ganzen Gruppe vorstellt, die sich bei ihrem Vordringen nach Süden in Asien bis auf den Himalaja, in Amerika bis Mexiko reicher gliedert. Alpines, arktisch-zirkumpolares Element. Reliktartige Verbreitung, in den Alpen die Eiszeit überdauert.

Zweiachsige Halbrosettenstaude. Blätter oberseits fast kahl, unterseits dicht weißfilzig, sind ein Kennzeichen nordischer Abkunft (KERNER, S. 480); Erdstock mit Tunica.

19. *Argenteae* (9 Arten). Starke Neigung zur Bastardbildung. Zahlreiche Mischformen. Bastarde vielleicht stabil geworden (*Collinae*). Die Gruppe besitzt kein hohes Alter, Heimat und Entwicklungszentrum in Zentral- und Südosteuropa. *P. argentea* mit großem Formenreichtum. Sonnige Standorte, kalkfeindlich. Ruderal, Äcker, Apophyt. Einachsige Staude mit verholztem! Erdstock, aus dem die Blütenstengel entspringen.

19a. *Collinae*. Die meisten *C.* sind ursprünglich aus Kreuzungen zwischen Arten der § *Argenteae* und *Aureae vernae* hervorgegangen; sie stellen Bastarde dar, die zu Arten geworden sind. Zuerst als Sammelart *collina* Wib. beschrieben, später von ZIMMETER in 25, von WOLF in 16 Arten aufgelöst. Das Hauptverbreitungsgebiet ist Mitteleuropa.

Der Bastardnatur entsprechend teils einachsig (*Argenteae*), teils zweiachsig (*Aureae*). Einige Arten mit unvollkommenen Sternhaaren, bei deren Entstehung wohl irgendeine Form von *P. arenaria* beteiligt war, weil Sternhaare außerhalb der kleinen Untergruppe der *Aureae vernae stellipilae* noch an keiner anderen *Potentilla* der Erde beobachtet worden sind.

21. *Rectae.* Kurze, starre abstehende Borstenhaare zwischen den langen Haaren bilden das niemals fehlende Kennzeichen und Unterscheidungsmerkmal gegen habituell ähnliche Arten der *Argenteae, Collinae, Grandiflorae* u. a. Eine sehr natürliche Gruppe von 9 Arten, deren Entstehungszentrum und Hauptverbreitungsgebiet in den Gegenden um das Schwarze Meer und am Balkan liegt (dort sehr formenreich, Hybriden), von wo aus sie nach allen Richtungen ausstrahlen; in *P. hirta* bis Spanien, in *P. taurina* nach Kleinasien. *P. recta* hat die weiteste Verbreitung, die so ziemlich mit der der ganzen § zusammenfällt. Diese neotype § steht in voller Entwicklung.

22. *Rivales* (21 Arten) bilden eine ± künstliche Gruppe, die durch den kurzen Griffel charakterisiert ist. Sie hat sich vielleicht polyphyletisch aus mehreren älteren Gruppen heraus entwickelt. Es finden sich Arten mit gefiederten Blättern neben solchen mit gefingerten Blättern. Sie finden sich über die ganze Erde, soweit sie von Potentillen bewohnt ist, verbreitet; viele Arten kommen nur in einem engbegrenzten Gebiet vor, einige dagegen wie *supina* und *norvegica* umspannen fast die ganze Erde. Verbreitung durch den Menschen.

Alle zwei- bis mehrjährigen Potentillen der Erde gehören zu den *Rivales*.

23. *Persicae* (19 Arten), habituell ziemlich abweichende Arten, durch die Griffelform zu einer sehr natürlichen § vereint, die ein fast einheitliches Areal (Persien, Armenien mit Ausstrahlung bis Mittel-Asien, Atlas, Sierra Nevada) bewohnen. Alle *Persicae* bewohnen alpine oder subalpine Höhenstufen. Die *P.* geben ein Beispiel, daß die Blattformen nicht zur Gruppenbildung verwendet werden dürfen, denn sie zeigen die Tendenz, das vielpaarig gefiederte Blatt allmählich durch Zwischenstufen in das fünfteilig gefingerte Blatt umzuwandeln.

24. *Grandiflorae* (6 Arten). Der Griffel ist etwa ½mal so lang wie das Früchtchen, während er bei den *Persicae* etwa 2—3mal so lang wie das Früchtchen ist. Der Stammsitz der morphologisch sich sehr nahestehenden Arten liegt wahrscheinlich in der Alpenkette, also im Gebiete der jetzt verbreitetsten und häufigsten Art, *P. grandiflora*, die als Stammart der *P. delphinensis* (West-Alpen), *P. pyrenaica* (Pyrenäen), *P. montenegrina* und der ihr nahestehenden *P. Buccoana* (bithynischer Olymp), sowie der auch systematisch fernerstehenden *P. umbrosa* (Kaukasus) gelten kann.

25. *Chrysanthae* (13 Arten). Grundblätter stets 5—7teilig gefingert. Griffel nicht bedeutend länger als die reifen Früchtchen. Mannigfaltigkentszentrum liegt in Mittel- und Westasien (Altai bis Kaukasus). In Europa drei Arten. Die § ist noch in voller Entwicklung begriffen und von keinem hohen Alter, weil die meisten Arten nur schwer von einander zu trennen sind (z. B. *P. chrysantha* und *thuringiaca*) oder einen Kreis „kritischer" Formen bilden.

28. *Aureae*. Die Gruppe ist durch den kleinen nagelförmigen fast endständigen Griffel charakterisiert. Alle *Aureae* sind zweiachsig, d. h. die Blütenstengel entspringen seitlich und die Hauptachse schließt mit einer sterilen Blattrosette ab. Die Achse wächst unbeschränkt weiter. Die Rosetten haben aber eine verhältnismäßig kurze Lebensdauer, weil infolge ungenügender Wurzelkontraktion die Endknospe zu hoch über dem Erdboden gerät und dabei erfriert oder vertrocknet (Troll, 1935, S. 233).

Alle *Aureae* sind orthotrich, d. h. sie besitzen niemals einen echten Haarfilz, einige aber Sternhaare (*Aureae vernae stelligerae*).

Die *Aureae* umfassen neben sehr alten auch sehr junge Arten. Eine arktotertiäre alte Gruppe begann in südlicheren Gegenden eine neue Entwicklungsperiode ohne ihre Gruppencharaktere zu ändern.

Die Gruppe ist sehr alt und jedenfalls von der Polarregion ausgehend bis auf die Gebirge Mittelasiens und Südeuropas vorgedrungen.

Einige, wahrscheinlich sehr alte Arten (*frigida, dubia*) neigen nicht zum Abändern, sie sind vielleicht schon im Aussterben begriffen, während andere (z. B. *verna, arenaria*) einen außerordentlichen Formenreichtum und zahlreiche Bastarde aufweisen.

In diesen Arten hat sich die alte Gruppe der *Aureae* wahrscheinlich erst nach Abschluß der Eiszeit wieder verjüngt und zu neuer Energie aufgerafft; diese Arten sind in voller Entwicklung begriffen und streben nach regionaler Differenzierung.

Wolf teilt die *Aureae* in folgende Untergruppen:

a) *Aureae frigidae* 11 Arten: *frigida, Brauneana* Hoppe (= *dubia*).

b) *Aureae alpestres* 3 Arten: *Crantzii* (= *alpestris*), *aurea, ternata*.

c) *Aureae opacae* 7 Arten: *heptaphylla* JUSLEN. (= *opaca*), *patula.*

d) *Aureae vernae* 7 Arten: *Tabernaemontani* ASCHERS. (= *verna*), *Gaudini, arenaria.*

a) *Frigidae* sind zirkumpolare Arten, von denen einzelne, z. B. *gelida*, zur Eiszeit in die südlichen Gebirge wanderten. Außerdem haben sich in südlicheren Gebieten noch vikariierende, sich eng an die alten nordischen Arten anschließende Arten mit ziemlich beschränkter Verbreitung ausgebildet, so *Brauneana* (= *dubia*) und *frigida* in den Alpen und Pyrenäen.

b) *Alpestres. P. Crantzii* (CR.) BECK (= *alpestris* HALL. fil.) ist eine sehr alte, zirkumpolare Art (Arktis, Nordamerika, Grönland, Island, Nordengland, Fennoskandien, Semlja), die erst in verhältnismäßig junger Zeit auf südlicher gelegene Gebirge — Pyrenäen, Alpen, Jura, Vogesen, Apenninen, Karpaten, Illyrische Gebirge, Kaukasus bis Kleinasien vorgedrungen ist und sich hier mannigfaltiger ausgestaltet hat, als es ihr in der einförmigen Urheimat möglich war.

So wurde z. B. die spezifisch europäische *P. aurea* abgespalten. *P. ternata* ist eine östliche vikariierende Art von *P. aurea.*

Während *P. Crantzii* im skandinavischen Gebirge auf den verschiedensten Unterlagen, wenn auch am zahlreichsten auf den kalkhaltigen Silurschiefern, hat sich in den Alpen ein Vikarriieren angebahnt, indem *P. Crantzii* vorzugsweise kalkreiche, trockene, *P. aurea* dagegen vorzugsweise kalkärmere, frische Standorte besiedelt (HEGI, IV/2, S. 872). Auf Schneeberg und Rax (Kalk!) ist *P. aurea* ungleich häufiger als *Crantzii* (JANCHEN, briefl. 1951). *P. aurea* erzeugt oft schon vor dem Ausapern grüne Laubblätter (HEGI, S. 873), vgl. S. 513.

Bei *P. Crantzii (alpestris)* treten atavistisch als Rückschlag zum Fiederblatt kleine Fiederblättchen am Blattstiel auf.

c) *Opacae* und *Vernae* sind jedenfalls jünger als die *Alpestres* und *Frigidae* und durchaus auf die gemäßigten Gebiete Europas und Westasiens beschränkt, in denen sie wohl erst in postglazialer Zeit ihre Hauptentwicklung begannen und ihre heutige Ausdehnung erlangten; z. T. sind es Steppenpflanzen (z. B. *arenaria*). Da ihre sehr nahe Verwandtschaft mit den *Alpestres* feststeht, sind sie jüngere Zweige des alten Stammes der *Aureae.*

P. heptaphylla Jusl. (*opaca*) dürfte sich aus der asiatischen *P. opaciformis* entwickelt haben und durch Ungarn zu ihren heutigen Nord- und Westgrenzen in Mitteleuropa vorgerückt sein. (Pontisches Element.) *P. heptaphylla* treibt aus dem Wurzelstock kurze, aufrechte, niemals oberirdisch anwurzelnde Seitentriebe und bildet einen kompakten Stock. *P. heptaphylla* ist sehr formenreich, daher in Entwicklung begriffen. *P. Tabernaemontani* (= *verna*) hat lange, niederliegende, leicht anwurzelnde Triebe, die bald einen ausgebreiteten Rasen bilden. Auch sind die Öhrchen der Nebenblätter an den Grundblättern bei *P. heptaphylla* meist kurz, lanzettlich-oval, bei *P. Tabernemontani* dagegen lang ausgezogen und sehr schmal.

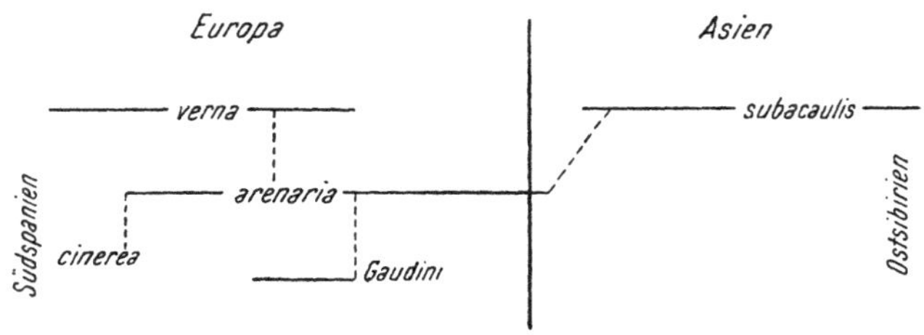

Abb. 34. Entwicklungsschema der *Potentilla verna*-Gruppe. Th. Wolf, 1938.

d) *Vernae*. Die Arten *P. arenaria, pusilla* (= *Gaudini*), *cinerea, subacaulis* besitzen Sternhaare (Gruppe der *Stelligerae* oder *Stellipilae*), während *P. Tabernaemontani* stets ganz frei von solchen Haaren ist (einzige Art der Gruppe *Astelligerae*).

Aus dem Verbreitungsgebiet ist mit Sicherheit zu schließen, daß *P. Tabernaemontani* durch Verlust der Sternhaare aus den *Stelligerae* entstanden ist. Diese bewohnen Steppengebiete, in denen sie durch ihren Sternfilz gegen die extremen Schwankungen zwischen Kälte, Hitze und Trockenheit vortrefflich geschützt sind; die sternhaarlose *P. Tabernaemontani* dagegen bewohnt vorzugsweise Gegenden, in denen sie diesen Schutz entbehren kann.

Wolf bringt für die Entwicklung der *Vernae* folgendes Schema (Abb. 34).

P. Tabernaemontani (= *P. verna*) gehört wie *P. pusilla* (= *P. Gaudini*) und *P. arenaria* zu jenen Arten, die in der Gegenwart in voller Entwicklung sind. Formenschwarm. Bastarde.

Bei *P. verna* beobachtet man, daß ein und dieselbe Pflanze, wenn sie im Spätsommer oder Herbst ein zweitesmal blüht, einen anderen Habitus, anders gestaltete Blätter, andere Behaarung usw. aufweist, als sie im Frühjahr hatte (Saisondimorphismus).

30. *Tormentillae* (8 Arten). Auf ein hohes Alter der § läßt neben der systematischen Isoliertheit auch die heutige Verbreitung über alle drei Kontinente der nördlichen Halbkugel schließen.

Da sechs Arten dieser sehr natürlichen § einfache, unverzweigte Stengel besitzen und nur eine einzige, nämlich die europäische *P. erecta* (= *P. Tormentilla*) verzweigte Stengel hat, liegt die Vermutung nahe, daß die Stammart der § unverzweigte Stengel besaß und daß sich *erecta*, der teriären Arktis am nächsten liegend, schon in sehr alter Zeit abgezweigt hat, während der Urstamm in Amerika und Asien nur Nachkommen mit unverzweigten Stengeln südwärts vorschob.

Bei *P. erecta* leitet sich das 5geteilte Blatt nicht direkt vom gefiederten Blatt wie bei den anderen Potentillen ab, sondern ist durch Spaltung der Seitenblätter entstanden.

Der Hauptcharakter der § liegt im sympodialen Bau der Blütenstengel. Bei sechs von acht Arten schließt der zunächst einfache Stengel mit einer Blüte ab und wächst daher nicht weiter; unmittelbar unter dem ersten bis dritten Laubblatt bildet sich eine Seitenknospe, die den Stengel fortsetzt. Diese Stengel sind ausläuferartig ausgebildet, wurzeln an den Knoten leicht ein und entwickeln aus Adventivknospen neue Pflanzen. Vegetative Vermehrung.

Von den europäischen Arten ist

P. reptans am weitesten bis nach Asien verbreitet.

P. erecta besiedelt Asien bis zum Kaukasus und Altai,

P. anglica LAICH (= *P. procumbens* SIBTH.) (*P. reptans* × *erecta*) ist ein zur unabhängigen Art gewordener Bastard und eine spezifisch europäische Art.

Nach Stellung und Form des Griffels stehen die *Tormentillae* den *Aureae* und *Fragarioides* am nächsten.

31. *Anserinae* (7 Arten) mit kurzem, seitenständigem Griffel, vielpaarig gefiederte Grundblätter. Habituell sehr verschieden.

P. Anserina zeigt durch den sympodialen Aufbau der einfachen, ausläuferartigen Stengel und die Vermehrung durch die an den Knoten der Stengel entstehenden Adventivpflanzen große Ähnlichkeit mit einigen Tormentillen (z. B. *reptans*), mit denen sie aber nicht näher verwandt ist. Die Stengel wachsen unbegrenzt bis zum Eintritt der Herbstfröste weiter.

Aus der morphologisch isolierten Stellung und aus der weiten Verbreitung in der alten und neuen Welt ist auf hohes Alter zu schließen.

Das Vorkommen in Südaustralien, Tasmanien und Neuseeland dürfte auf Anschwemmung durch Meeresströmungen zurückzuführen sein.

Die anderen Arten der § sind auf das südliche Asien beschränkt.

Die Wuchsformen der *Potentilla*-Arten. Bei *Potentilla* lassen sich drei Bauplantypen unterscheiden:

1. Sträucher (zwei Arten), darunter *P. fruticosa*, bei denen die Äste bis zur Spitze verholzen und Halbsträucher (zwölf Arten), z. B. *P. palustris*, bei denen nur der untere Teil des Stengels verholzt, während die oberen Teile der Stengel und Zweige nach der Blüte absterben. Sympodial-einachsig.

Ältester Typus, der durch die Verholzung der tropischen Lebensform nahesteht. Da die Verholzung im gemäßigten Klima nur selten den ganzen Sproß erfaßt, meist nur mehr die basalen Teile verholzen (Halbsträucher), war diese Lebensform bei der Klimawende am Ende der Tertiärzeit nicht geeignet, die Arten zu erhalten. Heute nur in wenigen Stammesrelikten erhalten (4.5% aller *P.*).

2. Die große Mehrzahl aller *P.*-Arten (etwa 92%) sind zweiachsige krautige Pflanzen. Sie besitzen ein ± verholztes Rhizom (Erdstock), das an der Spitze dauernd weiterwächst (monopodial). Die Endknospe muß daher geschützt sein. Dies geschieht durch die Schneedecke und durch Wurzelzug, der sie an den Erdboden herabzieht, und durch Reste der Blätter und Blattstiele (Tunika), die den Erdstock dicht umkleiden. (Vgl. Abb. *P. Clusiana, micrantha. P. recta, frigida* u. a. m. HEGI.) Auch diese Lebensform zeigt durch das dauernde Wachstum der Endknospe, die ± starke Verholzung des Erdstockes und die Reste der abgestorbenen Laubblätter (kein Laubfall) noch Spuren der tropischen (tertiären) Abkunft der Gattung. In dieser Wuchsform kommt *Potentilla* im gemäßigten Klima zu reicher Entfaltung.

Besondere Modifikationen erfährt diese Wuchsform durch Ausbildung von Ausläufern (vegetative Seitenprosse) bei einzelnen Arten (*Fragariastra*) oder durch ausläuferartige Blütenstengel (*P. reptans*, *P. Anserina*), die an den Knoten einwurzeln. Ausläuferinfloreszenzen (TROLL, S. 152).

Der Gesamthabitus wird durch die Verbreitungsweise der Früchte stark beeinflußt. Feste, harte Stengel bei Windverbreitung, schlaffe, bei der Fruchtreife am Boden liegende Stengel bei Verbreitung der Früchte durch Ameisen (SERNANDER, 1901, 1906).

Die Gesamtgestalt beherrscht aber immer der Bauplan der monopodialen zweiachsigen Staude.

3. Als jüngste Glieder der Wuchsformausbildung bei *Potentilla* erscheinen etwa zehn Arten der § *Rectae*, *Argenteae*, *Rivales*; es sind einachsige Stauden von zwei- oder mehrjährigen Arten mit Pfahlwurzel, begrenzter Hauptachse und Absterben der ganzen Pflanze nach der Blüte. Trockene, sonnige Standorte, Ruderalpflanzen.

Die allermeisten Arten der Gattung *Potentilla* sind anemochor und bradyspor, d. h. ihre Früchte reifen langsam. Damit die Früchte nur bei günstigen Windverhältnissen ausgestreut werden, finden sich Hemmungseinrichtungen (Arretierungseinrichtungen). Äußerer und innerer Kelch schließen sich nach der Blüte zu einer biologischen Kapsel zusammen; dabei schwillt häufig der Fruchtboden an. Die Blütenstiele verholzen und das ganze System wirkt ballistisch. Die Ausstreuung der Früchte verzögert sich bis in den Winter. Wintersteher sind: *P. argentea*, *collina*, *palustris*, *recta*, *reptans* und *erecta* (= *Tormentilla*). Bei der Fruchtreife werden die Früchtchen langsam durch die Spitze der biologischen Kapsel hinausgeschüttelt, z. B. bei *P. rupestris*.

Die Früchtchen der *Potentilla alba* werden durch Ameisen und nicht durch den Wind verbreitet. Die Entwicklung nach dem Blühen (postflorale Entwicklung) hat neue Bahnen eingeschlagen, in denen aber der anemochore Stammtypus noch deutlich erkennbar ist. Es wird zwar eine biologische Kapsel gebildet, aber die Blütenstengel verlieren ihre Turgeszenz, werden schlaff und legen sich auf den Boden, so daß die Ameisen die Früchtchen abholen können (Abb. SERNANDER, 1906, S. 299). Rasche Entwicklung (Tachysporie), erzeugt reife Früchte noch im Sommer, weil die Ameisen im Norden nur kurze Zeit tätig sind (SERNANDER, 1906, S. 244).

Im Entwicklungsgang der Gattung *Potentilla* (Abb. 35) lassen sich drei Perioden unterscheiden:

I. Die ältesten Glieder lebten im Alttertiär in der nördlichen Arktis, die damals tropisches Klima besaß. Von dieser

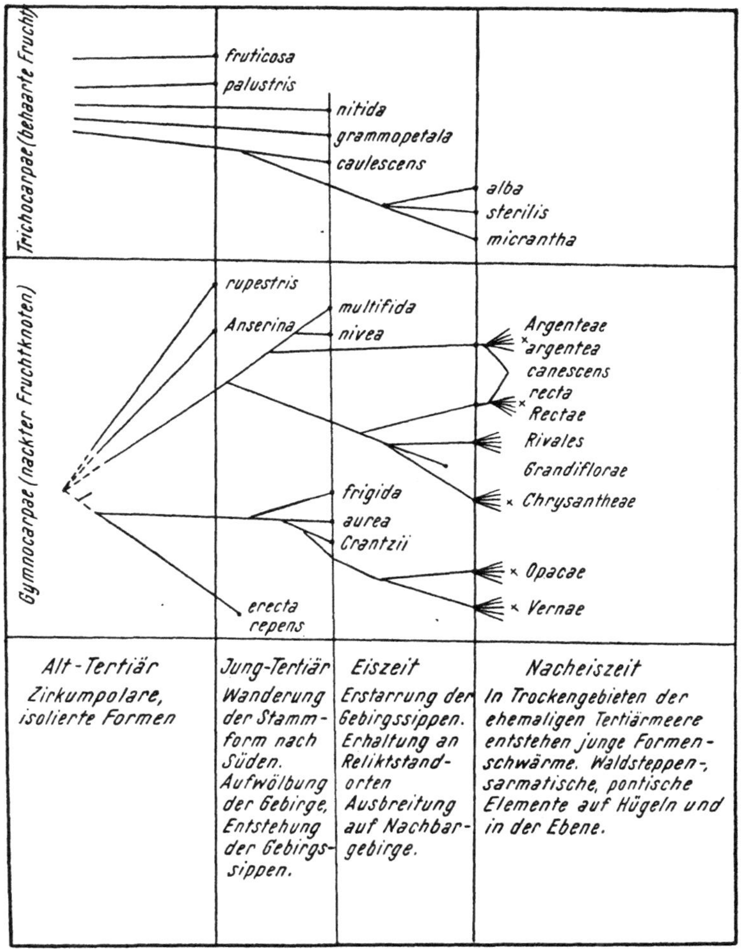

Abb. 35. Versuch eines Entwicklungsschemas der mitteleuropäischen *Potentilla*-(Fingerkraut-)Arten.

arktotertiären Flora finden sich heute nur mehr Stammesrelikte in den zirkumpolaren Gebieten, zum Teil auch weiter südlich.

Diese älteren Glieder sind holzig (Sträucher), die jüngeren dagegen krautig.

Beispiele: *P. fructicosa, P. palustris* (= *Comarum palustre*).

II. Angehörige der I. Gruppe wanderten im Jungtertiär nach Süden und entwickelten in den Gebirgen Südeuropas und Westasiens Gebirgspflanzen. Submontan-mediterranes Element.

Zweiachsige Stauden, z. T. mit verholztem Erdstock.

Beispiele: *P. nitida* (Halbstrauch), *P. caulescens, P. nivea, P. aurea.*

III. Aus der II. Gruppe entstehen im Quartär in den Austrocknungsgebieten der alten Tertiärmeere neue, junge Formenschwärme, die sich über Hügel und Ebenen der unvergletscherten Teile Europas und Westasiens ausbreiten. Pontisches, sarmatisches Element.

Zweiachsige oder einachsige Stauden oder Kräuter.

Beispiele: *P. verna, argentea, canescens.*

Die Geschichte der mit *Potentilla* verwandten Gattungen verläuft in ähnlicher Weise, doch kommt die Entwicklung bei *Dryas, Sieversia* und *Sibbaldia* mit der I. Periode zum Stillstand, *Geum* zeigt ihre Entwicklungshöhe vor allem in der II. Periode, *Rubus* in der III. Periode. *Rosa* zeigt die tropische Abkunft (I) durch den holzigen Stamm und die gefiederten Blätter, die bis zum Herbst grün bleiben und oft abfallen, ohne besonders verfärbt zu sein. Die Gattung entwickelt keine Stauden. Auch *Rubus* hat wie die Urpotentillen alle Übergänge vom gefiederten zum dreizähligen Blatt, das bei vielen *Rubus*-Arten wenigstens einen Winter überdauert.

Literatur.

Hegi, IV/2, S. 809. — Rydberg, P. A., 1898. A Monograph of the North American *Potentillae.* (Mem. from the Dep. of Bot. of Columbia Univ. Vol. II. — Wolf, Th., 1908. Monographie der Gattung *Potentilla.* Bibliotheca Bot. **16**. —Zimmeter, A., 1884. Die europäischen Arten der Gattung *Potentilla.* Programm der Realschule Steyr.

2. *Alchemilla* L. — Frauenmantel.

Die Gattung *Alchemilla* ist nicht nur eine „geheimnisvolle" (Diels, 1910), wissenschaftlich sehr interessante und für allgemeine Fragen der Entwicklungsgeschichte der Pflanzen aufschlußreiche Gattung, sondern auch wegen der großen Artenzahl, die bei sehr weitem Artbegriff etwa 60, bei engerem über

1000 beträgt, sehr schwierig darzustellen. Nicht minder schwierig als das Studium der Arten ist das der Nomenklatur. Es erfordert sehr viel Zeit, da man stets auf neue synonyme Namen stößt. In Folgendem werden die in MANSFELDS Verzeichnis (1940) gebrauchten Namen verwendet; dieses Verzeichnis hat W. ROTHMALER ergänzt.

ROTHMALER (1937, S. 164) zerlegt die Gattung *Alchemilla* in drei Gattungen: 1. *Aphanes*, 2. *Lachemilla*, 3. *Alchemilla*. Die drei Gattungen dürften ihren gemeinsamen Ausgangspunkt in Hochgebirgssträuchern der vortertiären Tropenzonen mit *Sibbaldia*-ähnlichem Blütenbau, S. 165, haben. DIELS (1910, S. 39) bezeichnet sie als einen alten Stamm der südlichen Hemisphäre. In der Tiertiärzeit wird ihn schon das meridionale Europa gemeinsam mit Afrika besessen haben, wo er gerade auch auf dem älteren Hochgebirge formenreich entwickelt ist.

Die Alchemillen schließen sich in ihrem vegetativen Aufbau völlig den Potentillen an; in den Blüten zeigen sich weitgehende Reduktionserscheinungen.

Die Gruppe *Aphanes*, einjährige Pflanzen arider Gebiete umfassend, dürfte sich zuerst abgetrennt haben. Die Kronenblätter gingen verloren, die Zahl der Staubgefäße wurde auf eins reduziert. Die Arten entwickelten sich besonders im Mittelmeergebiet und verbreiteten sich von da über Makaronesien, die Azoren nach dem südöstlichen Nordamerika, im pazifischen Nordamerika und dann wieder von Peru nach Chile, im atlantischen Südamerika, ebenso in Südaustralien und schließlich als Relikt in Abessinien. Diese disjunkte weite Verbreitung in heute von einander getrennten Gebieten läßt auf hohes Alter, bzw. frühzeitige Trennung von der Urform der Gattung schließen.

Lachemilla (von vielen Forschern nicht als eigene Gattung anerkannt), verlor ebenfalls die Kronenblätter (Petalen) und reduzierte die Zahl der Staubgefäße; sie zeigt heute eine rein andin-südamerikanische Verbreitung.

Alchemilla, bei der die Zahl der Staubgefäße auf vier reduziert erscheint, endlich findet sich in den Hochgebirgen des östlichen Afrika bis zum Kap, in Madagaskar, Ceylon, Südindien und Java, ferner in der Polarktis. Charkteristisch ist, daß *Alchemilla* in Hochasien keine Rolle spielt, ja dort den meisten Gebirgen gänzlich fehlt (DIELS, 1910, S. 39).

Der Entwicklungsgang und die Formbildung der europäischen *Alchemilla*-Arten wird durch den Entfall der sexuellen Vermehrung, Apogamie, beherrscht. Mit wenigen Ausnahmen sind sie nicht mehr sexuell fortpflanzungsfähig, wodurch starke Variationen und Kreuzungen ausgeschaltet werden, so daß sich die einzelnen Formen nur modifikativ etwas ändern können. Infolge der ausgeschalteten Rückkreuzung bleiben die Formen erhalten und dies führt zur großen Zahl von Kleinarten.

Die Formen sind daher auch sowohl in der Natur als Kultur konstant und zeigen klare Arealbildung; sie können daher als Arten bezeichnet werden.

Der Keimling geht bei der Apogamie aus einer unbefruchteten Eizelle mit unreduzierter (doppelter) Chromosomenzahl hervor, die einer vegetativen Zelle entspricht. Er ist also eigentlich eine Art Brutknospe oder Steckling, ein selbständig gewordener Teil der Mutterpflanze, und als solcher nur im Besitz der Eigenschaften, die das Mutterindividuum kennzeichnen. Daher die merkwürdige Konstanz der Alchemillen! Sie vermehren sich eben nur durch Stecklinge in Samenform; und daher auch die Unmöglichkeit der Kreuzungen (SCHRÖTER, 1926, S. 579). „Einige wenige Formen besitzen normale Pollen und Samenknospen (*A. pentaphyllea, gelida, glacialis, grossidens*, letztere drei subnivale Formen aus der Gruppe der *Hoppeana* (= *conjuncta*). Es ist auffallend, daß gerade die hochalpinen Formen die Befruchtungsfähigkeit beibehalten haben; man sollte eher erwarten, daß gerade sie die sicheren, von den Zufälligkeiten des Insektenbesuches und der Fruchtreife unabhängige apogame Vermehrungsform sich angeeignet hätten. Sie sind auch die einzigen, welche Bestarde erzeugen.“ (SCHRÖTER, 1926, S. 577).

Wodurch und wann ist die Apogamie entstanden?

Entstehungsursache der Apogamie.

a) Der Zeugungsverlust (Apogamie) ist zweifellos eine sekundäre Eigenschaft. ERNST ist der Ansicht, daß sie eine Folge von Bastardierung ist. Ursprünglich waren wohl alle Alchemillen befruchtungsfähig. Dafür spricht die Tatsache, daß alle untersuchten amerikanischen und afrikanischen Arten normalen Pollen haben, ferner die Einrichtungen für Fremdbestäubung, die als nutzlos gewordene Eigenschaften auch bei den apogamen Formen zähe festgehalten werden.

Entstehungszeit der Apogamie.

b) Nach ROTHMALER (1938, S. 92) fand in der Tertiärzeit eine starke Artbildung durch Mutation und Bastardierung statt; gegen das Ende der Tertiärzeit dürfte sie ihren Höhepunkt erreicht haben und durch die auftretende Apogamie nach und nach zum Abschluß gebracht worden sein. Daß die Apogamie in jener Zeit eingetreten sein muß, geht aus den zahlreichen Disjunktionen hervor, die nicht anders zu erklären wären. Durch das Vordringen des Inlandeises im Diluvium wurden die alten großen Areale der Arten zerstört, die einzelnen Formen erhielten sich in Rückzugs- (besser Erhaltungs-)Gebieten (Balkan).

Um uns einen Überblick über die europäischen *Alchemilla*-Formen (ob wir sie Arten, Subspezies, Varietäten usw. nennen, ist gleichgültig) zu verschaffen, bringen wir sie in Gruppen, die wir Gesamtarten nennen. Jede Gesamtart entspricht einem besonderen Entwicklungskreis.

Natürliche Gliederung der mitteleuropäischen Arten der Gattung *Alchemilla* L. s. l. nach ROTHMALER, BUSER, GAMS, MANSFELD.

I. *Eualchemilla*
- a) *Chirophyllum* ROTHM. = *Alpinae* BUSER.
  - α) *Pentaphylleae*
    - 1. *pentaphyllea*
  - β) *Saxatiles*
    - 2. *alpina* (subsp. *eualpina* ASCHERS.)
  - γ) *Hoppeanae*
    - 3. *conjuncta* (= *Hoppeana*)
- b) *Calycanthum* ROTHM.
  - *Calycinae*
    - 4. *fissa* (= *glaberrima*)
- c) *Heliodrosium* ROTHM.
  - *Pubescentes*
    - 5. *glaucescens* WALLROTH (= *pubescens* LAM. = *hybrida* MILL.)
  - *Vulgares*
    - 6. *vulgaris*

II. *Aphanes*
- 7. *arvensis*

Den Entwicklungsgang der Gattung versuchen wir in Abb. 36 graphisch darzustellen.

Die *Alchemilla*-Arten sind Rosettenpflanzen mit unbegrenzter Hauptachse; die Infloreszenzen entspringen seitlich an der Basis der Rosette (TROLL, I, S. 235).

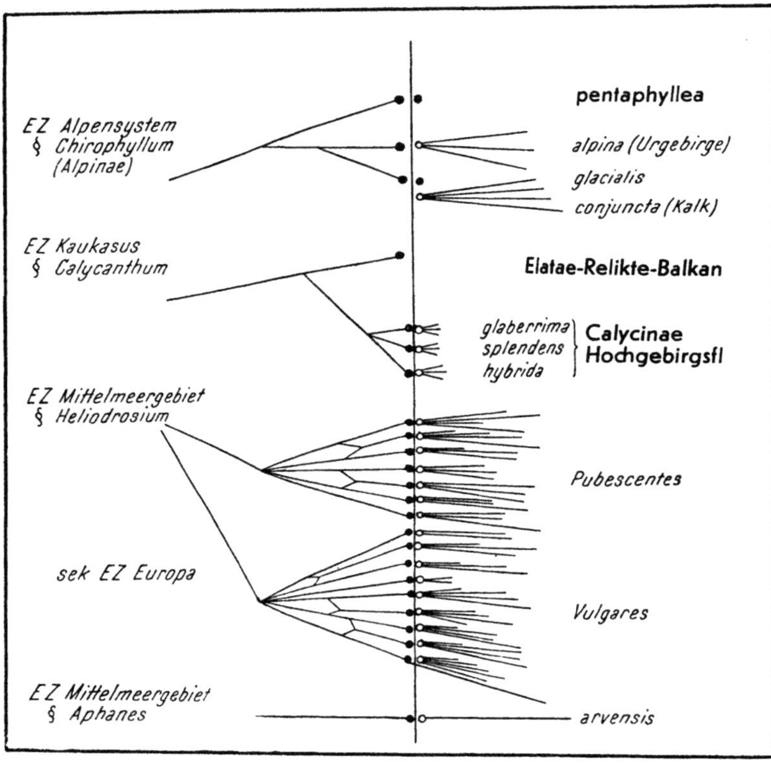

Abb. 36. Versuch eines Entwicklungsschemas der Gattung *Alchemilla* L. Frauenmantel. *EZ* = Entwicklungszentrum. Während der Tertiärzeit fand lebhafteste Formbildung durch Mutation und Bastardierung statt. Alle Formen sind Zwitter. Allmählich erlischt bei den meisten Formen am Ende der Tertiärzeit die Fähigkeit der geschlechtlichen Fortpflanzung und wird durch Apogamie o ersetzt. Die Sektion Heliodrosium erreicht die größte Verbreitung auf ehemals vergletschertem Boden.

1. *Alchemilla pentaphyllea* L. ist eine rein alpigene Art, auf die Alpen beschränkt und wohl auch dort entstanden. BUSER bezeichnet sie als uralte Art, vielleicht so alt wie die Alpen selbst. Sie bildet für sich einen besonderen Typus vom Wert der *Vulgares* (als Gruppe) oder der *Alpinae*. Diese

Art findet sich vorzugsweise in Schneetälchenrasen der hochalpinen Stufe der zentralen Ketten, von den Seealpen bis Tirol. Die Eiszeit hat sie wohl in den Alpen überdauert. Es ist eine der wenigen *Alchemilla*-Arten, die ihre Samen auf normalem Wege durch Bestäubung erzeugen, nicht parthenogenetisch; vielleicht im Zusammenhang damit ist sie die wenigst variable Form der Gattung (SCHRÖTER, 1926, S. 651).

2. *Alchemilla alpina* L. s. l. und

3. *Alchemilla conjuncta* Bab. s. l. (= *A. Hoppeana* DALLA TORRE) gehören der Sectio *Alpinae* BUSER an; es empfiehlt sich, beide Formengruppen gemeinsam zu besprechen, um die Gegensätzlichkeiten klar hervortreten zu lassen.

a) *A. alpina* gehört zu Serie *Saxatilis* BUSER, hat fünf- bis siebenteilige Blätter, Urgebirgspflanzen,

b) *A. conjuncta* gehört zu Serie *Hoppeanae* BUSER, hat sieben- bis neunteilige Blätter, Kalkpflanzen.

a) Die Gruppe *Saxatiles (A. alpina)* hält BUSER für älter als die Gruppe *Hoppeanae*, weil sie 1. morphologisch einfacher (fünf- bis siebenteilige Blätter), 2. sexuell völlig reduziert ist, 3. die inneren Teile der Gebirge als Silikatpflanze bewohnt, 4. durch die südlichsten und isoliertesten Vorkommen auf Korsika und dem Bithynischen Olymp schon einen mediterraren Anstrich bekommt.

Die Gruppe *Saxatiles* entwickelt in den nordmediterranen Gebirgen (Pyrenäen, Alpen, Karpaten bis zum Kaukasus und zum Bithynischen Olymp) etwa 30—40 Arten, von diesen hat nur eine Art (*A. alpina*) wahrscheinlich schon in präglazialer Zeit ihr Verbreitungsgebiet bis nach Lappland, ja bis ins arktische Amerika über Schottland—Faröer—Island—Grönland—Labrador ausgedehnt. Sie ist, hier im Norden isoliert, sich gleich geblieben, während die verwandten Formen im Süden, im organischen Kontakt geblieben, bis zur Bildung kleiner und wenig verbreiteter Lokalrassen vorgeschritten sind. *A. alpina* ist also eine typisch arktisch-alpine Pflanze, d. h. eine alpigene Pflanze mit arktischer Verbreitung.

b) Die Gruppe der *Hoppeanae (A. conjuncta* BAB. = *A. Hoppeana* DALLATORRE) ist jüngeren Ursprungs als die Gruppe *Saxatiles*, sie ist morphologisch entwickelter (ein Blattabschnittpaar mehr), sie ist teilweise noch sexuell und der Hauptsache nach Bewohner der die Urgebirgsketten umgebenden Kalkketten. Das Hauptgewicht der Gruppe liegt in den West- und

Zentralalpen; speziell ostalpine Arten gibt es wenige (z. B. *anisiaca*). *A. conjuncta* findet sich im Alpensystem (Pyrenäen, Apennin, Alpen, Jura, illyr. Gebirge). Im Norden existiert im Gegensatz zur Gruppe *Saxatiles* kein Vertreter dieser Gruppe (SCHRÖTER, 1926, S. 583).

4. *Alchemilla fissa* GÜNTH. et SCHUMM. s. l. = *A. glaberrina* (SCHMIDT) BUSER non OPIZ (Kahler Frauenmantel) dient uns als Vertreter der Gruppe *Calycanthum*, deren Entwicklungsgang ROTHMALER (1938) durch Anwendung der Methode der Merkmalsgeographie (O. SCHWARZ, 1936), die S. 428 geschildert ist, aufgeklärt hat.

Die Gruppe *Calycanthum* gliedert sich in eine ältere Gruppe

a) *Elatae* (hochwüchsige Waldpflanzen, meist stark behaarte Pflanzen mit ± behaartem Kelchbecher, 29 Arten) und eine jüngere

b) *Calycinae*, kahle, niedrige, alpine Typen mit immer kahlen Blüten, 18 Arten, davon 10 in den Alpen, z. B. *fallax, incisa, vallesiaca, cuspidens, pyrenaica, gracillima, fissa* (= *glaberrima*) — auch auf die Pyrenäen, Riesengebirge, Vogesen übergreifend. Die Westalpen sind bevorzugt.

Karte 1 (Isoporienkarte Abb. 71) gibt die Linien gleicher Artenzahl.

Karte 2 (Isopsepherenkarte Abb. 72) gibt die Linien gleicher Merkmalszahl.

Aus den beiden Karten ergibt sich

1. der Kaukasus mit größter Artenzahl und größter Merkmalszahl (12 : 80) ist das Entstehungszentrum,

2. die Westalpen mit geringerer Artenzahl und geringerer Merkmalszahl (10 : 40) ein jüngeres, sekundäres EZ.

3. der Balkan mit niedriger Artenzahl und relativ sehr hoher Merkmalszahl (4 : 60) ein Reliktgebiet.

Die Gruppe dürfte in den tertiären Waldgebieten als Hochstauden vom *Elatae*-Typus vertreten gewesen sein. Ihr Formenschwarm breitet sich auch über die tertiären Hochgebirge aus und entwickelte dort die alpinen Typen der *Calycinae*. Die starke Artbildung durch Mutation und Bestardierung dürfte gegen Ende der Tertiärzeit ihren Höhepunkt erreicht haben und wurde durch die auftretende Apogamie zum Abschluß gebracht.

Durch das Vordringen des Inlandeises im Diluvium wurden die alten großen Areale der Arten zerstört; nur in einzelnen

Erhaltungsgebieten (Reliktgebieten) erhielten sich einzelne Formen. Für die Waldpflanzen *(Elatae)* sind die wichtigsten Erhaltungsgebiete der Balkan und Nordost-Anatolien. Die hochalpinen Arten *(Calycinae)* erhielten sich in der Nähe der vergletscherten Gebirge (Südfrankreich, Ungarn, Alpenvorland). Nach Zurückgehen des Eises besiedelten sie wieder das Gebirge, in den niederen Lagen wurden sie durch die höhere und dichtere Vegetation vernichtet. So erklären sich die Disjunktionen in den Pyrenäen und den mitteleuropäischen Gebirgen.

5. *A. glaucescens* WALLROTH (= *hybrida* L. em. MILLER = *A. pubescens* LAM.) und

6. *A. vulgaris* L. (= Series *Euvulgares* BUSER) bedürfen noch einer Bearbeitung mit anderen Forschungsmethoden. Wir wollen vorläufig nur festhalten, daß BUSER und DIELS darauf hinweisen, daß die Formen der Ebene wahrscheinlich von Gebirgsformen abstammen. Auch die *Vulgares* haben ihre Heimat in Europa und haben sich weit nach Asien bis nach Zentralasien und bis Sibirien verbreitet.

Abschließend sei noch bemerkt, daß in fast allen Gruppen die subnivalen Typen in gleicher Richtung (Parallelvariation) von denen der Ebene verschieden sind; sie zeigen eine auffallende Ähnlichkeit ihrer Blätter mit denen der *A. fissa*, d. h. tief eingeschnittene Spreite und nur vorne, aber dort sehr tief gezähnte Lappen. (Näheres und Abb. bei SCHRÖTER, 1926, S. 579). Diese „fissiformen" Varietäten entsprechen zugleich den jugendlichen Stadien der Normalform. Wir haben also blühreif gewordene Jugendformen vor uns (DIELS, 1906). Das würde aber eher darauf hinweisen, daß die Ebenenformen (Normalformen) bei Aufstieg in die Gebirge ihren Entwicklungsgang abkürzen und schon im Jugendstadium zur Fortpflanzung schreiten. Auch hier werden neuere Untersuchungen Klarheit bringen müssen.

7. *Alchemilla arvensis* (L.) SCOPOLI (= *Aphanes arvensis* L.). Einjähriges oder überwinternd einjähriges Kraut. Nur ein Staubblatt, als seltener Atavismus zwei oder drei Staubblätter. (Reduktion, atavistisch). Stellenweise massenhaft auf Äckern, Weinbergen, selten in Felsheiden und lichten Kieferwäldern; vom Tiefland bis 800 m, dem orientalisch-mediterranen Element angehörend, hat diese Art sich als Archäophyt über den größten Teil der Nordhemisphäre (auch Nordamerika) verbreitet.

Während die Pflanze im Mittelmeergebiet in der Regel sommerannuell ist, keimt sie in Mitteleuropa meist erst im Spätsommer oder Herbst. In der Regel überwintert sie mit einer Laubrosette, seltener gelangt sie schon im ersten Jahr zur Blüte.

Die Vermehrung erfolgt in der Regel geschlechtlich, doch kann auch Apogamie vorkommen.

Die Gattung *Aphanes*, die sich frühzeitig abgetrennt hat und eine weltweite Verbreitung besitzt (S. 211), ist als historisch alt zu bezeichnen, während sie stammesgeschichtlich eine junge, stark reduzierte, abgeleitete Gattung ist (vergl. *Pinus*, S. 24).

Literatur.

BUSER, R., 1894. Sur les Alchimilles subnivales (Bull. Herb. Boissier, II, 1894). — GAMS, H., in HEGI, IV/2, S. 943, 1923. — MURBECK, S., Zur Morphologie und Systematik der Gattung *Alchemilla*. Lunds Univ. Årsskrift, 1915. — ROTHMALER, W., Systematische Vorarbeiten zu einer Monographie der Gattung *Alchemilla*. FEDDE, *Rep. spec.* nov. **38** (1935), **42** (1937). — ROTHMALER, W., Systematik und Geographie der Subsect. *Calycanthum* der Gattung *Alchemilla*. FEDDE, Rep. Beihefte, **100**, 1938, und in MANSFELD, Verzeichnis, 1940. — SCHRÖTER, Pflanzenleben, 1926.

XIV. *Tiliaceae.* — Lindengewächse.

Die Familie umfaßt etwa 40 Gattungen mit etwa 400 Arten und gehört größtenteils den Tropen an, wo sie drei größere Verbreitungsgebiete besitzt:

1. ein afrikanisches (zahlreiche monotypische Gattungen),
2. ein südasiatisch-malayisches (die Gattung *Grewia* reich vertreten),
3. ein brasilianisches (*Luhea* WILL., *Mollia* MART.).

Von diesen Zentren strahlt die Familie in alle fünf Erdteile aus. Die Gattungen *Sparmannia* L. und *Grevia* L. treten in Südafrika in die gemäßigte Zone ein, letztere auch in Japan. Die Gattungen *Tilia* und *Corchoropsis* sind auf die nördliche, *Entelia* auf die südliche Halbkugel beschränkt.

Es besitzt an Gattungen .

Amerika **12** (7), Europa 1 (*Tilia*), Afrika 16 (11), Asien 17 (12), Australien 5 (2), Polynesien 2 (1). Die Lücke Europa tritt also auch bei dieser Familie deutlich hervor.

In dieser weltweiten Verbreitung zeigt sich das hohe Alter der Familie, das auch dadurch zum Ausdruck kommt, daß die

Gattungen meist artenarm sind; fast die Hälfte derselben ist sogar monotypisch (nur eine Art) und z. T. auf sehr enge Gebiete beschränkt; umfangreich sind nur die Gattungen *Grewia* (90 Arten), *Corchorus* (ca. 30 Arten) und *Triumfetta* (über 60 Arten). Fossile Reste sind mit Sicherheit nur bis ins Tertiär nachzuweisen (Obere Kreide in Nordamerika, Grönland?).

Während fossile Funde von *Salix, Populus, Juglans, Fagus, Quercus* und *Hedera* bereits in der jüngeren Kreidezeit vorkommen, treten *Tilia, Castanea, Fraxinus, Acer* und *Ilex*-Arten später, erst im älteren Tertiär fossil auf. Bei der ersten Gruppe erscheinen die Blüten zumeist vor den Blättern, bei der zweiten Gruppe zumeist die Blätter vor den Blüten. Die erste Gruppe enthält nur Holzpflanzen.

Bei den Tiliaceen gibt es holzige und krautige Formen.

Die Gattung

Tilia L. — Linde.

besteht ausschließlich aus Bäumen, mit durchaus tropischer Verwandtschaft. Sie zählt etwa 35 z. T. sehr formenreiche, schwer gegeneinander abzugrenzenden Arten und besitzt ihr Verbreitungsgebiet in der nördlich-gemäßigten und subtropischen Zone.

Am artenreichsten ist sie in Ostasien entwickelt, wo wohl auch das Entwicklungszentrum der Gattung zu suchen ist. Von dort aus strahlen besonders die *Reticulares* über Sibirien nach Europa aus. Weniger reich an Arten ist Nordamerika. Am artenärmsten sind Europa und Westasien, in denen drei Subsektionen mit vier Arten vorkommen. Darunter befindet sich aber als endemisches Erzeugnis die Subsektion *Trabeculares*.

Gliederung der europäischen Linden-Arten.

1. Sekt. *Anastreae* (mit einfachen Haaren)
   - a) Subsekt. *Reticulares* (Blattnerven kahl), nur altweltliche Arten
     - *T. cordata* MILLER, Winterlinde. Eurosibirisch.
     - *T. sibirica* C. K. SCHNEIDER (nahe verwandt mit *cordata*).
     - Sechs ostasiatische Arten.
   - b) Subsekt. *Trabeculares* (Blattnerven behaart)
     - *T. platyphyllos.* SCOP. Sommerlinde. Europäisch-kaukasisch.

2. Sekt. *Astrophilyra* (mit Sternhaaren)

c) Subsekt. *Ebarbulatae*

T. tomentosa MOENCH, Ungarische Silberlinde, Südosteuropäisch-kleinasiatisch.

Bei Betrachtung der beiden in Mitteleuropa vorkommenden Linden, der Winterlinde (in den Aderwinkeln rotgelb gebärtet) und der Sommerlinde (in den Aderwinkeln weißlich gebärtet) regen folgende biologische Eigentümlichkeiten zu geschichtlicher Deutung an:

1. Die Endknospe der Zweige geht fast regelmäßig zugrunde und wird beim Austrieb durch die oberste Seitenknospe ersetzt (sympodiale Verzweigung, TROLL, 1935). Tropische Wachstumsweise bei Übertritt in Gebiete mit wechselnden jahreszeitlichen Bedingungen gestört. Eine Anlage, die sich nicht weiterentwickelt, sondern zugrunde geht, ist ein Hinweis auf Änderung der Umweltbedingungen.

2. Die Linden zeigen das bei Stauden übliche, bei den mitteleuropäischen Holzgewächsen seltene (öfter jedoch bei eingeführten Bäumen und Sträuchern (*Aesculus*, *Syringa*) zu beobachtende Verhalten, daß Ausbildung der Assimilationsorgane (Belaubung), dann Blüte, dann Frucht aufeinander folgen (SCHARFETTER, 1922). Ursprünglichere (tropische) Rhythmik.

3. Die Blütenstände werden nicht wie bei so vielen anderen mitteleuropäischen Bäumen schon im vorhergehenden Sommer angelegt, so daß sie überwintern und in der heurigen Vegetationsperiode austreiben. Sie entstehen in den Blattachseln heuriger Langtriebe. Dadurch erklärt sich die verhältnismäßig späte Blütezeit der Linden: Winterlinde Ende Juni bis Mitte Juli, Sommerlinde etwa 14 Tage früher als die Winterlinde. Die Winterlinde ist ein eurosibirisches, die Sommerlinde ein europäisch-kaukasisches Florenelement. — Die vorhergehende Vegetationsperiode wird also nicht zur Verlängerung der Blüte-Fruchtzeit herangezogen.

4. Wohl aber ist die Winterlinde ein „Wintersteher", d. h. die Früchte fallen im Herbst nicht ab, sondern bleiben oft bis zum Frühjahr am Baume. Abbildung bei HEGI V/1, S. 438 und S. 445. — offenbar war die Vegetationszeit zu kurz, um die Früchte zum vollen Ausreifen zu bringen. Die Reifezeit wird also bis in den Winter ausgedehnt. Eine völlige Anpas-

sung an die Jahreszeiten der gemäßigten Zone ist also noch nicht erfolgt.

5. Die Blütenstände erscheinen an Langtrieben. Vgl. dagegen unsere Obstbäume, bei denen eine Arbeitsteilung erfolgt, indem die Langtriebe als Assimilationstriebe, die Kurztriebe als Blüten-Fruchtträger ausgestaltet sind. Vgl. Koniferen, S. 3.

6. Während sylleptische Triebe und Johannistriebe bei Linden nicht bekannt sind, ist P r o l e p s i s, d. h. Austreiben aus bereits geschlossenen, für das nächste Jahr bestimmter Knospen nach einer ausgeprägten Ruheperiode eine sehr häufige Erscheinung. Vgl. Punkt 1. Austreiben der Seitenknospe nach Abortieren der Endknospe. Im Juli entstandene Stockausschläge bilden mitunter schon im August proleptische Triebe (SPÄTH, 1912, S. 30). Auch nach Beschädigung (Zurückschneiden bereits belaubter Alleebäume) bilden die Linden proleptische Triebe zur Regeneration. Deutung S. 501.

7. Die R h y t h m i k d e r L i n d e läßt sich durch Frühtreibeverfahren leicht ä n d e r n (FR. WEBER, 1916, S. 14). Die jüngeren Triebe der Sommerlinde entwickelten sich bei Versuchen mit dem Acetylen-Verfahren ungemein rasch und es zeigten sich schon in den letzten Jännertagen (!) ansehnliche Anlagen von Blütenständen in den Achseln der neuen Blätter, bevor (!) diese noch ihre definitive Ausbildung erlangt hatten. — Das zeigt, daß die R h y t h m i k n o c h n i c h t f i x i e r t ist, also noch in Anpassung an das gemäßigte Klima begriffen ist. Die phänologischen Erscheinungen von Linde und Ahorn gehen weitgehend parallel.

8. Die Keimblätter beider Linden sind tief handförmig gelappt (Abb. HEGI, V/1 S. 439); die Jugendblätter sind drei- bis fünflappig; beide Linden haben Varietäten, bzw. Formen mit gelappten Blättern, ferner treten an Stockausschlägen solche Blattformen auf. — Das läßt darauf schließen, daß das heutige Lindenblatt auf ein geteiltes, lappiges Blatt zurückgeht. Derartige Blätter gibt es bei den Tiliaceen mehrfach z. B. bei *Sparmannia africana,* wo die Blätter deutlich fünf- bis siebenlappig erscheinen. (Atavismus-Rückschläge, biogenetisches Grundgesetz).

9. Die Laubblätter der beiden Linden sind rundlich und vorn in eine kurz aufgesetzte Spitze ausgezogen; die Form *acuminatissima* (RCHB.) V. Engler der Winterlinde hat eine lang vorgezogene, fast ein Drittel der Spreite erreichende Spitze. — Ob

man darin den Rest einer Träufelspitze — im Tropenwald häufig — erblicken darf?

10. Der Fruchtknoten enthält fünf Fächer mit je zwei Samenanlagen, die reife Frucht ist ein einsamiges Nüßchen mit Resten der anderen Samenanlagen. Atavismus.

11. Die jungen Blätter der Linde sind mit langen, seidenartigen Haaren bedeckt, in der Mitte zusammengefaltet, ihre Spreiten hängen zunächst mit der Spitze nach unten. Die voll

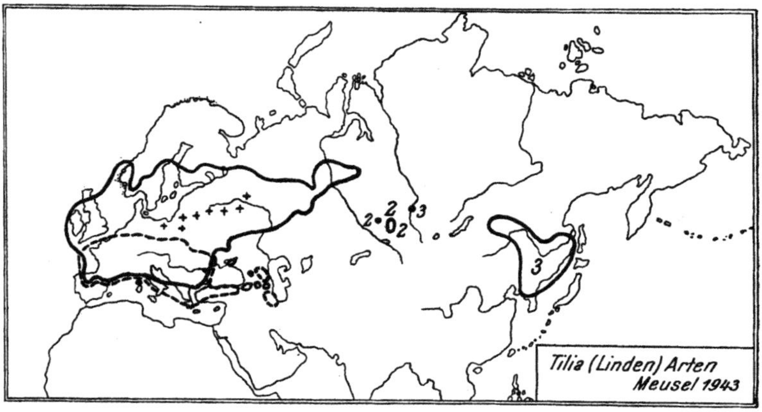

Abb. 37. Europäische und asiatische *Tilia*-Arten.
——— *Tilia cordata* (Winterlinde) mit nahestehenden asiatischen Arten: *sibirica 2* und *amurensis 3*.
– – – – *Tilia platyphyllos* (Sommerlinde) und ihre weitere Verbreitung (+) in der Interglazialzeit.

entfalteten Blätter stehen mit ihren Stielen unter einem Winkel von 45° vom Zweig ab und tragen ihre Spreite waagrecht dazu. — Diese Einrichtungen sind nach SCHIMPER (S. 242) Einrichtungen tropischer Pflanzen, für die das schlaffe Herabhängen der jungen Blätter besonders charakteristisch ist. Dieser Schutz gegen starke Erhitzung, übermäßige Transpiration und übermäßigen Lichtgenuß, der zur Zerstörung des Chlorophylls führen würde, findet sich bei unseren einheimischen Laubbäumen nur noch bei Roßkastanien, Kirsche und Schneeball (*Viburnum*).

In ihrer Verbreitung (Abb. 37) und in ihren Standortsansprüchen zeigen die beiden einheimischen Lindenarten folgende Unterschiede:

Tilia cordata, Winterlinde	*T. platyphyllos*, Sommerlinde
Entwicklungszentrum Ostasien	EZentrum SEuropa—WAs.
eurosibirisches Element	mitteleuropäisches E.
nordisches Landklima	ozeanische Klimatönung
bis Mitteldeutschland weiter nach Osten (kontinental)	bis Skandinavien
trockenere Standorte frostempfindlicher	feuchtere Standorte (ozeanisch)
Blüte Ende Juni, Mitte Juli	Blüht um etwa 14 Tage früher als *T. c.*
Wintersteher	Früchte fallen im Herbst ab
bevorzugt die Ebene	meidet das trockenwarme Tiefland, bevorzugt feuchtere Gebirgslagen
kontinentale Ausbreitungstendenz, Ebenen wie *Quercus Robur* *Acer platanoides*	atlantische Ausbreitungstendenz und Bergstufe, wie *Quercus petraea, Acer Pseudoplatanus, Fagus silvatica*

Bei der gegenwärtigen Verbreitung der beiden Arten spielen wahrscheinlich florengeschichtliche Ursachen eine Rolle. In der Zeit, in der ein ausgesprochenes Landklima herrschte, mußte sich die Sommerlinde aus dem trockenwarmen Tiefland in die feuchteren Höhenlagen zurückziehen (BERTSCH), während in der Ebene nur die Winterlinde vorkam. Auf der Bergstufe waren also zwei Linden vorhanden, während im Flachland nur die Winterlinde vorkam. Daher mag es kommen, daß die Bergmoore so viel Lindenpollen enthalten. BERTSCH (1940, S. 34).

Die Winterlinde ist in Mitteleuropa ziemlich verbreitet, stellenweise häufig und bildet mit der Eiche einen wichtigen Bestandteil des Eichenmischwaldes, der für die Entwicklung der mitteleuropäischen Kulturlandschaft von größter Bedeutung ist. Die Sommerlinde dagegen vergesellschaftet sich häufig mit der Buche, ohne die anderen Laubgehölze zu meiden; ihre soziologische Bedeutung ist geringer als die der Winterlinde. Wir wollen deshalb kurz die Geschichte der Winterlinde verfolgen.

Schon in präglazialen (tertiären) Schichten in der heutigen oder ihr nahe verwandten Formen wurde ihre Anwesenheit in Schlesien, im Miozän Umbriens, im Obermiozän Schlesiens festgestellt.

In der Mindel-Riß-Zwischeneiszeit findet man Reste bei Perle unweit Fismes (Aisne, Frankreich) in ähnlicher Gesellschaft wie heute. Jedoch war *T. cordata* weniger häufig als *T. platyphyllos.* Zur selben Zeit als Nebenart in einem Fichtenmengwald in den Mergeln von Kaltbrunn bei Zürich; in der ersten Zwischeneiszeit in den Mergeln von Honerdingen.

Die frühzeitige Einwanderung in Mitteleuropa aus dem Osten nach dem Rückzug der großen Vergletscherung ist sehr wahrscheinlich. Nach Skandinavien vielleicht schon in der borealen, sicher in der atlantischen Periode. Im kontinentaleren Norddeutschland und in Finnland verdrängte sie zur Eichenzeit den Birken-Espen-Kiefernwald, im ozeanischen Westen den Birken-Espenwald, bildete zunächst mit der Kiefer, im postglazialen Wärmehöhepunkt (subboreale Phase) mit der Eiche den Eichenmischwald (S. 426).

In der folgenden, klimatisch mehr ozeanischen, atlantischen Phase, welche Buche, Fichte und Tanne nach Miteleuropa brachte, wurde ihre Verbreitung eingeschränkt, so daß sie heute ein verkleinertes Reliktareal bewohnt. Der Mensch hat aus wirtschaftlichen Gründen weiterhin zerstückelnd eingewirkt. Doch läßt sich z. B. für die Alpen ein erneutes Vordringen gegenwärtig wieder feststellen.

Anleitung zur historischen Betrachtung der Linden.

Die Gattung *Tilia* (Linde), 35 Arten (1909), erscheint zum erstenmal im Eozän Nordamerikas und findet sich dann im Tertiär Nordamerikas, Asiens, Europas und der Arktis; sie ist daher arktotertiären, das heißt tropischen Ursprungs.

A. Stammesgeschichte.

1. Zwitterblüte. K 5 C 5 A 5 bis zum Grunde in viele Staubfäden gespalten G 5.

Starke Reduktion im Gynöceum.

Fruchtknoten aus 5—3 Fruchtblättern, in jedem Fach zwei Samenanlagen.

Frucht aber nur einfächerig, 1—2 Samen. Reste der sterilen Fächer.

2. Bienenblume, ursprünglich vielleicht Fliegenblume, zwei Grübchen mit Nektar am Grunde der Kelchblätter.

3. Blattformen. Blattfolge.

a) an der Keimpflanze (Abb. HEGI V/1, S. 439).

Primärblatt	Normalblatt
α) symmetrisch,	α) asymmetrisch,
β) länger als breit,	β) breiter als lang,
γ) Blattzähne verschieden groß, das Blatt erscheint gelappt,	γ) viele kleine gleich große Blattzähne.

b) Blattfolge an Stammsprossen, Stockausschlägen.

Die Stammsprosse beginnen vielfach mit Blättern, die in ihrer Form sich eng an die Primärblätter anschließen: mit herzförmiger Basis, ungleich großen Blattzähnen, langgestreckt. Übergangsblätter zur Normalform.

Die Blattfolge der Keimpflanzen und der Stammsprosse wiederholt die phylogenetische Entwicklung des Lindenblattes (SCHÄFFER 1895).

B. Geschichte.

Die ursprünglich arktotertiäre Gattung wird durch die herannahende Eiszeit nach Süden abgedrängt und findet in Nordamerika, Südeuropa, Westasien und Ostasien Erhaltungszentren, die später zu sekundären Entwicklungszentren der *Tilia*-Arten werden.

Tilia cordata, die Winterlinde, zur Subsektion *Reticulatae* gehörend, breitet sich von Ostasien im Anschluß an *T. sibirica* schon präglazial (Funde z. B. im Miozän Schlesiens) bis nach Europa aus. In den Eiszeiten verdrängt, dringt sie interglazial wieder vor. Postglazial herrscht in Mitteleuropa nach dem arktisch-glazialen Klima zuerst ein trocken-warmes kontinentales Klima, das im Spätneolithikum in ein gemäßigtes Seeklima übergeht. Die Winterlinde, mit der Eiche vergesellschaftet, bevorzugt das kontinentale Klima, wandert daher frühzeitig wieder in Mitteleuropa ein, erreicht zur Zeit des Eichenmischwaldes ihr größtes Areal und geht in der atlantischen Buchenzeit wieder zurück. Eichen-Reliktwälder. Absterbende Assoziation.

Tilia platyphyllos, die Sommerlinde, gehört zur Subsektion *Trabeculares*, die ihr Entwicklungszentrum in Südeuropa und Westasien hat. Sie scheint präglazial in Mitteleuropa zu fehlen, tritt aber im Interglazial reichlich auf und hat, mit der Buche vergesellschaftet, ihre größte Verbreitung erst in der Buchenzeit erreicht. Die postglaziale Geschichte der ozeanisch getönten Art verläuft in großen Umrissen gegenläufig zu der der kontinentalen Winterlinde.

C. Die Lebensform der Linden zeigt manche Erinnerungen an die tropische Abkunft.

1. Die Gattung enthält nur Holzpflanzen.

2. Die Endknospe der Zweige ist vorhanden, schlägt aber immer fehl. Das Wachstum wird sympodial von der obersten Seitenknospe fortgesetzt.

3. Triebformen: Die Blütenknospen erscheinen am heurigen, jungen Trieb gleichzeitig mit diesem im selben Jahr (sylleptisch), während die Laubknospen erst im nächsten Jahre (opistholeptisch) austreiben; die oberste Seitenknospe aber setzt infolge des Absterbens der Gipfelknospe den Sproß im selben Jahre (proleptisch) fort. In heißen Sommern neigt die Linde sehr zur Bildung proleptischer Triebe.

4. Die Blüten werden nicht im vorhergehenden Herbst angelegt, sondern sind Produkte der heurigen Vegetationsperiode. Vgl. dagegen Roßkastanie und Flieder, bei denen die vorjährigen Knospen den voll ausgebildeten Blütenstand umschließen, der sich im heurigen Jahre nur entfaltet.

5. Die Rhythmik: Belaubung — Blüte — Frucht ist bei mitteleuropäischen Bäumen selten. Entspricht einer ungestörten Entwicklung.

6. Blütezeit spät: *cordata* Ende Juni, Mitte Juli, *platyphyllos* Mitte Juni, Anfang Juli.

7. Die Sommerlinde, südlichen Ursprungs blüht 14 Tage früher als die Winterlinde (asiatischer Ursprung).

8. Läßt sich leicht frühtreiben. Nicht fixierte Rhythmik.

9. Wintersteher. Die Früchte bleiben bis tief in den Herbst am Baum. Allmähliche, noch nicht ganz vollzogene Anpassung an den Winter der gemäßigten Zone.

10. Träufelspitze?

Literatur.

BURRET, M. Beiträge zur Kenntnis der *Tiliaceae.* Notizbl. Bot. Garten, Berlin, Bd. IX, Nr. 88, S. 592—880. — DRUCE, G. C. The comital flora of the Britsh Isles. Arbroath 1932. — ENGLER, V., Monographie der Gattung *Tilia.* Breslau 1909. Diss. — HEGI, Bd. V/1, S. 426. — IRMSCHER, E. Pfl. Verbr. u. Entw. d. Kontinente, 1922, Tafel XII, Fig. 33, S. 136, Nr. 135. — JACCARD, P. und

FREY, A., *Tilia cordata* MILL. u. *Tilia platyphyllos* SCOP. (unter Einschluß von *T. corinthiaca* BOSC. u. *T. rubra* DC.). Die Pflanzenareale **2**, 2, Jena 1928. — K. L. SCH. *Tiliaceae* in Lebensgeschichte III/4, 1927. — SCHNEIDER, C. K. Handbuch der Laubholzkunde. — TEUSCHER, H. Die sechs europ. Arten der Gattung *Tilia* (M.D.D.Ges., 1920). — TROLL, W. 1935. Vergl. Morphologie, I/104 Abb. 50, 104 Abb. 51. — VOLLMANN, F., Mitt. Bayer. Bot. Ges., Bd. III, 1916. — WEBER, FR. Studien über die Ruheperiode der Holzgewächse, Berichte DBG. **39**, 1921.

XV. *Aceraceae.* — Ahorngewächse.

Bevor wir uns mit den einheimischen Ahornarten beschäftigen, wollen wir einen kurzen Blick auf die Entwicklung der Familie, dann der Gattungen und zuletzt der Arten werfen.

1. Die Aceraceen sind mit den rein tropischen Sapindaceen und mit den Hippocastanaceen verwandt, unterscheiden sich aber von beiden durch die strahligen Blüten, von den nächst verwandten Sapindaceen durch die gegenständigen Laubblätter. IRMSCHER bezeichnet die Aceraceen mit den Hippocastanaceen als die *Sapindales* der gemäßigten Zone.

Die Familie enthält ausschließlich Holzpflanzen: Bäume und Sträucher. Ihre Entstehung fällt nach fossilen Funden in die Kreidezeit und ältere Tertiärzeit und zwar in die heutige Arktis; sie ist also eine arkto-tertiär-tropische Familie.

Am Ausgang der Tertiärzeit erfolgte eine Zurückdrängung nach dem Süden, wo sich die Familie in drei getrennten Gebieten erhielt: 1. in Ostasien, 2. in Europa bis zum Himalaya, 3. in Nordamerika. Diese Erhaltungsgebiete wurden zu sekundären Entwicklungszentren. Von ihnen aus erfolgte nach der Eiszeit — in Europa zur Eichenmischwaldzeit — wiederum ein Vordringen nach Norden.

2. Die Familie enthält nur zwei Gattungen:

Dipteronia (mit gefiederten Blättern, nur zwei Arten, *D. sinensis* Oliv. und *D. Dyeriana* Henry als Reliktarten in Zentral-China) und *Acer*.

Acer L. — Ahorn.

Die Gattung *Acer* zählt über 200 Arten in der nördlich-gemäßigten Zone und zeigt durch die Verbreitung der lebenden wie der ausgestorbenen Arten arktotertiären Ursprung an. Ihre stärkste Entwicklung fällt in das Miozän; sie zeigt Erhaltung und Fortentwicklung bis in die Gegenwart (Abb. 38).

Durch die ganze Tertiärzeit bis zum Pliozän war die Verteilung der Sektionen eine gleichmäßigere als gegenwärtig. Dann erfolgte eine Südwärtswanderung, aber offenbar nicht gleichmäßig. Die Eiszeit verwischte den gemeinsamen Charakter der Ahornflora in der gemäßigten Zone.

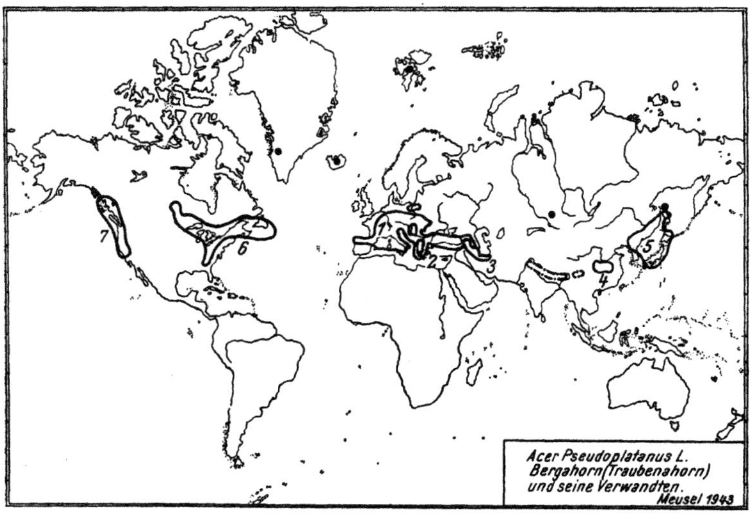

Abb. 38. Verbreitungsgebiet der Gattung *Acer* — Ahorn. Section *Spicata*, Ser. *Spicati* (—) und Ser. *Caudati* (—.—).

Die Karte zeigt durch die tertiären Fossilfunde (•) die Verdrängung der Gattung durch die Eiszeit nach Süden. In den getrennten Erhaltungsgebieten der alten Sektion *Spicata* kam es zur Ausbildung der Arten: *1* A. *Pseudoplatanus* L., *2* A. *Heldreichii* Orph., *3* A. *insigne* Boiss. et Buhse, *4* A. *sinense* Pax und A. *Oliverianum* Pax, *5* A. *spicatum* Lam. var. *ukurunduense* Maxim., *6* A. *spicatum* Lam. var. *americanum* Maxim., *7 macrophyllum* Pursh.

Die folgende Tabelle zeigt die Verarmung Europas an Ahorn-Sektionen.

	Nordamerika	Europa	Asien
§ *Spicata*	heute	heute	heute
§ *Palmata*	† = ausgestorben	†	heute
§ *Rubra*	heute	†	
§ *Macrantha*	heute		heute
§ *Saccharina*	heute	†	
§ *Lithocarpa*	heute	†	†
§ *Platanoidea*		heute	heute
§ *Campestria*		heute	heute
§ *Negundo*	heute		

In Nordamerika fand eine bessere Erhaltung tertiärer Typen, d. h. verschiedener Sektionen, statt. Europa, das ganz im Bereiche diluvialer Vergletscherung lag, verlor den größten Teil seiner Ahornflora. Das Mittelmeergebiet, der Himalaja, die zentralasiatischen Gebirge, sind für die Erhaltung tertiärer Formen vorteilhaft gelegen und daraus erklärt sich der Artenreichtum dieser Gebiete. Der Endemismus der einzelnen Länder ist demnach in erster Linie auf lokale E r h a l t u n g älterer Formen zurückzuführen. N e u b i l d u n g von Sippen nach der Tertiärzeit ist für § *Campestria* im Mittelmeergebiet und für eine größere Zahl von Sektionen mit nahe verwandten Arten (*Spicata, Platanoidea, Palmata, Macrantha*) in Ostasien höchst wahrscheinlich. In Nordamerika fehlen an der pazifischen Küste Neuendemiten, im atlantischen Gebiet sind sie selten (PAX 1902).

Westchina kann als besonderes Erhaltungs- und Entwicklungszentrum gelten, es finden sich dort 8 Sektionen von den 13 Sektionen, in die PAX die Gattung einteilt.

Noch stärker tritt das erdrückende Übergewicht Asiens hervor, wenn man die heute überholten Artenzahlen bei PAX (1902) betrachtet: Amerika hat 16, Europa 11, Asien 76 Arten.

Die Sektionen scheiden sich in phylogenetisch ursprüngliche und in abgeleitete.

Ursprüngliche Sektionen	Abgeleitete Sektionen	
Spicata — ganze nördl. Hemisphäre		
Palmata — tertiär Europa, Nordamerika, heute nur Ostasien	*Integrifolia*	Asien
	Trifoliata	Asien
Rubra — tertiär Europa, heute nur Nordamerika	*Negundo*	Nordamerika
Macrantha, n' r Ostasien und Nordamerika	*Glabra*	Nordamerika
	Saccharina	Nordamerika
	Lithocarpa	Nordamerika
	Platanoidea	schon im Tertiär nur in Eurasien
	Campestria	schon im Tertiär nur in Eurasien
Indivisa, eine Reliktart in Japan	*Arguta*	

Die u r s p r ü n g l i c h e n Sippen haben eine w e i t e Verbreitung in der nördlich-gemäßigten Zone, die a b g e l e i t e t e n sind zumeist auf e n g e r e Gebiete (Nordamerika oder Eurasien) beschränkt.

Die mitteleuropäischen Arten verteilen sich auf drei Sektionen.

1. *Spicata*	*A. tataricum* L.	
	A. Pseudoplatanus L.	
2. *Platanoidea*	*A. platanoides* L.	
3. *Campestria*	*A. campestre* L.	mediterr. Ausstrahlung nach Mitteleuropa
	A. monspessulanum L.	mediterr. Ausstrahlung durch das Rhônetal
	A. Opalus MILLER	mediterr. Ausstrahlung Süd- und Westalpen, Jura
[4. *Negundo*	*A. Negundo* L.	(Nordamerika, in Mitteleuropa nur kult.)]

1. *A. tataricum* L., der tatarische Ahorn, gehört einem asiatischen Formenkreis, der dem aralokaspischen Element zugezählt werden kann, an; er ist eine der abgeleitetsten Ahornarten. Findet sich als Unterholz lichter Eichenhochwälder, z. B. am Rande der Ungarischen Tiefebene, in Alluvialwäldern des Banats.

2. *A. Pseudoplatanus* L. (Bergahorn). Das nahestehende. vielleicht die Stammform darstellende *A. ambiguum* HEER (inkl. *A. arcticum* HEER) ist aus dem Oligozän von Grönland, Spitzbergen, dem Miozän von Sachalin und dann dem Pliozän am Fuße des Altai bekannt. Nach der fossilen Begleitflora forderte die Art schon im Tertiär ein gemäßigt ozeanisches Klima; findet sich in vielen pliozänen und namentlich interglazialen Ablagerungen (z. B. Hötting). Postglazial hat sich die Art in der klimatisch den älteren Interglazialen ähnlichen atlantischen Periode wiederum sehr stark ausgebreitet. In der Gegenwart scheint sie in Ausbreitung nach Norden begriffen (größtenteils unter menschlichem Einfluß), in den Alpen dagegen zurückzugehen (GAMS in HEGI, S. 278).

3. *A. platanoides* L., der Spitzahorn, entwickelt einen großen Formenkreis, der schon im Tertiär auf Eurasien beschränkt gewesen zu sein scheint. Als älteste Unterarten erscheinen subsp. *laetum* (heute auf West- und Zentralasien beschränkt) und *Lobelii* (heute Umgebung von Neapel), von ihnen leiten sich subsp. *euplatanoides*, die einzige in Mitteleuropa vertretene Unterart, und mehrere asiatische Unterarten als jüngere Formen ab. Subsp. *euplatanoides* scheint erst im Diluvium aus der Stammart entstanden

zu sein. Zahlreiche Fossilfunde aus dem Interglazial und der postglazialen Wärmezeit sind bekannt. Sonderbarerweise geht die Art bedeutend weiter nach Norden als *A. Pseudoplatanus*, wogegen sie in den Gebirgen viel weniger hoch steigt. Seine üppigste Entfaltung erreichte der Spitzahorn in den Eichenmischwäldern (mit Linde, Ulme usw.), die im Tertiär über die Nordhemisphäre allgemein verbreitet waren, in den Interglazialzeiten und in der postglazialen Wärmezeit neuerlich sich ausdehnten, aber seither in ständigem Rückgang begriffen sind und nur an einzelnen Stellen als Relikteichenwälder (Südfrankreich, Rhônetal, Vierwaldstätter- und Walensee, Jurafuß u. a.) erhalten sind. Soweit diese Wälder nicht gerodet wurden, sind sie vielfach durch Buchen- und Fichtenwälder verdrängt, in denen der Spitzahorn nur vereinzelt und kümmerlich auftritt. Kleinere Bestände bildet er außerhalb der genannten Gebiete fast nur unter menschlichem Einfluß (Gams in Hegi, S. 283).

Während also für den Bergahorn in der Jetztzeit eine Arealvergrößerung, ist für den Spitzahorn eine Arealverkleinerung festgestellt worden.

4. *A. campestre* L. (Feldahorn) verlangt mehr Sommerwärme als *A. platanoides* und *A. Pseudoplatanus* und verträgt mehr Trockenheit. Er gedeiht in lichten Laubgehölzen, an sonnigen buschigen Abhängen trockener Südhänge der Alpen, in den Zentralalpen, am Rande der südrussischen Steppe. Er ist in Mitteleuropa weit verbreitet von der Ebene bis in die montane Stufe. Er gehört einem mediterranen Entwicklungskreis, der auf dem Balkan sehr formenreich entwickelt ist, an und findet sich von den Pyrenäen bis nach Turkestan. Seine Ausbreitungsgeschichte gleicht der des *A. platanoides*. Im Tertiär große Teile Europas bedeckend (fossil im Miozän und Pliozän) , verschwindet er in den Eiszeiten, um im Interglazial und in der postglazialen Wärmezeit, zahlreiche Formen bildend, wieder ein großes Areal zu erlangen.

5. *A. monspessulanum* L. ist ebenfalls durchs ganze Mittelmeergebiet von Spanien bis Turkestan, in Nordafrika, in Tunesien und Algerien verbreitet. Das nah verwandte *A. decipiens* Heer findet sich im Miozän weit in Mitteleuropa verbreitet. Im Karstwald und in der Šibljakformation der Balkanländer ist *Acer monspessulanum* nebst *Quercus pubescens, Ostrya carpinifolia, Prunus Mahaleb* u. a. charakteristisch. Das westdeutsche Areal erreicht dieser Ahorn durch die Bur-

gundische Pforte, von wo er bis ins Moselland vordringt; im Osten besetzt er die illyrischen Länder und den Südfuß der Alpen. Im Mainhügelland zeigt sich der Reliktcharakter des Baumes für Mitteleuropa deutlich.

6. *A. Opalus* MILL. ist eine sehr alte Art und besetzt die südeuropäischen Gebirge von Spanien bis Kleinasien; dieser Ahorn wird im Oligozän Frankreichs, im Miozän der Schweiz, im Pliozän Frankreichs gefunden. Die Unterart *italum* (LAUTH) GAMS dringt in die Süd- und Ostalpen und bis zum Jura, die Unterart *obtusatum* (W. et K.) GAMS im Osten bis Krain vor. Im Interglazial war sie am Südfluß der Alpen weiter verbreitet (Reliktcharakter).

Welche Merkmale der heute lebenden Ahornarten lassen sich als Reste und Spuren ihrer Geschichte deuten?

A. Formatavismen.

1. Die Blütenteile sind nicht fixiert. Nicht selten tritt eine Vermehrung der Gliederzahl ein. Daneben eine Reduktion der Zwitterblüte zu eingeschlechtigen Blüten. Neben Zwitterblüten kommen oft im selben Blütenstande solche mit verkümmertem Fruchtknoten und solche mit verkleinerten, unfruchtbaren Staubblättern vor. Alle Arten zeigen Neigung zur Bildung eingeschlechtiger Blüten, die bei *A. Negundo* zu völliger Zweihäusigkeit geführt hat.

2. Das ungeteilte Blatt ist die ursprüngliche, das geteilte oder zerschlitzte Blatt die abgeleitete Blattform.

a) Die Jugendblätter sind ungeteilt bei *A. Pseudoplatanus*, *A. plantanoides*, *A. campestre.*

b) Die Herbstblätter sind bei *A. monspessulanum* tiefer geteilt.

c) Die südlicheren Formen haben einfachere Blätter als die nördlichen Verwandten.

B. Phänatavismen (an die tropische Abkunft erinnernd).

1. Nur Holzpflanzen, Bäume und Sträucher.

2. Teppichsträucher und krautige Arten fehlen, die Gattung paßte sich nur zum Teil an die Lebensbedingungen der gemäßigten Zone an, z. B. durch geregelten Laubwechsel und zum Teil durch Knospenschutz. Im allgemeinen entzog sie sich diesen durch Ausweichen nach Süden.

3. Monopodiale Verzweigung durch die Endknospe.

4. Nackte Knospen bei *A. Negundo.*

5. Immergrüne Blätter bei einzelnen Arten. § *Integrifolia* PAX in Asien.

6. Der Laubfall wird dem Klimarhythmus der gemäßigten Zone entsprechend geregelt. Aus dem „immergrünen" Baum wird ein „laubabwerfender".

7. Träufelspitze bei *A. platanoides*, fehlend bei dem wärmeliebenden *A. campestre.*

8. Verzweigte Jahrestriebe nur bei *A. campestre* (Syllepsis).

9. Die in den Tropen nur von innerer Rhythmik (Eigenrhythmik) beherrschte Wachstumsweise wird mit der Klimarhythmik der gemäßigten Zone synchronisiert, bricht aber als „verkappter Johannistrieb" wieder durch. Es zeigt sich nämlich ein auffallender Wechsel in der Wachstumsgeschwindigkeit. Nach lebhaftem Wachstum im Frühjahr tritt ein Wachstumsstillstand ein, der nach Johanni wieder auflebt. Dieses zweite Wachstum ist von äußeren Einflüssen nicht abhängig, sondern erfolgt normal aus inneren, ererbten Gründen. SPÄTH bezeichnet diesen Trieb als verkappten Johannistrieb, weil es oft nicht möglich ist, mit Sicherheit festzustellen, ob es sich nur um eine Verlangsamung des Wachstums oder um eine Neuentfaltung der schon geschlossenen Endknospe handelt. Neben diesen Trieben kommen am selben Baum gleichzeitig Zweige mit kontinuierlichem Wachstum vor.

10. Die Blüten von *A. Pseudoplatanus* (Bergahorn) werden im Sommer des vorhergehenden Jahres angelegt und überwintern in besonders großen Knospen. Verlängerung der Vegetationsperiode.

11. Auffallend ist auch die Rotfärbung der jungen Blätter, eine für die Tropen charakteristische Erscheinung.

Literatur.

GAMS in HEGI, V/1, S. 274. — PAX, F., Monographie der Gattung *Acer*. ENGLER, Bot. Jahrb., 1885—1892. — PAX in ENGLER, Das Pflanzenreich, 9, 1902, Nat. Pfl.fam. III, 5, 1893.

Karten. PAX, Pflanzenareale I. Reihe, 1, 4—1926, 1927, in HEGI V/1, S. 274, VESTER, S. 273, Fig. 3, MEUSEL, Arealkunde, Kt. 36 a, 40 b, 47 c, 50 c, 51 c, 62 c.

XVI. *Hippocastanaceae.* — Roßkastaniengewächse.

Die Hippocastanaceen stehen den Sapindaceen und Aceraceen sehr nahe, ja nach IRMSCHER (1922, S. 209) haben sie als die der nördlich gemäßigten Zone angepaßten *Sapindales*, die der tropischen Zone angehören, zu gelten. Die Familie umfaßt zwei Gattungen: *Billia* und *Aesculus*.

Die Gattung ***Billia*** (zwei Arten) ist tropisch. *B. Hippocastanum* bewohnt Mexiko und *B. columbiana* Neu-Granada, Venezuela und Guatemala.

Die Gattung ***Aesculus*** (16 Arten) berührt die Tropen nur in Ostindien und ist sonst auf die Subtropen und die nördliche gemäßigte Zone, die sie heute in zersplitterten Arealen bewohnt, beschränkt (Abb. 39). Ihre Polargrenze bildet zu-

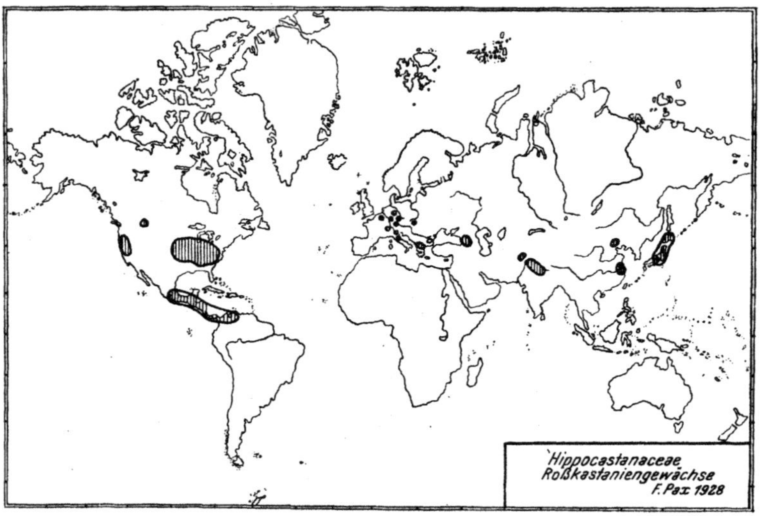

Abb. 39. Verbreitungsgebiet der *Hippocastanaceae* L. — Roßkastaniengewächse.
Das Areal dieser Familie ist stark aufgesplittert. Fossile Funde zeigen ebenfalls die einst weitere Verbreitung.

gleich die Grenze der Familie und wird in Europa von *A. Hippocastanum* L. (Bulgarien, Süd-Albanien und Nord-Griechenland), in Asien von *A. indica* Colebr. und *A. punduana* Wall. (Himalaja), *A. chinensis* Bunge (Nordchina), *A. turbinata* Blume und *A. dissimilis* Blume (Japan), in Amerika von *A. Octandra* Marsh. (südlich Canada) gebildet.

Im Tertiär lag — wenigstens in Europa — die Grenze der Gattung bedeutend nördlicher als heute, wie Funde aus dem Miozän von Bilin in Böhmen (*Palaeohippocastanum* Ettings.), aus dem Pliozän von Wieliczka in Polen und Frankfurt a. M. (hier vielleicht *A. Hippocastanum*) beweisen. Auch aus dem Tertiär von Japan und Nordchina sind Reste bekannt geworden. Fossile Vertreter der heute in Nordamerika und Asien vorkommenden Sektion *Pavia* finden sich auch in Europa und zeigen damit eine einst weitere und reichere Entwicklung der Gattung an.

Schon im Alttertiär ist die Gattung in zahlreichen Arten, die sich gut von einander unterscheiden lassen, aufgespalten. Unsere Karte (Abb. 39) zeigt die einzelnen Arten in getrennten Arealen längs der Südseite der hohen asiatischen Gebirge in einer Kette angeordnet (Kettenareale). Als letztes Glied dieser eurasiatischen Formenreihe erscheint

Aesculus Hippocastanum L. — Die europäische Roßkastanie

in kleinen Bezirken Südalbaniens und Nordgriechenlands, vielleicht auch in Bulgarien bei Preslav wildlebend (Abb. 40). Die Pflanze führt in den Gebirgen ein kümmerliches Dasein in der unteren Tannenregion, 1000 bis 1330 m, gemeinschaftlich mit *Alnus glutinosa*, *Juglans regia*, *Fraxinus excelsior*, *Acer platanoides*, *Quercus petraea* u. a.

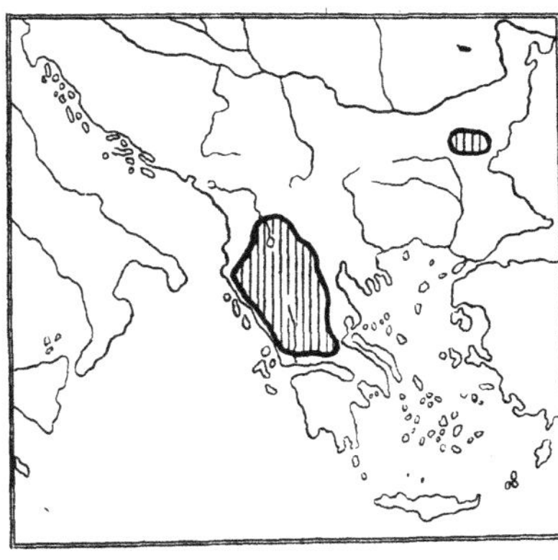

Abb. 40. *Aesculus Hippocastanum* L. — europäische Roßkastanie. Reliktvorkommen in Albanien, Griechenland, Bulgarien (?). Nach M. Rikli, 1943.

Sie hat dort eine Zufluchtsstätte in der Eiszeit gefunden (Reliktareal): denn in der Tertiärzeit war sie viel weiter nach Norden verbreitet (Tertiärareal, siehe oben).

Ein drittes Kulturareal gestaltete sich, als die Roßkastanie als Zierbaum von der balkanischen Zufluchtsstätte aus durch Samen, die der österreichische Gesandte am türkischen Hofe, David von Ungnad, 1756 an den damaligen Direktor des Wiener botanischen Gartens, Clusius, schickte, in die Gärten und Parkanlagen Europas Eingang fand.

Zum Vergleich weisen wir darauf hin, daß *Juglans regia*, *Forsythia*, *Pinus Peuce* und *Picea Omorica* eine ganz ähnliche Geschichte haben; auch sie kehrten aus ihren Zufluchtsstätten auf der Balkanhalbinsel nach der Eiszeit nicht mehr in die alte

Heimat nach Mitteleuropa, das sie in der Tertiärzeit bewohnten, zurück.

Und noch ein geschichtlicher Vergleich drängt sich auf: die Kettenareale der *Aesculus*-Arten finden sich wieder in den Kettenarealen der alttertiären *Wulfenia*-Arten, die sich vom Himalaja (*W. Amberstiana*), in Syrien (*W. orientalis*), in Albanien (*W. Baldaccii*), in Kärnten (*W. carinthiaca*) aneinanderreihen.

a) Zur Phylogenie der Roßkastanie.

Manche Besonderheiten geben Anlaß, die Roßkastanie vom genealogischen (stammesgeschichtlichen) und geschichtlichen Gesichtspunkt aus zu betrachten.

Die Zahl der Blütenteile und die Ausgestaltung der Früchte ist sehr veränderlich, d. h. nicht fixiert: Kb. 4 oder 5, frei oder verwachsen; Krb. 4 oder 5; Stb. 5—8; Blüten zwittrig oder eingeschlechtig; glatte oder stachelige Früchte, am selben Baum; die Kapsel ist meist ein-, selten zwei- oder dreifächerig, der Fruchtknoten ist dreifächerig, enthält in jedem Fach zwei Samenanlagen. Die Kapsel enthält gewöhnlich zwei, bisweilen einen, selten drei Samen. Die Spuren der anderen Anlagen sind stets als braune, geschrumpfte Körperchen nachweisbar. Formatavismus.

An den gefingerten Blättern wurden Übergänge zu gefiederten Blättern, besonders an den innersten Knospenschuppen, beobachtet.

b) Zur Geschichte der Roßkastanie.

Phänativismen, die auf die subtropisch-tertiäre Abkunft hinweisen. Die jungen Blätter hängen beim Laubausbruch schlaff abwärts (vgl. Linde, Punkt 11).

Die jungen Blätter sind anfangs braunrot behaart und verkahlen.

Träufelspitze?

Der Baum ist gegen Frühjahrsfröste empfindlich und zeigt dann Schädigung der Blätter. (Löcher, tiefe Einschnitte usw.). Im Frühling kann man öfters in den Baumkronen Zweige beobachten, deren junge Jahrestriebe und Laubblätter zufolge Frühfrösten plötzlich welken.

Die Rhythmik der Roßkastanie ist wenig gefestigt; sie läßt sich nach FR. WEBER (1916, S. 312) leicht zum Frühtreiben bringen; sie blüht nicht selten im Herbste ein zweitesmal.

Nicht blühende Zweige wachsen monopodial; die endständigen Blütenstände schließen das Wachstum des Triebes ab. Es bildet sich dann in den Achseln der beiden obersten Blätter je eine Knospe, von denen meist nur eine weiterwächst und die Achse sympodial (als Monochasium) fortsetzt. Entwickelt sich jede Achselknospe der gegenständigen Blätter, was seltener der Fall ist, so entsteht ein Dichasium. Narben bezeichnen später die Abbruchstelle des Blütenstandes und des Tragblattes der ausgetriebenen Knospe (Troll, 1935, S. 106, Abb. 52). Wird der Sproß von einem Blütenstand abgeschlossen, so trägt er nur zwei Paar Blätter; ist er aber steril, d. h. schließt er nicht mit einem Blütenstand ab, dann ist die Zahl auf das Doppelte und darüber erhöht. Vgl. das monopodiale Wachstum der verwandten Gattung Ahorn (*Acer*).

Der Blütenstand ist schon im Herbste vollkommen entwickelt und überwintert in der Knospe (Schumann K.,1904, S. 376).

Unregelmäßig ohne Rücksicht auf die Jahreszeit entwickeln sich nach völliger Beendigung des Längenwachstums echte proleptische Triebe aus bereits geschlossenen (fast nur terminalen) Knospen nach einer ausgeprägten Ruheperiode; ebenso nach Schädigung des Baumes, z. B. durch Entlaubung (Späth, 1912, S, 31, 46).

Literatur.

Baldacci, A., 1936, Sull' *Aesculus Hippocastanum* L. R. Acc. d. Sc. dell' Istituto Bologna XIV, 1936. — Hegi, V/1, S. 296. — Irmscher, 1922, S. 133. — Markgraf, F., Pflanzengeographie von Albanien. Bibl. bot. **105**, 1932. — Pax, F., Die Pflanzenareale, 2. Reihe, Heft 1. — Pax, F., *Hippocastanaceae* in E. und P., Nat. Pfl.fam. III/5. — Rikli, M., 1943, Das Pflanzenkleid der Mittelmeerländer. Bern, 1943. -- Schumann, 1904, S. 376. — Weber, F., Studien über die Ruheperiode der Holzgewächse. Sitzungsber. Ak. Wiss. Wien, math.-nat. Klasse, Abt. I, Bd. 125, 1916.

Anleitung zur historischen Betrachtung der Roßkastanie.

Die Familie der Hippocastanaceen ist nahe verwandt mit den Sapindaceen der Tropen und den Aceraceen. Sie umfaßt nur zwei Gattungen: *Billia*, zwei tropische Arten, *Aesculus*, 16 Arten, in der ganzen nördlich-gemäßigten Zone in zersplittertem Areal verbreitet. *Aesculus* ist daher eine sehr alte Gattung.

1. Musterbeispiel für Geschichte des Individuums. Blatt- und Blütenstandsnarben.
2. Monopodium bis zur Blühreife (10—15 Jahre), dann Sympodium.
3. Zahl der Blütenteile nicht fixiert. Zahl der Samen. Formatavismus.
4. Junge Blätter sind braun behaart und hängen schlaff herab. Tropischer Phänatavismus.
5. Träufelspitze? Tropisch.
6. Frostempfindlich.
7. Rhythmik nicht gefestigt. Frühtreiben, zweite Blüte im Herbst.
8. Blütenstand schon im Herbst entwickelt, Verlängerung der Vegetationsperiode.
9. Prolepsis.
10. Dreiphasenareal: Tertiär in Mitteleuropa, Reliktstandorte am Balkan, Kulturareal.

Die Roßkastanie gehört einer sehr alten Familie tropischen Ursprungs an und zeigt noch manche Spuren dieser Abkunft.

XVII. *Balsaminaceae.* — Springkrautgewächse.

Die Familie umfaßt nur die beiden Gattungen
Impatiens L. mit etwa 400 Arten
Hydrocera Bl. mit einer Art *H. triflora* (Südasien).

Das Vorkommen auf alten Kontinenten und lang abgeschlossenen Inseln, wie z. B. Madagaskar, spricht für hohes Alter.

Impatiens L. — Springkraut.

Die 400 Arten der Gattung sind Kräuter, seltener Halbsträucher und zumeist in den Tropen der Alten Welt heimisch. Die Mehrzahl ist dem feuchten, windstillen Urwald angepaßt oder tritt in den montanen bis alpinen Gebirgsstufen der Tropen auf. Nur acht Arten treten in die nördlich gemäßigte Zone ein und verteilen sich auf Nordamerika und Eurasien. In Mitteleuropa finden sich nur folgende Arten:

I. Noli-tangere L., Rühr-mich-nicht-an. Waldspringkraut, ursprünglich

I. parviflora DC., Kleinblütiges Springkraut, eingebürgert.

I. glandulifera (= *I. Roylei*), in Einbürgerung (z. B. Klosterneuburg).

Es sind einjährige Kräuter, deren Wuchsform als typisch für tropische Kräuter gelten kann und beim Übertritt in die gemäßigte Zone kaum geändert wurde. Die Hauptachse trägt die Endknospe, die Blüten sind achselständig. Der Stengel ist saftig, fast durchscheinend, die Laubblätter stehen wechselständig und bilden keine grundständige Blattrosette, wie dies für so viele krautige Pflanzen der gemäßigten Zone charakteristisch ist (vgl. die Cruciferen). Die ungünstige Jahreszeit wird in Samenform überdauert, in der günstigen Jahreszeit wird die von den tropischen Vorfahren ererbte Wuchsform und Wachstumsweise beibehalten, sehr rasches Wachstum, lang andauernde Blütezeit bei *parviflora* April bis Oktober, Blüten und reifende Früchte zur selben Zeit an der Pflanze, Bevorzugung mehr weniger feuchter Standorte bei hoher Luftfeuchtigkeit in Erlenbeständen, Waldschluchten und an ähnlichen Orten. Erfrieren der Blätter beim ersten Herbstfrost u. a. erinnern an die tropische Abkunft. Als Zugeständnis an die Lebensbedingungen in der gemäßigten Zone könnte vielleicht die Ausbildung kleistogamer Blüten bei *I. Noli-tangere* aufgefaßt werden.

I. Noli-tangere L. hat eurasiatische Verbreitung und ist als „Erlenbegleiter" wahrscheinlich schon am Ende der Tertiärzeit aus Asien nach Europa gewandert, hat sich der Schwarzerlengenossenschaft bei der Verdrängung nach Süden zur Eiszeit angeschlossen und ist mit dieser postglazial vielleicht schon zur Kiefernzeit wieder in Mitteleuropa eingewandert. Gegenwärtig wird sie vielfach zurückgedrängt durch *I. parviflora* DC., die als ostsibirisch-mongolisches Element, am Anfang des 19. Jahrhunderts aus botanischen Gärten verwilderte und sich an Kulturstandorten, aber auch in Laub- und Nadelwäldern rasch einbürgerte.

Die Familien Aceraceen, Hippocastanaceen und Balsaminaceen (letztere allerdings nur anhangsweise, also nicht mit voller Sicherheit) stellt WETTSTEIN (1935, S. 823) zur Reihe der *Terebinthales*, die 22 Familien, darunter die Rutaceen (*Dictamnus albus*, Zitrone, Orange), die Simarubaceen (Götterbaum, *Ailanthus peregrina* = *A. glandulosa*) und die Polygalaceen umfaßt.

Diese 22 Familien bewohnen durchwegs die Tropen, Subtropen und das Mediterrangebiet. Scheiden wir die Polygalaceen, deren Einordnung in die Reihe umstritten ist (CHODAT) aus , so finden sich von den 21 Familien 18 in den tropischen und subtropischen Gebieten und nur drei Familien gehen in die gemäßigte Zone über und von diesen drei Familien sind die Balsaminaceen zumeist auf die Tropen beschränkt. Im Großen gesehen, haben sich aus der ganzen Reihe nur die Gattungen Ahorn, Roßkastanie und

Springkraut an die Lebensbedingungen der gemäßigten Zone angepaßt.

In Mitteleuropa reduziert sich die Zahl der dieser Reihe angehörenden Arten noch um die Roßkastanie, die sich hier nur als Kulturpflanze findet, und um das kleinblütige Springkraut, das als verwildert und eingebürgert gelten muß; es bleiben daher nur drei Ahornarten und ein Springkraut (*Impatiens Noli-tangere*) als Vertreter eines großen tropischen Verwandtschaftskreise übrig. Es wird uns nicht wundern, wenn wir manche Form- und Phänatavismen bei diesen Arten feststellen können. (Vgl. Ahorn, S. 232, Roßkastanie, S. 236).

Literatur.

HEGI, V/1, S. 310.

XVIII. *Aquifoliaceae.* — Stechpalmengewächse.

Von der Familie der Aquifoliaceen sind etwa 450 Arten beschrieben, die in drei Gattungen (*Nemopanthes* RAF., eine Art in Nordamerika, *Thelline* LABILL., zehn Arten in Neukaledonien, *Ilex* etwa 400 Arten) aufgeteilt werden. Ihre Hauptverbreitung hat die Familie, die mit der Familie der Celastraceen nahe verwandt ist, in den Tropen und Subtropen beider Erdhälften. Mehrere Arten finden sich auch in der nördlichen und südlichen gemäßigten Zone.

Das Gesamtareal der Aquifoliaceen bildet eine ziemliche Anzahl kleiner und großer, nur teilweise zusammenhängender Schollen. Diese Disjunktion ist nicht nur in den Sektionen, sondern auch noch in deren Arten zu finden. Fossile Funde der Gattung *Ilex* in der oberen Kreide in Nordamerika, Grönland und Europa, aus dem Tertiär in Nordamerika, Arktis, Europa und Asien zeigen an, daß die Gattung einst reichlich in Gebieten vorkam, in denen sie heute fehlten oder wie in Europa nur mehr spärlich vertreten ist. Reliktareale.

Ilex L. — Stechpalme.

Die Gattung *Ilex* (ca. 400 Arten) hat ihre Hauptverbreitung in den tropischen und subtropischen Zonen beider Erdhälften. Eine Reihe von Arten kommt aber auch in der nördlichen gemäßigten Zone vor, z. B.

Ilex Aquifolium L. in Mitteleuropa und im Mediterrangebiet. Der bis 10 m hohe Baum oder Strauch hat immergrüne, lederartige Blätter (tropische Abkunft) und findet sich im Unterholz besonders von Buchenwäldern auf den verschiedensten Bodenarten. Blütezeit: Mai, Juni.

Die Verbreitungskarte (Abb. 41) zeigt seine Gebundenheit an das milde ozeanische Klima, sein Areal kann kurz als

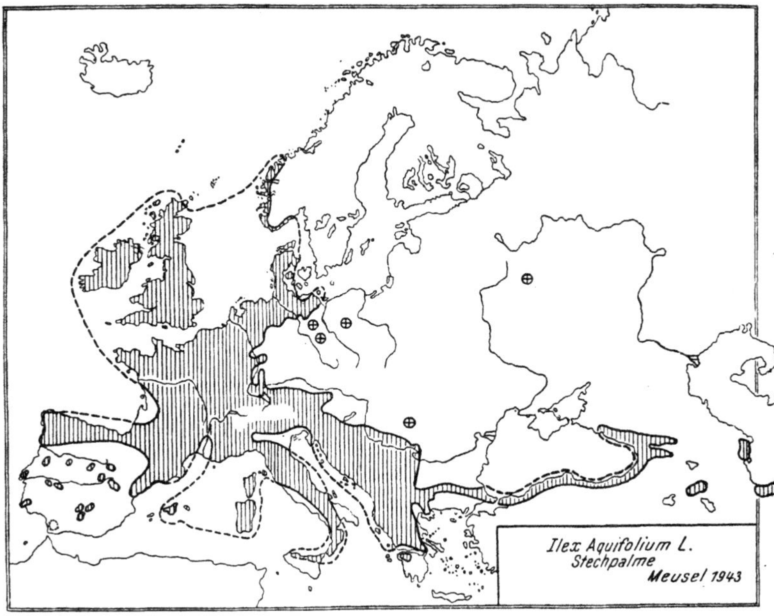

Abb. 41. Verbreitungsgebiet von *Ilex Aquifolium* L. — Stechpalme. Dieses atlantische Element war in der Interglazialzeit (Fossilfunde +) weiter im Innern des Kontinents verbreitet. Zersplitterung des Areals in Spanien, wo im Süden auch die verwandte *Ilex Perato* Ait. (. . . .) vorkommt.

mediterran-subatlantisch bezeichnet werden. Er meidet den kontinentalen Osten und hält sich in den Alpen an die feuchten Außenränder, wo er etwa bis 1200 m emporsteigt.

Der Verlauf der *Ilex*-Grenze in Deutschland läuft ungefähr mit der Jännerisotherme von 0^0 parallel. Daraus geht hervor, daß die Stechpalme zeitweise auch tiefere Temperaturen aushalten kann (in der norddeutschen Tiefebene etwa -12^0 Jännerminimum).

Interglaziale Funde sind Zeugen, daß der Strauch früher weiter nach Osten verbreitet war. Das heutige Areal ist demnach ein Rückzugsareal. In der Eiszeit auf das Mittelmeergebiet zurückgedrängt, hat die Pflanze postglazial wieder in Westeuropa, dessen Klima durch den Einfluß des Golfstromes für sie günstig geworden war, Raum gewonnen.

Obwohl die Stechpalme nach ihrer heutigen Verbreitung als mediterran-subatlantische Pflanze erscheint, nimmt LOESENER doch aus phylogenetischen Gründen und nach der Verbreitung ihrer nächsten Verwandten an, daß sie zentralasiatischen Ursprungs ist. Sie dürfte von den Randgebirgen Inner-Asiens aus westwärts wandernd in ihr jetziges Verbreitungsgebiet vorgedrungen sein. Dazu würde ein fossiler (diluvialer) Fund im insubrischen Seengebiet stimmen, in dem *Ilex Aquifolium* zusammen mit dort ausgestorbenen Vertretern (z. B. *Rhododendron ponticum*) der kaukasischen und himalajischen Flora vorkommt.

Diese Tatsachen besagen: die Stechpalme zeigt bei kontinentaler (zentralasiatischer) Abkunft ozeanische Ausbreitungstendenz — also eine Disharmonie zwischen Abkunft und Verbreitung.

Es gehört zur Aufgabe dieses Buches, an den heute lebenden Pflanzen Spuren ihrer Geschichte aufzufinden. Der Leser wird verstehen, mit welch hoher Befriedigung ich folgende Bemerkung ARESCHOUGS (1882, S. 525) gelesen habe:

„Im anatomischen Bau der Blätter von *Ilex Aquifolium* herrscht ein auffallender Gegensatz. An warmes trockenes Klima ist die Oberhaut beider Blattseiten durch eine bedeutende Dickwandigkeit und durch Verstärkung mittelst eines Hypoderma sowie durch ein mächtiges Palisadengewebe angepaßt. Das sind Einrichtungen zur Herabsetzung der Transpiration.

Das Schwammgewebe dagegen ist sehr reich an Lücken und verrät dadurch jedenfalls eine Neigung zu lebhafter Transpiration; es steht somit im Gegensatz zu den übrigen Einrichtungen.

Diese Disharmonie kann am leichtesten durch die Annahme erklärt werden, daß ein Teil der Einrichtungen den Stammeltern, die unter anderen klimatischen Verhältnissen lebten, angehört hat und später auf die Nachkommen übergegangen ist, bei denen andere Schutzmittel entstanden, um den Strukturverhältnissen entgegenzuwirken, die unter den neuen klimatischen Bedingungen nicht vorteilhaft waren."

Zusammenfassend ergibt sich folgende Deutung der Tatsachen: Die Familie der Aquifoliaceen hat ihren Ursprung in ozeanischen Gebieten der Tropenzonen, die damit den Grundzug ihrer Lebensform (immergrüne Holzgewächse) bestimmt. Eine Gattung, nämlich *Ilex*, findet in Zentralasien ein sekundäres Entwicklungszentrum, wobei in Anpassung an das kontinentale Klima eine xeromorphe Ausbildung des Blattes auftritt. In der Verbreitung von *I. Aquifolium* lebt die alte ozeanische Grundeinstellung der Familie wieder auf.

Ebenso wie sich im anatomischen Bau des Blattes ein zähes Festhalten alten Erbgutes zeigt, findet man auch im Bau der Blüte Bruchstücke der Entwicklungsgeschichte wieder. Die Stechpalme ist „sekundär" diözisch, d. h. die Zweihäusigkeit ist aus einem ursprünglichen Hermaphroditismus durch Verkümmerung des einen Geschlechtes (des Andrözeums, bzw. des Gynözeums) entstanden. Die jeweils funktionslos gewordenen Geschlechtsorgane werden in den *Ilex*-Blüten beibehalten (HEGI, V/1, S. 233 ff.). Die ♂ Exemplare scheinen häufiger gewesen zu sein als die weiblichen (Nachstellung wegen der roten Früchte). Die Pflanze kann ihr Geschlecht wechseln. D. FÖRSTER beobachtete an einem Baum 1911 eine Menge roter Früchte, 1916 am gleichen Individuum nur männliche Blüten.

Literatur.

HEGI, V/1, S. 236. — LOESENER, Th., Vorstudien zu einer Monographie der A. Dissertation, Berlin, 1890, 44 S. — LOESENER, Th., Monographia *Aquifoliacearum*. Nova act. Acad. Leop. Carol. Halle I (Bd. 78), 1901; II (Bd. 89), 1908. — LOESENER, Th., Über die Aqu. M. D. Dendr. Ges. 28 (1919), S. 1—66. — LOESENER, Th. in ENGLER, Nat. Pflanzenfamilien, 2. Aufl., 1942.

Karten: IRMSCHER, 1922, Fig. 17. — LOESENER, 1908. — MEUSEL, 1943, Kt. 40 d und 50 a. — VESTER, Bot. Arch., 41, 1940, S. 551, Fig. 295.

XIX. *Rhamnaceae.* — Kreuzdorngewächse.

Die Familie umfaßt etwa 50 Gattungen mit etwa 500 Arten in allen Gebieten der Erde, soweit die klimatischen Verhältnisse Holzgewächse zulassen. Rein endemische Gattungen besitzen Australien, das Kapland, das Betschuanaland, Abessinien, St. Helena, Madgaskar, die Hawaii-Inseln, Malakka und Brasilien.

Aus dieser Verbreitung ergibt sich das hohe Alter der Familie, das auch aus dem morphologischen Bau vieler Gattungen als Glieder früher weiter verbreiteter Formenkreise hervorgeht. Durch fossile Funde, die bis in obere Kreide Nordamerikas, Grönlands und Europas zurückreichen und noch im Miozän Islands, Spitzbergens, Europas, Nordamerikas und Ostasiens gefunden werden, wird das hohe Alter einwandfrei nachgewiesen.

An Gattungen besitzt Amerika **25** (17), Europa 3 (0), Afrika **17** (9), Asien **13** (3), Australien und Polynesien 15 (7). Die Anzahl der endemischen Gattungen ist in Klammer gesetzt. Die Lücke Europa, die aber durch fossile Funde, z. B. der Gattungen *Zizyphus* und *Berchemia* ab Paläozän und Eozän etwas aufgefüllt wird, tritt sehr deutlich hervor.

Lebensformen. Die Rhamnaceen sind durchwegs Holzpflanzen, die in den mannigfachsten Wuchsformen als immergrüne oder sommergrüne Bäume, Kleinsträucher oder selten Lianen auftreten. Krautige Arten sind sehr selten. Die brasilianische Gattung *Crumenaria* besitzt das einzige einjährige Kraut der Familie und drei ausdauernde Kräuter. Hygrophyten fehlen vollständg, Mesophyten sind reichlicher vertreten, xeromorph gebaute Arten finden sich in großer Zahl.

In Mitteleuropa finden sich die Gattungen

1. *Rhamnus* L., Kreuzdorn
2. *Paliurus* Gaertner, *P. Spina-Christi* Miller, Christusdorn, Südtirol, Krain, Istrien, ganz Südeuropa.

Rhamnus L. — Kreuzdorn.

Die Gattung *Rhamnus* gliedert sich:

a) Zweige wechselständig, wehrlos
   Blüten zwitterig, Krb. u. Stb. 5 *Frangula* L. Verbreitet.
   Blüten zweihäusig, Krb. u. Stb. meist 4
   α) aufrechte Sträucher, B. 7—13 cm
      alpina L., *fallax* Boiss., Südeurop. Gebirge
   β) niedriger Teppichstrauch, B. 3—6 cm
      pumila Turra, Pyren. → Südalpen, Apennin
b) Zweige gegenständig, dornig, selten wehrlos
   Blattstiele 2—4mal so lang wie die Nebenb.
      cathartica L., verbreitet
   Blattstiele ungefähr gleich lang wie die Nebenb.
      saxatilis Jacq. pontisch-medit.

1. *Rhamnus Frangula* L. (= *Frangula Alnus* MILLER), der Faulbaum, ist ein Strauch, seltener Baum mit wechselständigen Blättern und Zweigen. Durch zwittrige, fünfzählige Blüten mit dreifächerigem Fruchtknoten und ungeteiltem Griffel ist der Faulbaum von den folgenden Arten geschieden und daher als Untergattung oder von manchen Autoren als besondere Gattung *Frangula* geführt. Die Gattung *Frangula* umfaßt etwa 20 Arten mit vorwiegend nordamerikanischer Verbreitung. Für uns ist von Wichtigkeit, daß tropische Formen die enge Verbindung zwischen den Gattungen *Rhamnus* und *Frangula* herstellen und damit auf den tropischen Ursprung beider Gattungen hinweisen.

Bei geschichtlicher Betrachtung der Gattung *Rhamnus* ist der Faulbaum, *Rh. Frangula,* in den Mittelpunkt zu stellen, weil er noch viele ursprüngliche Züge der tropischen Abkunft der Familie bewahrt hat. Bei den anderen *Rhamnus*-Arten treten diese mehr zurück und machen besonderen Ausgestaltungen des Bauplans in Anpassung an verschiedene Lebensbedingungen Platz, so ist z. B. die für die Systematik bedeutungsvolle Dornbildung kein Organisations-, sondern ein Anpassungsmerkmal.

a) Man findet im Sommer und Herbst Blüten, unreife und völlig ausgereifte Früchte gleichzeitig am selben Strauch. Das ist bei uns ein äußerst seltenes, bei tropischen Bäumen dagegen häufiges Verhalten.

b) Die Knospen des Faulbaumes sind im Winter nicht mit Knospenschuppen bedeckt, sondern die kleinen, jungen Blättchen stehen nackt und bloß da, so daß man beim ersten Anblick glauben möchte, sie seien vorschnell entwickelt und dann erfroren (ROSSMÄSSLER, Flora im Winterkleide, S. 90).

c) C. K. SCHNEIDER führt eine Varietät *sempervirens* hort. an, Heimat unbekannt. Diese „immergrüne" Varietät ist ein weiterer Hinweis auf die Abkunft aus einem gleichmäßigen Klima.

d) Die Blütezeit erstreckt sich vom Mai bis in den September, zeigt also keine völlige Anpassung an das Klima der gemäßigten Zone.

e) Vegetative Gipfelknospen (die sproßabschließenden Blütenknospen stehen in Blattachseln) ermöglichen ein andauerndes — nur durch den Winter unterbrochenes — Wachstum.

Die Zweige des Faulbaumes bringen dauernd während des ganzen Sommers Blätter hervor: hier liegt ein Unterschied gegen viele der bei uns vorkommenden Holzgewächse vor, welche die Lauberzeugung entweder nach der Blütezeit abschließen oder doch nur noch einen geringen Trieb im Sommer machen (Johannistrieb). Aus dem Umstand, daß die Achseln dieser Blätter immer wieder Blütenstände erzeugen, erklärt sich die ungewöhnliche lange Blütezeit des Faulbaumes (Schumann 1904, S. 527).

Späth (1912, S. 6) bezeichnet solche Triebe als sylleptische Triebe (S. 499) und fügt bei, daß solche sylleptische Triebe bei *Frangula* und allen rotwurzeligen *Rhamnus*-Arten regelmäßig auftreten, dagegen nie bei schwarzwurzeligen wie *Rh. cathartica, saxatilis* u. a.

f) Die Laubblätter sind vorn spitz oder ± zugespitzt, seltener stumpf oder gestutzt. Ich erblicke in diesen spitzigen Blättern eine Erinnerung an die tropische Träufelspitze, wobei besonders auffällig ist, daß diese angedeutet sein kann oder nicht, also kein Organisations- sondern ein Anpassungsmerkmal darstellt.

g) Näherer Untersuchung bedarf eine Bemerkung Schumanns (1904, S. 527), die ich wegen ihrer großen Bedeutung für unsere geschichtlichen Forschungen wörtlich wiedergebe: „Bemerkenswert ist noch, daß an manchen (!) heurigen Sommertrieben aus der Achsel einer unteren, abgefallenen Deckschuppe ein Blütenstand hervortritt. Dieses Verhältnis führt uns zu der bei uns in Deutschland sonst nicht entwickelten Cauliflorie, d. h. zur Stammblütigkeit.

In den Tropen ist diese Art der Blütenstandsbildung häufiger entwickelt, nur gewöhnlich mit dem Unterschiede, daß die Blüten nicht dem heurigen, sondern aus einem vorjährigen oder noch älteren Zweige, manchmal sogar aus dem Hauptstamme hervortreten. In solchen Fällen handelt es sich um langandauernde Bildungsherde, welche während des Austriebes der Blätter angelegt werden, zunächst aber latent bleiben, bis das Blatt abfällt oder schon längere Zeit abgefallen ist, z. B. bei dem Kakaobaum, *Theobroma Cacao.* — Die tropischen Pflanzen, bei denen Stammblütigkeit vorliegt, sind stets durch große und schwere Früchte ausgezeichnet, so daß wir in diesem Verhältnis eine zweckmäßige Einrichtung erkennen dürfen, denn die jährigen Zweige würden unter der Last der schweren Früchte zu Bruche kommen.“

Der Faulbaum ist ein südeuropäisches montanes Element, das weit nach Norden bis Lappland, nach Osten über Kleinasien, Kaukasus bis Talysch vordringt. Er ist auf stark feuchtem Boden, in Auenwäldern, Erlenbrüchen u. a. einerseits, anderseits auch in wasserarmen Felsspalten und trockenen Föhrenwäldern mit *Calluna*-Unterwuchs zu finden.

Höck rechnet den Strauch zu den Erlenbegleitern, Warming zu den Charakterpflanzen der Erlenbrücher und Eichenwälder, Braun-Blanquet zu den ±gesellschaftsholder Arten des Alnetums (Erlenau).

Die Einwanderung der Schwarzerle erfolgte nach Bertsch in der Kiefernzeit und zwar aus Süden. Daher nehmen wir auch für den Faulbaum als ihren treuen Begleiter eine ähnliche Einwanderung aus dem Süden zur Kiefernzeit an.

2. *Rhamnus alpina* L., einschl. *R. fallax* Boiss. (= *R. alpina* L. subsp. *fallax* [Boiss.] Beger), der Alpen-Kreuzdorn, ist mit *Rh. pumila* nahe verwandt und nicht immer leicht von demselben zu unterscheiden; er ist aber kein Teppichstrauch, sondern ein aufrecht wachsender bis 3.5 m hoher Strauch. Diese Wuchsform entspricht seinem Standort an Waldrändern, auf offenen Waldplätzen, an Bachrändern auch als Unterholz in lichten Laubwäldern oder lückigen Nadelwäldern; auch findet er sich vorwiegend in der Hügel- und Bergstufe, seltener in der subalpinen Stufe, während *Rh. pumila* die subalpine Stufe bewohnt und hoch in die alpine Stufe steigt. Auch dieser Kreuzdorn findet sich fast nur auf Kalk.

Der Alpen-Kreuzdorn ist von Spanien bis Griechenland (Nordafrika? Kleinasien?) verbreitet und in zwei geographsich getrennte Unterarten geschieden:

eine westliche subspec. *eu-alpina* Beger: Spanien, Südfrankreich, Italien östlich bis zur Schweiz,

eine östliche subspec. *fallax* (Boiss.) Beger von den Karawanken bis in den Balkan mit der Hauptverbreitung in den illyrischen Gebirgen.

Wie für *Rh. pumila* nehmen wir auch für *Rh. alpina* an, daß die Art sich zur Tertiärzeit aus mediterranen Stammformen abgegliedert hat. Während aber *Rh. pumila* die Eiszeit in den Alpen überdauerte, wurde *Rh. alpina* als subalpine Form entsprechend ihren Standorten in tieferen Lagen — zur Eiszeit aus den Alpen im Westen nach Spanien, im Osten nach Illyrien abgedrängt. In beiden Zufluchtsgebieten entwickelte sich die Art zu besonderen Unterarten weiter, die nach Beendigung der Eiszeit wieder in die Alpen einwanderten und nun in West und Ost als vikariierende Arten auftreten.

3. *Rhamnus pumila* Turra, der Zwerg-Kreuzdorn oder Kriechende Kreuzdorn, ist in der ganzen Alpenkette, namentlich in den Kalkalpen, ein häufiger Teppichstrauch in den Spalten steiler Felswände und Falsblöcke (Chasmophyt). Er ist eine Charakterart des Potentilletum caulescentis, der Felsspaltengesellschaft des Kalks und Dolomits, die als alte tertiäre Reliktgesellschaft an geeigneten Stellen die Eiszeit, ebenso wie die Zwischeneiszeiten und postglaziale Wärmezeit überdauert hat, denn auch heute wächst der Zwerg-Kreuzdorn z. B. in der Felsschlucht von Ponte Chiuso im Valsassina bei 600 m in Gesellschaft alpiner Pflanzen nur wenige Schritte getrennt von einer submediterranen Vegetation.

Die Pflanze ist eine in den Alpen heimische Art (autochthones Element nach Diels, alpines Element nach Braun-Blanquet, d. h. in den Alpen wahrscheinlich aus mediterranen Verwandten entstanden. Von den Alpen aus hat sich *Rh. p.* nach Westen in die Pyrenäen und nach Spanien, nach Süden weit ins kontinentale Italien verbreitet.

Die Wuchsform von *Rhamnus pumila* Turra hat Rauh (1937, S. 304) ausführlich beschrieben. Der kriechende Wegdorn ist ein echter Teppichstrauch mit kräftiger, wenig verzweigter Hauptwurzel. Die Pflanze wächst anfangs monopodial und unverzweigt. Die Jahresgrenzen sind nur schwer zu erkennen, da keine Knospenschuppen gebildet werden. Wann Sympodienbildung eintritt, konnte Rauh nicht feststellen. Mit der Verzweigung tritt gleichzeitig Sympodienbildung ein, die Ausbildung einer Terminalknospe unterbleibt. Ob Verzweigung und Sympodienbildung miteinander gekoppelt sind, bleibt noch zu untersuchen. Die Blüten entstehen in den Achseln rasch abfallender Niederblätter. Der Teppichwuchs des kriechenden Wegdorns ist erblich fixiert, wird aber durch klimatische Faktoren (Licht!) verstärkt.

Rauh (1937, S. 341) betrachtet das Absterben bezw. Fehlen einer Terminalknospe bei den synapodial wachsenden Teppichsträuchern der Rhamnaceen nicht als Anpassung an die kalte Temperatur. Trotzdem ist das Verkümmern der Triebspitze von großer geschichtlicher Bedeutung, denn es zeigt ein ursprünglich monopodiales Wachstum an.

4. *Rhamnus cathartica* L., der Gewöhnliche Kreuzdorn oder Purgier-Kreuzdorn, findet sich in Algerien, Sizilien, Mittelspanien, Mazedonien, durch fast ganz Europa bis Schweden, Norwegen, Estland, Leningrad bis zum Altai; im Osten schließt er an das Verbreitungsgebiet der *Rh. davurica* PALL. an, die vielleicht durch westsibirische Formen mit ihm verbunden ist.

Der Gewöhnliche Kreuzdorn ist eine echte Steppenheidepflanze (Felsensteppe mit *Pinus silvestris*, *Sorbus Aria* u. a), deren Einwanderung aus dem Osten wahrscheinlich bereits in der waldlosen oder waldarmen Spätglazialzeit (Kiefern-Birkenzeit) erfolgte. Er ist ein westsibirisch-europäisches Element. Als lichtliebende Art bevorzugt der Kreuzdorn sonnige, steinige Orte, Waldlichtungen und Waldränder, findet sich aber auch auf feuchterem Boden in Auwäldern und Mooren.

Die Zweige sind gegenständig und enden mit einem Dorn, ausnahmsweise sind sie dornlos. Diese wechselnde Bildung deutet darauf hin, daß es sich ursprünglich nicht um Organisations-, sondern um Anpassungsmerkmale handelt, die aber bereits zu fixierten Organisationsmerkmalen geworden sind, bei denen, wenn auch sehr selten, Rückschläge zur Dornlosigkeit vorkommen können. Die dornigen *Rhamnus*-Arten stammen von dornlosen Arten ab. Die Verholzung der Sproßspitze ist eine Folge der Standortstrockenheit. Als Schutzmittel gegen Weidetiere gewann sie positiven Auslesewert.

Rh. c. ist eine in der Wuchsform und in der Ausgestaltung der Laubblätter außerordentlich vielgestaltige Art, deren Formen aber zum größten Teil nur als Standortsbildungen aufzufassen sind.

Die Blüten stehen in blattachselständigen Trugdolden, sind unvollständig zweihäusig, mit verkümmerten Resten des anderen Geschlechtes (Atavismus).

5. *Rhamnus saxatilis* JACQU., der Felsen-Kreuzdorn ist im Mittelmeergebiet mit *Rh. cathartica* durch eine ganze Reihe von Formen verbunden, die es schwer machen, die Arten von einander zu unterscheiden; je weiter wir nach Norden kommen, desto deutlicher treten die Unterschiede hervor. *Rh. s.* ist ein submediterranes (pontisch-mediterranes) Element, das vor allem Spanien, Italien und den Balkan bewohnt und sich von hier nach Süd- und Mittelfrankreich, Süddeutschland, Ungarn, Niederösterreich vorschiebt.

Der Felsenkreuzdorm ist eine Leitpflanze der Steppenheide und bewohnt lichte, trockene Laub- und Föhrenwälder, Dornstrauchgebüsche, Buschwälder, Kahlschläge, sonnige, felsige Hänge, trockene Wiesen von der Ebene bis in die untere montane Stufe. Nur auf Kalk.

Auch *Rh. saxatilis* hat verdornte oder ausnahmsweise(!) wehrlose Äste (siehe *Rh. cathartica*).

Literatur.

HEGI, V/1, S. 320. — IRMSCHER, S. 34. — RAUH, Beiträge zur Morphologie und Biologie der Holzgewächse. I. Nova Acta Leopold. N. F. S. N-30, 1937.

XX. *Araliaceae.* — Efeugewächse.

Die Araliaceen bilden zusammen mit den Umbelliferen und Cornaceen die Ordnung der Umbellifloren. Die verwandtschaftlichen Beziehungen der Araliceen und Umbelliferen sind so eng. daß von manchen Autoren beide vereinigt wurden. Die Araliaceen, welche größtenteils Holzgewächse enthalten, sind wegen der wechselnden Struktur ihrer Blüten sicher die primitivere, ältere Familie. Die Umbelliferen, die im Laufe ihrer Entwicklung eine fixierte Blüte bekamen, sind fast zur Gänze Kräuter.

Die Ableitung der Umbelliferen von den Araliceen wird auf Grund morphologischer Merkmale angenommen. Ihrer geographischen Verbreitung nach sind die Araliaceen eine tropisch-subtropische, die Umbelliferen eine Familie der gemäßigten Zone. Nach der Hypothese von SINNOT und BAILEY (S. 446) stammen die krautigen Pflanzen der gemäßigten Zonen von Holzpflanzen der Tropen ab. Die Umbellifloren bilden eine Stütze dieser Hypothese.

Die Araliaceen bewohnen mit 66 Gattungen (700 Arten) vorwiegend die Tropen. Mittelpunkte größten Artenreichtums sind heute das indomalayische Gebiet und die tropischen Gebiete Amerikas. Es besitzt an Gattungen:

Amerika **12** (4 endem.), Europa 1 (0), Afrika 10 (5), Asien **37** (20), Australien, Ozeanien 30 (18).

Fossile Funde aber zeigen, daß die heute nur sehr schwach besiedelten Gebiete, Europa und Nordamerika, schon in der Kreidezeit eine reiche Araliaceenflora beherbergten. Heute besitzt Europa einzig die Gattung

Hedera L. — Efeu.

Diese Gattung, die heute auf Eurasien beschränkt ist, war in der Kreide in Nordamerika und Europa, im Tertiär bis zum Miozän in Nordamerika, im Eozän außerdem in Grönland und Alaska verbreitet. Das heutige Areal der Gattung ist daher ein ausgesprochenes Reliktareal.

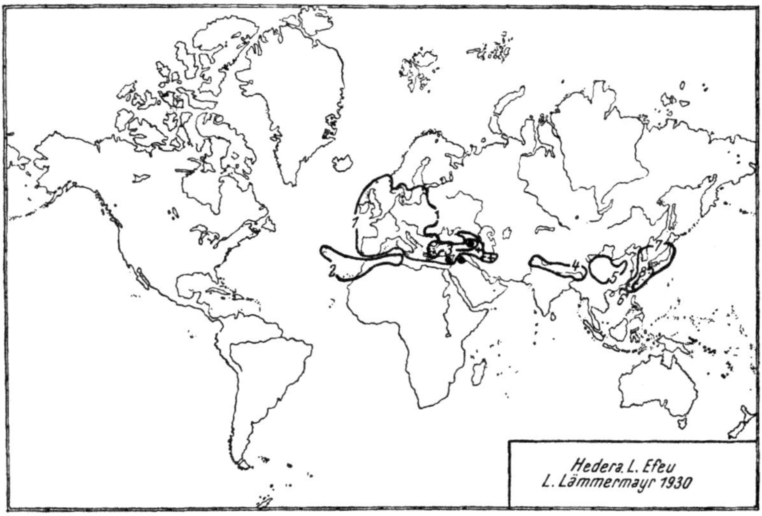

Abb. 42. Verbreitungsgebiet der Gattung *Hedera*. — Efeu. Während Bentham alle einander zweifellos sehr nahestehenden Formen zu einer einzigen Art (*Hedera Helix* L.) vereinigt, unterscheiden andere Autoren folgende Arten: *1 H. Helix*, *2 H. canariensis*, *3 H. poetarum*, • *H. colchica*, † *H. Pastuchovii*, *4 H. nepalensis*, *5 H. sinensis*, *6 H. formosana*, *7 H. japonica*, *8 H. pedunculata*. — Amerika hat keinen Anteil an der rezenten Gattung *Hedera*.

Hedera reicht von den indischen Gebirgen ostwärts bis China, Korea und Japan, westwärts bis zum Kaukasus, ans Schwarze Meer, ins Mittelmeergebiet, wo sie mehrere Formen entwickelt, und von hier in Europa nördlich bis Skandinavien vordringt. Tobler (1912) zählt acht Arten (Abb. 42), von denen in Mitteleuropa nur *H. Helix* L. vorkommt.

Der gewöhnliche Efeu (*H. Helix*) zeigt in seiner Verbreitung (nur Europa, Kleinasien) ozeanischen Charakter, ist wie im Norden und Osten zerstreut verbreitet, steigt in den Alpentälern bis etwa 1200 m (im Kaukasus bis 2000 m). Das ursprüngliche Areal ist schwer festzustellen, da er vielfach kultiviert und verwildert vorkommt. An den Nord-, Ost- und Höhengrenzen kommt er nicht mehr zur Blüte. Es drängt sich die Frage auf, ob diese Fundorte nicht Relikte einer weiteren Verbreitung zur postglazialen Wärmezeit sind.

Der Efeu gehört wegen seiner aufallenden Besonderheiten zu den interessantesten Vertretern der mitteleuropäischen Pflanzenwelt.

„Wurzelkletterer" — Arbeitseinteilung der Wurzeln in Nährwurzeln und Luft-, bzw. Haftwurzeln.

Verschiedene Gestalt (Dimorphismus) der Triebe und Blätter.

Wurzelkletterer	Freie Triebe
Schattentriebe	Sonnentriebe
liegende (plagiotrope) Triebe	aufrechte (orthotrope) Triebe
in feuchter Luft	in trockener Luft
langsam wachsend	schnellwachsend
nicht blühende Triebe	blühende Triebe
Gelappte Blätter (Efeublatt)	ungelappte Blätter
Jugendblätter	Altersblätter
hygromorph	xeromorph
ombrophil. Träufelspitze ?	ombrophob (regenscheu)
Schattenblätter	Sonnenblätter
langsam faulend	rasch faulend

Ausnahmsweise hat man ein blühendes Exemplar mit gelappten Blättern beobachtet — nach DIELS eine verfrüht blühende Jugendform.

Der Efeu ist ursprünglich eine Kletterpflanze des tropischen Regenwaldes mit gelappten Blättern, die, in dem Streben, ihre Blüten dem Sonnenlichte auszusetzen, aus dem Schatten des Waldes emporwächst und im Sonnenlichte aufrechte blütentragende Triebe bildet.

Blütezeit. In Südeuropa und auch noch in Süddeutschland blüht der Efeu meist in den Monaten September und Oktober (Herbstblüher). In Norddeutschland kommt der Efeu in der Regel nicht zur Blüte.

Reifezeit der Früchte. Südlich der Alpen erfolgt die Ausbildung des Endosperms noch im alten Jahr, bei nördlicherem Vorkommen nach einer Unterbrechung erst im neuen

Jahre (also „im nächsten Jahre"). Im März und April sind bei uns die größten Früchte zu finden.

Keimung. Aussaatversuche zeigten, daß schon im Jänner und Februar die Samen keimfähig sind. Die völlig ausgereiften Samen bedürfen keiner Samenruhe.

Der Blütenstand besteht aus mehreren traubig angeordneten Dolden (vgl. Umbelliferen); in nördlichen Gegenden kommt es sehr häufig nur zur Ausbildung einer einzigen Dolde.

Verbreitung. Der Efeu teilt im allgemeinen die Gesamtverbreitung mit der Buche. In Europa reicht er aber weiter nach Süden (Griechenland, Sizilien, Sardinien, Spanien) und Norden (Irland, Schottland). Er wird mit Recht als „Buchenbegleiter" bezeichnet (mildes, ozeanisches Klima). Seine Einwanderungsgeschichte in Mitteleuropa kann aus der durch die Pollenanalyse bekannten Geschichte der Buche erschlossen werden (atlantische Periode der Postglazialzeit).

Am Beispiel des Efeus hat F. Krašan (1882, S. 104) eine sehr interessante Methode, die Heimat einer Pflanze zu bestimmen, entwickelt. „Der Efeu *(Hedera Helix)* blüht in Istrien im August, in Cilli anfangs September, in Graz Mitte September. Während also im Süden die Fruchtreife in die warme Jahreszeit verlegt ist, wird nach Norden die Aussicht, reife Früchte zu bilden, immer geringer. An der Nordgrenze seiner Verbreitung in Mitteldeutschland bringt es der Efeu kaum zur Blüte, geschweige bis zur Fruchtreife. Gehen wir umgekehrt, von Norden nach Süden, so werden die Wärmeverhältnisse immer günstiger — aber nur bis in eine bestimmte Zone, die etwa 14° C mittlere Jahrestemperatur besitzt. Gehen wir nämlich noch weiter nach Süden, so bewirkt die Wärmezunahme keine Beschleunigung des Blütenprozesses mehr. Bei Rom, Neapel, auf Sizilien blüht der Efeu nicht nur nicht früher, sondern später im September, Oktober (negativer Serotinismus)". Schreiben wir diese Tatsachen übersichtlich auf.

	Graz	Cilli	Görz	Istrien	Neapel,
Jahresmittel	9° C	9.8°	13°	14.8°	15.8°
Blütezeit	Ende IX	Anfang IX	Mitte VIII	VIII	IX—X

Wir sehen, daß Istrien mit 14° mittlerer Jahrestemperatur die für den Efeu günstigste klimatische Zone ist, wo er mit bester Ausnützung der Sommerwärme seine Blüten in kürzester Zeit (gerechnet vom Frühjahrstrieb an) zur Entwicklung und seine Früchte in kürzester Zeit zur Reife bringt. Es unterliegt für KRAŠAN keinem Zweifel, daß in dieser Zone der Schöpfungsherd der Pflanze liegt.

KRAŠAN leitet daraus die Regel ab: „Solange eine Art in einer Region negativen Serotinismus zeigt, müssen wir ihre Urheimat in einer nördlicheren, resp. höheren und kälteren Zone suchen und sie solange in dieser Richtung verfolgen, bis wir in eine Zone gelangen, wo die Pflanze eine Erhöhung der Temperatur zu nützen beginnt: da ist naturgemäß ihre heimische Zone, in dieser wird auch ihr ursprünglicher Ausgangspunkt (Schöpfungsherd) liegen, ob nun eine Pflanze als Form jüngeren oder älteren Datums ist, ob eine postglaziale, tertiäre oder vielleicht noch ältere Form."

Eine andere Frage ist, wo dieser klimatische bestimmte Schöpfungsherd auf der Erde zur Zeit der Entstehung der Pflanze lag, denn die Klimazonen haben im Laufe der Erdgeschichte Verschiebungen erfahren.

Hinsichtlich des Efeus geben uns fossile Funde Auskunft.

In der Kreide Böhmens findet sich *Hedera primordialis* SAPORTA mit breiten Blättern (trop. Feuchtigkeit).

Im Paläozän von Sezane findet sich *H. prisca* SAP. mit kleineren Blättern.

Im Eozän sind Fossilien selten; trockene Wärme beschränkte die Verbreitung.

Im Pliozän ist *H. Helix* über ganz Europa verbreitet.

Daraus ergibt sich, daß die Gattung *Hedera* in der Kreide in der feuchten Tropenzone (mittl. Jahrestemperatur 20° C), die damals durch Böhmen ging (S. 433), zuerst nachweisbar ist, daß aber die Art (*Hedera Helix*, unser Efeu) erst im Pliozän (das Klima war in Europa vom heutigen nicht wesentlich verschieden, WEGENER, 2. Aufl., S. 107), also in einem bereits kühleren Abschnitt der Tertiärzeit entstanden ist.

Diese für die Geschichte des Efeus sehr bedeutungsvollen Angaben verdienen größte Beachtung. Zu KRAŠANS Zeit (1882) war der Einfluß der Photoperiodizität (S. 522) noch unbekannt. Seine Beobachtungen finden heute wahrscheinlich eine andere Erklärung.

Der Efeu hat im Gegensatz zu anderen Pflanzen seinen ursprünglichen Charakter als tertiär tropische Kletterpflanze ziemlich treu bewahrt.

Anleitung zur historischen Betrachtung des Efeus.

1. Kletternde Holzpflanzen — tropischer Ursprung.
2. Wintergrünes Lederblatt — tropisch-tertiäres Erbgut.
3. Verzögerung der Blütezeit gegen Norden. In Mitteleuropa Blüte im Spätherbst, Fruchtreife im Frühjahr (März, April) — tropische Kurztagpflanze.
4. Dimorphismus der Triebe und Blätter.
5. Nackte Knospen.
6. Keine Samenruhe — ununterbrochenes Wachstum in den Tropen.
7. Austreiben junger Blätter Ende Juni, zur Zeit des höchsten Sonnenstandes in Mitteleuropa — tropisches Erbgut.

Literatur.

HEGI V/2, S. 915. — HARMS, Nat. Pflfam., Bd. III 8, 1894. — IRMSCHER, 1922, S. 149. — KRAŠAN F., EBJ. 3, 1882. — LAMMERMAYR L., *Hedera.* Die Pflanzenareale, 2. Reihe, Heft 7, Kt. 65—68, Jena 1930. — TOBLER, F., Die Gattung *Hedera*, Jena 1912. — TROLL, K., Ozeanische Züge im Pflanzenkleide Mitteleuropas. Freie Wege vergleichender Erdkunde. DRYGALSKI-Festgabe 1925.

XXI. *Primulaceae.* — Primelgewächse.

Ausführlich mit zahlreichen Bildern und Karten dargestellt von W. LÜDI in HEGI, V/3, S. 1715.

Die Familie umfaßt etwa 600 Arten, die über die ganze Erde zerstreut sind, ihre Hauptverbreitung aber in der nördlich-gemäßigten Zone haben. In den Tropen finden sich nur wenige Arten. Unsere einheimischen Gattungen verteilen sich auf vier Tribusse.

1. *Lysimachieae*

Lysimachia	110
Trientalis	3
Glaux	1
Anagallis	24
Centunculus	1

2. *Samoleae*

Samolus	9

3. *Androsaceae*

Cortusa	2
Soldanella	7
Androsace (+ *Aretia*)	100
Vitaliana (= *Gregoria*)	1
Primula	300
Hottonia	2

4. *Cyclamineae*

Cyclamen	20

1. Die *Lysimachieae* sind über die ganze Erde verbreitet.

2. *Die Samoleae* weisen nur die eine Gattung *Samolus* auf; die meisten Arten sind auf der südlichen Halbkugel heimisch.

3. Die *Androsaceae* sind mit wenigen Ausnahmen Bewohner der nördlich-gemäßigten Zone unter starker Bevorzugung der Gebirge. Vier Entwicklungszentren treten durch Artenreichtum hervor:

a) Himalaja und westchinesische Gebirge (*Primula, Androsace*).

b) Die vorderasiatischen Hochgebirge (endem. *Dionysia* 20 Arten, *Primula*).

c) Das europäische Alpengebirge (endem. *Soldanella, Vitaliana* [= *Gregoria*], *Primula* § *Auricula, Androsace* § *Aretia*).

d) Das pazifische Nordamerika (endem. *Douglasia, Dodecatheon*).

4. Die *Cyclamineae* sind mediterran mit der einzigen knollenbildenden Gattung *Cyclamen*.

Nach ihrem Blütenbau besitzen die Primulaceen sehr nahe Beziehungen zu den tropischen Familien der *Myrsinaceae* und *Theophrastaceae*.

Die natürliche Gliederung der europäischen *Primulaceae* beginnt mit *Lysimachia*, die von HANDEL-MAZZETTI (1928) als ursprünglichste Gattung der Primulaceen erkannt wurde. Die Gattung *Primula* ist sehr hoch entwickelt und stark abgeleitet (SCHÄPPI, 1934). Ein natürliches System der europäischen Primulaceen, das den modernen Anschauungen entspricht, hat E. JANCHEN (1944) entwickelt.

1. *Trientalis* L. — Siebenstern.

Die Gattung umfaßt drei Arten in der nördlich-gemäßigten und nördlich-kalten Zone.

T. europaea L. — nördliches und gemäßigtes Eurasien, nordwestliches Nordamerika.

T. americana PURSH — arktisches Nordamerika.

T. latifolia HOOK. — pazifisches Nordamerika.

T. europaea L., Europäischer Siebenstern, zählt zum arktisch-zirkumpolar-alpinen Element mit unsicherem Entstehungsherd entweder in Nordamerika oder in Sibirien. In Mitteleuropa und in die Alpen ist er während der Eiszeit eingewandert. Die Häufigkeit der Standorte nimmt von

Norden gegen Süden rasch ab. In Moorwäldern, auf Übergangsmooren, sandigen Föhrenwäldern Norddeutschlands überall verbreitet, zieht er sich in Mitteldeutschland auf die Gebirge zurück, in Süddeutschland und den Alpenländern wird er in der subalpinen Stufe selten, mit sprunghafter Verbreitung. Die Hauptwasserscheide der Alpen überschreitet er nur mit wenigen Fundorten. Infolge der zunehmenden Zerstörung der Standorte ist er im Alpengebiet im Rückgang begriffen. Glazialwanderer, Glazialrelikt.

Vegetative Vermehrung durch ober- und unterirdische Ausläufer. Insektenbesuch äußerst spärlich, Selbstbestäubung möglich, Samenerzeugung stellenweise gering, daher hauptsächlich vegetative Vermehrung — alles Einrichtungen, die die Pflanze zur Glazialwanderung geeignet machen.

Nach Lüdi in Hegi, V/3, S. 1862.

2. *Cortusa* L. — Heilglöckchen.

Die Gattung besitzt neben unserer rotblühenden *C. Matthioli* noch eine zweite gelbblühende Art in Turkestan (*C. Semenovii* Herder).

C. Matthioli L., Alpen-Glöckchen, ist eine kalkliebende Art in feuchten Gebüschen der montanen und subalpinen Stufe (Grauerlengebüsch) in Schluchten, an Quellen usw. Sie besiedelt die Hochgebirge Eurasiens. In den Alpen zerstreut vorkommend. Entsprechend ihrer Verbreitung gehört sie zum altaischen Element der Alpenflora und ist tertiären Ursprungs, wahrscheinlich in Zentral- oder Hochasien entstanden. Als Wanderweg während der Eiszeit kommen nur die Ebenen des zentralen Rußland südlich des Eisrandes in Betracht, da die Art dem Kaukasus fehlt.

Ihre heutige Verbreitung innerhalb der Alpen, wo sie auch zur Bildung kleiner Formen geschritten ist, die wiederum eine merkwürdige Verbreitung besitzen und sich teilweise an verschiedene östliche Formentypen anlehnen, ferner die Tatsache, daß sie nach Osten bis Japan geht, das seit langem isoliert ist und von den spättertiären Oreophytentypen der Primulaceen nicht erreicht wird, läßt die Vermutung aufkommen, daß *Cortusa* einen sehr alten Typus repräsentiert, der das Gebiet der Alpen schon zur Tertiärzeit, vor der Bildung der Oreophyten im engeren Sinne des Wortes, bewohnte und sich später ohne wesentliche morphologische Veränderung mit Ausbildung einer geringen Oreophilie erhalten konnte. Wir hätten in diesem Fall einen Typus der sonst in Mitteleuropa beinahe gänzlich verschwundenen tertiären Tiefen-' oder besser gesagt Bergflora erhalten. Interessant ist die hohe habituelle Übereinstimmung mit hieher zu rechnenden ostasiatischen Primeln, z. B. der *Sinenses*-Gruppe. (LÜDI in HEGI, V/3, S. 1816). Vgl. auch *Saxifraga rotundifolia*.

3. *Soldanella* L. — Alpenglöckchen.

Die Gattung (sieben Arten) ist auf die mitteleuropäischen Hochgebirge von den Pyrenäen bis zum Balkan beschränkt (alpin-mitteleuropäisches Element) und wird eingeteilt in

I § *Crateriflorae*. Große Schlundschuppen, mehr- bis zwei-, selten einblütig.

1. *montana* WILLD. — kalkarme, humusreiche Unterlage. Pyrenäen — Disjunktion — Ostalpen bis Balkan,
2. *Dimoniei* VIERH. — westmazedonische und albanische Gebirge,
3. *pindicola* HAUSSK. — Pindusgebirge,
4. *carpatica* VIERH. — nördliche Karpaten,
5. *alpina* L., von den Pyrenäen bis zum Balkan. Vorliebe für Kalk, Schneebedeckung, Höhenpflanze,

II § *Tubiflorae*. Keine, selten sehr kleine Schlundschuppen, ein-, selten zweiblütig.

6. *pusilla* BAUMG. — Schneeböden der Alpen und südosteuropäischen Gebirge,
7. *minima* HOPPE. — Regional sich vertretend
   ssp. *euminima* (HOPPE) LÜDI — Südalpen, Appennin, Kalkalpen von Nord-Tirol und Süd-Bayern.
   ssp. *austriaca* (VIERH.) LÜDI — nördöstlichste Kalkalpen.

Die einzelnen Arten der Gattung sind miteinander sehr nahe verwandt; so lassen sich die *Crateriflorae* in eine beinahe lückenlose Formenreihe bringen, die von *montana* zu *alpina* führt: (*S. montana* ssp. *villosa* — *montana* ssp. *eumontana* — *montana* ssp. *hungarica* — *Dimonei* — *carpatica* — *alpina*).

Soldanella ist als Gattung jedenfalls tertiären Ursprungs und zum arktotertiären Stamm der Alpenflora zu rechnen, weil ihre Verwandtschaft nach Ostasien weist und sie am nächsten verwandt mit der ostasiatischen Hochgebirgsgattung *Bryocarpum* ist.

Der als primitiv anzusprechende Typus *S. montana* bewohnt einerseits die Ostalpen-Karpaten-Balkangebirge, anderseits die Westpyrenäen, also zwei durch eine große Lücke getrennte Gebiete des sehr ausgedehnten Gesamtareals.

Der abgeleitete Typus *alpina* ist dagegen in beinahe lückenlosem Areal von Illyrien und dem Ostrand der Alpen bis in die Pyrenäen verbreitet.

Dies alles und die gute räumliche Scheidung von nahe verwandten Formen (WETTSTEIN-Regel) deuten darauf hin, daß sich schon frühzeitig mehrere Formen ausbildeten, von denen *S. alpina* die Eiszeiten am besten überstehen konnte. Dies erscheint begreiflich, weil die Art gegen Höhenunterschiede weniger empfindlich ist (im Wallis von 900 bis 3000 m) als die anderen Arten der *Crateriflorae*.

VIERHAPPER (1926) vermutet, daß sich von dem Urtypus zuerst *S. alpina* abgespalten habe, während LÜDI eher die *montana*-Gruppe als primitiv ansieht, da im allgemeinen Arten mit starken Disjunktionen als älter zu betrachten sind.

Die *Tubiflorae* lassen schon eine zweite und höhere Stufe von oreophytischer Anpassung (ökologische Spezialisierung) erkennen.

Die auf das Hochgebirge beschränkten *Tubiflorae* stehen der Urform näher und weisen starke Disjunktionen auf.

Als Hauptbildungszentrum kommen die Ostalpen und Balkangebirge in Betracht, denn hier findet sich die größte Zahl der Arten und Formen.

4. *Androsace* L. — Mannsschild.

Die Gattung *Androsace* ist mit der Gattung *Primula* nahe verwandt. Je mehr neue Arten aus Ostasien bekannt werden, desto deutlicher zeigt sich, daß die Merkmale übereinander greifen und keines einen durchgreifenden Wert besitzt. Ursprünglich glaubte man *Androsace* von *Primula* scharf trennen zu können durch die kleinen Kronen mit ganzrandigen Abschnitten, die kurze, oben verengte und mit Hohlschuppen versehene, unten bauchig erweiterte Kronröhre, die kugelige, von der Kronröhre eingeschlossene, wenigsamige Frucht, die mit fünf Zähnen aufspringt. *Primula* besitzt zehn Zähne.

Androsace und *Primula* entspringen daher einer gemeinsamen ostasiatischen Wurzel.

Die Gattung umfaßt gegen 100 Arten, die sich auf vier Sektionen verteilen.

1. *Pseudoprimula* PAX: 20 Arten nur in Ostasien; ursprünglichste Arten.

2. *Chamaejasme* KOCH: 30 Arten in Eurasien (bes. Ostasien) und Nordamerika.

3. *Aretia* (L.) DUBY: 30 Arten, nur in Eurasien (bes. Ostasien); Alpen sek. EZ.

4. *Andraspis* (DUBY) KOCH: 20 Arten, einjährig, Eurasien und Nordamerika.

Pseudoprimula enthält die ursprünglichsten, der Gattung *Primula* nahestehenden Arten.

Von der weitverbreiteten Sektion *Chamaejasme* lassen sich *Aretia* in Anpassung an hochalpine Standorte, *Andraspis* als Anpassung an Gebiete mit trockenen Sommern ableiten.

Die Arten der Sektion *Andraspis* (*A. maxima*, *A. septentrionalis* und *A. elongata*) sind vermutlich schon früh von Osten her in Mitteleuropa eingewandert.

Die bei uns vorkommenden Arten der Sektion *Chamaejasme* und *Aretia* sind Oreophyten tertiärer Entstehung (arktotertiärer Stamm der Alpenflora).

Androsace zeigt in allen Gebirgen von Ostasien bis zu den Pyrenäen eine große Neigung zur Erzeugung extremer Hochgebirgsformen (Polsterpflanzen vom *Aretia*-Typus). Manchmal ist noch die Verbindung solcher Hochgebirgsformen mit den Stammeltern erhalten geblieben. Besonders die plastische Sektion *Chamaejasme* zeigt deutlich den Vorgang, der in der Vorzeit zur Bildung von Höhenformen (Oreophyten) führte, in der heutigen Flora durch die Ausbildung von lokalen Hochgebirgsendemiten in den Alpen z. B. *A. obtusifolia* var. *aretioides* GAUD. (LÜDI in HEGI, S. 1790).

Natürliche Gliederung der europäischen *Androsace*-Arten.

1. § *Pseudoprimula* PAX (20 Arten), große, langgestielte Laubblätter, doldige Blüten. Sämtlich Ostasien (Westchina, Himalaja). Haupt-EZ. Himalaja mit acht endemischen Arten.

2. § *Chamaejasme* KOCH (30 Arten). Rasige Formen, mit schmalen Laubblättern, doldige Blüten. Weit verbreitet in der nördlichen Halbkugel, die meisten Ostasien, drei Alpensystem, eine arkt. Nordamerika, zwei weitverbreitet in der nördlichen Halbkugel, eine Balkan.

A. Chamaejasme WULFEN. Eurasiatische Hochgebirge, Felsengebirge Nordamerikas (Wimperhaare).

A. villosa L. Eurasiatische Hochgebirge, arktisches Amerika (seidige Behaarung).

Der Ursprung beider Arten liegt in Ostasien.

Als selbständige, fixierte Arten aus Ostasien eingewandert. Nach ihrer Verbreitung auch im Altai und in der Arktis gehören sie zum arktisch-atlaischen Element und dürften von Osten her in die Alpen eingewandert sein, vielleicht schon im Tertiär, jedenfalls aber vor der letzten Eiszeit. Beide Arten sind kalkliebend.

A. obtusifolia ALL. — Alpen, Karpaten, Sudeten, Apennin — kalkarme Unterlage.

A. carnea L. — Pyrenäen, Westalpen, Vogesen — kalkmeidend.

A. lactea L. — Alpen, Illyrische Gebirge, Karpaten. Transsilvanische Alpen, Jura. Auch sehr gestückelt, alter tertiärer Typus. Kalkliebend.

Im Alpensystem endemisch; Stammart eingewandert aus Ostasien. Diese drei Arten sind auf die Alpen, Pyrenäen und Karpaten beschränkt. Ihre Entstehung aus *Chamaejasme* und *villosa* ist kaum anzunehmen; ihre unbekannten Vorfahren sind in der Flora des jüngeren Tertiärs zu suchen; heute leben ihre nächsten Verwandten in Zentral- und Ostasien; von *A. carnea* kommt eine nahe verwandte Art im Balkan vor. Wahrscheinlich ist die Stammart aus Ostasien zur Tertiärzeit eingewandert.

3. § *Aretia* (L.) DUBY (30 Arten). Dichtrasiger, polsterförmiger Wuchs, Blüten einzeln stehend. Nur in der alten Welt, die Hälfte in Ostasien, drei Arktis, eine Vorderasien, sechs in den Alpen, eine Alpen und Pyrenäen, eine Sierra Nevada, Pyrenäen, Alpen, vier Pyrenäen, eine Abruzzen.

A. multiflora (VAND.) MORETTI (= *imbricata* LAP.). Eine Spaltenpflanze kalkarmer Felsen. Südtirol, Bergamasker Alpen, Zentralalpen, sehr lückenhaft durch die Westalpen, Pyrenäen und Sierra Nevada. Diese lückenhafte bis Südspanien reichende Verbreitung weist auf einen alten Typus hin. — Alpensystem.

A. helvetica (L.) GAUDIN, Spaltenpflanze kalkreicher Felsen. Endemisch-alpine Art von den Dauphiné-Alpen bis in die Ostalpen.

A. alpina (L.) LAM. (= *A. glacialis* HOPPE).

Androsace alpina (L.) LAM. ist auf die zentralen Alpenketten von der Dauphiné bis nach Steiermark, in der alpinen Stufe auf kalkarmen Schutt, seltener auch auf Fels beschränkt. — Endemisch alpin (Abb. 43).

Sie kann als Ausgangspunkt angesehen werden für die durch Mutation entstandenen lokalen Endemiten:

A. tiroliensis F. WETTST.: trockener, kalkarmer Schutt. Nordtirol, Gschnitztal, kalkarmer Schiefer.

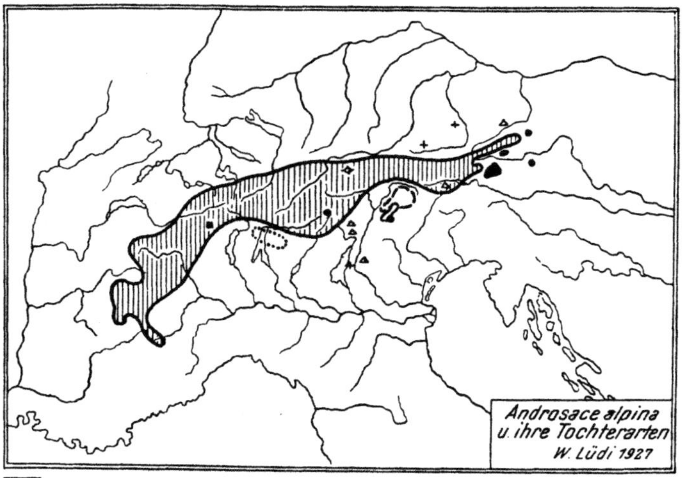

+ + + *A. alpina* (L.) Lam.
······ ▪ ▪ ▪ *A. brevis* (Hegetsch.) Cesati.
– – – △ △ △ *A. Hausmannii* Leyb.
✧ *A. Tiroliensis* F. Wettst.
● ● ● *A. Wulfeniana* Sieb.

Abb. 43. *Androsace alpina* (L.) Lam. und ihre Tochterarten. Nach W. Ludi, 1927, und Hegi, V/3.

Androsace alpina, in den zentralen Alpenketten auf kalkarmen Schutt weitverbreitet, bildet den Ausgangspunkt für mehrere Endemiten, die ebenfalls kalkfreie Standorte besiedeln mit Ausnahme von *A. Hausmannii*, die humusreiche Feinerdeanhäufungen auf Kalkuntergrund bewohnt.

A. Wulfeniana SIEBER: xerophile Parallelrasse zu *A.* alpin (feuchter Schutt, Schneeschutz), Windecken, Niedere Tauern, Gurktaler Alpen, Südtirol, Veltlin, disjunkt.

A. brevis CESATI: xeromorphe Mutation von *A.* alpin. Insubrien, kalkarmer Fels.

A. Hausmannii LEYB.: auf Kalkschutt und Fels. Dolomiten—Lücke—Obersteiermark.

Diese Arten stellen Anpassungsformen an besondere ökologische Bedingungen dar und schließen einander in ihrem Verbreitungsgebiet meist aus. Deshalb sind wohl auch noch keine Bastarde zwischen diesen Formen gefunden worden, während Hybride zwischen *A. alpina* und entfernter verwandten Arten (*A. **helvetica**, A. carnea, A. **obtusifolia***) keine Seltenheit sind. *A. **tiroliensis*** wird jetzt meist nur als Varietät von *A. alpina* aufgefaßt: *A. **alpina*** (L.) LAM. var. *tiroliensis* (F. WETTST.) HANDEL-MAZZETTI.

*A. **pubescens*** DC., auf kalkhaltigem Schutt, seltener auf Silikatfels der Pyrenäen und Westalpen, schließt sich eng an *A. alpina* an.

§ *Andraspis.*

Androsace maxima L. In Mitteleuropa, eine östliche Einstrahlung;

*A. **elongata*** L.

*A. **septentrionalis*** L.

Diese einjährigen Pflanzen finden sich auf sonnigen Hügeln, häufiger auf Äckern und Ruderalstellen, als pontische Einwanderer aus dem Osten. Nach BRAUN-BLANQUET (1923, S. 256) muß *A. **septentrionalis***, eine östliche Steppenpflanze, ins Wallis kurz nach dem Rückgang des Eises in einer waldarmen, noch ziemlich kalten, dabei aber trockenen Zeit eingewandert sein. Zufolge der späteren, feuchteren Perioden der Nacheiszeit wurde der Wanderweg verwischt, so daß nur ein zerstückeltes Areal erhalten ist.

Primula und *Androsace* zeigen in mancher Beziehung einen parallelen Entwicklungsgang.

1. Ein gemeinsames Entwicklungssystem in Ostasien (Westchina).

2. Formen, die in Ostasien ihre Entwicklung haben und in den Alpen Einwanderer sind.

P. farinosa	*A. Chamaejasme*
	A. villosa.

3. Formen, deren Stammart aus Ostasien eingewandert ist und im Alpensystem selbständige Arten entwickelt haben. Die Stammarten sind ausgestorben und unbekannt.

P. longiflora	*A. obtusifolia*
	A. carnea
	A. lactea

4. Die Alpen bilden sowohl für *Primula* als für *Androsace* ein sekundäres Entwicklungszentrum, einen Ausgangspunkt zur Entwicklung lokaler Neoendemiten durch Mutation.

5. Die alpigenen Arten wandern nur auf die den Alpen benachbarten Gebirge aus, nicht nach Norden. Vergleiche die Karten von LÜDI in HEGI.

6. Ähnlich wie bei *Primula* lassen sich nach der Bodenunterlage 2 Gruppen ausscheiden

Auf Kalkalpen	Auf Urgesteinsalpen
A. Chamaejasme WULFEN	*A. obtusifolia* ALL.
A. helvetica (L.) GAUDIN	*A. alpina* (L.) LAM. (= *glacialis* HOPPE)
A. Hausmannii LEYBOLD	(*A. tiroliensis* F. WETTST.)
A. pubescens DC.	*A. Wulfeniana* SIEBER
	A. brevis CESATI
	A. carnea L.
	A. multiflora (VAND.) MOR. = *imbricata*
Primula § *Arthritica*	*Primula* § *Erythrodrosum*

Die Wuchsformen der Gattung *Androsace* hat W. RAUH (1939/459) eingehend unter Beifügung sehr instruktiver Skizzen besprochen. Ausgehend von einer hapaxanthen Art mit endständigen und seitenständigen Blütenständen (*A. elongata*, Abb. HEGI, V/3, S. 1814) lassen sich die *A.*-Arten in zwei Reihen bringen: In der einen Reihe bleibt der Vegetationspunkt des Primärsprosses vegetativ, die Seitenknospen entwickeln Blütenstände und außerdem ausläuferartige Fortsetzungssprosse unter Verlängerung des ersten Internodiums (Hypopodium) monopodiale Reihe. In der zweiten Reihe schließt der Primärsproß mit einem Blütenstand und die axillären Infloreszenzanlagen werden zu vegetativen Erneuerungsknospen, die den Primärsproß nach dessen Absterben im Anschluß an die Samenreife fortsetzen und sich ausläuferartig entwickeln (sympodiale Reihe).

A. elongata mit seiten- und endständigen Blüten. Ausgangsform für die beiden Reihen:

mit seitenständigen Bl.
monopodiale Reihe

Ausläufer-Rosettenpflanze
A. lactea (Hypopodium sehr verkürzt)
A. obtusifolia

Lockere Polster
A. alpina mit *Wulfeniana, brevis, pubescens*

Kolumellen-Vollkugelpolster
A. helvetica
A. imbricata

mit endständigen Bl.
sympodiale Reihe

Ausläufer-Rosettenpflanze
A. Chamaejasme
A. villosa (Hypopodium stark verkürzt)

Kugelpolster
A. villosa var. *dasyphylla*

Imbrikatlaubige Kolumellen-Vollkugelpolster bei himalajischen Arten (*A. tapete*)

Letztes Glied *A. carnea.*
Die einzelnen Sprosse sind nicht als Rosetten, sondern als Rosettenkolumellen ausgebildet. Sprosse locker beblättert.

Diese sinnreiche Ableitung der Wuchsformen der Gattung *Androsace* (Abb. 44) geht von den einfachen Formen der § *Andraspis* aus und führt zu immer komplizierteren Formen (*A. imbricata*). Viele Tatsachen sprechen aber dafür, daß die Entwicklung einen anderen Weg eingeschlagen hat. So nehmen Pax und Knuth (1911, S. 173) und Lüdi (Hegi, V/3, S. 1879) die Sektion *Chamaejasme* als die ursprünglichere an und leiten die beiden anderen Sektionen *Aretia* (Anpassung an hochalpine Standorte) und *Andraspis* (Anpassung an Gebiete mit trockenen Sommern) von der Sektion *Chamaejasme* ab.

W. Rauh (1939, S. 461) bemerkt dazu, daß gegen diese Ableitung von vergleichend morphologischer Seite an und für sich nichts einzuwenden ist. Man kann ebenso gut die Ausläuferrosetten-Arten der Sektion *Chamaejasme* als Ausgangsform annehmen und von diesen durch Ersatz der vegetativen Innovationsknospen durch Infloreszenzen die hapaxanthen (einmal fruchtenden) Arten der Sektion *Andraspis*, zum anderen durch Verkürzung der Ausläufer die Polsterformen der Sektion *Aretia* ableiten. Da zwingende Beweise für die „Anpassungen" fehlen, könnte man mit demselben Recht die Sektion *Andraspis* als die ursprünglichere ansehen.

Ich möchte darauf hinweisen, daß die einjährigen Arten der Sektion *Andraspis* in ihrer Wuchsform deshalb einfach erscheinen, weil sie ihren Lebenszyklus in einer Vegetationsperiode vollenden. Damit fallen alle Komplikationen weg, die bei den anderen Lebensformen mit der Fortsetzung des Sprosses in der

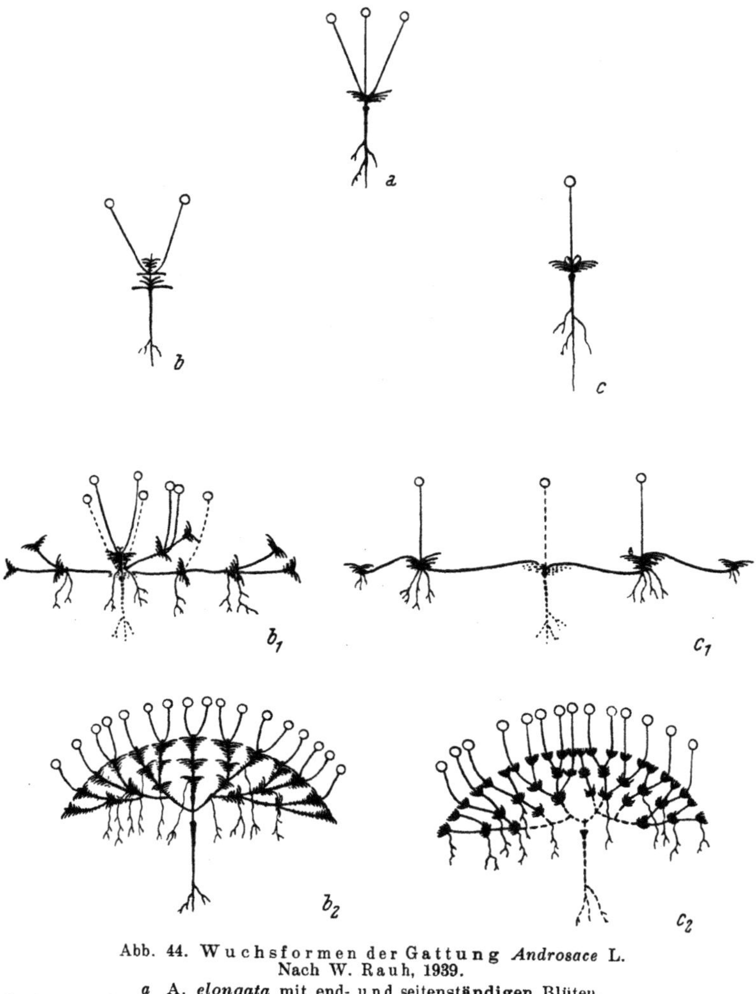

Abb. 44. Wuchsformen der Gattung *Androsace* L.
Nach W. Rauh, 1939.

a A. *elongata* mit end- und seitenständigen Blüten.

b Arten mit seitenständigen Blüten. Monopodiale Reihe.
b_1 Ausläuferrosettenpflanze.
b_2 Kugelpolsterpflanze.

c Arten mit endständigen Blüten. Sympodiale Reihe.
c_1 Ausläuferrosettenpflanze.
c_2 Kugelpolsterpflanze.

nächsten Vegetationsperiode verbunden sind, so daß ihr Bauplan geradezu als „Faustskizze" vereinfacht erscheint.

Für die Ableitung der*Androsace*-Arten von der Sektion *Chamaejasme* spricht, daß diese Sektion Arten mit dickem, h o l z i g e m und stark verzweigtem Stamm aufweisen (PAX und KNUTH, S. 182).

Allen *Androsace*-Arten liegt ein gemeinsamer Bauplan zu grunde. Seine Ausgestaltung erfolgt durch Hemmung der Internodienentwicklung und Hemmung der Entfaltung der Laubblätter, gleichzeitig tritt eine Reduktion des Blütenstandes zur Einzelblüte ein.

Die Spezialisierung der einzelnen Arten zeigt verschiedene Länge der Blütenstiele, die von langgestielten (*A. Wulfeniana*, *A. brevis*) zu kurz gestielten (*A. alpina*) bis sitzenden Blüten (*A. tiroliensis*) führt. Schließlich sind die Teilung des Kelches und Unterschiede in der Behaarung weitere Merkmale, die Anlaß zur Sonderung der Arten gibt.

Auch bei den *A.*-Arten können wir verfolgen, wie die Abwandlung eines gemeinsamen Bauplanes (Organisationstypus TROLL) zu verschiedenen Gestalten (Wuchsform) und schließlich zu differenzierten Arten überleitet. E i n e N e u b i l d u n g v o n O r g a n e n e r f o l g t n i c h t. Es werden lediglich durch verschiedenartig einwirkende Umwelteinflüsse bereits vorhandene Organanlagen in der Entwicklung gehemmt, bzw. gefördert (RAUH, 1939, S. 493).

5. *Vitaliana* SESL. — Goldprimel.

V i t a l i a n a SESL. (= *Gregoria* DUBY = *Aretia* GAUD., non L. = *Douglasia* HOOK. fil., non LINDL.), Goldprimel.

Vitaliana primuliflora BERTOL. (= *Gregoria Vitaliana* DUBY) ist die einzige Art der Gattung und findet sich in den Gebirgen von Südwest- und Mitteleuropa.

PAX und KNUTH stellen sie zu dem nordamerikanischen Genus *Douglasia* LIEDL (fünf Arten); doch besitzt unsere Pflanze wohl keine nähere Verwandschaft mit *Douglasia*, sondern ist ein tertiärer Endemit der europäischen Gebirge, der zwischen *Primula* und *Androsace* eine Mittelstellung einnimmt (FR. SÜNDERMANN).

DIELS betrachtet sie als eine Bildung, die den oreophytischen *Androsace*-Arten parallel zu stellen sei, h e r v o r g e g a n g e n a u s d e r t e r t i ä r e n T i e f e n f l o r a des mittleren oder südwestlichen Europa als Glied des borealen Zweiges des arktotertiären Stammes der Alpenflora.

Die Pflanze findet sich in niederen Rasen der alpinen Stufe, besonders auf steinigem, kalkarmem, zur Blütezeit wasserdurchtränktem Boden, doch auch auf Eis.

Vitaliana ist ein Endemit der südwesteuropäischen Hochgebirge (Sierra Nevada, Pyrenäen, Westalpen bis Tessin, Südtirol, Abruzzen). LÜDI in HEGI, V/3, S. 1787.

6. *Primula* L. — Schlüsselblume, Himmelschlüssel, Primel.

Die Gattung *Primula* umfaßt etwa 300 Arten in 21 Sektionen.

Die große Mehrzahl der Formenkreise und der Arten sind auf Hochasien beschränkt, wo sich beinahe 200 endemische Arten finden. Den größten Reichtum von *Primula*- (und *Androsace*-)Arten beherbergen die Hochgebirge des östlichen Himalaja, Tibet und Westchina. In diesen Gebieten sind beinahe alle Sektionen der Gattung vertreten (HEGI, V/3, 1734).

Natürliche Gliederung der mitteleuropäischen *Primula*-Arten.

§ *Farinosae* PAX = *Aleuritia* WIDM.
1. *farinosa* L.
2. *Halleri* GMEL. (= *longiflora* WULF.).

§ *Vernales* PAX = *Primulastrum* WIDM.
3. *veris* L. (= *officinalis* [L.] HILL.).
4. *elatior* (L.) HILL.
5. *vulgaris* HUDS. (= *acaulis* [L.] HILL).

§ *Auricula* PAX = *Auriculastrum* WIDM.

Die Sektion *Auricula* gliedert sich in folgende sechs Subsektionen:

I. *Euauricula*	6. *Auricula* L. 7. *carniolica* JACQU.	Alpensystem End. Karst
II. *Erythrodrosum* Sehr nahe verwandte Arten	8. *viscosa* ALL. = *hirsuta* VILL. 9. *hirsuta* ALL. = *viscosa* VILL. 10. *daonensis* LEYB. = *oenensis* THOMAS 11. *villosa* WULF. var. *commutata*	End. Westalpen End. Westalpen → Pyrenäen End. Ortler-Adamello-Gebiet, Dolomiten, Oberinngebiet End. Norische Alpen End. Oststeiermark

	12. *glaucescens* Mor. = *calycina* Dub.	End. Bergamasker Alpen
III. *Arthritica*	13. *spectabilis* Tratt.	End. Judikarien
	14. *Wulfeniana* Schott	End. Südostalpen
	15. *Clusiana* Tausch	End. Nordostalpen
IV. *Rhopsidium*	16. *integrifolia* L.	End. Mittelalpen → Pyrenäen
	17. *tiroliensis* Schott = *Allionii* Hausm.	End. Dolomiten
V. *Cyanopsis*	18. *glutinosa* Wulf.	End. Zentral- und Ostalpen
VI. *Chamaecallis*	19. *minima* L.	End. Ostalpen → Balkan

Nach ihrer Herkunft lassen sich die Primeln Mitteleuropas in drei Gruppen aufteilen:

1. Entwicklungszentrum Hochasien: § *Farinosae* Pax.
2. Entwicklungszentrum Vorderasien: § *Vernales* Pax.
3. Entwicklungszentrum Alpen: § *Auricula* Pax.

In die Alpen wandern ein

1. als selbständige Arten: *P. farinosa*, *P. Halleri*,
2. die Stammform der § *Vernales* aus Vorderasien,
3. die Stammform der § *Auricula*, die ihre Arten erst hier entwickelt,

§ I. *Farinosae* PAX.

Diese Sektion zählt etwa 24 Arten, deren Bildungsherde in Tibet, Westchina und Vorderasien liegen. In den Alpen finden sich folgende zwei Arten:

1. *P. farinosa* L., Mehl-Schlüsselblume, ist in der Eiszeit aus der Arktis in die Alpen eingewandert. Wie viele andere Glazialpflanzen bevorzugt sie Moorstandorte, wo sie sich, als Glazialrelikt vor Konkurrenz geschützt, erhalten konnte.

Wenn auch *P. farinosa* geographisch als alpin-arktisches Element zu bezeichnen ist, so ist doch die Arktis nicht das Stammland, sondern nur das Mittlergebiet für die aus dem indochinesischen Gebiet stammende Pflanze. Dort findet die Pflanze Anschluß an verwandte Gruppen *(Capitatae)*. Die Pflanze ist daher genetisch ein zentralasiatisches Element, historisch in den Alpen ein alpines Element.

2. *P. Halleri* GMEL. (= *P. longiflora* WULF.). Langblütige Schlüsselblume, ist ebenfalls eine alte tertiäre Art, die als oreophytische Bildung eng an *P. farinosa* anzuschließen ist. Die Pflanze dürfte direkt vom vorderasiatischen Ursprungsgebiet vielleicht schon vor der Eiszeit in die Alpen gekommen sein, weil verwandte Arten sich in Westasien und auf der Balkankalbinsel finden. Ihr Areal ist durch die Eiszeit stark zerstückelt worden. Die Pflanze ist für die Trockenrasen des Seslerieto-Semperviretums charakteristisch. Alpen, Karpaten, Balkan, Kaukasus, Armenien.

§ II. *Vernales* PAX.

Die *Vernales* (*P. veris* [= *officinalis*], *P. elatior*, *P. vulgaris* [= *acaulis*]) zählen acht Arten, von denen vier in Vorderasien endemisch sind, zwei in das südliche und mittlere Europa, zwei bis Sibirien und eine in die Ostkarpaten ausstrahlen. Wir können sie als Reste der tertiären Montanflora betrachten; sie gehören genetisch nicht zum Stamm der mitteleuropäischen Flora, sondern sind vermutlich in Vorderasien (und im Balkan) entstanden und als östliche Wandergenossenschaft in Mitteleuropa eingewandert und zwar vielleicht schon zur Tertiärzeit und dann wieder postglazial z. T. direkt von Osten her, z. T. durch Vermittlung der Mittelmeerländer und der atlantischen Küstengebiete.

Wir rechnen sie geographisch zum europäisch-vorderasiatischen Element. Über den phylogenetischen Zusammenhang der drei Arten läßt sich Folgendes sagen.

1. *P. elatior* und *P. veris* sind in Mitteleuropa deutlich verschieden, nur selten kommen einzelne Bastarde vor. *P. veris* geht im Süden in die subspec. *Columnae* und diese in die var. *Tommasinii* mit Blumenkronen von *P. elatior* über. In den Gegenden östlich vom Mt. Maggiore gibt es Zwischenformen zwischen *P. Tommasinii* und *P. elatior*. Sollte sich dies bestätigen, so würden *P. elatior* und *veris*, die in Mitteleuropa spezifisch getrennt sind, in Südeuropa durch eine Reihe von Formen verbunden sein.

Die Tatsache, daß zwei in Mitteleuropa spezifisch getrennte Sippen an einem anderen Orte durch nicht hybride Zwischenglieder ineinander übergehen, erklärt NÄGELI damit, daß die beiden Arten im allgemeinen verschiedene Standorte (*P. elatior* feuchte, *P. veris* trockene Standorte) bewohnt. Bei raschem Wechsel des Standortes wachsen beide Arten getrennt nebeneinander, bei langsamem Wechsel auf mittlerer Lokalität durcheinander. Die Häufigkeit des Vorkommens bedingt notwendig eine lebhafte Konkurrenz und eine vollständige Verdrängung der Zwischenformen. In Südeuropa ist das Vorkommen viel spärlicher, die Verbreitung eine mehr zerstreute, die Konkurrenz daher schwach oder fehlend; die Zwischenformen konnten sich hier erhalten, während sie in Mitteleuropa durch die extremen Formen verdrängt wurden.

2. *P. elatior* und *P. vulgaris* (= *acaulis*). Nach SERNANDER (1906) ist *P. vulgaris*, die stengellose Sch., sehr wahrscheinlich aus einer stengeltragenden Art etwa vom Typus der *P. elatior* als Mutation hervorgegangen. Manchmal entwickelt *P. vulgaris* atavistisch kurze Stengel. Der Stengelverlust war Anlaß zu weiteren Veränderungen.

P. elatior ist auf Verbreitung der Samen durch den Wind eingerichtet; hohe elastische Stengel, steife Blütenstiele, zusammenschließende Kelchzipfel, damit die Samenstreuung auf längere Zeit verteilt ist (Bradysporie).

Bei *P. vulgaris* fehlt der Stengel, die Blütenstiele bleiben schlaff, die Kelchzipfel schließen nicht zusammen, die Kapseln liegen zur Zeit der Fruchtreife am Boden (Tachysporie).

Die Lebensbedingungen der neuen stengellosen Mutante waren zunächst viel schlechter als die der Stammform, da die Samen jetzt wenig oder gar nicht dem Winde exponiert waren. Viele Nachkommen der neuen Mutante starben aus, bis durch neue Mutanten (Umwandlung des Funiculus in ein Elaiosom) die Verbreitung der Samen durch Ameisen (Myrmekochorie) gesichert war.

Die drei Arten schließen sich als nah verwandte Arten zwar nicht geographisch, aber standörtlich aus (WETTSTEINs Verbreitungsregel, S. 431).

§ III. *Auricula* PAX.

Die etwa 21 Arten zählende Sektion *Auricula*, die durch die involute (eingerollte) Knospenlage der Blätter scharf umgrenzt ist, ist ein spezielles Schöpfungsprodukt der mitteleuropäischen Hochgebirge. Sie hat ihr Hauptentwicklungsgebiet in den Alpen und ist außerhalb derselben wenig verbreitet: Karpaten (*P. Clusiana, Auricula, minima*), Pyrenäen (*P. villosa, hirsuta, integrifolia*), Balkanhalbinsel (*P. Kitaibeliana, minima*), Riesengebirge (*minima*), Schwarzwald (*Auricula*).

Als Hauptbildungszentrum sind die östlichen Alpen zu betrachten. Die Pyrenäen besitzen keine einzige endemische Primelart. Keine Art der Sektion hat sich jedoch über ein weites Gebiet verbreitet; am weitesten *P. Auricula* und *minima*, die während der Eiszeit an einigen Stellen ins Vorgebirge hinabgestiegen sind und sich dort als Glazialrelikte erhalten haben. In der Mehrzahl sind die Aurikeln auf kleine Teile des Alpengebietes beschränkt (Endemiten). Sie überdauerten an ihrem Entstehungsort auf Nunatakern oder Refugien die Eiszeit, von wo sie postglazial sich nur wenig entfernten.

Die Arten dieser Sektion haben sich aus Vorfahren, die im jüngeren Tertiär bereits im Gebiete der heutigen Alpenketten, von den Pyrenäen bis zu den Karpaten gerechnet, zu Alpenpflanzen entwickelt. Sie sind also im Alpengebiet entstanden (autochthon). DIELS (1910) rechnet sie zum borealen (nördlichen) Zweig der arkto-tertiären Flora, der keine Beziehungen zum mediterranen (südlichen) Zweig dieser Flora zeigt.

Da die Tertiärflora dieses Gebietes subtropischen Charakter hatte, dürfte das bei vielen Aurikelarten lederartige, wintergrüne Blatt als Erbgut zu betrachten sein.

Von den tertiären Stammarten der Aurikeln, die wohl in tieferen Lagen gelebt haben, hat sich keine Spur erhalten im Gegensatz zu Ostasien, wo neben den aus ihnen hervorgegangenen Höhenpflanzen (Oreophyten) die montanen Stammarten in reichster Ausbildung noch jetzt vorkommen. In den Alpen ist die tertiäre Flora der Waldstufe größtenteils zerstört worden. Mit den bei uns in der Waldstufe lebenden Arten der Sektion *Vernales* stehen die Aurikeln in keinem entwicklungsgeschichtlichen Zusammenhang.

Diese Entwicklungsgeschichte der Sektion gestattet uns, ihre Entstehung mit der Entstehung der Alpen zeitlich und räumlich in Verbindung (in Parallele) zu setzen, ihre Entstehungszeit in die Tertiärzeit zu verlegen. Auch die Ausbildung verschiedener Formen wird verständlich, wenn man bedenkt, daß die Aufwölbung der Alpen kein einheitlicher Vorgang war, daß diese gewissermaßen aus Teilstücken mit recht verschiedener Bildungsgeschichte bestehen (SCHARFETTER, Entstehung der Alpenpflanzen, ENGLERS Bot. Jahrb., Bd. 62).

Zur Ertragung extremer Lebensbedingungen erscheint die § *Auricula* dadurch befähigt, daß sie dreimal soviel Chromosomen als die Mehrzahl der übrigen Primeln besitzt. (GAMS, 1933, S. 23).

Nach GAMS (1933, S. 23) lassen sich aus der Sektion *Auricula* vier alte Arten ausscheiden

P. Auricula L. (§ *Eu-Auricula*),

P. Wulfeniana SCHOTT (§ *Arthritica*),

P. minima L. (§ *Chamaecallis*),
P. glutinosa WULFEN (§ *Cyanopsis*).

Diese Arten haben heute ihre Hauptverbreitung in den Ostalpen, sind aber wohl nicht in diesen, sondern in den nördlichen

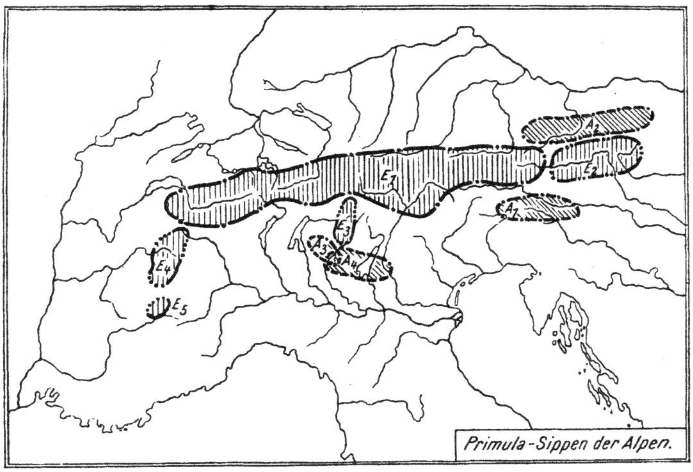

Abb. 45. Verbreitung der *Primula*-Sippen *Eythrodrosum* und *Arthritica*. Nach Pax und Knuth (1904) und Lüdl in Hegi, V/3 (1927).
Eine tertiäre Stammart gliederte sich in der Eiszeit in eine kalkmeidende E- und eine kalkliebende A-Gruppe, die sich im Westen, bzw. Osten weiter aufspaltet.

E *Erythrodrosum*.

Kalkmeidend, im *Curvuletum*.

E_1 ***hirsuta***, Pyrenäen, Alpen.
E_2 ***villosa*** Jacq., Steiermark.
E_3 ***daonensis*** (= *oenensis*), Tirol.
viscosa (***latifolia***), Pyrenäen, Westalp
commutata, Herberstein, Steiermark.
E_4 ***pedemontana***, Mt. Cenis.
E_5 ***cottia***, Südwestalpen.
P. ***hirsuta*** gilt als Stammart, oft auch Sammelart dieser sehr nahe verwandten Formen.

A *Arthritica*.

Kalkliebend, im *Firmetum*.

A_1 ***Wulfeniana***, Südost-Kalkalpen.
A_2 ***Clusiana***, Nordost-Kalkalpen.
A_3 ***glaucescens***, Como-See.
A_4 ***spectabilis***, Judicarien.
integrifolia, Pyrenäen, Schweiz.
Trotz naher Verwandtschaft sind die Areale scharf getrennt.

Balkanländern aus asiatischen Vorfahren entstanden. In den Alpen haben sie durch Kreuzung oder durch Mutation eine große Zahl neuer Formen hervorgebracht.

§ *Eu-Auricula* umfaßt außer der weitverbreiteten *P. Auricula* noch die Endemiten *P. marginata* (Westalpen) und *P. carniolica* JACQ. (Julische Alpen).

§ *Arthritica* enthält außer der weitverbreiteten *P. Wulfeniana* SCHOTT. von den illyrischen Gebirgen und Siebenbürgen bis in die Südostalpen noch mehrere auf enge Gebiete beschränkte Arten (Abb. 45).

P. Clusiana TAUSCH der nordöstlichen Kalkalpen,
P. spectabilis TRATT. um den Gardasee,
P. glaucescens MORETTI auf den Bergameskaralpen.

Sie haben sich als Kalk- und Dolomitpflanzen hauptsächlich im Firmetum (*Carex firma*-Heide) entwickelt.

§ *Erythrodrosum* besitzt (Abb. 45)

P. villosa JACQ. in den östlichsten Zentralalpen und dadavon getrennt in den Cottischen Alpen,
P. hirsuta ALL. von Tirol bis in die Pyrenäen.
P. viscosa ALL. von Tirol bis in die Pyrenäen,
P. daonensis LEYB. (= *oenensis* THOMAS) in den mittleren Südalpen.

§ *Cyanopsis* enthält nur *P. glutinosa* WULFEN.

§ *Chamaecallis* enthält nur *P. minima* L.

Die Arten der drei letztgenannten § bewohnen kalkfreie Felsspalten. Das Curvuletum (*Carex curvula*-Heide) und Schneeböden.

§ *Rhopsidium.* Die Arten dieser § scheinen aus Kreuzungen der *Arthritica* und *Erythrodrosa* entstanden zu sein.

P. tiroliensis SCHOTT in den Dolomiten.
P. integrifolia L. in den rhätischen Zentralalpen.
P. Allionii LOIS. in den Seealpen usw.

Die Stammpflanze der Gartenaurikeln, *P. pubescens*, ist aus der Kreuzung *P. Auricula* × *hirsuta* in Tiroler und Schweizer Grenzgebieten zwischen Kalk und Urgestein hervorgegangen.

In der Sektion *Auricula* spielt für die Abgliederung der Formen die Bodenbeschaffenheit eine große Rolle.

Auf kalkhältigem Boden entwickeln sich die § *Euauricula* und *Arthritica.*

Auf kalkfreiem Boden entwickeln sich die § *Erythrodrosum* und *Cyanopsis.*

Die § *Arthritica* gliedert auf kalkhältigem Boden zahlreiche, räumlich gut getrennte Formen ab,

die § *Erythrodrosum* auf kalkfreiem Boden,

während die § *Cyanopsis (P. glutinosa)* und *Chamaecallis (P. minima)* keine weitere oder nur geringe Formengliederung aufweisen. Die Arten auf kalkfreiem, humosem Boden sind indifferent und haben ein größeres Areal; auch ist bei § *Erythrodrosum* die Formengliederung schwächer und nicht so ausgeprägt wie bei der auf Kalkboden lebenden § *Arthritica.* LÜDI (HEGI, V/3, S. 1772 und 1777) macht folgende Angaben.

Erythrodrosum: Alle Arten dieser Gruppe stehen einander so nahe, daß es schwer ist, Diagnosen zu geben, nach denen nicht nur die typischen Exemplare, sondern alle der Art zuzurechnenden Pflanzen sicher unterschieden werden können. Die systematische Scheidung wird begünstigt durch die räumliche Trennung.

P. hirsuta, villosa und *daonensis* sind vikariierende Arten; sie schließen sich in ihrem Verbreitungsgebiet großenteils aus und sind auch da, wo mehrere Vertreter der Gruppe das gleiche Gebiet bewohnen, im allgemeinen räumlich getrennt. Die Verbreitungsverhältnisse haben ein Gegenbild in dem der Typen von *Androsace alpina.*

Diese Subsektion ist wahrscheinlich eine junge Sippe, die sich aus der noch immer weiter variierenden *P. hirsuta* herausentwickelt hat, ohne zur vollständigen Stabilität des Genotypus gekommen zu sein.

§ *Arthritica* bildet mit *P. spectabilis, P. glaucescens, P. Wulfeniana* und *P. Clusiana* eine gut charakterisierte Gruppe. Trotz der nahen Verwandtschaft der Formen sind die Areale scharf in echtem regionalen Horizontalvikarismus geschieden.

Die Entwicklung der Sektion *Auricula* können wir uns in mehreren Phasen verlaufend etwa so zurechtlegen.

Zunächst gliedert sich noch im Tertiär die von Osten in die Alpen kommende Urform in die § *Euauricula (P. Auricula)* auf Kalkboden und in die Stammformen *hirsuta, Wulfeniana* und *glutinosa* auf Urgestein, vertikal vikariierend die extrem oreophytische *minima.* Infolge der Vergletscherung der Alpen zur Eiszeit wird die Stammform *hirsuta-Wulfeniana* in eine östliche Gruppe und eine westliche Gruppe getrennt. Der Bodenunterlage in den beiden Flügeln der Alpen entsprechend bildet sich im Westflügel auf Urgestein die Gruppe *Erythrodrosum,* im Ostflügel auf Kalkboden die Gruppe *Arthritica.* Beide Gruppen entwickeln dann regional vikariierende Arten in junger Zeit, deren Areale sich der WETTSTEIN-Regel entsprechend ausschließen. Die Urgebirgsarten der *Erythrodrosum*-Gruppe dehnen sich postglazial auch auf die zentralen Urgebirgsteile der Ostalpen aus.

Blütezeit: Sämtliche Schlüsselblumen sind Frühblüher, was damit zusammenhängt, daß die Blütenknospen im Herbst schon weit vorgebildet sind.

Gehen wir auf die tertiären Urformen zurück, so dürfen wir uns vorstellen, daß unter den damaligen tropisch-subtropischen Lebensbedingungen die Bildung und Entfaltung der Blüten nur der inneren Rhythmik folgte; kontinuierlich folgte auf die Blüten b i l d u n g nach ihrer Fertigstellung die Entfaltung, erst die Versetzung in die gemäßigte Zone hatte eine Unterbrechung des kontinuierlichen Entwicklungsganges durch den Winter zur Folge, so daß Blütenbildung und Entfaltung heute durch eine Ruheperiode getrennt sind. Diese Ruheperiode wird aber, je nach der Strenge des Winters oder in milden Lagen stark verkürzt, so daß man — besonders Arten der *Vernales*-Gruppe, im Wnter mit halb- oder ganz geöffneten Blüten finden kann. Nach Höhenlage und Exposition ist daher die Blütezeit verschieden. *P. elatior* kann man blühend vom März bis August antreffen.

Von *P. acaulis* fand K. AMBERG 1913 am Pilatus Herbstblüten, die halboffen den Winter überdauerten. Man kann also von einer aufgezwungenen Ruheperiode oder vorsichtiger ausgedrückt von einer erzwungenen Verlängerung der Ruheperiode sprechen (Phänatavismus).

B l ü t e n f a r b e: Die auffallende Tatsache, daß die Arten der *Vernales*-Gruppe als Arten der Ebene und der Montanstufe gelbblühend sind, während die der *Auricula*-Gruppe (mit Ausnahme von *P. Auricula*) rot oder violett blühen, erklärt H. MÜLLER (1881) mit einer Umzüchtung der Arten von Bienenblumen auf Falterblumen; welch letztere auf den Alpenhöhen die überwiegenden Bestäuber sind und die rote Farbe bevorzugen.

L i t e r a t u r.

DIELS, L. 1910. — GAMS, H. 1933. Der teriäre Grundstock der Alpenflora. Jahrb. Ver. z. Schutz d. Alpenpflanzen, 5, S. 23. — HEGI, V/3 (bearbeitet von LÜDI). — E.P., Pflfam. IV/1, 1889 (bearbeitet von F. PAX). — PAX, F. Monographische Übersicht über die Arten der Gattung *Primula*, E.B.J., 10, 1889. — PAX, F. und KNUTH, R. in ENGLER, Das Pflanzenreich, IV, 237. Leipzig 1905. — RAUH, W., Über polsterförmigen Wuchs. Nova Acta Leop. N.E. 7, N. 49, 1939. — VIERHAPPER, F., *Soldanella*, Die Pflanzenareale I, 1. Jena 1926. — WIDMER, E. Die europäischen Arten der Gattung *Primula* mit Einleitung von C. NAEGELI, München 1891.

XXII. *Ericaceae.* — Heidekrautgewächse.

D i e E n t w i c k l u n g d e r *E r i c a l e s* o d e r *B i c o r n e s*.

Verwandte Familien werden zu Reihen zusammengefaßt; so bilden die Familien *Clethraceae, Epacridaceae, Pirolaceae, Empetraceae, Ericaceae* und *Diapensiaceae* die R e i h e d e r

Ericales oder *Bicornes.* Ihre Hauptverbreitung haben in der

trop.-subtrop. Zone	den gemäßigten Zonen	der kalten Zone
Clethraceae	*Pirolaceae*	*Diapensiaceae*
Epacridaceae	*Empetraceae*	
	Ericaceae	

Wie für die meisten Angiospermenfamilien verlegen wir auch für die *Ericales* den Entstehungsort in die Tropenzone, die in der Kreide und im Alttertiär nördlicher lag als heute. Wir nehmen ferner an, daß durch eine Polverlagerung diese ursprünglichen Tropengebiete nunmehr das Klima der gemäßigten Zone erhielten. Infolge dieser Klimaverschlechterung starben zahlreiche Formen aus, andere folgten der Verlagerung der Tropenzone nach Süden, z. B. die *Clethraceae* und z. T. die *Ericaceae*, während die *Pirolaceae, Empetraceae* und *Ericaceae* z. T. zwar unter großem Verlust zahlreicher Arten, die ausstarben, sich doch unter den neuen Lebensbedingungen erhalten konnten. Wir legen uns nun zwei Fragen vor:

A. Welche Merkmale zeigen die drei Familien als altes Erbgut, das sie sich aus ihrem „Tropenzeitalter“ erhalten haben?

B. Welche Merkmale lassen sich als Umbildungen und Neuerwerbungen, die in Anpassung an das gemäßigte Klima mit seinem Jahreszeitenwechsel, insbesondere in Anpassung an die ungünstige Vegetationszeit des Winters, entstanden sind, auffassen?

Wir verweisen auf die Ausführungen bei Besprechung der einzelnen Familien, Gattungen und Arten, die zumeist auf den Angaben Braun-Blanquets in Hegi V/3 beruhen und bringen hier nur eine Zusammenfassung in Schlagworten, um zu zeigen, wie die geschichtliche Untersuchung von Sippenreihen zum Verständnis der Entwicklung der Pflanzenwelt beitragen kann.

A. Welche Merkmale können als altes tropisches Erbgut gelten?

1. Die Verholzung als Ausdruck eines ununterbrochenen, lange Zeit hindurch andauernden Wachstums: *Ericaceae, Empetraceae, Pirolaceae* z. T.
2. Im Zusammenhang damit steht das immergrüne Blatt bei allen drei Familien und als weitere Folge
3. Das monopodiale Wachstum in der Jugend: z. B. bei *Calluna, Erica, Loiseleuria* u. a.
4. Ungeschützte Winterknospen bei den *Ericoideae.*

5. Proleptische Blüten am diesjährigen Jahresproß (*Calluna*). Als konstitutionelles Merkmal einer sehr alten, noch auf niederer Entwicklungsstufe stehenden Pflanzengruppe ist das mangelhafte Leitungssystem anzusehen.

7. Ledrige, immergrüne Blätter (*Rhododendron, Arctostaphylos Uva-ursi, Vaccinium Vitis idaea* u. a.).
8. Der Mangel an Reservestoffbehältern (Knollen, Zwiebel, dicke Wurzelstöcke) bei krautigen Arten (*Pirola*),

B. Umbildungen und Neuerwerbungen.

1. Umstellung auf sommergrüne Blätter (*Vaccinium Myrtillus, Arctostaphylos alpina*).
2. Umstellung der Blütenbestäubung, besonders unter dem Einfluß der Eiszeit; die Insektenbestäubung (Entogamie) tritt zurück, Übergänge zur Windbestäubung sind zu verfolgen: *Empetrum, Pirola secunda.*
3. Selbstbestäubung.
4. Die Blüten werden frühzeitig im Sommer angelegt, ihre Entfaltung infolge des Winters auf das Frühjahr verschoben. Bei günstiger Lage erfolgt die Entfaltung z. T. schon im Herbst (*P. secunda*) oder im milden Winter (*Erica carnea*). Siehe die einzelnen Arten.
   Die Blütezeit bzw. die Ruhezeit ist nicht streng fixiert.
5. Anpassungen an die Humusauflagerung in der gemäßigten Zone. Humuspflanzen. Halbsaprophyten, Saprophyten (= Moderpflanzen).
6. Schutz durch die Schneedecke ist bei vielen Mitteleuropa bewohnenden Arten erforderlich (*Rhododendron*).

C. Die *Ericales* gehören gleich den Coniferen, Juglandaceen, Salicaceen, Betulaceen, Ulmaceen, Fagaceen zu jenen Familien, die bei tropischer Abkunft die Umstellung der Wuchsform vom Holzgewächs zur Krautpflanze nicht durchführten.

Als Folge erscheint das Aussterben vieler Arten, so daß heute z. B. bei den Ericaceen viele Gattungen nur mehr eine Art (Monotypen) aufweisen wie *Calluna, Loiseleuria, Rhodothamnus*, in anderen Gattungen (*Arbutus, Empetrum, Pirola*) die einzelnen Arten morphologisch gut getrennt sind, so daß sie als „Stammesrelikte“ aufzufassen sind.

Während sehr viele Familien, z. B. die Leguminosen, Rosaceen und Violaceen, Hypericaceen die Umstellung vom Holzgewächs auf die krautige Pflanze durchführten, unterblieb sie bei den genannten Familien. Warum? SINNOTT und BAILEY machen darauf aufmerksam, daß die meisten Familien, die als Bäume und Sträucher der Kälte Widerstand leisten können, wenige oder keine krautigen Mitglieder haben.

Das Klima der gemäßigten Zone teilt das Jahr in eine Vegetationszeit und in eine Ruhezeit (Winter). Das kontinuierliche, nur von innerer Rhythmik beherrschte Wachstum der Tropen wird gewaltsam gestört und macht einer aufgezwungenen, durch den Wechsel der Jahreszeiten geregelten Rhythmik Platz, die in besonderen Wuchsformen einerseits, in der Blütezeit anderseits ihren Ausdruck findet.

Während die unterirdischen Organe durch die aufgelagerte Humusschichte in Form und Ernährungsweise beeinflußt, ja geradezu bestimmt werden, sind die oberirdischen Organe in ihrer Ausbildung von der im Winter aufgelagerten Schneedecke, die als wichtiger Faktor zur Milderung der klimatischen Härten als Schneeschutz dient, bestimmt.

Humusschichte und Schneeschichte sind die beiden charakteristischen Bildungen der gemäßigten Zone.

Ohne erschöpfend sein zu wollen, weisen wir auf einige Wuchsformen hin, die in Abhängigkeit vom Klima stehen.

a) Grundständige Blattrosetten. Bedeutung für das Überdauern der Eiszeit. Schneeschutz.

b) Während bei den *Ericoideae* (Heimat subtropische Gebiete: Kapland, Mittelmeerländer) die Erneuerungstriebe von den vorjährigen Trieben nicht oder kaum abgesetzt sind, zeigen *Chimaphila umbellata* und *Pirola secunda* deutlich abgesetzte Blattwirtel, aus denen sich annähernd das Alter der Pflanzen bestimmen läßt. Jahrestriebe (vgl. Coniferen).

c) Die Ericaceen behalten den ererbten Holzwuchs bei, ändern nur die Form, indem sie von Süden nach Norden von baumförmiger zu strauchförmiger Gestalt (*Rhododendron*), zu Kleinsträuchern (*Vaccinium Myrtillus* und *V. Vitis-idaea*) zu Zwerg- und Teppichsträuchern (*Loiseleuria*) übergehen.

Die meisten einheimischen Arten bedürfen des Schneeschutzes (*Rhododendron*); über die Schneedecke herausragende Sprosse frieren ab.

d) Die Pirolaceen zeigen mit *Pirola secunda* und *Chimaphila umbellata* als Halbsträucher den Übergang von Holzgewächsen zu krautigen Stauden.

e) Bei den Ericoideen, als einer subtropischen Gruppe, ist die monopodiale Sproßfolge die Regel, während die anderen Subfamilien, die ihre Hauptverbreitung in den borealen Gegenden haben, nur in der Jugend (meist bis zur Blühreife) die monopodiale, später die sympodiale Sproßfolge zeigen. Schädigung der Terminalknospen und Ersatz durch Axillarknospen.

f) Bei den Ericoideen finden sich ungeschützte Winterknospen, während die Mehrzahl der Ericaceen diese durch Niederblätter (Knospenschuppen) schützt.

g) Vegetative Vermehrung durch oberirdische Ausläufer: *Pirola chlorantha.*

Die Ordnung der *Bicornes* kann nach HAGERUP eine der schönsten polyploiden Reihen (S. 532) aufweisen:

$n = 1 \times 12$ *Erica*
2×12 *Andromeda*
3×12 *Vaccinium Oxycoccos*
4×12 *Gaultheria*
5×12 *Enkianthus.*

Ferner kennt man mehrere dazwischen liegende Zahlen, was darauf hindeuten könnte, daß die Grundzahl der Ordnung vielleicht 6 und nicht 12 ist, welche Grundzahl sich auch bei den Diapensiaceen findet.

Literatur.

HAGERUP, O., Morphological and cytological Studies of *Bicornes.* Dansk Bot. Arsk., **6**, 1928. — Studies on polypoid Ecotypes in *Vaccinium uliginosum.* Hereditas, **18**, 1933. — Studies on the significance of Polyploidy IV, *Oxycoccus.* Hereditas, **26**, 1940. — Zytoökologische *Bicornes*-Studien. Planta, **32**, 1941/42.

Das Alter der Ericaceen.

Die Gattungen und Arten sind im allgemeinen gut umschrieben, abgegrenzt und fixiert. Polymorphe, noch in reger Entwicklung befindliche Formenkreise kommen bei den E. nicht vor; auch Bastardierung ist selten. Das alles spricht für hohes Alter der Familie. Zahlreiche Formenkreise sind sehr artenarm und z. T. wohl als letzte Reste, als Stammesrelikte früher weit ausgebreiteter Formenkreise aufzufassen. Nicht weniger als 24 Gattungen zählen nur eine oder zwei Arten, z. B. *Loiseleuria, Rhodothamnus, Calluna.*

Auch die ungemein weite Verbreitung, die sich fast über die ganze Erde erstreckt — von der Arktis über die Tropen bis zu den antarktischen Inseln — spricht für das hohe Alter der Familie. Nur im Innern der kontinentalen Steppen und Wüstengebieten sowie dem Regenwald der tropischen Niederungen fehlen die E.

Natürliche Gliederung der Ericaceen.

1. ***Rhododendroideae.*** Fruchtknoten oberständig; scheidewandspaltige Kapsel. Krone nach dem Verblühen abfallend.
   a) *Ledeae. Ledum,* 4 Arten, EZ. Amerika, in Europa 1: *L. palustre.*
   b) *Phyllodoceae. Rhodothamnus,* 1 Art; *Rh. Chamaecistus,* EZ. Ostalpen. *Loiseleuria,* 1 Art, *L. procumbens,* EZ. Arktis.
   c) *Rhododendreae. Rhododendron,* 400 Arten, EZ. Zentralasien, in Europa 5.
2. ***Arbutoideae.*** Fruchtknoten oberständig, Frucht entweder eine fachspaltige Kapsel (z. B. *Andromeda*) oder eine Beere (z. B. *Arbutus*) oder eine mehrsteinige Steinfrucht (Steinbeere, z. B. *Arctostaphylos*), Krone nach dem Verblühen abfallend.
   a) *Andromedeae. Andromeda,* 60 Arten, EZ. Nordamerika, in Europa 1, *A. polifolia.*
   b) *Arbuteae. Arctostaphylos,* 50 Arten, EZ. Nordamerika, in Europa 2.
3. ***Vaccinioideae.*** Fruchtknoten unterständig, Beere. *Vaccinieae,* 200 Arten, EZ. Ostasien, Nordamerika, in Europa 3 Arten.
4. ***Ericoideae.*** Fruchtknoten oberständig; Frucht eine scheidewandbrüchige Kapsel (*Calluna*) oder eine fachspaltige Kapsel (*Erica*); Krone im Gegensatz zu den drei anderen Unterfamilien nach dem Verblühen nicht abfallend, sondern bleibend und vertrocknend.

Calluna, 1 Art, in Europa 1: *C. vulgaris.*

Erica, 530 Arten, Ursprungszentrum Mittelmeergebiet, sekundäres EZ. Südafrika, in Mitteleuropa 1: *E. carnea.*

Die Verbreitung der Ericaceen.

Die 80 Gattungen der *Ericaceae* (mit 1500 Arten) zeigen folgende Verteilung:

a) *Rhododendroideae* 17: in Amerika 11 (6) — Europa 6 (1), Afrika 0 — Asien 10 (4) — Australien 1 (0).
b) *Arbutoideae* 21: in Amerika 12 (2) — Europa 6 (0), Afrika 3 (2) — Asien 15 (6) — Australien 3 (1).
c) *Vaccinoideae* 24: in Amerika 16 (15) — Europa 1 (0), Afrika 1 (0) — Asien 9 (6) — Australien 3 (0).
d) *Ericoideae* 17: in Amerika 1 (0) — Europa 3 (1), Afrika 15 (14).

Zusammen 79 Gattungen: in Amerika 40 (23) — Europa 16 (2), Afrika 19 (16) — Asien 34 (16) — Australien 7 (1).

Die bekannte Armut Europas gegenüber Amerika und Asien tritt deutlich hervor.

Von den Unterfamilien ist die der *Ericoideae* auf Afrika und die Mittelmeerländer, von denen aus einzelne Arten wie *E. carnea* nach Mitteleuropa einstrahlen, beschränkt.

Die Unterfamilien der *Arbutoideae* und *Vaccinioideae* sind in Afrika nur sehr spärlich vertreten, die *Rhododendroideae* fehlen dort vollständig.

Die *Vaccinioideae* sind aus tropischen Oreophyten (Gebirgspflanzen) des nördlichen Angarakontinentes abzuleiten, die schon mindestens frühtertiär das tropische Amerika erreicht haben. Sie zeigen neben tertiärer Differenzierung auch die Einwirkung der Klimawende Miozän-Pliozän (Übergang von immergrünen zu sommergrünen Blättern) sowie die Spuren der Glazialzeiten in vielen Einzelheiten. (Sleumer, Systematik und Verbreitungsgeschichte der Vaccinioideen. Rundschreiben, D. B. G., Br. B. Nr. 2, 1948.)

Wuchsformen. Alle Arten der Familie haben einen verholzten Stengel und eine vieljährige Grundachse. Niedrige Sträucher sind vorherrschend. Bei den nordischen und hochalpinen Vertretern ist Teppichwuchs nicht selten. Da solche Arten z. B. *Loiseleuria* (*Rhodendroideae*) und *Arctostaphylos* (*Arbutoideae*) verschiedenen Unterfamilien angehören, handelt es sich um eine Konvergenz in Anpassung an die besonderen Lebensverhältnisse. Ausführliche Beschreibung des Teppichwuchses (Spalierwuchses) bei Rauh 1937.

Loiseleuria procumbens wächst im ersten Jahr orthotrop, ab zweitem Jahr plagiotrop, anfangs monopodial (nach Rauh länger als fünf Jahre). Der Hauptsproß stellt erst zur Blütezeit sein Wachstum ein und der Vegetationspunkt verkümmert (vgl. die Weidenarten). Die Sproßachse wird sympodial fortgesetzt. Im Gegensatz zu *Rhododen-*

dron stehen die Blüten nicht terminal, sondern achselständig (RAUH 1937).

Die gleiche Wuchsform wie *L. p.* haben auch *Arctostaphylos Uva-ursi* Spr. und *A. alpina.* Der Jahreszuwachs ist im Vergleich zu dem der Gletscherweiden sehr groß; die Internodien sind stark verlängert. Die Gesamtpflanze verzweigt sich basiton, die einzelnen Triebe sind streng akroton, monopodial wachsend, solange sie vegetativ bleiben (RAUH 1937, S. 311).

Rhododendron ferrugineum L. wächst bis zum vierten Jahr monopodial unverzweigt. Obwohl in jeder Laubblattachsel des ersten Jahrganges eine Knospe angelegt ist, entwickelt sich in den ersten Jahren einzig die von Knospenschuppen eingehüllte Terminalknospe. Im dritten oder vierten Jahr bestockt sich die Pflanze, d. h. entwickelt aus den Achseln der Keimblätter und aus basalen Achselknospen Laubtriebe, die zunächst ebenfalls eine Reihe von Jahren monopodial wachsen. Erst zur Zeit der Blühreife schließen Hauptsproß und basale Seitenäste ihr Längenwachstum mit einer terminalen Infloreszenz (endständigem Blütenstand) ab. 2—3 obere Achselknospen übernehmen die Fortsetzung des Sprosses (RAUH 1937).

Die *Rhodendroideae, Arbutoideae* und *Vaccinoideae* sind vorwiegend sympodial verzweigt. Die Hauptachse schließt mit einem Blütenstand ab; aus den Seitenknospen entspringen Verjüngungssprosse und bilden die scheinbare Fortsetzung des Haupttriebes.

Bei den *Ericoideae* ist dagegen der monopodiale Aufbau die Regel. Die Erneuerungstriebe sind von den vorjährigen Trieben nicht oder kaum abgesetzt. Winterknospen fehlen; die schon im Sommer und Herbst weit vorgebildeten Blütenteile überwintern schutzlos und setzen ihre Weiterentwicklung im Winter oder im ersten Frühjahr fort. Sie besitzen also keine festfixierte Winterruhe (*Erica carnea.*) Alle diese Merkmale und die Verbreitung in Südafrika und im Mittelmeergebiet zeigen die Ericoideen im Gegensatz zu den anderen Unterfamilien als eine Gruppe, die in Lebensform und Lebensgewohnheit sich von den tropischen Ausgangsformen wenig entfernt hat.

Die anderen Unterfamilien zeigen deutlichere Anpassungen an die extratropischen Zonen. Die Mehrzahl derselben entwickelt Winterknospen, die durch Niederblätter geschützt sind. Diese fallen dann während und nach der Blüte ab. Diese Gruppe findet auch für die Blütenbildung, Blütenentfaltung und Fruchtreife mit einer Vegetationsperiode nicht ihr Auslangen, sondern beginnt mit der Anlage der Blüte schon im vorhergehenden Sommer. In den Winterknospen von *Arctostaphylos Uva-ursi* fand SAMUELSSON schon am 16. Juni die ersten Anlagen der Staub- und Fruchtblätter, bei *Ledum palustre* war am 30. Juni das Gynözeum bereits vollständig entwickelt usw. Unter diesen Umständen brauchen wir uns nicht zu wundern, wenn im südlichen Tessin die Alpenrosen mitten im Winter erblühen und wenn *Erica carnea* im Dezember und Jänner bei günstiger Lage ihre Blüten entfaltet.

Die Laubblätter der Ericaceen sind in der Regel überdauernd zwei- bis dreijährig; sommergrün sind die Laubblätter von *Arctostaphylos alpina, V. Myrtillus, V. uliginosum.* Es stimmt mit der oben ausgeführten Schilderung der Ericoideen, daß — wenigstens bei unseren einheimischen Arten — in dieser Gruppe keine sommergrünen Blätter vorkommen, der Laubfall also auf die auch sonst boreal eingestellten anderen Unterfamilien beschränkt ist. (Vgl. S. 280.)

Vegetative Vermehrung kommt namentlich bei *Vaccinium,* auch bei *Andromeda,* durch unterirdische, sich bewurzelnde Kriechsprosse vor.

Sämtliche Ericaceen besitzen eine endotrophe Mykorrhiza. In der Wurzel ist sie in der Regel auf die Epidermis beschränkt, die mit einem dichten Gewirr feiner Pilzhyphen angefüllt ist. Diese Hyphen durchbrechen die Zellwände und bilden an der Außenseite der Wurzel Anhäufungen. Die Aufgabe der Pilze scheint in der Sammlung und Zuführung von Stickstoff zu liegen. Diese Tätigkeit ist umso wichtiger als die Mehrzahl unserer Ericaceen in nährstoffarmen, sauren Böden, auf Torfmooren und Heiden vorkommt, wo Stickstoffbakterien fehlen. Die Anspruchslosigkeit der Ericaceen an Nährstoffe würde sich dann aus der Symbiose mit dem Wurzelpilz gut erklären.

Die Xeromorphie der Ericaceen ist ein altes konstitutionelles Merkmal (Organisationsmerkmal). Die E. haben ein primitives Wasserleitungssystem, das sich in der äußerst schwachen Differenzierung der verschiedenen Elemente des Holzes zeigt. Es ist verständlich, daß bei einem so mangelhaften Leitungssystem die Blätter Einrichtungen zeigen, die die Wasserabgabe erschweren, d. h., daß die Blätter xeromorph gebaut sind (schildförmige Drüsenhaare bei *Rhododendron* und *Ledum,* wachsbereifte Lederblätter, Rollblätter — *Loiseleuria,* Nadelblatt — *Erica*).

Dieses mangelhafte Wasserleitungssystem ist die Ursache, warum die E. sich nur in Gebieten behaupten konnten, in welchen die Transpiration infolge der ständig feuchten Atmosphäre außerordentlich beschränkt ist. Es löst sich damit auch der Widerspruch, daß Pflanzen feuchter Gebiete (mit ozeanischem Klima) Xeromorphismus zeigen ohne Xerophyten, d. h. Pflanzen trockener Gebiete zu sein. Unterscheide zwischen Xerophyten, d. h. Pflanzen, die Trockengebiete bewohnen und Xeromorphismus, d. h. Einrichtungen zur Herabsetzung der Transpiration. Schlagwortartig können wir die E. als xeromorphe Hygrophyten (d. i. Pflanzen feuchter Gebiete) bezeichnen.

Die E. werden daher kontinentale Gebiete, wo infolge der Trockenheit der Luft eine erhöhte Transpiration stattfindet, meiden; anderseits werden sie an Standorten gedeihen können, an denen infolge der Kälte (Arktis, Moore im Frühjahr) nur wenig Wasser und damit Nährstoffe zur Verfügung stehen. Die Anspruchslosigkeit an die Nährstoffe des Bodens erklärt ihre Überlegenheit im Wettbewerb mit anderen Arten und damit das Massenauftreten einzelner Arten (*Calluna vulgaris, Vaccinium Myrtillus, V. Vitis-idaea, Erica carnea* usw.) der nordwärts ausstrahlenden Formenkreise auf den im allgemeinen vegetationsfeindlichen, kalten und nährstoffarmen Hochmoorböden. Die konstitutionellen xeromorphen Merkmale brauchten keine nennenswerte Umformung zu erfahren.

Wir wiederholen die Zusammenhänge: Mangelhaftes Wasserleitungssystem als Organisationsmerkmal — daher Meiden kontinentaler Gebiete und Anspruchslosigkeit an Nährstoffe — daraus Massenauftreten in vegetationsfeindlichen Gebieten (Arktis, Moore, subalpine Stufe, Sandböden — Lüneburger Heide).

Für die postglaziale Wiederbesiedlung des eisfrei werdenden borealen Gebietes standen der Natur in den Nadelhölzern und Heidekrautgewächsen zwei Pflanzentypen zur Verfügung, die aus konstitutionellen Gründen ökologische Eigenschaften mitbrachten, die sie zu dieser Aufgabe befähigten.

Die Ericaceen und ihre Ansprüche an den Boden. In kalten und gemäßigten Gebieten, wo die Niederschläge größer sind als die Verdunstung, werden die basischen Verbindungen der oberen Bodenschicht ausgewaschen und in die Tiefe geführt. Wir unterscheiden daher in diesen Böden eine Auswaschungs- und eine Anreicherungszone, die auf dem Untergrund aufliegen. (A-Horizont, B-

Horizont, C-Horizont)'; solche Böden heißen Podsol-Böden. Von der Zersetzung werden außer den silikatischen Tonmineralien auch alle anderen angreifbaren Mineralien betroffen, so daß bei extremer Podsolierung nur noch reiner Quarzsand im Oberboden zurückbleibt. Durch die Abfuhr der färbenden Eisenoxyd-Manganverbindungen erhält der untere Tiel der Bodenkrume ein bleiches, aschenfarbenes Aussehen (daher der russsische Name Podsol-Aschenboden). Die Podsolierung geht Hand in Hand mit einer verlangsamten Zersetzung der organischen Abfallstoffe, also mit Rohhumusbildung.

Es entstehen dadurch nährstoffarme, saure Böden, die in Nordeuropa und im atlantischen Gebiet als Schlußglied der Bodenbildung (Bodenklimax) weit verbreitet sind. Keine Pflanzensippe zeigt sich in so hohem Maße befähigt, diese mageren ausgelaugten Böden dauernd zu besiedeln, wie die Vertreter der Ericaceen. Ihre Hauptverbreitung in Europa fällt mithin mit der Verbreitung des Podsolbodens zusammen, wir bezeichnen daher die Ericaceen als die Podsolfamilie (Bleicherdefamilie). Außerhalb des Podsol- oder Bleicherdegebietes besiedeln die Ericaceen mit Vorliebe Torfböden, auf denen wegen des geringen Mineralgehaltes wenig Konkurrenz mit anderen Pflanzenfamilien herrscht.

Alle diese Böden haben ein Merkmal gemeinsam: sie sind stark sauer, zeigen also eine hohe Wasserstoffionen-Konzentration. der pH-Bereich der meisten Ericaceen Mittel- und Nordeuropas liegt zwischen 3,8—6 pH. es sind „azidiphile" Arten. Hieraus erklärt sich auch, weshalb die meisten Ericaceen als „kalkfliehend" bezeichnet werden. Kalkreiche Böden sind nämlich stets alkalisch, für azidiphile Arten daher auf die Dauer nicht besiedelbar.

Als neutro-basiphil können bezeichnet werden: ***Rhododendron hirsutum, Erica carnea*** und ***Rhodothamnus Chamaecistus. Arctostaphylos Uva-ursi,*** zieht sauren Boden vor, findet sich aber auch auf alkalischen Unterlagen (nach BRAUN-BLANQUET in HEGI, S. 1619).

Die Ericaceen als Formationsbildner. Reiche, dichte Verästelung, unterirdische Ausläufer (besonders bei ***Vaccinium Myrtillus*** und ***V. uliginosum***), reiche Stockausschläge, wirksame Verbreitungsmittel (Beeren und kleine flugfähige Samen) befähigen die E. zur Bildung ausgedehnter Pflanzenvereine. Namentlich in

1. der arktischen Zwergstrauchheide,
2. der subalpinen Zwergstrauchheide (Rhodoretum, Ericetum),
3. der norddeutschen Heide (Callunetum),
4. im sekundären Hochmoor (Callunetum),
5. im Unterwuchs sandiger Kiefernwälder und humusreicher Fichten-Zirbenwälder sind Ericaceen die führenden Arten.

Die mitteleuropäischen Ericaceen-Arten.

1. *Ledum* L. — Porst

1. *Ledum palustre* L., Sumpf-Porst. Zirkumpolar. — Nordamerika. — Tertiärpflanze, Glazialpflanze.

Die Gattung *Ledum* zählt 4 Arten, die sich alle in Nordamerika finden, davon nur *L. p.* zirkumpolar, daher Heimat Nordamerika; lebte zur Eiszeit in Mitteleuropa; Reliktstandorte, in den Alpen selten; fossil in interglazialen Mergeln.

Biologie als Tertiär- und Glazialpflanze: immergrüne Rollblätter, unterseits dicht rotbraun filzig (Ausnützung der Assimilationszeit); Frühblüher, Hochmoorpflanze, konkurrenzfähig als xeromorpher Hygrophyt mit geringem Nährstoffbedürfnis. Selbstbestäubung erschwert, aber nicht ausgeschlossen.

2. *Rhododendron* L. — Alpenrose.

2. Die Gattung umfaßt etwa 200 Arten in der Holarktis; Entwicklungszentren in Ostasien (Südchina, Himalaya) und Nordamerika, in Ostasien entstanden Oreophyten, die schon in der Tertiärzeit nach Norden und Westen ausstrahlten und dort neue Formen entwickelten (z. B. im Norden *Rhododendron lapponum*, in Europa: *Rh. ponticum*, *myrtiflorum* (Karpaten), in den Alpen *Rh. ferrugineum* und ***hirsutum***.

Rhododendron ferrugineum L., Rost-Alpenrose. Mitteleuropäisch-alpin. — Alpenelement — Tertiärpflanze, Glazialpflanze.

Bevorzugt Urgestein, ist aber indifferent, im Jura auf Kalk, weiter verbreitet als

Rhododendron hirsutum L., Wimper-Alpenrose. Mitteleuropäisch-alpin. — Alpenelement (Ostalpen, Kalkketten).
— Tertiärpflanze, Glazialpflanze.
— Fossile Reste fehlen.

Biologie. Die Alpenrosen sind als Tertiärpflanzen und Glazialpflanzen gekennzeichnet durch 1. immergrüne Blätter,

2. Empfindlichkeit gegen Spätfröste, 3. Gedeihen in ozeanischem Klima, 4. bisweilen zweimal im Jahre blühend (Lugano), 5. im Winter Schneebedeckung als Schutz erforderlich, 6. vielleicht ursprünglich nur als Unterholz im Walde, Waldzeugen einer höheren Waldgrenze in der postglazialen Wärmezeit, anderseits in tiefen Lagen als Glazialrelikt (Kastanienhaine des Tessins, Seen-Nebel, Schluchten).

3. *Rhodothamnus* RCHB. — Zwergalpenrose.

3. *Rhodothamnus Chamaecistus* (L.) RCHB., Zwergalpenrose. Ostalp. Endem. — Alpenelement ?? — Tertiärpflanze.

Einzige Art ihrer Gattung (monotypisch). Variationsfähigkeit eingebüßt, daher hohes tertiäres Alter anzunehmen. Ursprung läßt sich nicht feststellen. „Stammesrelikt". Wahrscheinlich nicht in den Alpen selbst entstanden. Auf die Ostalpen (nördliche und südliche Kalkalpen) beschränkt. Subalpine Nadelholzstufe (— 2300 m); an tiefen Standorten als Eiszeitrelikt (Fuß des Ötscher, 600 m, Mausrodel usw.). Saseschlucht bei Zwischenwässern, 350 m).

Biologie. Blätter derb-lederig, beiderseits meist kahl und glänzend, wintergrün; Standorte: trockene, steinige Zwergstrauchheiden, Legföhrengebüsch, auf Kalk und Dolomit; Selbstbestäubung möglich. Gut entwickeltes, keimfähiges Samenmaterial ist schwer zu bekommen. (Hohes tertiäres Alter.)

4. *Loiseleuria* DESV. — Gemsenheide.

4. *Loiseleuria procumbens* (L.) DESV., Gemsenheide. Zirkumpolar — Arktis — Tertiärpflanze, Glazialpflanze.

Einzige Art ihrer Gattung. — Im Blütenbau primitiver Typus, fest fixierter, starrer Typus und die systematische Stellung deuten auf hohes Alter. Arktotertiären Ursprungs von zirkumpolarer Verbreitung mit strahlenförmigem Ausgreifen nach Süden (alpin-arktisches Element). In Europa nicht von Osten (fehlt im Kaukasus), sondern von Norden eingewandert. — Fossil in glazialen Ablagerungen (*Dryus*-Tone).

Biologie. Teppichstrauch, immergrünes Rollblatt (Spaltöffnungen unterseits in zwei Rinnen), nackte, ungeschützte Winterknospen sind altes tertiäres Erbgut, nicht Ausdruck der ökologischen Bedingungen, unter denen die Pflanze heute an geschützten und ungeschützten Standorten wächst (Windecken). Pionier auf Schutt und Moränen einerseits, anderseits Schlußglied einer Associationsfolge. Glazialpflanze: Selbstbestäubung schon im Inneren der Blütenknospe möglich, Frühlingsblüher, Blüte im Herbst angelegt. Standort Moränen.

5. *Andromeda* L. — Kienporst.

5. *Andromeda polifolia* L., Rosmarinheide. — Zirkumpolar. — Nordamerika. — Tertiärpflanze, Glazialpflanze.

Die Art hat ihre nächsten Verwandten im borealen Nordamerika und dürfte von dort vor oder während der Eiszeit in Europa eingewandert sein. Wie fast alle amerikanischen Elemente (vgl. *Arctostaphylos Uva-ursi*) dringt sie weiter nach Südwesten bis in die Pyrenäen vor als die asiatischen Elemente (z. B. *Linnaea borealis, Calla palustris*). Nach Süden immer spärlicher und zerstreuter. Glazialrelikt. Fossil im Ostbaltikum in nacheiszeitlichen *Dryas*-Sanden. Zahlreiche *Andromeda*-Arten sind aus der Kreide (!) und dem Tertiär, Bernsteinflora beschrieben. Variationsfähigkeit eingebüßt. Hohes Alter.

Biologie. Als Glazialpflanze gekennzeichnet. 1. Vegetative Vermehrung — Halbstrauch mit weitkriechender, sich bewurzelnder Grundachse, 2. Blätter lederartig, oberseits dunkelgrün, unterseits hellgrün, wachsbereift — (nicht behaart!) Rollblatt, 3. Spontane Selbstbestäubung häufig. 4. Standort: Hochmoor.

6. *Arctostaphylos* ADANS. — Bärentraube.

6. Die Gattung *Arctostaphylos* zählt über 50 Arten, fast ausschließlich im pazifischen Nordamerika. Kalifornien ist Hauptentwicklungsherd der Gattung, dort etwa 40 Arten, darunter unsere beiden Arten *A. Uva-ursi* und *A. alpina*. Nur diese sind außerhalb Nordamerikas und in der Arktis verbreitet. Alttertiäre Gattung pazifisch nordamerikanischen Ursprungs, deren anpassungsfähigsten Arten in der Eiszeit ihre weite Verbreitung erlangt haben.

6. *A. Uva-ursi* L., Immergrüne Bärentraube. Zirkumpolar — Nordamerika. — Tertiärpflanze, Glazialpflanze.

A. Uva-ursi boreal-zirkumpolar, in allen Kontinenten nach Süden ausstrahlend (Amerika — Neumexiko, Europa — Spanien, Abruzzen, Asien — Kaukasus, Himalaja). Vereinzelte Kolonien (z. B. bei Winterthur als Glazialrelikte. Fossil in *Dryas*-Tonen (Schwerzenbach).

Biologie. Glazialpflanze. 1. Derbe, immergrüne Blätter, beiderseits kahl, glänzend — Ausnützung kurzer Vegetationszeit. 2. Frühe Blütezeit. 3. Vegetative Vermehrung — Teppichstrauch mit weithin kriechenden Ästen. 4. Selbstbestäubung neben Fremdbestäubung. 5. Standorte: meidet Flach- und Hochmoore, verlangt trockenen warmen Boden, sehr reichlich in Moränen- und Drumlingebiet von Nord-Zürich, typischer Kiefernbegleiter, Pionier auf Kalkschutthalden. 6. Verlangt Schneeschutz im Winter. 7. Steigt bis 2780 m in den Alpen. 8. Ändert nur wenig ab (hohes Alter).

A. alpina (L.) SPRENGEL, Alpen-Bärentraube, Zirkumpolar — Nordamerika — Tertiärpflanze, Glazialpflanze. Von *A. Uva-ursi* durch sommergrüne Blätter (Blattanatomie) und saftige Früchte verschieden, auch als eigene (monotypische) Gattung *Arctous* aufgefaßt; jedenfalls sehr alte, systematisch isolierte Form. Zirkumpolar verbreitet mit Ausstrahlungen nach Süden (in Asien — Tienschan, in Europa — Pyrenäen, Abruzzen, Montenegro [fehlt aber Kaukasus und Himalaja] in Amerika — Rocky Mountains). — Glazialpflanze. — Fossil in Glazialablagerungen in Dänemark, Schweden in Begleitung der *Dryas*-Flora.

Biologie als Glazialpflanze. 1. Weitkriechender Teppichstrauch, Adventiv-Wurzeln bildend — vegetative Vermehrung. 2. Alpen bis 2500 m. 3. Übergang zur Selbstbestäubung. 4. Standorte: Bergföhrenbestände, Gesteinsschutt, Felsen. Pionier, humusschaffende Art.

Laubblätter sommergrün, ihre Reste als brauner Kranz am Grunde der neuen Blattsprosse erhalten bleibend — also noch nicht völlig an den Laubfall angepaßt und dadurch ihre Abstammung von immergrünen Arten anzeigend.

7. *Arbutus* L. — Erdbeerbaum.

7. *Arbutus Unedo* L., Erdbeerbaum. — Mediterran-atlantisch — Mediterrane Tertiärpflanze. Die Gattung umfaßt etwa 25 Arten, meist Bäume. Fünf Arten im Mittelmeergebiet und Orient, die übrigen in Nordamerika, Artenzentrum in Mexiko. In Europa außer *A. Unedo* noch *A. Andrachne* in Griechenland.

Biologie. Laubblätter immergrün, glänzend, derblederig — milde Winter, hohe Luftfeuchtigkeit, bevorzugt atlantische

Küste bis zur Charenthe inférieure, isoliert bei Peimpol (Côtes-du-Nord), westlich Island. Fehlt daher in den Trockengebieten Südostspaniens und im Südosten des Mittelmeergebietes. — Weitgehendes Ausschlagsvermögen (Wurzelschosse) — Macchie-Reste von *Quercus*-Wäldern. Bevorzugt Montanstufe des Mediterrans, Blütezeit: Oktober-November—Jänner-Februar, vereinzelt bis April. Mediterrane Klimarhythmik, Kurztagpflanze. Blüte und Frucht gleichzeitig! (Phänatavismus tropischer Rhythmik.)

8. *Vaccinium* L. — Heidelbeere.

8. Die Gattung *Vaccinium* umfaßt etwa 200 Arten, wovon etwa drei Achtel in Südostasien, zwei Achtel in Nordamerika, ein Achtel in Süd- und Mittelamerika vorkommen. Sechs Arten auf Madagaskar, nur eine davon in Afrika; sie stellen einen Zweig der malayischen Urtypen der Gattung dar. Europa besitzt nur vier mitteleuropäisch-zirkumpolar verbreitete Arten. Sie haben sich, ihren verwandtschaftlichen Beziehungen nach vom arktotertiären Stamm — am frühesten in Nordamerika abgetrennt und sind schon im Jungtertiär zu uns gekommen. Fossil im Pliozän des französischen Zentralmassivs, mittleres Miozän von Europa.

10. *Vaccinium Vitis-idaea* L., Preißelbeere.

Nordamerika — Tertiärpflanze. Glazialpflanze.

Zirkumpolare Verbreitung mit Vorstößen nach Süden (Amerika—Neuengland, Europa—Norditalien, Asien—Himalaja). Die Sektion *Vitis-idaea* A. GRAY umfaßt ca. 40 Arten. Blätter meist immergrün, bei einzelnen Arten abfallend.

Biologie. 1. Vegetative Vermehrung durch unterirdische, wurzelnde Kriechtriebe. 2. Rollblatt. 3. Steigt bis 3040 m in der Schweiz. 4. Bedarf winterlichen Schneeschutzes. 5. Standorte im Alpenvorland über 80 Fundstellen, die in der Hauptsache im Jungmoränengebiet auf Hochmooren liegen. 6. Begnügt sich mit nährstoffarmem Boden, trockene Kiefernwälder. 7. Selbstbestäubung scheint möglich zu sein.

Tropischer Phänatavismus: Blüht und fruchtet in tiefen Lagen meist zweimal im Jahr; immergrüne Blätter und monopodiales Wachstum in der Jugend, während die Heidelbeere durch sympodiales Wachstum und sommergrüne Blätter gekennzeichnet ist.

Vaccinium Myrtillus L., Heidelbeere. Zirkumpolar, — Nordamerika — Tertiärpflanze, Glazialpflanze.

Die Sektion *Myrtillus* zählt zwölf Arten, Mehrzahl in Nordamerika; sie ist durch sommergrüne Blätter ausgezeichnet. *V. M.* ist zirkumpolar verbreitet, dringt weit nach Süden vor, wo sie mehr und mehr auf die Gebirge beschränkt ist (Zentralspanien, Abruzzen, Balkan, Kaukasus, Rocky Mountains — fehlend in Innerasien, Himalaja, Tien-Schan). Das erste sichere Auftreten in Mitteleuropa fällt in das ältere Diluvium. Fossile Reste in Norddeutschland (erste Interglazialzeit).

B i o l o g i e: Glazialpflanze. 1. Mehrere Meter lange unterirdische Ausläufer (vegetative Vermehrung). 2. Neben Fremdbestäubung auch Selbstbestäubung. 3. Das mächtige Mark des Holzkörpers dient als Speichergewebe (sommergrüne Blätter). 4. Grüne, assimilierende Zweige. 5. Steigt bis 2840 m. — Bevorzugt im Gegensatz zur Preißelbeere subozeanische Gebiete und überzieht stundenweit die etwas schattigeren oder regenreicheren, über Winter schneebedeckten Flanken der Urgebirgs- und Schieferberge, meidet die zentralalpinen trockenen Föhrenbezirke. Tertiärpflanze. 6. Frostempfindlichste unserer Vaccinien, bedarf des Schneeschutzes. 7. Gelangt in Nordwestdeutschland ausnahmsweise zweimal zur Blüte (Weihnachten, Subtropischer Phänatavismus, vgl. *Vaccinium Vitis-idaea,* Alpenrosen).

Vaccinium uliginosum L., M o o r b e e r e. Zirkumpolar. — Nordamerika. — Tertiärpflanze, Glazialpflanze.

Die Art hat ihre Verwandten, drei Arten des nördlichen Florenreiches, in Nordamerika und ist zirkumpolar verbreitet. Von dort während der Glazialzeit weit nach Süden vorgedrungen. In Europa bis Pyrenäen, Apenninen, Balkan; in Asien bis zum Kaukasus, Altai, Baikalgebirge, in Amerika bis Neuengland. Alter tertiärer Typus, ändert wenig ab.

B i o l o g i e. Vegetative Vermehrung durch weitkriechenden Wurzelstock. Sommergrüne, derbe Blätter, steigt bis 3100 m, neben Fremdbestäubung auch Selbstbestäubung, fossil im Pliozän der Auvergne und in zahlreichen Interglazial- und Glazialablagerungen Mitteleuropas. In Oberschwaben liegt das Hauptareal zwischen der äußeren und inneren Jung-Würm-Endmoräne. Weite ökologische Amplitude: im Tiefland nur in Hochmooren, in den Alpen auf trockenen Magerböden, windhart; nur übertroffen von *Loiseleuria.*

Vaccinium Oxycoccos L. (= *Oxycoccus palustris* Pers. = *O. quadripetalus* Gilib.), M o o s b e e r e. Zirkumpolar. — Nordamerika, Ostasien. — Tertiärpflanze, Glazialpflanze.

Die Pflanze ist häufig im ganzen arktischen Amerika, Asien und Europa und von dort während der Glazialzeit nach Süden gewandert, aber nicht so weit wie die anderen Vaccinien. In Europa nur bis Südfrankreich, Kroatien, Rumänien, fehlt im Kaukasus. Auch für diese Art dürfen wir ihrer systematischen Stellung zufolge hohes Alter annehmen. Fossil in Diluvialablagerungen Norddeutschlands.

Biologie. Niederliegender Halbstrauch mit weitkriechendem (bis 80 cm langem), dünnem, verholzendem Stengel, Laubblätter derblederig, wintergrün, Rollblatt, oberseits dunkelgrün, glänzend, unterseits von bleibender Wachsschicht blaugrün bereift. Typische Hochmoorpflanze (*Sphagnum fuscum*); geht bei Änderung des Hochmoorcharakters zurück und verschwindet. Verbreitung auf größere Entfernung durch Vögel. Im Engadin bis 1830 m verbreitet. In Oberschwaben mit wenig Ausnahmen im Bereich der Jungmoränen (Würmvergletscherung).

9. *Calluna* SALISB. — Besenheide.

9. Die Gattung *Calluna* zählt nur eine Art: *C. vulgaris* (L.) HULL, Besenheide, Herbstheide. Die Art ist in fast ganz Europa verbreitet, hat ihr Massenzentrum im atlantischen Gebiete und geht unter starker Auflockerung der Vorkommen bis Westsibirien, bringt aber in den nördlichsten Gebieten (Island) nur selten reife Samen. Alte Form, die wenig abändert. In den Alpen vorzugsweise in den niederschlagsreichen Außenketten, in dem südalpinen Nebelgürtel, untergeordnet im zentralalpinen Föhrenbezirk. Im atlantischen Amerika vielleicht durch Vögel verschleppt. — Fossil in glazialen und interglazialen Ablagerungen von Norddeutschland und Dänemark.

Die Besenheide ist schon im Tertiär im südwestlichen Europa, einem sehr alten *Bicornes*-Zentrum, entstanden. Ihrer Abkunft aus einem subtropischen, ozeanischen Klima, das eine ungestörte Entwicklung erlaubt, entspricht die Verholzung der Sprosse, das monopodiale Wachstum in der Jugend, die offenen, nicht mit Schuppen bekleideten Winterknospen, die verzweigten Jahrestriebe, schließlich die Blüte, die erst im Sommer auf dem diesjährigen Holz angelegt wird und bald darauf zur Entfaltung kommt. Weiteres über *Calluna*, S. 474, und bei NORDHAGEN 1937/38, BEYERINCK 1940.

Biologie. Glazialpflanze. 1. Vegetative Vermehrung durch niederliegende, wurzelnde Sprosse. 2. Immergrüne Rollblätter. Ausnutzung der kurzen Vegetationszeit. Die Xeromorphie steht im Widerspruch zu der heutigen Verbreitung und den Klimaansprüchen der Art und läßt sich auch kaum aus den Standortsansprüchen erklären. Wir müssen einen übernommenen und fest fixierten Organisationsxerophytismus annehmen. *Calluna vulgaris* findet sich auf nährstoffarmen Böden, gleichgültig ob naß oder trocken. 3. Selbstbestäubung neben Fremdbestäubung, Insektenbestäubung, abschließend Windbestäubung. 4. Bedarf der winterlichen Schneedecke. 5. Steigt in den Alpen bis 2500 m. 6. Unempfindlichkeit gegen Wärme und Feuchtigkeit. 7. Blütezeit im Spätsommer: in Istrien im Juli, in den Alpen im August, in Nordnorwegen im Oktober. 8. Standorte: Meidet Kalkboden; kennzeichnend für Altmoränen (ausgewaschen, Gardasee); im Alpenvorland guter Zeiger für Deckenschotter. 9. Formation: Wechselnde soziale Bindungen. In Westeuropa siedelt die Pflanze an allen möglichen Standorten: in Zwergstrauchheiden, Wäldern, auf Felsen; in Südosteuropa dagegen weitgehend an Hochmoore gebunden. Zwei Haupttypen der Moorheide a) des *Sphagnum*-Torfes, b) auf Trockenboden. Der Entstehung der Formation nach entweder Abbau von Hochmoor und Wald oder Aufbau auf vegetationslosen Sandböden; sekundär auf ehemaligem Waldboden (nährstoffarm: Abholzung, Auslaugung). Waldtypen (CAJANDER), Bonitätsklassen: a) *Oxalis*-Typ, b) *Myrtillus*-Typ, c) *Calluna*-Typ).

10. *Erica* L. — Frühlingsheide, Glockenheide.

10. *Erica* L. Das Ursprungszentrum der *Ericoideae* erstreckt sich in der frühen Tertiärzeit vom östlichen Mittelmeergebiet über Abessinien bis ins tropische Ostafrika. Im Nordteil dieses Areals setzt im Miozän eine Versteppung ein, die der Ericoideenflora schweren Schaden zufügt, so daß von mancher Gattung, z. B. *Calluna* nur eine Art erhalten bleibt. Andere Gattungen, z. B. *Erica* werden aus den ostafrikanischen Gebirgen infolge der Polverlagerung nach Südafrika gedrängt, wo sie überaus zahlreiche Formen (ca. 530 Arten) entwickelt, so daß das Kapland ein sekundäres Entwicklungszentrum dieser Gattung darstellt.

Mit Ausnahme der recht winterharten *Calluna vulgaris, Erica carnea, E. tetralix* und *Bruckenthalia spirulifera* sind die europäischen *Ericoideae* zarte Gewächse, die an das ozeanische Klima angepaßt sind. Auf diese hat die Eiszeit vernichtend eingewirkt, während sie in Südafrika statt der Eiszeiten Pluvialzeiten erlebten, wodurch die Möglichkeit zur Weiterentwicklung gegeben war. (NORDHAGEN, 1938, S. 63.)

Erica carnea L., Frühlingsheide. Südmitteleuropäisch-montan. — Alpen. — Tertiärpflanze.

E. carnea L., ist am nächsten mit *E. mediterranea* L., einer der ursprünglichsten europäischen *Erica*-Arten, verwandt. Die Art geht wenig über die Alpen hinaus, ins Alpenvorland (dealpin), ins Mährische Gesenke, nach Illyrien, Serbien, in den Apennin. In den Alpen hat sie den Schwerpunkt der Verbreitung im Krummholzgürtel, im Unterwuchs von Kiefernwäldern, Geröll, Felsboden, Flußauen, Heidewiesen (Bayrische Heidewiese). Sie gehört zu den Waldzeugen für ehemals höhere Waldgrenze.

Biologie. Die Blüten für das nächste Jahr sind bereits im Sommer fertig entwickelt und überwintern ohne Schutz (tropische Abstammung); sie entfalten sich im März bis Juni, bei günstiger Witterung bereits im Dezember und Jänner. Die Blätter sind nadelartig und wintergrün (tropische Abstammung). Typische Bienenblume, in höheren Lagen Falterblume; Hummeln durchbeißen die Blumenkrone.

Erica arborea L., Mittelmeergebiet, Nordafrika, Pontisches Gebiet, Abessinien, Kilimandscharo, vereinzelt in der insubrischen Vegetationsinsel (Judikarien, Riva, Comosee).

Erica Tetralix L., Glockenheide. — Atlantisches Westeuropa. Charakterpflanze der Moore Nordwestdeutschlands.

Erica cinerea L., Graue Glockenheide. — Mediterranes Europa, atlantisch bis Südwest-Norwegen.

Literatur.

BEIJERINCK, W., *Calluna*. Verh. d. kgl. Nederl. Ak. d. W., Iweede sectie 38, Nr. 4, 1940. — BREITEFELD, A. Der anatomische Bau der Blätter der *Rhodendroideae* in Beziehung zu ihrer systematischen Gruppierung und zur geographischen Verbreitung. E.B.J. 9, 1888, bes. S. 366. die phylogenetische Entwicklung der Gattung *Rhododendron*. — DRUDE, O., 1890. — E. P., Nat. Pfl.familien IV/1 (DRUDE). — ENGLER, A., 1879. — HANSEN, J., Die europäischen Arten der Gattung *Erica*. E.B.J. 75, 1950. — HEGI, V/3, S. 1609 (BRAUN-BLANQUET); K. L. SCH., IV/1, 1923. — NORDHAGEN, R., Studien über die monotypische Gattung *Calluna*. SALISB. Bergens Museum Årbok 1937, u. 1938. — PAMPANINI, R., 1903. — RAUH, W., 1937. Beiträge zur Morphologie und Biologie der Holzgewächse. I. Entwicklungsgeschichte und Verzweigungsverhältnisse arktisch-alpiner Spaliersträucher. Nova acta Leopoldina. Neue Folge 5, Nr. 30. — SLEUMER, H., 1941. (E.B.J. 71).

XXIII. *Lentibulariaceae.* — Wasserschlauchgewächse.

Die Familie umfaßt ca. 275 Arten, die sich auf fünf Gattungen verteilen.

1. *Biovularia* findet sich im tropischen Amerika (Westindien — Brasilien).
2. *Genlisea* findet sich im tropischen Amerika und Afrika, südliche Halbkugel.
3. *Polypompholyx* findet sich in Südamerika und Australien, südliche Halbkugel.
4. *Pinguicula*, besonders in der nördlichen Hemisphäre, in Amerika jedoch bis zur Magelhaensstraße.
5. *Utricularia* in den tropischen und gemäßigten Gebieten der ganzen Erde.

Alle sind Bewohner feuchter Standorte oder Wasserpflanzen. Zahlreiche Arten haben Einrichtungen zum Fangen kleiner Tiere.

1. *Utricularia* L. — Wasserschlauch.

Die Gattung umfaßt etwa 200 sehr verschieden gestaltete Arten, die in den tropischen und gemäßigten Gebieten der ganzen Erde leben. Den verhältnismäßig einfachsten Bau zeigen die in den Tropen vorkommenden landbewohnenden Arten. Die Blätter sind bei diesen Landformen ungeteilt, tragen zuweilen ebenfalls Schläuche, können bei manchen Arten an der Spitze auswachsen und wieder zu ausläuferartigen Organen werden. Die flutenden Stengel unserer Wasserformen entsprechen den Ausläufern der Landformen.

Die Landformen bewohnen ausschließlich die Tropen, während die Wasserformen bis in die kalten Zonen verbreitet sind. Die Landformen sind die ursprünglichen, die Wasserformen die abgeleiteten Formen. Daraus ergibt sich die Ausstrahlung der Gattung von der tropischen Zone bipolar in die beiden gemäßigten Zonen.

Im Laufe der Entwicklung stirbt das hintere Ende allmählig ab, während das vordere Ende weiterwächst. Vgl. Torfmoos, Rhizom von Farnen, *Lysimachia nemorum*, *Paris*, *Succisa pratensis*, *Potentilla erecta*, *Plantago*-Arten, perennierende Zwiebel der Monokotylen.

Bei *Urticularia* überdauern nur die zu dichten Knospen geballten Sproßspitzen den Winter, während der ganze übrige Teil der Sprosse zugrunde geht (A. Braun 1853, S. 72).

Hegi, VI/1, S. 155 führt für Mitteleuropa sechs Arten an, von denen vier in den Alpen bis etwa 1000 m vordringen. *U. minor* bei St. Moritz bis 1850 m.

2. *Pinguicula* L. — Fettkraut.

Die Gattung zählt etwa 40 Arten, die in Europa, Nordasien und Nordamerika, sowie in den Gebirgen von Mexiko, Neugranada und Chile zu Hause sind.

P. alpina L. Glazialrelikt auf den Flachmooren Oberbayerns — arktisch - alpin.

P. vulgaris L. Hochmoore, Flachmoore, feuchte Felsen.

P. leptoceras Rchb. Pyrenäen, Alpen, Illyrische Gebirge, alpigen.

P. grandiflora Lam. Pyrenäen, Cevennen, Kalkalpen von Savoyen, Jura, Island, postglazial entstanden, sehr junge Art.

P. norica Beck. Nördliche Ostalpen, endemisch.

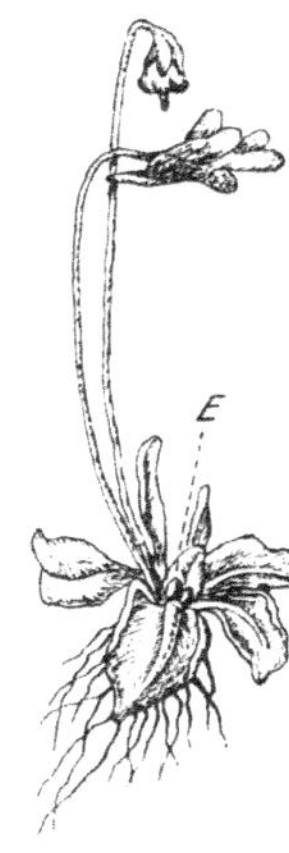

Abb. 46. *Pinguicula* L. Fettkraut. Die überwinternde Endknospe E setzt das Wachstum unbegrenzt fort. Tropisches Erbgut.

Wuchsform des Fettkrautes. Das Fettkraut (*Pinguicula*) ist eine Rosettenpflanze mit unbegrenztem Wachstum der Hauptachse, also eine monopodiale Staude. Die Blüten entspringen in den Blattachseln und stehen einzeln auf langen Stielen. (Abb. 46.)

Alljährlich entfalten sich zunächst die Laubblätter, die infolge der Internodienstauchung rosettig angeordnet sind. Im Zentrum der Rosette steht die Endknospe, umschlossen von fleischigen Niederblättern. Wir bezeichnen sie als Winterknospe (WK), aus der im nächsten Jahre sich eine neue Laubblattrosette bildet.

Die Wuchsform ist das Ergebnis eines ungestörten Wachstums, wie es der Tropenzone entspricht. Der jahreszeitliche Wechsel in der gemäßigten Zone, in die die Gattung, sei es aktiv durch Wanderung oder passiv durch eine Polverlagerung, gelangte, hat nur insoweit eingegriffen, als die Hauptachsenfortsetzung in Jahresperioden geregelt wurde.

Die Beibehaltung dieser tropischen Wachstumsweise in der gemäßigten Zone wurde dadurch ermöglicht, daß die Endknospe durch Niederblätter so gut geschützt ist, daß sie den Winter überdauern kann. Auch die Schneedecke wirkt als Schutzdecke für die Endknospe. (Vgl. dagegen die Palmen, deren Vordringen nach Norden durch Abfrieren der Endknospe behindert ist.)

P. alpina. Die Pflanze überwintert mit zwiebelartiger Endknospe, in deren Innerem sich die Anlagen für die Rosettenblätter des nächsten Jahres finden. Außerdem werden in den Achseln der obersten Laubblätter kleine, 3 mm lange Brutzwiebelchen gebildet, die der vegetativen Vermehrung dienen. (SCHRÖTER 1826, S. 806). Diese Einrichtungen befähigten die Pflanze, während der Eiszeit und im Anschluß an diese ihr Verbreitungsgebiet bis in die Arktis auszudehnen.

Literatur.

SCHINDLER, J., Studien über einige mittel- und südeuropäische Arten der Gattung *P.* Öst. bst. Zeitschr. **57** (1907) und **58** (1908).

XXIV. *Labiatae.* — Lippenblütler.

Ausgangspunkt der Studien über die Geschichte einer Sippe ist in der Regel die Untersuchung der morphologischen Verhältnisse, besonders der Blüte und Frucht. Ihr folgt die Aufstellung einer natürlichen Gliederung (System), die dann mit Hilfe der Verbreitung der Sippen kontrolliert wird.

An den Anfang und zugleich in den Mittelpunkt der Geschichte der Lippenblütler aber möchte ich eine Bemerkung von DIELS (1918, 345) stellen, der diese Familie zu seinem *Asperula*-Typus (S. 509) rechnet, jenem Typus, deren Vertreter im mitteleuropäischen Klima eine durchaus aufgezwungene Ruheperiode zeigen und durchwegs zu den Familien mit vorwiegend tropischer Entwicklung gehören. Mangel an gefestigter Ruhe zeichnet auch die Labiaten aus, die, wie schon IRMISCH (Abh. II, 1856) feststellte, zu ihrer völligen Entwicklung einer wärmeren Jahreszeit bedürfen. Diese Abhandlung von IRMISCH erweist sich nun als eine Fundgrube für die geschichtliche Untersuchung, die, ausgehend von der Wachstumsweise und den Wuchsformen zum Verständnis der Entwicklung und Verbreitung der Lippenblütler führt.

A. Die Wuchsformen der Labiaten. Zur raschen Übersicht führen wir zunächst die von IRMISCH unterschiedenen

Wuchsformen an, ohne auf die Zahlen der mitteleuropäischen Arten, die besonders infolge der verschiedenen Zurechnung von eingebürgerten Arten schwankt, besonderes Gewicht zu legen.

IRMISCH zählt für Deutschland und die Schweiz 113 Arten (HEGI, V/4, für Mitteleuropa 92 Arten) auf; davon sind

1. Holzgewächse	14 Arten	dem südeurop. Florengebiet angehörend
2. Zweijährige	5 Arten	
3. Einjährige	17 Arten	
4. Ausdauernde	77 Arten	dem borealen Florengebiet angehörend

1. Holzgewächse treten in Form von Halbsträuchern auf: *Lavandula, Rosmarinus, Salvia officinalis, Hyssopus, Thymus, Satureja montana, Teucrium* spec., *Sideritis Hyssopifolia* L. Sämtliche Arten besitzen keine entschieden geschlossene Knospen; die Endtriebe wachsen im nächsten Jahre weiter, ohne daß zwischen den Laubblättern des vorigen und dieses Jahres Schuppenblätter eingeschaltet sind. Die Zweigspitzen frieren häufig ab. Die neuen Axillartriebe beginnen mit Laubblättern. Die Blätter sind wintergrün, erreichen aber wohl bei allen kein höheres Alter als höchstens das von zwei Vegetationsperioden. — Weitaus die meisten Arten dieser Gruppe gehören Südeuropa an, gehen in Mitteleuropa nur wenig weit nach Norden, vielfach sind sie durch die Kultur eingeführt.

Merkmale der subtropischen Abkunft: Holzige Achsen, wintergrüne Blätter, ungeschlossene Knospen, direkte Fortsetzung des Endtriebes. Abfrieren der Zweigspitzen. Blütezeit im Sommer VI—VIII (IX), keine Reservestoffe.

1. Halbsträucher.

Lavandula officinalis Chaix. — Echter Lavendel.

In nicht allzu strengen Wintern sterben bei uns nur die Spitzen der Zweige ab, soweit sie Blütenstände gebracht haben. Knospenschüppchen finden sich nicht. — Mittelmeergebiet bis Dalmatien, Südtirol; verwildert Niederösterreich, Stuttgart, Schweiz (Genfer-, Luganer-, Neuenburgersee). Sonst kult. In Norwegen keine Samen.

Thymus Serpyllum L. — Quendel.

Im ersten Winter sterben in der Regel die oberen Internodien ab, Axillarknospen der Keim- oder unteren Stengelblätter wachsen zu neuen Stengeln aus; im folgenden Winter sterben diese in ihren oberen Teilen wiederum ab, während die unteren Teile frisch bleiben, Halbstrauch. Die bleibenden Achsen liegen auf dem Boden und bewurzeln sich. Die Hauptwurzel bleibt. Unterirdische Ausläufer fehlen. — Von den holzigen Labiaten geht *Th. S.* am weitesten nach Norden, in den Alpen bis 3000 m. In ganz Eurasien; in Nordamerika eingebürgert.

Teucrium montanum L. — Berg-Gamander, Berg-Rosmarin.

Die Pflanzen brauchen mehrere Jahre, bis sie blühreif werden. Die Hauptachse bleibt in den ersten Jahren niedrig; Schnee- und Laubschutz, so daß sie an der Spitze auch im Winter unversehrt bleibt; wenn sie länger wird, pflegt sie in ihren oberen Teilen durch die Winterkälte zerstört zu werden. Nach der Blüte sterben die blütentragenden Zweige oft ganz ab. — Südeuropäische Montanpflanze, deren Nordgrenze durch Mitteldeutschland verläuft. In den Alpen bis ca. 2200 m.

Salvia officinalis L. — Edler Salbei.

Knospenschuppen fehlen; Blätter einjährig, bleiben aber abgestorben oft noch an den Zweigen haften (vgl. Eiche, Hainbuche). — Mediterranes Südeuropa, in Mitteleuropa seit dem Mittelalter kultiviert und nicht selten verwildert, doch fast nur in den wärmeren Süd- und Zentralalpentälern wirklich eingebürgert.

2. Die zweijährigen Arten sind in Mitteleuropa am schwächsten vertreten, es sind durchwegs südliche, in Mitteleuropa eingebürgerte Arten.

Salvia Aethiopis L. Orientalisch-pontisch. Eingebürgert im pannonischen Gebiet.

Salvia Sclarea L. Mittelmeergebiet, in Mitteleuropa kultiviert, verwildert, bis 900 m. Weinbaugebiet. Beide Arten treiben im ersten Jahre eine große Laubrosette, gelangen im zweiten Jahre gewöhnlich zur Blüte und sterben dann gänzlich ab.

Leonurus Marrubiastrum L. (*Chaiturus Marrubiastrum* RCHB.) Katzenschwanz. Sibirisch-pontische Stromtalpflanze, wirklich einheimisch wohl nur im Donaugebiet. Ruderal, eingeschleppt.

Teucrium Botrys L., Feld-Gamander.

Im ersten Jahre kurze Internodien treibend, kommt die Pflanze im zweiten Jahr zur Blüte. Im Frühling keimend, blühen manchmal Exemplare schon im ersten Jahre, gewöhnlich aber erst im Sommer (VII—IX) des zweiten Jahres. Westmediterran; in Süddeutschland und im größten Teil der Alpen Archäophyt, besonders auf Brachen und in Weinbergen eingebürgert.

Stachys germanica L., Deutscher Ziest.

Im ersten Jahre bildet sich eine Laubblattrosette; die Hauptwurzel bleibt, daneben zahlreiche Nebenwurzeln. Die Pflanzen blühen oft erst im dritten Jahr und sterben nach der Fruchtreife gänzlich ab. Interessante Übergänge zu anderen Wuchsformen: ausnahmsweise entstehen an der Basis der Hauptachse einige Knospen, von denen die eine oder andere im nächsten Jahre zu einem meist schwächlichen Blütenstengel wird (Übergang zur Gruppe 4); zuweilen blüht ein Exemplar schon im ersten Jahr und stirbt dann ab (Übergang zu Gruppe 3) oder es streckt sich die Hauptachse zu einem blütenlosen, im Herbste in seinen oberen Teilen absterbenden Stengel, der am Grunde Triebe erzeugt, die im nächsten Jahre zu Blütenstengeln werden (Übergang zu Gruppe 1). — Die ursprüngliche Verbreitung der mediterran-pontischen Art in Mitteleuropa kann nicht mit Sicherheit festgestellt werden, weil sie seit Mitte des 16. Jahrhunderts als Kulturpflanze angebaut wird und als Gartenflüchtling und Kulturrelikt eingebürgert ist. Formenschwarm im Mittelmeergebiet und Orient von BOISSIER in 14 Arten zerlegt.

3. Einjährige Arten enthalten die Gattungen

Satureja 1: *S. hortensis* L. Gebaut, leicht verwildernd.

Lamium 3: *purpureum, amplexicaule, hybridum* (= *intermedium*), Kulturbegleiter, ruderal.

Galeopsis 7: *angustifolia, Ladanum, segetum* (= *dubia*), *pubescens, Tetrahit, bifida, speciosa*, alle ruderal, Europa.

Stachys 2: *arvensis*, atlant. Europa ruderal;; *annua*, östlich, mediterran, ruderal.

Sideritis 1: *montana*, pannonisch, sonst Archäophyt.

Ajuga 1: *Chamaepitys*, einheimisch im Mediterrangebiet, Archäophyt in Weinbaugebieten.

Die Übersicht zeigt, daß die einjährigen Lippenblütler in Mitteleuropa durchwegs Kulturbegleiter sind; ihre Heimat liegt meist im Mediterrangebiet.

4. Ausdauernde, perennierende Arten (Stauden).

Während die Arten mit den drei bisher besprochenen Wuchsformen durchwegs südeuropäischen Florengebieten angehören, sind die Stauden z. T. Angehörige des borealen Florenreiches. Auch sie lassen sich von Vorfahren, die in wärmeren Erdstrichen ihre Heimat haben, ableiten, sie machen etwa zwei Drittel der mitteleuropäischen Lippenblütler aus, während sie in Südeuropa, wo die holzigen Arten vorherrschen, nur etwa ein Fünftel bis ein Sechstel der Labiatenflora ausmachen. Welche Wuchsform befähigt sie, den jahreszeitlichen Wechsel des gemäßigten Klimas zu überwinden? — Nach IRMISCH sind die mitteleuropäischen Stauden durch besondere Ausbildung der Hauptwurzel und der Achsen gekennzeichnet.

I. Die Hauptwurzel.

a) Die Hauptwurzel bleibt erhalten	b) Die Hauptwurzel stirbt ab	c) Die Hauptwurzel dauert einige Jahre, geht früher als die Pflanze zugrunde,
Pflanze trockener Standorte	Pflanze feuchter Standorte	Mittelstellung zwischen a) und b)
Salvia-Arten	*Scutellaria*-Arten	*Lamium*-Arten
Stachys recta	*Stachys palustris*	*Betonica*
Scutellaria		*Prunella*
Horminum	*Lycopus*	*Ajuga*-Arten
Calamintha Clinopodium (= *Satureja vulgaris*)	*Teucrium Scordium*	
Origanum vulgare		

Bei Gruppe a) ist also durch die tiefdringende, immer bleibende Hauptwurzel, die der Einwirkung des Winters entzogen ist, für die Erhaltung der Pflanze gesorgt.

II. Die Achse schließt bei den Lippenblütlern mit einer Endknospe (Terminalknospe), die zur Fortsetzung des Sprosses dient; die Blüten stehen in den Achseln von Laubblättern (lateral). Der Habitus der Pflanzen wird durch die bedeutende Ausbildung der Achse beherrscht; dies wird deutlich, wenn wir die Wuchsform der Lippenblütler mit der anderer mitteleuropäischer Pflanzen vergleichen (Irmisch, 1856, S. 35).

Labiatae — Der Blüte gehen stets mehrere entwickelte Internodien voraus.

Primula — Es ist nur ein einziges Internodium entwickelt (Schaft, der den Blütenstand trägt).

Viola — Hauptachse bleibt bei manchen *V.*-Arten unentwickelt, die Blüten entwickeln sich in den Blattachseln.

Die bevorzugte Entwicklung der Hauptachse ist auch für andere Pflanzen tropischer Abkunft (*Coniferae, Asperula, Urtica, Aristolochia* u. a.) chrakteristisch. Sie kann als altes tropisches Erbgut angesehen werden. *Primula* und *Viola* deuten in der Wuchsform der Achse Entwicklungshemmungen, Unterbrechungen des Wachstums, hervorgerufen durch ungünstige Jahreszeiten, an. Die Labiaten dagegen zeigen im Wachstum ihrer Achsen ein ungestörtes Wachstum an, das eine längere Unterbrechung der Vegetation nicht kennt:

Lavandula, Lamium (unterirdische Achse), *Glechoma* (oberirdische liegende Achse).

Betrachten wir unsere Familie hinsichtlich der Erstarkung und Erhaltung, d. h. wie sich die Arten von Jahr zu Jahr weiter erhalten, so können wir Arten mit grundständigen Laubrosetten und solche ohne Laubrosetten unterscheiden.

a) Laubrosetten. Verhältnismäßig wenige Arten entwickeln im ersten oder in den ersten Jahrgängen vor der Blütenreife keine Internodien, so daß grundständige Blattrosetten entstehen: *Salvia*-Arten, *Horminum pyrenaicum, Ajuga*-Arten, *Phlomis tuberosa.* Es sind zumeist pontische oder alpine Arten, so daß es nahe liegt, diese Wuchsform als Ausdruck einer unterbrochenen Vegetationszeit aufzufassen.

Die Erstarkung der Pflanzen bis zur Blühreife erfolgt an ein und derselben Achse; sie nehmen mit dem nächsten Jahrgang die Weiterbildung an derselben Achse auf, wo sie im Vorjahr stehen geblieben sind (monopodial).

Die Erhaltung (das Perennieren) geschieht durch Sprosse, die entweder

α) in Verbindung mit der Mutterpflanze bleiben: *Salvia pratensis, S. nemorosa, Phlomis tuberosa, Horminum pyrenaicum* oder

β) selbständig werden, indem die Mutterpflanze abstirbt: *Ajuga reptans.*

b) Keine Laubrosetten werden gebildet, wenn die Keimpflanzen gleich im ersten Jahre Internodien entwickeln. In diese Gruppe gehört die große Mehrzahl der Lippenblütler. Die Primärachse der Keimpflanze gelangt bisweilen schon im ersten Jahr zur Blüte, indem sie hierzu kräftig genug wird (*Lamium maculatum, L. album, Scutellaria galericulata*) oder die Fähigkeit hat, zu überwintern (indem sie niedrig bleibt wie bei *Calamintha Acinos* oder gegen Kälte [Austrocknung] durch Behaarung geschützt ist wie bei *Marrubium vulgare* und *Nepeta Cataria*) oder sich am Boden hinstreckt wie bei *Prunella* und *Glechoma hederacea.*

Die Erhaltung (das Perennieren) geschieht durch Axillarsprosse, die

α) in Verbindung mit der Mutterpflanze bleiben: *Stachys recta, Marrubium vulgare, Ballota nigra*; die Pflanzen haben eine bleibende Hauptwurzel und eine ausdauernde Stengelbasis;

β) sich von der Mutterpflanze trennen: *Mentha*-Arten, *Stachys palustris, Teucrium Scordium.* Die Hauptwurzel stirbt bald ab und wird durch Nebenwurzeln ersetzt. Die Stengelbasis dauert nicht aus; es bilden sich oft Ausläufer, wie dies deutlich bei *Stachys palustris* zu sehen ist, weniger deutlich bei *Prunella vulgaris* und *grandiflora,* den ausdauernden *Lamium*-Arten, *Teucrium Chamaedrys, Stachys silvatica,* wo wenigstens in den ersten Lebensjahren des Individuums die Verbindung mit der Mutterpflanze nicht vollständig gelöst ist.

Wie überdauern nun die Erneuerungssprosse den Winter?

Sie bleiben entweder während der Winterszeit über dem Boden oder sie sind während derselben vom Boden ± bedeckt. Das letztere findet sich gewöhnlich bei ausläuferartigen Sprossen, z. B. den *Mentha*-Arten bei *Stachys palustris,* aber auch bei solchen mit kurzen oder unentwickelten Internodien (Stocksprosse) z. B. bei *Stachys recta, Phlomis tuberosa, Melittis Melissophyllum.*

Über dem Boden findet man häufig den Winter hindurch die Stocksprosse bei *Marrubium* und *Ballota.* Auch die gestreckten Achsen mancher Arten bedürfen für den Winter nicht der schützenden Bodendecke: *Lamium Galeobdolon, L. maculatum, Glechoma hederacea.*

Die Besprechung der Wuchsformen der Lippenblütler scheint mir der geeignete Ort zu sein, darauf hinzuweisen, daß ich es als eine wichtige Aufgabe dieses Buches betrachte, das Auge zum „geschichtlichen Sehen" zu erziehen und zu schulen, die Phantasie anzuregen, in der regelmäßigen schlanken Wuchsform der Taubnessel, der Brennessel, der Labkraut-Arten, aber auch von Bäumen, z. B. der Nadelhölzer oder von Ahorn und Esche den Ausdruck eines unbekümmerten, sorglosen, fröhlichen Wachstums, den Ausdruck einer in einem glücklicheren Klima entstandenen Wachstumsweise zu sehen, die sie auch in unserem ungünstigen Klima in alter Gewohnheit fortsetzen, bis der Winter zu seiner Einstellung zwingt. In der struppigen Wuchsform unserer Eichen und Obstbäume, in den zu Boden gedrückten Formen der Gletscherweiden und der Gemsenheide, des Quendels und der Gundelrebe, in den Laubrosetten der Primeln und des Günsels aber erkennen wir Wuchsformen, die unter dem Zwange des gemäßigten Klimas entstanden sind. Man hört förmlich, wie die Natur gleich einem Exerziermeister der Pflanze zuruft: nieder — hoch; Rosette — Schaft. Bei der ersten Gruppe ein unbekümmertes frisches

Leben in den Tag hinein ohne Sparen und Aufspeichern von Baustoffen für schlechte Zeiten, jederzeit, das ganze Jahr über, zum Blühen bereit — bei der zweiten Gruppe ein sorgenerfülltes, oft kümmerliches Dasein, eine ängstliche Wahl der Blütezeit, die einerseits zeitig im Frühjahr erfolgen soll, damit Zeit zur Fruchtreife bleibt, anderseits aber doch wieder nicht zu früh, damit nicht Spätfröste die Blüte zerstören. Dort ein Leben aus dem Vollen, hier ein Sparen und Speichern der Baustoffe. Dort eine (theoretisch) unbegrenzte Lebensdauer des Individuums, hier bisweilen ein mehrjähriges Sammeln von Kraft, um einmal zur Blüte zu gelangen und dann zu sterben. (Mehrjährige Pflanzen, S. 461).

Vertretern der „exakten Wissenschaft" mag dieses Einfühlen in die Natur menschlich, allzumenschlich vorkommen. Wie sollten wir als Menschen die Natur auch anders betrachten! Zu ihrer Beruhigung sei aber gesagt, daß es sich dabei doch nur um eine Darstellungsform handelt, denn dieselben Gedanken lassen sich auch wissenschaftlich ausdrücken, wie denn überhaupt in der Ökologie die teleologische Betrachtung den kausalen Erklärungsversuchen vorausging. Fortschritte in der Naturerkenntnis werden immer durch phantasievolle Intuition, die durch den kühl rechnenden Verstand gezügelt wird, erzielt.

Rhythmik. Bei den Labiaten erscheint die Winterruhe im mitteleuropäischen Klima durchaus erzwungen, viele Arten wachsen, wenn es ein milder Winter erlaubt, das ganze Jahr: *Glechoma hederacea.* Bei anderen Arten erkennt man den gewaltsamen Eingriff des Klimas durch die erfrorenen Zweigspitzen: *Lavandula, Rosmarinus, Salvia officinalis.* Auch die Blütezeit unterwirft sich nicht der sonst bei mitteleuropäischen Pflanzen üblichen Regelung durch das Klima. Von ihren subtropischen Vorfahren nicht an Aufspeicherung von Baustoffen gewöhnt, müssen die Pflanzen sozusagen alljährlich aufs neue mit dem Aufbau ihrer Sprosse beginnen, so daß sie erst verhältnismäßig spät, etwa im Juni zur Blüte gelangen (Sommerblüher), dann aber dauert das Blühen bis in den Herbst, ja bis in den Winter hinein. Nach tropischer Gewohnheit kann man Blüten und Früchte am selben Individuum zu gleicher Zeit beobachten.

Verbreitung und Alter der Labiaten. Man zählt etwa 3000 Arten, die sich auf etwa 150 Gattungen verteilen. Infolge reichlicher Bastardierung sind die Arten z. T. ganz unsicher begrenzt. Sie sind fast über die ganze Erde mit Ausschluß der arktischen Zonen verbreitet; nur acht Arten erreichen oder überschreiten den 70. Grad nördl. Breite; in den Alpen steigt nur *Thymus Serpyllum* bis zur oder selbst etwas über die Schneegrenze. Nur zwölf Arten reichen bis in die südlich gemäßigte Zone.

Durch besonderen Reichtum an Arten ist das Mittelmeergebiet (allein die Balearen besitzen 54 Arten, die Kanaren 83), ferner Südasien und Brasilien ausgezeichnet.

Im Mediterrangebiet sind von den mitteleuropäischen Gattungen folgende Gattungen endemisch oder haben dort ihr Verbreitungszentrum: *Ballota, Marrubium, Sideritis, Rosmarinus, Hyssopus, Thymus, Majorana, Lavandula.* Dem extratropischen Asien gehören an: die Gattungen *Geleopsis, Stachys, Melissa, Melittis, Elholtzia, Origanum.*

In den europäischen Gebirgen ist *Horminum* beheimatet.

IRMSCHER (1922, S. 161) hebt als Hauptzüge der Verbreitung die Lokalisierung der Unterfamilien, den engen Zusammenhang der Formen in Europa und Asien hervor, während das kontinentale Europa-Afrika keine Gattung mit Amerika allein gemeinsam hat. Auffallend ist ferner das Fehlen, bzw. die schwache Ausbildung der europäischen Lücke, die für so viele Familien charakteristisch ist, denn es besitzt an Gattungen:

Amerika 51 (38), Europa 40 (8), Afrika 49 (20), Asien 88 (44), Australien-Polynesien 26 (9).

Das äußerst schwache Auftreten in Reliktgebieten und Inseln sowie in Australien (Madagaskar hat nur eine endemische Gattung, Neuseeland und Neukaledonien keine) steht in großem Gegensatz zu den Verbenaceen. Die Einwanderung der drei auf Hawaii endemischen Gattungen ist nach ENGLER und BRIQUET erst in relativ junger Zeit erfolgt.

Alle diese Verbreitungstatsachen weisen auf rasche Differenzierung hin, so daß man zu den Schlusse kommt, daß die Hauptmasse der Labiatenformen ihre Entstehung einer neueren Entwicklung verdankt, die einsetzte, als die Großformen der Erde schon dem heutigen Bilde sehr genähert waren.

Die Rassen-, bzw. Artbildung vollzieht sich im Süden in einem viel schnelleren Tempo als im Norden. Darauf haben Zoologen wiederholt hingewiesen (SIMROTH, 1907, SZÉKESSY 1937 bei Koleopteren).

XXV. *Globulariaceae.* — Kugelblumengewächse.

Die Familie umfaßt drei Gattungen (außer *Globularia* noch *Lytanthus* WETTST. auf den Kanaren, Azoren und Kapverdischen Inseln und *Cockburnia* BALF. auf Sokotra) mit ca. 24 Arten. Die Familie ist nächstverwandt mit den Scrophulariaceen,

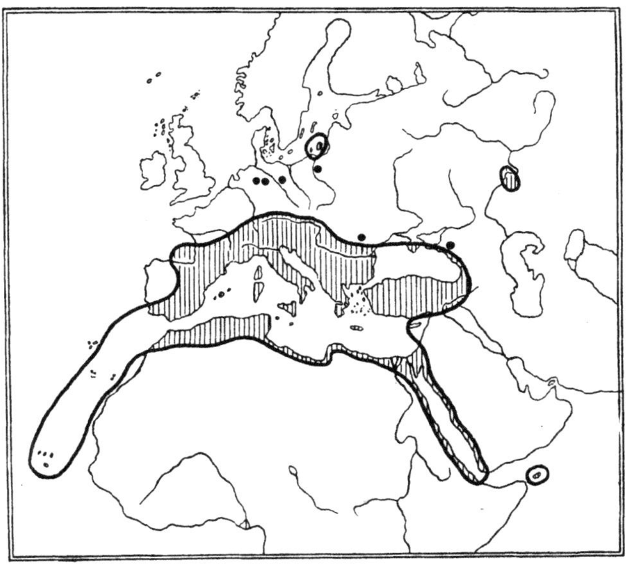

Abb. 47. Verbreitungsgebiet der Familie der *Globulariaceae*. Nach H. Vester, 1940.

mit denen sie O. SCHWARZ sogar direkt vereinen will. Ihre Verbreitung beschränkt sich auf Europa, Nord- und Nordwestafrika, sowie Südwestasien; die größte Zahl von Arten zeigt das Mittelmeergebiet (Abb. 47).

Globularia L. — Kugelblume.

Die Gattung umfaßt 17 Arten, von denen die Mehrzahl im Mittelmeergebiet heimisch ist; mehrere Arten finden sich in Mitteleuropa (*elongata, cordifolia, nudicaulis*), eine Art (*G. Linnaei* = *G. vulgaris* z. T.) wächst außer in Spanien und Südfrankreich noch auf den schwedischen Ostseeinseln. Die Arten sind proterogyne Falterblumen (enge

Kronenröhre); bei ausbleibendem Insektenbesuch erfolgt leicht spontane Selbstbestäubung.

O. SCHWARZ (1939) teilt unsere Arten in folgende Übersicht ein.

A. Subgenus *Jasionopsis* SCHWZ.
  sect. *Aphyllanthes*
    1. *G. elongata* HEGETSCHW. (= *G. Willkommii* NYM. = *G. Aphyllanthes* CRANTZ).
    2. *G. Linnaei* ROUY (= *G. vulgaris* L. p. p.)
B. Subgenus *Abolaria* (NECK.) SCHWZ.
  sect. *Empetron.*
    3. *G. cordifolia* L.
    4. *G. meridionalis* (PODP.) SCHWZ. (= *G. bellidifolia* TEN.)
  sect. *Gymnocladium*
    5. *G. nudicaulis* L.

Alle Sektionen stehen relativ isoliert, ohne eigentliche Mittelglieder, nebeneinander, während die Verwandtschaft der Arten jeder Sektion relativ eng ist; sie gehen jeweils auf eine gemeinsame Wurzel zurück. Die Areale der nächstverwandten Sippen überdecken sich fast stets mehr oder weniger.

Chorogenese (Arealentwicklung) der Gattung. Die Verbreitung der Gattung ist streng west-altweltlich. Die Untergattung *Jasionopsis* (*G. elongata, Linnaei*) ist nur im nördlichen Mittelmeergebiet vertreten; die Untergattung *Abolaria* (*G. cordifolia, meridionalis, nudicaulis*) ist zirkummediterran.

Die Areale der Arten jeder Sektion (z. B. *cordifolia* und *meridionalis*) liegen vikariant nebeneinander, doch meist derart, daß sie sich teilweise überdecken. Diese charakteristische Arealbildung kann nur so erklärt werden, daß die einzelnen Arten in ± von einander getrennten Gebieten entstanden sind und die nachträgliche Ausbreitung ihrer Populationen zum Überschneiden der Arealgrenzen führte.

Heute streng auf das Mittelmeergebiet und seine Nachbarschaft beschränkt, läßt *Globularia* jeden Hinweis darauf vermissen, daß sie ehemals auch in anderen Erdteilen aufgetreten wäre. Fossilfunde irgendwelcher *Globularia*-Reste sind bisher nicht bekannt geworden.

Globularia ist eines der wichtigsten Relikte der frühtertiären europäischen Flora, weil von den nächst verwandten Gattungen *Lagotis, Wulfenia* und *Synthyris* in *Globularia* noch heute die ganze Amplitude der morphologischen Differenzierung vertreten ist und damit die ursprünglich breiteste Biotypenbildung im Westen belegt wird.

Die Familie der Scrophulariaceen besitzt einen auffällig hohen Prozentsatz lichtbedürftiger Pflanzen, d. h. solcher, die die eigentlichen Wälder meiden. *Globularia* bietet in dieser Hinsicht keine Sondererscheinung; sämtliche Arten sind ausschließlich Glieder baumfreier Verbände (z. B. Steppen, Triften, Matten, Felsen). Auch bevorzugen alle Arten trockene, relativ warme Lagen und meiden nasse Standorte. Der ursprüngliche *Globularia*-Typ konnte daher im Oligozän mit seinem Reichtum an tropischen Regenwaldtypen sich nur in Gebirgen an und oberhalb der Baumgrenze oder in Trockengebieten entfalten.

Die Auffaltung der Dinarischen Gebirge und der Alpen spätestens an der Wende Oligozän-Miozän führte zu geänderten Umweltbedingungen und zur Auflösung des *Globularia*-Typus in verschiedene Formen. Damals entstanden auch die Lücken gegen *Wulfenia* und *Lagotis*.

Die Artendifferenzierung, die uns heute innerhalb der Sektionen entgegentritt, war am Ausgang der Tertiärzeit wenigstens in ihren Grundzügen angebahnt.

Die teilweise recht beträchtlichen Disjunktionen, die einzelne Arten auszeichnen, sind sicherlich Folgen der diluvialen Epoche.

Der unmittelbare Einfluß der Glazialzeiten mag sich in erster Linie positiv ausgewirkt haben auf die Verbreitung von alpinen Biotypen, negativ aber auf diejenige von ± wärmebedürftigen. Die Interglazialzeiten mußten dagegen die Ausbreitung letzterer begünstigen und der der kälteliebenden Biotypen entgegenwirken. Notwendigerweise gingen die Pendelausschläge des Diluviums gleich einem biotypenvernichtenden und biotypenauswählenden Schermesser über die spättertiäre Mannigfaltigkeit der Gattung hinweg, und das, was mit dieser Mannigfaltigkeit angebahnt war, wurde durch wechselnde Biotypenschrumpfung und Begünstigung schließlich zu den heute uns entgegentretenden gut umgrenzten Arten stabilisiert.

O. Schwarz erläutert an Hand der Gattung *Globularia* die intensive Chorogenese (S. 425).

1. *Globularia elongata* Hegetschew. = *Willkommii* Nym. (= *G. Aphyllanthes* Cr.); die Gewöhnliche Kugelblume ist in Südeuropa von Asturien bis Rumänien verbreitet, dringt in Mitteleuropa bis Mittelfrankreich, Süddeutschland, Böhmen vor und zeigt davon abgetrennt in Thüringen, beim Elbedurchbruch,

in Südpolen und Siebenbürgen Teilreale, die als Reste einer in der letzten Interglazialzeit weiter nach Norden reichenden Verbreitung aufzufassen sind, während die noch weiter östlich gelegenen Teilgebiete am Wolgaknie und im Nordkaukasus auf eine ältere Besiedlung im zweiten Interglazial zurückzuführen sein dürften.

Die Pflanze ist ein charakteristischer Bewohner trockener Grasfluren des niederen Berglandes (bis 1000 m, Wallis 1600 m) auf Kalkboden (Sesleríetum, Brometum erecti) in der pannonischen Steppe (Stipetum pennatae).

Tertiärpflanze mediterraner Abkunft.

2. *Globularia Linnaei* (= *vulgaris* L. z. T.) ist mit *G. elongata* nächstverwandt. Die Pflanze dürfte den xerophilen Paralleltypus der Ebenen zu der montan-subalpinen *G. elongata* im Tertiär dargestellt haben. Hauptsächlich in Spanien und Südfrankreich verbreitet, überspringt sie Mitteleuropa, um auf den schwedischen Inseln Öland und Gotland wieder aufzutreten. Diese Disjunktion ist sehr beachtenswert, weil sie sich bei *Geum hispidum* Fr., *Viola alba* Bess., *Lathyrus sphaericus* L. und *Cornilla Emerus* L. in ähnlicher Weise wiederholt; sie kann nicht als Ergebnis postglazialer Verbreitung mit nachfolgender Vernichtung im Zwischengebiet angesehen werden; die Art zeigt so starke morphologische Unterschiede, daß wir eine längere Zeit dauernde Isolierung annehmen müssen. O. SCHWARZ verlegt daher die Besiedlung der schwedischen Inseln durch *Globularia Linnaei* in das Riß-Mindel Interglazial. Es muß die Pflanze hier einen relativ kälteresistenten Typus herausdifferenziert haben, der sich während der Riß- und Würmeiszeit erhalten konnte, während die mitteleuropäischen Populationen vollständig vernichtet wurden.

Tertiärpflanze mediterraner Abkunft.

3. *Globularia cordifolia* L., Herzblättrige Kugelblume, bewohnt die ganzen Alpen und zeigt auffallende Disjunktionen im Ligurischen Apennin, im französischen Zentralplateau, in den Karpaten, in Albanien und im Rhodopegebirge als Folgen der Ausbreitung während der Eiszeit und der Entstehung von Lücken in der wärmeren Interglazialzeit.

Die lederigen Blätter, das hohe Ansteigen bis in die Hochalpenstufe (Wallis von 800—2640 m, in Graubünden bis 2673 m, Tirol 500—2531 m), das rasche Reifen der Früchte machen die Pflanze zur Wanderung während der Eiszeit geeignet.

Tertiärpflanze mediterraner Abkunft, Glazialpflanze.

4. *Globularia meridionalis* (PODP.) SCHWZ. (= *G. bellidifolia* TEN.) vertritt *G. cordifolia* in den südöstlichen Kalkalpen von Krain, Südkärnten, Südsteiermark, bewohnt die Balkanhalbinsel bis Thessalien und das Rhodopegebirge; abgesprengte Teilareale finden sich in Südtirol, im mittleren und südlichen Apennin. Diese Teilreale weisen auf ehemals weitere Verbreitung. Südtirol dürfte interglazial besiedelt worden sein. Das Auftreten in den Abruzzen und in Kalabrien muß jedoch relativ weit zurückreichen, ins späte Pliozän, als hier eine Landverbindung die Adria durchquerte.

Mediterrane Tertiärpflanze.

5. *Globularia nudicaulis* L., Nacktstengelige Kugelblume ist genetisch ein Alpenelement, das in der Diluvialzeit sein Gebiet auf die Pyrenäen bis Asturien und den Ligurischen Apennin ausdehnte. Die Art ist außerordentlich einheitlich und neigt kaum zu Abänderungen. Sie wächst zerstreut auf Alpenwiesen, steinigen Triften, Felsschutt, im Krummholz und Alpenrosengebüsch bis in die Hochalpenregion (Wallis 800—2640 m, Tirol 500—2531 m, Steiermark 1200 bis 2400 m).

Alpenelement, tertiärer Abkunft, mediterraner Stamm.

DIELS (1910, S. 38) rechnet die Gattung *Globularia* zur autochthonen Flora der Alpen, und zwar zum mediterranen Stamm. Er stellt fest, „daß *Globularia* von Makaronesien an die gesamten Mittelmeerländer bewohnt, die Hochgebirge nördlich davon besetzt und schließlich nordwärts durch Mitteleuropa bis Öland, östlich bis zu den Wolgasteppen vordringt. Es handelt sich wohl um einen in den Alpen wahrhaft heimisch gewordenen und in ihrem Bergland allgemein verbreiteten Typus, dem die klimatisch geeigneten Zeitabschnitte der Quartärperiode zu einer Erweiterung des Areals nach Norden und Osten verholfen haben, dessen genetische Linie aber mit aller Bestimmtheit südwärts weist. Denn wenn wir die zwei einzigen Geschwistergattungen von *Globularia* aufsuchen, haben wir uns nach Makaronesien zu wenden (*Lytanthus*) und nach Sokotra (*Cockburnia*). An sie knüpft sich dann weiter das Band hinüber zu den *Selagineae*, die als echte Afrikaner unverkennbar sind. Die Globulariaceen und *Selagineae* wurden bereits von BENTHAM und HOOKER vereinigt, so daß DIELS ihnen folgend, sie schon früher (Beiträge zur Kenntnis der Scrophulariaceen Afrikas. Engl. Bot. Jahrb., XXIII, 1897) unter den altafrikanischen Florentypen erwähnten konnte: als Angehörige jenes alten, meist xerophil gerichteten Elements, dessen Heimat seit langem in Afrika gelegen scheint und dessen letzter Ursprung sich im Dunkel ferner Vergangenheit verliert."

Literatur.

Die Gattung ist bereits siebenmal Gegenstand spezieller Untersuchungen gewesen.

1826: CAMBESSÈDES, M. J. Monographie des Globularies. Ann. sc. nat. Bot. IX, 15—31. — 1847: DE CANDOLLE, A. *Globulariaceae*, in Prodr., XII (1848), 609—614. — 1910: DIELS, L. Genetische Elemente, S. 38. — HAJEK A. v., in HEGI VI/1. — 1894: HECKEL, E. Étude monographique de la famille des Globulariées, Paris 1894. — 1894: WETTSTEIN, R. v. *Globulariaceae*, in ENGLER-PRANTL, Nat. Pflanzenf. V, 3, 270—273. — 1895: WETTSTEIN, R. v. Globulariaceenstudien. Bull. Herb. Boiss., III (1895), 271—290. — 1898: WETTSTEIN, R. v., Grundzüge, S. 38. — 1850: WILLKOMM, M. Recherches sur l'organographie et la classification des Globulariacées. Leipzig 1850.

XXVI. *Gentianaceae.* — Enziangewächse.

1. *Gentiana* L. — Enzian.

Die Gattung *Gentiana* umfaßt 300—400 Arten, je nach der Fassung des Artbegriffes, der besonders bei den Sektionen *Thylacites, Cyclostigma* und *Endotricha* sehr verschieden beurteilt wird. Die Arten finden sich vorwiegend auf den Gebirgen der nördlich gemäßigten Zone und in den Anden von Südamerika. Die Ebenen dieser Zonen und die Arktis beherbergen nur wenige Arten. In Afrika fehlen sie gänzlich, dagegen finden sich einige Arten auch in der Antarktis, in Neuseeland, Tasmanien und Südaustralien, sowie auf den Gebirgen des indischen Monsungebietes. Sekundäre Entwicklungszentren besitzen sie in den höheren Stufen der Alpen und zentralasiatischen Gebirge.

Für die Untergattung *Eugentiana* gibt KUSNEZOW (1904) folgende Zahlen:

Asien 122 Arten (160 Varietäten),
Europa 21 Arten (34 Varietäten),
Amerika 34 Arten (53 Varietäten),
Afrika, Australien keine Arten.

Auch wenn heute diese Zahlen überholt sind, ergibt sich, daß die Untergattung *Eugentiana* vorherrschend in Asien (Ostasien) ihr Entwicklungszentrum hat, wobei zu bemerken ist, daß sich in Asien nicht nur die größte Zahl der

Arten überhaupt findet, sondern auch 90% dieser Arten auf Asien beschränkt sind und nur 10% der asiatischen Arten auch außerhalb Asiens in Europa und Amerika vorkommen.

Amerika und Europa sind viel ärmer an Enzianarten. Dabei sind in Amerika 85% der Arten endemisch, d. h. **Amerika zeigt in der Artenentwicklung eine große Selbständigkeit.** In Europa dagegen sind nur 52% der Arten endemisch; es zeigt sich also eine geringere Selbständigkeit und eine große Abhängigkeit von Asien, mit dem Europa geographisch innig verbunden ist, während Amerika schon lange selbständige Wege der Entwicklung geht.

Natürliche Gliederung der europäischen *Gentiana*-Arten.

Nach J. KUSNEZOW (E. u. P., Natürl. Pflanzenfam. IV/2) *).

Untergattung I: *Eugentiana* KUSN.		
1. Sekt. *Coelanthe* GRISEB.	*G. lutea* L.	Tertiär
	punctata L.	
	purpurea L.	
	pannonica SCOP.	Europ. Hochgeb.
2. Sekt. *Pneumonanthe* NECK.	*asclepiadea* L.	tertiär-boreal
	Pneumonanthe L.	holarkt.
3. Sekt. *Aptera* KUSN.	*cruciata* L.	Zentralasien
	frigida HAENKE (*algida* PALL.)	Himalaja
4. Sekt. *Frigida* KUSN.	*Froelichii* JAN (*alpina* RCHB.)	Asien
5. Sekt. *Chondrophylla* BG.	*prostrata* HAENKE	Zentralasien
6. Sekt. *Thylacites* REN.	*acaulis* s. l.	Alpen
7. Sekt. *Cyclostigma* GRISEB.	*verna* L.	altaisch-alpin
ausdauernd	*tergestina* BECK	Alpensystem
	brachyphylla VILL.	
	pumila JACQ.	
	bavarica L.	

*) Mit einer geringfügigen Abänderung der Reihenfolge; die Sektionen 3 und 4, sowie die Sektionen 8 und 9 wurden miteinander vertauscht. Wegen der Sektion *Asterias* (*G. lutea*) siehe S. 323.

	einjährig { *utriculosa* L. / *nivalis* L. }	M.- u. S.-Europa, arktisch — alpin
Untergattung II *Gentianella* KUSN.		
8. Sekt. *Crossopetalum* FROEL.	*ciliata* L.	As. — Europa
9. Sekt. *Comastoma* WETTST.	*tenella* ROTTB. *nana* WULFEN	Z.-As. — Alpen — Arktis
10. Sekt. *Endotricha* FROEL. = *Amarella* GRISEB.	(*crispata* s. l.	Z.-As. — Alpen Balkan)
	a { *germanica* s. l. (= *polymorpha*) *caucasea* s. l. — Balkan, Kaukasus }	fünfzählig, Frucht gestielt
	b *Amarella* s. l.	fünfzählig, Frucht sitzend
	c { *campestris* s. l. *neapolitana* s. l. — Abruzzen }	vierzählig, Frucht sitzend

Morphologische Unterschiede der beiden Untergattungen *Eugentiana* und *Gentianella*, in die KUSNEZOW (1904, 50) die Gattung *Gentiana* teilt.

	Eugentiana	*Gentianella*
Kelch	mit innerer Kelchhaut Röhre mitunter gespalten	ohne innere Kelchhaut Röhre stets ungeteilt
Krone	mit Falten (Ausnahme *G. lutea*) ohne Nektardrüsen Kronblätter mit 3 Nerven	faltenlos mit Nektardrüsen Kronblätter mit 5—9 Nerven
Staubblätter	manchmal verwachsen	nicht miteinander verwachsen
Staubbeutel	fast immer unbeweglich	sitzen drehbar dem Staubfaden auf
Frucht	größtenteils gestielt	sitzend oder gestielt
Fruchtstiel	im unteren Teil Honigdrüsen	ohne Honigdrüsen
Blatt	größtenteils mit Kalkkristallen	ohne oxalsaure Kalkkristalle

Es gibt mancherlei Übergänge beider Untergattungen. Beide Typen entwickelten sich aus einer gemeinsamen Grundform (vgl. S. 318), welcher sich von den Eugentianen der *G. lutea* L., von den Gentianellen manchen Arten aus der Sektion *Andicola* am meisten nähern. In der weiteren Entwicklung schlug jeder Typus seinen eigenen Weg ein. Zuweilen zeigen sich atavistische Bildungen, wie das Schwinden der Kristalle aus den Blättern von *Cyclostigma* und *Chondropylla*. Nach JANCHEN (briefl.) besitzen die ursprünglichen Arten durchwegs gestielte Fruchtknoten, so daß der sitzende Fruchtknoten bei manchen Arten aus der Sektion *Chondrophylla* u. a. abgeleitet erscheint. Im allgemeinen erscheint die Untergattung *Eugentiana* höher spezialisiert: Auftreten der inneren Kelchhaut, der Kronenfalte, Verwachsung der Staubgefäße, Fruchtstiel, Erwerbung oxalsaurer Kalkkristalle. Wegen ihres Anfangsgliedes (*G. lutea*) muß sie aber doch als stammesgeschichtlich ursprünglicher angesehen werden.

Die Verbreitung der Sektionen. Wir bedienen uns der Statistik, um uns von der Verbreitung der Sektionen, die in unserem Falle gleichzeitig ihre Entwicklungszentren anzeigt, eine angemessene Vorstellung zu machen. Nach KUSNEZOW beträgt die Zahl der Arten.

	in Europa	in Asien	in Am.	Entwicklungzentrum
1. *Coelanthe*	**5**	2	0	Europa
2. *Pneumonanthe*	2	14	**27**	Amerika
3. *Aptera*	1	**17**	—	Asien
4. *Frigida*	2	**24**	2	Asien
5. *Chondrophylla*	3	**51**	3	Asien
6. *Thylacites*	**1**	—	—	Europa — Alpen
7. *Cyclostigma*	**7**	2	1	Europa — Alpen

Entwicklungsgeschichtlich sind daher die Arten der Sektionen *Coelanthe*, *Thylacites* und *Cyclostigma* als europäisch, die der Sektion *Pneumonanthe* als amerikanisch, die Sektionen *Frigida*, *Aptera* (*G. cruciata*) und *Chondrophylla* (*G. prostrata*) als asiatisch zu bezeichnen.

Das Alter der Sektionen. Um das relative Alter der Sektionen zu beurteilen, können wir uns mehrerer Methoden bedienen.

1. Die Morphologie der Blüte lehrt uns (HUXLEY 1888), daß sich die Enzianblüte von einfachen bis zu immer komplizierter gebauten Blumen entwickelt hat. Bei den einfachsten ist die Blumenkrone radförmig, der Honig ist nicht ge-

schützt, der Zugang zur Blüte steht allen Insekten offen. Mit der Vervollkommnung paßt sich die Blüte an bestimmte Insektengruppen an, die höchstorganisierten an Bienen, Hummeln und speziell an Schmetterlinge. (Beziehung: Schmetterlingsrüssel — Länge der Blumenkronröhre.)

Entwicklungstadium I: Radförmige Blumenkrone — alle Insekten (*Asterias*, bzw. *G. lutea*).

Entwicklungstadium II: Glockenförmige Blumenkrone — Bienen, Hummeln (*Coelanthe, Thylacites*).

Entwicklungsstadium III: Trichter-tellerförmige Blumenkrone — Schmetterlinge (*Cyclostigma*).

2. Eine andere Methode zur Feststellung des relativen Alters beruht auf der größeren oder geringeren Variationsfähigkeit der Arten.

Die Sektion *Coelanthe* (fünf Arten mit drei Varietäten) hat sich augenscheinlich schon vor alter Zeit ausgebildet; ihre Arten sind scharf unterschieden, sie variieren zur Zeit wenig und stellen eher Typen dar, die am Erlöschen sind. Ihnen gegenüber stehen die anderen Sektionen.

Coelanthe	5 Arten,	3 Varietäten,
Pneumonanthe	41 Arten,	18 Varietäten,
Aptera	17 Arten,	12 Varietäten,
Chondrophylla	54 Arten,	22 Varietäten,
Cyclostigma	7 Arten,	6 Varietäten.

Wir können sie als relativ jüngere, in Entwicklung begriffene Sektionen bezeichnen.

3. Entsprechend der MÜLLERschen Farbenregel sind die phylogenetisch älteren Enzianblüten gelb, rot oder violett (*Coelanthe*) gefärbt, die phylogenetisch jüngeren Sektionen (*Cyclostigma*) haben „gentianablaue" Blüten. Wenn nun z. B. beim stengellosen Enzian (*G. acaulis* s. l.) oder Frühlingsenzian (*G. verna*) ab und zu eine violette oder gelblichweiße Blüte auftritt, so liegt hier ein Rückschlag (Atavismus) in die Farbe der Vorfahren vor.

4. Auch aus der Verbreitung der Arten kann man auf ihr Alter schließen. WETTSTEIN hat gezeigt, daß systematisch einander fernstehende Arten — also relativ alte Arten — nebeneinander vorkommen (Arten der Sektion *Coelanthe*), während Arten, die systematisch einander nahestehen — also junge Arten — sich in ihren Arealen ausschließen (Sektion *Cyclostigma, Thylacites*); ferner besitzen alte Arten in der Regel disjunkte Areale, während junge Arten zusammenhängende Areale besitzen.

Entwicklungsgeschichte der Gattung. Als Ergebnis der Studien über den verwandtschaftlichen Zusammenhang und die allmähliche Entwicklung der Gattung *Gentiana* ergibt sich folgendes Verwandtschaftsschema (Abb. 48), in das ich nur die in Mitteleuropa vertretenen Sektionen aufgenommen habe.

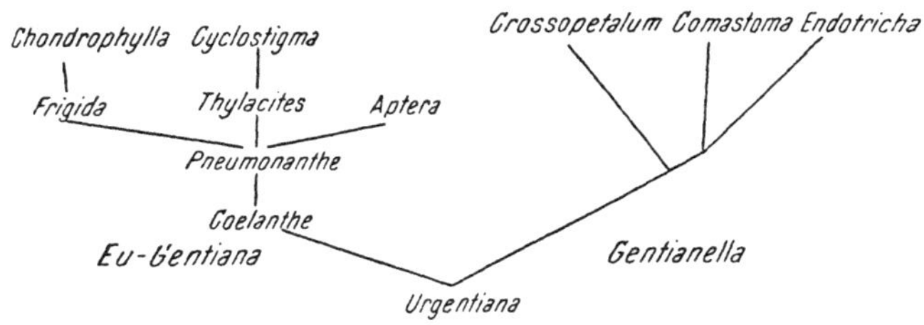

Abb. 48. Phylogenetischer Zusammenhang der Sektionen der Gattung *Gentiana* L. — Enzian.

Entwicklungsgeschichte der Untergattung *Eugentiana*.

Auf Grund der durch morphologischen Vergleich der Formen ermittelten Verwandtschaftsverhältnisse und der geographischen Verbreitung entwirft KUSNEZOW folgendes Bild vom Entwicklungsgang der Gentianen.

Der älteste Typus ist *Coelanthe;* er war einst in Asien und Europa weit verbreitet, ist jetzt aber überall fast ausgestorben und hat sich nur an sehr wenigen Punkten Asiens und Europas erhalten. Der Sektion *Coelanthe* steht am nächsten die Sektion *Pneumonanthe*, die in der Miozän- und Pliozänzeit in der Waldregion des paläarktischen Reiches weit verbreitet war. Als am Ende der Pliozänzeit die Trennung Amerikas von Eurasien stattfand, wurden aus den anfänglich gemeinsamen Typen allmählich die noch jetzt bestehenden *Pneumonanthe*-Arten ausgebildet.

In das Ende der Tertiärzeit muß man auch die energische Ausbildung der jüngeren Typen *Frigida*, *Aptera* und *Chondrophylla* verlegen. Es bildeten sich diese Hochgebirgstypen aus dem Typus *Pneumonanthe* wahrscheinlich unter dem unmittelbaren Einfluß der Entstehung der Gebirgsketten Europas, Asiens und Amerikas aus. In Nordamerika kam es nicht zu neuer Typenbildung, nur *Pneumonanthe* fand hier seine höchste Ausbildung.

In Asien und Europa aber ging ganz anderes vor sich. Die Erhebung des zentralasiatischen Plateaus in der zweiten Hälfte der Tertiärzeit gab Anlaß zur Bildung neuer Typen, die sich den klimatischen Bedingungen hoher Berggipfel (*Frigida*) oder dem kontinentalen trockenen Klima Zentralasiens (*Aptera*) oder auch beiden zugleich (*Chondrophylla*) anpaßten. Unter den Arten dieser Typen gibt es jüngere und ältere Formen, die darauf schließen lassen, daß die Typen *Frigida, Aptera* und *Chondrophylla* schon vor der Gebirgsbildung vorhanden waren, aber erst mit Erhebung der zentralasiatischen Gebirgszüge ihre große Lebens- und Anpassungsfähigkeit zeigten. Die Mehrzahl der Arten dieser drei Typen sind jung und ihre Entstehungzentren gruppieren sich um das Hochplateau von Tibet.

Gleichzeitig mit der Entwicklung dieser Typen in Asien bildeten sich in Europa unter dem Einfluß der Erhebung der Alpen aus dem Typus *Pneumonanthe* die Typen *Thylacites* und *Cyclostigma* aus.

Die letzte Phase der Entwicklungsgeschichte der Untergattung *Eugentiana* spielt sich während der Eiszeit ab; damals waren nicht nur die hochalpinen asiatischen und europäischen Typen und viele der jetzt bestehenden Arten, ja sogar Varietäten schon ausgebildet. Das Eintreten der Eiszeit schuf die Möglichkeit des Austausches zwischen den hochalpinen Floren Asiens, Europas und Nordamerikas. Wir sehen die Typen *Frigida, Aptera* und *Chondrophylla* zum Teil nach Europa, zum Teil nach Nord- und Südamerika auf der Wanderung begriffen. Zu derselben Zeit, unter dem Einfluß derselben Bedingungen, die die Eiszeit schuf, wandern die europäischen Arten des Typus *Cyclostigma* nach Osten auf den Altai und auf den Kaukasus, nach Westen nach Nordostamerika.

Hermann Müller (1881, S. 348) beleuchtet die Geschichte der Gattung vom blütenbiologischen Gesichtspunkt aus. „Die Gattung *Gentiana* gestattet, wie wenig andere, für die auf morphologischem Merkmale gegründete systematische Gliederung aus den Bestäubungseinrichtungen die biologische Erklärung zu gewinnen und die Unterabteilungen des Systems als Zweige eines Stammbaumes aufzufassen. Sie spaltet sich zunächst in zwei Hauptzweige, deren einer aus dem untersten Teil des Fruchtknotens (*Eugentiana*), deren anderer aus dem untersten Teile der Blumenkrone (*Gentianella*) Honig absondert. Wenn diese beiden Arten der Nektarienbildung durch Differenzierung einer ursprünglich gleichartigen Nektarienform entstanden sind, so muß bei den gemeinsamen Stammeltern beider Familienzweige der unterste Teil sowohl des Fruchtknotens wie der Blumenkrone Saft abgesondert haben, und dann bei dem einen Gattungszweige die eine, bei dem anderen die andere Hälfte des Nektariums zur alleinigen Ausbildung gelangt sein. Ebenso denkbar ist es aber, daß die Stammeltern der Gattung *Gentiana* honiglos gewesen und die beiden Nektarienformen unabhängig voneinander zur Ausbildung gelangt sind.

Von dem einen der beiden Hauptzweige ist uns in *G. lutea* L. noch ein Seitenzweiglein erhalten geblieben, das in seiner Entwicklungshöhe tief unter den übrigen und daher jedenfalls dem gemeinsamen Stamme am nächsten steht. Wie *G. lutea* L., so haben auch ohne Zweifel die Stammeltern der Gattung völlig offene Blumen mit fast unverwachsenen Blumenblättern besessen und ihren Kreuzungsvermittlern entweder völlig offenen Honig oder nur Blütenstaub als Genußmittel dargeboten. In jedem Falle waren sie den mannigfachsten Insekten zugänglich, die daher in unregelmäßiger, mehr zufälliger Weise (wie bei *G. lutea* L.) Kreuzung vermittelten, so daß dieselbe keineswegs gesichert war und der Notbehelf spontaner Selbstbefruchtung so wenig wie bei *G. lutea* L. entbehrt werden konnte.

In beiden Hauptzweigen erwiesen sich nach erfolgter Ausbildung der Nektarien Bienen, besonders Hummeln, als wirksamste Kreuzungsvermittler, und es prägten sich diesen angepaßte glockige Blumenformen aus, die in dem einen Hauptzweige durch Ausbildung tiefer Saftlöcher unberufene Gäste vom Honiggenuß ausschlossen und durch das Zusammenlegen der nach außen aufspringenden Antheren zu einem den Griffel umschließenden Ringe die Kreuzung durch besuchende Hummeln völlig sicherten (*Coelanthe*), während in dem anderen Hauptzweige Fransen der Blumenblätter einen zunächst unvollkommenen Schutz gegen nutzlose Besucher gewährten und größere Engheit der Blumenglocke Berührung sowohl der Narben als der Antheren durch die besuchenden Hummeln sicherte (*Crossopetalum*).

Später wurden in dem einen Hauptzweige hummelblumige *Coelanthe* zu falterblumigen *Cyclostigma* umgezüchtet, während in einer besonderen Abzweigung des anderen Hauptzweiges den Blüteneingang vollkommener schützende Fransengitter ausgeprägt und durch noch enger den Fruchtknoten umschließende Blumenkrone neben den Hummeln auch die Falter in den Dienst der Kreuzungsvermittler gezogen wurden (*Endotricha*).

Die ursprünglich wie bei *G. lutea* L. gelbe Blütenfarbe wurde erst durch die Blumenauswahl der Hummeln allmählich in Blau umgezüchtet, wovon uns in den *Coelanthe*-Arten lehrreiche Zwischenstufen erhalten geblieben sind (*G. lutea* — gelb,

Abb. 49. Die Gestalt des Enzians im Wandel der Zeiten.

G. punctata L.	*G. Pneumonanthe* L.	*G. verna* L.	*G. campestris* L.
Alttertiärzeit.	Alttertiärzeit.	Jungtertiärzeit.	Nacheiszeit.
Mittelgebirge.	Moorwiesen.	Hochgebirge.	Wiesen.

Aus Scharfetter, Pflanzenschicksale.

G. punctata — hellgelb mit schwar-purpurnen Punkten, *G. purpurea* L. — außen hellpurpur, innen gelb, *G. pannonica* Scop. — trübpurpur, schwarz punktiert, Röhre bleichgelb). Nachdem es aber einmal zur festen Ausbildung gelangt war, erhielt sich das Blau auch dann, als durch die unbewußte Blumenzüchtung alpiner Falter *Coelanthe* zu *Cyclostigma* wurde."

Beifügen möchten wir, daß Rückschläge in der Blütenfarbe bei *G. Clusii*, *G. Kochiana*, *G. verna* in violett, rosa, gelblichweiß und weiß bekannt sind (Atavismus).

Wuchsformen. Wir verfolgen, wie die Gattung *Gentiana* im Laufe ihrer Entwicklung die Wuchsform ändert (Abb. 49) und wie diese Änderung der Wuchsform z. B. der § *Pneumonanthe* und § *Thylacites* plötzlich und ohne Übergangsformen erfolgt. Die Hochstauden der Waldregion (Sectio *Coelanthe* und *Pneumonanthe*), die alpinen Rosettenbildner der Sektionen *Thylacites*, *Cyclostigma*, die ein- und zweijährigen Kräuter der *Endotricha* sind als Anpassungen an die jeweiligen Lebensbedingungen verständlich. Die Einjährigkeit der hochalpinen *G. tenella* und *nana* — eine bei Alpenpflanzen sehr selten auftretende Wuchsform — ist wohl nur als Erbgut der Untergattung *Gentianella* zu erklären, die in dieser Abteilung die Regel zu sein scheint, während sie in der Untergattung *Eugentiana* nur in den Endgliedern der Sektion *Cyclostigma* bei *G. utriculosa* und *nivalis* auftritt.

Nicht minder interessant ist es, physiologische Erscheinungen in ihrer Ausbildung unter dem Gesichtspunkte der oben dargestellten Entwicklungsgeschichte der Gattung zu verfolgen.

a) Zur normalen Blütenöffnung sind folgende Temperaturen erforderlich:

G. cruciata (Aptera)	20°	
G. Pneumonanthe (Pneumonanthe)	19°	Die jüngeren Formen *(Tylacites, Cyclostigma)* begnügen sich im allgemeinen mit geringeren Temperaturen als die älteren Formen *(Pneumonanthe, Aptera)*.
G. asclepiadea (Pneumonanthe)	17°	
G. utriculosa (Cyclostigma)	15.5°	
G. verna, bavarica (Cyclostigma)	10.5°	
G. Clusii (Thylacites)	8.5°	

b) Die *Gentiana*-Arten schließen bei Erschütterungen, wie sie etwa durch Regen (Hagel) oder starken Wind hervorgerufen werden, ihre Blüten. Diese Stoßempfindlichkeit verläuft im allgemeinen parallel mit einer thermonastischen Reizbarkeit, die bei einer Temperaturerniedrigung zum Blütenverschluß führt. Auch hier können wir eine zunehmende Reizbarkeit im Laufe der Entwicklung der Gattung feststellen.

Nicht reagierend:	*G. lutea, purpurea (Coelanthe).*
Langsam reagierend:	*G. asclepiadea (Pneumonanthe), cruciata (Aptera).*
Rasch reagierend:	*G. Clusii, Kochiana (Thylacites).*
Sehr empfindlich:	*G. nivalis, verna, bavarica, utriculosa (Cyclostigma).*

Nach diesen einleitenden Bemerkungen über die Entwicklung der Gattung wollen wir die einzelnen Gruppen (Sektionen) näher betrachten.

a) Untergattung *Eugentiana* Kuzn.

1. Die Sektion *Coelanthe* (einschl. *Asterias*) zählt sechs morphologisch scharf abgetrennte Arten, die schon im

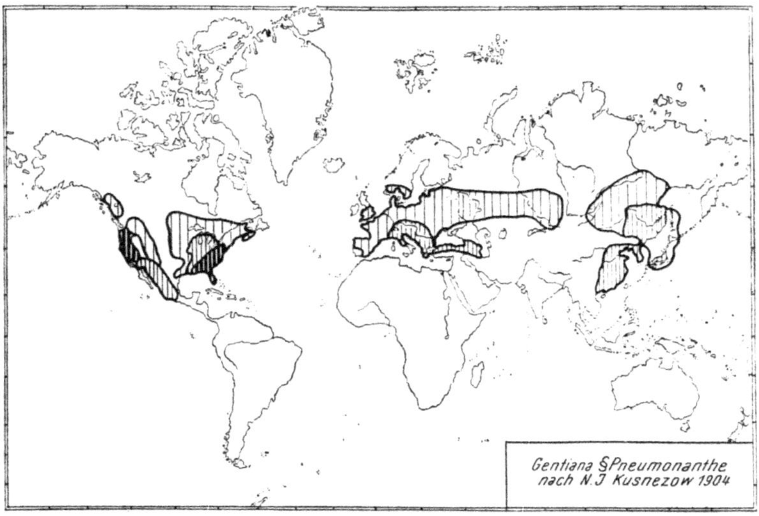

Abb. 50. Verbreitung der Sektion *Pneumonanthe* der Gattung *Gentiana*. Wie die Verbreitung zeigt, ist die Sektion hohen, tertiären Alters. Die größte Artenzahl (dicke Schraffen) findet sich in Amerika, eine geringe Artenzahl (enge Schraffen) weisen Amerika, Ostasien und die Mittelmeerländer auf, während Europa (weite Schraffen) nur zwei Arten beherbergt.

Tertiär die europäischen Hochgebirge bewohnten. Die Arten bewohnen einerseits Standorte, an denen die Konkurrenz mit anderen Pflanzen gering ist, wie Schutthalden, Felsen, Torfmoore, anderseits Halbkulturstandorte (Weiden, Mähewiesen, Läger), wo sie oft gesellig auftreten.

G. lutea, Gelber Enzian, mit radförmiger Krone, gehört zu den ältesten, einfach gebauten Enzianarten, hat als alter Tertiärtypus eine weite Verbreitung (Alpen, Apennin, Korsika, Sardinien, Balkan, Kleinasien). Als Eiszeitrelikt findet er sich im Jura, in den Vogesen, im Schwarzwald, auf der Alb. Kalkliebend. — Wegen der von den übrigen *Coelanthe*-Arten so stark abweichenden, radförmigen Gestalt der Blumenkrone stellt JANCHEN (briefl. 1951) diese Art in eine eigene Sektion, namens *Asterias* (BORKHAUSEN als Gattung) GAUDIN.

*G. **punctata***, Tüpfel-Enzian, hat ebenfalls im Tertiär eine weite Verbreitung (Karpaten, Balkan, Hochgesenke) erlangt. Infolge der Eiszeit erfolgte die Reduktion und Zersplitterung des Areals. In den Alpen, 1400—2500 m, östlich bis Salzburg. Bodenvag.

*G. **purpurea***, Purpur-Enzian, findet sich nicht nur in den Alpen (besonders Westalpen bis Vorarlberg), Apennin, Apuanische Alpen, sondern auch weit abgesprengt in Norwegen und Kamtschatka, die sie von ihrem tertiären Verbreitungsgebiet in den Alpen ausgehend wohl in der Glazialzeit erreicht hat. 1600—2750 m.

*G. **pannonica***, Brauner Enzian, bewohnt die Ostalpen (vom Churfirsten und den Bergamasker Alpen ostwärts), Böhmerwald, Karpaten und Siebenbürgen. 1600—2275 m.

2. Die Sektion *Pneumonanthe* zählt 41 (59) Arten, die vor allem den nördlich gemäßigten Waldgürtel der Alten und Neuen Welt bewohnen (Abb. 50). 27 (38) Arten kommen nur in Nordamerika vor; zwei Arten (*asclepiadea* und *Pneumonanthe*) besitzt Europa (eine dritte Art, *G. septemfida* greift von Asien auf die Krim(?) über); elf Arten kommen nur in Asien vor. Die Formen der einzelnen Kontinente zeigen eine auffallende Parallelentwicklung. Wir unterscheiden breitblättrige Formen (Typus *G. asclepiadea*), die für die Bergregion mit feuchtem, warmen Klima der drei Kontinente charakteristisch sind und schmalblättrige Formen (Typus *Pneumonanthe*), die kontinentales Klima vertragen.

	West-eurasien	Ostasien	Westamerika	Ostamerika
Breitblättrige Formen	*aeclepiadea* L.	*scabra* BUNGE	*spathacea* H. B. K.	*Andrewsii* GRISEB. *alba* MUHL.
Schmalblättrige Formen	*Pneumonanthe* L.	*triflora* PALL.	*affinis* GRISEB. *adsurgens* CERV.	*linearis* FROEL. *puberula* MICHX. *angustifolia* MICHX.
Hochalpine Formen	Gruppe *Septemfida*	—	Gruppe *Calycosa*	—

Unwillkürlich drängt sich hier die Ansicht auf, als seien die verschiedenen Formen nur durch Raum und Zeit getrennte Variationen desselben Typus, dessen Lebensformen in engstem Zusammenhang mit den Lebensbedingungen ihres Standortes stehen. Man muß annehmen, daß geographisch so weit getrennte, aber morphologisch sich so nahe stehende Formen, wie *G. asclepiadea*, *G. scabra*, *G. spathacea* und *G. Andrewsii* höchst wahrscheinlich aus einer gemeinsamen Urform, die einst vor der Abtrennung ein großes zusammenhängendes Gebiet bewohnte, hervorgegangen sind. Die Urformen aller dieser Arten, sowohl der breit- als der schmalblättrigen, hatten einst ein sehr großes Verbreitungsgebiet, solange ein unmittelbarer Zusammenhang zwischen Amerika und Eurasien bestand; hier wie dort konnten sich gemeinsame Typen finden. Im Laufe der Zeit trennte sich Amerika von Eurasien und es bildeten sich auf jedem Kontinente aus den Urtypen besondere Formen aus, Reihen paralleler korrespondierender Formen, die deutlich die Gemeinsamkeit des Ursprungs und ihre selbständige Weiterentwicklung zeigen. In der Jetztzeit ist an einen Austausch der amerikanischen und asiatischen *Pneumonanthe*-Arten nicht zu denken.

Die breitblättrigen *Pneumonanthe*-Arten, die als älteste Formen der Sect. *Coelanthe* nahestehen, finden sich in den Bergen Südeuropas, der Mandschurei, in Japan, in Ostamerika, d. h. in solchen Gegenden, deren Flora noch heute zahlreiche Reste der Tertiärzeit enthält.

Die absolute Zahl und die Zahl der endemischen Arten ist auf jedem Kontinente in den ozeanischen Gegenden größer als in den kontinentalen (vgl. Karte).

G. asclepiadea, Schwalbenwurz-Enzian, ist breitblättrig, bewohnt die Gebirge Süd- und Mitteleuropas und der Kaukasusländer.

G. Pneumonanthe, Lungen-Enzian, ist schmalblättrig und bewohnt moorige Wiesen, Flachmoore, Waldblößen, Brüche in der Ebene und Montanstufe.

Beide Arten sind europäischen Ursprungs, *Pneumonanthe* dringt weiter nach Osten und ins gemäßigte Asien vor.

3. Die Sektion *Aptera* ist in Zentralasien stark ausgebildet (17 Arten), in Mitteleuropa nur durch *G. cruciata* vertreten. Ihre Verbreitung in Westsibirien (Altai und Alatau), Turkestan, Kaukasus, Kleinasien und Südeuropa zeigt ihren Wanderweg an. Die xerophytische Art liebt sehr trockenen, kalkreichen Boden; sie findet sich in Trockenrasen (Brometum) und lichten Föhrenwäldern in der Ebene bis in die subalpine

Stufe. Wie die anderen Enzianarten asiatischer Abkunft gehört sie zu den spätblühenden Arten (Juli bis Oktober).

4. Der Sektion *Frigida* gehören in Asien 24, in Europa zwei, in Amerika zwei Arten an.

G. Froelichii, Karawanken-Enzian, ist, systematisch ganz isoliert, ein tertiärer Endemit der Kärntner, Krainer und Venetianer Alpen. Seine Zugehörigkeit zu einem asiatischen Formenkreis zeigt er durch vielflügelige Samen an, die sonst nur *G. phyllocalyx* aus dem Himalaya besitzt.

G. frigida, Steirischer Enzian, sehr zerstreut in den Karpaten und Ostalpen, 2000—2418 m, ist nach KUSNEZOW eine geographische Rasse der vielgestaltigen in Nordasien und Nordamerika weit verbreiteten *G. algida* PALL. Aus ihrer Verbreitung zu schließen, ist die Pflanze (oder ihre Stammeltern) aus Asien von Osten her eingewandert; an den Zwischenstationen ist sie in der Nacheiszeit (Interglazialzeit?) ausgestorben.

5. Auch die Sektion *Chondrophylla* ist vorwiegend in den zentralasiatischen Hochgebirgen entwickelt, wo sie etwa 53 mannigfach variierende und ineinander übergehende Arten aufweist. In Europa findet sich einzig *G. prostrata*, der Niederliegende Enzian, dessen Hauptareal in Turkestan, Mongolei, Sibirien und Nordamerika liegt. In den Ostalpen und in der Schweiz wächst diese Art sehr zerstreut und selten auf feuchten, kurzgrasigen, steinigen Stellen der hochalpinen Stufe (2200—2700 m), an vorgeschobenen Posten, die wohl durch eiszeitliche Wanderungen besetzt wurden.

6. Die Sektion *Thylacites* umfaßt nach der Auffassung verschiedener Autoren nur eine einzige, allerdings sehr polymorhpe Art: *G. acaulis* L. Glocken-Enzian oder Stengelloser Enzian. A. JAKOWATZ (1899) gliedert die Stammart in sechs morphologisch und geographisch getrennte Arten:

1. *Kochiana* = *G. latifolia*. Urgestein, Alpen, Jura, Pyrenäen, Karpaten, Balkan.
2. *G. alpina;* Pyrenäen, Sierra Nevada, Westalpen.
3. *G. Clusii* = *vulgaris*; Kalkboden, Alpen, Jura, Karpaten.
4. *G. angustifolia;* Kalkboden, Südostfrankreich und Westschweiz.
5. *G. dinarica*; Dinarische Alpen, Karpaten, Abruzzen.
6. *G. occidentalis;* Westpyrenäen, Kalk.

G. excisa PRESL ist nach JAKOWATZ, die seit langer Zeit kultivierte *G. acaulis*, die morphologisch zwischen allen in der Natur vorkommenden Formen die Mitte hält. Die sechs wildwachsenden Arten sind aus einer gemeinsamen Stammform in Anpassung an klimatische und Bodenverhältnisse in relativ später Zeit entstanden.

G. alpina weist nur zu *G. Kochiana* innigere Beziehungen auf und ist daher mutmaßlich aus dieser hervorgegangen.

Die ganze Artengruppe hat in den Alpen ihr Entstehungszentrum und reicht zeitlich weit zurück; bereits in

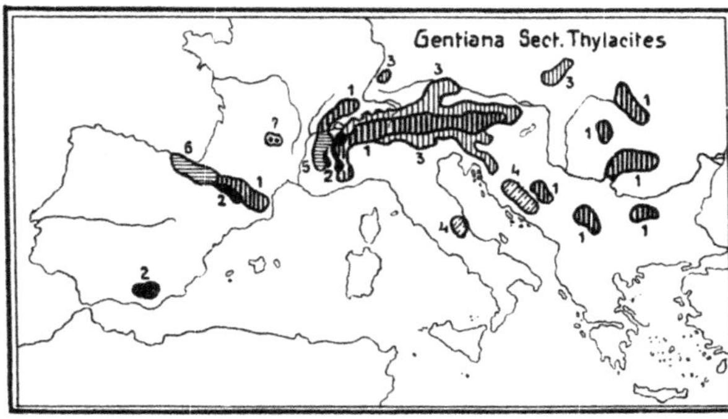

Abb. 51. Verbreitungsgebiet der Sektion *Gentiana Thylacites*. *1 G. Kochiana* Perr. et Song., *2 G. alpina* Villars, *3 G. Clusii* Perr. et Song., *4 G. dinarica* G. Beck, *5 G. angustifolia* Villars, *6 G. occidentalis* Jakow., *7 G. Costei* Br.-Bl. (Nach Hegi, V/3, S. 2010).

der Tertiärzeit war sie in den südeuropäischen und wohl auch mitteleuropäischen Gebirgen vertreten. Sie gehört dem südeuropäischen Element der Alpenflora an; dem nordischen Elemente der Alpenflora steht sie ganz fern, da sie im arktischen Gebiete völlig fehlt.

Die Eiszeiten bewirkten eine Einschränkung des Gesamtareals, ein Zurückdrängen auf die Hochgebirge Südeuropas. In der Sierra Nevada, in den Pyrenäen, in den West- und Südalpen, in den italienischen Gebirgen und jenen der nördlichen Balkanhalbinsel haben die Pflanzen die Eiszeit überdauert, wie die zerstückelten Areale in diesen Gebieten erweisen. Die geographische Differenzierung erfolgte in dieser Zeit.

Betrachtet man die Verbreitungskarte (Abb. 51) und sieht dabei von den Arealen der *G. Kochiana* und *G. Clusii* ab, so erkennt man, daß nach Ablauf der Eiszeiten eine Vergrößerung der Areale der restlichen Arten (*G. alpina, angustifolia, dinarica* und *occidentalis*) nicht stattgefunden hat, sie erscheinen als Reststücke ehemals weiterer Verbreitung.

G. Kochiana und *G. Clusii* haben in den ehemals vergletscherten Teilen der Alpen eine weite Verbreitung in zusammenhängenden Gebieten gewonnen. Daß sie als „Glazialpflanzen" zur Eiszeit wandern konnten, dafür spricht 1. Ansteigen im Gebirge (*Kochiana* bis 3000 m, *Clusii* bis 2630 m). 2. Vorkommen an Windecken und schneefreien Stellen. 3. Wintergrüne Blätter. 4. Vegetative Vermehrung durch zahlreiche, nicht blühende Triebe. 5. Selbstbestäubung möglich. 6. Wintersteher — die Samen reifen erst im Herbst und Winter. 7. Die Blüten sind schon im Herbst fertig ausgebildet. 8. Blütezeit der *G. Clusii* (III) IV—VIII, zuweilen im Herbst bis XII nochmals blühend; *Kochiana* VI—VIII (selten im Herbst nochmals blühend).

Die letzte Eigenschaft weist auf den teritären Ursprung in einem subtropischen Mediterranklima, in dem die Blütezeit mehr durch die innere Rhythmik ausgelöst, als durch das Klima aufgezwungen wurde. Auch die morphologischen Beziehungen der Gruppe zu tertiären südeuropäischen Arten spricht für diese Abkunft (JAKOWATZ, S. 252).

7. Die Sektion *Cyclostigma* ist europäisch, hat ebenfalls in den Alpen ihr Entstehungszentrum und besteht aus 7 (13) Arten, von denen 2 (6) außer in Europa auch in Asien vorkommen und eine Art sich in Nordamerika findet (KUSNEZOW, S. 151). Für Mitteleuropa kommen drei Stämme in Betracht, die sich während oder nach der Eiszeit etwa in der nachstehend angegebenen Weise gegliedert haben (HEGI, V/3, S. 1985) (SOLTOKOVIČ gibt eine etwas andere Gliederung).

Entwicklung der Sektion *Cyclostigma*.

a) Einem selbständigen Stamme gehört *G. bavarica*, Bayrischer Enzian an, der in den Alpen (1800—3600 m) und Apenninen und (Abruzzen) vorkommt; er ist kiesel- und feuchtigkeitsliebend, gesellschaftsvag (Magermatten, Weiden, Feinschutt, Bachränder usw.), überwintert mit grünen Blättern, hat blütenlose Triebe; die Blüte ist im Oktober fertig ausgebildet. In den Westalpen und Pyrenäen findet man die nahestehende *G. Rostani*.

b) Von *G. verna*, Frühlingsenzian (siehe später), gliedern sich ab: *G. tergestina*, eine verhältnismäßig junge Rasse der *G. verna* im Süden der Alpen; *G. brachyphylla*, hochalpine

Rasse, kalkreiche Unterlage, Pyrenäen, Alpen, Siebenbürgen; *G. orbicularis* (= *G. Favrati*), kalkliebend; Pyrenäen, Alpen (2000—2800 m), Siebenbürgen, Kaukasus, Persien; *G. pumila*, Endemit; nördliche Kalkalpen, Zentralpen Kalk, südliche Kalkalpen; *G. terglouensis* HACQUET (= *G. imbricata* FROEL), Endemit, südliche und östliche Alpen.

c) Der dritte Stamm der Sektion *Cyclostigma* ist vertreten durch die einjährigen Arten: *G. utriculosa*, Schlauch-Enzian, der die montane und subalpine Stufe der Gebirge Mittel- und Südeuropas bewohnt und durch

G. nivalis, den Schnee-Enzian. Die Pflanze ist arktisch-alpin, d. h. ausgehend von einem europäisch-tertiären Verbreitungszentrum, ist sie bis Labrador, Grönland, Island, arktisches Europa (nicht Altai und Ural), Kaukasus und Kleinasien vorgedrungen. Die weite Verbreitung verdankt sie dem Umstande, daß sie hinsichtlich ihrer Ansprüche an den Boden (Kalk und Urgestein) und ihres Anschlusses an bestimmte Pflanzengesellschaften (Wälder, Wiesen, Weiden, Flachmoore) wenig spezialisiert ist. Die während der Eiszeit erfolgte Wanderung zeigt wie die vieler anderer tertiärer Alpenelemente eine deutliche Wanderungsrichtung nach Nordwesten.

Auch *G. verna* hat wie *G. nivalis* während der Eiszeit ihr Verbreitungsgebiet, das wir uns in der Tertiärzeit im Alpensystem denken müssen, gewaltig vergrößert. Sie breitet sich nach Osten auf den Kaukasus und Altai aus, nach Norden bis England, Irland, Norwegen; auf ihrer Wanderung über die Ebene Süddeutschlands hat sie in den Mooren als „Glazialrelikt" Spuren zurückgelassen. Als „Glazialpflanze" ist *G. verna* ebenso gut ausgerüstet wie zur „Wiesenpflanze", in deren Rhythmus sie sich einfügt; Blüte und Frucht möglichst frühzeitig (vor der Mahd), Blattrosette, vegetative Vermehrung durch blütenlose Sprosse, gesellschaftseng, feuchte und trokkene Standorte besiedelnd.

b) Untergattung *Gentianella* KUSN.

Die Entwicklung der Untergattung verlief im allgemeinen ähnlich wie die der Untergattung *Eugentiana*. Auch hier stehen Sektionen, deren hohes Alter durch geringe Artenzahl mit weltweiter Verbreitung angezeigt wird, jüngere Sektionen mit größerer Artenzahl und beschränkter Verbreitung gegenüber. Wie bei *Eugentiana* sind die älteren Formen Stauden, die jüngeren einjährigen oder zweijährigen Pflanzen.

Gentianella zählt etwa 120 Arten meist auf Hochgebirgen, weniger in den Ebenen von Süd- und Nordamerika, Asien, Europa.

Wir besprechen nur die europäischen Sektionen mit europäischen Arten.

8. Sektion. *Crossopetalum*. Zehn Arten in den Hochgebirgen der nördlichen Erdhälfte. In Europa nur *G. ciliata*, Fransen-Enzian, aus Asien wohl schon am Ende der Tertiärzeit eingewandert, hat die kalkliebende, trokkene, magere, steinige Stellen bevorzugende Pflanze in der proglazialen Wärmezeit ihr Gebiet vergrößert. *G. ciliata* ist zweijährig bis ausdauernd.

9. Sektion. *G. Comastoma* WETTSTEIN hat durch die eigenartigen Schlundschuppen innige Beziehungen zu den Gattungen *Pleurogyne* und *Swertia*. Das Entstehungszentrum der § sind die zentralasiatischen Gebirge. Von dort wanderte *G. tenella* am Ende der Tertiärzeit mit einer großen Verbreitungslücke in Westasien über Siebenbürgen, Karpaten bis in die Alpen und Pyrenäen aus. Zur Eiszeit fand eine Zerstücklung des Areals und eine Wanderung von den Alpen nach Norden (Norwegen, Island, Spitzbergen) statt.

G. nana, ebenfalls eine hochalpine Art, springt vom Himalaja direkt in die Alpen über. Die Einwanderung aus Asien erfolgte zu einer Zeit, als die Alpen bereits ein Hochgebirge waren, also am Ende der Tertiärzeit und zur Eiszeit.

G. tenella und *nana* sind einjährig.

10. Sektion. *Endotricha* FROELICH (= *Amarella* GRISEBACH) beherbergt alte tertiäre Relikte außerhalb Mitteleuropas: *G. crispata* (Bosnien, Albanien), *G. neapolitana* (Abruzzen) und *G. caucasa* (Kaukasus), beschränkt auf ganz kleine Gebiete. In Mitteleuropa finden wir die folgenden drei Formenkreise:

a) *G. germanica* WILLD. s. l. (= *G. polymorpha* WETTST.). Die Gruppe ist südlichen Ursprungs; die Stammart mag schon am Ende der Tertiärzeit am Südabfall der Alpen existiert haben. Während der Eiszeit wurde das Areal nach Süden erweitert, wo es nach Ablauf der Eiszeiten isolierte Vorkommnisse, *G. bulgarica*, *G. calycina*, in Italien zurückließ. Ähnlich wie die Sammelart *G. campestris* gliederte sich auch der Typus *germanica* beim Vorrücken nach Norden den neuen Gebieten entsprechend in zahlreiche Formen, die bald als Arten, bald nur als Unterarten bewertet werden. Im Umkreis der Alpen:

Nach Osten *G. austriaca, praecox* in Anpassung an das pontische Klima; nach Westen *G. germanica* WILLD. (non FROEL.) = *G. Wettsteinii* MURB.; nach Norden *G. Sturmiana*; nach Süden *G. calycina*.

In den Alpen bilden sich in den nördlichen Kalkalpen *G. Sturmiana*; in den Zentralalpen *G. rhaetica, G. ramosa* (= *Murbeckii*), in den südlichen Kalkalpen *G. calycina* aus.

Bei dieser Gruppe ist der Saisondimorphismus besonders deutlich entwickelt. Eine andere Gruppierung in HEGI, V/3, 2036, unter *G. germanica*.

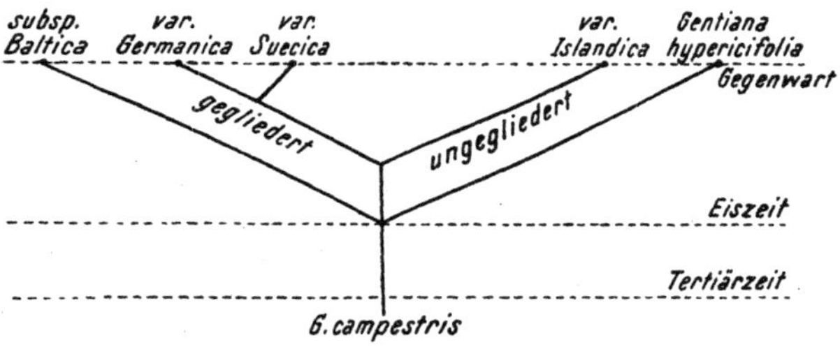

Abb. 52. Entwicklung der *Gentiana campestris* seit der Tertiärzeit.

b) *G. Amarella.* Diese Gruppe, zu der die Arten *G. axillaris* SCHM., *G. lingulata* AG. und *G. uliginosa* gehören, ist im Gegensatz zur Gruppe *campestris* nördlichen Ursprungs. Der Typus war schon früh in zirkumpolarer Richtung verbreitet. Mit der Eiszeit wanderte die im Norden heimische Stammart *G. Amaralla* s. l. nach Süden, wo sie sich auf dem postglazial eisfrei werdenden Gebiete geographisch gliederte.

c) *G. campestris.* Der Typus zeigt nächste Verwandtschaft mit *G. neapolitana* und dürfte schon im Tertiär in Mitteleuropa vorhanden gewesen sein, die Eiszeit in Südeuropa überdauert haben, um sich nach dem Rückzug des Eises der Eiszeit nach Norden zu verbreiten. Bei dieser postglazialen Ausbreitung erfolgte gleichzeitig eine Differenzierung in drei morphologisch einander sehr nahestehende Typen, die sich räumlich ausschließen: *G. hypericifolia* — Pyrenäen, *G. compestris* — in zwei getrennten Arealen (Nordeuropa und Alpen), *G. baltica* — Mitteleuropa. Den mutmaßlichen Entwicklungsgang gibt Abb. 52 aus HEGI, V/3, S. 1983, nach BEHRENDSEN wieder. Gleichzeitig erfolgte bei vielen Formen eine Aufspaltung in früh-, bzw. spätblühende Arten (Saisondimorphismus — WETTSTEIN).

Ausführlich bei WETTSTEIN, 1896, 1898.

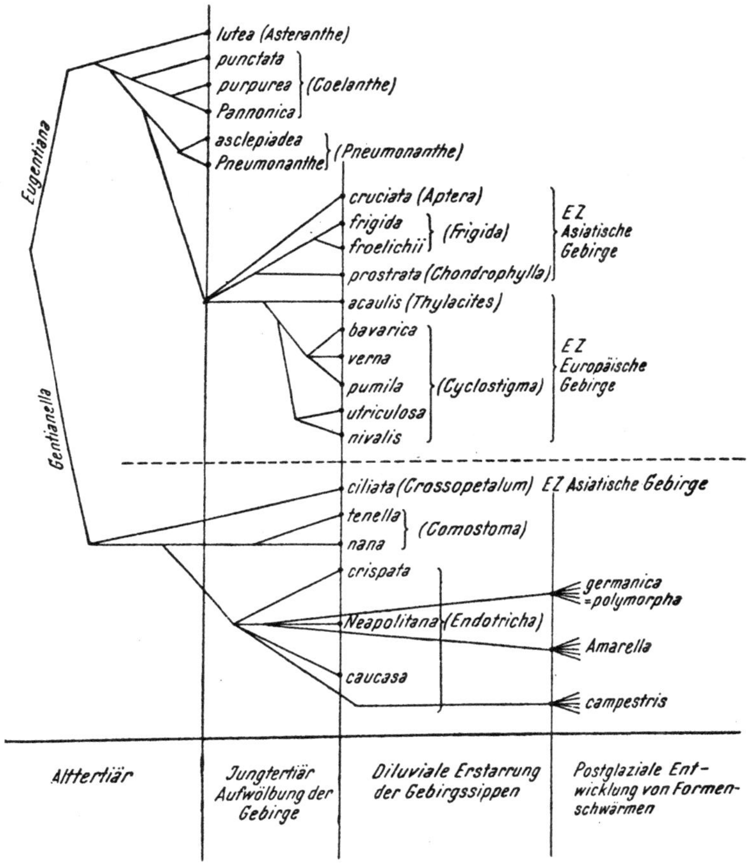

Abb. 53. Versuch eines Entwicklungsschemas der *Gentiana*-Arten Europas.

Das Studium der Entwicklungsgeschichte der Gattung *Gentiana* gewährt hohe Befriedigung, weil die Ergebnisse der morphologisch-systematischen und phylogenetischen Untersuchung, die Verfolgung des Entwicklungsganges in den geologischen Perioden, ebenso wie das Studium der Wuchsformen, der Blütenformen und der Bestäuber sich zu einem einheitlichen Bilde ergänzen (Abb. 53).

Als charakteristisch für die Entwicklung der Gattung heben wir noch die stoßweise Formbildung hervor, die den großen klimatischen und geomorphologischen (Gebirgsbildung) Veränderungen der Erdoberfläche entspricht.

Anhang.

Die Gattungen *Swertia* L. und *Lomatogonium* A. Br. (= *Pleurogyna* Eschscholz) gehören einem Formenkreis an, der in den Alpen keine selbständigen Oreophyten hervorgebracht hat. Der Formenkreis ist in Ostasien in den niederen Regionen reich ausgestaltet, bringt aber in Westchina. Tibet und im Himalaya viele Oreophyten zur Ausbildung, die teilweise bis Westasien und in einzelnen Vertretern bis in die Alpen ausstrahlen, die sie zur Eiszeit erreichten. wo sie ein sehr zersplittertes Areal bewohnen.

2. *Swertia perennis* L. — Moor-Tarant.

ist eine ausdauernde Pflanze, die als Glazialrelikt Moore und Quellsümpfe in der norddeutschen Tiefebene einerseits. die montane bis subalpine Region der Alpen anderseits, bewohnt. Sie ist ferner in den Pyrenäen, den Gebirgen Frankreichs, Karpaten, Balkan, im gemäßigten und subtropischen Asien (Kaukasus, Sibirien, Japan) und Nordamerika verbreitet.

3. *Lomatogonium* A. Br. (*Pleurogyne*)

ist im östlichen Hochasien aus *Swertia* streng oreophil hervorgegangen. Die Gattung enthält in Westchina und Tibet zahlreiche Arten. *L. carinthiacum* (Wulf.) Rchb. (= *Pleurogyne carinthiaca* [Wulf.] G. Don = *Swertia carinthiaca* Wulfen) ist zur Eiszeit in die Alpen gelangt und zeigt sich durch sein zersplittertes Areal als Glazialrelikt (Diels, 1910, S. 13, Schröter, 1926, S. 558). Die einjährige Pflanze findet sich sehr selten (aber mitunter in großer Individuenzahl) und zerstreut auf kurzgrasigen Weiden auf erdigen, nackten Stellen oder auf schwach berastem Schwemmland (1400 bis 2000 m) von den Alpen, Ostkarpaten, Kaukasus, Himalaja, Altai bis Sibirien und Kamtschatka, ferner im nördlichen Nordamerika (vgl. Schröter, 1926, S. 558).

Literatur.

GILG, E. 1895 in E. P., Nat. Pflanzenfam., IV/2, S. 50. — HEGI V/3. *Gentianaceae* S. 1953, *Gentiana* S. 1979. — JAKOWATZ, A., Die Arten d. Gattg. *Gent.* Sect. *Thylacites*, Sitz.-Ber. Ak. Wien **98**, **1899**. — KUSNEZOW, N. J., Subgenus *Eugentiana* gen. *Gent.* Acta hort. Petrop. tom. XV, **1904**. — MURBECK, S., Stud. üb. *Gent.* aus der Gruppe *Endotricha.* Acta hort. Berg. II, N. 3, 1892. — OEHLER, E., 1927. Entwicklungsgesch-zytol. Unters. an einigen *Gentiana.* Planta 3. — RONNIGER, Untersuchungen über *Coelanthe.* Zool. bot. Ges. **49**, **1899**, p. 1. — SOLTOKOVIČ, M., Die perennen Arten d. Gattg. *Gent.* aus d. Sect. *Cyclostigma.* Ö. B. Z. 1901, 2 Tafeln, 2 Kt. — WETTSTEIN, R. v., Die Arten der Gattung *Gentiana* aus der Sect. *Endotricha* FROEL. Ö. B. Z., Bd. 41/42, 1891/92. — WETTSTEIN, R. v., Die Gattungszugehörigkeit und systematische Stellung der *Gentiana tenella* ROTTB. und *G. nana* WULF. Ö. B. Z. **46**, 1896. — WETTSTEIN, R. v., Die europ. Arten d. Gttg. *Gent.*, Sect. *Endotricha*, und ihr entwicklungsgeschichtlicher Zusammenhang. Denksch. Ak. Wien, **64**, **1896**. — — WETTSTEIN, R. v., Grundzüge der geograph.-morpholog. Methode der Pflanzensystematik, Jena 1898.

XXVII. *Apocynaceae.* — Hundsgiftgewächse.

Zu dieser Familie zählen nach HEGI 142 Gattungen mit zirka 1100 Arten, nach IRMSCHER 161 Gattungen mit über 1000 Arten. Die Hauptmasse der Formen gehört den Tropen an, nur etwa sieben Gattungen finden sich ganz oder mit der Mehrzahl der Arten in den gemäßigten Zonen. Der Hauptzug der Verbreitung liegt in der Verteilung der Gattungen. Es besitzt: Amerika 52 (46), Europa 3 (0), Afrika 58 (42), Asien 67 (42), Australien und Polynesien 20 (5). Der hohen Zahl von endemischen Gattungen (135) stehen nur 26 weiter verbreitete Gattungen gegenüber. Die tropischen Gebiete Amerikas und Afrikas sind nur schwach miteinander verbunden. IRMSCHER schließt daraus, daß sich die Entfaltung dieser Familie in jüngerer Zeit abspielte, in der die Großformen der Erde der heutigen Gestalt schon beträchtlich näher kamen. Damit stehen die wenigen fossilen Funde aus vortertiärer Zeit in Einklang. Sichere Reste von *Nerium* sind in der jüngeren westfälischen Kreide (Westfalen lag zur Kreidezeit in der tropisch-subtropischen Zone), dann in dem französischen und englischen Eozän, im Miozän von Österreich und Griechenland nachgewiesen. *Vinca* erscheint mit Blattresten im französischen Tertiär.

An Wuchsformen finden wir Stauden oder windende Holzgewächste (Lianen), seltener auch aufrechte Bäume oder Sträucher vertreten.

Die *Apocynaceae* erscheinen nicht nur durch ihre geographische Verbreitung als Familie jüngerer Entwicklung, sondern auch durch wenig fixierte, an Form und Zahl wechselnde morphologische Merkmale: Fruchtknoten ein- bis zweifächerig. oberständig (seltener bis zur Hälfte unterständig), Fruchtblätter frei oder verwachsen, zahlreiche (also an Zahl unbestimmte) Samenanlagen, Griffel ein bis zwei usw., als Familie jüngerer Entwicklung charakterisiert.

In Europa ist die Familie durch die Gattungen *Vinca*, *Nerium* und *Apocynum* (*A. venetum* L., Südeuropa bis Norditalien) vertreten.

1. *Vinca* L. — Immergrün.

Zu der Gattung zählen fünf in Süd- und Mitteleuropa, im Orient und Persien verbreitete Arten. In Mitteleuropa finden sich

V. herbacea Waldst. et Kit., Krautiges Immergrün, krautig, oberirdische Sprosse alljährlich absterbend, V—VI zuweilen noch IX, pannonisch-pontisch.

V. maior L. Großes I., halbstrauchig, Blätter wintergrün, III—V zuweilen nochmals Herbst, mediterran.

V. minor L. Kleines I., Gewöhnliches I., halbstrauchig, Blätter immergrün, III—VI selten nochmals Herbst, mediterran-mitteleuropäisch.

V. herbacea bewohnt das südöstliche Europa, Orient, Transkaukasien; steinige Abhänge in Niederösterreich.

V. maior findet sich im Mittelmeergebiet, in West- und Südfrankreich, in Wallis, Tessin, Küstenland und Orient.

V. minor wächst in Laubwäldern Süd- und Mitteleuropas bis England, Kaukasus, Kleinasien; Buchenbegleiter, Gartenflüchtling.

Von den drei Arten hat nur *V. minor* in Mitteleuropa eine weitere Verbreitung. Ihre Ursprünglichkeit ist aber schwer festzustellen, weil sie an vielen Standorten als Gartenflüchtling anzusehen ist, der besonders oft verlassene Wohnstätten anzeigt.

Da die Pflanze mit Blattresten in tertiären Ablagerungen Frankreichs gefunden wurde, ist anzunehmen, daß sie durch die Eiszeit nach Süden abgedrängt wurde und postglazial als „Buchenbegleiter" wieder nach Mitteleuropa zurückkehrte; sie überschreitet im mittleren Rußland kaum die Buchengrenze. Als altes Erbgut, das noch heute auf die tropische Abkunft hinweist, sehe ich an:

1. Die Wuchsform, der am Grunde verholzende Stengel. Übergang zur Staude.

2. Das ununterbrochene Wachstum der Sprosse. Ich fand am 30. Dezember 1947 an der Triebspitze keine Knospe, sondern junge Blätter.

3. Die immergrünen Lederblätter sind in einem Klima mit ununterbrochener Vegetationszeit entstanden.

4. Die zweite Blüte im Herbst, die anzeigt, daß innere Rhythmik und nicht die Rhythmik der mitteleuropäischen Jahreszeiten die Blütezeit bestimmt.

5. Bei uns findet man höchst selten reife Früchte. Blütenbildung ohne folgende Fruchtreife ist ein Zeichen fremder Herkunft und nur aus der Geschichte der Pflanze zu verstehen.

6. Die Grundachse ist dünn; es fehlen die für die gemäßigte Zone charakteristischen Reservestoffbehälter (Knolle, Wurzelstock, Zwiebel).

2. *Nerium* L. — Oleander.

Die Gattung zählt nur wenige im Mittelmeergebiet, in Arabien, Vorderasien und Ostindien beheimatete Arten.

N. Oleander L., der Oleander, findet sich nur im Mittelmeergebiet, von Südportugal und Nordafrika bis Palästina, Syrien und Mesopotamien. Angeblich wild an felsigen Abhängen am Gardasee (am Westufer am Ponale bei Riva, häufiger am Ostufer).

Der Oleander ist heute im ganzen Mittelmeergebiet heimisch; er ist in grauester Vorzeit aus dem Osten (alle anderen *Nerium*-Arten sind asiatisch) gekommen und westwärts gewandert.

Wichtiger erscheint mir die Tatsache, daß sichere Reste von *Nerium* aus der Kreide Westfalens, dem Tertiär Frankreichs, Englands, Österreichs und Griechenlands bekannt sind. Wie so viele andere Gewächse wurde auch der Oleander durch die Eiszeit aus Mitteleuropa verdrängt und konnte nur im Süden sich erhalten. Im Gegensatz zu vielen anderen Holzgewächsen konnte er aber nach der Eiszeit sein tertiäres mitteleuropäisches Gebiet nicht mehr wiedergewinnen. Die Standorte am Gardasee können als tertiäre oder interglaziale Relikte aufgefaßt werden. Vergleiche Buche, Eiche einerseits, Roßkastanie, Walnuß und Flieder anderseits.

Literatur.

Hegi, V/3, 1927. — Irmscher, E., 1922, S. 157. — Schumann, K. in E. P. Nat.Pfl.sam. IV/2, 1895. — Wettstein, R. v., Handbuch 1935, S. 924.

XXVIII. *Oleaceae.* — Ölbaumgewächse.

Die Familie der Ölbaumgewächse umfaßt etwa 30 Gattungen mit annähernd 400 Arten und besiedelt die ganze tropische, sowie die gemäßigten Zonen. Ihr Massenzentrum besitzt sie heute in Süd- und Ostasien.

Die Hälfte ihrer Arten gehört zur Gattung *Jasminum* L. Dann folgt *Fraxinus* mit rund 100 Arten. Etwas weniger umfangreich sind die Gattungen *Mayepea* AUBL., *Ligustrum* L., *Olea* L. usw. Zu den monotypischen Gattungen zählen u. a. *Hesperelaea* GRAY auf der Insel Guadelupe bei Niederkalifornien, *Tesserandra* MIERS in Brasilien und *Nyctanthes* L. in Ostasien. *Jasminum* erstreckt sich als einzige Gattung über alle fünf Erdteile; *Fraxinus* besiedelt fast ausschließlich die nördlich gemäßigte Zone. *Olea* tritt in Asien, Polynesien und Europa auf. Die übrigen Gattungen sind zumeist auf einen einzigen Kontinent beschränkt.

Auf nur zwölf endemische Gattungen kommen 18 weiter verbreitete Gattungen. Charakteristisch für die Familie ist also die hohe Zahl weitverbreiteter Gattungen, von denen einige Disjunktionen zeigen, die nur als Reste einstiger Arealkomplexe deutbar sind.

Die ältesten Spuren der Familie reichen bis in die jüngere Kreide von Grönland, wo *Fraxinus*, die auch aus dem Eozän Nordamerikas sowie ab Oligozän in Europa fossil bekannt ist, gefunden wurde. Die heute tropische Gattung *Schrebera* ist aus dem Tertiär Europas bekannt.

Diese Funde beweisen, daß heute im Süden wohnende Formen meist viel weiter nördlich vorkamen. Da aber Grönland in der Kreidezeit in einer tropischen Zone lag, ergibt sich der Schluß, daß die Familie tropischen Ursprungs ist. Monotypische Gattungen (Gattungen mit nur einer Art) und disjunkte Areale lassen uns das Aussterben mancher Arten und die Zerreißung ursprünglich zusammenhängender Verbreitungsgebiete erkennen. Auch die Lebensformen der heute in den gemäßigten Zonen lebenden Arten sind Zeugen der Veränderungen der Umwelt, denen diese Familie im Verlaufe der Erdgeschichte ausgesetzt war, zumal sich diese Lebensformen zumeist ungezwungen auf tropische zurückführen lassen und zahlreiche Form- und Phänatavismen aufweisen.

Die Familie tritt in der Lebensform immer-, winter- oder sommergrüner Bäume und Sträucher, seltener Halbsträucher auf. Die Mehrzahl der Arten ist immergrün oder mehr weniger wintergrün, ein Teil sommergrün. Die Familie zeigt damit alle Stufen der Anpassung tropischer Pflanzen an das gemäßigte Klima.

Die Bestäubung der oft farbenprächtigen Blüten erfolgt zum größten Teil durch Insekten; auch Ameisen und Vögel (Kolibris) treten als Bestäuber auf. Die Windblütigkeit gewisser Eschen (z. B. *Fraxinus excelsior*) ist eine sekundäre Einrichtung.

Die natürliche Gliederung der Oleaceen.

I. Unterfamilie *Oleoideae* (hängende Samen, Frucht ungeteilt).

1. *Fraxineae*, 2 Gattungen.
   - *Fraxinus* L., 100 Arten, vorwiegend nördl.-gem. Zone.
   - *Fontanesia* LABILL., 2 Arten: *F. phillyreoides* LABILL., Sizilien, Orient, *F. Fortunei* CARR., Ostchina.
2. *Syringeae*, 4 Gattungen.
   - *Syringa* L., 30 Arten. Entwicklungszentrum China.
   - *Schrebera* ROXB. (= *Nathusia* HOCHST.), Afrika, Ostindien (Europa, Tertiär).
   - *Forsythia* VAHL., 9 Arten, Vorblütig, Frühtreiben, 8 Arten in Ostasien. *F. europaea* DEGEN u. BALD., Albanien, Tertiärrelikt.
3. *Oleeae*, 19 Gattungen, z. B.
   - *Phillyrea* L., 4 (6) Arten, Entwicklungszentrum Mittelmeergeb.
   - *Olea* L., 35 Arten, Kapland, Ostindien, Australien.
   - *Ligustrum* L., 50 Arten, Ostasien.

II. Unterfamilie *Jasminoideae*, 5 Gattungen (aufrechte Samen, Früchte zweiteilig oder in zwei Teilfrüchte zerfallend).

Jasminum L., 200 Arten, namentlich in den Tropen.
   - *J. nudiflorum* LINDL., Nordchina, blüht Febr.—April, im Süden Dez.

Der phylogenetische Zusammenhang der Gattungen der Familie der Oleaceen ist in Abb. 54 auf Grund der Chromosomenzahlen (nach J. H. TAYLOR, 1945, aus GUNDERSON, 1950, S. 23) wiedergegeben.

Noch beeindruckt von der Erkenntnis, daß in den einzelnen Gruppen der Gattung *Salix* der biologische Niederschlag der Erdgeschichte zu sehen ist, führte mich der Zufall zum Studium der Gattung *Fraxinus*. Die von LINGELSHEIM gegebene phylogenetische Ableitung der Gattung ließ einen solchen Zusammenhang nicht erkennen. Die Oleaceen, obwohl gleichfalls tropischen Ursprungs, verfolgen einen ganz anderen Weg, um sich mit den Lebensbedingungen der gemäßigten Zone auseinanderzusetzen als die Salicaceen.

Nur die Gattung *Fraxinus* ist mit der Gattung *Populus* zu vergleichen: Erhaltung der vegetativen Gipfelknospe mit allen ihren Folgen (monopodialer Aufbau, Blühen aus altem Holz, Vorblütigkeit usw.). Während die Gattung *Salix* den Kampf mit den ungünstigen Bedingungen des arktischen Klimas und

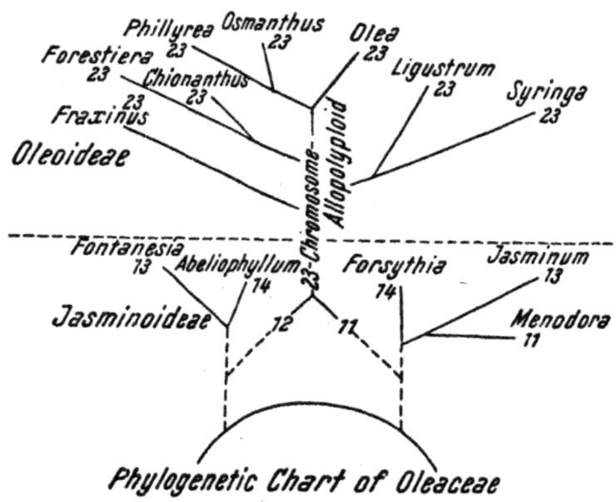

Abb. 54. Stammbaum der Familie der *Oleaceae* — Ölbaumgewächse auf Grund des Chromosomensatzes nach A. Gundersen, 1950.

der Eiszeit aufnimmt, bewohnen die Gattungen der Oleaceen, nämlich *Syringa, Ligustrum* und *Fraxinus* deutliche Rückzugsareale, von denen nur ganz wenige Arten (von *Ligustrum* nur *vulgare*, von *Fraxinus* nur *excelsior*) nach der Eiszeit in ehemals vergletschertes Gebiet vordringen. Die Oleaceen konnten daher auch kein biologisches Spiegelbild der kosmischen Ereignissen seit der Tertiärzeit liefern, weil sie durch Rückzug der Klimaverschlechterung ausweichen. Sie machten nur einen Akt der kosmischen Veränderungen, nämlich die Verlagerung von der tropischen in die gemäßigte Zone, mit und nur diese kommt in ihrem biologischen Verhalten zum Ausdruck.

Die Anpassungen an das gemäßigte Klima zeigen sich besonders beim Laubwechsel (*Ligustrum, Syringa, Fraxinus*) und in der Zeit der Blütenentfaltung (z. B. Vorblütigkeit). Viele Unregelmäßigkeiten lassen erkennen, daß sich diese Anpassungen erst im Laufe der Zeit ausbildeten und ihre volle Ausbildung und Fixierung noch nicht erreicht haben. Reste ehemaliger Wuchsformen (Form- und Phänatavismen) werden mitgeschleppt. Ebenso wie bei den Salicaceen ist die Ausbildung der für das gemäßigte Klima charakteristischen Staude nicht erfolgt (vgl. dagegen die Leguminosen u. a.). Die *Oleaceae* hielten an ihrer ursprünglichen Lebensform, dem Holzgewächs, fest, modifizierten diese entsprechend den neuen Lebensbedingungen, aber waren nicht imstande, etwas grundsätzlich Neues zu schaffen, daher die verhältnismäßig kleine Zahl von Arten (400), von denen die Hälfte auf die vorwiegend in den Tropen beheimatete Gattung *Jasminum* fällt, gegen die Formenfülle der Leguminosen (12.000 Arten).

1. *Fraxinus* L. — Esche.

Die Gattung bewohnt vorwiegend die gemäßigteren Gebiete der nördlichen Halbkugel, dringt aber in Amerika und in Asien auch in die Tropen ein und erreicht den südlichsten Punkt ihrer Verbreitung auf Sumatra. Die Zahl ihrer Arten beträgt rund 100.

Daraus ergibt sich deutlich, daß einzelne Sektionen der Gattung derzeit in einem Stadium der Formenneubildung stehen. Wir würden überhaupt ein falsches Bild der Gattung erhalten, wenn wir uns als Repräsentanten derselben unsere einheimische Esche vorstellen würden, die ein abgeleiteter, unter härteren Bedingungen lebender Typus ist und seine stark reduzierten vegetativen und fertilen Organe wahrscheinlich erst sekundär in Anpassung an ungünstige Lebensverhältnisse entwickelt hat.

Als Typus der Gattung müssen wir die Manna-Esche oder Blumen-Esche *(Fraxinus Ornus)* ansehen, die als submediterran-montanes Element in Südeuropa, westlich bis zum östlichen Spanien, nördlich bis Südungarn und Siebenbürgen, östlich bis zur europäischen Türkei und in Kleinasien vorkommt, also in wärmeren Gebieten.

Die bei LINGELSHEIM (1920!) angeführten 64 Arten verteilen sich auf folgende Sektionen und Subsektionen:

1. *Ornus* (NECK.) DC. mit endständigen Blütenständen an heurigen Trieben auf beblätterten Stielen. Die Blütenstände erscheinen mit den Laubblättern.

Subs. 1 a *Euornus* KOEHNE et LINGELSH.	21 Arten
Subs. 1 b *Ornaster* KOEHNE et LINGELSH.	5 Arten

2. *Fraxinaster* DC. mit seitenständigen Blütenständen an vorjährigen Trieben, die sich unterhalb der Laubblattriebe auf unbeblätterten Stielen entwickeln. Die Blütenstände erscheinen vor oder mit den Laubblättern.

Subs. 2 a *Dipetalae* LINGELSH.	1 Art
Subs. 2 b *Pauciflorae* L.	5 Arten
Subs. 2 c *Sciadanthus* COSS. et DON.	1 Art
Subs. 2 d *Melioides* ENDL.	16 Arten
Subs. 2 e *Bumelioides* ENDL.	15 Arten
	64 Arten

Phylogenetische Entwicklung der Gattung *Fraxinus*.

a) Stufenfolge im morphologischen Aufbau. Die Verwandtschaft der heute lebenden Eschengruppen läßt sich in Form folgenden Stammbaumes ausdrücken (LINGELSHEIM 1907, E. B. J. 40,, S. 206).

Den ursprünglichsten Typus hat die § *Ornus* in der §§ *Euornus* bewahrt, denn ihre Blütenstände stehen auf einer primären Stufe der Ausbildung und ihre Blüten besitzen Kelch und Blumenkrone. Die §§ *Ornaster* weicht nur durch das Fehlen der Blumenkronblätter von der §§ *Euornus* ab, ist also ein durch Reduktion entstandener jüngerer Seitenzweig.

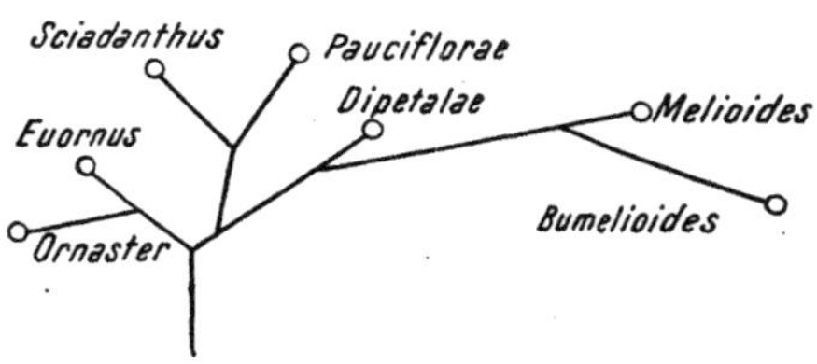

Abb. 55. Stammbaum der Gattung *Fraxinus* L. — Esche. Nach A. Lingelsheim, 1907.

Alle anderen Eschen zeigen eine Arbeitsteilung in ihren Sproßsystemen, insofern als vegetative Langtriebe ausgebildet werden und die Blütenstände nicht mehr aus der Achsel diesjähriger Blätter entspringen, sondern Kurztriebe darstellen, die in der Achsel vorjähriger Blätter stehen.

Unter diesen Formen stellt die monotypische §§ *Dipetalae* die unterste Stufe dar, denn ihre Rispen erinnern in der Reichblütigkeit an die *Ornus*-Gruppe und ihre Blüten zeigen die Reduktion zur Kronenlosigkeit (Apetalie) noch nicht völlig durchgeführt, insofern als noch zwei Blumenblätter entwickelt sind.

Von diesem Stamme, der in der Gegenwart nur in einer einzigen Art als Relikt erhalten blieb, leiten sich zwei fernere Verwandtschaftskreise ab:

1. Die §§ *Pauciflorae* und *Sciadanthus*, zwei gleichwertige Gruppen, die beide deutlich entwickelte Kelche, geflügelte Blattspindeln und kleine Blätter besitzen. Eine Art der *Pauciflorae* besitzt noch 2 Blumenblätter.

2. Die §§ *Melioides* besitzt gleichfalls noch Kelche, aber keine ihrer Arten trägt Blumenblätter; sie ist daher ein jüngerer Zweig als derjenige, aus dem sich der §§ *Pauciflorae* und §§ *Sciadanthus* entwickelten.

3. Die Vertreter der §§ *Bumelioides* endlich tragen vollkommen nackte Blüten, stehen aber in ihrer sonstigen Organisation der §§ *Melioides* sehr nahe (LINGELSHEIM 1907).

Zur §§ *Bumeloides* gehören 15 Arten, die heute weit getrennte Areale bewohnen, deren Disjunktion sie als Reliktareale erkennen lassen.

1. Gebirge des pazifischen Nordamerika: 2 Arten.
2. Extratropisches Ostasien: 5 Arten.
3. Mittelmeer- und Kaukasusländer: 8 Arten (darunter unsre *F. excelsior*).

Das Reliktareal der Mittelmeerländer bewohnen zwei Gruppen:

eine ä l t e r e, der *F. excelsior* und *F. coriariaefolia* (Kaukasusländer) angehören und die in den jüngsten Erdperioden k e i n e W e i t e r e n t w i c k l u n g zeigt,

eine j ü n g e r e *F. oxycarpa* und *obliqua* umschließende Gruppe, die eine w e i t e r e D i f f e r e n z i e r u n g neuer Sippen (Varietäten, Arten usw.) zeigt.

Die der älteren Gruppe angehörende Gewöhnliche Esche (*F. excelsior*) hat schon in den Interglazialzeiten Vorstöße nach Mitteleuropa unternommen, wurde in den Eiszeiten immer wieder zurückgedrängt, bis sie in der Nacheiszeit (wahrscheinlich) in der Eichenmischwaldzeit weit nach Mitteleuropa bis Skandinavien und nach Osten in ehemals vergletschertes Gebiet als einzige Eschenart sich verbreitete. Karte bei FUKAREK, Sarajevo, 1952.

Die phylogenetisch zweifellos ä l t e r e S e k t i o n ist nach LINGELSHEIM *Ornus*, deren Sproßsystem noch keine Arbeitsteilung besitzt.

Die S t e l l u n g d e r B l ü t e n s t ä n d e und ihre Ausbildung bieten das unterscheidende Merkmal zwischen den beiden größeren Verwandtschaftkreisen innerhalb der Gattung der *Ornus*-Gruppe einerseits, der *Fraxinaster*-Gruppe anderseits. Die

Angehörigen der *Ornus*-Gruppe bringen neben beblätterten endständigen Blütenrispen beblätterte seitenständige aus der Achsel diesjähriger Blätter hervor; diejenigen der *Fraxinaster*-Gruppe tragen die blattlosen Blütenstände nur seitlich in der Achsel vorjähriger Blätter.

Aus der Arbeitsteilung, die das Sproßsystem der *Fraxinaster*-Gruppe erfährt, folgert LINGELSHEIM ihre stammesgeschichtliche Entwicklung aus vorweltlichen *Ornus*-Vertretern und betrachtet das gelegentliche Auftreten von Blütenständen, die an letztere erinnern, als Rückschlagserscheinung. Ein derartiger Atavismus kommt in den beblätterten „durchwachsenen" Rispen deutlich zum Ausdruck (wie *F. nigra),* die gleiche, anscheinend außerordentlich seltene Bildung läßt sich bei *F. excelsior* und *F. oxycarpa* beobachten (LINGELSHEIM, S. 68).

Vergleichen wir die Verbreitung der beiden Sektionen, so sehen wir, daß die ältere § *Ornus* in Ostasien bis in tropisches Gebiet greift, während die jüngere § *Fraxinaster* nur in der nördl. gem. Zone vorkommt. (Die fünf Arten der xerophytischen §§ *Pauciflorae* in Mexiko nehmen eine Sonderstellung ein). Wir dürfen daher die Arbeitsteilung der Sprosse bei § *Fraxinaster* als eine Anpassung an das gemäßigte Klima deuten.

Morphologie, Phylogenie (Altersunterschied) und Verbreitung der beiden Sektionen lassen daher auch in der Phänologie der § *Ornus* mehr tropische, der § *Fraxinaster* mehr Züge der gemäßigten Zone erwarten.

b) Die Verbreitung der fossilen Eschen und Schlußfolgerungen. Das erste Auftreten der Gattung fällt nach den bisherigen Funden in das Eozän. Zu dieser Zeit waren in Amerika schon Vertreter der §§ *Melioides* vorhanden. Eine kräftigere Entwicklung setzt im Oligozän ein und erreicht im Miozän ihren Höhepunkt. Aus den wenigen pliozänen Ablagerungen sind nur spärliche Reste bekannt. Dagegen fehlen im Diluvium Eschen nicht.

Die *Ornus*-Gruppe ist auf beiden Hemisphären nachgewiesen. Von der § *Fraxinaster* bewohnte die §§ *Melioides* beide Hemisphären, während die §§ *Bumelioides* auf die Alte Welt beschränkt ist, sehr wahrscheinlich aber bereits im Tertiär in Amerika vorhanden war, weil schon im Diluvium Typen der §§ *Bumelioides* in Amerika auftreten.

Die fossilen Funde lehren für drei der größten Gruppen (*Ornus, Melioides* und *Bumelioides*) eine gemeinsame Verbreitung in Ameurasien.

Noch eine andere wichtige Tatsache ergibt sich: Wenigstens im mittleren und jüngeren Tertiär existierten bereits die Hauptzweige des Stammbaumes der Gattung Esche.

Daher muß die Entstehung jener Urform, aus der § *Ornus* und § *Fraxinaster* hervorgingen, in eine geologisch noch ältere Periode, in die Kreidezeit, zurückverlegt werden.

F. macrophylla aus der § *Ornus* ist aus Grönland bekannt. Von hier wanderten solche Formen hauptsächlich nach Süden und erreichten in der Gegenwart ihre Hauptentwicklung in den zentralchinesischen Gebirgen. Das Alter der zahlreichen, dort nachgewiesenen Arten beruht somit auf rezenter Artbildung, ähnlich wie die auf Zentral- und Ostasien beschränkten fünf Arten der §§ *Ornaster* relativ junge Typen darstellen. Aber auch längs der pazifischen Küste muß eine Südwärtswanderung von Sippen der § *Ornus* erfolgt sein, denn sonst ließe sich das Auftreten zweier Arten aus der genannten Sektion in Mexiko ebensowenig erklären, wie die Verbreitung der §§ *Dipetalae*, die der § *Ornus* noch nahesteht. Jedenfalls aber ist soviel sicher, daß in Nordamerika eine rezente Bildung von Eschen mit doppelter Blütenhülle (mit K. u. Kr.) nicht mehr in nennswerter Weise stattgefunden hat. Das geschah nur auf der östlichen Hemisphäre.

Als Ausgangspunkt der Entwicklung der Sektion *Ornus* müssen die zentralchinesischen Gebirge gelten. Dort kommt der älteste Typus (*F. Griffithii*) vor, der noch deutlich entwickelte laubartige Tragblätter in den Blütenständen besitzt. Von ihm leitet sich der *floribunda*-Typus mit größter Artenzahl und ausgeprägter Träufelspitze ab, während der *Ornus*-Typus auf das mitteleuropäische und pontische Europa und das pazifische Nordamerika beschränkt ist. Eine Neubildung von Arten hat während der letzten Erdperiode (Quartär) nur im Entstehungszentrum stattgefunden. Dagegen hat sich die *Ornus*-Gruppe im Mittelmeergebiet und in Amerika nur durch frühzeitig dorthin ausgewanderten Arten erhalten.

In Übereinstimmung damit steht die Tatsache daß §§ *Pauciflorae* und §§ *Sciadanthus* vikariierende Gruppen darstellen. Beide Verwandtschaftskreise stehen der §§ *Dipetalae* noch ziemlich nahe, können demnach als relativ alte Typen gelten. Sie sind zwar nicht monophyletischen Ursprungs, aber unter ähn lichen klimatischen Verhältnissen entstanden.

Die §§ *Melioides* war im Tertiär auf beiden Hemisphären entwickelt. Wenn in der Gegenwart der große Reichtum an Arten dieser Gruppe auf amerikanischem Boden liegt, so ist dies die Folge eines eigenartigen Entwicklungsganges, der sich schwer erklären läßt. Aber der ehemalige Zusammenhang ist nicht ganz verlöscht, denn *F. platypoda* aus Hupeh, eine unzweifelhafte Art der §§ *Melioides*, in der Papillenbildung der Blätter noch an amerikanische Arten erinnernd, ist ein alter Rest, der sich seit dem Tertiär, wenn auch vielleicht in veränderter Form, erhalten hat (Formatavismus), Lassen vielleicht die Papillen auf bestimmte klimatische Verhältnisse, die zur Zeit ihrer Entstehung vorhanden waren, schließen?

Die §§ *Bumelioides* ist zwar im Tertiär Nordamerikas nicht nachgewiesen, aber dort mit größter Wahrscheinlichkeit zu vermuten. Das lehrt auch die gegenwärtige Verbreitung von *F. nigra,* die gegenwärtig in zwei kaum voneinander zu trennenden Varietäten im extratropischen Ostasien und im atlantischen Nordamerika auftritt. Im letzteren Gebiete gesellt sich ihr *F. quadrangulata* hinzu. Wenn in der Gegenwart die §§ *Bumelioides* vorzugsweise altweltlich ist, so liegt für diesen Verwandtschaftskreis eine gerade entgegengesetzte Entwicklung vor wie für die §§ *Melioides.*

Mit dem Ende des Tertiärs starben die Eschen überall dort aus, wo Temperatur und Feuchtigkeit ihr Gedeihen nicht mehr ermöglichten. Die reiche tertiäre Eschenflora Europas verschwand unter dem Einflusse der Eiszeit. *F. excelsior* blieb die einzige Art, die in den Interglazialzeiten Mitteleuropas wiederkehrte. Aber schon im pontischen Anteile Europas, wo die Vergletscherung nicht so verändernd auf die Flora wirkte, findet sich *F. Ornus.* Das gemeinsame Auftrten von *F. Ornus* und *F. excelsior* in den glazialen Tuffen Italiens deutet aber auf eine etwas niedrigere Temperatur der Mittelmeerländer hin.

Die Geschichte der Gattung Esche *(Fraxinus).* In Zusammenfassung der angeführten Tatsachen kommen wir zum Schlusse, daß der Ursprung der Gattung im arktotertiärem Gebiete zu suchen ist, das zur Zeit der Entstehung der Gattung tropisch-subtropisches Klima hatte. Infolge der Eiszeiten ist die Gattung in ihrem Ursprungsgebiete erloschen und nur wenige Fossilfunde lassen uns seine Lage vermuten. Durch die Eiszeiten wurde das Verbreitungsgebiet nach Süden zurückgedrängt, wie die Verbreitungskarte der Gattung (Abb. 56), mit der darauf eingetragenen Grenze der Vereisung deutlich erkennen läßt. An sechs Stellen dieses die ganze nördlich-gemäßigte Zone umfassenden Relikt-

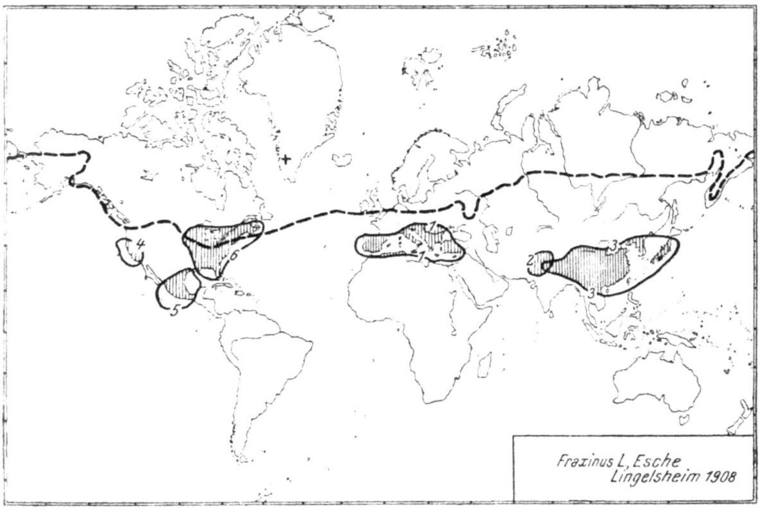

Abb. 56. Verbreitung der Sektionen der Gattung *Fraxinus* L. — Esche. ***Fraxinus Ornus*** ist fossil (+) bereits aus der Kreide Grönlands bekannt. Infolge der Eiszeit (Vereisungsgrenze ———) nach Süden abgedrängt, findet sich die Gattung heute in sechs von einander getrennten Erhaltungs-, bzw. sekundären Entwicklungszentren. *1* Im Mittelmeergebiet § ***Euornus*** und § ***Bumelioides***, *2* im Himalaja § ***Sciadanthus***, *3* in Zentralchina § ***Ornaster***, *4* im pazifischen Nordamerika § ***Dipetalae***, *5* in Mexiko § ***Pauciflorae***, 6 im atlantischen Nordamerika § ***Melioides***.

gebietes häuft sich die Artenzahl. Dies beruht z. T. darauf, daß sich an einzelnen günstig gelegenen Gebieten mehr Arten als anderswo erhalten konnten (Reliktarten wie *F. Griffithii*), z. T. aber darauf, daß solche Gebiete sekundäre Entwicklungsherde bilden. Bei § *Ornus* unterscheiden wir drei, bei § *Fraxinaster* sechs sekundäre Entwicklungszentren. Gerade diese Vielzahl weist darauf hin, daß es sich hier nicht um das Ursprungszentrum der Gattung handelt (Abb. 56).

Die Gattung *Fraxinus* liefert daher ein schönes Beispiel für die Unterscheidung von Massenzentrum (MZ), Ursprungszentrum (UZ) und Entwicklungszentrum (EZ). Für das Zusammenfallen der drei Zentren bildet die *Verbascum*-Karte ein gutes

Beispiel. Die *Fraxinus*-Karte spiegelt die Entwicklung einer alten Familie, die *Verbascum*-Karte die einer relativ jungen Familie in einem Gebiet wieder, das von der Vergletschung nicht betroffen wurde und in dem sich daher die Entwicklung der Gattung ungestört vollziehen konnte.

Auf paläontologische, phylogenetische und Verbreitungstatsachen gestützt, dürfen wir wohl mit Sicherheit behaupten, daß die Gattung *Fraxinus* (und damit die Vorfahren unserer Gewöhnlichen Esche, *F. excelsior*) in tropischem Gebiete entstanden ist und sich erst im Laufe ihrer Geschichte zu einer Gattung entwickelt hat, die heute vorwiegend die nördlich gemäßigte Zone bewohnt.

Dieser Geschichte entsprechend, dürfen wir bei unserer Esche zweierlei verschiedene biologische Charaktere erwarten, ursprüngliche, der Abkunft aus einem warmen Klima entsprechende und abgeleitete Merkmale, die sie in Anpassung an die Lebensverhältnisse in der gemäßigten Zone erworben hat und die sie befähigen, aus ihrem Entwicklungszentrum im Mittelmeergebiet als einziger Vertreter ihrer Gruppe (Einarter) zu uns nach Mitteleuropa in der postglazialen Wärmezeit vorzustoßen.

Wir können nun daran gehen, bei unseren heute lebenden Eschen nach Spuren dieser Geschichte zu suchen. Wir sehen

a) Reste der stammesgeschichtlichen Entwicklung:
   1. In den ungeteilten Jugendblättern; Folgeblätter dreiteilig bis unpaarig gefiedert.
   2. In der Ausbildung des Geschlechtes der Blüten (zwittrig, eingeschlechtig, zweihäusig), die vermutlich von äußeren Einflüssen ± beeinflußbar ist.
   3. In der Umstellung von der Insektenblüte (*Fr. Ornus*) auf die Windblüte (*Fr. excelsior*), damit im Zusammenhang steht:
   4. Der Verlust der Blütenhüllblätter (K u. Kr.), der sich in der Entwicklung der Gattung stufenweise verfolgen läßt. Die ältere *F. Ornus* besitzt sehr kurze Kelchblätter und zwei, meist vier Kronenblätter; der jüngeren *F. excelsior* fehlen Kelch und Kronblätter.
   5. Durchblätterte Rispen (S. 342).

b) In den Beziehungen zur Umwelt zeigt sich einerseits das Festhalten an tropischem Erbgut, anderseits die

Umstellung der tropischen Vorfahren auf die Lebensbedingungen der gemäßigten Zone:

1. In der monopodialen Wuchsform.
2. In der Arbeitsteilung der Triebe in assimilierende und fertile Triebe bei *Fr. excelsior*, während die ältere *Fr. Ornus* nur eine Art von Trieben besitzt.
3. In der Blütenentwicklung, die auf zwei Vegetationsperioden aufgeteilt ist: Anlage der Blüten Anfang Juli des Vorjahres, Entfaltung im Mai, Haften der Früchte am Baum bis in den Winter.
4. Verlängerung der Reifezeit der Samen, die vor der Keimung einer vielmonatigen Ruhezeit bedürfen und erst im Frühjahr des zweiten Jahres keimen.
5. Mit dem Blühen am alten Holz hängt zusammen das Erscheinen der Blüten vor den Blättern.
6. Einige Sprosse wachsen den ganzen Sommer kontinuierlich weiter, die meisten Sprosse aber verlangsamen oder unterbrechen im Laufe des Sommers ihr Wachstum, bilden eine ± deutliche Endknospe, die dann Ende Juli austreibt und den Sproß fortsetzt. Diesen zweiten Jahrestrieb bezeichnet SPÄTH (1912, S. 24) als „verkappten Johannistrieb", erkenntlich an der wechselnden Internodienlänge und der Blattform. Diese schubweise Wachstumsweise ist tropischen Pflanzen eigentümlich.
7. Empfindlichkeit gegen Spätfröste.
8. Abfallen des Laubes in grünem Zustand beim ersten Frost.
9. Träufelspitze und Blattstielrinne (Vorfahren im tropischen Regenwald).

Die Arealkarte der Gattung kann mit großer Sicherheit als ein Abbild ihrer Geschichte gedeutet werden.

Literatur.

HEGI, V/3, S. 1919. — LINGELSHEIM, A., 1908, in E. B. J. 40, S. 185; 1915, Neue Bildungsabweichungen bei Eschen. M. D. D. G., S. 67; 1916, D. B. G. 34 (Biochemie); 1920, in ENGLER, Das Pflanzenreich, 243. — SCHNEIDER, C., 1912, Handb. Laubholzkunde, II, 820.

2. *Syringa* L. — Flieder.

A. Verwandtschaft, Verbreitung und System der Gattung.

Der Flieder gehört zur Gruppe der *Syringeae*, welche drei Gattungen umfaßt: *Syringa* (28 Arten), *Schrebera* (26 Arten) und *Forsythia* (9 Arten).

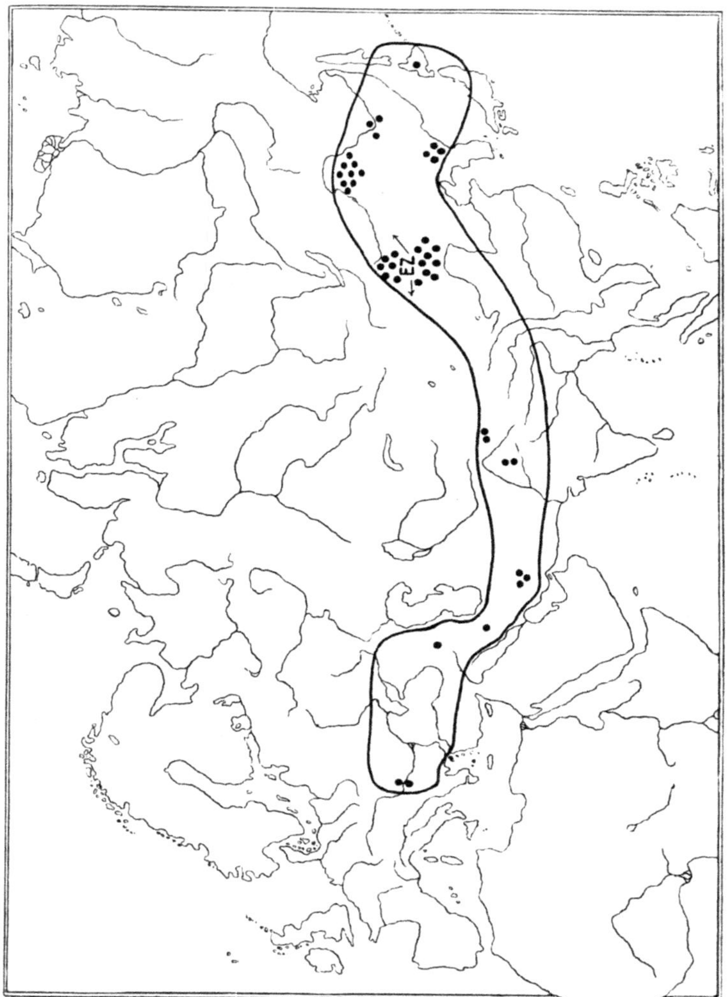

Abb. 57. Verbreitung der Gattung *Syringa* L. — Flieder. Nach A. Lingelsheim, 1920. Die Punkte geben die Zahl der Arten an und zeigen Zentralchina als Massen- und Entwicklungszentrum der Gattung an.

Als Ausgangspunkt der heutigen Entwicklung der drei Gattungen müssen wir Zentralasien annehmen, weil dort *Syringa* und *Schrebera* nebeneinander vorkommen und auch für *Forsythia*, die heute zwar dort fehlt und in zwei weit voneinander entfernten Arealen, Ostasien und Balkan wächst,

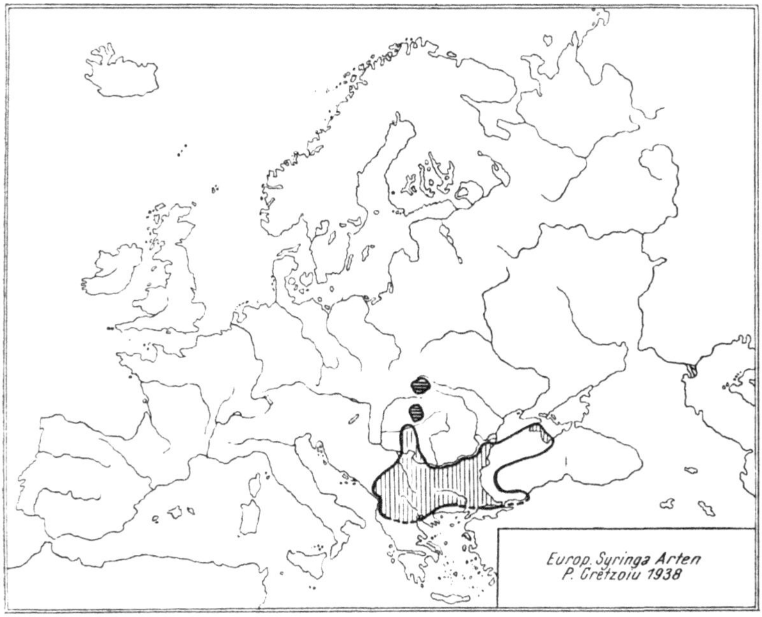

Syringa vulgaris L.
Syringa Josikaea Jacq.

Abb. 58. Natürliche Verbreitung der europäischen Fliederarten.

Zentralasien als vermittelnder Ausgangspunkt angenommen werden muß.

Nach LINGELSHEIM (1920) zählt die Gattung *Syringa* etwa 28 Arten, die ihr Massenzentreum in Mittel- und Nordchina haben und von dort über die Mandschurei und Korea bis Japan, sowie über den Himalaja, Afghanistan und Persien bis Osteuropa ausstrahlen (Abb. 57).

Die Westgrenze der Gattung bildet unser Gewöhnlicher Flieder (*Syringa vulgaris*), dessen Verbreitungszentrum in Bulgarien liegt und sich von hier in die Gebirge der nördlichen

Balkanhalbinsel sowie in das östliche Siebenbürgen ausdehnt. Auf dem Balkan bildet die Art gemischte, seltener reine Bestände der Schibljak-Formation.

In Osteuropa findet sich wildwachsend noch eine zweite Fliederart: *S. Josikaea* in Siebenbürgen (Abb. 58).

Genaueren Einblick in die Verbreitung der Gattung erhalten wir, wenn wir sie an der Hand des natürlichen Systems schildern.

Sect. 1. *Eusyringa* K. KOCH. Lange Kronenröhren.

- a) *Villosae* C. SCHNEIDER, Rispe terminal, 14 Arten: Entwicklungszentrum China.
  S. Josikaea, S. emodi.
- b) *Vulgares* C. SCHNEIDER, Rispe lateral.
  - α) *Pubescentes,* Spaltöffnungen unterseits, sieben Arten, östl. Verwandtschaft.
  - β) *Euvulgares,* Spaltöffnungen auch oberseits, sechs Arten, westl. Verwandtschaft.

Sect. 2. *Lingustrina* (RUPR.) MAXIM. Kurze Blumenkronenröhre, eine Art, China-Japan.

Gesamtzahl 28 Arten.

1a. Die § *Villosae* besitzt in Zentralchina ihren größten Artenreichtum; hier sind von 14 Arten nicht weniger als zehn Arten entwickelt, von denen nur *S. emodi* nicht endemisch ist. Diese Art ist der phylogenetisch älteste Vertreter der Gruppe, der durch Papillen der Blattunterseite, die auch manche *Fraxinus*-Arten besitzen, ausgezeichnet ist und unter allen Fliederarten vereinzelt dasteht, während alle anderen unter sich enger zusammenhängen. *S. emodi* ist aber auch pflanzengeographisch von Bedeutung, weil sie durch ihr Auftreten in Tibet, im Himalaja und in Afghanistan, wenn auch nicht lückenlos, die Beziehungen der asiatischen Sippen mit der *S. Josikaea,* die in Siebenbürgen (Rumänien) ein Reliktareal bewohnt, herstellt. Die Gruppe *Villosae* zeigt sich durch ihre endständigen Blütenstände mit der Gattung *Ligustrum* näher verwandt als die *Vulgares,* bei denen die endständigen Blütenstände zugunsten der seitenständigen rückgebildet sind. LINGELSHEIM hält daher die *Vulgares* für eine jüngere Gruppe als die *Villosae.*

1b. Die § *Vulgares* hat sich von Zentralchina ausgehend nach zwei Richtungen hin entwickelt: von den

α) *Pubescentes* hat keine Art die Grenzen Zentralchinas westwärts überschritten, wohl aber finden sich Vertreter dieses Verwandtschaftskreises ostwärts in Nordchina und Korea.

β) Die *Euvulgares* haben im Gegensatz dazu die überwiegende Entwicklung von Zentralchina aus nach Westen gemeinsam *(S. vulgaris)*, nur eine Art, *S. oblata*, die nächste Verwandte der *S. vulgaris*, besiedelt von Zentralchina ausgehend Nordchina und Korea. Endemiten sind *S. vulgaris* (Osteuropa), *S. afghanica* (Afghanistan), *S. pinnatifida* (Zentralchina).

2. § *Ligustrina* ist mit einer Art auf Nordchina, Mandschurei, Korea und Japan beschränkt.

B. Geschichte der Gattung *Syringa* und des Gewöhnlichen Flieders *(S. vulgaris)*. Die Frühgeschichte der Gattung können wir nur aus Analogie mit anderen Oleaceen-Gattungen (z. B. *Fraxinus)* erschließen, deren Entstehung in tropischen Gegenden wohl sicher anzunehmen ist, umsomehr als zahlreiche biologische Tatsachen, immer wieder auf Abkunft aus wärmeren Zonen mit ungestörtem Wachstum hinweisen. Das Gesamtareal trägt ähnlich wie das der Gattung Esche *(Fraxinus)* Reliktcharakter einer ursprünglich arktotertiären (also subtropischen) Gattung.

Infolge der Klimaverschlechterung im Laufe der Tertiärzeit wurde die Gattung nach Süden verdrängt, paßte sich den Lebensbedingungen der gemäßigten Zone an und fand in Zentralchina ein sekundäres Entwicklungszentrum, von dem aus die weitere Entwicklung und Ausbreitung der Gattung erfolgte.

Am Ende der Tertiärzeit (vgl. Liguster) wurde Osteuropa mit *Syringa vulgaris* erreicht. Der Wanderweg ist aus der heutigen Verbreitung der Gattung in der Karte zu ersehen. Wie weit sich unser Flieder zur Tertiärzeit in Europa verbreitete, wissen wir nicht, weil Fossilien fehlen. Das kann dahin gedeutet werden, daß die Art immer auf Südeuropa beschränkt blieb, aber auch dahin, daß sie während der Eiszeit auf ihr heutiges Areal zurückgedrängt wurde (vgl. *Juglans*).

Nach der Eiszeit erfolgte im Gegensatz zum verwandten Liguster keine spontane Ausbreitung nach Norden. Als aber der Strauch durch den Menschen um das Jahr 1550 in Mitteleuropa eingeführt wurde, erwies er sich als recht lebenskräftig, verwilderte und breitete sich erfolgreich aus. Auf sein großes Lichtbedürfnis dürfte es zurückzuführen sein, daß er in Laubwäldern zwar als Vorholz nicht aber als Unterholz anzutreffen ist.

C. Biologie des Flieders. Der Flieder (*S. vulgaris*) zeigt manche Eigentümlichkeiten, die in geschichtlicher Hinsicht bemerkenswert sind.

1. Die vegetative Verzweigung der Zweige ist ± gabelig und wird dadurch bedingt, daß an den diesjährigen Zweigen nach der Entwicklung von einigen Laubblattpaaren die Endknospe abstirbt und die bereits gegen Ende des Sommers stark angeschwollenen beiden Achselknospen die Sproßfortsetzung übernehmen.

Es ist von höchstem geschichtlichen Interesse zu beobachten, daß ein Organ zunächst ausgebildet wird, dann aber abstirbt, bevor es noch in Funktion getreten ist. Diese Tatsache kann gar nicht anders gedeutet werden, als daß bei den Vorfahren das Organ ausgebildet und in Funktion war, später seine Funktion verloren hat und infolgedessen nur mehr kümmerlich ausgebildet wird (Formatavismus). Der Vergleich mit dem Absterben der Triebspitze bei der Gattung *Salix* (Weide) läßt die Vermutung aufkommen, daß auch beim Flieder das Schicksal der Endknospe im Zusammenhang mit dem Übergang seiner Vorfahren aus der tropischen in die gemäßigte Zone steht.

2. Die Stellungsverhältnisse der Blütenstände sind in der Gattung Flieder gegenwärtig noch relativ so wenig fixiert, daß alle möglichen Kombinationen sich bemerkbar machen können. Die beblätterten Langtriebe werden normalerweise von drei Knospen begrenzt; es sind Fälle bekannt, daß alle drei Knospen blühende Triebe liefern, daß die mittlere Knospe einen blühenden Kurztrieb, die Seitenknospen aber Triebe hervorbringen, von denen einer vegetativ, der andere fertil ist oder von denen beide vegetativ sind. Die Stellungsverhältnisse sind deshalb stammesgeschichtlich von Bedeutung. weil darauf die Unterscheidung einzelner Fliedergruppen und auch von Oleaceengattungen (*Ligustrum* mit endständigen und seitenständigen, *Syringa* mit seitenständigen, selten endständigen Blütenständen) beruht. Der Flieder lehnt sich im Aufbau der Blütenstände der *Euornus*-Gruppe der Gattung *Fraxinus* an; sie besitzt vielblütige Rispen in terminaler und oft gleichzeitig lateraler Stellung.

Dieses Variieren der Stellungsverhältnisse mag für den Systematiker, der befestigte Merkmale zur Unterscheidung der Sippengruppen sucht, bedauerlich sein, für den Historiker, der den Lauf der Entwicklung der Sippe von Form zu Form verfolgt, sind solche Übergangserscheinungen ein wertvoller Hinweis, daß die Entwicklung der Sippen nicht nur in Katastrophen, die eine scharfe Trennung von Form zu Form zur Folge haben, sondern auch in allmählichem Fortschreiten sich vollzieht.

3. Die „beblätterte Rispe“ des Flieders ist nach PILGER (1922, S. 21) die primitive Form des Blütenstandes der Blütenpflanzen überhaupt. Die Ursprünglichkeit zeigt sich darin, daß die Verzweigungsart der vegetativen Region wenigstens in den ersten Verzweigungen des Blütenstandes beibehalten wird; auch ist noch keine scharfe Scheidung zwischen Laub- und Hochblättern vorhanden.

4. Prolepsis. Die für das nächste Jahr bestimmten, bereits geschlossenen Knospen treiben bisweilen noch im selben Jahr. Rückschlag in tropische Wachstumsweise.

5. Der Flieder findet mit einer Vegetationsperiode beim Erzeugen von Blüte und Frucht nicht das Auslangen, er bedarf hiezu zweier Perioden. Schon Ende Mai des Vorjahres werden die Blüten angelegt und vorgebildet; ihre Fertigstellung und Entfaltung aber wird durch den Winter unterbunden und auf den Mai des nächsten Frühjahrs verschoben.

Diese Auffassung wird durch zwei Tatsachen gestützt: bei besonders mildem Herbstwetter blüht der Flieder im Oktober (beobachtet 1945, 1946 bei Graz) ein zweitesmal — eine verfrühte Blütenentfaltung. Auch kann die aufgezwungene Winterruhe durch künstliche Treibverfahren aufgehoben werden, so daß man bereits zu Weihnachten blühenden Flieder erhält.

6. Noch Mitte November kann man grüne Laubblätter am Strauche sehen, die ohne die sonst bei unseren Holzgewächsen übliche Herbstverfärbung grün abfallen; im warmen Süden soll der Flieder das ganze Jahr hindurch seine Blätter behalten. Dieser verzögerte Laubwechsel läßt auf immergrüne tropische Vorfahren schließen, wenn auch heute der Gattung immergrüne Arten fehlen. (Vgl. Liguster.)

7. Auf eine, für die Pflanze offenbar notwendige Verlängerung der Vegetationsperiode deuten auch die Fruchtstände hin, die noch den ganzen Winter über am Strauch zu finden sind. *Syringa* blüht am alten Holz. (Vgl. *Ligustrum*, S. 358, und *Ulmus*, S. 101).

8. Die Blätter des Flieders zeigen eine deutliche Träufelspitze, wie sie bei Gewächsen des tropischen Regenwaldes entwickelt ist. Trotz der umstrittenen Deutung der Träufelspitze möge sie hier erwähnt werden.

Literatur.

HEGI, V/3, S. 1916. — IRMSCHER, 1922, *Oleaceae*, S. 156, Nr. 207. — HEIN, K., Dendr. Mitt., 1928, S. 246. — LINGELSHEIM, A. v., 1916, Beihefte zum bot. Centralbl. 33; 1920, in das Pflanzenreich IV, 243, I u. II, S. 90 ff. — PILGER, R., 1921, Berichte der Freien Vereinigung f. Pfl.-geogr. u. Syst. — STARCS, K., 1928, Übersicht über die Arten der Gattung *Syringa*. Mitt. d. D. D. G. 1928, S. 31.

3. *Ligustrum* L. — Liguster, Rainweide.

Die Gattung setzt sich aus etwa 50 Arten zusammen. Alle Arten sind Holzgewächse, Bäume oder Sträucher, mit immergrünen, winter- oder sommergrünen, gegenständigen, ungeteilten Laubblättern. Die Blüten stehen in rispigen, endständigen oder daneben auch in blattachselständigen Blütenständen.

Verwandtschaft. Stammesgeschichte (Phylogenie). *Ligustrum* wird in die nächste Nähe von *Olea* (Ölbaum) gestellt. Auch zwischen *Ligustrum* und *Syringa* (Flieder) bestehen im morphologischen Aufbau des Stammes, in der Verzweigungsweise und in der Blütenstandsentwicklung große Ähnlichkeiten, die MANSFELD (S. 36) für Konvergenzerscheinungen hält. Während aber *Syringa* stets an altem Holz blüht, entwickelt *Ligustrum* seine Blüte immer an neuem Holz. Wir werden später darauf zurückkommen. Will man sich eine Vorstellung von der phylogenetischen Entwicklung der Gattung machen, so ist man dabei ganz auf Schlüsse aus dem morphologischen Vergleich und der geographischen Verbreitung der lebenden Arten angewiesen, weil Fossilien aus dem Tertiär fehlen.

MANSFELD geht von der Annahme aus, daß *Ligustrum* aus Formen hervorgegangen ist, die den indisch-malaiischen *Olea*-Arten ähnlich waren oder auch diesen den Ursprung gaben. Das Entstehungszentrum wäre dann vielleicht in Südost-Asien zu suchen. Die Arten mit immergrünem Laube, kurzer Kronröhre und stark verdickten Endokarpzellen sind dann unter den lebenden Formen die primitiveren. Anpassung an gemäßigtes Klima bedingte, als die Gattung sich nach Norden ausbreitete, die Entstehung sommergrüner Arten. Eine weitere Fortbildung waren Änderungen in den Längenverhältnissen der Blütenteile zueinander, besonders also die Bildung längerer Kronröhren, die bei einigen Arten mit einer starken Reduktion des Blütenstandes einherging, der immer weniger Seitenzweige ausbildete. Schließlich trat auch eine Umbildung im Endokarp ein; die Stereiden wurden weniger verdickt, als Neubildung traten dabei spiralige Verdickungsleisten auf. Bei *Ligustrum vulgare*, das sich am meisten vom Entwicklungszentrum entfernt hat, trat völlige Rückbildung der Stereiden ein.

Diese Umbildungen gegen zum Teil parallel. Die Veränderung der Blumenkrone (kurz- oder langröhrig) trat an verschiedenen Stellen der Gattung unabhängig voneinander auf; sie kann daher nicht zur systematischen Einteilung verwendet werden.

Verbreitung. Das geographische Areal der Gattung zerfällt in zwei getrennte Unterareale. Die Hauptmasse der Arten bewohnt Ostasien und die vorgelagerten Inseln. Das zweite Unterareal wird nur von *L. vulgare* bewohnt und umfaßt Europa (mit Ausschluß von Nordengland, Skandinavien, Nord-, Mittel- und Südrußland), ferner Kleinasien, Transkaukasien, den Kaukasus und Nordpersien.

Aus diesen Verbreitungstatsachen läßt sich entnehmen, daß das Entstehungszentrum der Gattung in Ostasien zu suchen ist. Von dort aus hat sie sich nach Norden bis in das nördliche Japan, nach Südosten bis Australien, nach Westen bis Europa ausgebreitet.

Die Einwanderung der einzigen europäischen Art, *L. vulgare*, fand wahrscheinlich am Ende der Tertiärzeit statt — nicht früher, weil ihr bis ins jüngere Tertiär auch der Weg nach Afrika offen gestanden wäre, nicht später, weil nach dem Spättertiär die Wanderstraße längst der nordafghanischen und nordpersischen Gebirge, wegen der ungünstig werdenden klimatischen Verhältnisse (Austrocknung der Zwischengebiete) nicht mehr gangbar war.

Damit stimmt überein, daß sicher zu *Ligustrum* gehörende Fossilien aus dem Tertiär nicht vorliegen; *L. vulgare* ist erst in zwischeneiszeitlichen und postglazialen Schichten in Frankreich und Oberschwaben nachgewiesen.

Offenbar blieb *L. vulgare* während der Eiszeiten auf Südeuropa beschränkt, drang nur in den Zwischeneiszeiten nach Norden vor, um nach neuerlichem Rückschlag erst postglazial, und zwar in der Eichenmischwaldzeit seine heutige Verbreitung in Mitteleuropa und zum Teil im ehemals vergletscherten Gebiet zu erreichen.

Seine Standorte in lichten Laub-(seltener Nadel-)Wäldern und Gebüschen einerseits, in Hecken, an Ufern, auf Waldschlägen, in Weinbergen, an Mauern anderseits zeigen den Liguster als Apophyten, d. h. eine Pflanze, die der Kultur des Menschen eine weitere Ausbreitung verdankt. Aus Anlagen aller Art, in denen er als Heckenpflanze vielfach gepflanzt wird, verwildert er.

Die Biologie des Ligusters steht nun im Einklang mit dieser aus Morphologie und Verbreitung der Gattung abgeleiteten Geschichte.

1. Die Verzweigung. MANSFELD (1924, S. 35) gibt folgende Schilderung:

„Die Blütenstandsentwicklung steht in engem Zusammenhang mit der Verzweigung.

Bei den laubabwerfenden Arten wird in jeder Blattachsel eine Knospe angelegt, die im folgenden Jahre austreibt oder als ruhende Knospe sehr lange ihre Austreibfähigkeit bewahrt. Die Sträucher, besonders *L. vulgare*, vertragen daher das Beschneiden sehr gut, eignen sich zu Hecken.

Beim Austreiben der Knospen lassen sich zwei Fälle unterscheiden:

1. Eine im Vorjahre angelegte Knospe treibt im Frühjahr aus, erzeugt einige Blattpaare und bildet dann einen Blütenstand: der Sproß verzweigt sich, wobei die Achsen Blüten bilden. Im Laufe des Sommers entstehen in den Blattachseln Knospen. Von diesen treiben im folgenden Frühjahr gewöhnlich die Knospen des obersten, unmittelbar unter dem Blütenstand liegenden Blattpaares aus, die dieselbe Entwicklung wiederholen. Es kommt ein scheinbar dichotom verzweigtes Sproßsystem zustande.

2. Die im Frühjahr austreibende Knospe wächst rein vegetativ, bildet nur Blattpaare und schließt im Herbst mit einer Endknospe ab, zugleich werden in allen Blattachseln Knospen angelegt. In der folgenden Vegetationsperiode treibt die Endknospe und ein Teil der Seitenknospen aus; jede erzeugt erst einige Blattpaare und bildet dann einen Blütenstand.

Dazu kommen noch Erneuerungstriebe, die am Grunde des Strauches aus älteren Zweigen hervorbrechen. Die Triebe wachsen $\pm$ senkrecht in die Höhe, wobei ihre Internodien gegenüber denen der Blütenzweige gestreckt sind. Sie schließen gewöhnlich mehrere Vegetationsperioden hindurch jedesmal mit einer Endknospe ab, ohne sich zu verzweigen. Wenn sie dann genügend erstarkt sind, gehen sie unter Verzweigung ebenfalls zur Blütenstandsentwicklung über."

Wir finden also bei der Gattung *Ligustrum* zweierlei Jahrestriebe.

a) Verzweigte, deren Achsen mit Blütenständen enden,

b) unverzweigte, rein vegetative, die nur ausnahmsweise (z. B. bei *L. Delavayanum* und *L. ovalifolium* nach eigener Beobachtung) sich proleptisch verzweigen.

R. PILGER (1922, S. 1) hat nun darauf hingewiesen, daß der verzweigte Jahressproß bei den Angiospermen der ursprüngliche, bei Tropenpflanzen gewöhnliche Typus ist, der unverzweigte Jahressproß dagegen ein sekundäres, erst später erworbenes Merkmal ist, das bei Holzpflanzen der gemäßigten Zone mit Winterruhe die Regel ist und bei denen es als Ausnahme gilt, wenn die Seitenknospen (Axillarknospen) des Jahrestriebes schon im ersten Jahre austreiben und dadurch dessen Verzweigung hervorrufen (Prolepsis, Sylepsis).

Wir können uns ungezwungen vorstellen, daß die Ausbildung verzweigter Jahrestriebe eine Folge des ununterbrochenen Wachstums in den Tropen ist, daß dagegen der unverzweigte Jahrestrieb, dessen Blattachselknospen mit dem Austreiben auf das nächste Frühjahr warten müssen, eine durch den Winter der gemäßigten Zone bedingte Hemmungserscheinung ist.

Beim Liguster haben wir also den interessanten Fall, daß ein Teil der Jahrestriebe der tropischen Wachstumsweise, ein anderer Teil der Jahrestriebe der in der gemäßigten Zone üblichen Wachstumsweise folgt.

2. Knospenschutz. Auch die Endknospen zeigen im Herbst ein verschiedenes Verhalten. Nach SPÄTH (1912, S. 8) schließt sich bei *Ligustrum* im Herbst die Endknospe nicht, sondern die ersten Nachtfröste bringen die jungen Triebspitzen zum Absterben, nach MANSFELD (S. 26) dagegen schließt sich die Endknospe im Herbst und treibt im Frühjahr wieder aus. Beide Autoren haben recht, wie ich am 20. November 1949 feststellen konnte. Die älteren Zweige von *Ligustrum vulgare* hatten geschlossene Endknospen, während die Triebspitzen der unverzweigten Wurzeltriebe mit kleinen, grünen Blättchen endeten. (Bei *L. ovalifolium*, einer südlicheren, wintergrünen Art, endeten beiderlei Triebe mit jungen grünen Blättchen.)

Es zeigt sich also hier dieselbe Erscheinung wie bei der Verzweigung: ein Teil der Sprosse zeigt geschlossene Endknospen entsprechend dem Klima der gemäßigten Zone, ein Teil kontinuierliches Wachstum nach tropischer Wachstumsweise; ein Wachstum, das erst der Winter gewaltsam durch Vernichtung der Triebspitze beenden wird.

3. Der Laubwechsel der Ligusterarten ist ein Musterbeispiel für seine Abhängigkeit vom Klima. Auf die immergrünen Arten des indisch-malaiischen Gebietes folgen nach Norden zunächst wintergrüne und schließlich sommergrüne Arten. Den allmählichen Übergang von wintergrün zu sommergrün zeigt auch unser einheimisches *L. vulgare,* das in milden Wintern sein Laub lange behält, immer aber sein Laub in grünem, nicht in vertrocknetem Zustande abwirft — es hat also seinen Laubwechsel noch nicht völlig der mitteleuropäischen Klimarhythmik angepaßt.

4. Der Liguster blüht immer nur am neuen Holz. Das bei *Syringa* auftretende Blühen am alten Holz kommt beim Liguster nicht vor.

Das Blühen an neuem Holz deutet ebenfalls auf die Abkunft aus wärmeren Ländern und ist als ursprünglich zu bezeichnen. Es steht im Gegensatz zum Blühen am alten (vorjährigen) Holz, wie es bei *Syringa* und den meisten mitteleuropäischen Holzgewächsen üblich ist. Bei *Ligustrum vulgare* stirbt im Gegensatz zu *Syringa* das Sproßende nicht ab, sondern entwickelt gerade die stärkste Knospe, in der sich auch der unten beblätterte Blütenstand ausbildet. Die Anlage erfolgt hier bedeutend später als bei *Syringa* (21. Mai 1906), nämlich am 7. August 1906. (LOHWAG, Ö, B. Z., **60**, 1910.)

Der Liguster legt also schon im August des Vorjahres die Blüten an, die sich erst im nächsten Frühjahr entfalten; in Anpassung an das Klima der gemäßigten Zone braucht er also zwei Vegetationsperioden zur Anlage, Reife und Entfaltung der Blüte. Auch die Fruchtstände mit den Beeren sind noch im Winter am Strauche zu finden — eine Verlängerung der Vegetationsperiode, die nicht der Rhythmik unseres Klimas entspricht. Dieses späte Ausreifen der Früchte ist zwar für die Verbreitung der Samen durch Vögel von Vorteil, besonders für die Vögel, die in ungünstiger Zeit Nahrung suchen, aber nicht von den Vögeln „gezüchtet“, sondern eine biologische, auf der Herkunft aus längerer Vegetationsperiode stammende Eigentümlichkeit der Pflanze, die sich in den neuen Lebensverhältnissen der Pflanze vorteilhaft erwies.

Nicht selten findet man beim Liguster, dessen Blütezeit in den (Mai), Juni und Juli fällt, noch im September, Oktober Blüten — verfrühte Blüten, wie sie bei Holzgewächsen, die am alten Holz blühen, vorkommen. Diese langandauernde (Mai bis Oktober) Blütezeit ist ebenfalls eine letzte Erinnerung an Zeiten und Orte, an denen die Pflanze nur ihrer Eigenrhythmik — unbeeinflußt von der Klimarhythmik ihrer heutigen Umwelt — folgen konnte.

Welche Quellen wir auch zur Ermittlung der Geschichte des Ligusters heranziehen, ob Morphologie, Verbreitung, Ökologie oder Phänologie, immer ergibt sich, daß die Vorfahren der Gattung einst in der tropischen Zone gelebt haben und daß sich die Gattung erst im Verlaufe ihrer Geschichte an die Lebensbedingungen der gemäßigten Zone anpaßte. Die Anpassung an diese ist im Vergleiche zu anderen einheimischen Holzgewächsen noch unvollkommen und der Strauch läßt in vielen biologischen Einzelheiten noch heute die Abkunft aus wärmeren Ländern erkennen.

Literatur.

Hegi, V/3, S. 1944. — Höfker, H., Mitt. D. D. G. 1915, S. 51. — Koehne, E., in der Ascherson-Festschrift, 1904. — Mansfeld, R., Vorarbeiten zu einer Monographie der Gattung *Ligustrum*. E. B. J. 59, Beiblatt 132, 1924.

XXIX. *Caprifoliceae*. — Geißblattgewächse.

Die Familie der Caprifoliaceen umfaßt 13 Gattungen mit etwa 350 Arten, die größtenteils in der nördlich gemäßigten Zone heimisch sind; nur fünf Gattungen finden sich auf der südlichen Hemisphäre. Es besitzt an Gattungen:

Amerika **7** (1 endemisch), Europa 4 (0), Afrika 1 (0), Asien **9** (3), Australien und Polynesien 4 (3).

Es zeigt sich also eine Lücke in Europa und Afrika, die noch deutlicher hervortritt- wenn man die Zahl der Arten in Betracht zieht, weil in Mitteleuropa von 21 *Sambucus*-Arten nur drei Arten, von 100 *Viburnum*-Arten ebenfalls nur 3 Arten, von 120 *Lonicera*-Arten nur 7 Arten vorkommen.

Die Arealgestaltung der Familie deutet zweifellos auf ein hohes Alter. Fossile Reste von *Viburnum* wurden in der Kreide Nordamerikas und Grönlands gefunden. Da diese Gegenden zur

Kreidezeit in der tropischen Zone lagen, ist ein Hinweis auf die tropische Abkunft der Caprifoliaceen gegeben.

Im Tertiär nehmen die Funde an Zahl zu; vom Eozän ab finden sich Reste der Gattung *Viburnum* auch in Europa.

In Mitteleuropa finden sich heute von 13 Gattungen nur folgende:

1. *Sambucus*, Holunder — 3 Arten aus 3 verschiedenen Sektionen.
2. *Viburnum*, Schneeball — 2 Arten.
3. *Linnaea*, Moosglöckchen — 1 Art.
4. *Lonicera*, Heckenkirsche und Geißblatt — 7 Arten.

1. *Sambucus* L. — Holunder.

Natürliche Gliederung der Gattung *Sambucus*.
Nach Graf SCHWERIN, 1909, mit kleinen Umstellungen.

A. *Pentamerae* SCHWERIN, Blumenkrone in der Regel fünfteilig . . . . 21 Arten

- I. *Botryo-Sambucus* SPACH, Holzgew., Knospenlage deckend. Blst. rispenförmig, Nordamerika, Asien . . . . 6 Arten
- II. *Eusambucus* SPACH, Holzgew., deckende Knospenlage. Blst. schirmförmig, fünfstrahlig . . . . 8 Arten
- III. *Ebulus* SPACH, Klappige Knospenlage, Blstand schirmförmig, Stauden . 2 Arten
- IV. *Heteranthe* FRITSCH, Holzgew., Dimorphismus der Blüten, Südbrasilien . . . . 1 Art
- V. *Scyphidanthe* MIQUEL, Halbsträucher, Himalaja, Ostasien . . . . 4 Arten

B. *Tetramerae* SCHWERIN, Blumenkrone in der Regel vierteilig . . . . 1 Art

- VI. *Tetrapetala* FRITSCH, Halbstr. Nebenbl. blattartig, Ost-Australien . . . . 1 Art

C. *Trimerae* SCHWERIN, Blumenkrone in der Regel dreiteilig . . . . 1 Art

- VII. *Tripetala* FRITSCH, Holzgew., Nebenbl. fehlen, Australien . . . . 1 Art

Gesamtzahl . . . 23 Arten

Die Gattung gliedert sich (Abb. 59) frühzeitig in 2 Gruppen: 1. die Traubenholunder (*Botryosambucus*, Abb. 59, b) und 2. die Schirmholunder (*Eusambucus*, Abb. 59, a). Beide Sektionen haben ihrem hohen Alter entsprechend eine weite Verbreitung in Amerika und Eurasien. Die von *Eusambucus* abzweigenden Sektionen haben eine beschränkte Verbreitung und geringe Artenzahl:

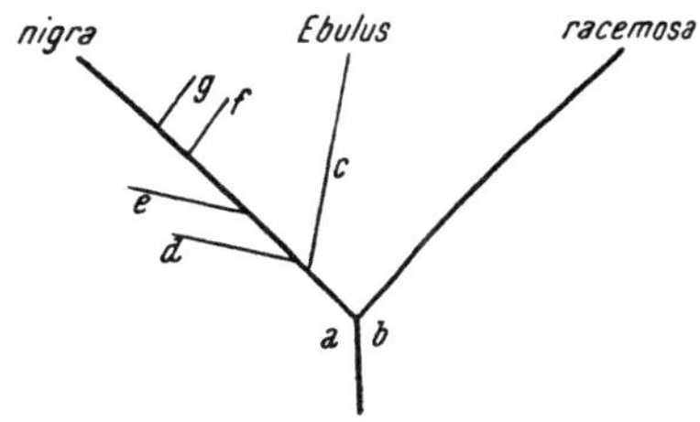

Abb. 59. Entwicklungsschema der Gattung *Sambucus* L., — Holunder. Nach F. Graf Schwerin, 1920. Buchstabenerklärung im Text.

c) ***Ebulus*** — 2 Arten, Atlantische Inseln, Europa, West-Asien, Himalaja.

d) *Heteranthe* — 1 Art in Südbrasilien.

e) *Scyphidanthe* — 4 Arten, Himalaja, Ostasien.

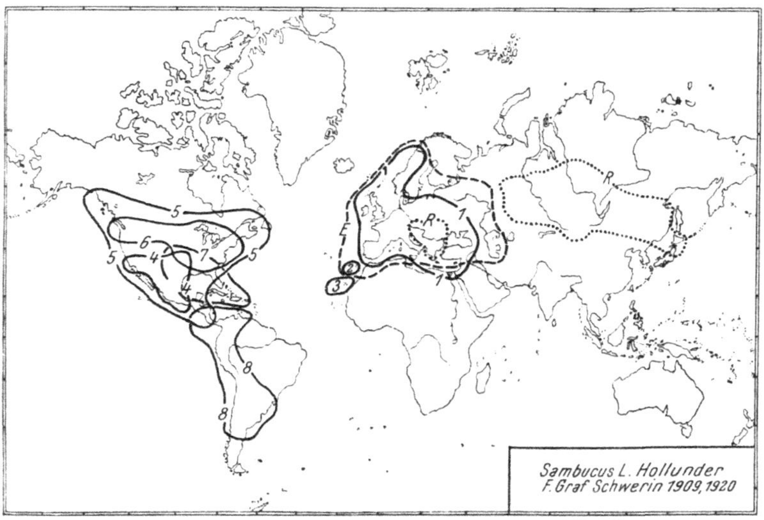

Abb. 60. Verbreitungsgebiet der europäischen *Sambucus*-Arten. — Holunder.

——— Sektion *Eusambucus*: *1 S.* ***nigra***, weitere Arten der Sektion; *2 S. maderensis*, *3 S. palmensis*, *4 S. mexicana*, *5 S. canadensis*, *6 S. coerulea*, *7 S. intermedia*, *8 S. perwviana*.

— — — Sektion ***Ebulus***: in Europa *S.* ***Ebulus***.

. . . . . Sektion *Botryo-Sambucus*: in Europa *S. racemosa* (R).

f) *Tetrapetala* [1]) — 1 Art Ost-Australien.

g) *Tripetala* [1]) — 1 Art Australien.

Schon die geringe Artenzahl der Sektionen deutet auf hohes Alter der Gattung und Aussterben der Verbindungsglieder.

Die Gattung nimmt unter den Caprifoliaceen eine Sonderstellung ein und wurde sogar schon als eigene Familie Sambucaceen aufgestellt (HALLIER, 1903). (Fiederschnittige Blätter, alle anderen Gattungen haben ungeteilte Blätter. Anatomischer Bau des Holzes, Struktur des Markes, einfache Tüpfel gegen Hoftüpfel als Regel bei den Caprifoliaceen.)

In Mitteleuropa finden sich 3 Arten, deren entwicklungsgegeschichtlichen Zusammenhang, Abb. 59, und deren geographische Verbreitung Abb. 60, aufzeigt.

§ *Botryo-Sambucus.*

S. racemosa L. Holzig. Mittel- und Südeuropa — Lücke! —, Nordasien. Holzschläge, Hecken. Ebene bis Krummholzstufe.

§ *Eusambucus.*

S. nigra L. Holzig. Europa bis Persien. Auenwälder, Flußufer. Kulturrelikt. Ebene bis 1400 m.

S. Ebulus L. Krautig. Europa bis Westsibirien. Waldblößen, Auen usw. Ebene bis Voralpen.

Der Gewöhnliche (Schwarze) Holunder (*Sambucus nigra* L.).

Der Holunder zeigt in seiner Morphologie und Phänologie mancherlei Besonderheiten, die Rückschlüsse auf seine Stammesgeschichte und seine Heimat gestatten.

Als stammesgeschichtliche Rückschläge (Formatavismen) können wir ungezwungen deuten:

1. Die auf die Keimblätter folgenden ersten Jugendblätter sind bei *S. nigra* ungeteilt, erst die späteren Blätter sind unpaarig gefiedert mit 3, 5, 7, 9, 11 Blättchen. Man darf annehmen, daß die Stammform der Gattung *Sambucus* ungeteilte Blätter hatte. (Abbildung bei HEGI, Ill. Flora von Mitteleuropa VI/1, S. 248, Fig. 138.)

2. Die Nebenblätter sind auf fädliche drüsenartige Gebilde reduziert, erscheinen aber bisweilen bei Stockausschlägen in ihrer ursprünglichen Gestalt.

---

[1]) Die Sektionen mit 4- bzw. 3teiligen Blumenkronen sind nach ČELAKOVSKÝ die jüngsten, reduzierten Formen.

3. Die Zahl der Blütenteile ist nicht fixiert: Kelch 3—5lappig, Krone 3-, 4-, 5- (7-)lappig, Staubblätter 3—5, Fruchtblätter 2, 3, 4. Nach ČELAKOVSKÝ sind die Blüten mit einer geringeren Anzahl der Blütenteile als die phylogenetisch jüngeren zu betrachten.

Anderseits beobachten wir an unserem Holunder im Laufe des Jahres Lebenserscheinungen, die in unserem Klima fremdartig erscheinen und wahrscheinlich in subtropisch-tropischer Lebenslage entstanden sind, so daß sie als Rückschläge (Phänatavismen) zu den Lebensbedingungen seiner Heimat zu deuten sind.

4. Monopodiales Wachstum bis zur Blütezeit.

5. Verzweigte Jahrestriebe, Syllepsis. *Sambucus* bildet normalerweise an den heurigen Trieben Achselknospen, die, ohne vorher Knospenschuppen entwickelt zu haben, im selben Jahr austreiben (sylleptische Triebe — SPÄTH). Die Spitze des einjährigen Triebes wächst bis zum Herbst kontinuierlich fort, bis die ersten Nachtfröste im Oktober die jungen, noch zarten Triebspitzen zum Absterben bringen. Am 7. Dezember 1947 beobachtete ich am Grazer Schloßberg junge, eben entfaltete Blätter. Eine Terminalknospe wird nicht gebildet. Wir sehen also eine erzwungene Einstellung des Wachstums.

6. Nicht fixierte Blütezeiten lassen schließen, daß der Holunder noch keine völlige Anpassung an die mitteleuropäische Klimarhythmik erlangt hat. Der Holunder blüht häufig im August ein zweitesmal, ja die Varietät *S. nigra* var. *semperflorens* DESF. blüht (ebenso wie *S. racemosa* var. *semperflorens* SCHWERIN) im Spätsommer regelmäßig nochmals, in feuchten Sommern sogar ununterbrochen.

7. Während in Mittel- und Nordeuropa das Laub der Birken, Buchen, Erlen, Ahorne, des Haselstrauches verhältnismäßig früh (Anfang Oktober) sich gelb, bzw. rot oder braun zu färben beginnt, sind Pyramidenpappel, Flieder, Waldrebe, Goldregen, Holunder und Liguster noch grün. Das Laub des Holunders wie der Esche fällt beim ersten Frost grün ab. Auch darin zeigt sich ein Festhalten an der ererbten tropischen Rhythmik, eine noch nicht voll durchgeführte Anpassung an die mitteleuropäische Klimarhythmik.

8. Die Knospen des Holunders zeigen während des ganzen Winters grüne Blätter; sie sind nicht gedeckt, sondern offene Knospen (SCHUMANN, 1904, S. 424). Dieser schlecht ausgebil-

dete Knospenschutz entspricht tropischer Lebenslage und ist tropisches Erbgut.

9. Schließlich zeigt die Ausbildung einer Träufelspitze bei *S. javanica* die Herkunft der Gattung aus regenreichen subtropischen Gebieten an; Anklänge an eine Träufelspitze finden sich auch bei unserer *S. nigra,* die auch in der wasserableitendenden Rinne des Blattstieles auf eine regenreiche Heimat hinweist.

10. *S. melanocarpa* Gray, die einzige schwarzfrüchtige *Sambucus*-Art mit eiförmiger Traube (§ *Botryo-Sambucus* Spach) in den Bergen des westl. Nordamerikas vom nördlichen Kalifornien bis Britisch-Kolumbien wächst in Küstensümpfen mit brackigem Wasser (Schwerin 1920, S. 86). Dies ist nicht als besondere Eigenschaft dieser Art anzusehen, denn auch *S. nigra* wird zum Anbau auch in salzhaltigem Boden empfohlen (Mitt. D. D. G. 1914, S. 292).

Dieses Vorkommen in Küstensümpfen einer Art der § *Botryo-Sambucus,* die als älteste § bezeichnet wird, steht daher vielleicht im Zusammenhang mit dem lufthältigen Mark und den großen Lentizellen von *S. nigra,* deren Primärstandort vielleicht ebenfalls in salzhaltigen Küstensümpfen zu suchen ist. Heute wächst der schwarze Holunder spontan in Auen, an Flußufern, also an feuchten Standorten.

11. Wie die zahlreichen Phänatavismen andeuten, daß sich der Holunderstrauch nicht voll in die mitteleuropäische Klimarhythmik eingefügt hat, so zeigt ihn auch seine schwache Bindung an die einheimischen Pflanzengesellschaften gewissermaßen als Außenseiter unserer Flora. Er besiedelt — durch Vögel verbreitet — Holzschläge, Auenwälder, Wegränder, Ruderalstellen usw., von denen er bei zunehmender Ausbildung der einheimischen Pflanzengesellschaften verdrängt wird.

12. Die scharfe systematische Trennung der Arten und die Seltenheit der Bastardbildung kennzeichnen unsre Holunderarten als alte, tertiäre Arten, die zur Eiszeit im Süden Europas Zufluchtsstätten fanden und wahrscheinlich in der postglazialen Eichenmischwaldzeit mit anderen Laubgehölzen sich wieder in Mitteleuropa ausbreiteten. Auch das zerstückelte Areal des Traubenholunders *(S. racemosa)* in Süd- und Mitteleuropa einerseits, in Ostasien anderseits spricht für hohes Alter der Arten. Umso interessanter ist ihr zähes Festhalten an ursprünglichen Lebensgewohnheiten.

Literatur.

ČELAKOVSKÝ, Das Reduktionsgesetz der Blüten. 1894. (Er hält die Blüten mit einer geringen Anzahl von Petalen und Filamenten nicht für die phylogenetisch ältesten, sondern für die jüngsten Formen.) — FRITSCH, K. in ENGLER-PRANTL. Nat. Pfl.familien, IV, 4, S. 161, 1891. — SCHWERIN, Graf FRITZ. Monographie d. Gattung *Sambucus*. Mitt. D. D. G., Nr. 18, 1919. — SCHWERIN, Graf FRITZ. Revisio generis *Sambucus*. Mitt. D. D. G., Nr. 29, 1920.

2. *Viburnum* L. — Schneeball.

Die Gattung umfaßt etwa 125 Arten, von denen die Mehrzahl in den subtropischen und gemäßigten (!) Gebieten von Ostasien und Nordamerika vorkommt; in Europa finden sich nur drei Arten, deren Stellung im Pflanzensystem ein Ausschnitt aus dem System, das FRITSCH in E. P. Nat.Pfl.familien entwirft, wieder gibt.

Untergattung I. *Euviburnum*.

Sect. I. *Lantana* L., Gegen 30 Arten.

Typus: *V. Lantana*, Mittel- und Südeuropa bis Nordafrika.

V. lantanoides MICHX., Nordamerika.

Die übrigen Arten wachsen zumeist in Süd- und Ostasien.

Sect. II. *Opulus*. Über 20 Arten.

Typus: *V. Opulus* L. Gemäßigte und kältere Gebiete von Europa, Asien, Nordamerika. Die meisten anderen Arten dieser Sektion in Nordamerika; die übrigen in Ostasien, nur eine im Kaukasus.

Untergattung II. *Tinus*. 5 Arten in den wärmeren Gebieten der östlichen Hemisphäre.

V. Tinus L. Steinlorbeer. B. lederartig, immergrün. In Wäldern des Mediterrangebietes.

Von den übrigen Arten eine auf den Kanaren und auf Madeira, eine in Ostindien, zwei in China.

Aus diesen Angaben können wir für die Geschichte der *Viburnum*-Arten Folgendes entnehmen:

Die Sektion *Lantana* muß im Tertiär weit verbreitet gewesen sein, weil eine Art, *V. lantanoides*, sich in Nordamerika findet. Das Massenzentrum der Arten dieser Sektion liegt heute in Süd- und Ostasien, während Europa und Nordamerika nur je eine Art aufweisen. Wenn wir auch für Europa und Nordamerika eine Verarmung der Arten infolge der Eiszeit annehmen können, so dürfte bei dem Zahlenverhältnis 28 : 1 : 1 doch Süd- und Ostasien auch Entwicklungszentrum der Sektion gewesen sein.

V. Lantana, der wollige Schneeball, gilt uns daher als alte tertiäre Art ostasiatischer Verwandtschaft. Der Strauch bewohnte Europa schon vor der Eiszeit, wurde durch die eiszeitlichen Klimaverhältnisse nach dem Süden des Kontinentes verdrängt, erhielt sich dort und in Kleinasien, während die nächsten Verwandten ausstarben, so daß die Art heute in der europäischen Flora systematisch isoliert dasteht. Postglazial breitet sich der xermorphe Strauch (wollige Behaarung der Blattunterseite) auf sonnigen Felsen, der Steppenheide in der trockenen Wärmeperiode nach Norden über Mitteleuropa aus, den warmen Kalkboden bevorzugend. Er ist daher ein submediterran-mitteleuropäisches Element. Von diesen primären Standorten dringt er in Halbkulturstandorte (Holzschläge, Waldränder, Auenwälder) vor. Er bildet ein charakteristisches Element der Felssteppenheide und teilt deren Geschichte als Relikt einer feuchteren postglazialen Klimaperiode (Atlantikum). Nackte Knospen, (Abb. HEGI I, Taf. V/65). Anlage und Ausbildung der Blüten im Herbst, die sich im Frühjahr schon im April entfalten (vgl. *Erica carnea, Polygala Chamaebuxus*), sind mediterran-tertiäres Erbgut. Im Herbst fällt das Laub — ohne vorhergehende Laubverfärbung — beim ersten Nachtfrost ab. (Mangelnde klimatische Anpassung.)

Die Sektion *Opulus* hat ihr Massenzentrum in Nordamerika. *V. Opulus*, der Gewöhnliche Schneeball, kommt in den gemäßigten und kälteren Gebieten von Europa, Asien und Nordamerika vor. Auch für diesen Strauch läßt die isolierte Stellung innerhalb der Flora Europas und die weite Verbreitung auf tertiäres Alter schließen. Während *V. Lantana* durch ihren xeromorphen Bau, den Standort und den Lebensrhythmus nach dem Süden weist, schließt sich *V. Opulus* der eurasiatischen Waldflora an, bevorzugt feuchte Gebüsche, Laub- und Auenwälder, und findet sich an Ufern und Erlenbrüchen ein. Xermorphe Einrichtungen fehlen. Die Knospen sind entsprechend der nördlichen Lage des Verbreitungsgebietes durch Schuppen geschützt.

Der Garten-Schneeball ist eine Spielart von *V. Opulus*, bei der sämtliche Blüten wie die Randblüten der Stammform gestaltet sind.

V. Tinus, der Steinlorbeer, der bei uns als Topfpflanze häufig kultiviert wird, stammt aus den Mittelmeerländern (schon im südlichen Istrien häufig). Er hat lederige, dunkelgrüne, glänzende, immergrüne Laubblätter. (Vgl. immergrüne Buchen und Eichen der Tertiärwälder und die laubabwerfenden Formen dieser Gattungen in der heutigen nördlich-gemäßigten Zone.)

3. *Linnaea* GRONOW. — Moosglöckchen.

Die Gattung umfaßt nur eine Art *(L. borealis)*. GRAEBNER (Bot. Jahrb. **29**, 1901) stellt auch *Abelia* mit elf Arten als Sektion II zu *Linnaea*. Für uns ist wichtig, daß *Linnaea* mit *Abelia* nahe verwandt ist, von der eine Art in Turkestan, eine im Himalaja, sechs in China und Japan, drei in Mexiko leben — also eine sehr weite, disjunkte Verbreitung zeigen, woraus das hohe Alter auch unserer *Linnaea* hervorgeht.

L. borealis ist einerseits zirkumpolar in den nördlichen und subarktischen Teilen von Europa, Asien und Amerika, anderseits in den Alpen, Sudeten, Karpaten und im Kaukasus zu finden (Abb. 61). Zwischen dem geschlossenen nordischen und alpinen Verbreitungsgebiet besitzt die Pflanze vereinzelte Standorte in den dazwischen liegenden Gebieten (Harz, Riesen- und Isergebirge); sie ist daher eine Glazialpflanze, die zur Eiszeit aus dem Norden in die Alpen gelangte (siehe unten). Ähnliche Reliktstandorte sind aus Polen, Wolhynien, den Karpaten, in Asien und Nordamerika bekannt.

Das Moosglöckchen bewohnt moosige Nadelwälder, seltener Laubwälder; im arktischen Gebiete geht es aus dem Walde heraus und dringt in die Zwergstrauchheide und Tundra ein. In den Alpen ist es an die Nadelwälder (Lärche, Zirbe, Fichte) gesellschaftsgebunden und überschreitet nicht die Waldgrenze. Sie bewohnt vorzugsweise die Zentralalpen und findet sich in den Kalkalpen nur ganz vereinzelt. Ihre Einwanderungsgeschichte dürfte in den Alpen mit der Geschichte der Nadelwaldinnenzone (SCHARFETTER, 1938) zusammenfallen.

Linnaea borealis wird in der Regel als Pflanze nordischen Ursprungs bezeichnet. Gegen diese Auffassung läßt sich manches einwenden.

1. Die ältesten Ahnen der Pflanze sind — der Familie der Caprifoliaceen angehörend — Bewohner wärmerer Gegenden. Durch eine Polverschiebung wurden die Stammformen in eine schwierige Lage gebracht. Zahlreiche Formen starben aus:

daher die Isolierung unserer Pflanze im System. *Linnaea borealis* aber rettete sich vor dem Untergang durch die Ausbildung eines komplizierten Verzweigungssystems, an dem man drei verschiedene Sproßformen unterscheiden kann: niederliegende, bis 45 cm lange Langtriebe, die der vegetativen Vermehrung dienen, sterile Kurztriebe zur Assimilation und fertile Kurztriebe zur

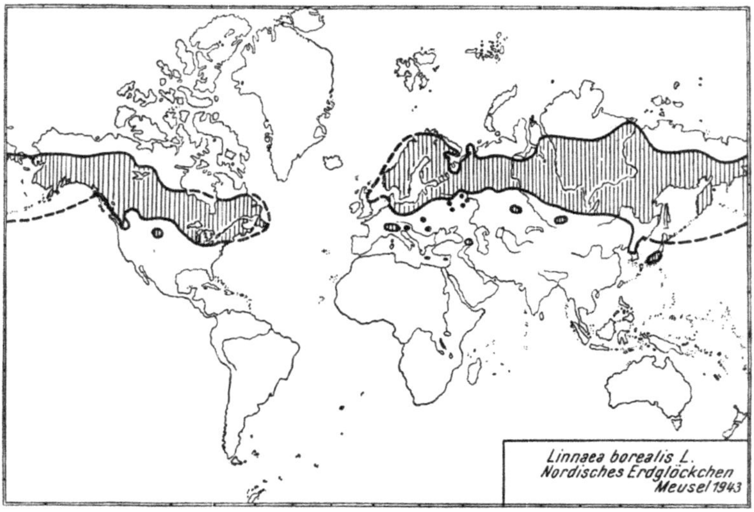

Abb. 61. Verbreitungsgebiet von *Linnaea borealis* L. — Erd- oder Moosglöckchen.

generativen Vermehrung. Die Langtriebe entwickeln an der Spitze und in jedem zweiten Blattpaar eine Winterknospe. Diese Winterknospe an der Spitze des Langtriebes weist auf tropisches monopodiales Wachstum hin. In den übrigen Blattwinkeln finden sich viel kleinere Präventivknospen (Ruheknospen), die erst nach 2 bis 3 Jahren oder gar nicht zur Entwicklung kommen. Aus den Winterknospen entstehen zu Beginn der neuen Vegetationsperiode neue Triebe, aus der Endknospe ein neuer Langtrieb, aus den blattwinkelständigen Seitenknospen Kurztriebe. Der Hauptsproß kann auf diese Weise 4—6 m lang werden. Dadurch ist für ausgiebige vegetative Vermehrung gesorgt (HEGI VI/1, S. 247). Eine weitere Anpassung an ungünstige Vegetationsverhältnisse ist die Möglichkeit der Selbstbestäubung.

2. Auch durch besondere Ausgestaltung ihrer Lebensrhythmik hat die Pflanze erfolgreich die ungünstige Klimakonstellation des Nordens überwunden. Bei Verletzung der Endknospe des Langtriebes können aus seinen Seitenknospen seitliche Verjüngungstriebe hervorgehen, ja diese können auch ohne eine solche Verletzung durch proleptische Entwicklung, d. h. Weiterentwicklung einer Seitenknospe vor Ablauf der Vegetationsperiode (z. B. in einem milden Spätherbst) oder durch opistholeptische (S. 501), verspätete nach dem Beginn der zweiten Vegetationsperiode einsetzende Entwicklung der Präventivknospen entstehen. Diese Durchbrechung der bei nordischen Pflanzen normalen Vegetationsrhythmik zeigt das Bestreben einer aus fremder (wärmerer) Gegend stammenden Pflanze, sich mit den klimatischen Verhältnissen der neuen Heimat abzufinden.

3. Denselben Schluß müssen wir aus den in den einzelnen Teilen ihres Verbreitungsgebietes stark wechselnden Blütezeiten ziehen. In den Alpen blüht die Pflanze von Mitte Juli bis Ende August, in Norddeutschland etwa von 5. bis 20. Juli, selten nochmals (!) im August. In Skandinavien sind in jedem Jahre zwei Blütezeiten zu beobachten, eine Sommerblütezeit (Ende Juni und Anfang Juli) und eine Herbstblütezeit (Ende August und Anfang September).

Alle diese Tatsachen berechtigen uns, die Pflanze als eine „nordische Pflanze mit verdecktem südlichen Erbgut" zu bezeichnen.

4. Diese aus dem ökologischen Verhalten der Art abgeleiteten Schlüsse erhalten größere Bedeutung durch folgende Bemerkung Kulczyńskis (1924, S. 153): „Auffällig ist auch die Verbreitung von *Linnaea borealis*. In Mitteleuropa verhält sie sich zwar als typischer nordöstlicher Einwanderer, im Osten dagegen dringt sie außerordentlich weit nach Süden vor und erreicht mit einem vereinzelten Standort selbst den Kaukasus, wo kein anderes glaziales Element vorkommt ... Die Pflanze ist deshalb keineswegs sicher als nordisches Element in den Gebirgen Europas und im Kaukasus anzusprechen".

Linnaea borealis. Karten: Hegi VI/1 für Europa; Pampanini, S. 172, Nr. 153, in den Alpen; Meusel 1943, Kt. 20 a.

4. *Lonicera* L. — Geißblatt und Heckenkirsche.

Die Gattung umfaßt etwa 120 Arten in der gemäßigten Zone beider Erdhälften; das Massenzentrum an Arten liegt in Ostasien und im Himalaja. Die Gattung wird in drei Sektionen gegliedert.

Sect. I. *Caprifolium* DC., Geißblatt. Kletternde Sträucher, 20 Arten, fast alle in den wärmeren Gebieten von Europa und Nordamerika, drei Arten auch in Nordafrika, Südwestasien, China, Mexiko. In Europa: *L. implexa*, immergrün, Mediterrangebiet, *L. Periclymenum* L., *L. Caprifolium* L. und *L. etrusca* L.

Sect. II. *Nintova* SWEET. Kletternde Sträucher, 13 Arten, die meisten in Ostasien, eine im Mediterrangebiet.

Sect. III. *Xylosteon* DC., Heckenkirsche. Aufrechte Sträucher, über 70 Arten, die meisten in Ostasien und China. In Mitteleuropa: *L. Xylosteum* L. (Eurasien), *L. nigra* L. (Alpensystem), *L. alpigena* L. (Alpensystem) und *L. coerulea* L. (amphiboreal).

Die mitteleuropäischen Arten von *Lonicera* lassen sich nach geographisch-geschichtlichen Gesichtspunkten ungezwungen in drei Gruppen zusammenstellen:

1. *L. Caprifolium, Periclymenum* und *etrusca* sind kletternde Sträucher des Mittelmeergebietes (Abb. 62) *L. etrusca* ist auf dieses Gebiet beschränkt und dringt nur in die wärmsten Teile der Alpen (Tessin, Südtirol, Wallis) vor. Bei den ersten Standorten ist an tertiäre Restbestände, bei den letzteren (Wallis) an postglaziale Einwanderung zu denken. Das Vordringen der subatlantischen *L. Periclymenum* nach Mitteleuropa wurde durch die feuchte, atlantische Periode der Nacheiszeit, das des pontischen *L. Caprifolium* durch eine postglaziale Trockenperiode (Subboreal) gefördert, wodurch die Pflanze bis Thüringen (?), Zentralböhmen, Mähren, Schlesien, Niederösterreich, Steiermark und Krain vorrückte. Die Lebensform dieser Arten (holzige Lianen) dürfte auf subtropische tertiäre Abkunft zurückgehen.

2. *L. Xylosteum* und *coerulea* stammen aus dem Nordosten. Das Entwicklungszentrum der Sektion dürfte in Ostasien liegen. *L. Xylosteum* muß nach den heutigen Verbreitungsverhältnissen schon zur Tertiärzeit aus Asien in

Europa eingewandert sein. *L. coerulea* hat als ausgesprochene Glazialpflanze mehrere getrennte Verbreitungsbezirke: einen in den mitteleuropäischen Gebirgen (Pyrenäen, Alpen, Jura, Bayrischer Wald, Banat, Balkan, Siebenbürgen),

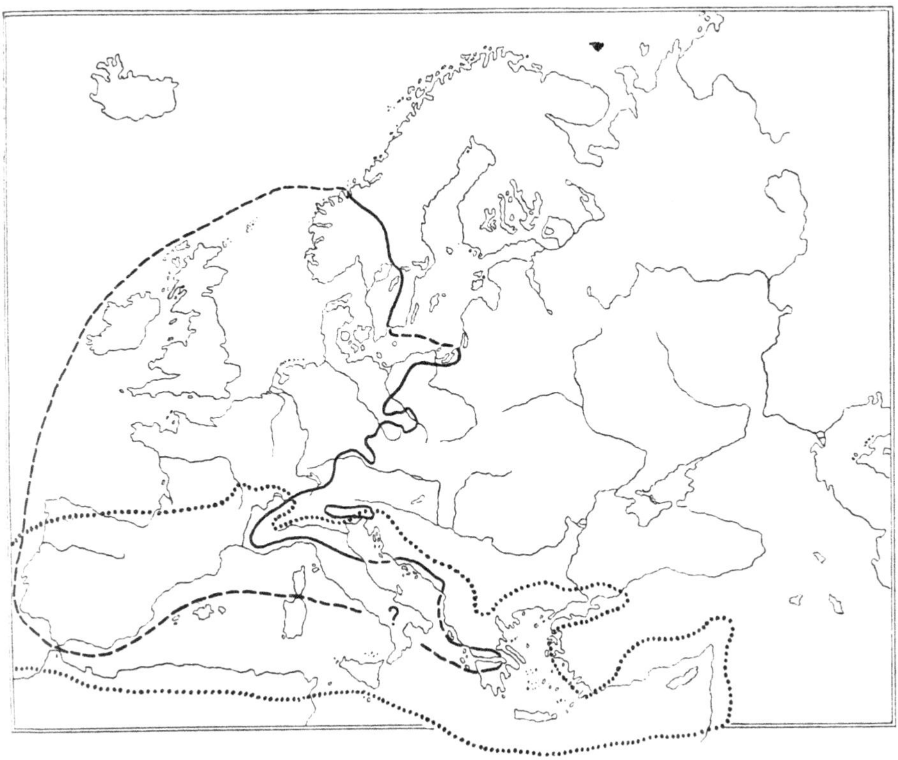

Abb. 62. Verbreitungsgebiet von *Lonicera*-Arten. — Heckenkirschen. H. Meusel, 1943.

——— *L. Periclymemum* L. ist ein mediterran-atlantisches Element.
. . . . . *L. etrusca* L. ist ein mediterranes Element.

dann einen versprengten Reliktstandort auf der subalpinen Bergheide des Arber im Böhmerwald, weitere inselartige Kolonien im Kaukasus und auf der Sierra Nevada in Kalifornien und endlich ihr zusammenhängendes Hauptreal vom nördlichen Schweden durch das ganze nördliche Rußland (bis $67^3/_4{}^0$) und den Ural nach Sibirien und Zentralasien bis Kamtschatka, zum Amur und nach Nordamerika (SCHRÖTER 1926, S. 327). VIERHAPPER (1911, S. 29, 43, 70) bezeichnet die Art als sibirisches Element, dessen Verbreitung ungefähr mit der von *Clematis alpina, Veratrum album, Delphinium elatum, Pinus Cembra, Larix decidua, Alnus viridis* und *Pleurospermum austriacum* zusammenfällt. Diese Arten sind als Wandergenossenschaft aufzufassen, die schon im Tertiär und zwar verhältnismäßig spät, wahrscheinlich am Beginn der Eiszeit oder, was dasselbe ist, am Ausgang des Pliozäns, keinesfalls später, in Mitteleuropa einwanderte. Durch das vordringende Eis und die Steppenvegetation wurden die anfangs geschlossenen Areale eingeengt, es kam zur Sonderung von den sibirischen Hauptarealen (VIERHAPPER 1911, S. 73). Die Konkurrenz vor allem der Fichte drängte *L. coerulea* auf Karfluren, felsige, buschige Stellen, in Moore und auf den subalpinen Strauchgürtel zurück.

3. *L. nigra* und *alpigena* sind auf die südeuropäischen Gebirge beschränkt. *L. alpigena* findet sich nur in den Pyrenäen, Alpen und den Balkangebirgen; *L. nigra* greift weiter aus und besiedelt außerdem die Cevennen, den Jura, Schwarzwald, Böhmerwald und die Karpaten. *L. alpigena* steigt im Gebirge höher (Bayrische Alpen bis 1860 m) als *L. nigra*, die nur bis 1460 m ansteigt.

Beide Arten dürften schon seit der Tertiärzeit die südeuropäischen Gebirge bewohnen.

Literatur.

FRITSCH, K., in E. P., Nat. Pfl.fam. IV, 4. 1891. — FRITSCH, K., Die Gattungen der Caprifoliaceen. Verh. zool.-bot. Ges., **42**, 1892. — GIGER, Emil, *Linnaea borealis*, eine monographische Studie. Diss. Technische Hochschule Zürich, 1912 (zit. in HEGI). — HEGI, VI/1, S. 230. — KULCZYŃSKI, 1923, Das boreale u. arktisch-alpine Element in der mitteleuropäischen Flora. Bull. de l'Acad. Polonaise des Sc. et des Lettr. Classe scienc. math. et nat. Serie B, 1923. — REHDER, A., 1903, Synopsis of the gen. *Lonicera*. Ann. Rep. Missouri Bot. Gard. — SCHUMANN, 1904, S. 424. — SCHWERIN, FR. Graf, Monographie der Gattung *Sambucus*, I, D. D. G., Nr. 18, 1909. II. Revisio, D. D. G., Nr. 90, 1920. — SPÄTH, 1912. — VIERHAPPER, F., *Conioselinum tataricum*, neu für die Flora der Alpen. Ö. B. Z., 1911 u. 1912. — WETTSTEIN, Handb. S. 940, viel Literatur.

XXX. *Campanulaceae.* — Glockenblumengewächse.

Die Campanulaceen umfassen 63 Gattungen mit 1200 Arten in drei Unterfamilien.

1. Die *Campanuloideae* haben ihren Schwerpunkt auf der nördl. Halbkugel im Mittelmeergebiet, besitzen jedoch auch auf der südlichen Halbkugel einige Gattungen, von denen z. B. 7 in Südafrika endemisch sind.

2. Die *Cyphioideae* bestehen aus drei amerikanischen und einer afrikanischen Gattung.

3. Die *Lobeloideae* finden sich vorwiegend in den Tropen und der südlich-gemäßigten Zone. Sie sind in ihrer Verbreitung durch weit auseinander liegende Gebiete (Gattungsgroßdisjunktionen) ausgezeichnet. Hawaii besitzt sechs endemische baumartige Gattungen. Die *Lobelioideae* werden jetzt häufig als eigene Familie *Lobeliaceae* abgetrennt.

Aus dieser Verbreitung schließt IRMSCHER, daß die *Campanulaceae* schon recht früh, als die Landkonstellationen noch andere als heute waren, sich entwickelt haben. Bemerkenswert ist, daß viele Gattungen entweder nur in der südlichen oder nur in der nördlich gemäßigten Zone oder nur in den Tropen vorkommen. Auch das Auftreten baumartiger, offenbar sehr alter Gattungen muß hervorgehoben werden.

In Mitteleuropa finden sich nur Gattungen der *Campanuloideae.* Die heute überholten Zahlenangaben der Gattungen (nach HEGI) haben nur Vergleichswert.

1. *Campanula* L.	250 Arten,	davon in ME 35	EntwicklungsZ.: Südeuropa.
2. *Adenophora* FISCH.	10 Arten,	davon in ME 1	Wälder.
3. *Legouzia* DELARBRE	10 Arten,	davon in ME 2	Äcker, EZ, mediterran.
4. *Asyneuma* GRISEB. et SCHENK (= *Phyteuma* § *Podanthum*)	18 Arten,	davon in ME 1	EZ, Südosteuropa, WAsien.
5. *Phyteuma* L.	29 Arten,	davon in ME 17	EZ: Alpen.
6. *Wahlenbergia* SCHRAD.	85 Arten,	davon in ME 1	nordatlant. Heidepflanze.
7. *Jasione* L.	5 Arten,	davon in ME 2	EZ: mediterr. Gebiet.

Daraus ersieht man, daß nur die beiden Gattungen *Campanula* und *Phyteuma* in Mitteleuropa von Bedeutung sind.

1. *Campanula* L. — Glockenblume.

Die Gattung umfaßt rund 400 Arten, die in den gemäßigten und subtropischen Gebieten der nördlichen Halbkugel, vornehmlich der Alten Welt heimisch sind. Die Mehrzahl der Arten ist in den Gebirgen Europas und Vorderasiens, sowie im Mittelmeergebiete zu Hause. Eine Art findet sich auf den Kapverdischen Inseln, zwei in Abessinien, eine in Nubien und Oberägypten, eine auf Sokotra. Nur wenige Arten reichen bis ins arktische Gebiet; auch in Amerika sind nur relativ wenige Arten zu Hause.

Die *C*-Arten sind selten Halbsträucher (*S. Vidalii* WATS. von den Azoren), zum größten Teil ausdauernde Stauden, einige zweijährig bis ausdauernd (*alpina, Cervicaria, pyramidalis*), einige zweijährig (*sibirica, spicata, thyrsoidea, patula, Rapunculus*), keine einzige in Mitteleuropa einjährig.

Das Öffnen der Früchte geschieht bei den in Mitteleuropa heimischen *C.*-Arten durch drei Poren, die sich bei den Arten mit aufrecht stehenden Kapseln am oberen Teile derselben (akropore) bei den Arten mit hängenden Kapseln am unteren, dem Stiele benachbartem Teile (basipore) öffnen. Darnach gliedern sich die *Campunula*-Arten in

Sectio I. *Medium* mit basiporen Kapseln als ältere Gruppe.

Sectio II. *Rapunculus* mit akroporen Kapseln als jüngere Gruppe.

Die Gattung *Campanunla* ist mediterranen Ursprungs, hat im Mittelmeergebiet ihr Entwicklungszentrum, ja einige Formen weisen nach Afrika. Während die Hochgebirge Mittel- und Südeuropas Oreophyten entwickeln, fehlen solche in den Hochgebirgen Asiens. Für die Entstehung der alpinen *Campanula*-Flora kommt also nur eine rein meridional-europäische Grundlage in Frage. (DIELS 1910, S. 34.) Aus diesem Grunde zählt DIELS die Gattung *Campanula* zum mediterranen Stamm der Alpenflora.

Europäischen Ursprungs sind auch die weitverbreiteten Arten

C. glomerata, die durch Sibirien bis Japan gelangt ist, und
C. rotundifolia, die umgekehrt nach Nordamerika gelangt ist.
C. latifolia reicht bis zum Himalaja.

Die Gattung *Campanula* gliedert sich in florengeschichtlicher Hinsicht deutlich in zwei Gruppen, von denen die ältere eine Anzahl tertiärer Arten mit abgeschlossener Entwicklung umfaßt (*A. barbata, alpina, petraea, Zoysii, cenisia*), und eine zweite Gruppe mit postglazialer Formentwicklung, die noch heute in voller Neubildung begriffen ist *(C. rotundifolia)*. Vergl. *Alchemilla, Potentilla* u. a., die ebenfalls dem mediterranen Stamme der Alpenflora angehören.

Natürliche Gliederung der mitteleuropäischen *Campanula*-Arten.

Sectio I. *Medium* TOURN. (= *Eucodon* DC.). Kapsel am Grunde aufspringend.

A. *Quinqueloculares* (Kapsel 5 fächerig, 5 Narben, 5 Streusporen).
   C. Medium, Südeuropa.

B. *Triloculares* (Kapsel 3 fächerig, 3 Narben, 3 Streuporen).

1. *Appendiculatae* NYM. (Kelch mit Anhängsel.)
   - *C. barbata*, Mitteleuropäische Gebirge — Norwegen, nordisch-alpin.
   - *C. alpina*, Ostalpen, Karpaten. Alpenelement.
   - *C. sibirica*, Mitteleuropa, Mittelasien, pontische Steppflanze.
2. *Racemosae* NYM.
   - *C. pyramidalis*, Südeuropa.
   - *C. latifolia*, Europa bis Ural, Kaspigebiet, westl. Himalaja.
   - *C. Trachelium*, Europa bis Ural, Nordafrika, Waldpfl. bis Voralpen.
   - *C. rapunculoides*, Europa bis Kaspigebiet (Ruderalpflanze).
   - *C. bononienses*, Europa, Asien bis Altai (pontisch-pannonisch).
3. *Cervicariae* NEILR.
   - *C. glomerata*, Europa, Mittelasien, europäischen Ursprungs bis Sibirien und Japan.
   - *C. Cervicaria*, Europa.
   - *C. spicata*, Südfrankreich, Alpen, Italien.
   - *C. thyrsoidea*, Alpen, Jura, Balkan — altertümliche alttertiäre Art.
4. *Heterophyllae* NYM. Ausführlich S. 378.
   - a) *Pulla-Reihe:* Alpine Pfl. Verbreitung der Arten S. 378.
     - *C. rhomboidalis*,
     - *C. pulla*,

C. Morettiana,
C. Raineri.

b) *Lanceolata*-Reihe: Pflanzen mit Wurzelrübchen.
C. inconcessa und etwa 15 Arten (Seite 379).

c) *Rotundifolia*-Reihe: Pflanzen mit Faserwurzeln.
C. caespitosa,
C. cochleariifolia = *C. pusilla*,
C. excisa,
C. Scheuchzeri,
C. linifolia,
C. rotundifolia.

Sectio II. *Rapunculus* BOISS. Kapsel an der Spitze sich öffnend.

Ausdauernd:

C. persicifolia, fast ganz Europa, Armenien, Sibirien.
C. cenisia, Westalpen, isoliert Bergamasker und Cadorische Alpen.

Zweijährig:

C. patula, Europa bis Ural, Kaukasus, Halbkulturform.
C. Rapunculus, Europa bis Ural, Nordalpen, sekundäre Standorte, Weinberge.

Sectio III. *Fauratia* (FEER),
C. Zoysii.

Sectio I. *Medium.*

1. § *Appendiculatae.*

C. barbata L., die Bart-Glockenblume, besiedelt den ganzen Alpenzug von der Talsohle (600 m) bis in die Krummholzstufe (im Engadin bis 2830 m). Ihre Eurythermie erleichterte die Wanderung in die Karpaten und bis Norwegen (nordisch-alpines Element). Sie liebt kalkarmen, humusreichen Boden, Wiesen und Matten der Zentralalpen. Grünerlenbestände, Ericaceengestrüpp, Farnbestände.

C. alpina JACQ., die Alpen-Glockenblume, ist an die subalpine und alpine Stufe gebunden, daher auch wenig wanderfähig und bewohnt nur die Ostalpen (Bayern bis Niederösterreich, Steiermark und Kärnten) und Karpaten. Alpines Element.

C. sibirica L. ist eine pontische Steppenpflanze. die in Armenien, im Kaukasus wächst und von Süd- und Mittelrußland kommend, das Weichseltal als Wanderstraße benützend, westlich bis ins Odergebiet und in die Mark Brandenburg vordringt. Eine zweite Wanderstraße führt über Ungarn nach

Südsteiermark, beziehungsweise nach Niederösterreich und Mähren, anderseits nach Italien und Südtirol. Trockene sandige Stellen, sonnige Hänge, Heidewiesen, Steppen, Felsen, Wegränder, selten Kieferwälder sind ihre Standorte.

2. § *Racemosae* Nym.

Diese Gruppe enthält keine Oreophyten, auch steigen ihre Vertreter wenig hoch in den Gebirgen empor. Ihre Standorte (Mauern, Holzschläge, Weingärten usw.) sind charakteristisch für ihre späte Einwanderung in Mitteleuropa.

C. pyramidalis L. ist eine mediterrane Art, die sich in Dalmatien, Kroatien, im Karstgebiet (Idria, Krain) und in Oberitalien auf Felsen, auf steinigen Triften und an Mauern findet.

C. latifolia L. wächst zerstreut in Wäldern und in feuchten Gebüschen bis in die höhere Bergregion. Sie findet sich in fast ganz Europa bis England, Skandinavien, im Kaukasus, Armenien, Persien, Sibirien.

C. Trachelium L., Nessel-Glockenblume zeigt durch ihre Standorte in Gebüschen, lichten Wäldern, Holzschlägen, Auen, am Rande von Weingärten von der Ebene bis in die Voralpen (1700 m) und ihre weite Verbreitung durch fast ganz Europa, Syrien, Sibirien, Nordafrika ihre Einwanderung in postglazialer Zeit an.

C. rapunculoides L., Acker-Glockenblume, bewohnt Äcker, Felder, Waldränder, Mauern, kommt als Ruderalpflanze vom Osten aus Kleinasien und hat sich über fast ganz Europa mit Ausnahme des arktischen Gebietes und des äußersten Südens ausgebreitet.

C. bononiensis L. ist eine pontisch-pannonische Art, die in Mitteleuropa zerstreut an buschigen, steinigen Stellen, in Holzschlägen, lichten Wäldern vom Kaukasus, Balkan, Südrußland, östl. Deutschland bis Südfrankreich, Oberitalien, Schweiz sich ausgebreitet hat.

Die Gruppe *Racemosae* scheint daher ihren Ausgangspunkt im östlichen Mediterrangebiet genommen zu haben und von da aus nach Westen vorgedrungen zu sein. Diese Wanderungen dürften in postglazialer, z. T. in allerjüngster Zeit erfolgt sein.

3. § *Cervicariae* Neilr.

C. glomerata L., fast ganz Europa bis Persien (1700 m), eine weite Verbreitung von der Ebene bis in die Voralpen, die sie wohl erst durch die Wiesenkultur erlangt hat.

C. Cervicaria L., Frankreich bis Mittelrußland, nördl. Balkan (1400 m).

C. spicata L., Ähren-Glockenblume, steigt von der Ebene bis in die subalpine Stufe (2000 m), erscheint an warmen, trockenen Stellen der subalpinen Täler der Alpen von der Provence bis Krain und Istrien.

C. thyrsoidea L., eine gelbblühende, zweijährige Art, die im ersten Jahre eine Rosette, im zweiten Jahre den Blütenstengel treibt und nach der Samenreife abstirbt. Sie findet sich auf Wiesen, Rasenhängen, an Felsen, auf Geröll im Felsschutt der Alpen, des Schweizer Jura und auf den höheren Bergen des Karstes, vorzüglich zwischen 1500—2600 m, aber stellenweise in die Täler bis 1000 m (im Savetal bis 300, 400 m) herabsteigend. Ihre weite Verbreitung hängt mit der Eurythermie zusammen.

C. th. ist eine alttertiäre Art der südeuropäischen Gebirge, deren ungleichmäßige Verbreitung — in der Schweiz verbreitet, in den östl. Kalkalpen sehr zerstreut — und deren Standorte auf offenem Boden sie nicht als Reliktpflanze, sondern als Wanderpflanze erkennen lassen.

4. § *Heterophyllae.* Diese Gruppe ist dadurch gekennzeichnet, daß die grundständigen Blätter anders als die stengelständigen geformt sind. Bei *C. rotundifolia* z. B. sind die grundständigen Blätter nieren- bis herzförmig, die Stengelblätter dagegen lanzettlich bis lineal. Die „Rundblätter“ sind die Erstlingsblätter, die „Langblätter“ die Folgeblätter. Rückschlag der Stengelblätter zur rundlichen Jugendblattform fand man bei *C. cochleariifolia* (SCHRÖTER, 1926, S. 694),

Die Gruppe der *Heterophyllae* als deren extremst ausgebildete Endform *C. rotundifolia* gelten kann, bildet ein unübersichtliches Formengewirr naher und nächstverwandter Arten und Formen. Prof. Karl KÖGELER, Graz, dem ich für seine Mitteilung herzlich dankbar bin, bringt sie auf Grund morphologischer Merkmale in folgende Reihe, bei denen die Heterophyllie immer mehr zunimmt.

I. *Pulla*-Reihe, series *Pullae.* Alpine Pflanzen,

1. *C. rhomboidalis,* Alpen und Voralpen von Ostfrankreich und der Schweiz, Jura.
2. *C. pulliformis,* ROUY. Calvados, Südfrankreich.
3. *C. pulla,* Nordöstliche Kalkalpen.
4. *C. Morettiana,* Dolomiten.
5. *C. Raineri,* Grigna-Gruppe.

Die Urheimat, bzw. das Genzentrum dieser Reihe sind die Pyrenäen. Die Arten haben ihre Formbildung bereits abgeschlossen; sie bewohnen als Reliktendemiten kleine getrennte Areale.

II. *Lanceolata*-Reihe, series *Lanceolatae (Napuligerae)*, Pflanzen mit Wurzelrübchen.

1. *C. pyrenaica*,	9. *C. praesignis*,
2. *C. Loretiana*,	10. *C. Beckiana*,
3. *C. lanceolata*,	11. *C. bohemica*,
4. *C. Rhodii*,	12. *C. napuligera*,
5. *C. Gauteri*,	13. *C. pseudolanceolata*,
6. *C. Fritschii*,	14. *C. Witasekiana*,
7. *C. valdensis*,	15. *C. inconcessa*,
8. *C. Baumgarteni* *),	16. *C. Amasiae*.

Die Reihe umfaßt also 16 Kleinarten, die man zu sechs Hauptarten zusammenfassen kann: 1. *C. precatoria* TIMB. 1, 2, 3; 2. *C. ficarioides* TIMB. 4, 5; 3. *C. recta* (DUB.) 6, 7, 8; 4. *C. Hostii* (BAUMG.) 9, 10, 11; 5. *C. hungarica* (neu) 12, 13; 6. *C. angustifolia* (neu) 14, 15, 16.

Die Urheimat, bzw. das Genzentrum dieser Reihe sind ebenfalls die Pyrenäen. Die Formbildung dieser Arten ist noch nicht ausgereift, aber schon etwas zur Ruhe gekommen. Die einzelnen Sippen bewohnen bestimmte Gebiete, die geographisch einander ablösen.

III. *Rotundifolia*-Reihe, series *Rotundifoliae;* gekennzeichnet durch Faserwurzeln. 16 Arten + 30 Kleinarten = 46.

1. subseries: *Pusilla* (6 Arten + 6 Kleinarten), Urheimat, bzw. Genzentrum Spanien. (*C. pusilla, C. caespitosa.*)

2. subseries: *Scheuchzeri* (2 Arten + 0 Kleinarten), Urheimat, bzw. Genzentrum Nord-Karpaten.

3. subseries: *Linifolia* (4 Arten + 5 Kleinarten), Urheimat. bzw. Genzentrum Insubrien.

4. subseries: *Rotundifolia* (4 Arten + 19 Kleinarten), Urheimat, bzw. Genzentrum Krain.

Alle Arten dieser Reihe sind in voller Entwicklung begriffen und zeigen zahlreiche subsp., var., subvar. usw. Sie besitzen unter den *Heterophyllae* die weiteste und geschlossenste Verbreitung.

E. JANCHEN (1951 briefl.) gibt eine etwas geänderte Einteilung der *Heterophyllae* an:

*) C. *Baumgarteni* BECKER = *C. lancifolia* (MERTENS et KOCH), HRUBY (1930), non ROXBOURGH (1832).

1. *pulla*-Reihe,
2. *caespitosa*, allein,
3. *cochleariifolia* = *pusilla*, allein,
4. *lanceolata*-Reihe,
5. *rotundifolia*-Reihe (einschließlich *Witasekiana* u. *inconcessa*).

Sowohl KÖGELER als JANCHEN haben mir eine ausführliche Begründung ihrer Einteilungen übermittelt; es würde aber den Rahmen dieses Buches weit überschreiten, auf die Beweisführung näher einzugehen. Das muß Spezialarbeiten überlassen bleiben.

Die *Heterophyllae* sind durch zweierlei Blätter, nämlich rundliche Grundblätter und schmale Stengelblätter gekennzeichnet. Atavistisch kommen auch rundliche Stengelblätter vor (*C. cochleariifolia*). Die *Heterophyllae* bringen einen frischen Zug in die Gattung, weil sie stark zur Neubildung von Formen neigen.

a) Die *Pulla*-Reihe ist auf die Alpen beschränkt (lokale Endemiten).

b) Die *Lanceolata*-Reihe tritt aus den Alpen heraus (Böhmen *C. Witasekiana*).

c) Die *Rotundifolia*-Reihe hat die weiteste Verbreitung.

Die Reihen sind nach dem Grade ihrer Heterophyllie, die als abgeleitet anzusehen ist, angeordnet.

a) bei der *Pulla*-Reihe ist sie wenig ausgeprägt,

b) bei der *Lanceolata*-Reihe ist sie deutlicher ausgeprägt.

c) bei der *Rotundifolia*-Reihe ist sie am besten ausgebildet.

C. rotundifolia, die wir als Vertreter der *Heterophyllae* wählen, entwickelt aus dem unterirdischen Stamm kurze Zweige mit gestielten, rundlichen, meist gekerbten Blättern. Diese Kurztriebe blühen erst im nächsten Jahr. Die blühenden Langtriebe sind unten ebenfalls mit rundlichen Blättern besetzt, die sich gegen die Spitze des Stengels verschmälern und sitzend, ganzrandig, fast linienförmig werden. Wir unterscheiden also:

sterile Kurztriebe mit Rundblättern,

fertile Langtriebe mit Rund- und Schmalblättern (heterophyll).

Welche Umstände können den Anstoß zur Ausbildung der Heterophyllie gegeben haben? Wir können nur sagen, daß die breiten Blätter die Erstlingsblätter (die Jugendform), die schmalen Blätter die Folgeblätter sind. Die Breitblätter sind phylogenetisch älter als die Schmalblätter. An heterophyllen Arten sind dann die breiten Grundblätter als ursprünglicher zu deuten, welche besagen, daß die heterophyllen Formen aus ursprünglich breitblättrigen Arten sich entwickelt haben.

Auch K. KÖGELER nimmt an, daß der *Pulla*-Reihe gleichblättrige „*Isophyllae*" vorangehen, die als mediterrane Arten sich vereinzelt am Südfluß der Alpen (*C. elatinoides*, *C. elatines*, *C. Raineri*, *C. Morettiana*) als Altendemiten finden.

KÖGELER läßt den Verwandtschaftskreis mit „mediterranen isophyllen" Arten beginnen, die sich nördlich vom Mediterrangebiet zu heterophyllen Arten entwickeln: zunächst als *Pulla*-Reihe in den Alpen, dann als *Lanceolata*-Reihe im Alpensystem, schließlich als *Rotundifolia*-Reihe mit deutlich heterophyllen, weit verbreiteten jüngsten Formen.

Sectio II. *Rapunculus* BOISS.

A. Ausdauernd:
- a) Blüten traubig-rispig.
  - *C. persicifolia* L., Wald-Glockenblume, fast ganz Europa, Sibirien.
- b) Blüten einzeln.
  - *C. cenisia* L., Alpen.
  - *C. Zoysii* WULF., Ostalpen, Karpaten.
  - *C. carpatica* JACQ., Karpaten.

B. Zweijährig:
- *C. patula* L., Wiesen-Glockenblume, Europa bis Ural, Kaukasus.
- *C. Rapunculus* L., Europa bis Ural, Nordafrika.
- *C. americana*, Nordamerika.

Die Sektion *Rapunculus* ist, wie die Verbreitung und die Lebensform der Arten zeigt, schwerlich eine natürliche Gruppe. Wegen der eigenartigen Korollenbildung hat auch FEER die *C. Zoysii* als eigene Sektion *Fauratia* abgetrennt.

C. cenisia ist ein Endemit der Westalpen von der Dauphiné bis Westtirol.

C. Zoysii ist ein Endemit der südöstlichen Kalkalpen.

Beide Arten sind alttertiäre Reliktendemiten, die auf Felsen-Standorten sich gegen die Konkurrenz der nachdrängenden Flora erhalten konnten.

C. persicfolia ist im Gegensatz dazu über fast ganz Europa in Wäldern, wenn auch streckenweise fehlend, weitverbreitet und auch in Armenien und Sibirien zu finden.

C. Rapunculus, eine zweijährige Pflanze mit rübenförmiger Wurzel, hat gleichfalls eine sehr weite Verbreitung auf Wiesen und in lichten Wäldern in fast ganz Europa, Nordafrika, Südwestasien und Sibirien.

C. patula L., die Wiesenglockenblume, findet sich in ganz Europa mit Ausnahme des arktischen Gebietes und des äußersten Südens. Die Wildform ist am Balkan heimisch, von dort aus dürfte sie als Apophyt durch die Wiesenkultur ihre weite Verbreitung erlangt haben. Die Pflanze ist zweijährig, d. h. sie blüht erst nach einer Entwicklung von mehr als zwölf Monaten und stirbt nach der ersten Fruchtreife ab. Die Kapseln stehen aufrecht und öffnen sich nahe an der Spitze mit drei Löchern. durch die bei Wind die kleinen Samen ausgestreut werden. Aus der Fruchtwand lösen sich die scharf umgrenzten Stücke, die wie Klappfenster nach unten schlagen und bei feuchter Witterung sich wieder schließen. Arretierungseinrichtung.

2. *Phyteuma* L. — Rapunzel.

Die Gattung umfaßt 29 Arten, die ausschließlich in Mittel- und Südeuropa, besonders in den Gebirgen heimisch sind. Die ursprüngliche Heimat — das Entstehungszentrum

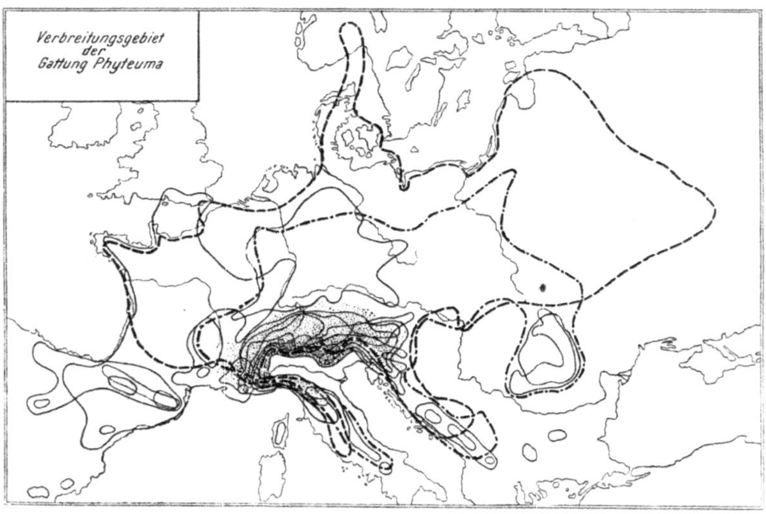

Abb. 63. Verbreitungsgebiet der Gattung *Phyteuma* L. — Rapunzel. Nach R. Schulz, 1904.
Die Heimat der Gattung liegt in den Alpen.
— — — — *Ph. spicatum*, die Ährenrapunzel dringt weit nach Westen, Norden und Nordosten vor.
—.—.— *Ph. orbiculare*, die Köpfchenrapunzel breitet sich besonders nach Süden und Südosten aus.

der Gattung — sind die Alpen, wo sie schon lange vor der Eiszeit reich entwickelt gewesen sein muß. Genetisch gehört die Gattung dem mediterranen Stamm der Alpenflora an. (Abb. 63.) Von hier aus hat sie sich weit über Europa nach Asien verbreitet, ohne jedoch in Asien Oreophyten (Hochgebirgsarten) zu erzeugen.

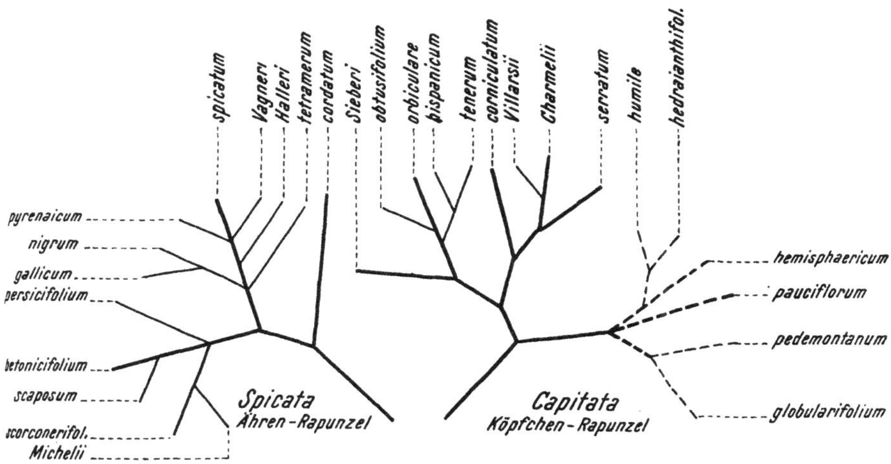

Abb. 64. Entwicklungsschema der Gattung *Phyteuma*. — Rapunzel, mit Benützung eines Stammbaumes von R. Schulz, 1904.

Zur Tertiärzeit bereits vorhanden:
montane und subalpine hochwüchsige Stauden.
hochalpine niedere Stauden; Stengelblätter zurücktretend.
In der Quartärzeit (Eiszeit) entstanden:
montane und subalpine hochwüchsige Stauden.
hochalpine niedere Stauden; Stengelblätter zurücktretend.

Alle Arten sind als Bewohner von gebirgigen Gegenden zu betrachten. Selbst *Ph. spicatum*, welche bodenvage Art in der Ebene ziemlich verbreitet ist, wächst vorzugsweise im Hügellande und im Vorgebirge, dringt aber auch ins Hochgebirge vor.

Die Arten verteilen sich auf drei Sektionen.

1. *Spicata* mit eiförmigen oder walzlichen Ähren: z. B. *Ph. spicatum* und *Ph. betonicifolium*.
2. *Capitata* mit in kugeligen Köpfchen stehenden Blüten: z. B. *Ph. orbiculare, Ph. hemisphaericum*.
3. *Synotoma* mit kurz gestielten Blüten in einer Dolde: nur *Ph. comosum*. (*Synotoma* wurde vom Monographen R. Schulz (1904) als eigene Gattung betrachtet.)

Über die Entwicklung der Gattung sind wir durch eine eingehende Studie von R. SCHULZ, auf die im einzelnen verwiesen wird, gut unterrichtet.

Wir legen den weiteren Ausführungen einen Stammbaum (Abb. 63) zugrunde. R. SCHULZ unterscheidet in den Sektionen 1 und 2 folgende Verwandtschaftskreise:

1. Den Verwandtschaftskreis des *Ph. betonicifolium.*
2. Den Verwandtschaftskreis des *Ph. spicatum.*
3. Den Verwandtschaftskreis des *Ph. orbiculare.*
4. Den Verwandtschaftskreis der § *Alpinae (hemisphaericum nanum, pauciflorum, pedemontanum, globulariaefolium).*

1. Der Verwandtschaftskreis des *Ph. betonicifolium*

ist ganz auf die Alpen beschränkt. Kalkfeindlich.

Ph. betonicifolium VILL. ist von hohem Alter, denn von ihm haben sich vermutlich in zwei Perioden neue Arten abgegliedert; zuerst zwei korrespondierende Arten.

Ph. scorzonerifolium VILL. — in den Westalpen.

Ph. Zahlbruckeri VEST (= *persicifolium* HOPPE) — in den Ostalpen.

Diese Abgliederung muß schon früh erfolgt sein, weil sich später von *Ph. scorzonerifolium* wiederum eine neue Art

Ph. Michelii ALL. abgegliedert hat.

Ph. scaposum R. SCHULZ ist nur eine Standortsmodifikation von *Ph. betonicifolium,* bestenfalls als eine Varietät: *Ph. beton.* var. *sessilifolium* A. DC. aufzufassen.

2. Der Verwandtschaftskreis des *Ph. spicatum.*

Ph. spicatum zeigt durch sein ausgedehntes Areal — das größte aller *Ph.*-Arten — und dadurch, daß sich mehrere Arten von ihm ableiten, ein hohes tertiäres Alter an. Daß es schon vor der Eiszeit existiert haben muß, kann man aus seinem Vorkommen in England schließen, weil die Trennung Englands vom Kontinent im Quartär erfolgte. Das hohe Ansteigen der Pflanze in den Alpen bis 2000 m, ihr Vorkommen in Krummholz- und Grünerlenbeständen läßt ein Überdauern der Eiszeit an geeigneten Stellen annehmen. Die Pflanze ist bodenvag, also ernährungsphysiologisch nicht spezialisiert, was zur weiten Verbreitung beiträgt.

Die Entwicklung der Arten, die sich von *Ph. spicatum* ableiten, kann kaum gleichzeitig stattgefunden haben, weil ihre Verwandtschaft zu ihm in sehr verschiedenem Grade hervortritt. Es ist anzunehmen, daß die Abspaltung von Arten zweimal nacheinander erfolgte, indem die morphologisch stärker verschiedenen zuerst, die näherstehenden später gebildet wurden.

Die erste Artabzweigung von *Ph. spicatum* fand wahrscheinlich statt, als dieses infolge der ersten Eiszeit in die deutschen Mittelgebirge und über das illyrische Gebirge nach Siebenbürgen gelangt war: es entwickelte sich *Ph. nigrum* und *Ph. tetramerum;* beide Arten sind schon deutlich von *Ph. spicatum* geschieden, beide fehlen in den Alpen.

Ph. ovatum HONCK. (= *Ph. Halleri* ALL.) wurde wahrscheinlich in einem Abschnitt der ersten Interglazialzeit auf dem südlichen Zug der Mittel- und Westalpen als höher steigende Art (1200—2400 m) als *spicatum* (—1600 m) gebildet. Eine spätere Entstehung der Art ist nicht anzunehmen, da die Wanderung in die Pyrenäen nur während der zweiten Eiszeit erfolgen konnte.

Ph. pyrenaicum in den Pyrenäen und *Ph. Vágneri* in Siebenbürgen sind dem *Ph. spicatum* nächst verwandt und dürften sich daher auch am spätesten abgetrennt haben.

Ph. gallicum gliederte sich von *Ph. nigrum* ab, das vielleicht zur 2. Eiszeit über die Vogesen nach den zentralfranzösischen Gebirgen gelangt war.

Die Entstehungszeit der Arten dieses Verwandtschaftskreises lassen sich daher ungefähr folgendermaßen feststellen:

Ph. spicatum entstand im Tertiär.
Ph. nigrum entstand in der 1. Eiszeit.
Ph. tetramerum entstand in der 1. Eiszeit.
Ph. ovatum entstand im 1. Interglazial.
Ph. pyrenaicum entstand im Postglazial.
Ph. Vágneri entstand im Postglazial.
Ph. gallicum entstand im Postglazial.

3. Der Verwandtschaftskreis des *Ph. orbiculare.*

ist hier sehr weit gefaßt, denn aus einer gemeinsamen Stammform entwickelten sich schon sehr frühzeitig im Tertiär zwei Zweige, von denen jeder seinen eigenen Entwicklungsgang ging. Wir bezeichnen sie nach den bekanntesten und verbreitetsten ihrer Arten als den

a) *orbiculare*-Zweig,
b) *corniculatum*-Zweig.

a) Der *orbiculare* Zweig.

Aus einer gemeinsamen, heute ausgestorbenen, tertiären Stammart entstehen bereits vor der Eiszeit *Ph. Sieberi* und *Ph. orbiculare*.

Ph. Sieberi bleibt auf die Südostalpen beschränkt, denn es ist als kalkstete und zugleich hochalpine Art (1600—2600 m) nicht geeignet in die zentralen Urgebirgsalpen einerseits, anderseits nach Süden, wo es durch die dort herrschenden klimatischen Verhältnisse gehemmt war, zu wandern.

Ph. orbiculare dagegen tritt aus seinem Ursprungsgebiet, den Alpen, heraus und besiedelt ganz Mitteleuropa (im Westen bis Mittelfrankreich, im Süden und Südosten bis Italien, Albanien).

Als Tochterarten von *Ph. orbiculare* erscheinen

Ph. tenerum als atlantische Art im Westen, von dem sich weiter *Ph. hispanicum* abgliedert,

Ph. obtusifolium als illyrische Art im Südosten, wahrscheinlich postglazial entstanden.

b) Der *corniculatum*-Zweig geht auf einen gemeinsamen, tertiären Stamm zurück, aus dem sich vor der Eiszeit, also bereits im Tertiär

Ph. corniculatum als kalkstete Art im Osten,

Ph. serratum und *Charmelii* als kieselholde Arten im Westen bildeten.

Ph. corniculatum wächst in seiner typischen Form (subp. *charmelioides*) auch heute fast nur auf Kalk; auf Kieselboden tritt es meist in veränderter Form als

subsp. *Scheuchzeri* auf, die, wenn nicht so viele Übergangsformen zwischen beiden Subsp. vorhanden wären, als Species gelten könnte. Die Vermutung ist berechtigt, daß die Art sich erst in neuerer Zeit einer anderen Bodenunterlage angepaßt hat.

4. Der Verwandtschaftskreis der *Alpinae*.

Diese Gruppe muß sich schon zur Tertiärzeit von den übrigen *Phyteuma*-Arten abgegliedert haben. Die Stammform, die die Ebene bewohnte, war wohl mit der *orbiculare*-Gruppe entfernt verwandt (Blütenstand ein Köpfchen).

Aus einer über die Alpen verbreiteten Art gingen bereits in der Tertiärzeit drei Arten hervor.

a) *Ph. hemisphaericum* in der alpinen Region der Westalpen.

b) *Ph. nanum* SCHUR (= *confusum* KERNER = *P. pauciflorum* z. T.) in der alpinen Region der Ostalpen.

c) Die Stammart *pedemontanum-globularifolium* in der alpinen Region der Mittelalpen.

Durch die Eiszeit wurde verdrängt:

a) *Ph. hemisphaericum* nur nach Westen bis in die Pyrenäen.

b) *Ph. nanum* nur nach Osten bis Nord-Albanien und Bulgarien.

Die Stammart *ped.-glob.* entfernte sich als hochalpine Art nicht allzuweit vom Rande der Gletscher. Bei der Rückkehr in die Alpen nach der Eiszeit entwickelte sich aus der Stammart, die zugrundeging:

Ph. pedemontanum im Westen.

Ph. globulariaefolium im Osten.

Während der 2. Eiszeit erreicht

Ph. hemisphaericum — die Sierra Nevada in Spanien.

Ph. nanum — die Transsilvanischen Alpen.

Ph. pedemontanum — die Pyrenäen.

Nur *Ph. globularifolium* bleibt wegen seines hochalpinen Charakters auf die Ostalpen beschränkt.

Eine Weiterentwicklung zeigt *Ph. hemisphaericum.* Aus ihm zweigte sich zwischen der 2. und 3. Eiszeit in den Mittelalpen eine neue hochalpine Form ab, die sich während der 3. Eiszeit am Südfuß der Mittelalpen erhalten konnte und zwar hauptsächlich um die Mt. Rosa- und Ortlergruppe. In der folgenden wärmeren Periode steigt sie in zwei getrennten Zügen auf die Gipfel der Alpen zurück und es bildeten sich aus ihr zwei korrespondierende Arten:

P. humile im Westen und

P. hedraianthifolium im Osten der Mittelalpen.

Phyteuma comosum L. (= *Synotoma comosum* [L.] R. SCHULZ). Die Pflanze unterscheidet sich von den anderen *Phyteuma*-Arten so sehr, daß sie in eine eigene Sektion *Synotoma* DON (= *Physoplexis* ENDL.) gestellt wird; ja die Sektion wird sogar von einigen Autoren als eigene Gattung angesehen (R. SCHULZ).

Wie alle alten Tertiärrelikte ist *Ph. comosum* keine Hochalpenpflanze, sondern wächst an etwas feuchten Felsen, besonders in den Schluchten der Alpentäler und steigt nur ausnahmsweise bis in die alpine Stufe hinauf. Sie bewohnt heute zerstreute Standorte in den südlichen Kalkalpen von Tirol, Kärnten und Oberitalien (auch an der Grigna am Comersee).

Die Pflanze ist ein alter Endemit der Alpen, der vor der Eiszeit wahrscheinlich eine weitere Verbreitung besaß; die heute voneinander getrennten Kolonien deuten darauf hin. Nach der Eiszeit konnte sie ihr ehemaliges Verbreitungsgebiet nicht wieder zurückerobern.

Wuchsform von *Phyteuma*, (R. Schulz 1904, S. 21). Die Arten der Gattung *Ph.* sind einachsig, die Achse schließt mit einer Gipfelblüte ab. Alle Arten erhalten sich mehrere Jahre hindurch. Sie besitzen mehrköpfige, dicke, fleischige, oft rübenartige, ausdauernde Wurzeln. Die der felsbewohnenden Arten sind etwas holzig und sitzen tief und fest in den Felsritzen. Die Erhaltung geschieht durch Erneuerungssprosse, die als Knospen in der Achsel der Niederblätter entspringen. (Wydler 1860, Flora, Neue Reihe Bd. 18.)

Der Stengel ist verhältnismäßig dünn und hohl, seltener weit röhrig. Er ist einfach, unverzweigt, nur abnormerweise verzweigt.

Die Arten der höchsten Alpenregionen besitzen fast nur eine grundständige Blattrosette oder an ihrer kurzen Achse nur noch eine, selten einige Stengelblätter. Die Blätter sind im allgemeinen kahl, doch zeigt sich eine Variabilität darin, daß der untere Stengelteil, Blattstiele, Blattunterseite oder nur die Blattnerven oder Blattoberseite behaart sind.

Die Blüten sitzen einzeln in der Achsel zusammengedrängter Hochblätter und bilden razemöse Blütenstände mit Gipfelblüte (Ähren, Köpfchen oder, wenn die Blüten kurz gestielt sind, ähren- oder köpfchenförmige Trauben). Höchst selten tritt eine Verzweigung der Inflorescenz ein. Ein einzigesmal fand Hellweger bei *Ph. hemisphaericum* eine langgestielte Dolde, die wohl als Rückschlag gedeutet werden kann, weil die stammesgeschichtlich ältere Gattung *Asyneuma (= Podanthum)* Rispen besitzt.

Die Bestäubung wird durch Insekten vollzogen, ist aber nicht an bestimmte Insekten angepaßt. Bleibt Insektenbesuch aus, so wird eine Selbstbestäubung dadurch ermöglicht, daß die Narben sich allmählich soweit rückwärts einrollen, daß ihre papillöse Stelle mit dem an der Griffelbürste noch hängen gebliebenen Pollen in Berührung kommt.

Es finden sich zwei Wuchsformen: a) ± hochwüchsige beblätterte Stauden, b) Rosettenpflanzen bei den Hochgebirgstypen. Beide Wuchsformen kommen bereits bei den als tertiär angesprochenen Arten vor, ein weiterer Beweis, daß die Gattung bereits im Tertiär reich gegliedert war.

Die Wuchsformen der Gattung *Phyteuma* finden wir bei *Campanula* wieder.

Entwicklungsgeschichte der Gattung *Phyteuma*. Die Heimat der Gattung *Phyteuma* ist das Gebiet der Alpen (Reichtum an Arten, starker Endemismus).

Fossile Funde liegen nicht vor, aber aus der isolierten Verbreitung alter Typen kann man schließen, daß eine Anzahl der heutigen Arten wenigstens schon am Ausgang der Tertiärzeit vorhanden war. *Ph. serratum* auf Korsika, *Ph. Charmelii* in den Westalpen (*Ph. Villarsii* nur von einem Standort innerhalb des Areals von *Charmelii*, dieser morphologisch sehr nahestehend und deshalb wahrscheinlich aus dieser erst in verhältnismäßig neuer Zeit entwickelt), *Ph. corniculatum* bestanden schon vor der Eiszeit.

R. Schulz führt durch morphologische Vergleiche im Zusammenhalt mit der geographischen Verbreitung den Nachweis, daß *Ph. tenerum, orbicalare, spicatum* und *betonicifolium*, also die Stammarten ihrer Verwandtschaftskreise bereits vor der Eiszeit existiert haben.

Von den bisher genannten, wahrscheinlich vor der Eiszeit vorhandenen Arten durchaus verschieden sind die Arten der *Alpinae*.

Es lebten somit am Ende der Tertiärzeit wahrscheinlich bereits zehn Arten der Gattung *Phyteuma* in den Alpen, von denen acht gegenwärtig noch bestehen.

Ph. spicatum, corniculatum, die Stammart von *serratum* und *Charmelii*, subalpin, Westen.

Ph. betonicifolium, Sieberi, die Stammart von *pedemontanum globularifolium*, hochalpin.

Ph. cordatum, hemisphaericum.

Ph. orbiculare, nanum (= *confusum* = *pauciflorum* z. T.)

Die Entwicklung der übrigen gegenwärtigen Arten fand (zum größten Teil, vielleicht vollständig) im Laufe der Glazialzeiten statt.

Die Neigung zur Bildung neuer Formen, die während der Eiszeiten in bedeutendem Maße vorhanden war, ist auch gegenwärtig noch nicht erloschen. Es macht sich im Gegenteil bei einigen Arten eine starke Variabilität bemerkbar: *orbiculare* var. *austriacum* und var. *delphinense.*

Geographische Verbreitung. Das Entwicklungszentrum der Gattung liegt in den Alpen, von denen sich die Arten ± weit entfernen, ohne über Europa hinauszugreifen. Die Sektion *Spicata* geht am weitesten nach Norden, Nordosten, Osten und Westen; die Sektion *Capitata* dagegen am weitesten nach Süden und Südosten. Wesentlicher sind die Unterschiede im Aufsteigen im Gebirge.

Nur die § *Capitata* entwickelt wirkliche Höhenpflanzen (Oreophyten).

Die § *Spicata* hält sich an die unteren Gebirgsstufen und das Hügelland, aber keine Art kann als eine Pflanze der Ebene betrachtet werden.

Literatur.

FEER, H., Beitrag z. System. u. Morph. d. Camp. E. B. J. **12**, 1890. — HAYEK in HEGI, VI/1, S. 328. — SCHÖNLAND, S., in E. P. Nat. Pfl.-fam. IV, 5 (1889). — SCHULZ, RICHARD, Monographie der Gattung *Phyteuma*, Breslauer Dissertation, Geisenheim 1904. — WITASEK, J., Ein Beitrag z. Kenntnis d. Gattung *Campanula*. Abh. zool. bot. Ges. Wien I, 1908.

XXXI. *Compositae.* — Korbblüter.

1. *Tussilago Farfara* L. — Huflattich.

Die Gattung *Tussilago* ist monotypisch, d. h. es ist von dieser Gattung nur die eine Art *(T. Farfara)* bekannt. Wir können daher die sonst übliche Methode, aus der Stellung der Art zu ihren nächsten Verwandten, den Gattungsangehörigen, ihre Heimat und ihr Entfaltungszentrum abzuleiten, nicht anwenden. Wir müssen vielmehr eine höhere Kategorie, welche die nächstverwandten Gattungen zusammenfaßt, betrachten. Es ist dies die Gruppe der *Tussilagininae*, zu welcher folgende Gattungen gehören.

1. *Adenostyles*, Alpendost oder Drüsengriffel.
2. *Homogyne*, Brandlattich.
3. *Petasites*, Pestwurz.
4. *Tussilago*, Huflattich.

F. VIERHAPPER (Über Verwandtschaft und Herkunft der Gattungen *Homogyne* und *Adenostyles*. Ö. B. Z., 1923) weist darauf hin, daß für die Verwandtschaft der Compositengattungen untereinander nicht nur die Merkmale des Griffels und der Narbe, sondern auch vegetative Merkmale, vor allem die Form und Nervatur der Blätter von Bedeutung sind. Die genannten Gattungen haben nun im „*Petasites*-Typus" der grundständigen

Blätter mit langem Stiel und handnerviger, rundlicher bis breit-dreieckiger, an der Basis ± tief ausgebuchteter, am Rande gezähnter, gekerbter, gelappter oder gespaltener Spreite und der stengelständigen Blätter mit stark vergrößertem Grund und kleiner bis fehlender Spreite charakteristische Gruppenmerkmale. Dabei erscheinen *Adenostyles* und *Petasites* als ältere Formen. *Homogyne* und *Tussilago* als abgeleitete Formen. Dies zeigt sich an der Verarmung der Blütestände und an der abnehmenden Größe der Verbreitungsgebiete. Die älteren Formen bewohnen große, die abgeleiteten kleinere Areale. Wir können zusammenstellen:

1. *Adenostyles*, vielköpfig; europäisch-vorderasiatisch.
2. *Homogyne*, 1—2köpfig; europäisch.
3. *Petasites*, vielköpfig; zirkumpolar.
4. *Tussilago*, 1köpfig (2—4); eurasiatisch.

In diesem Zusammenhang ist es von größtem Interesse, daß WILSON (The Phytologist, 1846) von *Tussilago* verästelte Blütenschäfte mit 2—4 Köpfen beschrieben hat, die wir als eine Rückschlagserscheinung, Atavismus, deuten können.

Wir dürfen wohl annehmen, daß die systematische Isolierung des Huflattichs dadurch zustande kam, daß in Eurasien im Tertiär mehrere Arten dieser Gattung vorhanden waren, die bis auf eine Art ausgestorben sind. *Tussilago Farfara* ist eine alttertiäre, erstarrte Art, die nur ganz wenige Abänderungen (Varietäten) erzeugt.

Welche biologischen Einrichtungen befähigten nun den Huflattich die Eiszeit in Europa zu überstehen? Die Pflanze muß Einrichtungen besitzen, die es ihr ermöglichen, die kurze Vegetationszeit, die damals zur Verfügung stand, auszunützen.

1. Die Pflanze ist frühblühend; die Blüten sind bei Eintritt der Vegetationszeit so weit vorgebildet, daß sie unmittelbar nach der Schneeschmelze sich entfalten können, d. i. im Februar bis April, im Gebirge (sowie selten in tiefen Lagen) zum zweiten Mal im August.

2. Die Art ist raschfrüchtig: die Zeit zwischen Blüte und Fruchtreife ist von kurzer Dauer. Bei der kurzen zur Verfügung stehenden Vegetationszeit ist die Pflanze darauf bedacht, so rasch als möglich, reife Samen zu erzeugen. Da bei den heute in Mitteleuropa herrschenden Klimaverhältnissen eine solche Eile nicht nötig wäre, müssen wir diese Eigenschaft als eine während der Eiszeit erworbene, erblich festgehaltene Eigenschaft bezeichnen (Phän-Atavismus).

3. Die Frühblütigkeit und Raschfrüchtigkeit wird dadurch ermöglicht, daß die Pflanze die nötigen Baustoffe nicht erst im Frühjahr bereitet, sondern aus eigenen Reservestoffbehältern, dem umfangreichen Wurzelstock, entnimmt. Der Huflattich ist vorblütig, d. h. er entwickelt zuerst die Blüten und reift die Samen, dann erst treiben die Blätter aus, um für das nächste Jahr die Baustoffe zu bereiten und aufzuspeichern.

4. Bei der geringen Zahl der blütenbesuchenden Insekten zur Eiszeit sind Bestäubungseinrichtungen getroffen, die die Bestäubung auch ohne Insektenbesuch sicherstellen. Nachbarbestäubung durch Blüten desselben Köpfchens bei abendlichem Schließen der Köpfchen.

5. Versagt trotzdem die geschlechtliche Vermehrung durch Samen, so ist durch reiche Ausläuferbildung (bis 180 cm weit kriechende Wandersprosse) für ungeschlechtliche, vegetative Vermehrung gesorgt.

6. Die Blätter sind anfangs beiderseits dicht wollig behaart, später verkahlen sie oberseits. Die großen Blätter deuten auf hohe Wasserbilanz, die zeitweise eine erhöhte Wasserabgabe notwendig macht, wenn im Sommer zur Zeit der Schneeschmelze den Standorten große Wassermengen zugeführt werden, die vom Tonboden festgehalten werden. Oberseits kahle, unterseits behaarte Blätter sind für viele Pflanzen des boreal-arktischen Klimas (*Dryas octopetala, Salix reticulata* u. a.) im Gegensatz zu Pflanzen der Steppengebiete, die beiderseits behaart sind (*Verbascum*) charakteristisch. Einerseits kann das schwache nordische Licht voll zur Assimilation ausgenützt werden, anderseits werden die Spaltöffnungen vor den austrocknenden heftigen Winden, die lokal zwischen der kalten Eisfläche und den heißen Schotterflächen zirkulieren, geschützt.

7. Der Huflattich bewohnt etwas feuchten oder qualligen Tonmergelboden, entkalkten Löß, Lößlehm der Ufer, Lawinen und Moränenrunsen — also Standorte, die wir uns zur Eiszeit mit ihren Moränenbildungen in großer Ausdehnung vorstellen müssen; es fehlt noch die durch das abfallende Laub einer dichteren Vegetationsdecke bei höherer Temperatur gebildete Humusschichte. Der Huflattich bewohnt durchwegs offene Standorte: Äcker, Weinberge, Ziegeleien, Lehm-, Ton-, Kiesgruben, Wegränder, Erdabrisse, Schutt usw. Es ist ihm nicht gelungen, in geschlossene Pflanzengesellschaften (Assoziationen) einzudringen.

Die Betrachtung dieser Standorte führt uns zur Unterscheidung von „Pflanzengesellschaften“ (vgl. Tischgesellschaft), in denen keine weitere Bindung der einzelnen Pflanzenarten vorliegt, und „Pflanzenvereinen“, für welche solche Bindungen (Schattenpflanzen, Saprophyten, Lianen u. a.) charakteristisch sind. Erstere bezeichnen wir als Pflanzenagglomerationen, letztere als Pflanzenassoziationen.

8. Das Vorkommen des Huflattichs von der Ebene bis in die alpine Stufe (in Graubünden bis 2640 m) zeigt uns, daß die Pflanze unter den klimatischen Verhältnissen der Eiszeit bestehen konnte.

9. Ausgehend von einem europäischen tertiären Zentrum hat der Huflattich zur Eiszeit eine weite Verbreitung über ganz Europa, die Gebirge Nordafrikas durch Westasien bis zum Himalaja erlangt. Durch Schaffung offener Standorte (siehe oben: Äcker bis Schutt) fördert der Mensch heute seine Verbreitung (Apophyt).

Zusammenfassend bezeichnen wir den Huflattich als Glazialpflanze, in dem Sinne, daß die Pflanze die Eiszeit in Mitteleuropa überdauern und als Glazialwanderer in der Eiszeit eine Vergrößerung ihres Verbreitungsgebietes erlangen konnte.

Wir wollen nicht behaupten, daß der Huflattich die angeführten biologischen Eigenschaften erst in Anpassung an die Lebensbedingungen der Eiszeit erworben hat, sondern wir begnügen uns damit, Eigenschaften wie Frühblütigkeit, Raschfrüchtigkeit, Nachbarbestäubung usw. als Reste einer Lebensweise aufzufassen, die unter den Lebensbedingungen der Eiszeit notwendig waren, während sie aber unter den heutigen Lebensbedingungen unnotwendig sind.

Die beim Huflattich gewonnenen Erkenntnisse können wir beinahe wörtlich auf die Pestwurzarten ***(Petasites)*** übertragen. Daraus ergeben sich biologische Merkmale, die für Glazialpflanzen charakteristisch sind. R. Keller (1896) hat versucht aus solchen Merkmalen festzustellen, welche Pflanzen (Stauden, bei denen Fossilien fehlen) die Eiszeit in Mitteleuropa überdauern konnten. Auf seinen Angaben weiterbauend, finden wir im allgemeinen folgende

Merkmale bei Glazialpflanzen:

1. Frühe Blütezeit.
2. Rasches Reifen der Früchte.
3. Reservestoffe in Wurzelstöcken, Knollen, Zwiebeln.

4. Bestäubung ohne Insektenbesuch (Windblüte, Selbstbestäubung).

5. Vegetative Vermehrung (z. B. durch Ausläufer, Apogamie).

6. Lichtliebend, offene Standorte (Wälder fehlen).

7. Nasse Standorte (Moore), trockene, wasserdurchlässige Schotter oder lehmige Moränen.

8. Aufsteigen im Gebirge.

Damit gewinnen wir für geschichtliche Untersuchungen eine wertvolle Anleitung zur Entscheidung darüber, ob Pflanzen, für die nach ihrer geographischen Verbreitung ein Überdauern der Eiszeit in Mitteleuropa anzunehmen ist, auch in ihren ökologischen Merkmalen dazu geeignet sind, so daß Ökologie und geographische Verbreitung gegenseitig die Annahme stützen.

2. *Taraxacum* ZINN. — Löwenzahn, Kuhblume.

Die Gattung bewohnt die nördliche Halbkugel, tritt aber auch mit zwei Arten in Australien und mit einer der letzteren im südlichen Südamerika auf. Die Hauptverbreitung und Heimat liegt in den west- und zentralasiatischen Gebirgen. Da die einzelnen Arten einander sehr ähnlich sind und nur durch den Bau der Frucht und der Blütenhülle von einander abweichen, macht die Abtrennung der Arten große Schwierigkeiten, so daß die Zahl der Arten je nach weiterer oder engerer Fassung des Artbegriffes um 60 schwankt. Ja, einzelne Autoren fassen alle *Taraxacum*-Arten als Varietäten einer Art *T. officinale* = *vulgare*, auf. Um die rund 60 „guten" Arten gruppieren sich Formenschwärme von Kleinarten, denen namentlich die nordischen und amerikanischen Autoren Artcharakter verleihen, so daß z. B. allein in Schweden 97 *Taraxaxum*-Arten *angegeben* werden, weil auch diese Kleinarten erblich formbeständig sind (oder sein sollen).

Dies rührt daher, daß *Taraxacum* sich durch Parthenogenese vermehrt. ANDERSEN und HESSELMANN (1900) vermuteten Parthenogenese, RAUNKIÄR (1903) wies diese nach und MURBECK (1904) zeigte, daß sie eine regelmäßige Erscheinung ist. Formbildung durch Kreuzung ist ausgeschlossen. Durch die Verhinderung der Rückkreuzung wird bewirkt, daß die geringste zufällig auftretende Formveränderung einen gewissen Grad von Konstanz erhält.

Die Achänen (Früchtchen) bilden eines der wichtigsten Artmerkmale der Gattung; im oberen Teile der Fruchtwand treten

Höckerchen (tuberculi) auf, die der Monograph der Gattung H. HANDEL-MAZZETTI als ein Anpassungsmerkmal auffaßt, das besonders bei den phylogenetisch jungen Arten auftritt und die Windverbreitung der Achänen (durch den Pappus) durch ein Tierverbreitungsmittel ergänzt, weil die Achänen sich mit diesen Höckerchen an das Fell der Tiere anheften. *T. alpinum* findet man in den Hochalpen stets auf Lagerplätzen des Viehes.

Die *T.*-Arten sind meist an einen bestimmten Feuchtigkeits- bzw. Trockenheitsgrad gebunden. Die jungen Arten zeigen bei Veränderung dieser Verhältnisse weitgehende Anpassungen. An feuchten Standorten sind die Blätter tief eingeschnitten und stumpflappig, an trockenen Standorten gehen sie allmählich in wenig geteilte Formen über.

Untersucht man die einzelnen Merkmale der *Taraxacum*-Arten auf ihren entwicklungsgeschichtlichen Wert, so scheiden sie sich in:

	ursprüngliche	abgeleitete
	Merkmale	
Zahl der Früchte	gering	groß
Größe der Früchte	bedeutend	gering
Gewicht der Früchte	bedeutend	gering
Behöckerung der Früchte	schwach	reichlich
Schnabel der Früchte	kurz, dick oft fehlend	lang, dünn, plötzlich abgesetzt
Pappus	klein	größer
Pappus	rötlich	hell, weiß
Früchte	dunkel rot, schwarz	hell (Verlust d. Farbstoffes)

niedriger organisiert	höher organisiert
Stammesrelikte, auf einer bestimmten Organisationshöhe stehen geblieben	sich fortentwickelnd
Große Konstanz aller Merkmale	variierend
Beschränkte Verbreitung, Reliktareale	weit zerstreute Verbreitung
Bestimmte Standorte, Konkurrenz fliehend	mit Standort wenig wählerisch
Beispiele: *T. glaciale, Handelii, Pacheri*	*T. officinale, laevigatum*

HANDEL-MAZZETTI zählt in seiner Monographie der Gattung *Taraxacum* 57 Arten auf, die er auf 11 Sektionen verteilt.

1. *Glacialia,* Frucht schnabellos, Pappus weiß, 1 Art, Apeninnen. 2000—2800 m.

2. *Rhodotricha,* Frucht schnabellos oder geschnäbelt, Pappus rötlich, 9 Arten, Spanien bis Zentralasien.

3. *Coronata,* Frucht geschnäbelt, mit Höcker gekrönt, Pappus rötlich, 1 Art, Kashmir.

4. *Scariosa,* Frucht geschnäbelt, Pappus weiß, 6 Arten, Mittelmeergebiet bis Zentralasien.

5. *Parvula,* Frucht geschnäbelt, Pappus weiß, 2 Arten, Zentralasien bis Indien, eine Art in der Schweiz.

6. *Orientalia,* Frucht geschnäbelt, graubraun, Pappus weiß, 5 Arten in Asien.

7. *Antarctica,* Frucht geschnäbelt, graubraun, Pappus weiß, 2 Arten, Australien, Südamerika.

8. *Borealia,* Frucht geschnäbelt, braun, Pappus weiß, 17 Arten, Nordafrika, Nordamerika.

9. *Erythrocarpa,* Frucht geschnäbelt, meist rot, Pappus weiß, 7 Arten, Nordafrika, Asien.

10. Unbestimmt, Pappus weiß, 3 Arten, Asien.

11. *Spuria,* Frucht geschnäbelt, bleich, Pappus weiß, 4 Arten. Asien.

Von diesen 11 Sektionen sind in Mitteleuropa die gesperrt gedruckten 4 Sektionen vertreten.

1. *Rhodotricha* mit 2 Arten, *T. serotinum* und *bessarabicum.*

2. *Parvula* mit 1 Art: *T. dissectum.*

3. *Borealia* mit 1 Art: *T. officinale* in 8 Subspec. nach E. SCHMID in HEGI oder 10 Arten nach HANDEL-MAZZETTI.

4. *Erythrocarpa* mit 1 Art: *T. laevigatum* mit 3 Subspec. und einer Varietät nach E. SCHMID in HEGI oder 4 Arten nach HANDEL-MAZZETTI.

1. *Taraxacum serotinum* (WALDST. et KIT.) POIR. — Spät-Löwenzahn mit bräunlich-rotem Pappus gehört in die Sektion *Rhodotricha,* deren Entwicklungszentrum am Nordrand des Kaukasus liegt und die sich im Tertiär (Pliocän) im Mittelmeergebiet mit einem langgestreckten, zusammenhängenden Areal verbreitete, dessen mittlerer Teil im Diluvium durch Niederbrechen des Festlandes in Teilstücke zerlegt wurde: *T. microcephalum,* Kleinasien, Algerien, Marokko. *T. serotinum* ist ein Steppenbewohner östlicher Herkunft, der in Europa bis zur Westgrenze der pontischen Flora ver-

breitet ist und verschleppt auch noch weiter in Mitteleuropa vorkommt.

2. ***Taraxacum dissectum*** LEDEB., das penninische Pfaffenröhrlein dürfte a u s Z e n t r a l a s i e n in die Alpen in einer

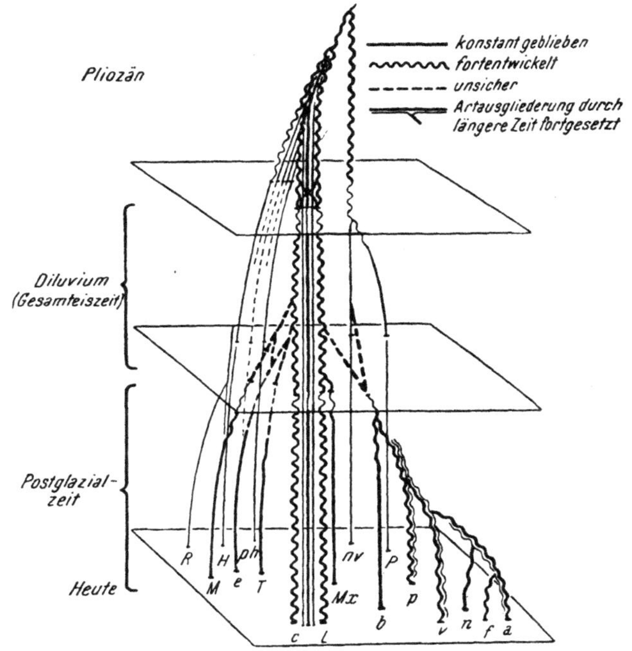

Abb. 65. **E n t w i c k l u n g s s c h e m a** d e r S e k t i o n *Borealia* d e r G a t t u n g T a r a x a c u m.
H a n d e l - M a z z e t t i, 1907, S. 144.

a = *T. **alpinum**,*	*L* = *T. lapponicum,*	*P* = *T. Pacheri,*
b = *T. **balticum**,*	*M* = *T. mongolicum,*	*ph* = *T. **phymatocarpum**,*
c = *T. ceratophorum,*	*Mx* = *T. mexicanum,*	*R* = *T. **Reichenbachii**,*
e = *T. eriopodum,*	*n* = *T. nigricans,*	*T* = *T. **tibetanum**,*
f = *T. **fontanum**,*	*nv* = *T. nivale,*	*v* = *T. vulgare.*
H = *T. Handelii,*	*p* = *T. paludosum,*	

Die mit einfachen Linien gezeichneten Arten, wie R, H, P u. a., heben sich als a l t e konstant gebliebene Formen deutlich von den mit gewellten Linien gezeichneten j u n g e n noch in Artausgliederung begriffenen Formen ab. Auch das Zeitalter der Artausgliederung läßt sich aus dem Schema entnehmen.

Interglazialzeit e i n g e w a n d e r t sein und sich als E i s z e i t r e l i k t an einzelnen Stellen d e r p e n n i n i s c h e n A l p e n in der Schweiz und Italien erhalten haben. Ihr Hauptverbreitungsgebiet hat die Art heute weitgetrennt von den Alpen im Kaukasus, in Persien, Turkestan, Sibirien, im Himalaja, in

China. *T. dissectum* gehört zur Sektion *Parvula*, deren Stammform *T. brevirostre* nahe steht. Ein ganz junger Deszendent von *T. dissectum* ist *T. indicum*.

3. *Taraxacum officinale* WEBER (Wiesen-Löwenzahn, Kuhblume) bezeichnet eine Sammelart, die sich nach E. SCHMID in HEGI in neun Subspecies gliedert. HANDEL-MAZZETTI betrachtet alle diese Subspecies als Arten und faßt diese mit anderen Arten zu seiner Sektion *Taraxaca borealia* zusammen, deren Entwicklung er in einem originellen Schema (Abb. 65) darstellt.

Mehrere Arten der *Borealia* sind Reliktarten: *T. nivale, Pacheri, phymatocarpum, Handelii* und *Reichenbachii*. Die Differenzierung dieser Arten (mit Ausnahme des *Reichenbachii*) dürfte schon am Ende der Tertiärzeit in höheren Breiten vor sich gegangen sein. Die Arten sind dann zur Eiszeit vom Norden in die Alpen eingewandert, erhielten sich auf Nunatakern und wanderten nach der Eiszeit wieder nach Norden. (*T. nivale*). Ebenso ist *T. Reichenbachii*, ein Deszendent von *T. Handelii*, nach der Eiszeit bis Norwegen rückgewandert. Diese alten Reliktarten blieben auf ihrer vor der Eiszeit erreichten Organisationsstufe stehen, entwickelten sich nicht mehr weiter und bildeten keine neuen Formen.

Anders verhalten sich die beiden alten zirkumpolaren Arten *T. lapponicum* und *T. ceratophorum*, die nach Süden abgedrängt hier neue Formen entwickelten. *T. ceratophorum* entwickelt in Mittelasien *T. mongolicum* und *T. tibetanum*. Von *T. lapponicum* zweigen ab: im Süden von Nordamerika *T. mexicanum*, in Eurasien *T. balticum* und ein Formenschwarm, der als *T. officinale* (*T. vulgare*) bekannt ist. Dieser Formenschwarn, dessen älteste Form *T. paludosum* und dessen häufigste Form *T. vulgare* ist, entwickelte sich jedenfalls erst in postglazialer Zeit und ist heute noch in voller Entwicklung (Abb. 66).

T. paludosum, (Sumpf-Löwenzahn), die Ausgangsform der *T. officinale*-Sammelart, ist eine echte Reliktart; sie bewohnt heute sehr feuchte Standorte, besitzt aber Merkmale, die nur als Transpirationsschutz gedeutet werden können; reduzierte Blattspreiten und skariöse (breit häutig berandete) Hüllblätter. Diese Merkmale sind nicht als Anpassungen an die heutigen Standorte erworben worden, sondern sind Reliktmerkmale, die auf die Umweltverhältnisse des Entstehungsortes schließen lassen. Unwillkürlich drängt sich der Vergleich mit xeromorphen nordischen *Carex*-Arten auf.

T. officinale, Kuhblume, ist die Bezeichnung für eine Sammelart, deren Formen postglazial in jüngster Zeit entstanden und dabei sehr variabel und anpassungsfähig sind und daher sehr weit, fast kosmopolitisch, als Kulturbegleiter verbreitet sind. Auch *T. alpinum*, das heute noch mit *T. vulgare* und mitunter auch mit *T. paludosum* in Beziehungen steht, kann sich

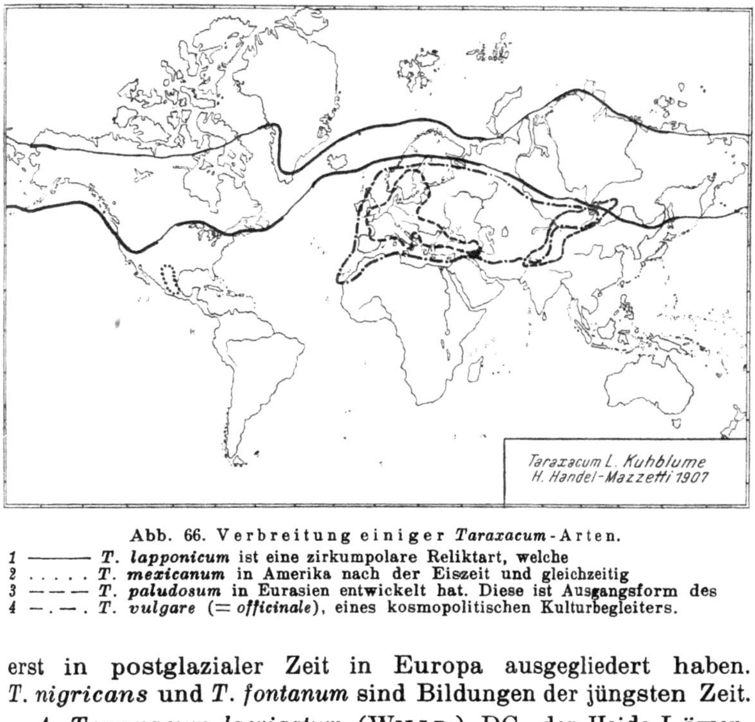

Abb. 66. Verbreitung einiger *Taraxacum*-Arten.

1 ——— *T. lapponicum* ist eine zirkumpolare Reliktart, welche
2 . . . . . *T. mexicanum* in Amerika nach der Eiszeit und gleichzeitig
3 — — — *T. paludosum* in Eurasien entwickelt hat. Diese ist Ausgangsform des
4 —.—. *T. vulgare* (= *officinale*), eines kosmopolitischen Kulturbegleiters.

erst in postglazialer Zeit in Europa ausgegliedert haben. *T. nigricans* und *T. fontanum* sind Bildungen der jüngsten Zeit.

4. *Taraxacum laevigatum* (WILLD.) DC., der Heide-Löwenzahn, ist ebenfalls eine Sammelart, die sich von *T. officinale* durch braune bis leuchtend purpurrote Früchte unterscheidet. Die Subspecies dieser Sammelart faßt HANDEL-MAZZETTI wieder als Arten auf und bildet daraus seine Sektion *Erythrocarpa* (Rotfrüchtige). Auch diese Sektion enthält Arten sehr verschiedenen Alters: *Th. Schroeterianum* und *T. sikkimense* sind Reliktarten mit Reliktarealen in den Alpen, bzw. im Himalaja; *T. Hoppeanum* ist keine ganz junge Art der Ostalpen und des Balkan; *T. laevigatum* eine junge, heute

noch veränderungsfähige Art in Europa und Westasien; *T. obliquum*, der allerjüngste Deszendent ist durch Verlust der Achänenfärbung als Konvergenzerscheinung dem *T. officinale* sehr ähnlich. Die komplizierten Vorgänge in der Entwicklung dieser Sektion faßt HANDEL (S. 148) kurz zusammen:

Günz- oder Mindeleiszeit: Vorfahren der Gruppe wandern aus Zentralasien gegen das Alpengebiet.

Frühe Interglazialzeit: Beginnende Differenzierung in das hochalpine *T. Schroeterianum* und das xerophile *T. Hoppeanum*, wahrscheinlich in den Ostalpen.

Rißeiszeit: *T. Schroeterianum* erhält sich am Südufer der Westalpen. *T. Hoppeanum* wird in den Balkan gedrängt.

Riß-Würm-Interglazial: *T. Hoppeanum* verbreitet sich bis in die Westalpen und gliedert *T. laevigatum* aus.

Würmeiszeit: *T. Schroeterianum* wird auf Reliktvorkommen reduziert, *T. Hoppeanum* unter Erhaltung einiger Alpenstandorte auf den Balkan beschränkt, der Zusammenhang mit *laevigatum* zerstört.

Jetztzeit: *T. Hoppeanum* und *Schroeterianum* bleiben; *T. laevigatum* verbreitet sich ausgiebig (auf Wiesen, Dünen, ruderal an Wegrändern) und gliedert *T. pindicolum* und noch später *calocephalum* und *obliquum* als Ruderalpflanze zwischen Straßenpflaster, Mauern usw. ab.

Literatur.

HANDEL-MAZZETTI, H., 1907, Monographie der Gattung *Taraxacum*. Wien. — HEGI, VI/2, S. 1078—1096, bearbeitet von EMIL SCHMID (Zürich). — RAUNKIAER, Über die Parthenogenese bei *Taraxacum*. Botanisk Tidskrift **25**, 1903. — MURBECK, Parthenogenese bei *Taraxacum* und *Hieracium*, Botaniska Notiser, 1904.

Aus der Bearbeitung der Gattung *Taraxacum* ergibt sich die allgemein wichtige Erkenntnis: phylogenetisch alte Arten haben eine relativ kurze Stammesgeschichte, während ihre Geschichte (s. str.), d. h. ihre Erlebnisse im Laufe der Erdgeschichte zu ausführlicher Erörterung Anlaß geben (Reliktareale, Wanderungen usw.). Phylogenetisch junge Arten haben eine lange Stammesgeschichte und eine relativ kurze Geschichte, weil sich die Umweltbedingungen seit der Zeit ihrer (oft postglazialen) Entstehung wenig geändert haben.

Zweitens ergibt sich gerade aus der Bearbeitung von *Taraxacum* die Tatsache, daß ein geschickt entworfenes Entwicklungsschema den Entwicklungsgang einer Sippe klarer zum Ausdruck bringt als ein seitenlanger Text, der durch Begründungen, Vergleiche, Kritik der Auffassungen anderer Autoren untermauert und unterbrochen selbst bei einem sonst so zielbewußten Autor wie HANDEL-MAZZETTI die großen Züge der Entwicklung der Sippe nur schwer herauslesen läßt.

XXXII. *Liliaceae.* — Liliengewächse.

Colchicum autumnale L. — Herbstzeitlose.

Die Gattung *Colchicum* hat in der mitteleuropäischen Flora nur drei Vertreter: *C. autumnale* L., die auf unseren Wiesen häufige Herbstzeitlose, *C. Bulbocodium* KER-GAWL (= *Bulbocodium vernum* L.) und *C. alpinum* LAM. et DC.

Um die Herkunft und Geschichte der Herbstzeitlose zu erforschen, fragen wir vorerst nach ihren näheren Verwandten.

Die Gattung *C.* zählt nach ihrem Monographen B. STEFANOFF (1926) 63 Arten, die alle ihr Verbreitungsgebiet in den Mittelmeerländern haben; nur ganz wenige Arten überschreiten das Gebiet. Unsere Karte (Abb. 67) gibt eine Anzahl der meist kleinen Areale wieder und zeigt deutlich, wie *C. autumnale* (Nr. 55 der Karte STEFANOFF) aus dem Mittelmeergebiet weit nach Norden vordringt. *C. alpinum* LAM. et DC. (Nr. 42) ist von Sizilien bis in die Westalpen und die Schweiz verbreitet, und *C. Bulbocodium* (= *C. vernum* STEFANOFF, non SCHRANK) (Nr. 30) findet sich in sehr disjunkten Arealen in den West- und Ostalpen, in Ungarn, den transilvanischen Alpen und Ostrußland.

Aus dem Kartenbild geht ohneweiteres hervor, daß wir alle diese Arten und damit auch unsere Herbstzeitlose geographisch als „süd-mitteleuropäische" Arten genetisch als „mediterrane" Florenelemente bezeichnen dürfen. Soziologisch betrachtet findet sich die Herbstzeitlose bei uns in feuchten Wiesen, tritt also nur in eine Halbkulturformation ein. Wir schließen daraus, daß die Pflanze die Ausweitung ihres Verbreitungsgebietes nach Mitteleuropa erst der menschlichen Kultur verdankt.

Zum Unterschied von anderen kulturbegleitenden Pflanzen, z. B. von Unkräutern und Ruderalpflanzen, deren Einwanderungszeit und Einwanderungsweg sich durch geschichtliche Angaben feststellen läßt (Neophyten), bezeichnen wir die Herbstzeitlose als Archäophyten, d. h. eine Pflanze, die bereits

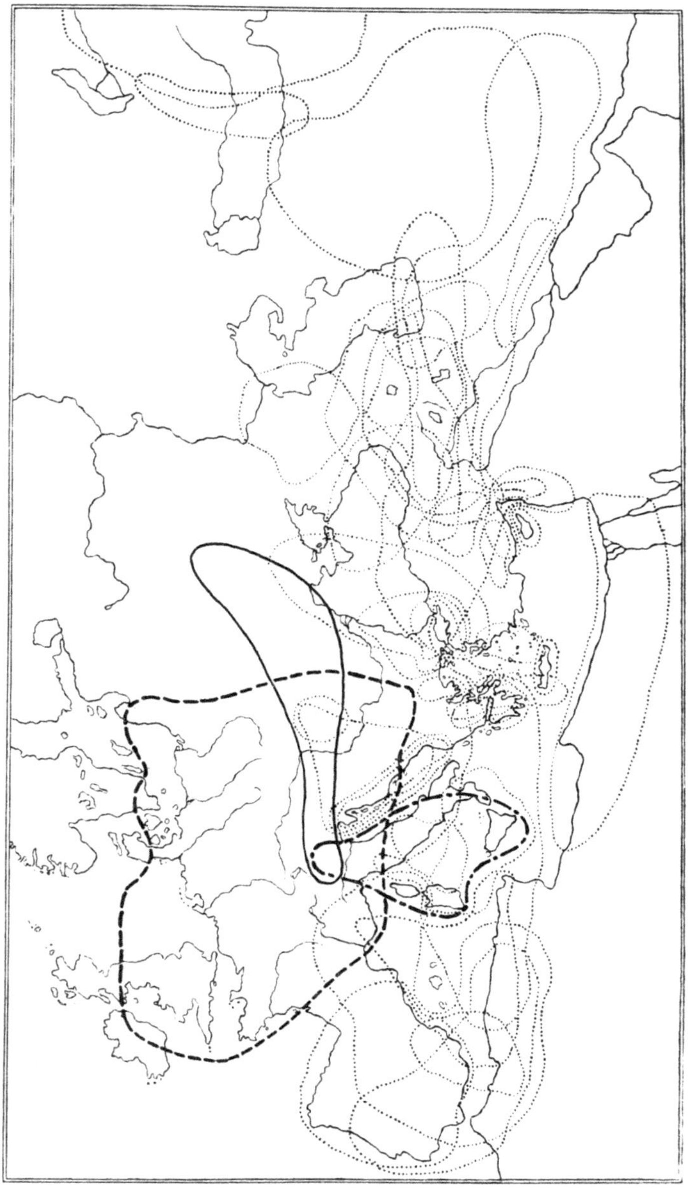

Abb. 67. Verbreitungsgebiet der Gattung *Colchicum* L. — Herbstzeitlose. B. Stefanoff, 1926. Die mediterrane Gattung *Colchicum* zählt 64 Arten, die durchwegs kleine Areale bewohnen. Drei Arten: *C. autumnale* — — —, *C. Bulbocodium* (= *B. vernum*) ——— und *C. alpinum* —.—.— dringen bis Mitteleuropa vor.

vor dem geschichtlichen Nachweis durch die Kultur in Mitteleuropa eingeführt wurde.

Colchicum autumnale gilt als Musterbeispiel der Anpassung einer Pflanze an die auf der Wiese herrschenden Lebensbedingungen. Sie entgeht der vernichtenden Wirkung der Sense, indem sie ihre Blätter und Früchte vor, ihre Blüten nach der Wiesenmahd entwickelt. Es handelt sich aber durchaus nicht um eine Anpassung, sondern um eine Einfügung in den Lebensgang der Wiese.

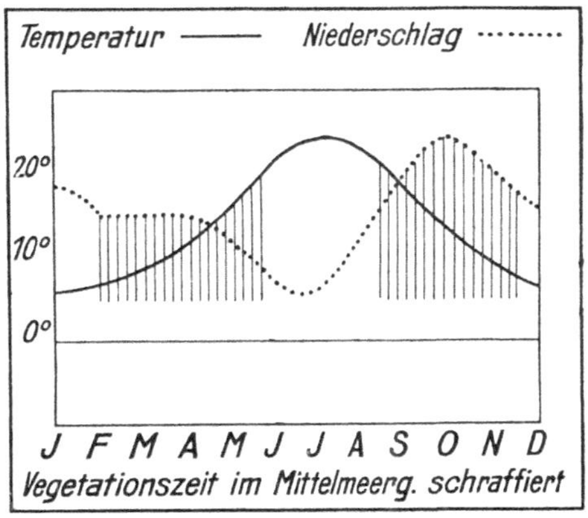

Abb. 68. Klima des Mittelmeergebietes mit zweimaliger Unterbrechung der jährlichen Vegetationszeit: im Sommer und Winter. Aus Scharfetter, Pflanzenschicksale.

Lebensform und Lebensweise hat die Herbstzeitlose unter ganz anderen Verhältnissen erworben. Sie sind Anpassungen an das mediterrane Klima, das in der Heimat der Pflanzen herrscht. Zweimal im Jahre wird dort die Vegetationszeit unterbrochen (Abb. 68). Die Unterbrechung wird im Sommer durch Trockenheit, im Winter durch die verminderte Temperatur verursacht. Der Unterbrechung stehen Frühling und Herbst als Vegetationszeiten gegenüber, die von der Pflanze ausgenützt werden. Eine ganz ähnliche Unterbrechung der Vegetationszeit findet sich auf unseren Wiesen. Die sommerliche Unterbrechung wird künstlich durch die Mahd hervorgerufen, die winterliche Unterbrechung ist eine natürliche Folge des Klimas. Ohne die ererbte Rhythmik ihres Lebenslaufes zu ändern, konnte sich die Herbstzeitlose in die Rhythmik der Lebensbedingungen der Wiese einfügen (SCHARFETTER, 1938, S. 216, 227).

Die Gattung *Colchicum* gliedert sich in zwei Untergattungen *Archicolchicum* und *Eucolchicum*.

Bei der Untergattung *Archicolchicum*, die 42 Arten umfaßt, erscheinen bei 40 Arten die Blätter und Blüten gleichzeitig; nur bei zwei Arten, zu denen das in den Alpen vorkommende

C. alpinum gehört, erscheinen die Blätter nach den Blüten. Von den 42 Arten sind 30 Frühjahrsblüher, 12 Herbstblüher.

Nach ihrem morphologischen Bau enthält die Untergattung *Archicolchicum* die ursprünglicheren Formen und da fast alle Arten dieser Untergattung Blätter und Blüten gleichzeitig entfalten, müssen wir dies für ursprünglich halten und das Erscheinen der Blüten vor den Blättern (Vorblütigkeit), wie es die Arten der Untergattung *Eucolchicum* zeigen, für eine abgeleitete Rhythmik halten.

Nun sind die Arten der ursprünglichen Gruppe *(Archicolchicum)* durchwegs Frühjahrsblüher, so daß sich die Entfaltung der Blüten im Herbst, wie sie die Gruppe *Eucolchicum* zeigt, als jüngere, abgeleitete Bildung erweist.

Die ältere Gruppe ist fast durchwegs an eine einmalige Unterbrechung der Vegetationszeit angepaßt (Knolle, Einziehen der Blätter), die jüngere an eine zweimalige Unterbrechung — einmal durch den sinkenden Niederschlag im trockenen Sommer, ein zweitesmal durch die sinkende Temperatur im Winter.

Colchicum Bulbocodium blüht im ersten Frühjahr und entwickelt gleichzeitig Blätter, gehört also zur § *Archicolchicum.*

C. autumnale blüht im Herbst.

Die mediterrane Klimarhythmik sieht durch die Verteilung der Niederschläge eine Vegetationszeit im Frühling — eine Trockenzeit im Sommer — und eine zweite Vegetationszeit im Herbst vor. Die beiden Pflanzen nützen je eine dieser Vegetationszeiten aus. Diese Zeiten sind in unserem Klima auch Zeiten kürzester Tageslängen. Die aus einer südlichen Gegend mit kürzerem Tage stammenden Pflanzen, benützen in unserm Klima jene Jahreszeit zum Blühen, in der sie die zur Blütenentfaltung gewohnte Tageslänge finden (Photoperiodizität).

Es ist wohl keine allzu kühne Hypothese, anzunehmen, daß die Lebensform der Knolle als Anpassung in einem Gebiete, dessen Klima eine Trockenzeit aufwies, entstanden ist. So wie sich heute in den Tropen Gebiete mit ozeanischem Klima neben solchen mit kontinentalem Klima finden, so werden auch in der Tertiärzeit neben Gebieten mit subtropischem, feuchtem Klima Trockengebiete bestanden haben. Die Untergattung *Archicolchicum* ist vermutlich in einem solchen tertiären Trockengebiet entstanden und hat hier ihre Lebensform, die Knolle, ausgebildet. Diese Lebensform wurde unverändert festgehalten, als später (vielleicht in Folge einer Polverlagerung) das Entstehungs- und Wohngebiet von *Archicolchicum* ein Klima mit jahreszeitlich stark schwankenden Temperaturen erhielt und dadurch eine zweimalige Unterbrechung der Vegetationszeit hervorgerufen wurde. Diese später eingetretene Änderung der Lebensbedingungen war nicht mehr imstande, die ererbte Lebensform, die Knolle, die ja auch in der Winterszeit sich als vorteilhaft erwies, zu ändern, sie hatte nur eine Verschiebung des Lebensrhythmus zur Folge. Darnach wäre die Sommerruhe der Herbstzeitlose eine primäre, die Herbstruhe eine sekundäre Erscheinung. Die Lebensform (Knolle) ist bereits fixiert, der Lebensrhythmus variiert bei den einzelnen Arten (Frühjahrsblüher, Herbstblüher).

Literatur.

STEFANOFF B. 1926. Monographie der Gattung *Colchicum* L. Sofia.

Allgemeiner Teil.

I. Pflanzengeschichte als selbständige Teilwissenschaft der Botanik.

TH. WOLF, 1908, schreibt im Vorwort zu seiner Monographie der Gattung *Potentilla:* „Wenn ich an das Tatsächliche der geographischen Verbreitung auch einige phylogenetische Betrachtungen anknüpfe, so möge dies der geneigte Leser verzeihen ...“ WOLF entschuldigt sich also förmlich, wenn er versucht, ein Bild von der allmähligen Entwicklung und Ausbreitung einer Pflanzensippe zu entwerfen. Stehen die Erkenntnisse über die Entwicklung, Herkunft und Geschichte der Pflanzen wirklich auf so schwankender Grundlage, daß sie als Phantasieprodukte gelten müssen und nicht als „wissenschaftliche“ Erkenntnisse gewertet werden dürfen? Um diese Frage zu beantworten, untersuchen wir zunächst die Grundlagen, die uns zur Erforschung der Pflanzengeschichte zur Verfügung stehen.

1. Die Quellen der Pflanzengeschichte

fließen entweder aus der Erbwelt oder aus der Umwelt der Pflanzen. Nach diesem Gesichtspunkt ergibt sich etwa folgende Gruppierung.

A. Erbwelt.
1. Morphologie, Histologie.
2. Cytologie, Polyploidie.
3. Systematik, natürliche Gruppierung.
4. Phylogenie, Stammesgeschichte, ursprüngliche und abgeleitete Merkmale.
5. Neubildung von Sippen, Genetik, Apogamie.

B. Umwelt.
1. Verbreitung. Arealkunde.
   a) Verbreitung heute.
   b) Verbreitung einst: Paläobotanik, Pollenanalyse.

c) Massenzentrum, Entwicklungszentrum, Gentzentrum.
d) Merkmalsgeographie.
e) Wanderwege, Wanderzeiten, Wandergenossenschaften.
f) Kontinuierliche und disjunkte Verbreitung.
g) Relikte, Endemiten.

2. Ökologie.
a) Wachstumsvorgang, Johannistrieb, Wachstumsrhythmik in den Tropen und ihre Regelung in der gemäßigten Zone.
b) Lebensformen, Wuchsformen.
c) Standorte, Bews 1925.
d) Soziologie. Pflanzengesellschaften.
e) Blütenbiologie. Wind-, Insektenbestäubung.
f) Biologie der Verbreitungseinheiten.

3. Änderungen der Umwelt.
a) Wegener, Kontinentalverschiebung. Polwanderungen. Irmscher 1922.
b) Florenschichtung, Stammflora und Einwanderer.
c) Änderung durch Kultur. Archäophyten, Apophyten.

Wir sehen aus dieser Übersicht, daß zahlreiche Quellen zur Pflanzengeschichte fließen. Wie für den Geschichtsforscher der menschlichen Geschichte ist auch für die Erforschung der Pflanzengeschichte das Quellenstudium die unentbehrliche Grundlage: je mehr feststehende Tatsachen zur Verfügung stehen, mit desto größerer Sicherheit können Schlüsse aus diesen Tatsachen gezogen werden.

Da meines Wissens bisher noch keine Übersicht über die Quellen gegeben wurde, habe ich kurz aufgezählt, welche Teildisziplinen der Botanik für die Pflanzengeschichte herangezogen werden können, herangezogen werden müssen und auch schon herangezogen wurden. Es war mir vor allem darum zu tun, die Fülle der Möglichkeiten aufzuzeigen, die es gibt, um die Pflanzengeschichte nicht als Phantasiegebäude, sondern als festfundierten Bau zu errichten. Bei Ausnützung dieser Quellen soll, wie es schon Wettstein gefordert hat, grundsätzlich zwischen Tatsachen und Schlüssen unterschieden werden. Die Tatsachen müssen gesichert sein, sie sind die objektive, feste, unverrückbare Basis der Forschung; die aus ihnen gezogenen Schlüsse sind abhängig vom jeweiligen Stande der Wissenschaft und von der subjektiven Anschauung des Forschers; sie sind veränderlich und können durch die Entdeckung neuer

Tatsachen, die mit ihnen nicht übereinstimmen, überholt werden, so daß sie geändert werden müssen.

Was die Bedeutung der verschiedenen Quellen betrifft, so sind Morphologie und Verbreitung der Pflanzensippe an erster Stelle zu nennen; sie sind auch bisher zur Aufhellung der Pflanzengeschichte am meisten benützt worden. An zweiter Stelle sind die aus der Ökologie entnommenen Tatsachen zu berücksichtigen; sie sind bisher weniger (besonders in Monographien) ausgewertet worden. Die Phänologie hat mir, wie ich in diesem Buche an vielen Stellen aufzeige, besonders wertvolle Dienste für die Verlebendigung der Darstellung geleistet; sie ist bisher fast gar nicht benützt worden. Ich hoffe, daß mein Versuch in Zukunft der Phänologie die ihr zukommende Stellung in der Geschichtsforschung einräumen wird.

An dieser Stelle möchte ich noch eine Bemerkung einfügen, die ich bei Durcharbeitung einzelner Sippen gemacht habe.

2. Phylogenie und Geschichte der Sippen.

Die Phylogenie oder Stammesgeschichte versucht die Entwicklung einer Sippe aus ihrer Erbwelt, aus ihrer Morphologie, Genetik und Verbreitung zu ergründen. Ihr letztes Ziel ist ein natürliches System der Sippe.

In der Biographie eines historisch bedeutenden Menschen wird zunächst kurz über seine Abkunft von den Eltern (Genealogie) berichtet, dann aber werden seine Erlebnisse, seine Geschichte (im engeren Sinne) erzählt, die im Wesentlichen auf der Auseinandersetzung mit seiner Umwelt beruhen. Jede geschichtliche Persönlichkeit ist durch ihre Zeit bedingt; besonders die Kunstgeschichte versucht die Künstlerpersönlichkeit und das Kunstwerk als Ausdruck des Zeitgeistes zu verstehen. Die Geschicke des Einzelmenschen hängen zumeist von der Geschichte der Zeit, in die er hineingeboren wurde, ab.

Jede Pflanzensippe hat ihr Schicksal, das ihr durch die Veränderungen ihrer Lebensbedingungen im Laufe der Erdgeschichte bereitet wurde; ihr Verhalten zu diesen Veränderungen, z. B. ihre Anpassungen an diese oder ihr Ausweichen, bildet den Inhalt ihrer Geschichte, die uns zum Verständnis ihres heutigen Zustandes, ihrer Lebensform und Lebensweise führt.

Daraus ergibt sich: Für die Geschichte einer Pflanzensippe bildet die Geschichte ihrer Umwelt den Ausgangspunkt. Die Geschichte der Umwelt soll möglichst nicht aus botanischen Tatsachen erschlossen werden, sondern aus geologischen (anorganischen) Tatsachen (Salzlager, Wüstenbildung, Gebirgsbildung usw., abgeleitet werden, damit wir einen Kreisschluß vermeiden.

Die Pflanze paßt sich der Umwelt an, nicht die Umwelt der Pflanze — eine Selbstverständlichkeit, die aber bei Begründung der Pflanzengeschichte als selbständigen Wissenschaftszweiges einmal klar und deutlich ausgesprochen werden muß: die Geschichte einer Pflanzensippe ist die Geschichte ihrer Auseinandersetzung mit den wechselnden Bedingungen ihrer Umwelt — diese Auseinandersetzung braucht durchaus nicht immer eine Anpassung zu sein, sie kann auch ein Ausweichen, ja ein Auslöschen der Sippe sein.

Während die Phylogenie (Genealogie) ihre Schlüsse vor allem auf die Beschaffenheit der generativen Organe, die dem Einfluß der Umwelt mehr entzogen sind, aufbaut, wird die Geschichte der Sippe ihr Augenmerk auf die Beschaffenheit der vegetativen Organe richten, die von der Umwelt in ihrer Ausbildung viel mehr beeinflußt werden. Es ist ihre Aufgabe aufzuzeigen, wie es zu den Anpassungen an die Umwelt gekommen ist, sie hat die Ökologie der Sippen in ihrem Werden zu schildern.

In Schlagworten: Phylogenie — Erbwelt — generative Organe.
Geschichte — Umwelt — vegetative Organe.

3. Zur Methodik der Pflanzengeschichtsschreibung.

Jede Biographie eines Lebewesens — sei es Mensch, Tier oder Pflanze — setzt sich aus zwei Teilen zusammen: der Schilderung seiner Erbwelt (Stammesgeschichte, Phylogenie, Genealogie) und der Schilderung seiner Beziehungen zur Umwelt (Geschichte im engeren Sinne).

Die Stammesgeschichte stellt in den Mittelpunkt ihrer Forschung die Analyse der morphologischen Merkmale und scheidet sie in ursprüngliche und abgeleitete. In jeder vorliegenden Pflanze sind aber ursprüngliche und abgeleitete Merkmale vereint. Es ist daher schwierig, die einzelne Pflanze in ihrer Ganzheit als alten oder jungen Typus zu bezeichnen. Die letzte Entscheidung darüber erfolgt durch die Kontrolle der geographischen Verbreitung (WETTSTEIN, 1898).

Die Geschichte im engeren Sinne geht umgekehrt von der Verbreitung der Sippe aus, untersucht ihre Merkmale in Beziehung zu ihrer Umwelt und stellt fest, ob sie mit den im bewohnten Raum vorhandenen Lebensbedingungen in Harmonie oder Disharmonie stehen: harmonische und disharmonische Merkmale. Die Ökologie überprüft die aus Morphologie und Verbreitung erschlossene Geschichte der Sippen.

Die Methode, die Biographie einer Sippe zu schreiben, besteht daher zunächst darin, ihre Morphologie, Verbreitung und Ökologie festzustellen.

Dann gilt es, einerseits die ursprünglichen und abgeleiteten, anderseits die harmonischen und disharmonischen Merkmale herauszufinden. Fleiß und Genauigkeit schaffen damit die Grundlage für weitere Schlüsse.

Nicht erlernbar ist freilich die Kunst, die festgestellten Merkmale in für die Rekonstruktion der Stammesgeschichte und Geschichte im engeren Sinne brauchbare und u'nbrauchbare zu scheiden und aus den brauchbaren, also aus Bruchstücken, den Gang der Entwicklung der Sippe zu erschließen. Dabei kann der Vergleich mit bekannten, gut begründeten Sippengeschichten zu wertvollen Analogieschlüssen führen.

Überprüft man nach diesen Gesichtspunkten die Monographien der Sippen, so wird man finden, daß mindesten 90% die Morphologie, und zwar zumeist die der generativen Organe, vielleicht 8% die Verbreitung und nur 2% die Ökologie betreffen. Im Gegensatz dazu müssen wir wünschen, daß alle drei Teilgebiete gleichzeitig und gleichmäßig berücksichtigt werden. Die meisten Monographien schließen mit einem Abschnitt über die Phylogenie der Sippe und lassen die Frage nach ihrem Geschicke im Laufe der Zeit, das doch Hand in Hand mit ihrer stammesgeschichtlichen Entwicklung geht, unbeantwortet.

Überblicken wir die Literatur der Pflanzengeschichte, so sehen wir, daß die einzelnen Forscher beim Entwurfe des Geschichtsbildes der Sippen, je nach ihrem speziellen Arbeitsgebiete, bald diese, bald jene Quelle vorzugsweise heranziehen. Dagegen ist nichts einzuwenden, ja es wird sich sogar empfehlen, zunächst eine Quelle auf Grund eingehender Kenntnisse zur Konstruktion voll auszuschöpfen. Weiterhin ist aber die Forderung zu erheben, daß auch alle anderen Quellen zur Ausgestaltung des Geschichtsbildes herangezogen werden. Die

Ergebnisse, zu denen die Benützung weiterer Quellen führen, müssen in Übereinstimmung mit dem ersten, auf einseitigem Quellenstudium beruhendem Entwurfe stehen. So bringen WOLF und WETTSTEIN die Phylogenie der Sippen mit ihrer Verbreitung, DIELS die Ruheperiode der Pflanzen mit ihrer Verbreitung, RAUNKIAER die Wuchsform und Verbreitung, TISCHLER und HAGERUP die Chromosomenzahlen und Verbreitung usw. in enge Beziehung. Wollen wir aber die Pflanzengeschichte als selbständige Teildisziplin der Botanik begründen, so müssen alle Quellen gleichmäßig berücksichtigt werden. Die aus den verschiedenen Quellen erschlossenen Erkenntnisse dürfen einander nicht widersprechen, sie müssen sich ergänzen und gegenseitig stützen. Bisweilen versagt eine Quelle vollständig, z. B. die Verwandtschaftsverhältnisse bei Einarten, d. h. monotypischen Gattungen, die nur eine Art (z. B. *Tussilago Farfara*, S. 390) aufweisen; hier sagen die Verwandtschaftsbeziehungen nichts über die Geschichte der Art aus, doch führen die anderen Quellen (Ökologie) zu Resultaten, denen hohe Wahrscheinlichkeit zukommt.

Aus der „Methodik der Geschichtswissenschaft" von BERNHEIM gewinnt man viele Anregungen für den zukünftigen selbständigen Ausbau der Pflanzengeschichte. Ich verweise nur auf die zahlreichen Analogien in den geschichtlichen Beziehungen des menschlichen Individuums zur menschlichen Gesellschaft, zur Geschichte der Masse, und der Einzelpflanze zur Pflanzengesellschaft, Soziologie (S. 493).

Leider verbietet es uns der Raummangel, Näheres über Familiengeschichte, Gattungsgeschichte, Artgeschichte, Individualgeschichte auszuführen.

Die Geschichte des einzelnen Individuums hat Spuren hinterlassen in den Jahresringen der Holzpflanzen, in den Blattnarben und Internodien der Bäume und Stauden. Vgl. *Ulmus*, S. 101 (wir verweisen auf die Abbildungen in TROLL 1935, *Aesculus*, S. 106, *Fagus*, S. 331, *Polygonatum*, S. 125, *Iris*, S. 122).

Es liegen hier wirkliche Autobiographien — wortwörtlich genommen — der Pflanzen vor. Ihre Entzifferung belehrt uns über die klimatische Beschaffenheit einzelner Jahre, über Jahre reicher Blüte und Frucht usw.

Die Erfahrung zeigt, daß in den Mittelpunkt der geschichtlichen Betrachtung am erfolgreichsten die Gattung gestellt wird, weil sich beim Vergleich der Arten einer Gattung hinsichtlich Verbreitung, Wuchsform usw. die meisten Beziehungen ergeben. Als Beispiel verweise ich auf die Gattung *Fraxinus* (Esche), wo der Vergleich von *F. Ornus* und *F. excelsior* wichtige Unterschiede in der geschichtlichen Entwicklung der Gattung aufzeigt. Die Geschichte der Einarter z. B. des Huflattichs kann sich fast nur auf die Analyse ihrer Lebensform stützen.

Es wäre verlockend gewesen, eine pflanzengeschichtliche Monographie einer Sippe unter Heranziehung der verschiedensten Quellen zu schreiben. Oft war ich bei Ausarbeitung dieses Buches in Versuchung geraten, nach Feststellung der großen Züge des Entwicklungsganges einer Sippe, mich nunmehr eingehender mit derselben zu befassen, denn bei der Arbeit tauchten zahlreiche Probleme auf, die bei Ausschöpfung der verschiedenen Quellen gelöst werden könnten. Dazu aber war vor allem der Vergleich notwendig; es erschien mir daher für den Augenblick wichtiger, die Geschichte möglichst vieler mitteleuropäischer Pflanzen in ihren Grundzügen darzustellen, als mich in Einzelheiten zu verlieren. Das Buch zeigt daher ein Schwanken zwischen großzügiger Kompilation (meist aus HEGI) und eingehender Ausarbeitung einzelner Sippen mit Benützung eigener Beobachtung und selbständiger Auswertung der Tatsachen. Eine volle Stoffbeherrschung konnte ich bei der großen Zahl der mitteleuropäischen Arten, der übergroßen Zahl der für die Geschichte der einzelnen Arten wichtigen Einzelbeobachtungen, bei der Zerstreutheit der Literatur, die überdies in unserer Zeit oft gar nicht zu beschaffen war, nicht gewinnen. Ich bin vollauf zufrieden, wenn es mir gelungen ist, für eine Auswahl von Pflanzensippen das Wesentliche — den roten Faden — ihrer Geschichte, möglichst knapp und klar zur Darstellung zu bringen. Ich möchte wünschen, daß jeder Spezialforscher, der sich auf seinem Gebiete mit einer mitteleuropäischen Pflanze beschäftigt, das kurze Kapitel über die Geschichte seines Objektes durchliest und seine Spezialforschung im Rahmen der geschichtlichen Entwicklung seines Objektes und der nächstverwandten Arten sieht. Hält er dies für notwendig — und es i s t notwendig — dann wird er dankbar sein, wenn er nicht vielbändige Sammelwerke und zahllose Zeitschriften durchsehen muß, um sich über die Stellung seines Objektes im Entwicklungsgange der Sippe klar zu werden.

Und noch eine abschließende Bemerkung. Wie bei allen geschichtlichen Werken hängt auch bei der Pflanzengeschichte sehr viel von der Art der Darstellung ab. Allen Historikern der menschlichen Geschichte stehen dieselben Geschichtsquellen zur

Verfügung und doch fallen die Darstellungen ganz verschieden aus, je nachdem der Geschichtsschreiber mehr die pragmatische Geschichte, die Kulturgeschichte, die Wirtschaftsgeschichte oder die geschichtliche Persönlichkeit in den Mittelpunkt seiner Darstellung stellt. Ganz ebenso wird die Geschichte einer Pflanzensippe ganz anders dargestellt werden, wenn sie ein Systematiker, ein Physiologie, ein Genetiker, ein Ökologe oder ein Geobotaniker schreibt. Sie darf verschieden in ihrer Darstellung sein. Je näher sie aber der Wahrheit kommt, umso mehr muß sie in ihren Hauptzügen übereinstimmen. Es gibt nur *eine* Geschichte der Pflanzensippe (z. B. der Coniferen), aber *verschiedene Darstellungen* ihrer Geschichte, d. h. ihres Entwicklungsganges. Über den „natürlichen Entwicklungsgang" und das „natürliche System finden sich S. 544 weitere Ausführungen.

a) *Die Darstellung der Pflanzengeschichte.*

Die beschreibende Darstellung. Aus der Fülle der morphologischen und biologischen Tatsachen sind jene auszuwählen, die für die geschichtliche Entwicklung in Betracht kommen. Ihre Bedeutung zu erkennen, erfordert Kenntnisse (Auffindung durch Vergleich mit der Geschichte anderer Sippen) und Intuition. Die Tatsachen sind ohne hypothetische Bemerkung klar zu beschreiben.

Die induktive (ableitende) Darstellung. Aus den Tatsachen werden Schlüsse auf die Geschichte gezogen und aus diesen ein Bild des Entwicklungsganges entworfen. Dieser wird durch Heranziehung möglichst vieler Quellen überprüft.

Die deduktive (erzählende) Darstellung. Der erzählenden Darstellung ist die Geschichte der Umwelt, d. i. die Geologie zugrunde zu legen. Es werden sich Sätze finden, wie z. B. .... „als sich die Gebirge aufwölbten, gliederten sich in den einzelnen Gebirgszügen folgende (§§ Sektionen) ab" .... „infolge der Abtrennung Amerikas trat in Eurasien und Amerika eine Sonder- (oft Parallel)entwicklung ein" .... „die Eiszeit führte zur Zersplitterung (Disjunktion) der Areale" u. a. Daraus ergibt sich die chronologisch fortlaufende Erzählung der Sippengeschichte.

Die bildliche Darstellung. Die Geschichte einer Gattung spiegelt sich oft *in der Tracht* (Habitus, Wuchsform) ihrer einzelnen Arten wider. Es kommt eigentlich nur darauf an, die

Wuchsformen „geschichtlich zu sehen". (SCHARFETTER, Pflanzenschicksale 1952, S. 16, *Gentiana*).

Tertiärzeit	Glazialzeit	Postglazialzeit
Baum	Teppichstrauch	Strauch
Salix alba	*S. retusa*	*S. caprea*
Hochwüchsige Staude	*Rosettenstaude*	Niedrige Staude
Gentiana lutea	*G. verna*	
G. asclepiadea	*G. acaulis*	
Campanula persicifolia	*C. alpina*	*C. rotundifolia*
Saxifraga rotundifolia	*S. Aizoon*	
Potentilla palustris	*P. nitida*	*P. heptaphylla*

Lebt man sich in den Gedankengang ein, in der Pflanze die Spuren ihrer Geschichte aufzusuchen, so wirkt jede Wuchsform als Ganzes wie ein im Bilde festgehaltenes Stadium des Entwicklungsganges der Gattung (Selbstporträt). SCHARFETTER, 1952, S. 16.

Die Pflanze liefert uns also ihre Selbstbiographie, illustriert mit Selbstporträten aus ihrer Geschichte. Wir müssen nur lernen, diese Aufzeichnungen zu entziffern.

b) Auch die Betrachtung der Verbreitungskarte, z. B. von *Verbascum*, Abb. 69, *Colchicum*, Abb. 66, *Fraxinus*, Abb. 56 macht uns mit einem Blick mit den wesentlichen Grundzügen der Sippengeschichte vertraut.

c) Schließlich hoffe ich, in den beigegebenem Entwicklungsschemata (*Salix*, Abb. 17, *Anemoniae*, Abb. 31 u. a. m.) eine Darstellungsform gefunden zu haben, die einprägsam ist und in ihrer Kürze und Präzision viele Seiten eines Textes zusammenfaßt und ersetzt. Eine kompliziertere Darstellung hat HANDEL-MAZETTI für *Taraxacum* gewählt (Abb. 65).

b) Die Aufgaben der Kritik.

Keine andere Teildisziplin der Botanik bedarf so sehr der Kritik als die Pflanzengeschichte, denn die Versuchung, durch übereilte Verallgemeinerungen und Hypothesen fehlende Zusammenhänge zu überbrücken und Lücken zu ergänzen, ist überaus groß. Ohne Hypothesen kommen wir in der Pflanzengeschichte nicht vorwärts; es hängt nur davon ab, daß die Tatsachengrundlage, auf die sie sich stützen, gesichert und tragfähig ist. Daher verlangen wir von der Kritik:

1. Überprüfung der Tatsachen, aus denen wir die Geschichte der Sippen ableiten, vor allem auf ihre Eignung als Bruchstücke aus der Geschichte angesehen zu werden. Die Durcharbeitung von KIRCHNER, LOEW und SCHRÖTER, Lebensgeschichte, enthält eine Unmenge von Tatsachen, aber es ist sehr schwierig, aus dieser Fülle jene Tatsachen auszuwählen, die für die Rekonstruktion der Sippen-Geschichte brauchbar und wertvoll sind.

2. Im engsten Zusammenhang damit steht die Forderung an die Kritik, auf übersehene Tatsachen und Beobachtungen hinzuweisen. Ich zweifle nicht, daß jeder Spezialist auf seinem Arbeitsgebiet Tatsachen kennt, die von geschichtlicher Bedeutung sind. So ist SERNANDERS Myrmekochorenarbeit (1906) eine Fundgrube für „Bausteine zur Geschichte der Arten". Vermehrung des Tatsachenmaterials stellt die Hypothese auf immer breitere und damit tragfähigere Basis. Es ist schade um jedes in Spezialarbeiten begrabene historisch brauchbare Detail.

3. Der Kritik bedürfen am meisten die Schlüsse, die aus den Tatsachen gezogen werden. Leider ist es leichter, eine Hypothese abzulehnen als sie durch eine andere, besser begründete zu ersetzen.

II. Die Verbreitung der Sippen.

Die Arealkunde ist eine der wichtigsten und ergiebigsten Quellen der Pflanzengeschichte. (A. ENGLER 1879, R. v. WETTSTEIN, 1898, H. MEUSEL 1943). Häufig kann man die Geschichte der Arten direkt aus der Verbreitungskarte ablesen (*Verbascum*, Abb. 69, *Colchicum*, Abb. 66). Schlüsse, die aus der Verbreitungskarte gezogen werden, tragen in der Regel weniger hypothetischen Charakter als die Schlüsse, die aus anderen Quellen abgeleitet werden.

1. Massenzentrum, Entwicklungszentrum, Genzentrum.

a) Das Massenzentrum.

Man beobachtet, daß sich die Arten einer Gattung in einem bestimmten Gebiete der Erde anhäufen (*Erica* in Südafrika). Diese Anhäufung wird durch die Statistik festgestellt. Das gegenwärtige Massenzentrum einer Gattung braucht nicht notwendig auch ihr Entstehungszentrum zu sein. Es ist ohneweiters denkbar, daß sie in ihrem Entstehungszentrum gegenwärtig ausgestorben ist. Die Sektion *Ornus* der Gattung *Fraxinus* z. B. hat ihr Entstehungszentrum in den gegenwärtig arktischen Gebieten, wie fossile Funde in Grönland beweisen, während ihr Entwicklungszentrum und Massenzentrum jetzt in den zentralasiatischen Gebirgen liegt. In anderen Fällen hat eine Gattung ihr heutiges Massenzentrum durch Formneubildung nach der Eiszeit außerhalb ihres Entstehungszentrums als sekundäres Entwicklungszentrum gebildet.

b) Das Entwickungszentrum.

MEUSEL (1943, S. 132) sagt: „Bei vielen Verwandtschaftskreisen deutet allein schon die Anordnung der Areale ihrer einzelnen Angehörigen auf die Entwicklung von einem bestimmten Zentrum aus hin. Wir sehen da um ein an stenotypen Elementen reiches Entfaltungsgebiet sich in mehr oder minder regelmäßiger Weise weiter ausgedehnte Areale gruppieren. Sehr deutlich wird z. B. die Entfaltung eines Sippenareals, wenn wir das Gesamtverbreitungsgebiet der Gattung *Verbascum* (Königskerze) durch Linien gleicher Artenzahl gliedern (Abb. 69). Da erkennt man, wie sich um einen beschränkten Bezirk, der sich durch hohe Artenzahl auszeichnet, die Arealgrenzen der weiter ausgreifenden Elemente in stufenweiser Entfernung herumlegen. Daß die *Verbascum*-Karte als Beispiel für viele andere gelten kann, ergibt sich ohne weiteres, wenn wir mit ihr die Darstellung der Verbreitung von *Colchicum autumnale* (Abb. 66), *Phyteuma* (Abb. 63) oder die Karten von *Ornithopus perpusillus* (MEUSEL, Kt. 56 d), *Oxytropis pilosa* (MEUSEL, Kt. 66 d), *Adenophora liliifolia* (MEUSEL, Kt. 25 b), *Ulex europaeus* (MEUSEL, Kt. 58 d), vergleichen.

In den meisten Fällen dürften derartige Sippenareale als Ergebnis einer von einem bestimmten Zentrum ausgehenden Entfaltung im Erdraum zu betrachten sein. Besonders gilt das für viele weiter verbreitete süd-mitteleuropäische Elemente, deren Hauptwohngebiet erst seit kurzer Zeit besiedelbar ist, so daß man kaum einwenden kann, es liegen in den betreffenden Arealen nicht Entfaltungs- sondern Reduktionsformen vor.“

„Meist liegt das Entfaltungsgebiet exzentrisch, so daß die Ausbreitung nur nach einer Richtung gefördert wurde. So können wir im Mittelmeergebiet ein südöstliches Zentrum für *Linum flavum* (MEUSEL, Kt. [= Karte] 70 b), *Cytisus* § *Tubocytisus* (MEUSEL, Kt. 70 a), südwestliches Zentrum für *Ornithopus* (MEUSEL, Kt. 56 d), *Ulex* (MEUSEL, Kt. 58 d), *Hypericum* (MEUSEL, Kt. 45 b) feststellen."

Wir fügen hier drei Karten von J. SMALL (1919) ein, die in übersichtlichster Weise, die Entwicklungszentren von zusam-

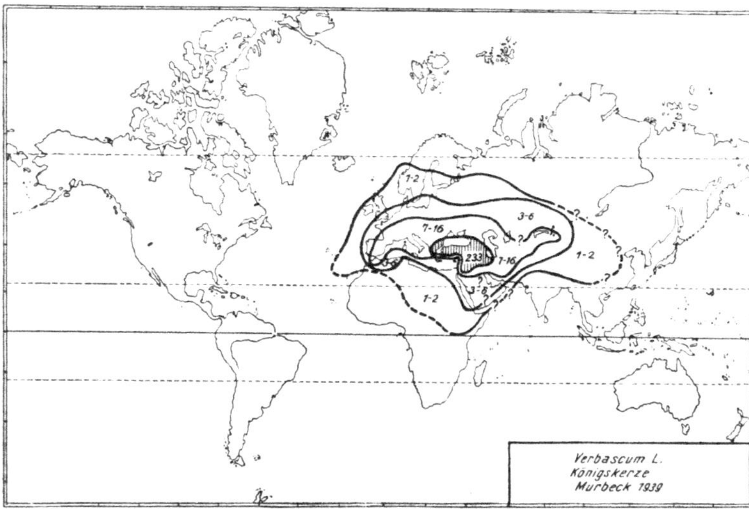

Abb. 69. Verbreitungsgebiet der Gattung *Verbascum* L.
Linien gleicher Artenzahl zeigen die rasche Abnahme der Arten von einem artenreichen Entfaltungszentrum aus.
(Aus Scharfetter, Pflanzenschicksale.)

men 21 Kompositen-Gattungen, die in Mitteleuropa Vertreter haben, darstellt.

Für die *Astereae* mit den in Mitteleuropa vorkommenden Gattungen (*Solidago, Bellis, Aster, Erigeron* und *Stenactis*) zeigt die Abb. 70 Nordamerika als Entstehungszentrum.

Für die *Eupatorieae* (*Eupatorium*) läßt die Abb. 71 Süd- und Mittelamerika als Heimat erkennen.

Für die *Cynareae* sehen wir in der Abb. 72 das Mittelmeergebiet als Entwicklungsgebiet der Gattungen *Echinops, Arctium, Saussurea, Carduus, Cirsium, Centaureau* usw.

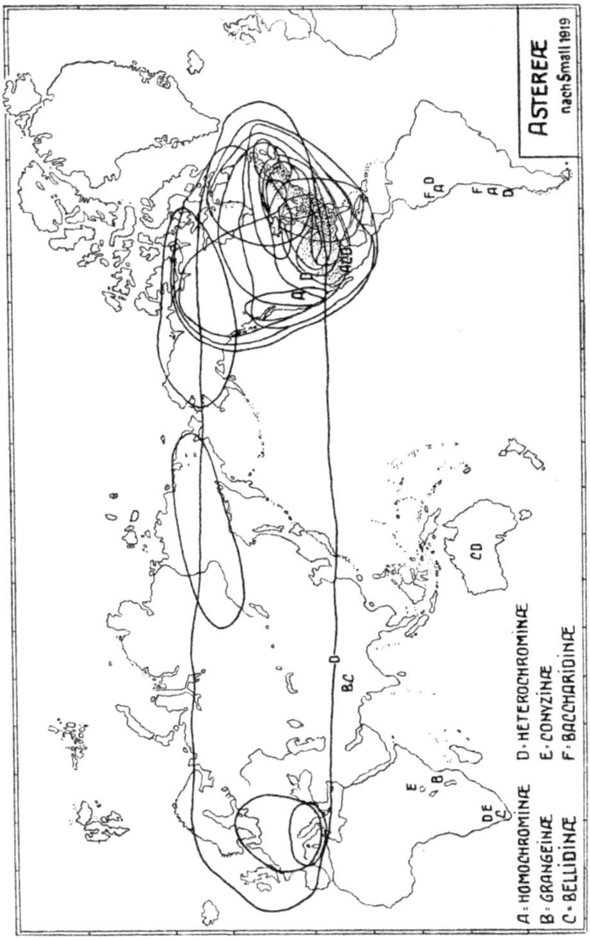

Abb. 70. Verbreitung der Kompositengruppe *Astereae*.
Das Entwicklungszentrum liegt in Nordamerika.

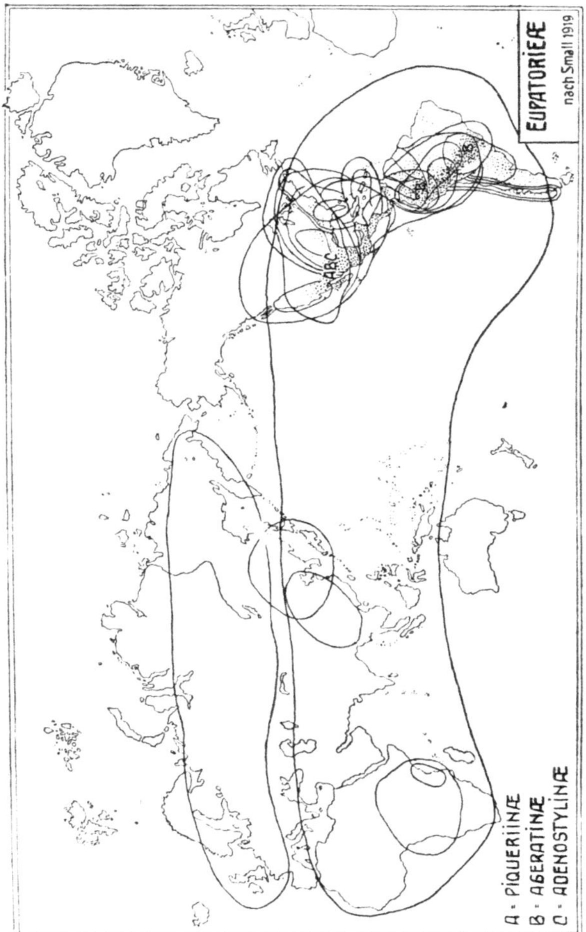

Abb. 71. Verbreitung der Kompositengruppe *Eupatorieae*. Das Entwicklungszentrum liegt in Mittel- und Südamerika.

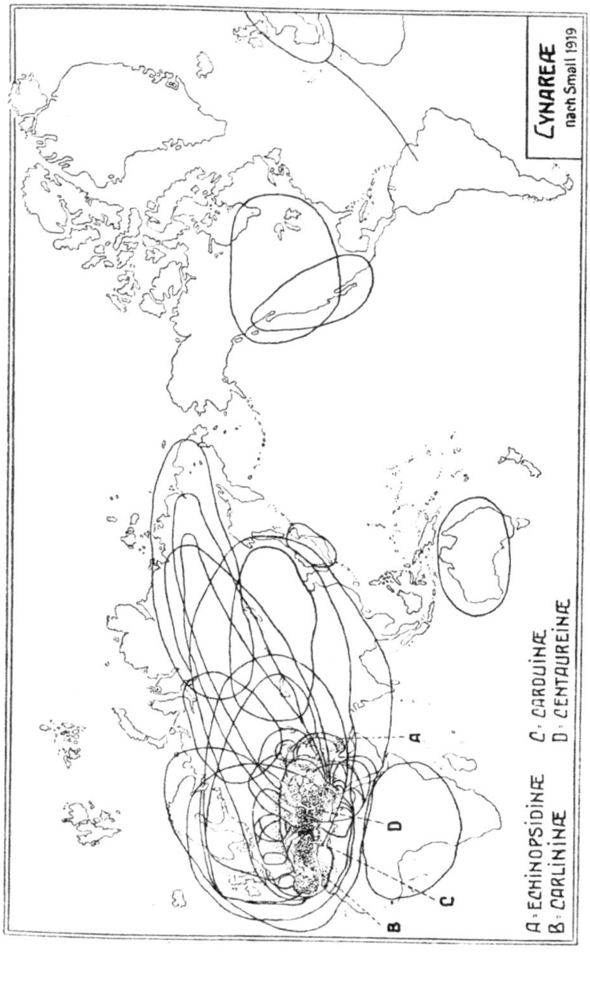

Abb. 72. Verbreitung der Kompositengruppe *Cynareae*.
Das Entwicklungszentrum liegt in den Mittelmeerländern.

Die Alpen treten im Kartenbilde als Entwicklungszentrum der Gattung *Phyteuma* (Abb. 63), *Gentiana* § *Thylacites* (Abb. 51) und § *Cyclostigma*, *Androsace*, *Primula* § *Auricula* u. a. hervor.

c) Das Mannigfaltigkeitszentrum. (Genzentrum).

Das Gebiet, in dem sich die Arten einer Gattung häufen, gilt als ihr Ursprungszentrum, das gegenüber den Randgebieten durch größere Mannigfaltigkeit, Häufigkeit der Varianten und durch Endemiten ausgezeichnet ist. Im Mannigfaltigkeitszentrum sind durch die Anhäufung der verschiedenen Arten auch die meisten Erbanlagen (Gene), die in der Gattung stecken, zu finden. (Genzentrum VAVILOV.) Im Zentrum überwiegen die dominanten Gene, während nach der Peripherie die Zahl der Rezessivtypen zunimmt. VAVILOV faßt den Prozeß der geographischen Evolution als einen Prozeß des Ausfallens der dominierenden Merkmale auf. Bei Getreidearten, Erbsen, Kiefern, finden sich dunkle Typen, die größtenteils dominant sind, in wärmeren Gegenden, die hellen Rezessivtypen in nördlicher gelegenen, kälteren Gebieten.

Die Ursprungszentren der Kulturpflanzen sind sekundäre Zentren, in denen sich Rezessivtypen anhäufen. Die Ursprungszentren der Kulturpflanzen (VAVILOV 1925) liegen durchwegs in Gebirgsländern und in der gemäßigten Zone, weil nach DE CANDOLLE die Tropen und kalten Zonen zur Bildung von Kulturen ungeeignet sind, die einen wegen Überschusses, die anderen wegen Fehlens von pflanzlichen Nahrungsmitteln, die an Stelle der erjagten tierischen zur Seßhaftigkeit führen (SCHIEMANN 1932).

Im Anschluß an die Genzentrentheorie hat sich die Merkmalsgeographie entwickelt (S. 428).

2. Einstige und heutige Verbreitung.

(Geschichtsatlas der Pflanzenwelt.)

Unsere Verbreitungskarte des Nußbaumes (Kt. 15) läßt die Geschichte des Baumes in der Tertiärzeit, Glazialzeit und Kulturzeit ablesen. Sie bringt drei Phasen seiner Geschichte zur Darstellung. MEUSEL bringt auf seiner Kt. 50 a neben der heutigen Verbreitung die interglaziale von *Ilex Aquifolium*, der Stechpalme. Ähnliche Bilder ergeben die Arealkarte von *Rhododendron ponticum* mit den fossilen Fundorten in den Alpen. Es ließen sich zahlreiche Beispiele anführen, die durch Eintragen der ehemaligen, durch Fossilien festgestellten Verbreitung in Kombination mit der heutigen Verbreitung einen „Geschichtsatlas“ der Pflanzenwelt darstellen. Vgl. *Juglans* (Abb. 15), *Fagus* (Abb. 11).

Pflanzen, die während der Eiszeit aus dem Norden nach Süden wanderten oder umgekehrt aus den Alpen nach Norden wanderten, finden sich zerstreut und vereinzelt in den Ebenen oder Mittelgebirgen Mitteleuropas (*Dryas octopetala, Betula humilis, Linnaea borealis, Trientalis europaea* u. a.). Diese abgesprengten Reliktareale erzählen uns von der Wandergeschichte der Arten.

Manchmal spiegeln die Verbreitungskarten deutlich die Wanderwege wider. Wir verweisen auf die Karten der Stromtalwanderer bei LITZELMANN (1938).

Reihen sich die Areale der einzelnen Arten einer Gattung z. B. längs der Gebirgszüge kettenartig aneinander (Kettenareale), wie sich dies bei den Gattungen *Aesculus* und *Wulfenia* verfolgen läßt, so vermittelt die Karte eine Vorstellung davon, wie im Laufe der Zeit neben der phylogenetischen Entwicklung gleichzeitig eine räumliche Entwicklung der Sippe erfolgt ist.

Die Kenntnis der ehemaligen Areale, aus denen sich die heutigen entwickelten (Chorogenese), ist eine der wichtigsten Quellen der Pflanzengeschichte, denn die heutigen klimatischen und geographischen Verhältnisse spielen für das Zustandekommen der heutigen Verbreitung nur eine ganz untergeordnete Rolle (REINIG, 1937/5), überall herrschen in der Verbreitung der Lebewesen die früheren Ursachen über die Bedingungen des gegenwärtigen Zustandes (DE CANDOLLE, 1855).

3. Die Phasen der Arealentwicklung.

Hat man den Entwicklungsgang einzelner Sippen verfolgt, so ergibt sich, daß bei aller Besonderheit der Einzelfälle doch gemeinsame Züge festzustellen sind.

Es läßt sich unterscheiden:

1. Der einphasige Entwicklungsgang, der durch keine tiefgreifenden Veränderungen der Umwelt unterbrochen oder beeinflußt war. So dürfte z. B. die Entwicklung der Gattung *Verbascum* (Königskerze) nur durch Entwicklungstendenzen, die in der Pflanze selbst liegen, erfolgt sein. Im Kartenbilde spiegelt sich diese Entwicklung durch fast konzen-

trische Linien der Artenzahlen, die von einem Massenzentrum ausgehen, wider. Die Ausbreitung erfolgte über Gebiete, die von der Eiszeit nicht gestört wurden oder sie erfolgte erst, als das Eis sich von Mitteleuropa bereits zurückgezogen hatte.

2. D e r z w e i p h a s i g e E n t w i c k l u n g s g a n g läßt sich z. B. bei den Gattungen *Anemone*, *Helleborus*, *Veronica* und zahlreichen anderen mitteleuropäischen Stauden beobachten. Im Kartenbilde ist er dadurch charakterisiert, daß disjunkten Reliktarealen kontinuierliche Areale gegenüberstehen; erstere sind die Areale der alten tertiären Arten, letztere die ganz anderer Arten, die sich erst nach und vielleicht infolge der Eiszeit gebildet haben. Wir können deshalb im Verbreitungsbilde „alte" und „junge" Arten unterscheiden.

Dieser Bruch des Entwicklungsganges läßt sich bei einer großen Anzahl unserer einheimischen Blütenpflanzen verfolgen. Ich habe versucht, ihn in Diagrammen bei den einzelnen G a t t u n g e n der Ranunculaceen darzustellen (Abb. 25).

Die zweiphasige Entwicklung finden wir auch bei F a m i l i e n gut ausgeprägt. Ich greife die Violaceen heraus, bei denen wir tropische an Artenzahl reduzierte, disjunkt verbreitete Gattungen von der jüngeren, in der gemäßigten Zone reich entwickelten Gattung *Viola* scheiden können.

Zweiphasenentwicklung erstreckt sich auch noch auf höhere Sippeneinheiten — die R e i h e n und führt zur Ausbildung von Familien, die dann für bestimmte Zonen charakteristisch sind. So führt IRMSCHER (1922, 209) an:

Capparidaceen (tropisch) — Cruciferen (gemäßigte Zone).
Araliaceen (tropisch) — Umbelliferen (gemäßigte Zone).
Trochodendraceen (tropisch) — Ranunculaceen (gem. Zone).
Myrsinaceen (tropisch) — Primulaceen (gemäßigte Zone).

Die Darstellung der Areale der korrespondierenden Familien auf e i n e r Karte bringt den entwicklungsgeschichtlichen Zusammenhang sinnfällig zum Ausdruck.

Es drängt sich der Gedanke auf, den zweiphasigen Entwicklungsgang mit einer Polverschiebung in Verbindung zu bringen, die ursprünglich tropische Gebiete in gemäßigte Zonen versetzte, deren klimatische Bedingungen die Reduktion der Artenzahl und die Disjunktion der Areale durch Aussterben von Arten verursachte und das ursprünglich geschlossene Areal aufsplitterte.

3. Anders gestalten sich die Verbreitungsverhältnisse bei Arten, die durch das Schlagwort „m e h r p h a s i g e A r e a l - E n t w i c k l u n g" gekennzeichnet sind. Bei Buche (*Fagus*),

Gliederung der Spät- und Nacheiszeit nach der Waldentwicklung in Mitteleuropa. (FIRBAS, 1939, MEUSEL, 1943, S. 109.)

Wahrscheinliche Zeitgrenzen	Zeitabschnitte (klimatisch, Namen nach BLYTT-SERNANDER)	Waldzeiten	Vorgeschichtliche Zeitabschnitte
Gegenwart etwa 800 n. Chr. bis	Nachwärmezeit kühl-feucht Subatlantikum Klimaverschlechterung	Wirtschaftsforste Buchenzeit	Geschichtliche Zeit Hallstattzeit La Tène-Zeit Hallstattzeit La Tène-Zeit
500 v. Chr. etwa 2500 v. Chr.	Späte Wärmezeit warm-trocken Subboreal	Übergang von der Eichenmischwaldzeit zur Buchenzeit	Bronzezeit
etwa 5500 v. Chr.	Mittlere Wärmezeit warm-feucht, höchste Wärme Atlantikum	Eichenmischwaldzeit	Neolithikum
etwa 8000 v. Chr.	Frühe Wärmezeit warm-kontinental Boreal Vorwärmezeit	Hasel- und frühe Eichenmischwaldzeit	Mesolithikum
etwa 18.000 v. Chr.	Kühl-kontinental mit langsamer Aufwärmung Präboreal Subarktische Zeit Glaziale Zeit	Kiefern- und Birkenzeit Waldlose Zeit	Paläolithikum (Magdalénien)

Eiche (*Quercus*), Walnuß (*Juglans*), Roßkastanie (*Aesculus*) u. a. stehen einem großen Tertiärareal (A) ein stark verkleinertes eiszeitliches Reliktareal (B) und ein erweitertes, postglaziales Areal (C) gegenüber, das oft noch durch Anpflanzung zu einem Kulturareal (D) ausgedehnt wird. Bei der Walnuß, der Roßkastanie und dem Flieder entfällt das Areal C. d. h. es erfolgte keine spontane Rückwanderung aus den eiszeitlichen Refugien, wohl aber eine Wiedereinführung in Mitteleuropa durch den Menschen.

Die nacheiszeitliche Rückwanderung.

Die nacheiszeitliche Rückwanderung der Pflanzen nach Mitteleuropa erfolgte in einer bestimmten Reihenfolge (Abb. 73). die aus pollenanalytischen Untersuchungen mit großer Sicher-

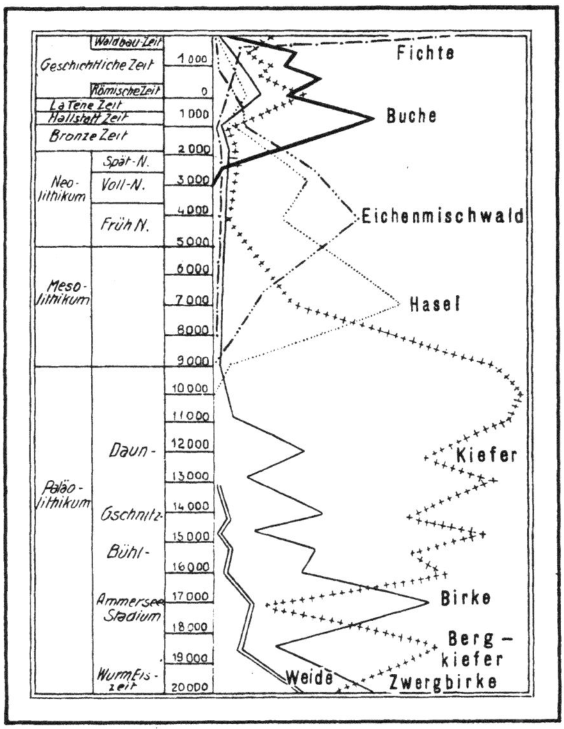

Abb. 73. Durchschnitts-Pollendiagramm von Oberschwaben. (Aus F. Bertsch, Geschichte des deutschen Waldes, 1940.)
Zeigt die Reihenfolge, in der die Bäume nach der Eiszeit in Mitteleuropa einwanderten. Die Zeitabschnitte der Nacheiszeit werden darnach als Birkenzeit, Kiefernzeit, Haselzeit usw. bezeichnet.

heit bekannt wurde, (BERTSCH, FIRBAS). Sie wird zur Gliederung der Spät- und Nacheiszeit benützt (S. 424).

Literatur.

BERTSCH, K., Geschichte des Deutschen Waldes. Jena 1940. — FIRBAS, F., Spät- und nacheiszeitliche Waldgeschichte Mitteleuropas nördlich der Alpen. Jena 1949.

4. Arealbildung und Sippenbildung.

O. SCHWARZ (1938) bringt die Arealbildung und die Entstehung der Sippen (Formen, Arten usw.) in direkten, kausalen Zusammenhang. Er unterscheidet (Abb. 74)

extensive Chorogenese und
intensive Chorogenese.

1. Die extensive Chorogenese führt bei den Blütenpflanzen zu allen Zeiten in gleicher Weise zur Bildung neuer Sippen. Sie stellt den normalen Vorgang dar.

Die Verbreitung der Arten ist in hohem Grade von den Pflanzengesellschaften, an die die Art ± fest gebunden ist, ab-

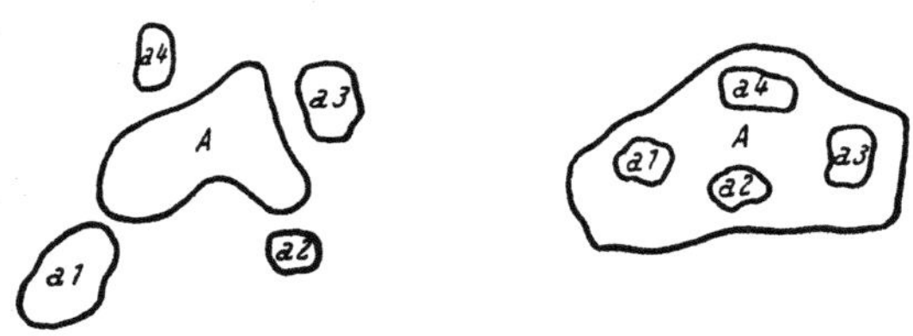

Abb. 74. Extensive Chorogenese und intensive Chorogenese.

Die Pflanzengesellschaft, an die die Sippe gebunden ist, löst sich an den Grenzen ihres Areals in Teilareale auf. Dadurch verlieren die Populationen den Zusammenhang mit ihrer Stammform *A*, werden selbständig (a_1 . . . a_4) und erhalten sich, weil keine Möglichkeit zur Rückkreuzung.	Innerhalb des Hauptareals der Sippe *A* entstanden neue Formen (a_1 . . . a_4), die sich erhalten können, wenn sie den lokalen Verhältnissen besser angepaßt sind als die Ausgangsform.
Ausbreitungsbedingte Sippenvermehrung.	Umweltgesteuerter Sippenzerfall.
Randtypen.	Isolierte Typen.
Ausbreitungstendenz.	Festhalten am Reliktstandort.
Viele Arten, junge Formen.	Wenig Arten, alte Reliktformen.
Die Gegenwart bestimmt die Genkombination.	Die Vergangenheit bestimmt die Genkombination.
Aufstrebende Gattung (z. B. *Euphrasia*).	Absterbende Gattung (z. B. *Globularia*).

hängig. Die Pflanzengesellschaft verbreitet sich über einen bestimmten Raum, der sich am Rande des Verbreitungsgebietes in einzelne isolierte Bestände auflöst. Dadurch aber werden die Bestände der Individuen — die Populationen — isoliert. Auch die Sukzession der Pflanzenbestände führt zur Isolierung einzelner Pflanzengesellschaftsflecken und damit zur Isolierung von Populationen. Die Individuen dieser isolierten Populationen haben eine geringere Kombinationsmöglichkeit der Allele, deren Zahl am Rande des Verbreitungsgebietes überhaupt kleiner ist als im Zentrum (Gefälle der Erbfaktoren) und sie haben, weil sie die jüngsten Formen sind, auch weniger Zeit zur Mutantenbildung. Es tritt also automatisch eine Festigung der Allelkombination ein, die als Ökotypus, Biotypus, Varietät weiterhin als Art in Erscheinung tritt; die primäre Art hat sich am Rande ihres Areals mit neuen selbständigen Formen umgeben (vgl. *Aquilegia, Pulsatilla* u. a.), sich zunächst in Kleinarten, dann in Arten, Sektionen usw. aufgespalten (MEUSEL 1943, S. 172, zentrifugale Progression — *Linum flavum, Cytisus* sect. *Tubocytisus, Hypericum, Verbascum,* Randabspaltungen, MEUSEL 1943, S. 175.

Die Sippenvermehrung ist also ausbreitungsbedingt.

2. Intensive Chorogenese findet sich bei Arten, die nicht mehr über irgendwelche Mutabilität verfügen, deren Entwicklung also abgeschlossen ist: „Erstarrung".

Globularis elongata (= *G. Willkommii*) zeigt auf dem isolierten Standort bei Freiburg a. d. Unstrut keine, in den Alpen dagegen eine, wenn auch eng begrenzte Variabilität. Die Pflanze hat den isolierten Standort zur Eiszeit erreicht. Die Genauswahl stellte sich auf die damalige Umwelt ein, sie stimmt daher mit den heutigen Umweltbedingungen nicht überein, es fehlt der Ausbreitungsimpuls. Es bedarf langer Zeit, um die Genkombination den gegenwärtigen Verhältnissen entsprechend aufzubauen.

Dieser umweltgesteuerte Prozeß der Biotypenbildung erzeugt schließlich klaffende Lücken in der Biotypenkette und fördert damit den Sippenzerfall. Die heutigen Arten sind Reste eines zerfallenen Formenkreises.

Auf diese Weise mag sich aus dem Formenkreis *Globularia* sect. *Empetron,* deren Arten *G. cordifolia, G. meridionalis* und *G. repens* noch eine relativ beträchtliche sowohl ökologische als auch morphologische Amplitude besitzen, die auf ausgeprägt mediterrane Kalkfelsen „spezialisierte" *G. neapolitana* herausgegliedert haben, noch mehr wurde durch diese Biotypenschrumpfung *G. stygia* isoliert, die auch das kleinste Areal aller *Globularia*-Arten besitzt.

Literatur.

SCHWARZ, O., Phytochorologie als Wissenschaft. Rep. spec. nov. Beiheft 100, Dahlem 1938. — WETTSTEIN, R., Die Flora der Balkanhalbinsel und deren Bedeutung für die Geschichte der Pflanzenwelt. 1902.

5. Merkmalsgeographie.

Eine neue, sehr erfolgversprechende Methode geschichtlicher Forschung hat O. SCHWARZ (1936) in seiner Monographie der

a) Isoporien, d. s. Linien gleicher Artenzahl, zeigen eine bizyklische Entwicklung der Gruppe an: Westalpen mit 10 Arten, Kaukasus mit 12 Arten.

b) Isopsepheren, d. s. Linien mit gleicher Merkmalszahl, zeigen durch eine niedrige Zahl der Merkmale die geringe Verschiedenheit, also nahe Verwandtschaft der Arten (z. B. Westalpen 40), durch eine hohe Merkmalszahl eine starke Verschiedenheit der Arten an (z. B. Kaukasus 80).

Abb. 75. Verbreitung der *Alchemilla*-Gruppe *Calycanthum*. Rothmaler 1938.

europäischen Eichen angewandt. Wir zeigen sie an der Hand der Entwicklung der § *Calycanthum* der Gattung *Allchemilla* nach ROTHMALER (1938).

In einer Karte werden zunächst die Linien gleicher Artenzahl (Isoporien) eingetragen (Isoporienkarte, Abb. 75 a).

In einer zweiten Karte trägt man die Linien gleicher Merkmalszahlen (Isopsepheren) ein (Isopsepherenkarte Abb. 75 b).

Aus dem Vergleiche beider Karten lassen sich Dinge zeigen, die man bei rein geographischer Betrachtung nicht vermuten konnte und die nur durch die Merkmalsanalyse in Erscheinung gebracht werden können.

Die Artenkarte (Isoporienkarte) der § *Calycanthum* zeigt eine bizentrische Entwicklung der Gruppe einerseits in den Westalpen, anderseits im Kaukasus; alle anderen Gebiete treten demgegenüber in den Hintergrund.

Die Merkmalskarte (Isopsepherenkarte) zeigt bei den Arten des Kaukasus die größte Fülle der Merkmale, außerdem aber treten Gebiete in den Vordergrund, die auf der Artenkarte sehr zurücktreten. Wir haben in den Alpen die gleichen Prozentzahlen an Merkmalen wie in den Nordkarpaten. In den Südkarpaten, in den mazedonisch-albanischen und in den bulgarischen Gebirgen aber haben wir viel höhere Zahlen, die schon denen des westlichen Transkaukasien entsprechen.

Beim Vergleich der beiden Karten ergibt sich, daß die zehn Arten der Westalpen viel geringere Unterschiede aufweisen als z. B. die vier Arten des zentralen Balkans, ja daß diese sogar noch heterogener sein müssen als die zahlreichen und mannigfaltigen des Kaukasus. Man kann diese Tatsachen so ausdeuten:

Der Kaukasus mit der größten Artenzahl und der größten Merkmalszahl (12 : 80) ist das Entstehungszentrum der § *Calycanthum.*

Die Westalpen mit geringerer Artenzahl und geringer Merkmalszahl (10 : 40) stellen ein jüngeres Entstehungszentrum dar.

Der Balkan mit niedriger Artenzahl, aber relativ sehr hoher Merkmalszahl (4 : 60) ist ein Gebiet heterogener Relikte.

Wir können aus den beiden Karten noch weitere Einzelheiten ersehen. Die § *Calycanthum* gliedert sich in zwei Serien: die *Calycine*, die als Hochgebirgstypen das gesamte Areal der § *Calycanthum* bewohnen, und die *Elatae*, die als montane Waldbewohner nur den östlichen Teil des Gesamtareals besiedeln.

Bei der Merkmalsanalyse zeigt sich, daß die *Elatae* nicht im Kaukasus allein, sondern vor allem im westlichen transkaukasischen Gebiet und in Nordost-Anatolien höhere Ziffern sowohl der Artenzahl als auch der Merkmalszahl aufweisen. Dieses Gebiet aber hat weder in den Eiszeiten noch in den folgenden Trockenzeiten seine klimatische Sonderstellung im wesentlichen verändert. Es gehört auch heute noch zu den niederschlagbegünstigten, warmen Teilen des Orients. Hier also können wir mit doppeltem Recht das Entstehungszentrum der *Elatae* annehmen.

Die *Elatae* zeigen auch nahezu alle Merkmale der gesamten Gruppe in sich vereinigt, während die Serie der *Calycinae* nur über höchstens $^2/_3$ der Mannigfaltigkeit der ersten Serie verfügt. (Die mangelnde Behaarung bei den *Calycinae* ist wohl als Genverlust zu bezeichnen, wie wir es auch bei den Gruppen von *Heliodrosium* vorzugsweise bei Hochgebirgspflanzen finden.) Dieser Genreichtum der *Elatae* zwingt auch zu der Annahme, diese Gruppe als die primäre anzusehen.

Ohne spekulativ vorzugehen, gelangen wir auf Grund des Tatsachenmaterials, das uns die Merkmalsanalyse an die Hand gibt, zu folgender Vorstellung von der Entwicklungsgeschichte der Sektion *Calycanthum*.

Die Gruppe dürfte in den tertiären Waldgebieten als Hochstaude von *Elatae*-Typus vertreten gewesen sein. Ihr Formenschwarm breitete sich auch über die tertiären Hochgebirge aus und vermischte sich untereinander und z. T. mit Arten von *Heliodrosium*. Die starke Artbildung durch Mutation und Hybridisierung dürfte gegen Ende des Tertiärs ihren Höhepunkt erreicht haben; sie wurde durch die auftretende Apogamie nach und nach zum Abschluß gebracht. Daß die Apogamie zu jener Zeit, zu Beginn der Eiszeit, eingetreten sein muß, geht aus den zahlreichen Disjunktionen hervor, die nicht anders zu erklären wären.

Durch das Vordringen des Inlandeises im Diluvium wurden die alten großen Areale zerstört; die einzelnen Formen erhielten sich in Rückzugs- oder besser Erhaltungsgebieten. Die wichtigsten Erhaltungsgebiete für diese Waldpflanzen dürften in unserem Falle der Balkan und Nordost-Anatolien gewesen sein. Bei den hochalpinen Arten müssen wir aber auch die in der Nähe der vergletscherten Gebirge liegenden Zonen als Erhaltungsgebiete betrachten.

So sind in ganz Europa mit Ausnahme des Balkans die alten tertiären Waldpflanzen vernichtet worden; nur die *Calycinae* der Alpen konnten sich von *Calycanthum* in Südfrankreich, in Ungarn und im Alpenvorland erhalten. Sie besiedelten dann nach dem Zurückgehen des Eises die wieder frei gewordenen Gebirge und wurden dann natürlich in den niedrigen Lagen durch das Wechseln des Klimas und die damit eintretende Bedeckung des Landes mit höherer und dichterer Vegetation vernichtet. So erklären sich alle die Disjunktionen in den Pyrenäen und den mitteleuropäischen Gebirgen. Ähnliches ereignete sich in Kleinasien.

Die *Elatae* als Tiefenbewohner oder richtiger als Pflanzen der Wälder oder waldnaher Gebiete litten unter dem vordringenden Eise naturgemäß viel stärker. Sie wurden viel weiter nach Süden gedrängt, außerhalb des Balkans und Kleinasiens wurden sie durch das Eis vernichtet. Nach der Eiszeit setzte eine neue Zeit der Verbreitung ein, die bald durch die Versteppung des östlichen Mittelmeergebietes unterbrochen wurde. Nur an wenigen bevorzugten Stellen des Balkans hielten sich einige Arten als Relikte und in Kleinasien hat die Gruppe auch nur in den ostpontischen, feuchteren Gebieten eine größere Bedeutung erlangt. Auch hier sind ihrer Verbreitung Grenzen gesetzt worden, einerseits in der Trockenheit des Großteils der Gebiete, anderseits in der Kälte der höheren Lagen. Nur wenige, stärker an die Trockenheit angepaßte Typen, z. B. *A. mollis*, haben eine größere Ausdehnung ihrer Areale erreicht. Diese Art hat sich sogar in Ungarn in einem kleinen, vom Klima begünstigten Gebiete Siebenbürgens aus dem Tertiär bis auf unsere Tage erhalten können.

Auch hier bei *Alchemilla* zeigt es sich, daß wir es in den Eiszeiten wohl weniger mit einer Verschiebung der Areale, als vielmehr mit einer Vernichtung und Zersplitterung großer Areale, die sich im günstigen Klima des Tertiärs gebildet hatten, zu tun haben.

6. Verbreitungsregeln.

a) WETTSTEIN (1898).

Nahe verwandte Sippen schließen sich arealmäßig aus. Entfernt verwandte Sippen mischen sich arealmäßig.

b) WILLIS, J. C. (1918). Age and Area (Alter und Areal).

Solange in einem einheitlichen Gebiete die Lebensbedingungen konstant bleiben, hängt die geographische Verbreitung einer Art von ihrem Alter ab, d. h. alte Arten haben ein großes, junge Arten ein kleines Areal. Dagegen läßt sich sagen: alte Arten (Stammesrelikte) besiedeln oft sehr kleine Areale (konservative Endemiten), junge, z. T. erst postglazial entstandene Arten verbreiten sich weithin über die ehemals vereisten Gebiete (*Helleborus*, *Aquilegia* usw.).

c) BEWS (1925, Plant forms and their evolution in South Africa).

Primitive Sippen bewohnen primitive Standorte (tropischen Wald, Flußufer, Sümpfe, Gebirge), junge Sippen junge Trockengebiete (Halbwüsten, Wüsten). Die Einjährigen sind die jüngsten Blütenflanzen und bevorzugen Kulturland (Ruderalflora).

d) TISCHLER (1937) — HAGERUP (1932).

Polyploidie macht die Arten für Besiedlung unwirtlicher Gegenden geeignet. Polyploide Rassen haben ein größeres Areal als diploide (S. 533).

e) SCHWARZ, O. (1938, Phytochorologie als Wissenschaft).

α) Weder Arealgröße noch Arealform sind eine unmittelbare Funktion der Verbreitungsmittel.

β) Die meisten Pflanzen verbreiten sich gesellschaftsgebunden. Soziologisch begründete Arealgrenzen, z. B. Waldpflanzen.

γ) Der relativen Einheitlichkeit eines Lebensraumes entspricht eine relative Vielseitigkeit der Formen. Große Artenzahl einer Gattung im gleichen Lebensraum. *Potamogeton*, *Verbascum*.

δ) Das Areal der Parasiten ist stets kleiner als das der Wirtpflanzen.

ε) Die Erbeinheiten und Merkmale einer Art nehmen vom Verbreitungszentrum gegen die Ränder ab. Genzentrentheorie, S. 421.

ζ) IRMSCHER, 1922.

η) Das Areal ist das Resultat aus Erbanlagen (Konstitution), Umwelt (Milieu) und Geschichte der Art.

III. Pflanzenschicksale.

Die wesentlichen Züge der Entwicklung der Pflanzenwelt sind schicksalhaft mit dem Ablauf der geologischen Geschichte der Erde seit der Kreidezeit verknüpft. Infolge der großen kosmischen Veränderungen erfuhren zwangsläufig — und darin liegt das Schicksalhafte — auch die Standortsbedingungen der Pflanzen einschneidende und umstürzende Veränderungen, deren Auswirkungen wir an Beispielen im ersten Teil verfolgt haben und hier kurz zusammenfassen wollen.

1. Kosmische Veränderungen.

Nach A. WEGENER (1915) sind vor allem zwei Ereignisse Ursache dieser Veränderungen.

1. Polverlagerung. Infolge der wechselnden Neigung der Erdachse zur Erdbahn, die eine Verlagerung der Pole zur Folge hatte, lag Mitteleuropa im Devon und Karbon in der tropischen Regenzone, im Perm in einer Trockenzone, in Trias und Jura in der gemäßigten Regenzone, in der Kreide und zu Beginn des Tertiärs wieder in der tropischen Regenzone. (Abb. 76.)

Vom Eozän an hat Deutschland bis in die große Eiszeit sämtliche Klimate durchlaufen: aus der Tropenzone durch den Savannenwüstengürtel in die gemäßigte Regenzone und schließlich in die Polarzone, ein Vorgang, der durch die fossilen Funde aufs beste bestätigt wird (IRMSCHER, 1922, S. 35).

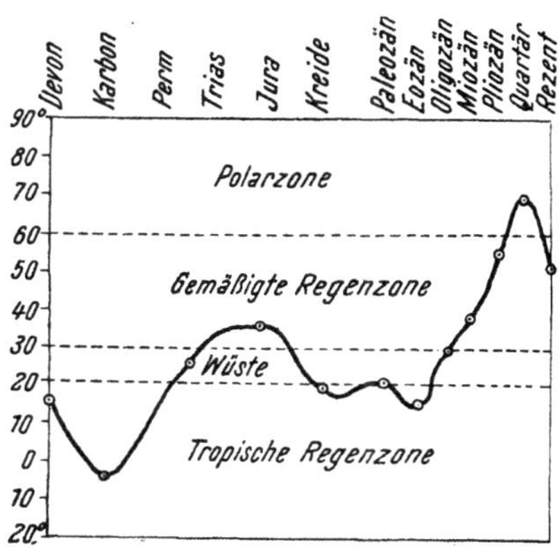

Abb. 76. Die Breitenlage Mitteleuropas im Laufe der Erdgeschichte. A. Wegener, 1920.

2. Kontinentalverschiebung. Die ursprünglich bis in die Trias einheitliche Landmasse der Erde zerfiel in mehrere Schollen, die sich voneinander trennten. Im Jura erfolgte die Abtrennung Australiens und die Loslösung der Antarktis von Südafrika. In der Kreide löste sich Südamerika von der Urscholle. Im Laufe des Quartärs setzt die Abwanderung Nordamerikas nach Westen ein.

2. Wirkungen dieser Veränderungen auf die Pflanzenwelt.

SCHINDEWOLF (1950, S. 36) vertritt die Ansicht, daß kosmische Änderungen nicht die Ursache der Bildung neuer Tier- und Pflanzenformen sind. Diese sind durch Mutation bereits vor Eintritt der Veränderung — wenigstens in der Anlage — entstanden. Während viele Mutationen unbemerkt ausgelöscht werden, erweisen sich einige unter den neuen Umweltverhältnissen als biologisch wertvoll und werden nunmehr durch Auslese gefördert.

Ich kann dafür ein gutes Beispiel anführen.

Die meisten Stauden haben ein Sympodium, das bauplanmäßig als Blütenstandssympodium bedingt ist. Der Ersatz der im Herbst absterbenden Sprosse erfolgt im nächsten Frühjahr durch zahlreiche Seitensprosse des unterirdischen Stammes. Infolge dieses Bauplanes kann sich die sympodiale Staude in ein Klima mit einer Unterbrechung der Vegetationszeit (gemäßigtes Klima, Gebirgsklima Steppenklima) einfügen; sie braucht keine tiefgreifende Änderung ihrer Wachstumsweise vorzunehmen. Entstehung der Kräuter. S. 447.

Das kosmische Ereignis ist nicht Ursache des Staudenwuchses, es fördert nur seine Auslese.

Die Wirkung der kosmischen Veränderungen nach der Tertiärzeit war teils negativer Natur, indem ein Teil der Flora ausstarb oder nur in Resten zurückblieb, teils aber auch positiver Natur, indem sie Anstoß gaben zu neuer Entwicklung und Formenentfaltung. Es lassen sich mehrere Fälle unterscheiden:

a) Arten, Gattungen, ja ganze Familien sterben aus.

b) Andere Sippen fügen sich ein (Coniferen, S. 1).

c) Wieder andere Sippen weichen aus (Oleaceen, S. 336).

d) Andere Sippen entwickeln neue Arten (Salicaceen, S. 74). Gentianaceen, S. 312).

Besonders tiefe Spuren haben in der Entwicklung der Pflanzensippen hinterlassen:

a) Der Übergang der Pflanzen aus einem tropisch-subtropischen Klima in ein gemäßigtes Klima. Vgl. „Vom Holzgewächs zur Krautpflanze", S. 441.

b) Der Übergang vom gemäßigten zum arktischen Klima. Eiszeit, Glazialpflanzen, Verbreitungslücken in Europa.

c) Die Aufrichtung der Gebirge (*Gentiana* § *Thylacites*, § *Cyclostigma*).

d) Das Austrocknen der Tertiärmeere (Aufblühen der Einjährigen und Xerophyten).

e) Die Trennung Amerikas von Eurasien. Sonderentwicklung (*Fraxinus*, *Quercus*).

f) Die Klimaänderung im Postglazial (*Gentiana* § *Endotricha*).

Die Klimaänderungen wirken sich auf die Pflanzenwelt vor allem darin aus, daß die Vegetationszeit, die in der tropischen Regenzone (wenn wir von den tropischen Trockengebieten absehen) das ganze Jahr hindurch ununterbrochen andauert, in den gemäßigten Zonen durch Kältezeiten und außerdem z. T. durch Trockenzeiten (Mittelmeergebiet) unterbrochen wird. Dabei wird die Vegetationsdauer von zwölf Monaten auf sechs Monate in der gemäßigten Zone und auf drei Monate in der kalten Zone eingeschränkt. Die Jahresmitteltemperatur geht von 20° auf 10°, bzw. 5° zurück, die Temperaturschwankungen nehmen immer mehr zu, die Lichtverhältnisse (S. 523) gehen vom Kurztag in den Langtag über usw.

Wie groß muß die Variationsbreite der ökologischen Ansprüche der einzelnen Sippen sein, um solch einschneidende Änderungen zu überstehen! Muß nicht die alte, einfache (monopodiale) Lebensform des tropischen Baumes als schwerbeschädigter Krüppel, vielfach verstümmelt in der Form der Triebe (sympodiale Verzweigung, Kurztriebe) und der Wachstumsweise (unverzweigter Jahrestrieb, S. 456) aus diesem Kampfe hervorgehen! Je eingehender man diesen Kampf der Pflanze mit der Umwelt verfolgt, umso großartiger und bewunderungswerter erscheint der Sieg des unbedingten Behauptungswillens der Pflanzen.

Irmscher (1922), dem wir eine eingehende Studie über diese Fragen verdanken, hat sich auch mit den Wirkungen der Klimaänderungen auf die Pflanzenwelt beschäftigt.

Eine Klimaverbesserung begünstigt die Erweiterung des Areals, weil durch Eisfreiwerden eines Gebietes Neuland geschaffen wird und weil Schotterflächen, Moränen, Felsen u. a. Standorte konkurrenzlose Standorte sind. Hochalpenpflanzen gewöhnen sich leichter an ein wärmeres Klima als Pflanzen niederer Lage, z. B. der Laubholzregion, an Höhenlagen. Es erfolgt Einwanderung in ein Gebiet mit dezimierter Flora.

Eine Klimaverschlechterung hat ungünstigere Folgen. Das Eis nimmt Raum weg. Die Flora wird in Gebiete mit geschlossener Vegetationsdecke verdrängt. Die Anpassung an ein ungünstigeres kaltes Klima ist schwieriger als umgekehrt.

Diese für Mitteleuropa vor und nach der Eiszeit geltenden Besiedlungsverhältnisse können in entsprechender Abänderung auch auf die Verhältnisse bei der Aufrichtung der Gebirge, Trockenlegung der Tertiärmeere u. a. übertragen werden.

Besonders tiefgreifende Wirkungen der Verschlechterung des Klimas im Laufe und am Ende der Tertiärzeit waren:

1. Die Regelung der Rhythmik des Laubwechsels nach der Klimarhythmik der gemäßigten Zone (S. 515) und im unmittelbaren Zusammenhang damit.

2. Die Verarmung und Entmischung des Tertiärwaldes, der im Gegensatz zu den artenarmen mitteleuropäischen Wäldern der Gegenwart sehr artenreich war. UNGER (1870) hat nachgewiesen, daß in der Tertiärflora von Leoben, Bilin, Radoboj jedes zweite oder dritte Laubblatt einer anderen Gattung angehört, in der rezenten Flora dagegen erst jedes achte oder neunte. Der Tertiärwald war ein aus Nadel- und Laubhölzern gemischter Wald; immergrüne und laubabwerfende Bäume (S. 514) wuchsen, weil die Lebensdauer des Blattes nur von der Eigenrhythmik bestimmt war, zusammen. Am Ende der Tertiärzeit erfolgte die Sonderung beider Baumtypen, indem die laubabwerfenden Bäume einer strengen Auslese unterzogen wurden; z. T. starben sie aus, z. T. paßten sie sich der Rhythmik des neuen Klimas an (S. 515), zum allergrößten Teil aber wichen sie den unwirtlichen Verhältnissen aus und wanderten nach Süden. Am Ende des Tertiärs erfolgt die Entmischung der Tertiärwälder, die bei der Rückwanderung der Waldbäume aus den Refugien zu der fast völligen Scheidung der Wälder in Nadel- und Laubwälder der Gegenwart führt (PODPĚRA, 1935). Die Reihenfolge der rückwandernden Bäume (Abb. S. 426) ist durch ihre Klimaansprüche, die auch die Lage ihrer Refugien und damit die Länge des Weges bei der Rückwanderung bestimmen, durch ihre von den Verbreitungseinheiten (Nuß, Flügelfrucht) abhängige Wandergeschwindigkeit, durch ihr Mannbarkeitsalter usw. streng geregelt. (BERTSCH, 1940, FIRBAS, 1949.)

3. Anhäufung der Laubstreu. Bildung einer Humusdecke. In den Tropen vermodert das abgefallene Laub rasch; es findet keine Anhäufung statt. In den gemäßigten Zonen aber häuft sich Humus an und führt zur Entwicklung von Humuspflanzen, Saprophyten. Unterirdische Ausläufer.

4. Ausnützung der Schneeschicht als Schutzschichte. Chamäphyten.

5. Die Ausbildung vieler mitteleuropäischer Pflanzengesellschaften erfolgt erst nach der Tertiärzeit, besonders die soziologisch so wichtige Schichtenbildung. Vgl. Buchenwald (KELLER, 1896, LÄMMERMAYR, 1923).

6. Mit der Ausbildung der Pflanzengesellschaften entstehen auch soziale Anpassungen. Myrmekochorie (SERNANDER, 1906). Gesellschaftsgebundene Entwicklung der Pflanzenformen.

7. Änderungen der Wuchsformen. a) Von der Holzpflanze zur krautigen Pflanze. S. 441. b) Zwangssympodium.

Absterben der Triebspitzen bei Holzpflanzen. *Salix.* c) Verkürzung der Internodien: Kurztrieb, Rosetten. Etagenwuchs.

8. Erschwerte generative Vermehrung, Ersatz durch vegetative Vermehrung; ihre Mannigfaltigkeit bei der rasch aufblühenden krautigen Flora. Ausläuferbildung (vgl. 5). Parthenogenese. *Alchemilla,* S. 212.

9. Neubildung von Formen durch Polyploidie. *Biscutella.* S. 533.

IV. Über die Lebensformen.

1. Einleitung.

Jede Art muß im äußeren und inneren Bau, sowie in ihren Lebenserscheinungen im Einklang mit den Umweltbedingungen stehen. Sie besitzt, um leben zu können, eine bestimmte „Lebensform" (WARMING), die sich einerseits in Tracht und Gestalt, d. h. in ihrer Morphologie, anderseits im Ablauf ihrer Lebenserscheinungen, d. h. in ihrer Phänologie, ausprägt. Wir können Tracht und Gestalt als Wuchsform, den Ablauf der Lebenserscheinungen als Wachstumsweise bezeichnen. Der Begriff „Lebensform" umfaßt daher Gestalt und Wachstumsweise, während „Wuchsform" ein rein morphologischer Begriff ist.

Dabei gebührt der Wachstumsweise der Vorrang, denn Wuchsform ist gewachsene Form, d. h. die Art des Wachstums, z. B. gestörtes oder ungestörtes Wachstum, bestimmt die Wuchsform, wenn wir zunächst die jeder einzelnen Sippe zugrundeliegende Erbwelt vernachlässigen. Wie das Weichtier seine Schale, das Protoplasma seine Zellwand und damit seine Zellform ausbildet, so bestimmt die Wachstumsweise die Wuchsform. So findet z. B. der periodische Wechsel von Arbeit und Ruhe seinen morphologischen Ausdruck in der Wuchsform: im laubabwerfenden Baum, in der Zwiebel, im Wurzelstock usw. Die statische Morphologie wird durch die phänologische Betrachtung zur dynamischen Morphologie.

Die verschiedenen Systeme der Lebensformen, die richtiger als Systeme der Wuchsformen zu bezeichnen sind, weil sie die Wachstumweise wenig berücksichtigen, sind auf statischer Grundlage aufgebaut (REITER, 1885, WARMING, 1895, RAUNKIAER, 1905, DRUDE, 1913, GAMS, 1918, S. 339, u. a.).

Wir greifen das System RAUNKIAERS (1905) heraus, der seine Hauptgruppen nach dem Grade des Knospenschutzes während der ungünstigen Jahreszeit (Trockenzeit, Winter) anordnet.

1. Phanerophyten: Knospen über dem Boden.
2. Chamäphyten: Knospen nahe dem Boden.
3. Hemikryptophyten: Knospen am Boden.
4. Geophyten: Knospen im Boden (Rhizom, Knolle, Zwiebel).
5. Helophyten: Sumpfpflanzen.
6. Hydrophyten: Wasserpflanzen, Knospen im Wasser.
7. Therophyten: Einjährige Pflanzen, Knospen überdauern nicht.

In ihrer Entwicklung und Entstehung, also dynamisch betrachtet, sind die Phanerophyten durchwegs Holzgewächse, deren Knospen sich hoch über dem Boden, frei in der Luft befinden. Sie sind in den Tropen entstanden, wo die Knospen keines Schutzes bedürfen (nackte Knospen). Bei Übertritt in die gemäßtigten und kalten Zonen erhalten die Knospen sekundär meist durch Niederblätter eine schützende Hülle, Knospenschuppen, die für unsere laubabwerfenden Bäume und Sträucher charakteristisch sind.

Chamäphyten, Hemikryptophyten und Geophyten sind im Großen gesehen Erzeugnisse der gemäßigten Zonen. Die Knospen befinden sich nahe, am oder im Erdboden.

Wieder gilt der Satz SIMROTHS: „Alle großen Züge der Entwicklung der Organismen haben ihre äußeren Ursachen und hängen mit bestimmten allgemeinen Änderungen unseres Erdkörpers zusammen."

Als die Tropenpflanzen durch eine Polverlagerung in die gemäßtigten Zonen zu liegen kamen, war die Gefahr der Vernichtung der vegetativen Knospen groß — aber gleichzeitig kommen gerade in diesen Zonen Schutzdecken zur Entwicklung, die den Tropen fehlen.

1. Die Schneedecke schützt die nahe und am Erdboden befindlichen Knospen. Pflanzenteile, die über die Schneedecke herausragen, erfrieren, bzw. vertrocknen (*Rhododendron*). Wachstumshemmungen im Herbst verursachen eine Hemmung der Internodienbildung, viele mitteleuropäische Pflanzen überwintern mit grundständigen Blättern, bzw. Blattrosetten.

2. Die Laub-Humusdecke. Es besteht ein direkter Zusammenhang zwischen dem herbstlichen Laubfall und der Entstehung der Geophyten. Der Stamm wird von Laub und dessen Zersetzungsprodukten, dem Humus, zugedeckt, es kommt

„automatisch“ zur Bildung des unterirdischen Stammes (Rhizom, Knolle). Humusbildung ist aber charakteristisch für die gemäßigte Zone; in der Tropenzone bildet sich wenig oder kein Humus, weil die Abfallstoffe der Pflanze rasch zersetzt werden. Zunächst bleibt die Knospe nahe am Boden (Hemikryptophyten); bei stärkerer Laub-, bzw. Humusanhäufung kommt es zur Bildung der Geophyten. Bei diesen würde die Endknospe bei Weiterwachsen des Sprosses allmählich aus der Erde herauskommen und des Humusschutzes entbehren. Wurzelzug aber zieht die Endknospe in den Boden und regelt ihre Höhenlage.

Die aus den Tropen hervorgegangenen Pflanzen müssen sich also mit diesen neuartigen Bodenverhältnissen auseinandersetzen, sich anpassen. Es treten Änderungen in der Ernährungsweise ein, die wir durch die Schlagworte: Humuspflanzen, Halbsaprophyten, Saprophyten (Moderpflanzen), Parasiten (Schmarotzer) andeuten und für die in der Familie der Pirolaceen Beispiele zu finden sind (vgl. *Scrophulariaceae: Euphrasia, Veronica, Melampyrum*, auch Insektivoren u. a.).

Eine besondere Anpassung an die Humusanhäufung ist die Verpilzung der Wurzeln (Mykorrhiza), die wahrscheinlich zur Stickstoffaufnahme dient und für alle *Ericales* charakteristisch ist. Wichtig ist, daß bei den auf sandigem Boden wachsenden *Pirola*-Arten der Pilzmantel viel schwächer ist und auf lehmigem Untergrund ganz fehlt (HEGI, V/3, S. 1570).

Die Humusdecke fördert vegetative Vermehrung, da sich in der Humusschichte Verzweigungen der Grundachse und unterirdische Ausläufer ausbreiten können. Die Kürze der Vegetationszeit in der gemäßigten Zone und das Zurücktreten der Insekten, besonders zur Eiszeit, erschweren die Vermehrung durch Samen und steigern die Bedeutung der vegetativen Vermehrung.

3. Die Staub-, Sand-, Lößdecke, die sich in Trockengebieten anhäuft, überdeckt und schützt die vegetativen Knospen; als Lebensform bildet sich die Zwiebel aus.

Die unterirdischen Gebilde werden in vielen Fällen als Speicherorgane ausgebildet, deren Füllung und Entleerung dem Rhythmus der Jahreszeiten folgt.

Schon einleitend wurde gesagt, daß die Lebensformen im Einklang mit den Umweltbedingungen stehen müssen, daß die

Pflanzen an diese angepaßt sind oder, dynamisch ausgedrückt, daß sie sich an die Umwelt anpassen.

Dabei sind die Umweltbedingungen in einer gegebenen Zeitperiode der Erdgeschichte das Feststehende, Unabänderliche, während die Pflanze in ihrer Gestalt und Lebensäußerung plastisch und veränderlich ist; sie kann sich den gegebenen Lebensbedingungen anpassen, sie kann sich in sie einfügen oder sie kann ihnen durch Abwanderung ausweichen, wenn sie nicht zugrunde gehen und aussterben soll.

Wie sich die Pflanze mit den Umweltbedingungen abfindet, das entscheidet ihre Erbmasse, die diese Aufgabe in verschiedener Weise löst. So kommt es, daß dieselben klimatischen und edaphischen Bedingungen recht verschiedene Lebensformen hervorrufen, bzw. beherbergen, so finden wir im Klima der gemäßigten Zone oder auf einer Schutthalde nicht eine, „die beste mögliche", sondern verschiedene Lebensformen.

Winter der gemäßigten Zone	Schutthalde in den Alpen.
Nadelbaum (Fichte).	Schuttwanderer (Täschelkraut, *Thlaspi*).
Laubabwerfender Baum (Buche).	Schuttüberkriecher (Alpenleinkraut, *Linaria*).
Staude	Schuttstrecker (Gemswurz, *Doronicum*).
überwinternde Blattrosette (Löwenzahn),	Schuttdecker (Silberwurz, *Dryas*).
einziehende (Brennessel),	Schuttstauer (Alpenmohn, *Papaver*).
Wurzelstock (Buschwindröschen),	
Knolle (Herbstzeitlose),	
Zwiebel (Schneeglöckchen).	
Einjährig (Hirtentäschel).	

Das Klima setzt ein Ziel, das die Pflanze, wenn sie existieren soll, erreichen muß. Zielstrebigkeit. Das Klima ändert sich im Laufe der Erdgeschichte; der Pflanze werden neue Ziele gesetzt (Tertiärzeit, Eiszeit, Jetztzeit). Damit ist der Anstoß gegeben, neue Formen, besonders Wuchsformen — zu entwickeln.

Die Fragestellung „unter welchen Bedingungen tritt die Polsterform auf" ist falsch. Es muß schon in der Fragestellung das Erbgut berücksichtigt werden, z. B. „Unter welchen Bedingungen treten bei den Leguminosen die verschiedenen Wuchsformen auf?".

Weil das Erbgut der Pflanze die Grundform der Lebensformen bestimmt, bin ich der Überzeugung, daß die Entwicklung der Lebensform jeder einzelnen Sippe für sich betrachtet werden muß. Trotzdem empfiehlt es sich, schon um häufige Wiederholungen zu vermeiden, die Entwicklung gewisser Grundtypen von Lebensformen übersichtlich zu betrachten und nachzuforschen, welche Entwicklungsgesetze dem einzelnen Typus zugrunde liegen.

2. Die Lebensformen der Blütenpflanzen.

a) Holzgewächse und krautige Pflanzen.

Im Jahre 1879 hat A. Engler in einem zweibändigen Werke die Entwicklung der Pflanzenwelt seit der Tertiärzeit übersichtlich dargestellt und dieses Werk ist bis auf unsere Tage grundlegend für dieses Problem geblieben.

Im Jahre 1914 veröffentlichten Sinnott und Bailey eine Studie, die an Bedeutung Englers Werk gleichkommt. Es gewährt höchsten geistigen Genuß, beide Werke miteinander zu vergleichen und die Fortschritte unserer Kenntnisse und Erkenntnisse in dem Zeitraum von 35 Jahren miteinander zu vergleichen.

Da diese Abhandlung, deren Bedeutung für pflanzengeschichtliche Forschungen nicht genug betont werden kann, nur dem Fachmann zugänglich ist, halte ich es für nützlich, sie aus der Fülle der botanischen Literatur durch einen kurzen Auszug hervorzuheben und in den Mittelpunkt künftiger Forschung zu stellen.

Die Verfasser gehen davon aus, die ehemals verbreitete Meinung, daß die ursprünglichen Angiospermen krautig waren und daß sich die Holzpflanzen durch Zunahme und erhöhte Aktivität des Cambiums aus krautigen Pflanzen entwickelt haben, richtig zu stellen.

Hallier hat 1905 zuerst die Ansicht ausgesprochen und begründet, daß die Holzpflanzen älter sind und die Kräuter sich von diesen durch Vereinfachung und Reduktion ableiten. Er sagt (S. 86): „Schon bei Berberidaceen, Menispermaceen und *Clematis*-Arten trennen sich die einzelnen Gefäßbündel der Achse durch Verbreiterung der Markstrahlen und bei den Nymphaeaceen (auch Piperaceen und Chloranthaceen) kommt es bereits durch weiter gehende Verbreiterung der Markstrahlen, durch frühzeitige Einstellung der Tätigkeit des Cambiums, sowie durch Auftreten weiterer Kreise von Gefäßbündeln zur Ausbildung des Monocotylentypus.

SINNOTT und BAILEY schließen sich dieser Auffassung an und bringen dafür Nachweise aus

1. der Paläobotanik,
2. der Anatomie,
3. der Phylogenie,
4. der Pflanzenverbreitung.

1. Palöobotanik. Die Bärlappe (Lycopodiaceen) und Schachtelhalme (Equisetaceen) besitzen mit wenigen Ausnahmen deutlich sekundäres Holz und in der Mehrzahl Baumform. Die gegenwärtigen Brachsenkräuter (Isoëtaceen) und Schachtelhalme sind durchwegs krautig mit Spuren eines Cambiums bei *Isoëtes* und *Equisetum*. In diesen Familien stammen die krautigen Formen zweifellos von holzigen ab.

Fast alle Reste der ältesten Angiospermenflora sind Holzpflanzen. Der Einwand, daß die Hölzer und die Blätter von Bäumen und Sträuchern wahrscheinlich besser geeignet sind, sich fossil zu erhalten als die zarteren Blätter der meisten Krautpflanzen, ist nicht überzeugend, denn fossile Krautpflanzen finden sich bereits spärlich in der mittleren Kreide (*Plantago*, Cyperaceen), vom Tertiär an aber reichlich (in der Schweiz nach HEER 24% der Angiospermenflora).

2. Die Anatomie lehrt, daß das Kambium aller Gefäßpflanzen mit sekundärem Wachstum ursprünglich als gleichförmige und zusammenhängende Schicht auftritt und daß die Scheidung in einen „faszikulären" Teil, der Holz erzeugt, und einen „intrafaszikulären" Teil, der Parenchym erzeugt, eine verhältnismäßig junge Bildung ist.

Der geschlossene Holzring, der den Stamm aller Bäume und Sträucher charakterisiert, muß daher als der ursprünglichere Typus betrachtet werden als der vielbündelige Krauttypus.

Obwohl der vielbündelige, aus zahlreichen getrennten Gefäßbündeln bestehende Krautstamm häufiger als andere Typen auftritt, kann er nicht als der Typus schlechtweg aller Kräuter betrachtet werden, denn viele Arten und oft ganze Familien besitzen einen zusammenhängenden und ununterbrochenen Gefäßbündelzylinder. Die Caryophyllaceen, Phytolaccaceen, Guttiferen, Lythraceen, Onagraceen und Polemoniaceen sind Familien, in denen die krautigen Formen durch einen soliden Ring primären und sekundären Holzes charakterisiert sind.

Der anatomische Bau des Holz-, bzw. des Krautstammes ist nur der sichtbare Ausdruck verschiedener Wachstumsvorgänge.

Der Hauptfaktor bei der Entwicklung des Krautstammes scheint ein Nachlassen der Tätigkeit des Cambiums zu sein. Beim Aufbau des Holzstammes bleibt das Cambium dauernd in Tätigkeit, während bei den Krautpflanzen seine Tätigkeit rasch abnimmt und bald ganz zum Stillstand kommt. Dieses Nachlassen ist (häufig) von einer Verbreiterung der Markstrahlen und (seltener) von einer Zunahme des Parenchyms zwischen den Gefäßbündeln begleitet.

Es drängt sich mir (Verfasser) sofort die Frage nach der Ursache dieser verschiedenen Tätigkeitsintensität des Cambiums auf. Ich erblicke sie im Klima, wobei in diesem Schlagwort zahlreiche Einzelfaktoren zusammengefaßt sind. Zweifellos wird die Tätigkeit des Cambiums vom Klima beeinflußt. Dem gleichmäßigen tropischen Klima entspricht eine gleichmäßige Cambiumtätigkeit, die im gleichmäßigen Dickenwachstum des tropischen Holzstammes ihren sichtbaren Ausdruck findet; Jahresringe sind schlecht ausgebildet oder fehlen, während der Klimarhythmus der gemäßigten Zone sein Abbild in den Jahresringen des Stammes findet, d. h. im günstigen Abschnitt der Jahresperiode findet eine erhöhte, im ungünstigen Abschnitt eine geringere Tätigkeit des Cambiums statt.

Wie für viele andere biologischen Erscheinungen sehen wir auch für die Cambiumtätigkeit beim Übertritt der Pflanze aus der tropischen in die gemäßigte Zone zwei Möglichkeiten:

a) Aufnahme des Kampfes mit den geänderten Lebensbedingungen, Anpassung an den Klimarhythmus, Anschwellen und Absinken der Cambiumtätigkeit: Holzpflanze mit Jahresringen.

b) Aufgabe des Kampfes, Abnahme und schließlich Einstellung der Cambiumtätigkeit, keine weitere Ausbildung des Xylems (Holzteiles): krautige Pflanze.

Die Vorstellung, die Verholzung des Stammes auf die Tätigkeitsintensität des Cambiums zurückzuführen und diese mit dem Klima der Umwelt in Verbindung zu bringen, wird auch durch die Tatsache gestützt, daß krautige Pflanzen bei entsprechendem Klima, z. B. im Laufe des Sommers oder im Mittelmeerklima verholzen, d. h., daß die Tätigkeit des Cambiums in der Krautpflanze wieder auflebt (*Cheiranthus Cheiri*).

Es ist eine allgemein gültige biologische Regel, daß funktionslose Organe mehr oder weniger rückgebildet werden. Es scheint daher verständlich, daß mit schwindender Tätigkeit des Cambiums auch das Cambium selbst verschwindet.

3. Die Phylogenie (Stammesgeschichte) der Angiospermen zeigt, daß ihre Vorfahren, die Gymnospermen, durchwegs Holzpflanzen waren. Als älteste Angiospermen gelten die Amentiferen oder die *Ranales*. Die Amentiferen sind jetzt durchwegs Holzpflanzen mit Ausnahme der Saururaceen und einzelner Piperaceen und Chloranthaceen, auch die *Ranales* sind fast zur Gänze holzig mit Ausnahme der Ranunculaceen, gewisser Berberidaceen und von zwei Wasserfamilien. In jedem Falle wird die Ansicht gestützt, daß die primitiven Angiospermen entweder Bäume waren oder mindestens ausgeprägt sekundäres Wachstum besaßen und daher nicht krautig waren. In Ordnungen und Familien, die sowohl Kraut- als Holzpflanzen besitzen und bei denen es mit einer gewissen Sicherheit möglich ist, das relative Alter der Formen zu ermitteln, sind die primitiveren Typen viel häufiger holzig als die jüngeren (Leguminosen, Violaceen, Umbellifloren: Araliaceen-Umbelliferen, Boraginaceen, *Potentilla*). Ganz allgemein haben in Familien mit holzigen und krautigen Formen, die holzigen Formen einen primitiveren Blütenbau als die krautigen.

Wir zählen bei den Dikotylen (Zweikeimblättrigen Pflanzen):
240 Familien, davon sind
121 Familien = 50% Holzgewächse,
35 Familien = 15% teils holzig, teils krautig,
84 Familien = 35% Krautgewächse.

Zu ausschließlich krautigen Familien gehören von in Mitteleuropa heimischen Familien die

Nymphaeaceen	Callitrichaceen	Orobanchaceen
Ceratophyllaceen	Hippuridaceen	Lentibulariaceen
Resedaceen	(Pirolaceen)	Adoxaceen.
Droseraceen	Primulaceen	

Es fällt sofort auf, daß die meisten dieser Familien entweder Parasiten, insektenfressende Pflanzen oder Wasserpflanzen enthalten, also ökologische Spezialisten, die nicht primitiv sind.

Bei den Monokotylen ist die Entwicklung der beiden Wuchsformen ganz anders erfolgt. Man nimmt an, daß sich die Monocotylen aus einem relativ alten, aber doch bereits krautigen Grundstock von Dikotylen, wahrscheinlich direkt aus Wasserpflanzen (vgl. *Halorrhagis*) entwickelt haben. Die holzigen Monokotylen sind sekundär aus krautigen Formen entstanden und entsprechen nicht den primitiven holzigen Dikotylen. Die Entwicklung der monokotylen

Kräuter scheint sehr weit zurückzuliegen und erfolgte unter viel gleichmäßigeren klimatischen Bedingungen als sie heute auf dem Großteil der Erde herrschen und daher in einer klimatischen Umgebung, die ganz verschieden von der war, die wir als Ursache für das Entstehen der meisten dikotylen Kräuter ansehen.

4. Die gegenwärtige Verbreitung der Holz-, bzw. Krautpflanzen auf der Erde läßt einwandfrei erkennen, daß in der Dikotylenflora der herrschende Typus

in der nördlich gemäßigten Zone — die Kräuter,

in der tropischen Zone — die Holzpflanzen

sind. Dieser große Gegensatz tritt in den Verhältniszahlen der Kräuter deutlich hervor.

Temperierte Zone	Artenzahl	Zahl d. Kräuter	% d. Kräuter
Großbritannien (Hooker)	927	821	89
Frankreich (Cusin-Ansberger)	3.924	3.492	89
Deutschland (Engler)	1.117	947	85
Schweiz (Schinz-Keller)	1.899	1.726	91
Rußland (Ledebur)	14.704	12.588	86
Norwegen (Blytt)	857	741	86
Island (Stefanson)	221	200	90
Ellesmereland (Simmons)	76	71	93
Tropische Zone			
Brasilien (Mueller)	15.981	4.092	26
Brasilien, Amazonas allein	2.209	265	12
Tropisches Afrika	8.577	3.560	42
Britisch Indien (Hooker)	10.454	4.344	42
Ceylon (Trimen)	1.793	670	37
Java (Koorders)	3.188	867	27

Ein Vergleich der Verhältniszahlen der Kräuter in verschiedenen Familien ergibt dieselbe Grundtatsache.

Kräuter in der temperierten und tropischen Zone in Prozentzahlen.

Familien	Nördl. gem. Zone	Brasilien	Indien	Trop. Afrika
Amarantaceae	100%	79	44	84
Leguminosae	90	22	38	41
Euphorbiaceae	95	14	10	29
Violaceae	100	6	52	18
Lythraceae	100	30	42	76
Convolvulaceae	100	42	52	65
Verbenaceae	100	20	4	7
Rubiaceae	100	20	30	19
Compositae	100	39	91	80

Diese Tabelle liefert eine recht gute Charakteristik der einzelnen Familien. Wir sehen daraus z. B., daß sämtliche Rubiaceen der nördlich-gemäßigten Zone krautig sind, während in Brasilien nur 20% der Rubiaceen-Arten krautig und daher 80% Holzpflanzen sind.

Aus der starken Bevorzugung des tropischen Klimas durch die holzigen Angiospermen können wir schließen, daß auch ihre Entstehung in der späten Jurazeit oder frühen Kreidezeit in einem tropischen Klima erfolgte. Die starke Entwicklung der krautigen Pflanzen in der gemäßigten Zone ist wahrscheinlich von der zunehmenden Abkühlung des Klimas im Verlaufe der Tertiärzeit abhängig, weil sie befähigt sind, Kälteperioden unterirdisch oder als Samen zu überleben.

Die Krautflora hat deshalb durch die Eiszeit weniger gelitten als die Holzpflanzen. Die Holzflora wurde in Europa mehr zerstört als in Nordamerika, weil sie in Europa nicht so leicht nach Süden ausweichen konnte (Querriegel der Pyrenäen, Alpen, Balkangebirge). Aus dem gleichen Grunde war die Zahl der Rückwanderer nach der Eiszeit in Nordamerika größer als in Europa.

Es gibt 16 Familien von Bäumen, Sträuchern und holzigen Lianen, die in Nordamerika, nicht aber in Europa nördlich der Alpen einheimisch sind, nämlich: Annonaceen, Bignoniaceen, Calycanthaceen, Cyrillaceen, Ebenaceen, Hamamelidaceen, Juglandaceen, Lauraceen, Leitneriaceen, Magnoliaceen, Menispermaceen, Platanaceen, Sapindaceen, Sapotaceen, Styracaceen, Theaceen.

Dagegen sind fast alle krautigen Familien Nordamerikas auch in Europa nördlich der Alpen vorhanden.

Die borealen Länder besaßen v o r d e r E i s z e i t etwa je z u r H ä l f t e Holzpflanzen, bzw. Krautpflanzen; heute besitzt

Japan	46% holzige,	54% krautige Pflanzen,
Nordamerika	24% holzige,	76% krautige Pflanzen,
Europa	12% holzige,	88% krautige Pflanzen.

Es zeigt sich, daß Japan, dessen Flora durch die Eiszeit am wenigsten litt, das alte, tertiäre Zahlenverhältnis zwischen Holz- und Krautpflanzen (50 : 50) am besten bewahrte und daß in Europa, das durch die Eiszeit am meisten betroffen wurde, die stärkste Verschiebung des Zahlenverhältnisses zugunsten der Krautflora stattfand, weil in Europa die Holzpflanzen in größerer Zahl ausstarben.

Diese Verbreitungstatsachen führen zum Schluß, daß die krautigen Typen sich in der nördlich gemäßigten Zone hauptsächlich in Anpassung an die fortschreitende Abkühlung des Klimas am Ende der Tertiärzeit entwickelten. SINNOTT und BAILEY zeigen weiter, daß die Mehrzahl der krautigen Gattungen in der nördlichen Halbkugel entstand und sich von hier auf die südliche Halbkugel verbreitete. So finden sich in Australien als Einwanderer aus der nördlichen Halbkugel Arten der Gattungen *Rumex*, *Stellaria*, *Ranunculus*, *Draba*, *Viola*, *Rubus*, *Potentilla*, *Daucus*, *Mentha*, *Galium*, *Bidens* u. a.

Der Hauptfaktor bei der Entwicklung der Kräuter ist die Abkühlung des Klimas in den beiden gemäßigten Zonen. Wahrscheinlich entstanden die ältesten Kräuter in Gebirgsregionen, weil hier die ungünstigen klimatischen Faktoren zuerst wirksam wurden. Daß die Abnahme der Temperatur als Hauptursache bei dem Entstehen der Kräuter anzusehen ist, wird durch die Tatsache bezeugt, daß Familien mit holzigen Formen die befähigt sind, Kälte zu ertragen meist keine Kräuter enthalten, z. B. die Betulaceen, Fagaceen, Myricaceen, Salicaceen, Thymelaeaceen, Tiliaceen, Aceraceen, Aquifoliaceen, Rhamnaceen, Empetraceen und Ericaceen. Von Natur aus gegen Kälte abgehärtet, haben sie es nicht notwendig, den krautigen Wuchs anzunehmen. Die empfindlicheren Familien anderseits, welche einst in den nördlichen Regionen lebten, haben entweder Kräuter entwickelt oder sie sind ausgestorben (z. B. Juglandaceen, Hippocastanaceen, Oleaceen u. a.).

Die große Mehrzahl der Kräuter hat sich wahrscheinlich auf den Landmassen der nördlich-gemäßigten Zone, und zwar zuerst auf den Gebirgen entwickelt. Kräuter wurden auch in Gebirgsregionen der Tropen (Anden, Hochgebirgsländer Afrikas, Alpen von Neuseeland) entwickelt. In der letzteren Region ist z. B. die Reduktion der Gattung *Veronica* von Bäumen durch alle Übergänge der Verkümmerung zu parennierenden Kräutern erfolgt. Viele tropische Tieflandkräuter stammen aus den Gebirgen. Andere haben sich in Anpassung an den Wechsel von feuchter und trockener Jahreszeit oder aus anderen Ursachen entwickelt. Viele Kräuter in Wüsten und Trockengebieten sind in Anpassung an die Diskontinuität der Niederschlagsmenge entstanden. Tropische Pflanzen wurden krautig oder halbstrauchig durch Annahme der kletternden Wuchsform.

Diese kletternden Typen sind wesentlich verschieden von den Bodenkräutern der gemäßigten Zonen.

Nach der Entstehungsart können wir unterscheiden:

1. Temperierte Kräuter der nördlich gemäßigten Zone infolge der Abkühlung des Klimas am Ende der Tertiärzeit.

2. Gebirgskräuter: *Veronica, Gentiana, Primula.*

3. Trockenheitskräuter: Niederschlagextreme in Südafrika, West-Australien.

4. Tropische Monsunkräuter: Wechsel von Trocken- und Regenzeiten. *Peperomia.*

7. Monocotyle Kräuter.

Dieselbe Vorstellung von der Entwicklung der Lebensformen finden wir bei IRMSCHER (1922, S. 227), der kurz und bündig sagt:

„Die Blütenpflanzen haben in der Tropenzone der Jura-Kreidezeit ihren Ursprung genommen; sie sind zweifellos baumartige Gewächse gewesen, die ihren Ursprung sicher in einem warmen, keinesfalls in einem kalten Klima genommen haben, denn der Baum ist die idealste Verkörperung einer ungestörten Lebensführung, in die erst später ein extremer Wechsel von feucht und trocken, kalt und warm seine Spuren eingegraben hat. Die anderen Lebensformen von den Sträuchern bis zu den Einjährigen sind Prägungen ungünstiger Standortsverhältnisse."

Die Natur ist so mannigfaltig und geht in der Entwicklung so verschiedene Wege, daß sich auch für die entgegengesetzte Ansicht, im Holzgewächs nicht ein Anfangsstadium, sondern ein Endstadium in der Entwicklung der Lebensformen zu sehen, Stützen und Beispiele finden lassen.

Jede Holzpflanze ist in ihrem Jugendstudium eine krautige Pflanze. Die Ontogenie ist die kurze Wiederholung der Phylogenie. Die Verholzung ist gewissermaßen eine Alterserscheinung. In der ununterbrochenen Vegetationszeit der Tropen und in wärmeren Gegenden tritt die Verholzung häufiger ein, als in der gemäßigten Zone, in der der Sproß häufig abfriert bevor er verholzt.

WIESNER (1905, S. 181) leitet die Holzgewächse von krautartigen Pflanzen ab. „Der Übergang von krautartigen in Holzgewächse bereitet sich dadurch vor, daß die Pflanze blattreich wird, das ältere Laub so beschattet durch das jüngere wird, daß es nicht mehr assimilieren kann und infolgedessen abgeworfen wird. Durch reichlichere Ausbildung von axillaren Laubtrieben wird ein weiterer Schritt zu dieser Umwandlung von krautigen Pflanzen in Holzgewächse gemacht."

Es ist nicht notwendig, sich für eine der beiden Ansichten zu entscheiden, denn die Natur ist nicht an e i n e n Weg gebunden. Ich möchte nach meinen Beobachtungen bei einzelnen Familien die Vermutung aussprechen, daß in der E n t w i c k l u n g d e r D i k o t y l e n der Weg v o m H o l z g e w ä c h s z u m K r a u t, dagegen bei den M o n o k o t y l e n der Weg v o m K r a u t z u r H o l z p f l a n z e häufiger eingeschlagen wurde. Die Lebensform der Holzpflanze ist eben nicht einmal, sondern wiederholt im Entwicklungsgange der Landpflanzen entstanden, dafür spricht ja auch der ganz verschiedene anatomische Bau des monokotylen und dikotylen Stammes.

D i e V e r h o l z u n g i s t überhaupt kein Glied im Sinne einer phylogenetischen Entwicklungsreihe, sondern e i n ö k o l o g i s c h e s M e r k m a l, das im Entwicklungsgang einer Sippe in Anpassung an äußere Verhältnisse auftritt, z. B. bei den Rosaceen in phylogenetisch entfernten Gattungen *Spiraea*, *Rosa*, *Pirus*, *Prunus*.

b) D i e L e b e n s f o r m e n d e r H o l z g e w ä c h s e.

Baum und Strauch.

Die Holzgewächse können in der Wuchsform des Baumes oder des Strauches (in den Tropen auch als Lianen) auftreten. Die Lebensform des Baumes entsteht bei Förderung der Seitenknospen an der S p i t z e der Hauptachse (akrotone Förderung), die des Strauches bei Förderung der Seitenknospen an der B a s i s (basitone Förderung). Weil im Winter der gemäßigten Zone und auf den Gebirgen die Knospen an der Basis durch die Schneedecke geschützt sind, ist es verständlich, daß sich hier Sträucher und Sträuchlein in großer Zahl finden, daß Familien wie die Salicaceen und Betulaceen hier die Lebensform des Strauches ausbilden. Zweige von der Alpenrose (*Rhododendron)*, die über die Schneedecke hinausragen, frieren ab.

Die Verzweigung der Holzgewächse.

Dem Rate WETTSTEINS folgend wollen wir in der Besprechung der Verzweigung die beobachteten Tatsachen scharf von Erschlossenem trennen.

K. FRITSCH teilt die Holzgewächse nach ihrer Verzweigung in vier Typen, die ich durch Auseinanderlegung des Typus III auf fünf Typen erweitere.

α) Der Hauptstamm ist unverzweigt und durch einen terminalen Blütenstand begrenzt. Sehr selten, bei Palmen *Corypha*.

β) Der Hauptstamm ist unverzweigt, wächst an der Spitze unbegrenzt weiter, die Blütenstände stehen in den Achseln der Blätter des Hauptstammes. Mehrzahl der Palmen, Cycadinen, *Ravenala*.

γ) Der Hauptstamm ist monopodial verzweigt; die Zweige entwickeln sich gleichfalls monopodial weiter. Dieses Verhalten ist charakteristisch für unsere Coniferen, für *Gnetum, Ephedra, Dracaena*, die Bambusen und für viele Dikotyle (*Fraxinus, Acer* u. a.).

δ) Falsche Dichotomie, die stets nur neben normaler monopodialer Verzweigung vorkommt, zeigen *Syringa, Philadelphus, Aesculus, Viscum* u. a.

ε) Der Hauptstamm ist ebenso wie seine Nebenachsen sympodial verzweigt. Dieser Typus findet sich hauptsächlich bei Dikotylen mit schraubiger Blattstellung (*Ulmus, Carpinus, Fagus, Tilia, Robinia* u. a.).

Die Typen α), β) und γ) besitzen ein Monopodium, d. h. ein einfaches Sproßsystem mit einheitlicher Hauptachse:

Die Typen δ) und ε) besitzen ein Sympodium. Es fehlt die einheitliche Hauptachse. Diese wird aus einer Folge von Seitensprossen zusammengesetzt.

Wir bleiben noch immer völlig auf dem Boden der Tatsachen, wenn wir die Verzweigungsformen des Sproßsystems nach ihrer Wachstumsweise charakterisieren. Wir ersetzen dabei einfach die statische Beschreibung durch die dynamische Beschreibung, d. h. wir schildern die gewordene Form durch die gestaltende Wachstumsweise, die Wuchsform als Ergebnis besonderer Wachstumsweisen.

α) Die Hauptachse wächst dauernd — unbegrenzt — weiter, bis sie mit einer Blüte (einem Blütenstand) endet und damit abstirbt. Hieher gehören alle hapaxanthen Gewächse (S. 461). Es sind meist krautige Pflanzen, doch selten auch Bäume, wenn die Hauptachse verholzt und erst nach Jahren mit einer Blüte abschließt.

β) Die Hauptachse wächst unverzweigt dauernd — unbegrenzt — weiter, denn die Blüten (Blütenstände) entstehen seitlich-axillär.

γ) Die Hauptachse wächst dauernd — unbegrenzt — weiter und verzweigt sich. Die Blüten (Blütenstände) mit ihrem beschränktem Wachstum entstehen seitlich-axillär. Von der Gruppe β unterscheidet sich diese Wachstumsweise dadurch, daß die Hauptachse sich verzweigt und die Seitensprosse zum Teil unbeschränktes Wachstum (vegetative Sprosse), zum Teil beschränktes Wachstum (fertile Blütensprosse) zeigen. Dabei unterscheidet man nach der Internodienlänge Langtriebe (meist vegetative Sprosse) und Kurztriebe (meist fertile Sprosse). Die Langtriebe setzen die Verzweigung des Baumes theoretisch unbegrenzt fort und bilden die Krone des Baumes aus, die Kurztriebe beschließen ihr Wachstum mit der Ausbildung der Blüten. In die vegetativen Langtriebe können aber auch Stücke mit gekürzten Internodien eingeschaltet sein — man spricht dann von Kurztriebketten.

Bei gegenständiger Knospen- und Blattstellung können wir zwei Fälle unterscheiden:

Der Hauptsproß endet mit einer Terminalknospe, die sich zur endständigen Blüte (Blütenstand) weiter entwickelt und damit ihr Wachstum beendet, die beiden Seitenknospen setzen das Wachstum und die Verzweigung fort (*Viburnum*).

δ) Der Hauptsproß endet mit einer Terminalknospe. die vegetativ weiter wächst, aber bald abstirbt. Die Seitenknospen entwickeln Triebe, die mit einem Blütenstand enden. aber ihrerseits Seitenknospen tragen, die die Verzweigung fortsetzen (*Syringa*).

ε) Die Hauptachse stirbt ab. Manchmal ist noch eine rudimentäre Endknospe zu beobachten. Hieher gehören meist Bäume mit schraubiger Knospenbildung. Die oberste Seitenknospe wächst weiter und setzt die Hauptachse fort (Sympodium).

Versuchen wir, diese Wachstumsweisen und die sich aus ihnen ergebenden Verzweigungsformen zu deuten, so entsprechen die Wachstumsweisen, deren Hauptachse dauernd weiter wächst, einem ungestörten Wahstumsvorgange, wie er in einem gleichmäßigen Klima zu erwarten ist: monopodiale Wachstumsweise, z. B. *Sambucus* (Abb. 77). Wir sprechen somit von einer tropischen Wachstumsweise. Damit stimmt auch überein, daß die von FRITSCH als Beispiele angeführten Pflanzen entweder heute die Tropen bewohnen (Palmen, Bambusen, *Ravenala*) oder tropischer Abkunft sind (Koniferen S. 1, Aceraceen S. 336, Oleaceen, S. 227).

Die Wachstumsgruppen δ) und ε) sind durch Absterben der Hauptachse gekennzeichnet. Von größtem Interesse ist, daß die Terminalknospe der Hauptachse sich noch in Spuren entwickelt, vorzeitig abfällt, vertrocknet oder erfriert (*Syringa*, Abb. bei TROLL 1935, S. 103, *Ulmus*, Abb. 21). Das deutet auf Störungen des Wachstums hin. Wir bringen die Störungen (der Ernährungsverhältnisse?) mit dem Vorkommen in der gemäßigten Zone in Zusammenhang. Extratropische Wachstumsweise. Die zwecklose Ausbildung von Knospen, bzw. Triebresten deutet darauf hin, daß die Pflanzen ursprünglich in einem gleichmäßigen (tropischen) Klima entstanden sind und erst beim Übertritt in ein durch die wechselnden jahreszeitlichen Bedingungen gekennzeichnetes Klima in ihrem Wachstum gestört wurden. Wo in der Tropen- und Subtropenzone Regenzeiten mit Trockenzeiten wechseln, kommt es ebenfalls zu Störungen, deren Folgen dieselben wie in der gemäßigten Zone sind.

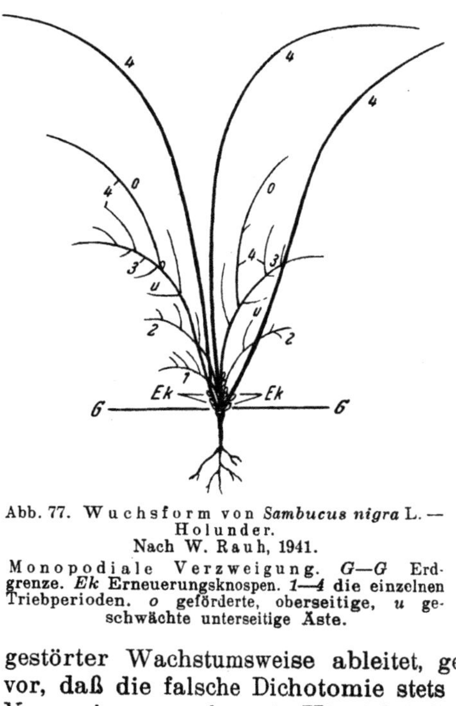

Abb. 77. Wuchsform von *Sambucus nigra* L. — Holunder. Nach W. Rauh, 1941.
Monopodiale Verzweigung. *G—G* Erdgrenze. *Ek* Erneuerungsknospen. *1—4* die einzelnen Triebperioden. *o* geförderte, oberseitige, *u* geschwächte unterseitige Äste.

Daß sich Gruppe δ) (falsche Dichotomie) von monopodialer, ungestörter Wachstumsweise ableitet, geht deutlich daraus hervor, daß die falsche Dichotomie stets nur neben monopodialer Verzweigung vorkommt. Hinsichtlich der geographischen Verbreitung ist dabei interessant, daß die angeführten Beispiele *Syringa*, *Philadelphus*, *Aesculus* und *Viscum* der wärmeren (subtropischen) bzw. tertiären Flora angehören. Gruppe δ vermittelt also zwischen α), β), γ) einerseits und ε) andererseits, d. h. zwischen der tropischen und der extratropischen Wachstumsweise.

Als phänologischen Urtypus sehen wir den dauernd wachsenden Sproß an. Er wächst dauernd, aber nicht mit gleichmäßiger Geschwindigkeit, sondern seiner Eigenrhythmik folgend bald schneller, bald langsamer, wie es die verschiedene Länge der Internodien anzeigt.

Der dauernd wachsende Sproß ist morphologisch ein Monopodium und gehört klimatisch der Tropenzone an, die ein dauerndes ungestörtes Wachstum gestattet. Wir sprechen von tropischer Wachstumsweise.

Kommt der tropische, dauernd wachsende Sproß in ein Klimagebiet mit Wachstumsunterbrechung durch Trockenheit oder Kälte, so sind mehrere Fälle denkbar und in der Natur realisiert:

1. Die Endknospe erliegt den ungünstigen Klimaeinflüssen: sie stirbt ab. Ein Vordringen aus der tropischen Zone in die gemäßigten Zonen ist solchen Pflanzen nicht möglich (Palmen).

2. Die Endknospe des Sprosses überdauert ohne weiteren Schutz (nackte Knospen), die ungünstige Jahreszeit; der Sproß setzt nach der Unterbrechung im Winter sein Wachstum im Frühjahr fort (*Juniperus*). Monopodium.

3. Die Endknospe wird durch Knospenschuppen geschützt und dadurch befähigt, die ungünstige Jahreszeit zu überstehen (die meisten *Coniferae Acer*, *Fraxinus*), Monopodium.

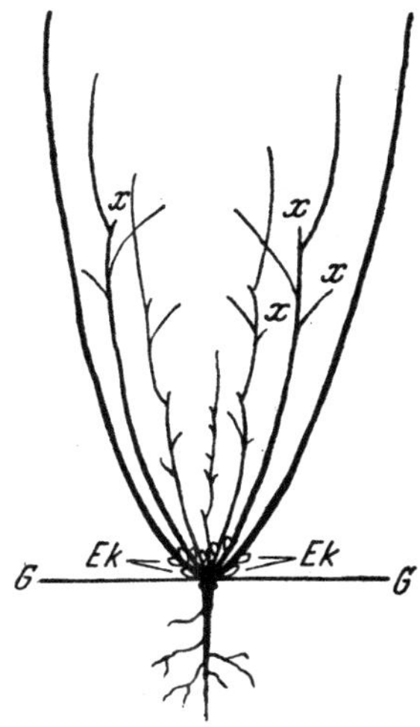

Abb. 78. Wuchsform von *Corylus Avellana* L. — Hasel. Nach W. Rauh, 1941. Sympodiale Verzweigung. *G—G Erdgrenze*, *Ek* Erneuerungsknospen, *x* Ende des Jahrestriebes.

4. Die Endknospe des Sprosses stirbt ab, die Fortsetzung des Sprosses wird auf die Seitenknospen übertragen: sympodiale Wachstumsweise z. B. *Corylus* (Abb. 78). Man kann sich vorstellen, daß die Seitenknospen weniger empfindlich als die Endknospe sind, weil sie älter und damit widerstandsfähiger sind. Wir erhalten in morphologischer Bezeichnung das Sympodium als Monochasium bei schraubiger Blattstellung (Linde) als Dichasium bei dekussierter Blattstellung (Flieder). (Vgl. den Abschnitt Phänologie S. 494.)

In diesem Falle ist das Sympodium als Hemmungssympodium zu bezeichnen, weil seine Entstehung durch die Ungunst des Klimas verursacht wurde. Zur Beendigung des Wachstums des Sprosses kommt es auch, wenn dieser mit einer

Blüte oder einem Blütenstand sein Wachstum abschließt. Dann erfolgt die Fortsetzung des Sprosses ebenfalls durch Seitenknospen; es entsteht ein Sympodium, das wir im Gegensatz zum Hemmungssympodium als Blütenstandssympodium bezeichnen wollen. Seine Entstehung liegt im Bauplan der Pflanze und entzieht sich einer geschichtlichen Erklärung.

Wie eng der sympodiale Bau mit der Blütenbildung zusammenhängt, ist auch daraus zu ersehen, daß sehr häufig, sowohl bei Holzpflanzen (z. B. *Aesculus*, Roßkastanie) als auch bei Wurzelstöcken der Stauden (*Polygonatum*, *Anemone*) die Sproßfortsetzung zunächst monopodial ist und bei Eintritt der Blühbarkeit sympodial wird.

Welche Vorteile bietet die Sproßfortsetzung durch Seitenachsen (Sympodium) gegenüber der Sproßfortsetzung durch die Hauptachse (Monopodium)? Warum ist sie besonders vorteilhaft für Pflanzen der gemäßigten Zonen und für diese geradezu charakteristisch?

1. Endet die Hauptachse mit einer Blüte und erfolgt keine Fortsetzung durch Seitenachsen, so ist damit das Wachstum der Pflanze beendet. Endständige Blüten(stände) sind daher für die gemäßigte Zone wenig geeignet, weil es für Pflanzen dieser Zone von Vorteil ist das Wachstum durch viele Jahre zu erhalten.

2. Die Fortsetzung der Hauptachse ist in der gemäßigten Zone nur dann möglich, wenn die Endknospe winterhart ist, wie das z. B. bei den Nadelhölzern der Fall ist.

3. Bei Sproßfortsetzung durch die Hauptachse ist alles auf eine Karte (eben die Endknospe) gesetzt; bei der Sproßfortsetzung durch Nebenachsen ist die Möglichkeit der Sproßfortsetzung vervielfacht. Friert z. B. die Axillarknospe des obersten Blattes ab, so kann die des folgenden Blattes als Ersatz eintreten.

4. Die Ausbildung axillarer Laubsprosse bei sommergrünen Gewächsen (gemäßigte Zone) ist nach Wiesner (1905, S. 177) im Vergleich zu immergrünen Gewächsen (tropische Zone) begünstigt — es besteht also ein direkter Zusammenhang:

immergrün — Sproßfortsetzung durch die Hauptachse,
sommergrün — Sproßfortsetzung durch Nebenachsen.

Bei dieser Betrachtungsweise gewinnt die Charakterisierung der Gymnospermen, bzw. Angiospermen durch Wettstein (1933, S. 539) erhöhte Bedeutung:

„Während bei den Gymnospermen ausschließlich ausdauernde Holzpflanzen sich finden, treten bei den Angiospermen neben diesen krautige Pflanzen auf, in vielen Familien sogar in auffallend großer Zahl; diese sind bald ein- bis zweijährig (Kräuter), bald parennierend (Stauden), bei welchen insbesondere unterirdische Wurzel- und Stammgebilde (Knollen, Rhizome, Zwiebel und dgl.) zur Ausbildung gelangen, die den Gymnospermen fehlen. Monopodiale Verzweigung wird seltener, sympodiale häufiger."

Wir kommen wieder zum selben Schlusse: Die Angiospermen mit ihren mannigfachen Wuchsformen verdanken ihre Entstehung dem Übertritt der Pflanzen aus der tropischen Zone mit ihrem ungestörten Wachstum in die gemäßigte Zone, wo sich neue Wuchsformen als Auswirkung gestörten (durch den Winter unterbrochenen) Wachstums ausbildeten.

Beim Übergang aus der tropischen in die gemäßigte Zone bleibt zunächst die tropische Wachstumsweise erhalten; sie erzeugt aber in Anpassung an die ungünstige Jahreszeit die verschiedensten Wuchsformen.

Not macht erfinderisch. Die Abänderungen sind oft sehr kompliziert, schwer zu deuten (Vergleichende Morphologie) und vom Bauplan der einzelnen Familie abhängig. Wenn dieselbe Wuchsform z. B. die Blattrosette in verschiedenen Familien erscheint, so handelt es sich um eine Konvergenzerscheinung. Es bildet jede Sippe in Anpassung an dieselben Lebensbedingungen verschiedene Wuchsform aus; wenn z. B. die Zwiebel als die charakteristische Wuchsform der Trockengebiete bezeichnet wird, so bildet nicht jede Sippe Zwiebeln aus, sondern kann auch auf andere Weise die ungünstigen Lebensbedingungen überwinden (S. 440).

Im allgemeinen und wesentlichen lassen sich die Abänderungen der tropischen Gewächse beim Übergang in die gemäßigte Zone zurückführen auf:

1. Änderung der Lebensrhythmik. Jahreszeitlich geregelte Lauberneuerung, Laubabwerfen, Laubeinziehen, Blütezeit, Fruchtzeit u. a.), Triebzeiten (Johannistrieb), Verlängerung der Vegetationszeit (S. 3).

2. Unterbleiben der Verholzung z. T. infolge der kurzen Vegetationszeit. Daher am Boden liegende Stengel, die durch eine Laubschicht und Schneeschicht vor Austrocknung geschützt sind. Ausläuferbildung. Durch die vermodernde Laubschicht werden die liegenden Stämme zu Wurzelstöcken. In Trockengebieten kommen sie durch angewehte Sandschichten unter die Erdoberfläche und werden zu Zwiebelkuchen (Halbsträucher als Übergangsglieder).

3. Änderungen der Internodienlänge. Als z. B. gegen Ende der Tertiärzeit durch Entmischung (S. 180) und Rückbildung der Wälder Freistellung der Pflanzen des Unterwuchses erfolgte, trat vielleicht infolge des starken Lichtes Verkürzung der Internodien ein, es entstanden Stauden mit grundständigen Blättern. Verlängerung der Internodien fand statt bei der Ausläuferbildung, die bei der erschwerten generativen Vermehrung (Insektenmangel, Verkürzung der Reifezeit der Frucht) als vegetative Vermehrung von Nutzen war.

Die Differenzierung der Triebe.

Verzweigte und unverzweigte Jahrestriebe.

Der verzweigte Jahresproß ist der ursprüngliche Typus, welcher der ununterbrochenen Wachstumsweise in der tropischen Zone entspricht.

Der unverzweigte Jahresproß, wie ihn die Holzgewächse der gemäßigten Zone in der Regel hervorbringen, ist eine klimatisch durch die Winterruhe bedingte Hemmungserscheinung; die Seitenknospen müssen mit ihrem Austreiben auf die folgende Vegetationsperiode warten. Erfolgt ihr Austreiben noch in der Vegetationsperiode ihrer Anlage (Prolepsis), so ist dies ein Rückfall in die tropische Wachstumsweise — ein Phänatavismus. Der Begriff „Prolepsis" ist in der gemäßigten Zone entwickelt worden und hat nur einen Sinn im Verhältnis zur tropischen Wachstumsweise. Wird bei Holzpflanzen unserer Heimat Prolepsis, d. h. Verzweigung des Jahrestriebes, festgestellt, so zeigt dies tropische Abkunft an. Vgl. Phänologie. S. 501, Abb. 79.

Lang- und Kurztriebe, Blatt- und Blütentriebe.

Der regelmäßige Wechsel in der Bildung von locker beblätterten Langtrieben und dicht beblätterten Kurztrieben, der uns z. B. bei Apfel- und Kirschbaum vertraut ist, findet sich bereits bei alttertiären Koniferen, z. B. bei *Elatocladus Sternbergii*. Er ist nach E. Fischer (1950, S. 25) auf die jahreszeitliche Klimaschwankung zurückzuführen, die in den Tropen bei gleichmäßigem Temperaturverlauf infolge der wechsenden Feuchtigkeit in den Regen- und Trockenperioden herrscht. Viele Holzgewächse, die ja tropischer Abkunft sind (S. 445), behalten diesen Wechsel der Triebbildung als Organisationsmerkmal in der gemäßigten Zone bei, zeigen aber manche Unregelmäßigkeiten (Buche). Auch bei unseren Obstbäumen ist eine mehr oder minder deutliche jahreszeitliche Rhythmik nach der Wasserzufuhr zu beobachten: Bildung der Kurztriebe im Frühjahr, die der Langtriebe im Sommer.

„Bei der Buche können(!) im zweiten Jahre sämtliche Achselknospen zu zweizeilig beblätterten Langsprossen auswachsen. An ungünstigen Standorten z. B. bei zu starker Beschattung, treiben die unteren Knospen überhaupt nicht aus und die übrigen entwickeln Kurztriebe; nach 5, 6 oder 10 Kurztrieben (Kurztriebketten) folgen einer oder mehrere Langtriebe, die wieder in Kurztriebketten übergehen können(!). Unter normalen Bedingungen entwickeln an jüngeren Bäumen die oberen Knospen der Zweige Langtriebe, die unteren Kurztriebe. Später überwiegt die Kurztriebbildung. Abgesehen von dem Alter ist das Mengenverhältnis zwischen Kurz- und Langtrieben wohl auch von den Feuchtigkeitsverhältnissen und der Bodenbeschaffenheit abhängig. Übrigens können(!) auch ganz alte freiständige Buchen aus den Endknospen der Zweige wenigstens noch Langtriebe entwickeln". (K. L. SCHR., S. 29.) „Die Blütenstände stehen in den Blattachseln heuriger Sprosse und zwar sowohl an Lang- wie an Kurztrieben . (K. L. SCH., S. 44.)

Aus diesen Tatsachen folgt, daß sich bei der Buche keine Regel für das Auftreten von Lang- bzw. Kurztrieben aufstellen läßt. Auf eine Reihe von KT (Abkürzung für Kurztrieb) können (von mir mit Rufzeichen versehen) zwei bis drei LT (= Langtriebe), auf diese wieder KT folgen. Sowohl KT als LT können (!) Blüten entwickeln. Eine Arbeitsteilung zwischen beiden Trieben ist also bei der Buche noch nicht erfolgt, während bei unseren Obstbäumen nur die KT Blüten entwickeln.

Phylogenetisch scheint der LT ursprünglicher zu sein, weil er an den Bäumen zuerst und an jüngeren Bäumen häufiger auftritt als an älteren, also erst im Laufe der Entwicklung dem KT Platz macht (Biogenetisches Grundgesetz). Die Langtriebe besitzen ein unbegrenztes, die Kurztriebe ein begrenztes Wachstum, sie nehmen an dem Aufbau des bleibenden Gerüstes, an der vegetativen Verzweigung keinen Anteil, sie sterben ab; dagegen bringen sie Blüten hervor. (GOEBEL, Organographie III, S. 1460).

Das unbegrenzte Wachstum des Langtriebes entspricht einem durch keine ungünstigen Vegetationszeiten gehemmten kontinuierlichen Wachstum, also einer tropischen Wachstumsweise, während der Kurztrieb als eine sekundäre Hemmungserscheinung gelten kann, sei es, daß die Hemmung durch ungünstige Standortsverhältnisse oder durch die wechselnde Gunst des gemäßigten Klimas hervorgerufen wird. Wir dürfen wohl annehmen, daß die Kurztriebbildung, die bei nordischen Bäumen viel charakteristischer als bei tropischen Bäumen ist, beim Übertritt der Holzpflanzen aus dem tropischen in das gemäßigte Klima aus einem ursprünglich gelegentlich auftretendem Merkmal zu einem regelmäßig auftretenden Merkmal und schließlich zu einem Organisationsmerkmal wurde. Beim Herannahen der Eiszeit am Ende der Tertiärzeit trat dieses Merkmal als Hemmungserscheinung immer mehr hervor, ohne aber durch die Jahreszeiten fixiert zu werden.

Dieser Auffassung des Langtriebes als eines Produktes ungestörter tropischer Wachstumsweise entspricht es auch, daß die Sommertriebe der Eichen und Buchen durchwegs Langtriebe sind, denn die Sommertriebe (Johannistriebe) fassen wir als Phänatavismen nach tropischen Urformen auf (S. 497).

Wir können annehmen, daß Pflanzen in ungestörtem, gleichmäßigem Klima Langtriebe, deren Internodienlänge nur der longitudinalen Symmetrie (TROLL, 1935, S. 195) und dem Eigenrhythmus unterliegen, ausbilden, während Triebe wechselnder Länge (bald LT, bald KT) auf ungleichmäßige Lebensbedingungen (Klima der gemäßigten Zone) schließen lassen.

„Die Bergulme, *Ulmus scabra,* zeigt wie auch andere Holzpflanzen einen periodischen Wechsel von Laubtrieb- und Blütenkurztriebentwicklung. Die Pflanze erzeugt zunächst nur ein Verzweigungssystem (Verzweigungsstadium), bis sie ins Fortpflanzungsstadium tritt. Es bilden sich blühende Kurztriebe, die abgeworfen werden; dann kehrt das Individuum wieder zum Verzweigungsstadium zurück und erzeugt nur Laubtriebe, die den Entwicklungsgang wieder aufnehmen, der durch Erzeugung der blühenden Kurztriebe zu einer allmählichen Ermattung führte.“ „Die Blütenstände sind ihrer Enstehung nach auf beblätterte Zweigsysteme zurückzuführen, deren Blätter dann zu Hochblättern reduziert wurden.“ „Da die blühenden Kurztriebe abfallen, kann sich der Sproß im nächsten Jahre nur aus der pseudoterminalen Knospe sympodial fortsetzen“. PILGER, Über die Verzweigung und Blütenstaubbildung bei Holzgewächsen. Bibl. bot. Heft **90**, 1922, S. 10.

Ähnlich wie neben klimatisch erklärbaren Hemmungssympodien (S. 453) auch Blütenstandssympodien auftreten, die bei Holzpflanzen regelmäßig unabhängig von äußeren Faktoren entstehen, wenn die Sproßachse mit einem Blütenstande abschließt (z. B. Roßkastanie) gibt es auch Kurztriebe, deren Bildung nicht durch Hemmungsfaktoren der Umwelt verursacht wird, sondern zweifellos mit der Bildung von Blüten in Zusammenhang steht.

Die Kurztriebe sind der Ort der Blütenbildung und beteiligen sich nicht an der Gerüstbildung; sie werden nach kürzerer oder längerer Zeit abgestoßen. Ihrer Aufgabe als Blütenträger entsprechend treten im anatomischen Bau die mechanischen Elemente auf Kosten stärkespeichernder Zellen zurück. Die Gefäße des Kurztriebes sind englumig, wodurch der Wasserdurchfluß wesentlich verringert wird (Molisch). Eingeschränkter Wasserdurchfluß begünstigt die Blüten- und Fruchtbildung und wird von den Gärtnern durch sparsame Wasserzufuhr gefördert. Die „Wassertriebe" sind immer Langtriebe.

In seiner ursprünglichen Ausbildung trägt der Sproß (Trieb) sowohl Blätter als Blüten (*Aesculus, Syringa*). Bei vielen Pflanzen findet aber eine Arbeitsteilung, eine Differenzierung, statt; der eine Trieb entwickelt nur Blätter, ein anderer nur Blüten. Schon in der Anlage kann man „Blatt- bzw. Blütenknospen" unterscheiden, ob diese oder jene Art von Knospen angelegt wird, dürften innere Gründe entscheiden.

Häufig, bei unseren Obstbäumen regelmäßig, fällt diese Arbeitsteilung mit einer Differenzierung der Triebe in Lang- und Kurztriebe zusammen, indem

die Langtriebe — Blätter,
die Kurztriebe — Blüten

tragen.

Entsprechend unserer einleitend von den Verhältnissen bei der Buche abgeleiteten Vorstellung gehören die undifferenzierten blatt- und blütentragenden Sprosse den älteren tropischen Stammformen unserer Bäume an. Die Arten mit blattragenden Langtrieben und blütentragenden Kurztrieben sind charakteristisch für die gemäßigten Zonen. Ihre Entstehung bzw. Fixierung ist vielleicht eine Folgeerscheinung des Übertrittes der Bäume aus der tropischen in die gemäßigte Zone. Die Holzpflanzen unserer Heimat mit blatt- und blütentragenden Trieben (Roßkastanien, Flieder, Linde, Holunder) stehen auch sonst den tropischen Ausgangsformen nahe. Diese Arbeitshypothese ist allerdings an der Hand der Entwicklungsgeschichte der einzelnen Sippen zu überprüfen (*Prunus Laurocerasus* — *P. Padus*).

Auch bei krautigen Pflanzen finden sich zweierlei Triebe, vegetative und fertile, zu verschiedenen Jahreszeiten: die fertilen als Frühjahrstriebe, die vegetativen als Sommertriebe. (Huflattich, *Tussilago Farfara*, Pestwurz, *Petasites*, Schachtelhalme.)

Literatur.

Fischer, Emil, 1950, Pflanzenabdrücke aus dem Alttertiär von Mosel bei Zwickau in Sachsen. Abh. d. geolog. Dienstes, Berlin, Neue Folge, Heft 221, Akademie-Verlag, Berlin.

c) Die Lebensformen der krautigen Gewächse.

Die Lebensdauer.

Die Lebensformen der Krautpflanzen sind vor allem von ihrer Lebensdauer abhängig. Die nur einmal blühenden Pflanzen unserer Flora sind Sprosse, die nach Erfüllung ihrer Aufgabe, der Fruchtbildung, absterben. In der Regel fällt ihre Lebensdauer in der gemäßigten Zone mit einer Vegetationsperiode zusammen. Man nennt sie daher einjährige Pflanzen. Trotzdem ist das Charakteristische der Einjährigen nicht die Tatsache, daß sich ihre Lebensdauer nur über eine Vegetationsperiode erstreckt, vielmehr die Einmaligkeit der Blüte und Fruchtreife. Man bezeichnet sie daher (Troll, 1935, 58) als hapaxanthisch (einmalblühend) und rechnet zu ihnen auch jene unter günstigen klimatischen Bedingungen stehenden Gewächse, deren vegetative Entwicklung längere Zeit, sogar Jahrzehnte, andauert, um schließlich nach einmaliger Blüten- und Fruchtentwicklung ihr Ende zu finden. Die mehrjährigen (pluriennen) hapaxanthischen (einmalblühenden) Gewächse bezeichnet man als pleiozyklisch, die ein- und zweijährigen (annuellen und biennen) entsprechend als mono- und bizyklisch.

Im Gegensatz zu diesen einmal blühenden Pflanzen gibt es Pflanzen, die mehrmals blühen. Dies wird dadurch ermöglicht, daß nach Absterben des abgefruchteten Sprosses ein vegetatives Gerüst zurückbleibt. Aus diesem Gerüste (Holzstamm, Wurzelstock, Zwiebel usw.) entstehen neue Sprosse, deren Lebensdauer wieder mit der Fruchtbildung abschließt. Solche

Pflanzen blühen daher mehrmals und werden pollakanth, ausdauernd oder perennierend, genannt.

Allen ausdauernden (perennierenden) Gewächsen ist gemeinsam, daß ihr vegetatives Wachstum von der Blütenbildung nicht begrenzt wird (Bäume, Stauden). Ein vegetatives Gerüst schafft die Voraussetzung für wiederholte (Wiederholungssprosse), fortgesetzte, wenn auch meist periodisch eingeschränkte Enstehung von Blüten, weshalb man statt von perennierenden auch von pollakanthen Gewächsen spricht.

Eine Pflanze kann daher in wärmeren Gebieten perennierend (pollakanth), in der gemäßigten Zone aber einjährig sein, wenn das vegetative Gerüst den Winter nicht ertragen kann. So ist *Ricinus* in den Tropen ein Baum, in Mitteleuropa ein einjähriges Kraut; unsere einjährigen Getreidearten stammen durchwegs von ausdauernden Stauden wärmerer Gebiete.

Wir schalten eine Übersicht nach TROLL (1935, S. 58) ein.

Nach der Lebensdauer unterscheidet man:

I. Hapaxanthe (einmalblühende) Gewächse. Kräuter im engeren Sinne, nach einmaliger Blüte und Fruchtreife absterbend:
   a) monozyklische = annuelle oder einjährige, und zwar
      Sommerannuelle keimen im Frühjahr und blühen, bzw. fruchten im selben Jahr,
      Winterannuelle keimen im Herbst und blühen, bzw. fruchten im folgenden Jahr.
   b) Bizyklisch = bienn oder zweijährig, keimen im Frühjahr, blühen und fruchten im folgenden Jahr.
   c) Pleiozyklisch (polyzyklisch) = plurienn oder mehrjähjährig, blühen und fruchten erst nach mehreren bis vielen Jahren.

II. Pollakanthe oder perennierende Gewächse. Lebensdauer durch Eintritt der Blühreife nicht begrenzt.
   a) Perennierende Kräuter (Stauden).
   b) Halbsträucher.
   c) Holzgewächse (Sträucher und Bäume).

Die Begriffe hapaxanth und pollakanth sind zunächst morphologische, nicht phänologische Begriffe.

Bei phänologischer Betrachtung kann die Blütezeit in ein, zwei oder mehreren Jahren erreicht werden. Nur diejenigen Gewächse, die in einer Vegetationsperiode die Fruchtreife erreichen, nennt man Einjährige. In den Tropen, die keine jahreszeitlich scharf getrennten Vegetationszeiten kennen, gibt es streng genommen, keine einjährigen, sondern nur hapaxanthe Gewächse. Einjährig ist ein phänologischer Begriff. Zweijährige Pflanzen fehlen in den warmen Ländern vollständig, sie kommen besonders in den gemäßigten Zonen vor.

Die Wuchsformen der Stauden.

Wenn eine Pflanze ausdauern (perennieren) soll, muß das vegetative Gerüst erhalten bleiben, damit die Sproßbildung fortgesetzt werden kann. Dies geschieht im allgemeinen durch die Verholzung der Triebe. Diese erfordert aber ein durch längere Zeit ungestörtes Wachstum, wies es im feuchtwarmen Tropenklima herrscht. Daher sind Holzgewächse — Baum und Strauch — die charakteristische Wuchsform der Tropen.

In der gemäßigten Zone dagegen ist die Verholzung durch die im Herbst einsetzende Klimaverschlechterung gehemmt, die jüngsten Zweigspitzen verholzen nicht mehr, bleiben krautig und sterben ab (*Salix*); in allen Übergängen finden wir bei den Halbsträuchern alle jüngeren Zweige unverholzt und im Herbst abgestorben bis endlich nur mehr die im Boden befindlichen Stammteile mit ihren Verästelungen verholzen und damit dem herbstlichen Absterben entgehen (Wurzelstock-Stauden).

In der feuchtwarmen Tropenzone erfolgt die Neubildung der Sprosse ungeregelt, wir können daher auch wegen der fehlenden Jahresperiode nicht von Jahressprossen sprechen.

In der gemäßigten Zone aber folgt die Sproßbildung der Klimarhythmik, gebunden an den periodischen Wechsel in der günstigen Vegetationsperiode: Jahrestriebe im Frühjahr. Diese Jahrestriebe kommen krautig aus dem oberirdischen Holzgerüst der Bäume und Sträucher im Frühjahr hervor. Bei den Wurzelstock-Stauden sind aber nur die krautigen Jahrestriebe oberirdisch sichtbar. Wir können sie daher als Bäume mit unterirdischem Holzgerüst bezeichnen.

Der Bauplan aber ist bei den Holzgewächsen und Stauden im Wesentlichen gleich.

Die drei wichtigen Wuchsformen, Baum, Staude und Einjährige, unterscheiden sich hinsichtlich der Selbständigkeit der Sprosse.

1. Der Baum ist eine Vereinigung zahlreicher Einzelsprosse-Individuen im Sine A. BRAUNS. Der Einzelsproß hat eine geringe Selbständigkeit und ist bei seiner Ernährung auf die Gesamtheit, das Holzgerüst, angewiesen.

2. Die Staude ist ebenfalls eine Vereinigung zahlreicher Sprosse, aber jeder Sproß hat eine größere Selbständigkeit. Manche Sprosse, z. B. bei Ausläuferpflanzen, lösen sich von der Mutterpflanze ab und werden völlig selbständig.

Die Jahressprosse, manchmal auch nur ein einziger, treten aus dem Erdboden im Frühjahr hervor, schließen mit Blüte und Frucht ab und gehen dann zugrunde. Die Staude „zieht ein". Es ist ein Sonderfall, wenn das Einziehen mit der Periodizität der Vegetationsperiode zusammenfällt und im Herbst erfolgt. Das „Einziehen" (Absterben des Jahressprosses) vieler Stauden ist im Bauplan der Pflanze begründet und geschieht aus inneren Gründen, wenn der Sproß durch Ausbildung von Blüte und Frucht seine Lebensaufgabe erfüllt hat. Das Einziehen ist dann völlig unabhängig von der Jahreszeit (*Leucojum, Galanthus* u. a.). Bei perennierenden Pflanzen erfolgt es allmählich innerhalb eines längeren Zeitraumes, um die Speicherorgane noch mit Assimilaten zu füllen.

In anderen Fällen ist das Einziehen eine phänologische Erscheinung der gemäßigten Zone, wenn der Eintritt des Herbstes und Winters das Absterben des Sprosses erzwingt (*Urtica*, Brennessel).

Komplizierter ist die Sache bei Zwiebel- und Knollenpflanzen, die zwei Ruheperioden, eine Sommerruhe und eine Winterruhe, zeigen (*Leucojum, Crocus, Colchicum* usw.). Bei diesen Pflanzen ist die Sommerruhe ursprünglich in Trockengebieten als Zwangsruhe entstanden, das sommerliche Einziehen ist daher ein primäres, zum Organisationsmerkmal gewordenes Merkmal, an dem die Pflanze festhält, wenn sie in Gebiete ohne sommerliche Trockenheit einwandert, ja sogar wenn sie feuchte Standorte besiedelt. Die Winterruhe ist dann eine später erworbene Ruhezeit, die durch künstliche Mittel abgeändert, ja zum Teil aufgehoben werden kann (S. 510).

Wuchsform und Rhythmik dieser Pflanzen sind nur bei historischer Betrachtung zu verstehen.

3. Vollständige Selbständigkeit besitzt der Jahressproß bei den Einjährigen. Die Vereinigung mehrerer Sprosse ist gelöst. Alle Assimilate der Blätter werden von der Pflanze selbst zur Blüte-Fruchtbildung verbraucht. Es findet keine Deponierung von Assimilaten statt.

Die geographische und phylogenetische Entwicklung mancher Gattungen (*Viola, Veronica*) zeigt, daß die verschiedene Ausbildung dieser Lebensformen vom Klima der Umwelt, z. B. von der Länge der Vegetationszeit, abhängig ist: Baum — Tropen, Stauden — gemäßigte Zone; Einjährige in Trockengebieten und als Ackerunkräuter, sehr selten als Hochgebirgspflanzen.

Die Stauden lassen sich nach ihrem Bauplan unterscheiden in

1. Stauden mit vegetativer Gipfelknospe und seitlichen Blütenknospen. Monopodiale Stauden, z. B. *Hepatica.*

2. Stauden mit endständiger Blütenknospe und vegetativen Seitenknospen. Sympodiale Stauden, z. B. *Primula.*

a) Stauden mit vegetativer Gipfelknospe haben ein unbegrenztes Wachstum; sie sind von Natur aus perennierend, d. h. ausdauernd, und gehen nur durch Vernichtung ihrer Gipfelknospe zugrunde. Für Pflanzenstöcke wie *Paris quadrifolia, Anemone nemorosa, Convallaria majalis, Asperula odorata,* gibt es zweifellos keinen anderen als einen zufälligen Untergang (BRAUN, 1853, S. 57). Sie gehören ihrer Natur nach einem dauernd günstigen Klima — der Tropenzone — an. Im gemäßigten Klima muß die vegetative Gipfelknospe geschützt werden. Dies geschieht

1. durch ihre Lage dicht an der Erde, wo sie durch eine Laub-, bzw. Schneedecke geschützt werden (Chamäphyten, Hemikryptophyten),

2. durch Verlagerung der Knospe in die Erde (Geophyten),

3. durch eine Tunika, nämlich durch Reste abgestorbener Blätter,

4. durch Knospenschuppen,

5. durch Unempfindlichkeit gegen Kälte und Trockenheit aus inneren Gründen (nackte Knospen), *Pinguicula.*

b) Bei Stauden, die eine Gipfelblüte haben, stirbt der Sproß nach der Blüte ab. Das Überdauern des Winters wird den Seitenknospen übertragen. In diesem Falle müssen die Seitenknospen ähnlich wie bei der ersten Gruppe geschützt werden. Diese Stauden sind schon deshalb für das Leben in der gemäßigten Zone tauglicher, weil die Fortdauer (das Perennieren) nicht auf der Erhaltung einer Knospe, sondern auf der zahlreicher Seitenknospen beruht.

Der überwiegende Teil der einheimischen Blütenpflanzen besteht aus krautigen Pflanzen. Ihre Lebensform, besonders ihre Wuchsform, als Ausdruck ihrer Wachstumsweise gibt wie bei den Holzpflanzen Aufschluß über ihre Geschichte.

Der Jahressproß der Stauden folgt den tropischen Wachstumsgesetzen. Er verzweigt sich sylleptisch, d. h. die Seitenachsen erscheinen, wenn eine Verzweigung des Sprosses eintritt, im selben Jahre wie die Mutterachse. Die endständige oder seitenständige Stellung der Blüten spielt bei der Fortsetzung des Sprosses im Gegensatz zu den Holzpflanzen keine Rolle, da ja der Sproß im Herbste abstirbt. Der Jahressproß selbst aber kann aus einer Endknospe oder aus Seitenknospen des unterirdischen Stammes (Wurzelstock, Zwiebelkuchen) hervorgehen, so daß wir monopodiale oder sympodiale Stauden oder monopodiale Stauden bis zur Blühreife, die nach der Blühreife sich sympodial fortsetzen (*Anemone nemorosa*) unterscheiden. Die Stauden legen die Knospen des Fortsetzungssprosses meist schon in der vorhergehenden Vegetationsperiode (opistholeptisch) an und haben meist Speicherorgane, was auf ihre Entstehung in einem Klima mit Unterbrechung der Vegetationszeit hindeutet.

Um die Beschreibung der verschiedenen Wuchsformen der einheimischen Stauden haben sich um die Mitte des vergangenen Jahrhunderts besonders A. Braun, Wydler und Irmisch verdient gemacht. A. Braun (1853) verband mit der Beschreibung der Sprosse auch die Angabe ihrer Funktion im Leben der Pflanze und seine Einteilung der Sprosse ist deshalb für das Verständnis der Stauden aufschlußreich.

Er unterschied:

1. Den blühenden und fruchtenden Hauptsproß, daneben Seitensprosse als
2. Bereicherungssprosse,
3. Erhaltungssprosse (Erneuerungssprosse),
4. Vermehrungssprosse (z. B. Ausläufer).

Das Studium der Erhaltungssprosse und Vermehrungssprosse, die für die Dauer der Pflanze in der nächsten Vegetationsperiode zu sorgen haben, ist für die Geschichte der Pflanze von ausschlaggebender Bedeutung.

Während die Darstellung der Pflanzengestalt in der Literatur meist von einfachen zu komplizierten Formen fortschreitet, verläuft die Entwicklung in der Natur meist umgekehrt. Reduktion und Wegfallen der Bereicherungssprosse, Vermehrungssprosse und schließlich auch der Erhaltungssprosse führen zur Wuchsform der einjährigen Pflanze, die bisweilen nur aus der Hauptachse besteht, die mit Blüte und Frucht abschließt. Alles Beiwerk fällt weg, nur der fruchtende Hauptsproß wird ausgebildet.

Erhaltungssprosse bilden sich aus, wenn die Pflanze am Blühen verhindert wird, z. B. Wasserpflanzen bei hohem Wasserstand, Waldpflanzen bei zu großer Beschattung (Waldmeister erhält sich jahrelang durch unterirdische Sprosse).

Erneuerungssprosse treten auf, wenn der Sproß abstirbt

a) weil er geblüht hat,

b) weil er im Herbst abgestorben ist.

Aus der Fülle der Wuchsformen der Krautpflanzen wollen wir ein paar Beispiele herausgreifen, um das ihnen zugrunde liegende Wachstumsgesetz kennen zu lernen.

Wachstumsgesetze einiger Stauden.

Geophyten.

Die Geophyten sind Pflanzen mit unterirdisch lebendem Vegetationsgerüst.

Die Entwicklungsphasen ihrer Wuchsform sind aufs engste auf die Klimarhythmik ihrer Heimat abgestimmt. Sie bewohnen größtenteils Gebiete mit einer durch Trockenheit oder Kälte unterbrochenen Vegetationszeit. Die Vegetationszeit wird dazu benützt, einen Sproß über den Erdboden emporzutreiben, dessen Aufgabe es ist, die Fortpflanzung zu sichern, d. h. Blüte und Frucht zu entwickeln. Die Ernährung des Sprosses erfolgt zumeist anfangs aus Nahrungsvorräten, die in den unterirdischen Organen (Wurzelstock, Knolle, Zwiebel) aufgespeichert sind, dann durch assimilierende Blätter, die ihre Assimilate, soweit sie nicht vom Sproß aufgebraucht werden, an die unterirdischen Organe zur Aufspeicherung abgeben.

Im Laufe des Sommers und Herbstes ziehen die Pflanzen ein, d. h. die oberirdischen Organe ziehen ein (sterben ab) und nur die unterirdischen Organe überdauern die ungünstige Jahreszeit. Die Erneuerung der Staude erfolgt in der nächsten Vegetationsperiode durch Erneuerungsknospen, die an den unterirdischen Organen als End- oder Seitenknospen des unterirdischen Stammes (Rhizomes) entstanden sind.

Der Etagenwuchs.

Es ist vielleicht etwas gewagt, im Etagenwuchs, der durch Quirle oder Wirtel von Astzweigen, Blüten oder Blättern, die in regelmäßigen Abständen am Sprosse stehen, gekennzeichnet ist, den Ausdruck einer tropischen Wachstumsweise zu erblicken. Diese wird durch Eigenrhythmik beherrscht und läßt jedesmal einen neuen Quirl oder Wirtel entstehen, wenn sich Baustoff in genügender Menge gebildet und angesammelt hat. Als Beispiel für Pflanzen mit Etagenwuchs sind vor allem die Coniferen zu nennen.

Auf das gleiche Wachstumsprinzip ist auch die Wirtelbildung bei Stauden zurückzuführen, wenn auch die Blüten-, bzw. Blattwirtel bei *Urtica, Asperula, Galium* u. a. recht verschiedene morphologische Bildungen sind. Es ist doch sehr auffallend, daß alle diese Pflanzen durchwegs Familien tropisch-subtropischer Abkunft angehören und ihrem Habitus sich auffallend von der Mehrzahl der mitteleuropäischen Stauden unterscheiden. Da die oberirdischen Sprosse nur in der günstigen, einer im Hochsommer z. T. dem tropischen Klima ähnlichen Vegetationszeit erscheinen, unterliegen sie keinerlei Entwicklungshemmungen und können ihrer Eigenrhythmik folgen. Solange diese günstige Jahreszeit andauert und ein fortlaufendes Wachstum gestaltet, setzen sie die Wirtelbildung fort, ist diese Zeit vorbei, so stirbt der Sproß ab. Verlängert sich diese Zeit in günstigen Jahren, so wird auch das Absterben des Sprosses bis in Herbst und Winter hinausgeschoben, ja es kann, wie DIELS bei *Asperula* gezeigt hat, bei künstlich erzeugter Temperatur verhindert werden.

Bei immergrünen und wintergrünen Gewächsen (Coniferen, Pirolaceen: *Chimaphila umbellata*) wird jährlich nur ein Wirtel gebildet.

Der Sonnentau (*Drosera rotundifolia*) ist wie der Wegerich (*Plantago*) eine Ganzrosettenpflanze mit seitlich entspringenden Blütenständen. Zum Unterschied von *Plantago media* ist aber der Rosettenwuchs nicht starr festgelegt. Wird der Sonnentau gezwungen, bei hoher Feuchtigkeit und Lichtmangel zu wachsen, so tritt eine beträchtliche Streckung der Stengelglieder ein; an der Luft und am Licht werden diese wiederum von kurzen und nach abermaliger Verdunklung von langen Internodien gefolgt.

In der Natur wird dieses Wachstum des Sonnentaus von der Erhöhung des Bodenniveaus im Hochmoor veranlaßt. Schon an den Keimpflanzen macht sich dies geltend; bei Lichtmangel und großer Feuchtigkeit sich entwickelnd, etioliert das junge Pflänzchen gewissermaßen. Erst wenn die Endknospe im Niveau des Moosrasens angelangt ist, tritt eine Stauchung der Achse ein, d. h. es bildet sich eine Blattrosette.

Diese Schilderung TROLLS (1935, I, S. 241) entwirft ein anschauliches Bild vom Zustandekommen des Etagenwuchses und zugleich des Rosettenwuchses. Die Wuchsform ist also hier eine Folge der rhythmischen Veränderung der Umwelt, welche die Internodienbildung bedingt.

Rosettenpflanzen.

Die Wuchsform der Rosettenpflanzen kommt durch Hemmung des Internodiumwachstums zustande. Die Hemmung ist weithin an die Einwirkung von Außenfaktoren gebunden, namentlich bestimmter Licht- und Feuchtigkeitsverhältnisse. Veränderungen der normalen Bedingungen veranlaßt die Aufhebung des Rosettenwuchses (TROLL, 1935, S. 221).

Auf Grund von Versuchen unterscheidet J. WIESNER (S. 47) vier Typen: Die Blattrosette kann aufgelöst werden durch

1. Kultur im feuchten Raume, z. B. *Capsella Bursa-pastoris.*
2. Kultur im dunklen Raume, z. B. *Taraxacum.*
3. Kultur sowohl im feuchten als im dunklen Raume, z. B. *Sempervivum.*
4. Kultur weder im feuchten noch im dunklen Raume, z. B. *Plantago.*

Daraus kann man schließen, daß zur Rosettenbildung führt

1. bei *Capsella* — Trockenheit (mediterranes Florengebiet),
2. bei *Taraxacum* — Lichtfülle,
3. bei *Sempervivum* — Trockenheit und Lichtfülle (alpines Florengebiet).

Daß Lichtfülle Rosettenbildung zur Folge haben kann, zeigen auffällig Artenpaare, die schattige, bzw. sonnige Standorte bewohnen.

Gentiana asclepiadea (Wald) — *G. verna, G. acaulis* (Alpenmatten).

Veronica latifolia = *urticaefolia* (Wald) — *V. fruticulosa* (Gesteinsfluren).

Saxifraga rotundifolia (Wald) — *S. caesia, Aizoon* usw. (Gesteinsfluren).

Campanula barbata (Wald) — *L. alpina* (Gesteinsfluren).

Viola canina, Riviniana (Wald) — *V. ambigua, collina* (Wiesen).

Rosettenbildung 1. an der Wasseroberfläche — *Callitriche, Trapa.*
2. an der Mooroberfläche — *Drosera.*

Bei den Rosettenpflanzen ist die Abhängigkeit der Wachstumsweise vom Klima besonders deutlich, In der ungünstigen Jahreszeit (Herbst, Winter, Frühling) bildet der Sproß sehr kurze Internodien, die Blätter sitzen dicht übereinander, es bildet sich die Blattrosette. Im Sommer werden lange Internodien gebildet, die dann mit der Blüte abschließen (Schaft, Blütenstengel). Sind die Blätter gestielt, so erhält man Stauden mit grundständigen Blättern (*Ranunculus acer*-Typus), sind die Blätter ungestielt, erhalten wir die Rosettenpflanzen (*Primula*-Typus). Vgl. Langtrieb und Kurztrieb, S. 457.

Wird nach der Keimung im Sommer zunächst nur die Blattrosette gebildet, die den Winter im Schutze der Schnee- und Laubdecke überdauert, und im folgenden Frühjahr der Blütenstengel erzeugt, so spricht man von bizyklischer Entwicklung (Cruciferen).

Einen Sonderfall bizyklischer Entwicklung, der bei historischer Betrachtung der Wuchsformen von ganz besonderem Interesse ist, beschreibt A. THELLUNG in HEGI, IV/1, S. 57.

„Einige zweijährige oder überwinternd-einjährige Cruciferen bilden im ersten Jahre (namentlich im Winter) eine Rosette grasgrüner, weicher, behaarter Laubblätter, am Blütenstengel dagegen stark abweichend gebaute, dickliche, kahle, blaugrüne Laubblätter aus (*Brassica Rapa*, *Isatis tinctoria*, *Turritis glabra*). Es scheint dies eine Anpassung an ein subtropisches Klima mit mildem, niederschlagsreichem Winter und trockenem Sommer (Mittelmeerklima!) zu sein; ganz analog verhalten sich auch einige mediterrane Kompositen, z. B. *Chondrilla juncea* und *Lactuca viminea*".

„Wenn die Rosetten des Wegerichs (*Plantago*) und anderer Pflanzen, z. B. des Fingerkrauts (*Potentilla*), der Erdbeere (*Fragaria*) eine verhältnismäßig kurze Lebensdauer haben, so dürfte der Grund hiefür nicht in einer Erschöpfung des Vegetationspunktes liegen, sondern in dem Umstand zu suchen sein, daß infolge mangelnder oder unvollkommener Wurzelkontraktion die Endknospe zu hoch über den Boden gerät und dabei erfriert oder vertrocknet. Das häufige Ausfrieren von Primeln ist wohl auf ähnliche Weise zu erklären, während bei Rübengeophyten wie *Gentiana*-Arten, *Bryonia* u. a. die Kontraktion der Hauptwurzel die Sproßknospen stets aufs neue ins Substrat hinabzieht" (TROLL, 1935, S. 234).

Dabei deutet das Wort „e r f r i e r t" auf eine in den Tropen erworbene, dem gemäßigten Klima n i c h t v o l l a n g e p a ß t e W a c h s t u m s w e i s e hin.

Polsterpflanzen.

Unterliegt es keinem Zweifel, daß die Rosettenpflanzen vom jahreszeitlichen Rhythmus der Hemmung, bzw. Förderung des Internodienwachstums abhängig sind, so ist auch der P o l s t e r w u c h s a u f W a c h s t u m s r h y t h m u s z u r ü c k z u f ü h r e n.

RAUH (1939, S. 485) bezeichnet den kugeligen, bzw. polsterförmigen Wuchs als das Resultat einer langjährigen, von inneren Gesetzmäßigkeiten geleiteten r h y t h m i s c h e r f o l g e n d e n sympodialen oder monopodialen V e r z w e i g u n g, die sich in einer extremen, mit Hypotonie gekoppelten Akrotonie äußert. Das Zurücktreten des Primärastes und gleichmäßiges Längenwachstum der Seitenäste führt zur Bildung einer einheitlichen, ± stark gewölbten Oberfläche.

Die Seitenastbildung erfolgt p e r i o d i s c h z u g a n z b e s t i m m t e n Z e i t e n d e s J a h r e s, und zwar beginnen alle Seitenäste g l e i c h z e i t i g mit gleich langen Internodien sich zu verzweigen. Nur so können bei scharf betontem Klimarhythmus die mathematisch regelmäßigen Polsterformen zustande kommen (RAUH, 1939, S. 483); ansonsten müßte ihre Oberfläche wellig und höckerig sein. (Wo dies tatsächlich der Fall ist — *Azorella, Raoulia* — ist diese Höckerigkeit als Alterserscheinung aufzufassen.)

Polsterpflanzen können sich nur in Gebieten mit einem bestimmten Klimarhythmus entwickeln — also in den gemäßigten, bzw. kalten Klimazonen. Die Tropenpflanzen sind ja gerade dadurch ausgezeichnet, daß n i c h t a l l e Z w e i g e g l e i c h z e i t i g blühen, fruchten und ihr Laub abwerfen oder ausschütten, sondern daß j e d e r Z w e i g infolge der auf inneren Ursachen beruhenden Rhythmik s e i n E i g e n l e b e n f ü h r t. Daher kann sich Polsterwuchs nicht im gleichmäßig feuchten Tropenklima ausbilden — wohl aber im Tropenklima mit Trockenzeiten.

Wodurch unterscheidet sich eine Rosettenpflanze von einer Polsterpflanze? Beide sind das Ergebnis eines jahreszeitlich geregelten rhythmischen Wachstumsprosses, aber der Bauplan der Rosettenpflanze fördert das Wachstum der Hauptachse und beschränkt das der Seitenachsen, während bei der Polsterpflanze umgekehrt das Wachstum der Hauptachse eingeschränkt ist und die Seitenachsen im Wachstum gefördert erscheinen.

Der größte Teil der Vollkugelpolster, d. i. Polsterpflanzen im engeren Sinne, besitzt krautige Sprosse, aber einige sind echte Holzpflanzen (z. B. *Dionysia-*, *Raoulia-*, *Haastia-*, *Diapensia-*, *Paronychia*-Arten), bei denen alle Teile des Polsters einschließlich des Wurzelsystems verholzen (S. 309).

Es ist anzunehmen, daß unsere alpinen Vollkugelpolster nicht von Holzpflanzen abstammen, sondern eine Abwandlung krautiger Vorfahren sind, also ihre Stammesformen in der gemäßigten und nicht in der tropischen Zone hatten. Dafür spricht auch, daß allein die obersten Blätter, d. h. die in jeder Vegetationsperiode neu gebildeten Blätter, assimilieren können. Sie dauern nur eine Triebperiode aus, bleiben aber lange Zeit an der Sproßachse sitzen, wobei sie später zu einem homogenen, das Polsterinnere erfüllenden Humus (Vollpolster) verwittern, in den feine, von den Zweigen ausgehende Nährwurzeln eindringen (RAUH, 1939, S. 272).

Während RAUH in seiner überaus sorgfältigen Bearbeitung der Polsterpflanzen in erster Linie die Morphologie berücksichtigt, erscheint es mir vom geschichtlichen Standpunkt aus notwendig, aus seinen Beobachtungen folgende Einzelheiten hervorzuheben:

„Die Knospen werden am Ende der Triebperiode angelegt und beginnen in den meisten Fällen auch sofort zu treiben. Sie stellen dann während der Vegetationsruhe vorübergehend ihr Längenwachstum ein, ohne von besonderen Organen geschützt zu werden und nehmen dieses zu Beginn der neuen Vegetationsperiode wieder auf" (RAUH, S. 417).

„Alle Polsterpflanzen überwintern mit grünen, „offenen" Knospen und der Knospenschutz wird ausschließlich von dicht gedrängten Blattprimordien übernommen" (RAUH, S. 272). Auch die sympodialen Polster wachsen bis zur Blühreife monopodial.

Diese Tatsachen lassen das Durchschimmern einer alten tropischen Abstammung erkennen. Wir müssen annehmen, daß sich der Polsterwuchs erst entwickelte, als diese Urformen der Einwirkung eines Klimas, das durch eine scharf betonte Periodizität gekennzeichnet war, unterworfen wurden.

Der Polsterwuchs ist in vielen Fällen eine direkte Wirkung äußerer Bedingungen wie Kälte und Humusreichtum. Der Standort ist gekennzeichnet durch physiologische Trockenheit. kombiniert mit physikalischer Feuchtigkeit und durch austrocknende Winde an im Winter schneefrei geblasenen Stellen. SCHRÖTER (1926, S. 775) nimmt eine direkte Wirkung dieser Faktoren auf die Gestaltung des Polsterwuchses an, weil andere Bedingungen wie Beschattung oder Wachstum in feuchter Luft zur Auflösung der Polster in lockere Zweige führen. RAUH (S. 414) dagegen verweist auf das Festhalten an der Polsterwuchsform bei Verpflanzung in Steingärten der Ebene und sieht darin ein Zeichen, daß er ein Organisationstypus und nicht ein Anpassungstypus ist. Nach REINKE sind aber auch Organisationstypen als starre, fixierte Anpassungstypen aufzufassen. Der Polsterwuchs ist in den einzelnen Sippen wahrscheinlich verschiedenen Alters und daher verschieden stark fixiert.

In den Alpen kommen etwa 20 Polsterpflanzen vor: *Androsace-*, *Minuartia-*, *Saxifraga-Arten*, *Eritrichium nanum*, *Petrocallis pyrenaica*, *Silene acaulis* u. a.

Alle in den Alpen vorkommenden Polsterpflanzen sind authochthon und alpigen, d. h. Produkte der Alpen (südeuropäischen Gebirge), nur *Eritrichium nanum* ist aus den zentralasiatischen Gebirgen eingewandert.

Alle Polsterpflanzen der Alpen sind auf die Alpen beschränkt, nur *Saxifraga moschata* ist nach dem Altai, *Silene aculis* nach Skandinavien, von wo sie sich zirkumpolar verbreitet hat, ausgewandert.

Zusammenfassung.

Der Etagenwuchs des Sprosses ist der sichtbare Ausdruck eines ungestörten, nur von Innenrhythmik bestimmten Wachstums; die Rosetten- und Polsterform dagegen sind die Verkörperung einer Zwangsrhythmik, die durch extreme, periodisch wiederkehrende Klimaverhältnisse scharf geregelt ist.

Ähnlich wie die erzwungene Ruhe, lassen sich auch die erzwungenen Wuchsformen der Rosetten- und Polsterpflanzen zum Unterschiede vom Etagenwuchs experimentell beeinflussen und ändern (S. 468).

Literatur.

DIELS, E. B. J., **22**, 1897. — HAURI u. SCHRÖTER, E. B. J., **50**, 1914. — RAUH 1939.

d) Die Ausgestaltung der Wuchsformen.

Die geschichtliche Betrachtung der Wuchsform führt zu dem Endergebnis, daß sich in ihrer Entwicklung drei Entwicklungsschritte feststellen lassen.

1. Der Bauplan (Grundform oder Organisationstypus) ist durch die Erbmasse der Sippe gegeben. Er ist zunächst nicht weiter analysierbar. Wir gewinnen ihn durch Abstraktion der allen Gliedern der Sippe gemeinsamen Merkmale (Typus der *Coniferae*, *Leguminosae* usw.).

2. Die Ausgestaltung des Grundtypus zur Wuchsform erfolgt vor allem durch die ökologischen Verhältnisse: Holzgewächs oder krautige Pflanze (S. 445).

3. Die Feingestaltung der Wuchsform beeinflussen die soziologischen Verhältnisse der Pflanzengesellschaft, in der die Art lebt (gesellschaftsgebundene Entwicklung). Beispiele dafür finden sich in den Gattungen *Ranunculus*, *Veronica*, *Viola* u. a.

Diese drei Entwicklungsschritte decken sich im wesentlichen mit den Kategorien der Familien-, Gattungs- und Artenmerkmale.

R. NORDHAGEN (1938) hat versucht, die heute vorliegende Form der *Calluna vulgaris* dadurch verständlich zu machen, daß er zu den ursprünglichen Merkmalen in zeitlicher Reihenfolge die abgeleiteten Merkmale hinzutreten läßt: die heutige Form aus ihren Merkmalen zusammensetzt (Merkmalssynthese).

Merkmalssynthese.

Der Arbeitsvorgang dieser Methode besteht in der Erörterung folgender Probleme:

1. Analyse: Zerlegung des Pflanzenkörpers in einzelne Merkmale.
2. Bewertung der einzelnen Merkmale als:
   a) Organisations-, bzw. Anpassungsmerkmale.
   b) Familien-, Gattungs-, Art-, Varietäten-Merkmale. Die Familienmerkmale bestanden bereits vor Aufgliederung der Familien und Gattungen; sie sind daher zeitlich früher ausgebildet. Dasselbe gilt für die weiteren Sippenmerkmale.
   c) Ursprüngliche und abgeleitete Merkmale,
   d) charakteristisch für die Tropen oder gemäßigten Zonen.
   e) ökologische Merkmale (standortsenge Pflanzen und Standortsspezialisten),

f) soziologische Merkmale (Lianen; Charakterarten der Pflanzengesellschaften),
g) historische Merkmale der Tertiärpflanzen, Eiszeitpflanzen.

3. Auswahl der Merkmale bei Heranziehung zur Geschichte der Sippen. GOETHE wählte für seine Selbstbiographie „Dichtung und Wahrheit" nur jene Ereignisse aus seinem Leben aus, die für die Entwicklung seiner Persönlichkeit von Bedeutung waren.
4. Es lassen sich Zusammenhänge zwischen den einzelnen Merkmalen nachweisen; manche (einige, viele) sind miteinander gekoppelt, wobei sie in vielen Fällen ursächlich miteinander verknüpft sind. Merkmalskomplexe. Dafür zwei Beispiele:

   Nach NORDHAGEN (1938, S. 26) stehen bei *Calluna* der vergrößerte, gefärbte Kelch-, das Schwellgewebe der Krone und der Kelchbehälter im Zusammenhang; eine zweite Reihe bildet die Vereinfachung der blühenden Kurzsprosse bis zu drei- bis einblütigen Kurzsprossen — die Abbiegung der letzteren — die horizontale Lage der Blüten — ihre Zygomorphie.

   Nach SERNANDER (1906) steht mit der Ausbildung der Myrmekochorie die postflorale Ausbildung der Fruchtstengels im Zusammenhang: schlaffe Stengel — schwaches mechanisches Gewebe, geringe Turgeszenz. Vgl. *Hepatica*, S. 148.
5. Ganz besonders wichtig ist, die zeitliche Reihenfolge des Entstehens der Merkmale festzustellen, die aus ihrer Bewertung erschlossen werden kann. Ich verweise auf die Abhandlung NORDHAGENS über *Calluna* (vgl. S. 293) und führe daraus folgende Entstehungsfolge an:

   1. Bildung der Zwischenblätter.
   2. Petalisierung des Kelches (der Kelch übernimmt die Funktion der Blumenkrone).
   3. Folge: Ausbildung des Schwellgewebes der Krone.
   4. Ausbildung des Kelchbehälters.
   5. Vereinsachung der Kurzsprosse.
   6. Abbiegung der Kurzsprosse.
   7. Folge: horizontale Lage der Blüte.
   8. Folge: Zygomorphie.
6. Nicht jede Sippe (Gattung, Art) muß die ganze Entwicklungsreihe durchlaufen. Durch Übernahme ganzer Merkmalskomplexe infolge Bastardierung kann sie abgekürzt werden.

7. Einige Merkmale sind so innig mit der Pflanze verhaftet, daß sie in weiterem Entwicklungange mitgeschleppt werden, wenn sie auch mit den heutigen Umweltverhältnissen nicht in Harmonie stehen oder nutzlos sind (Atavismen).
8. Die Entwicklung ist nicht in allen Fällen ein aufwärts führender, durch das Hinzutreten neuer Merkmale charakterisierter Prozeß; sehr häufig handelt es sich um einen Verlust von Merkmalen oder um einen Austausch. Es werden z. B. tropische Merkmale (Monopodium, sylleptische Triebe), die verloren gehen, durch temperierte ersetzt (Sympodium, opistholeptische Triebe).

e) Die Entwicklung der Lebensformen.

Die Änderung der Lebensform.

In den vorstehenden Kapiteln haben wir wiederholt von Änderungen der Lebensformen, sowohl der Wuchsformen als der phänologischen Lebenserscheinungen, die die Pflanzen im Laufe der Erdgeschichte mitgemacht haben, gesprochen. Lassen sich bei den heute bekannten Pflanzen Beispiele dafür finden, daß die Lebensformen veränderlich sind?

Eine und dieselbe Pflanze kann im Laufe ihrer Entwicklung ihre Lebensformen ändern. Jedes Holzgewächs ist im Jugendstadium krautig. Interessant ist, daß die laubabwerfende Lärche in ihren ersten Lebensjahren immergrün ist und damit in einem Individuum die Verbindung zweier großer ökologischen Gruppen herstellt. Diese Verbindung wird auch durch Gattungen vermittelt, deren Arten im Mittelmeergebiet immergrün sind, in Mitteleuropa aber laubabwerfend (Eiche, Liguster).

Die Lebensform der Landpflanze oder die der Wasserpflanze bildet sich bei derselben Pflanzensippe aus, je nach dem Standort, an dem sie wächst: die Gattung Wasserhahnenfuß (*Batrachium*), der Wasserknöterich (*Polygonum amphibium*) u. a. Beide Lebensformen können sogar am selben Individuum in zeitlicher Abfolge bei Änderung der Feuchtigkeitsverhältnisse auftreten.

Dieselbe Art kann in Mitteleuropa in der Lebensform des Krautes, in Südeuropa aber als Halbstrauch oder Strauch leben (*Cheiranthus Cheiri*).

Die Umwandlung und Veränderlichkeit der Lebensformen ist durch die experimentelle Morphologie (GOEBEL,

WIESNER, BONNIER) eine Teildisziplin der Botanik geworden. Vgl. Rosettenwuchs, S. 468.

Auch in der angewandten Botanik (Landwirtschaft) wird durch Züchtung verschiedener Lebensformen die Veränderlichkeit der Lebensformen praktisch verwertet. So werden die in ihrer Heimat parennierenden (ausdauernden) Getreidearten in Mitteleuropa als einjährige u. zw. als winter- oder sommerannuelle (Winter-, Sommergetreide) Pflanzen kultiviert.

Kurz erwähne ich noch, daß Reste alter Lebensformen, die im Laufe der Zeit geändert wurden, mitgeschleppt werden (Blatt der Stechpalme, S. 242).

Dieser Abschnitt ließe sich durch Anführung zahlreicher Beispiele sehr ausführlich gestalten. Ich halte dies aber nicht für notwendig, da es darüber reichlich Literatur gibt. Es war mir ja nur darum zu tun, Hinweise zu bringen, daß die Annahme von Änderungen der Lebensform der Pflanzen im Laufe der Erdgeschichte durch Beobachtungen an heute lebenden Pflanzen gestützt wird.

Der allgemeine und der spezielle Teil dieses Buches ist ja auf dem Gedanken aufgebaut, nach den Gründen zu suchen, warum sich die Lebensformen im Laufe der Zeit änderten, in welchem Sinne die Änderungen erfolgten und welche Spuren sie hinterlassen haben, um so Verständnis für die Pflanze, wie sie heute in Form und Lebensweise vor uns steht, zu gewinnen.

Weil wir es mit lebenden Organismen zu tun haben, laufen die Versuche (Experimente), die Wuchsform zu ändern, nicht im Sinne chemischer und physikalischer Versuche mit automatischer Regelmäßigkeit ab. Bei den einen Arten ist die Wuchsform streng fixiert, bei anderen Arten läßt sie sich durch Reizwirkung (S. 468) ändern. Ganz ähnlich reagieren die Arten auch auf phänologische Versuche, ihre Rhythmik zu ändern; einige Arten lassen sich frühtreiben, andere nicht.

Das Festhalten an der Lebensform.

Die Möglichkeit, eine Geschichte der Pflanzen schreiben zu können, beruht im Grunde darauf, daß viele Pflanzen an der einmal erworbenen Lebensform zähe festhalten und erstarren. Im Verlaufe der Entwicklung der mitteleuropäischen Pflanzenwelt tritt eine Erstarrungsperiode deutlich am Ende der Tertiärzeit hervor: die diluviale Erstarrung alter Tertiärpflanzen und besonders der Gebirgssippen.

An der in Anpassung an eine bestimmte Umwelt erworbene Lebensform wird festgehalten, wenn auch die Pflanze in eine ganz andere Umwelt kommt, wenn sich die Lebensform in der neuen Umwelt vorteilhaft erweist. *Gentiana verna* mit alpiner (oreophytischer) Lebensform bewohnt heute zum Teil auch Wiesen der Ebene, *Colchicum autumnale* mit mediterraner Lebensform findet sich in Wiesen und Weiden Mitteleuropas, mediterrane Zwiebelpflanzen mit Sommerruhe (*Leucojum, Galanthus, Scilla*), fügen sich in die Lichtzeit des mitteleuropäischen Laubwaldes ein.

Die Lebensform (S. 437) umfaßt aber neben der Wuchsform auch die Lebensgewohnheiten, an denen die Pflanze oft noch zäher als an der Wuchsform festhält. In meiner Abhandlung (Klimarhythmik, Ö. B. Z. 1922) habe ich auf die frühe Reifezeit des Getreides, der Kirsche usw. hingewiesen und darauf aufmerksam gemacht, daß diese mit der mitteleuropäischen Klimarhythmik nicht übereinstimmende Vegetationsrhythmik auf die mediterrane Herkunft dieser Pflanzen zurückzuführen ist. Von den zahlreichen in der Abhandlung angegebenen Beispielen hebe ich besonders *Colchicum* (S. 401) hervor.

Weil sich im Laufe der Erdgeschichte die Klimate änderten, muß man auch von einer Klima-Rhythmik der Tertiärzeit sprechen, für die ich die frühe, fast winterliche Blütezeit des Efeus, des Buchses, des Leberblümchens als Beispiele anführe. Interessant ist, daß diese Pflanzen nicht nur an der Klimarhythmik, sondern auch an der Wuchsform (Lederblätter) festgehalten haben. Jede Pflanze trägt den Stempel des Klimas ihrer Entstehungszeit. Weitere Beispiele siehe SCHARFETTER 1922, a. a. O.

Disharmonie der Lebensform mit den heutigen Lebensbedingungen.

Wir wollen noch das Festhalten an morphologischen (anatomischen) Merkmalen, die mit den Lebensverhältnissen, unter denen die Pflanze heute lebt, in Disharmonie stehen, an ein paar Beispielen zeigen. Es handelt sich um richtige Geschichtsurkunden, die es ermöglichen, aus ihnen Schlüsse auf die Herkunft der Arten zu ziehen.

Der Bau der Spaltöffnungen einiger Gramineen und Cyperaceen.

SCHWENDENER (1882) hat darauf hingewiesen, daß Ökologismen nur an endemischen Pflanzen studiert werden sollen, denn nur bei diesen ist ein eindeutiger Zusammenhang derselben mit Klima und Standort zu erwarten.

In Mitteleuropa sind die meisten einheimischen Pflanzen nicht endemisch, sondern eingewandert; sie weisen daher zum Teil Merkmale auf, die in einer früheren Periode unter dem Einfluß der Urheimat, ausgebildet wurden.

„Die Schließzellen der Spaltöffnungen einiger Gramineen und Cyperaceen" sagt SCHWENDENER (1898, Bd. I, S. 80 ff.), „sind unter das Niveau der Blattoberfläche eingesenkt — eine Einrichtung, die wohl unzweifelhaft eine Herabsetzung der Transpirationsgröße bezweckt. Soweit dieses Vorkommen sich auf Vertreter dieser Familien in Steppen- und Wüstengebieten und auf trockenen Standorten (Kalkfelsen usw.) beschränkt, liegt nichts Auffallendes darin, daß bei *Cynodon Dactylon, Panicum turgidum* u. a., die Spaltöffnungen von Papillen überwölbt oder eingesenkt und bei *Stipa capillata, Festuca ovina, Aristida ciliata, Macrochloa tenacissima, Corynephorus canescens* usw. auf mehr oder weniger tief einspringende Furchen verwiesen sind.

Allein es gibt Fälle, wo diese Bildungen sich einstellen, ohne daß die äußeren Lebensbedingungen sie zu rechtfertigen scheinen. Überwölbte oder deutlich eingesenkte Spaltöffnungen finden wir bei zahlreichen *Carices* *), z. B. *C. paniculata, teretiuscula, vesicaria, ampullacea, panicea, limosa, flacca* (= *glauca*), *pendula* (= *maxima*) *riparia* u. a., obschon die meisten dieser Arten an Standorten vorkommen, die mit Steppen und Wiesen sehr wenig gemein haben. Manche derselben treten überdies häufig in Gesellschaft anderer auf, denen diese Schutzeinrichtungen fehlen. Es kann also wohl kaum einem Zweifel unterliegen, daß die heutigen Standortsverhältnisse der *Carices* unserer Flora die Verschiedenheiten des Baues nicht erklären.

Ist auch die Annahme gestattet, daß manche „sumpfige" Stelle Jahr für Jahr austrocknet, bevor die Vegetationszeit der hier vorkommenden Arten abgeschlossen ist, so bleibt doch die Frage ungelöst, warum an dem nämlichen Ufer, in demselben Moor usw. die eine Art geschützte, die andere ungeschützte Spaltöffnungen besitzt. Hier müssen notwendig noch ganz andere Momente mit im Spiele sein.

---

*) In diesem fast wörtlichen Auszug aus der Arbeit SCHWENDENER's wurden nur bei einigen *Carex*-Arten die jetzt üblichen Namen vorangestellt und die von SCHWENDENER gebrauchten veralteten Namen in Klammern gesetzt.

Da nun die einheimischen *Carex-Arten*, zumal die zahlreichen Formen des Alpengebietes großenteils nordischen Ursprungs sind, so scheint es mir notwendig, zunächst darüber Gewißheit zu erlangen, ob vielleicht bezüglich der Spaltöffnungen irgendein Unterschied zwischen den nordischen und den alpinen Arten bestehe, oder genauer: ob die fraglichen Schutzeinrichtungen an den heutigen Standorten im Gebiete der Alpen oder aber — wenn sie etwa nur den eingewanderten Arten zukommen — in der Urheimat der letzteren entstanden sein müssen.

Nun sind nach CHRIST von den 29 Arten, welche der Alpenflora angehören, nur sieben rein alpin, nämlich *Carex baldensis*, eine insubrische Hügelpflanze, *C. curvula*, *C. foetida* und die Gruppe der *sempervirens*, von deren fünf Gliedern nur *C. ferruginea* nordisch ist. Unter diesen endemischen Arten habe ich nun keine einzige gefunden, welche eingesenkte oder mit irgend welchen Schutzeinrichtungen versehene Spaltöffnungen besäße. Dasselbe gilt von den Formen, die von Süden her eingewandert sind, wie z. B. *C. gynobasis* und *liparicarpos* (= *nitida*) oder wenigstens zu den Vertretern eines wärmeren Typus gehören, wie *C. humilis. alba* und *pilosa*. Und doch sind es gerade diese südlichen und die rein alpinen *Carices*, welche vorherrschend trockene, z. T. felsige Standorten lieben und daher den Steppengräsern noch am ehesten klimatisch nahe zu stehen scheinen.

Von den nordischen Einwanderern, die sich fast ausnahmslos an sumpfigen und moorigen Orten angesiedelt haben, ist übrigens nur ein Bruchteil mit eingesenkten oder von Papillen überwölbten Spaltöffnungen ausgestattet; der überwiegenden Mehrzahl fehlt dieses Steppenzeichen. Zu den letzteren gehören z. B. *C. gracilis* (= *acuta*), *arenaria, caepitosa, chordorrhiza, dioica, flava, filiformis, leporina, ligerica, muricata, Oederi, acutiformis* (= *paludosa*), *pilulifera, Pseudocyperus, supina, vulpina*.

Ich muß nun freilich darauf verzichten, die nordische Heimat der eingewanderten *Carex*-Arten näher zu bezeichnen und in Bezug auf die klimatischen Faktoren, denen die Spaltöffnungen sich angepaßt haben, spezielle Belege zu liefern, denn so weit reichen unsere Kenntnisse nicht. Es mag aber doch gestattet sein, auf den stellenweise geradezu steppenartigen Charakter der nordischen Tundren und Fjelde hinzuweisen (vgl. WARMING, Über Grönlands Vegetation, ENGLERS Bot. Jahrb., **10**, S. 383).

Es scheint also wohl die Annahme, daß die nordischen Seggen vor ihrer Wanderung nach dem Süden zum Teil in einem extremeren Klima vegetiert haben als gegenwärtig im Gebiet der Alpen, keinesfalls ungereimt. Und da bei den Gräsern gerade die Schutzeinrichtungen, von denen hier die Rede ist, nur unter dem Einfluß anhaltender, periodisch wiederkehrender Hitze und Trockenheit zur Ausbildung kommen, so liegt es nahe, für die Cyperaceen dasselbe Verhalten vorauszusetzen.

Auch die außergewöhnlichen Verstärkungen der Schutzscheide bei *Tofieldia calyculata, Iris sibirica, Narthecium ossifragum* u. a. sind offenbar nicht an den heutigen Standorten in Mitteleuropa, sondern in der durch größere klimatische Extreme ausgezeichneten Urheimat entstanden. Und vielleicht gilt dasselbe auch von den ericoiden Blattformen, den Wachsüberzügen, Schuppenhaaren und ähnlichen Einrichtungen, welche die Verdunstungsgröße herabsetzen und insbesondere den Spaltöffnungen Schutz gewähren, bei endemischen Pflanzen aber, wie es scheint, nicht vorkommen." (SCHWENDENER a. a. O., S. 84.)

Die Disharmonie im Blattbau der Stechpalme (*Ilex Aquifolium*) habe ich S. 242 erörtert.

Über die Behaarung der Blätter der Alpenpflanzen

In diesem Zusammenhang sei an eine Beobachtung KERNERS an nordischen Einwanderern in die Alpen erinnert. KERNER führt in seinem Pflanzenleben (1890, I, S. 291) aus:

„Im hohen Norden fehlen an den Felsklippen Kräuter und Stauden mit oberseits seidigem oder filzigem Laubwerk und die Arten, die durch ihr massenhaftes Auftreten den charakteristischen Zug in der Pflanzendecke bilden, wie z. B. *Diapensia lapponica, Andromeda hypnoides, Mertensia maritima, Draba alpina* u. a. haben auffallenderweise kahle, grüne Blätter. Wenn dort haarige Überzüge vorkommen, so sind diese auf die unteren Blattseiten, namentlich jene der Rollblätter beschränkt und finden sich durchaus nicht an den Pflanzen felsiger Gehänge, sondern an jenen der moorigen, stets feuchten Gründe und an den Ufern; sie dienen dann nicht zur Herabsetzung der Transpiration, sondern als Schutzmittel der Spaltöffnungen gegen Nässe, um den Weg für den Wasserdampf und die auszuscheidenden Gase frei zu halten (*Loiseleuria, Empetrum, Andromeda tetragona*"). (KERNER, 1890, I, S. 279.)

In arktischen Gebieten kommt ein Austrocknen des Bodens und eine Beschränkung der Wasserzufuhr selbst auf Felsstandorten nicht vor und daher besteht auch keine Gefahr einer zu weit gehenden Verdunstung.

Mit dieser Erklärung steht auch im Einklang, daß in den mittel- und südeuropäischen Hochgebirgen, auf deren Höhen eine alpine Vegetation angetroffen wird, die Zahl der Formen mit seidigem und filzigem Laube in dem Maße zunimmt, je weiter nach Süden diese Gebirge gelegen und je mehr diese zeitweiliger Trockenheit ausgesetzt sind (a. a. O., S. 292).

Wir haben diese Bemerkungen bei Besprechung der Weiden (*Salix*), S. 89 berücksichtigt.

Überaus wichtig erscheint mir, daß gewisse Alpenpflanzen — auch hier muß jede Art für sich untersucht werden — schon durch die Behaarung ihrer Blätter, besonders bei einseitiger Behaarung der Unterseite oder durch das Fehlen der Behaarung ihre Herkunft dokumentieren (*Dryas octopetala*, *Leontopodium*, *Alchemilla*). So sind die behaarten *Draba tomentosa* und *stellata* mitteleurop.-alpine Arten, die kahle *Draba alpina* eine arktische Art. Dieses Merkmal wird freilich erst dann wertvoll für die Geschichte der Art sein, wenn ihre Herkunft auch durch andere Methoden, z. B. durch ihre geographische Verbreitung, durch fossile Reste usw. festgestellt ist.

Die Lebensform der mitteleuropäischen Glazialpflanzen.

Auf dem Grundgedanken, daß die Pflanzen an ihrer Lebensform zähe festhalten, beruhen auch die Untersuchungen Robert Kellers über die Glazialflora Mitteleuropas. Er legt sich die Frage vor, welche von den heute in Mitteleuropa lebenden Pflanzen das Gebiet auch in der Eiszeit bewohnt haben konnten und daher als Reste der Glazialflora angesprochen werden können. Er geht dabei von phänologischen Eigenschaften der Pflanzen aus und erschließt durch seine Methode eine neue Quelle der pflanzengeschichtlichen Forschung, die sich bisher nur auf fossile Reste und Verbreitungstatsachen stützte.

Leider ist die Arbeit, die als Programm des Gymnasiums und der Industrieschule in Winterthur (Flora von Winterthur II, Winterthur 1896) erschienen ist, schwer zugänglich. Der Inhalt dieser wichtigen Arbeit ist etwa folgender:

Etwa 200 Arten der mitteleuropäischen Ebenenflora steigen in den Alpen in bedeutende Höhen (2000 m und mehr) und gedeihen dort heute unter Lebensbedingungen, die denen der Glazialzeit gleichen. Die mit dem Leben in solchen Gebieten verknüpften Eigenschaften können nun den betreffenden Arten durch Vererbung von einer Zeit und einem Orte her erhalten sein, wo diese Lebensbedingungen für sie die normalen waren. Ihr Leben in den Alpen kann also gewissermaßen als der Ausdruck eines Atavismus aufgefaßt werden. Es können diese Eigenschaften aber auch eine Neuerwerbung darstellen, oder es kann für die eine Art das eine, für die andere das andere die größere Wahrscheinlichkeit haben.

Die biologischen Eigenschaften, welche die Alpenflora, bzw. die arktische Pflanzenwelt besonders charakterisieren, sind wesentlich folgende:

1. Frühblütigkeit. Die generativen Anlagen für das kommende Jahr sind so weit vorgebildet, daß die Art fast unmittelbar nach der Schneeschmelze zur Blüte gelangt. Die Pflanzen der alpinen und arktischen Zone sind also frühblühend.

2. Raschfruchtigkeit. Die Zeit, die zwischen Blüte und Fruchtreife liegt, ist von kurzer Dauer. Frühblütigkeit und Raschfrüchtigkeit sind Anpassungen an die kurze Vegetationszeit.

3. Vegetative Vermehrung ist besonders gut entwickelt. Diese Eigenschaft ist bei den arktischen Pflanzen viel ausgeprägter als bei den alpinen. Sie ist also zweifellos eine jüngere Anpassung an die schwierigen arktischen Lebensbedingungen. Die Bildung reifer Samen ist durch die kurze Vegetationszeit erschwert, die Bestäubung der Blüten durch Insektenarmut. Die generative Vermehrung wird durch vegetative ersetzt.

4. Habitus (Tracht). Unter dem Einflusse der besonderen Lichtwirkung einerseits und des mäßigen Wärmeaufwandes anderseits wird ein für hochalpine bzw. arktische Arten charakteristischer Habitus geschaffen, eine niedrige, gedrungene Pflanze, deren relativ große Blüten eine Folge der Konkurrenz um die selteneren Bestäuber sind.

Unter den vier charakteristischen biologischen Eigenschaften scheint der Habitus für irgendeine Wegleitung ausgeschlossen, da sich derselbe außerordentlich schnell verliert. Stärker erscheinen durch die Vererbung die rein phänologischen Eigenschaften fixiert, wenn schon auch sie für sich allein nicht hinlänglich sichere Wegleiter sind.

f) Zusammenfassung.

Alle großen Züge der Entwicklung der Tierwelt haben ihre äußeren Ursachen und hängen mit bestimmten Änderungen unsres Erdkörpers zusammen.

SIMROTH, Die Entstehung der Landtiere, S. 410.

So lange sich die Pflanzen in dem gleichmäßigen Klima der Tropen entwickelten, bestimmte die Hauptachse in ungestörtem Wachstum die Verzweigungsform (Monopodium). Die Sprosse bildeten sich als Langtriebe, deren Internodienlänge nur von der inneren Wachstumsrhyhmik beherrscht wurde. Sylleptische Seitentriebe, deren Knospen ohne längere Ruheperiode das ganze Jahr austrieben, setzten das Wachstum fort.

Die erste Änderung vollzog sich, als die Pflanzen in ein tropisches Klima mit ausgesprochenen Regen- und Trockenzeiten gelangten. Es fand eine zeitliche und räumliche Arbeitsteilung im Wachstum der Pflanzen statt; die reproduktive Tätigkeit (Blütezeit) wird in die Trockenzeit verlegt, die ein gehemmtes Wachstum der Sprosse zur Folge hat, so daß sich an Stelle der Langtriebe Kurztriebe bilden, die die Träger der Blüten sind, die ja selbst ein Sproß mit sehr verkürzten Internodien ist. Zunächst behält die Hauptachse mit ihrer Endknospe (Terminalknospe) die Führung des Verzweigungssystems bei und die blütentragenden Kurztriebe, die mit der Blüte ihr Wachstum abschließen, werden als Seitensprosse in den Blattachseln ausgebildet.

Als sich aber beim Eintritt der Pflanzen aus der tropischen in die gemäßigte Zone nicht nur die Niederschläge, sondern auch Licht und Wärme änderten und zwar im Rhythmus der Jahreszeiten änderten, kam es zu starken Störungen des bisher ungehemmten Wachstums. Als deren Folgen sehen wir vor uns: in der Verzweigung die Ausbildung des Sympodiums, das durch das Absterben der Endknospe der Hauptachse charakterisiert ist. Das Monopodium bleibt manchmal in der ersten Entwicklung der Einzelpflanze erhalten (Biogenetisches Grundgesetz). Das Wachstum folgt nicht mehr inneren Gesetzen allein; die ungünstige Jahreszeit macht sich einschneidend bemerkbar, das Wachstum der Sprosse wird im Herbste nicht nur gehemmt, sondern kommt im Winter fast ganz zum Stillstand — am Längenwachstum der Sprosse durch deutliche Absätze in der Internodienlänge, mit ihren Dickenwachstum durch die Jahresringbildung erkennbar. Die schon aus den tropischen Trockengebieten mitgebrachte und vererbte Kurztriebbildung tritt verstärkt auf; sie ist ungeregelt z. B. bei der Buche und Lärche, wo Lang- und Kurztriebe (Kurztriebketten) am selben Sprosse wechseln, oder jahreszeitlich geregelt, indem die Langtriebe vorwiegend zur günstigen Jahreszeit, im Sommer, erscheinen. Die Verlegung der Blüten an die Seitenachsen aus Axillarknospen wird zur Regel. Die sylleptische Triebbildung wird im Herbste völlig eingestellt; die Einschaltung einer Ruheperiode mit Ausbildung geschlossener durch Schuppen geschützter Knospen ist zum Charakteristikum der extratropischen Holzgewächse geworden. Dem aufmerksamen Beobachter zeigt sich, daß die alte tropische Triebbildung im Johannistrieb (Buche, Eiche) und die Bildung nackter, unbedeckter Knospen nicht ganz unterdrückt werden konnte (Schneeball). Naturam expellas furca, tamen usque recurret. Du magst die Naturanlagen mit aller Gewalt unterdrücken, dennoch brechen sie immer wieder durch.

Vergessen wir nicht, daß alle diese Umbildungen nicht freiwillig etwa infolge Einwanderung der tropischen Pflanzen in die gemäßigte Zone erfolgten, sondern daß die Blütenpflanzen n a c h der Kreidezeit durch eine Polverlagerung aus der tropischen Zone in die gemäßigte Zone versetzt wurden und daß ein sehr großer Teil der Tropenpflanzen diese zwangsweise Versetzung in ungünstige klimatische Verhältnisse mit dem Aussterben büßen mußte. Erhalten konnten sich nur Tropenpflanzen, die mit der Tropenzone nach Süden mitwandern konnten, z. B. aus der Kreide-Tropenzone Mitteleuropas nach der heutigen Tropenzone in Afrika. Die zurückbleibende Flora rettete sich vor dem Untergang durch die oben beschriebenen Änderungen der Verzweigung, der zeitlichen und räumlichen Änderung der Wachstumsweise der Sprosse, durch jahreszeitlich geregelte Lauberneuerung, endlich durch die Umstellung der Wuchsform des Baumes auf Kleinstrauch und Staude, die ihren Schutz in der winterlichen Schneedecke bzw. Laubstreu, in Trockengebieten durch Staubanhäufung fanden. Indem die Laubstreu sich anhäufte und in Humus umbildete, wurden die Stauden zu Geophyten, das sind Pflanzen mit unterirdischem Stamm (Wurzelstock, Knolle, Zwiebel). Der monopodiale Wurzelstock zeigt die tropische Stammbildung an, der sympodiale Wurzelstock den weiten Umweg von einem monopodialen Holzgewächs über ein sympodiales Holzgewächs, das die ererbte Wuchsform nun als Geophyt weiterführt.

Die geschilderte Entwicklung der Wachstumsweise und Wuchsformen der Blütenpflanzen wurde auch durch ein anderes Ereignis der Erdgeschichte ausgelöst, nämlich durch die Aufrichtung von Gebirgen in und nach der Kreidezeit. Auch in diesem Falle ist die Pflanze zwangsweise aus einem gleichmäßigen Tropenklima in ein jahreszeitlich wechselndes Hochgebirgsklima versetzt worden, was einen ähnlichen Entwicklungsgang zur Folge haben mußte. Für solche tropische Gebirgsformen ist der Weg in die Gebiete der gemäßigten Zone — also für eine freiwillige Wanderung mit bereits an ein wechselndes Klima angepaßter Wuchsform, die sich zur Einfügung in das Ebenenklima der gemäßigten Zone eignete, offen gestanden.

Der hier geschilderte Entwicklungsgang ist nur ein Versuch, sich eine Vorstellung vom Werden der Lebensformen zu machen. Bruchstücke dieses Werdeganges glauben wir in Tatsachen im Entwicklungsgange einzelner Sippen zu erkennen. Das eingehende Studium der einzelnen Sippen ist unbedingt notwendig; nur dieses kann zu tieferem Verständnis der Lebensformen, die uns in der heutigen Flora Mitteleuropas entgegentreten, führen. Ich möchte aber betonen, daß ich nicht glaube, daß der Entwicklungsgang nur diesen einen möglichen Weg eingeschlagen hat. Die Natur läßt sich in kein Schema pressen. Immer wird die Erbwelt der einzelnen Sippen für Mannigfaltigkeit sorgen.

V. Biologie.

Bei der Feingestaltung der Wuchsform (S. 473) spielen nicht nur Klima und Boden, sondern auch die belebte Umwelt, Tiere und Pflanzen, eine entscheidende Rolle, mit der sich die Blütenbiologie und die Verbreitungsbiologie beschäftigen. Die Bedeutung der Blütenbiologie für Bau und Leben der Blütenpflanzen ist Gegenstand ausführlicher Werke und braucht hier nicht eingehend erörtert zu werden.

1. Blütenbiologie.

Die morphologisch-phylogenetische Entwicklung der Blüte, insbesonders die Ursprünglichkeit der getrenntgeschlechtigen Blüte (*Apetalae*), bespricht zusammenhängend mit vielen Literaturnachweisen E. Janchen (1950), während O. Kirchner (1911) der Entstehung der Blumen nachgeht. (Abgedruckt in Scharfetter, Lehrbuch der Botanik, S. 90.)

Das Kernproblem der Blütenbiologie betrifft die Frage, ob die Windblüte oder die Insektenblüte ursprünglich ist. Beide

Ansichten haben ihre Vertreter, die sich mit der sich ergebenden Frage nach der Umstellung der einen auf die andere Bestäubungsart auseinandersetzen müssen. Wir bringen einige Angaben, die geeignet sind, in den Fragenkomplex einzuführen.

Die allgemein herrschende Annahme, daß die Windblüte die ursprüngliche Blütenform darstellt und die Insektenblüte sich von dieser ableitet, ist nach SCHELLENBERG (Festschrift für HANS SCHINZ, S. 379) unrichtig. Im allgemeinen ist die Windblütigkeit der Angiospermen nicht primitv.

Die ursprüngliche Angiospermenblüte ist nach Ansicht vieler neuerer Forscher insektenblütig (entomogam), und zwar pollenblütig (aber nicht mit Bienenpollen). Die Windbestäubung ist eine Anpassung, die sich bei Formen findet, die in großen, fast artenreinen Verbänden siedeln, seien es Wiesen oder Wälder. Sie hängt also zusammen mit der Besiedlung von Böden in ungünstigeren Klimaten, wo die Artenzahl stark abnimmt, nicht dagegen die Individuenzahl. Reduktionen in der Blüte sind sehr häufig (*Fraxinus*, S. 339).

Auch die Windblütigkeit der *Urticales* zeigt durch den komplizierten Bau der Narbe und die doch recht auffällige Explosionseinrichtung ihren abgeleiteten Zustand.

In Schlagworten ergeben sich nach SCHELLENBERG folgende Beziehungen:

a) Insektenblüte ursprünglich — Tropen —, artenreiche Gesellschaften (z. B. tropischer Urwald).

b) Windblüte abgeleitet — gemäßigte, kalte Zone —, artenarme Gesellschaften (z. B. Nadelwald).

Wir können uns vorstellen, daß das Klima am Ausgang der Tertiärzeit sich immer ungünstiger gestaltete und damit einerseits die Bildung artenärmerer Bestände verursachte (Entmischung des Tertiärwaldes, S. 180), anderseits eine Abnahme der Zahl der Insekten verursachte, so daß sich die Pflanzen von der unsicher gewordenen Insektenbestäubung auf die Windbestäubung umstellte. So kam es zur Ausbildung unserer Laubwälder, die durchwegs aus windblütigen Baumarten gebildet werden.

R. PILGER (1948) weist darauf hin, daß es daneben auch andere Wege der Entwicklung gibt. Bei den Araceen bleibt bei stärkster Reduktion in den Blüten die Insektenblütigkeit bestehen, ja sie wird gerade bei den ganz reduzierten Formen besonders entwickelt, das gleich gilt für *Euphorbia*, *Ficus*, Loranthaceen.

Für die Ranunculaceen kann stärkere Entwicklung der Insektenblütigkeit aus Pollenblumen angenommen werden — es entwickeln sich also aus windblütigen Formen insektenblütige; das gleiche gilt für die Centrospermen bis zu den höchststehenden Typen der Caryophyllaceen.

Es gibt auch ursprüngliche Windblütler. Die Kätzenträger (Amentiferen), die sich direkt von den Gymnospermen ableiten, sind primäre Windblütler.

Die Gräser dagegen sind sekundäre Windblütler, ebenso *Fraxinus excelsior*; *Castanea* ist nach PORSCH (1950, S. 313) eine alte Käferblume auf dem Wege zur Windblüte. Die Juncaceen und Liliaceen sind im Aufbau des Diagrammes gleich; die einen sind windblütig, die anderen insektenblütig. Es ist nicht erwiesen, daß die Blüten von ursprünglichem Typus Nektar gebildet haben; für diese insektenblütige Anpassung gibt es ganz verschiedene Wege.

R. PILGER (1948, S. 11) ist daher der Meinung, daß Insektenblütigkeit und Windblütigkeit als phyletisch gleichwertig angesehen werden können, d. h. daß die Entwicklung der Angiospermen in zwei Reihen erfolgte, einer insektenblütigen und einer windblütigen.

Literatur.

JANCHEN, E., 1938. Der morphologische Wert der Gramineenvorspelze. Ö. B. Z. **87**, S. 51. — JANCHEN, E., 1950. Die Herkunft der Angiospermenblüte und die systematische Stellung der Apetalen. Ö. B. Z. **97**, S. 129. — KIRCHNER, O., 1911. Blumen und Insekten. — KNOLL, F., 1926. Insekten und Blumen. Abh. d. Zool.-bot. Ges. Wien **12**. — NEUMAYER, H., 1924. Die Geschichte der Blüte. Abh. d. Zool.-bot. Ges. Wien **14**. — PILGER, R., 1948. Die Bedeutung der Entomogamie für das System der höheren Pflanzen. Ber. D. b. Ges. S. 48.

2. Verbreitungsbiologie.

Trockenfrüchte und fleischige Früchte.

Geschichtlich betrachtet.

Einen raschen Überblick über die Fruchtformen gewährt folgende Tabelle.

Fruchtwand	mehrsamig	einsamig
trocken	Kapsel	**Nuß** (Schließfrucht)
fleischig	Beere	Steinfrucht

1. Im allgemeinen sind die mehrsamigen Früchte ursprünglicher als die einsamigen, die durch Reduktion der Samenanlagen aus ihnen hervorgangen sind (*Helleborus* — Balgkapsel, *Anemone* — Schließfrüchtchen).

2. Die Trockenfrucht ist phylogenetisch älter als die fleischige Frucht.

Die phylogenetisch alten Pflanzengruppen der Moose, Farne und Schachtelhalme haben durchwegs Trockenfrüchte. Auch bei den *Apetalae* (*Monochlamydeae*) haben die ältesten Familien, zu denen Arten wie *Betula*, *Fagus*, *Quercus*, *Corylus*, *Salix*, *Populus*, *Urtica*, *Humulus*, *Cannabis*, *Thesium*, *Rumex*, *Polygonum* u. a. gehören, durchwegs Trokkenfrüchte; diese überwiegen noch bei den Caryophyllaceen. Fleischige Früchte treten zwar in diesen ältesten Angiospermenfamilien auf (*Myrica*, *Morus*, *Ficus*, *Viscum*); bei den Aizoaceen und Cactaceen, die ihre Hauptentwicklung in verhältnismäßig junger Zeit erfahren haben, nimmt die Zahl der Fleischfrüchte zu.

3. In der Entwicklung der Früchte (Ontogenie) geht der Trockenfrucht ein fleischiges (krautiges) Stadium voran, so wie dem verholzten Stamm ein jugendlich-krautiger Sproß vorangeht (vgl. Walnuß).

Man kann daher die fleischige Frucht als Jugendstadium der Fruchtbildung, gewissermaßen als noch nicht ausgereifte Trockenfrucht, auffassen.

4. Die fleischigen Früchte (Beeren und Steinfrüchte) werden durchwegs durch Tiere, vor allem durch Vögel verbreitet. Die Tiere konnten die Fleischfrucht natürlich nicht erzeugen, wohl aber konnten sie durch Auslese Fleischfrüchte züchten, indem sie Früchte im fleischigen Stadium (Punkt 3) von der Mutterpflanze ablösten und ihre Samen verbreiteten. Wir können noch heute beobachten, daß fleischige Früchte, z. B. Kirsche, Weintraube, auch vom Menschen vorzeitig von der Mutterpflanze „abgepflückt“, abgenommen werden. Werden sie nicht gewaltsam abgetrennt, so vertrocknen sie (wenigstens teilweise) an der Mutterpflanze.

5. Die Fleischfrucht erscheint daher als eine sekundäre, an Tierverbreitung (Zoochorie) angepaßte Bil-

d u n g. Wie die Insektenblütigkeit vielfach aus Windblütigkeit hervorgegangen ist, so dürfte auch die Verbreitung der Früchte und Samen durch Tiere aus der Windverbreitung entstanden sein. Auszuschließen ist natürlich nicht, daß beide Verbreitungsarten sich selbständig nebeneinander entwickelt haben, ähnlich wie dies PILGER für die Bestäubungsarten entwickelt hat (S. 486).

„Gerade bei den Koniferen sind die f l e i s c h i g e n F r ü c h t e nicht abgeleitet, sondern u r s p r ü n g l i c h. *Gingko, Cephalotaxus, Taxus* sind sehr alte Typen. Unter den Cupressaceen ist, wie sich aus der Blattform (Nadelblatt) erkennen läßt, *Juniperus* ursprünglicher als alle Zapfenfrüchtler. Die zweifellos stark abgeleiteten Gattungen, wie *Larix* und *Pinus*, haben Holzzapfen. Bei den fleischfrüchtigen Koniferen ist die Fleischfrucht ein Organisationsmerkmal, ein stammesgeschichtliches ‚Jugendstadium der Fruchtbildung'; diese Pflanzen hatten noch nicht die Fähigkeit erworben, ihre Samen durch verholzte Bildungen zu schützen." (JANCHEN, briefl.)

Die F l e i s c h f r u c h t ist in der Regel k e i n O r g a n i s a t i o n s-, s o n d e r n e i n A n p a s s u n g s m e r k m a l und hat für die Stammesentwicklung und damit für die Systematik nur geringeren Wert. In vielen Familien kommen beide Fruchtarten vor: Ericaceen, Ranunculaceen.

6. In soziologischer Hinsicht fällt auf, daß die fleischigen Früchte durchwegs der Strauch- und Gebüschschicht unserer Wälder angehören (Aufenthaltsort der Vögel), während die Gesellschaften der Grasfluren, offen dem Winde ausgesetzt, ihre Früchte als Trockenfrüchte durch den Wind verbreiten lassen. Ihre Entwicklung erscheint gesellschaftsgebunden ähnlich der Myrmekochorie, für die SERNANDER dies nachweist.

7. Ist die Zeitspanne zwischen Blüte und reifer Frucht kurz, sind die Pflanzen also raschfrüchtig, so ist auch das fleischige Jugendstadium von kurzer Dauer. So erklärt es sich, daß die G l a z i a l p f l a n z e n, die zur Eiszeit Mitteleuropa bewohnten und wegen der kurzen Dauer der Vegetationszeit ihre Früchte rasch reifen mußten, d u r c h w e g s T r o c k e n f r ü c h t e haben. Unter den von R. KELLER (1896) aufgezählten 119 Arten der mitteleuropäischen Eiszeitflora haben 114 Trockenfrüchte. Auch die Abnahme der Zahl der Tiere, ebenso der fehlende Wald können Ursache sein, daß die Glazialpflanzen durchwegs Trockenfrüchte haben.

8. Die F l e i s c h f r u c h t ist eine soziologische Anpassung an das Zusammenleben mit Tieren — ihre Ausbildung ist

nicht von Klima und Boden abhängig und daher n i c h t g e o g r a p h i s c h z u f a s s e n, etwa so, daß Trockenfrüchte für Trockengebiete, Fleischfrüchte für humide Gebiete charakteristisch wären. Erst sekundär über ihre Formationszugehörigkeit stellen sich geographische Abhängigkeiten ein.

M y r m e k o c h o r i e.

Myrmekochoren sind Pflanzen, deren Samen oder Früchte durch Ameisen verbreitet werden; es sind in Mitteleuropa besonders Wald- oder Ruderal-, sehr selten Felspflanzen.

In den Wäldern bewohnen sie die unterste Feldschichte, wie z. B. *Asarum, Carex digitata, Hepatica nobilis, Galanthus, Scilla bifolia, Corydalis, Viola* spec., *Potentilla* spec., *Ficaria verna* u. a. Da sie gesellschaftsgebunden sind, können sie nicht älter als die Wälder selbst sein. Wann und wie haben sich diese gebildet?

Unsere Wälder sind arktotertiären Ursprungs (PODPĚRA 1925). Der Tertiärwald unterschied sich vom heutigen Wald vor allem durch die große Zahl verschiedener Arten, die ihn zusammensetzen. UNGER (1870) hat gefunden, daß in der Tertiärflora von Leoben, Bilin, Radoboj usw. jedes zweite oder dritte Laubblatt einer anderen Gattung angehört, in der rezenten Flora dagegen erst jedes achte oder neunte. Je mehr das Klima der Tertiärzeit sich dem der Eiszeit näherte, desto mehr verarmte der Wald an Arten (Aussterben tropischer Arten). Aus dem artenreichen Tertiärwald wird schließlich infolge der Zurückdrängung der Bäume auf Refugien, und durch die nach ihren klimatischen Ansprüchen abgestufte Rückwanderung der einzelnen Baumarten der vorwiegend aus einzelnen Arten bestehende Föhrenwald, bzw. Fichtenwald oder Buchenwald. Erst in diesen postglazial entstandenen Wäldern kommt es zur Bildung gut ausgeprägten Waldschichten. Es ist daher anzunehmen, daß die M y r m e k o c h o r i e a m E n d e d e r T e r t i ä r z e i t e n t s t a n d u n d i n d e r P o s t g l a z i a l z e i t i h r e b e s t e A u s b i l d u n g erfuhr. Entmischung und Verarmung an Arten des Tertiärwaldes, Schichtenbildung und die Entstehung der Myrmekochorie sind eng miteinander verknüpft.

Die H o c h w a l d s c h i c h t e ist durch Verbreitung der Samen und Früchte durch den Wind — A n e m o c h o r i e — charakterisiert (Ahorn, Esche, Fichte u. a., ausgenommen die

Cupuliferen Buche und Eiche). In den niederen Schichten, wo die Macht des Windes gebrochen ist, werden Tiere zur Verbreitung herangezogen: in der Streuschichte die Vögel (Beeren), in der Feldschichte die Ameisen. Je mehr die Feldschichten beschattet sind, umso größer ist die Zahl der Mymekochoren.

Die Myrmekochorie unserer Waldpflanzen — von den Ruderalpflanzen wollen wir absehen — ist nicht Erbe der Mutterarten, sondern in den Wäldern entstanden, sie wurde hier neu erworben. SERNANDER (1906) ist überhaupt der Meinung, daß bei den Waldpflanzen die nähere rein biologische Ausgestaltung ihrer Grundzüge in den weitaus meisten Fällen unter dem Einfluß der speziellen Naturverhältnisse stattgefunden hat, die ihre Muttervereine oder vielmehr ihre tertiären Vorläufer gekennzeichnet hat.

Ich bin gleichfalls der Meinung, daß die Feinausführung der Formen, der „letzte Schliff" der Formgestaltung in vielen Fällen gesellschaftsgebunden erfolgt, daß aber der Eintritt in den Gesellschaftsverband oft auf Grund ererbter Gestaltungsverhältnisse veranlaßt wird. Primär ist die Einfügung in einen Gesellschaftsverband, der sich dann sekundär in rein biologischen Formänderungen auswirkt.

Morphologisch sind die Elaiosome keine Neubildungen, sondern Umbildungen. Es ist immer leicht, die morphologischen Grundorgane (Caruncula, Strophiole, Funiculus, Raphe u. a.) zu erkennen, die umgestaltet wurden. Sehr oft ist es jener Teil der Verbreitungseinheit, mit dem diese an der Mutterpflanze angeheftet ist.

Das Schwanken der Elaisome hinsichtlich des morphologischen Wertes der Grundorgane zeigt ihre rein biologische Bedeutung. Die Myrmekochorie ist in der Geschichte der Pflanzenwelt eine junge Erscheinung. Die meisten Myrmekochoren sind aus Anemochoren, seltener aus Autochoren (explosiven Ballisten) hervorgegangen (vgl. *Viola*, S. 180).

Die Myrmekochorie beeinflußt auch die Gesamtorganisation der Pflanze.

1. Stengel und Blütenstiele bilden schwaches mechanisches Gewebe aus; sie werden nur durch den Turgor aufrecht erhalten und liegen zur Zeit der Fruchtreife erschlafft auf dem Boden. (Vgl. *Primula acaulis* mit *Primula elatior*, von der erstere wahrscheinlich abstammt).

2. Während die Anemochoren feste Kapseln haben, ist bei den Myrmekochoren die Fruchtwand schwach entwickelt, z. B. bei *Luzula, Potentilla, Primula.*

3. Rasche Samenreife, damit die Samenausstreuung noch in die Sammelzeit der Ameisen fällt (Tachysporie).

4. Umbildung und Weiterentwicklung von ursprünglich anderen Zwecken dienenden Organen zu fleischigen, ölreichen Anhängseln (Elaiosomen), die zur Anlockung der Ameisen dienen.

Alle diese Merkmale sind nicht von den Ameisen hervorgerufen (erzeugt) worden, sondern aus der Variationsbreite schon vorhandener Merkmale durch Selektion weitergezüchtet.

Die Myrmekochorie, z. B. bei *Hepatica,* ist vielleicht dadurch entstanden, daß im Schatten des Waldes und bei der Feuchtigkeit des Waldinnern die Ausbildung xeromorpher Merkmale (steife Fruchtstengel) unterblieb. Dadurch wurde die Verbreitung der Früchte und Samen sehr erschwert (Ausmerze). Die Verbreitung einer Mutation mit schlaffen Fruchtstengeln und auf dem Boden liegenden Verbreitungseinheiten aber wird gefördert (Auslese), weil sie von Ameisen verschleppt werden. Diese bevorzugen und züchten dabei solche mit Elaiosomen.

Die vermutlich häufig auftretende Mutation mit schlaffen Fruchtstielen ist also biologisch vorteilhaft.

Die Merkmale der Myrmekochorie stehen untereinander in kausaler Beziehung und sind soziologisch, d. h. durch die Pflanzengesellschaft des Waldes bedingt. Bei Myrmekochoren, die außerhalb des Waldes vorkommen, ist zu untersuchen, ob ihre Myrmokochorie nicht als Erbgut übernommen und beibehalten ist *(Viola).*

Zusammenfassung: Die Myrmekochorie ist eine biologische Einrichtung, welche Rückbildungen in der Gestalt der Pflanzen zur Folge hat. Die mehr oder weniger deutlich entwickelten anemochoren (*Anemone,* S. 140) oder ballistischen Einrichtungen (*Viola,* S. 180) der Samenverbreitung sind Reste (Atavismen) ehemals anderer Verbreitungsarten — also Spuren der Entwicklungsgeschichte der Arten.

Literatur.

SERNANDER, R. (1906). — MORTON, F. (1912). — Über die Bildung der Waldgesellschaften: KELLER, R. (1896). — PODPĚRA, S, (1925). — BERTSCH, K. (1940).

VI. Soziologie.

Die Bedeutung der Pflanzensoziologie für die Entwicklungsgeschichte der Arten wird selten zum Gegenstand eingehender Untersuchungen gemacht. Wir greifen nur einige Fragen heraus, für die sich im ersten Teil des Buches Beispiele finden.

1. Die Bindung der Arten an bestimmte Pflanzengesellschaften. Wir sprechen von einer Artenanhäufung (Agglomeration), wenn sich verschiedene Arten an einem Standort zusammenfinden, ohne miteinander in Beziehung zu treten, z. B. Ruderalstellen, Holzschlagflora. Im Laufe der Zeit treten durch Auslese und Ausmerze Bindungen zwischen den Arten ein; Abhängigkeitsverhältnisse gestalten die Anhäufung zu einer Pflanzengesellschaft, Assoziation, um. Die Agglomeration wird zur Assoziation, z. B. Schichtenbildung des Laubwaldes.

2. Manche Arten treten überhaupt in keine Assoziation ein; sie sind ungesellig und bleiben soziale Einzelgänger, z. B. *Tussilago Farfara*, S. 392. Andere Arten zeigen eine verschieden starke Bindung an bestimmte Pflanzengesellschaften und werden darnach vom Pflanzensoziolgen als „zufällige, fremde, vage, holde und treue" Arten bezeichnet.

3. Bestimmte Lebensformen sind Folgen des Zusammenlebens der Pflanzen oder Tiere, Lianen, Parasiten, Saprophyten, Ameisenpflanzen: soziale Anpassungen.

4. Gesellschaftsgebundene Entwicklung zeigen manche Gattungen, deren Arten sich in Anpassung an bestimmte Pflanzengesellschaften (Wiese, Moor, Wald usw.) ausgliedern, z. B. *Viola, Ranunculus, Veronica* u. a. Die Gesellschaft ist hier das Primäre, die Lebensform das Sekundäre.

5. Häufig ist aber die Lebensform der Art schon festgelegt, sie ist das Primäre und entscheidet, ob sie sich in eine Gesellschaft einfügen kann oder nicht, z. B. das große Lichtbedürfnis der Scrophulariaceen.

6. Bews (1925) macht darauf aufmerksam, daß phylogenetisch alte Arten primäre Standorte, z. B. Felsen, bevorzugen, während junge Arten sekundäre Standorte, z. B. Alluvionen und postglaziale Steppengebiete besiedeln. Ein gutes Beispiel ist *Potentilla*.

7. Über Sippenbildung und Arealbildung der Pflanzengesellschaften verdanken wir O. Schwarz eine eingehende Studie. S. 425.

8. Auslese von Mutationen der Wuchsformen erfolgt nach den Schichten des Waldes. Siehe Myrmekochorie, S. 492.

Zusammenfassend können wir sagen, daß die Assoziation als ein Umweltfaktor entscheidenden Einfluß auf die Entwicklung der Pflanzen, besonders auf die Ausbildung ihrer Wuchsform, besitzt. Diese Erwägungen stellen die Pflanzensoziologie, die sich in eine immer eingehendere Assoziationslehre verliert, vor eine andere Erfolg versprechende Aufgabe.

VII. Phänologie.

> Ohne Beachtung der wichtigsten periodischen Erscheinungen im Leben der Pflanzen kann keine wirkliche Lebensgeschichte einer Pflanzenart geschrieben werden. K. LINKOLA, 1936.

Unter Phänologie versteht man die Lehre vom zeitlichen Ablauf der Lebenserscheinungen der Pflanzen. In dieser weiten Fassung hat uns die Phänologie nicht nur über die Blütezeit, den Laubausbruch, die Fruchtreife und den Laubfall zu berichten, sondern auch die Lebensdauer, die Samenruhe usw. zu untersuchen.

Die Phänologie wurde bisher zur Erforschung der Pflanzengeschichte nur wenig herangezogen. Auch in den folgenden Zeilen werden nur einzelne Probleme aufgegriffen, um zu zeigen, wie tief man mit Hilfe der Phänologie in das Wesen der Pflanzen eindringen kann.

1. Rhythmik.

Alle großen Züge der Entwicklung der Organismen haben ihre äußeren Ursachen und hängen mit allgemeinen Gesetzmäßigkeiten des Erdkörpers zusammen; so auch die Tatsache, daß der Lebensprozeß der Einzelpflanzen nicht in ruhiger Stetigkeit vor sich geht, sondern stoßweise in Perioden verhältnismäßiger Ruhe und lebhaften Wachstums abläuft.

Rhythmisches Verhalten zeigen infolge der Stellung der Erde im Planetensystem z. B. 1. der Wechsel zwischen Tag und Nacht bei verschiedener Dauer der Tageslänge, 2. der Wechsel von Regen- und Trockenzeiten in der Tropenzone, 3. der Wechsel der Jahreszeiten in den gemäßigten Zonen u. a.

Wie paßt sich nun die Pflanzenwelt diesem rhythmischen Wechsel der Lebensbedingungen an?

Im allgemeine durch eine Arbeitsteilung; bestimmte Funktionen werden in bestimmte Periodenabschnitte verlegt, z. B. die Bildung der Assimilate in die Lichtzeit des Tages, die Verlagerung und Verwendung der Assimilate in die Dunkelzeit der Nacht, die vegetative Ausgestaltung in die Regenzeit, die Blütenbildung in die Trockenzeit (Tropen), Bildung von Reservestoffen in die Vegetationszeit der gemäßigten Zone, ihr Verbrauch in das Frühjahr in der gemäßigten Zone und alpinen Stufe usw.

Auch die Ausbildung mancher Wuchsformen geht ebenso wie die Aspekte der Pflanzengesellschaften auf den rhythmischen Wechsel der Lebensbedingungen infolge der kosmischen Stellung des Erdkörpers zurück.

Man unterscheidet die Merkmale der Pflanzen in Organisationsmerkmale und Anpassungsmerkmale, von denen man jene als im Bauplan der Pflanzensippen gelegen, diese als Abhängigkeiten von den äußeren Lebensbedingungen bezeichnet.

Reinke (1905, S. 178) „schreckt nicht vor dem Gedanken zurück, daß auch morphologische ‚Grundtypen' ursprünglich aus Anpassungsmerkmalen hervorgegangen sind, sich später aber unter anderweitigen Anpassungen so befestigt haben, daß sie heute als ‚rein morphologisch' angesehen werden". So dürfte die Zwiebel als Anpassungsform der Pflanzen in Trockengebieten entstanden sein, um später als Organisationsmerkmal ganzer Gattungen fixiert zu werden.

Anpassungen entstehen dadurch, daß die äußeren Umgebungen als Reize auf die Pflanzen wirken und bei hinreichender Dauer des Reizes erbliche Gestalt- und Funktionsänderungen auslösen. Wenn nun das ursprüngliche Anpassungsmerkmal erblich so befestigt und fixiert ist, daß es auch unteren anderen Lebensbedingungen als denen, unter deren Einwirkung es entstanden ist, beibehalten wird, dann sprechen wir von einem Organisationsmerkmal. Das Organisationsmerkmal ist dann unter den Lebensbedingungen, unter denen die Pflanze heute lebt, nicht mehr als Anpassungsmerkmal zu erkennen: so ist z. B. der Baumwuchs unserer Buche heute ein Organisationsmerkmal, das bei ihren tropischen Vorfahren ein Anpassungsmerkmal war, während der Laubfall im Herbste und die Belaubung im Frühjahr als Anpassungsmerkmal an die Lebensbedingungen der gemäßigten Zone erscheinen.

Klimarhythmik und Vegetationsrhythmik (Scharfetter, 1922) müssen wenigstens in großen Zügen in Harmonie verlaufen. Im allgemeinen kann man sagen, daß in den feuchtwarmen Tropen die Eigenrhythmik der Pflanze, in den gemäßigten und kalten Zonen die Klimarhythmik die herrschende Rolle spielt.

2. Der Johannistrieb, dessen Wachstumsweise und Verzweigung.

Unsere einheimischen sommergrünen Bäume und Sträucher werfen alljährlich im Herbst ihr Laub ab und bilden es nach einer Winterruhe neuerlich im Frühjahr.

Mit diesem regelmäßigen Wechsel der Vegetationsperioden steht die Erscheinung nicht im Einklang, daß unter Umständen, die für die nächste Vegetationsperiode angelegten Knospen noch in der gleichen Vegetationsperiode austreiben, daß also zweimal im Jahre Blätter gebildet werden. Der Volksmund nennt diese Erscheinung „Johannistrieb" nach dem Johannistag (24. Juni), der ungefähren Zeit seiner Bildung.

Hellmut Späth (Der Johannistrieb. Berlin 1912) hat gezeigt, daß unter dem Namen „Johannistrieb" verschiedene Bildungen zusammengefaßt werden. Er unterscheidet:

1. den echten Johannistrieb,
2. den verkappten Johannistrieb,
3. sylleptische Triebe,
4. proleptische Triebe.

a) Der echte Johannistrieb.

Echte Johannistriebe sind in unserer Flora auf die miteinander verwandten Eichen und Buchen beschränkt. Zwischen den ausgewachsenen dunkelgrünen Blättern erscheint um Johannis junges hellgrünes Laub. Zwischen der Knospenentfaltung im Frühjahr und dieser Knospenentfaltung aus einer geschlossenen Terminalknospe ist eine ausgeprägte Ruheperiode eingeschaltet.

Die Johannistriebe der Eiche schließen gewöhnlich Mitte Juli mit einer Terminalknospe ab und verbleiben in den meisten Fällen bis zum nächsten Frühjahr unverändert. Häufig bildet jedoch diese Terminalknospe noch einen dritten, mitunter sogar einen vierten Trieb, so daß man von „doppelten", bzw. „wiederholten" Johannistrieben sprechen kann.

Die Bildung der Johannistriebe ist von äußeren Faktoren (Witterung, Verletzung usw.) unabhängig; sie beruht auf inneren vererbten Ursachen und stellt keine Anpassung an unser Klima dar.

Diese für unsere Breiten so höchst auffällige und seltene Laubentwicklung ist für die Geschichte der Eichen und Buchen von größter Bedeutung, weil sie bei tropischen und subtropischen Gewächsen häufig ist; sie entspricht der periodischen und stoßweisen Entfaltung der Blätter, wie sie z. B. bei *Maniltoa gemmipara* auf Buitenzorg stattfindet.

Neben der Bildung der Johannistriebe zeigen Eichen und Buchen in ihrer Entwicklung auch noch andere Besonderheiten. Vergleicht man ihr Austreiben mit dem der anderen einheimischen Bäume und Sträucher, so fällt das außerordentlich späte Austreiben und die daraufhin rasche — geradezu stoßweise — Entfaltung ihres Laubes auf.

„In dem Verhalten der Johannistriebe bildenden Pflanzen unserer Breiten und dem der sich periodisch und stoßweise während des ganzen Jahres belaubenden Pflanzen der Tropen liegt nur folgender Unterschied:

Die Periodizität der tropischen Pflanzen ist — dem annähernd gleichmäßig feuchtwarmen tropischen Klima entsprechend — während des ganzen Jahres eine mehr oder weniger gleichartige, bei den Eichen und Buchen aber, welche in unserem, so scharf durch Winter und Sommer geschiedenen Klima wachsen, zeigt sich diese Periodizität mit der Jahresperiodizität gekreuzt.

Es verhalten sich also die Eichen und Buchen im Sommer wie stoßweise treibende tropische Pflanzen, wozu der winterliche Laubfall in unseren Breiten gewissermaßen als eine neue Eigenschaft hinzutritt" (SPÄTH, S. 22).

Wir sind zu dem Schlusse berechtigt, das Entstehungszentrum der Eichen und Buchen in den Tropen zu suchen, dort wurde diese Wachstumsweise erworben, an der die Pflanzen bis heute festgehalten haben.

Man pflegt Bildungen, die nur als Reste ehemaliger Entwicklung zu verstehen sind, als Atavismen zu bezeichnen. Ich erinnere an rückgebildete Staubgefäße (Staminodien beim Löwenmaul), Reste von Fiederblättchen (bei *Prunus*-Arten), Reste von Samenanlagen (Roßkastanie) usw. Ich bezeichne das Auftreten solcher morphologischer Bildungen als Morphatavismus (*μορφή*-Gestalt) und stelle ihnen das Auftreten von Resten und Erinnerungen an die ehemalige Lebensweise (*φαίνομαι*, Phänologie) unter der Bezeichnung Phänatavismus gegenüber.

Der echte Johannistrieb ist als Phänatavismus tropischer Lebensweise zu bezeichnen.

Daß die Begriff „Phänatavismus“ gerade in Mitteleuropa entwickelt wurde, ist kein Zufall, denn die Flora dieses Erdteils besteht zum großen Teil aus Florenresten einer vergangenen Erdperiode (Tertiärzeit) und aus postglazialen Einwanderern, die ihre Lebensgewohnheiten unter anderen klimatischen Bedingungen erworben haben und an denen sie oftmals, besonders in ihrer Jugendzeit, festhalten (z. B. die immergrünen Nadeln der Lärche bis zum vierten Lebensjahr). Gar manche ökologische Besonderheit unserer einheimischen Pflanzen läßt sich phänatavistisch verstehen.

b) Der verkappte Johannistrieb.

Es gibt nun eine Reihe von Pflanzen, die während des Sommers zwar ein kontinuierliches Wachstum, aber dabei einen Wechsel zwischen lebhafterer Wachstumstätigkeit und mehr oder weniger langer Ruhezeit zeigen.

Diese Triebart unterscheidet sich jedoch vom Johannistrieb dadurch, daß sie meist erst nach Johanni auftritt, daß eine deutlich erkennbare Ruheperiode schwer festzustellen ist, daß sie, im Gegensatz zu Eichen und Buchen, nicht so regelmäßig, besonders nicht an älteren Pflanzen, auftritt, daß nicht sämtliche Terminalknospen eine Zeitlang geschlossen sind, sondern gleichzeitig einige Zweige kontinuierlich weiterwachsen.

Diese Wachstumsweise findet sich vor allem bei *Prunus*-, *Acer*- und *Fraxinus*-Arten und ähnelt außerordentlich der von Schimper (1898, S. 265) beschriebenen Periodizität der tropischen *Amherstia nobilis*. Hier wie dort finden wir am selben Baume zu gleicher Zeit Zweige mit ruhenden Endknospen und solche mit wachsenden Trieben.

Zum Unterschied vom echten Johannistrieb — besonders mit Rücksicht auf seine zum Teil gänzlich verborgen bleibende Ruheperiode — kann man diesen zweiten Trieb als „verkappten Johannistrieb“ bezeichnen.

Beim Ahorn und der Esche findet das beschleunigte Wachstum nach der Ruheperiode etwa Ende Juli statt, nachdem die Terminalknospe sich in einzelnen Fällen geschlossen hatte.

Wenn dies auch nicht der Fall ist, läßt sich doch späterhin dieser „verkappte Johannistrieb“ stets durch Anzahl und Verlauf der Internodien, sowie durch die abnormalen Blattformen, die meist an der Grenze zwischen erstem und zweitem Trieb gebildet werden, nachweisen. Stets erscheint das erste Blattpaar des verkappten Johannistriebes, mitunter auch das letzte des ersten Triebes stark verkleinert.

Späth stellte den verkappten Johannistrieb bei *Acer platanoides, Acer Pseudoplatanus, Acer campestre, Fraxinus excelsior* fest.

Wahrscheinlich findet er sich auch bei folgenden, in Mitteleuropa wachsenden Arten, die die Terminalknospe nicht schließen, sondern bis zum Herbst ein kontinuierliches Wachstum zeigen, bis die ersten Nachtfröste im Oktober die jungen und zarten Triebspitzen zum Absterben bringen, z. B. *Salix, Morus, Philadelphus, Persica vulgaris* (= *Amygdalus Persica* = *Prunus Persica*), *Rhamnus Frangula, Ligustrum vulgare* (Späth, S. 8). Das kontinuierliche Wachstum ist altes tropisches Erbgut, seine gewaltsame Beendigung eine Wirkung des Klimas der gemäßigten Zone.

Auch der verkappte Johannistrieb weist als Phänatavismus auf die tropische Abkunft der Familien (nicht der Arten!) hin.

c) Sylleptische Triebe (verzweigte Jahrestriebe).

Wenn im Frühjahr die jüngeren Triebe noch in ihrer Entwicklung stehen, bilden sich bei einer Anzahl von Sträuchern und Bäumen die Blattachselknospen zu belaubten Sprossen aus, und zwar meist ohne vorher Knospenschuppen entwickelt zu haben.

Diese Knospen sind nicht fürs nächste Jahr angelegt, sondern sie treiben normaler Weise in der gleichen Vegetationsperiode.

Späth (1912, S. 5) bezeichnet diese Triebe als „sylleptische" Triebe; die Bezeichnung ist abgeleitet vom griechischen Worte σνλληπτός = zusammengefaßt und bringt dadurch zum Ausdruck, daß man die zweiten Triebe mit den ersten zu einer Einheit „zusammenfassen" muß.

Bei den sylleptischen Trieben kommt es gar nicht zur Bildung einer Terminalknospe, die Spitze des einjährigen Triebes fährt ununterbrochen in der Blattbildung fort, während die Axillarknospen austreiben und Seitentriebe bilden.

Die sylleptischen Triebe sind bei den meisten unten angeführten Pflanzen eine so durchaus charakteristische, bei jungen, meist 1—6jährigen Pflanzen in jedem Frühjahr regelmäßig wiederkehrende Erscheinung, daß man sie als Teile des normalen Verzweigungssystems betrachten muß. Beispiele:

Taxaceae:	*Taxus*
Abietaceae:	*Picea, Larix, Pinus*
Salicaceae:	*Populus, Salix.*
Betulaceae:	*Betula verrucosa; Alnus incana, A. glutinosa; Carpinus Betulus* (April—Okt.); *Ostrya carpinifolia; Corylus Avellana.*
Ulmaceae:	*Ulmus carpinifolia* (= *campestris*), die übrigen Arten in geringem Maße oder gar nicht.
Moraceae:	*Morus.*
Buxaceae:	*Buxus.*
Magnoliaceae:	*Magnolia, Liriodendron*
Saxifragaceae:	*Philadelphus.*
Rosaceae:	*Prunus spinosa* (die sylleptischen Triebe enden mit einem Dorn).
Papilionaceae:	*Robinia Pseudacacia.*
Elaeagnaceae:	*Hippophaë, Elaeagnus.*
Aceraceae:	*Acer campestre*; alle übrigen nicht!
Rhamnaceae:	*Rhamnus Frangula* (alle rotwurzeligen *Rhamnus*-Arten (Gattung *Frangula*?) regelmäßig; alle schwarzwurzeligen dagegen nie (*Rh. cathartica, saxatilis*). Die rotwurzeligen Arten sind stammesgeschichtlich älter und haben daher das ursprüngliche Merkmal — die Syllepsis — erhalten (SCHA.).
Cornaceae:	*C. sanguinea, Cornus mas.*
Oleaceae:	*Forsythia.*
Caprifoliaceae:	*Sambucus nigra*; *Symphoricarpus*; *Lonicera.*

Der echte Johannistrieb wurde als deutlich ausgeprägter, der verkappte Johannistrieb als nicht mehr so deutlich ausgeprägter Phänatavismus tropischer Wachstumsweise erkannt. Die sylleptischen Triebe (verzweigte Jahrestriebe) deuten auf das ununterbrochene, nicht scharf periodisch gegliederte Wachstum tropischer Gewächse hin, das, allerdings im Verlaufe der Geschichte der Familien mannigfach modifiziert, nur mehr da und dort in Resten und Anklängen erhalten ist. Wir führen für diese Auffassung folgende Gründe an:

1. Nicht alle Axillarknospen treiben aus, die mittleren sind bevorzugt, die unteren treiben nur ausnahmsweise aus.

2. Das sylleptische Austreiben der Axillarknospen ist sicher viel häufiger und stärker in der Jugend der Bäume als im Alter (vgl. biogenetisches Grundgesetz).

3. Die Gattungen und Arten der einzelnen Familien verhalten sich verschieden (*Ulmus, Acer, Rhamnus, Sambucus*). Das ist für atavistische Erscheinungen typisch.

4. Bei manchen Arten finden sich auch andere Phänatavismen tropischer Wachstumsweise, z. B. *Sambus nigra* zweite Blüte, *Rhamnus Frangula* gleichzeitig Blüten und Früchte.

5. Bei einigen Familien ist die Abkunft aus den Tropen erwiesen: Aceraceen, Caprifoliaceen, Rhamnaceen u. a.

d) Opistholeptische Triebe.

Sehr viele mitteleuropäische Holzgewächse entwickeln ihre Knospen nicht in derselben Vegetationsperiode, in der sie angelegt werden, sondern sie überwintern, durch Knospenschuppen geschützt und warten mit ihrer Entfaltung auf das nächste Frühjahr. Die Seitenzweige erscheinen also gewissermaßen als verspätete Triebe, die ich als opistholeptische Triebe bezeichne (ὄπισθεν = hinterher, später).

e) Proleptische Triebe.

Im Gegensatz zu dem durch innere Ursachen bedingten regelmäßigen Auftreten des Johannistriebes in der Mitte des Sommers stehen die durch verschiedene äußere Ursachen besonders beim Ausgang des Sommers ganz unregelmäßig auftretenden Triebe.

Von den sylleptischen Trieben unterscheiden sie sich scharf dadurch, daß sie in der Regel aus Terminalknospen hervorgehen, die stets Knospenschuppen gebildet haben und bereits eine mehr oder weniger lange Ruheperiode durchgemacht haben.

Als äußere Ursachen ihres Erscheinens kommen in Betracht: 1. abnormal günstige Temperatur- und Ernährungsbedingungen beim Ausgang des Sommers oder 2. Regenerationserscheinungen infolge von Verletzungen u. a.

Proleptische Triebe erscheinen besonders nach Laubverlust infolge von Frost, Raupenfraß, großer Trockenheit, Wirbelstürmen oder künstlicher Schädigung durch Beschneiden von Hecken (*Carpinus Betulus* in Rokokogärten, *Crataegus monogyna* u. a.) bei Park- und Alleebäumen.

Abb. 79. Verzweigung und Wachstumsweise. (Übersichtlich.)

Verzweigter Jahrestrieb.	Unverzweigter Jahrestrieb.	Vorzeitig verzweigter Jahrestrieb.
Hauptachse und Seitentriebe entwickeln sich im selben Jahre.	Die Seitentriebe entwickeln sich erst in dem auf die Entwicklung der Hauptachse folgenden Jahre.	Die Seitentriebe entwickeln sich im selben Jahre wie die Hauptachse.
Ungehemmtes Wachstum ohne Ruheperiode, d. h. Ausbildung von Knospen ohne Knospenschuppen.	Gehemmtes Wachstum mit Ruheperiode im Winter und Ausbildung von Knospen mit Knospenschuppen.	Gehemmtes Wachstum mit kurzer Ruheperiode, d. h. Ausbildung von Knospen mit Knospenschuppen. Die Knospen warten nicht den Winter ab, sondern entwickeln sich noch im selben Jahr.
Haupttrieb und Seitentriebe entwickeln sich gleichzeitig: Syllepsis.	Die Seitentriebe entwickeln sich gegenüber dem Haupttrieb um ein Jahr verspätet: Opistholepsis.	Die Seitentriebe entwickeln sich vorzeitig noch im selben Jahr wie der Haupttrieb. Prolepsis.
Ungehemmte Wachstumsweise in der tropischen Zone.	Gehemmte Wachstumsweise in der gemäßigten Zone.	Kurz gehemmte Wachstumsweise in der gemäßigten Zone als Rückfall (Phänatavismus) in die ererbte Wachstumsweise der tropischen Zone.
Der Sachverhalt wird dadurch unübersichtlich, daß mehrere Bäume, z. B. Ulme, Birke u. a. nur in der Jugend (1.—10. Jahr) und an Geiltrieben syleptische Triebe, im Alter aber opistholeptische und bei Beschädigung proleptische Triebe hervorbringen. Die Buche besitzt zur Hauptsache opistholeptische Triebe, daneben aber regelmäßig auch einzelne proleptische Triebe, die Johannistriebe. Die Ursache dieser Erscheinung ist darin zu suchen, daß unsere mitteleuropäischen Holzpflanzen durchwegs tropischer Abkunft sind und sich noch nicht vollständig an das Klima der gemäßigten Zone angepaßt haben.		Echte proleptische Triebe: Johannistrieb (Buche, Eiche). Verkappter Trieb (Ahorn). Unechte proleptische Triebe: Bei Beschädigung des Haupttriebes. Heckenschnitt, Formobst.

Das Austreiben dieser ruhenden, für das nächste Jahr bestimmten Knospen ist also ein abnormales (zum Unterschied von den Johannis- und sylleptischen Trieben). Wegen ihres vorzeitigen Austreibens werden diese Triebe proleptische Triebe genannt.

3. Tropische und extratropische Sproßbildung (verzweigte Jahrestriebe).

Für die tropische Sproßbildung erscheint das kontinuierliche Wachstum des Sprosses charakteristisch. Die sylleptischen Sprosse kommen dieser Wachstumsweise am nächsten. Der Hauptsproß wächst während der Vegetationsperiode ununterbrochen, die Axillarsprosse entwickeln sich sofort weiter. Mit fortschreitender Jahreszeit verlangsamt sich die Sproßbildung, bis sie zwangsweise bei einbrechendem Winter ihr Ende findet. Erfolgt bei der sylleptischen Sproßbildung die Entfaltung der Seitensprosse aus den Axillarknospen sehr langsam, so gehen die Sprosse der Herbst- und Wintermonate zugrunde, nur die der Frühjahrsmonate bleiben erhalten; das Merkmal der Frühjahrssproßbildung wird ausgelesen und vererbt. Da bei dem Austreiben der Axillarknospen auch das Licht eine große Rolle spielt, so ist ihr Austreiben im Frühjahr bei zunehmender Tageslichtmenge gefördert. Auf diese Weise kann man die extratropische Sproßbildung von der tropischen ableiten.

Wir wollen aber nicht sagen: die tropische Sproßentwicklung hat sich an das extratropische Klima angepaßt, sondern umgekehrt, das Klima der gemäßigten Zonen hat den Pflanzen eine bestimmte Sproßentwicklung „anerzogen", „angezüchtet", „aufgezwungen". Die extratropische Sproßfolge ist eine Reaktion der Pflanze, indem verschiedene, in der Pflanze liegenden Sproßbildungsarten unterdrückt, ausgemerzt wurden und die Bildungsart erhalten blieb, die am besten zum gemäßigten Klima paßt. Die Pflanze hat sich nicht dem gemäßigten Klima angepaßt, sondern es wurde vielmehr ihre ursprüngliche tropische Sproßbildungsart so eingeengt, zugestutzt, umgemodelt, daß jetzt die Sproßentwicklung zum gemäßigten Klima paßt.

„Nur solche (tropische) Holzgewächse, welche von vornherein eine solche Periodizität aufwiesen, und jene Individuen, bei welchen die periodischen Erscheinungen zur rechten Zeit wiederkehrten, konnten sich in unserem Klima dauernd erhalten und fortpflanzen. So stellt diese Periodizität nur eine indirekte, keineswegs aber, wie man von vornherein meinen möchte, eine direkte Anpassung an die klimatischen Faktoren dar" (G. HABERLANDT, Eine botanischen Tropenreise, 1893, S. 121, vgl. S. 433 die Ansichten SCHINDEWOLFS).

Von besonderer Bedeutung erscheint es, die Erkenntnisse, die man aus dem Studium der Wachstumsweise der Triebe bei Holzpflanzen gewonnen hat, auf die Stauden zu übertragen. Die Fähigkeit der Wiesenpflanzen, nach Verletzung durch die Sense zweite Triebe zu bilden, gleicht völlig den proleptischen Trieben. Es kann auch hier auf die tropische Abkunft der Familie geschlossen werden. Die Staude wäre dann ein Stockausschlag aus dem Wurzelstock (vgl. Linde), der in der kurzen Vegetationsperiode nicht Zeit findet, zu verholzen.

Die Bildung der Johannistriebe ist auch mit den Erscheinungen der Photoperiodizität in Verbindung zu bringen. Wird eine Kurztagpflanze (tropisch) in den Langtag (gemäßigte Zone) gebracht, so zeigt sich eine Verzögerung der generativen und eine Begünstigung der vegetativen Sphäre — daher beim Johannistrieb die Ausbildung von reichlichem Laub, aber nicht von Blüten. Der Frühjahrstrieb entwickelt sich im Langtag (die Tage werden immer länger, 21. März bis 21. Juni), der Johannistrieb im Kurztag (die Tage werden vom 2. Juni bis 23. September immer kürzer) als Rückschlag zum Kurztag der Tropen. Der Höhepunkt des vegetativen Lebens fällt bei uns ans Ende des Monats Juni, dessen Klima (hohe Temperatur bei hohem Niederschlag) dem tropischen am ähnlichsten ist.

O. SCHWARZ (1936, S. 13) stellt fest, daß bei *Quercus* der Frühjahrstrieb meist Kurztrieb (der fast ausschließlich die Blüten trägt), der Johannistrieb Langtrieb ist. Der Frühjahrstrieb erscheint lichtgehemmt.

Die primitiven Arten der Eichen entwickeln keine Johannistriebe, z. B. *Quercus pontica*, eine Bewohnerin der subtropischen kolchischen Region. Die Johannistriebbildung tritt als Folge des Überganges in die gemäßigte Zone auf, wo die Anregung dazu durch die Wachstumsförderung der warmen Sommerszeit gegeben wird.

Die Einteilung des Johannistriebes in vier Gruppen durch SPÄTH entspricht einer statischen Denkweise; fassen wir diese Gruppen dynamisch als allmähliche Abstufung und Anpassung an das extratropische Klima auf, so können wir sagen:

Tropische Wachstumsweise zeigen Holzpflanzen, deren Triebe während des Sommers kontinuierlich weiterwachsen und keine Terminalknospen bilden (sylleptische Triebe, verkappter Johannistrieb).

Extratropische Wachstumsweise zeigen Holzpflanzen, deren Triebe im Laufe der Vegetationsperiode Terminalknospen bilden. Als Rückschlagserscheinung (Phänatavismus) zur tropischen Wachstumsweise entwickeln sich entweder regelmäßig (echter Johannistrieb bei Buche und Eiche) oder unregelmäßig (proleptisch) zweite Triebe.

Während bei der ersten Gruppe die innere Rhythmik vorherrscht, wird bei der proleptischen Triebbildung nur mehr durch starke äußere Reize (Verletzung usw.) die alte tropische Wachstumsweise ausgelöst.

Alle vier Arten des Johannistriebes sind im Grunde dieselbe Erscheinung: Austrieb von Knospen, die für die nächste Vegetationsperiode bestimmt sind, noch im heurigen Jahre. Die Regelmäßigkeit des Auftretens und der Grad der Auslösung ist verschieden und zeigt von einer normalen Erscheinung (Eiche, Buche) bis zur Auslösung durch grobe Reize (Verletzung) alle Abstufungen.

Zusammenfassung: SPÄTH hält den Johannistrieb bei Buche und Eiche für eine tropische Triebweise.

SCHWARZ bezeichnet ihn als eine Erwerbung beim Übertritt in die gemäßigte Zone,

SCHARFETTER als Erwerbung in der gemäßigten Zone, wobei die tropische Triebweise noch in Resten erhalten ist.

Zum Abschluß des Kapitels „Rhythmik" möchte ich noch Ausführungen von E. BÜNNING (1943) anführen, die zur Klärung dieses Problems einen wichtigen Beitrag liefern.

Nachweis der endogenen Jahresrhythmik.

Bei unseren Laubbäumen ist der Wechsel von Ruhe und Tätigkeit in der Blattentfaltung keine einfache und unmittelbare Wirkung des jahresperiodischen Wechsels der Außenbedingen, sondern die Pflanzen haben schon von innen her einen Laubwechsel, den die innere Rhythmik reguliert.

Beweise für das Vorhandensein einer inneren Rhythmik sind:

1. Ruhende Pflanzen lassen sich nicht zu jeder Zeit beliebig leicht durch günstige Außenbedingungen zum Treiben bringen.

2. Auch wenn die Außenbedingungen keine Schwankungen aufweisen, lassen sie die Periodizität erkennen: Bäume der gemäßigten Zone, Bäume im gleichmäßig feuchten Tropenklima.

3. Wenn die zeitliche Regulierung der inneren Rhythmik durch äußere Reize fortfällt, verhalten sich die einzelnen Äste der Bäume durchaus wie selbständige Individuen; sie durchlaufen die verschiedenen Entwicklungsphasen völlig regellos (belaubte, entlaubte, blühende, fruchttragende Sprosse gleichzeitig am selben Baum).

4. Die Länge der Gesamtperiode braucht bei Wegfall der ektogenen Regulierung nicht mehr genau zwölf Monate zu betragen.

Mechanismus der endogenen Jahresrhythmik.

Eine befriedigende Theorie ist bisher nicht aufgestellt worden. Anhäufung von Reservestoffen sollte schließlich den Ruhezustand bedingen, doch ist der Ruhebeginn unabhängig von der Intensität der Stoffproduktion in dem betreffenden Sommer.

Wir können nur sagen, daß die innere Rhythmik auf dem regelmäßigen Wechsel zweier verschiedenartiger plasmatischer Zustände beruht. Worin die Verschiedenheit dieser Zustände eigentlich besteht und warum der eine Zustand nach einer festgelegten Zeit den andern nach sich zieht, wissen wir nicht.

Harmonie und Disharmonie zwischen innerer und äußerer Rhythmik.

Eine innere Jahresrhythmik ist für die Bewohner der gemäßigten Zone mit klimatischer Jahresrhythmik vorteilhaft.

Die innere Rhythmik (Baum, Staude) kann ganz ohne Beziehung zur Jahresrhythmik sein, d. h. der Zeitabstand zwischen zwei gleichen Entwicklungszuständen beträgt nicht 12, sondern z. B. 4, 6, 8 Monate oder mehr als ein Jahr (*Dipterocarpus* Ruheperiode nur wenige Wochen).

Die meisten Farne können, wenn sie in einem periodisch kalten oder periodisch trockenen Klima wachsen, eine mehrmonatige Periode fehlender Blattbildung einschalten; aber diese Ruhe ist bei ihnen zumeist nicht Ausdruck einer von außen nur gesteuerten inneren Rhythmik, sondern unmittelbare Folge der ungünstigen Außenbedingungen. Übertragen wir diese Farne nämlich in ein Klima ohne solche ungünstigen Monate, so können sie während des ganzen Jahres fortgesetzt Blätter bilden.

Die meisten Farne müssen schon wegen dieses Fehlens einer inneren Jahresrhythmik die gleichmäßig feuchten Tropengebiete vorziehen (Gefahr bei zufälliger Temperaturerhöhung vorzeitig auszutreiben).

Ganz im Gegensatz zu den meisten Farnen besitzen die Gräser durchwegs eine sehr ausgeprägte innere Jahresrhythmik. Namentlich tropische Gräser behalten auch bei günstigen Feuchtigkeitsverhältnissen ihre Ruhe hartnäcktig bei, während sie nach der normalen Zeitdauer dieser Ruhe auch bei noch ziemlich dürftigen Niederschlägen recht schnell wieder die Blattbildung einsetzen lassen.

Damit vor allem dürfte es zusammenhängen, daß die Gräser in den Tropengebieten dort ihre günstigste Entwicklung zeigen, wo alljährlich eine mehrmonatige Trockenperiode besteht. Würden sich die Gräser nicht so verhalten, sondern die Ruhe schon bei zufälligen kurzen Regenperioden unterbrechen, so müßten die neu entstehenden Blätter zugrunde gehen, weil die jungen Grasblätter, wie ROUSCHAL zeigte, aus anatomischen Gründen mit Schwierigkeiten des Wassertransportes zu kämpfen haben.

Disharmie von innerer und äußerer Rhythmik findet sich auch bei Kiefer und Fichte.

4. Heterophyllie der Johannistriebe.

Die Blätter des Johannistriebes (Sommertriebes) sind häufig nach ihrer Form oder Farbe verschieden von den Blättern des ersten Triebes (Frühjahrstriebes). SPÄTH hat dies bei *Acer, Fraxinus, Quercus* beobachtet.

Es zeigte sich z. B. bei *Qu. petraea*, daß der Frühjahrstrieb die charakteristische Blattform der Varietät, der Johannistrieb aber die Form der Spezies (Art) aufweist (SPÄTH, 1912, S. 34). Der Johannistrieb stellt also eine Art Rückschlag (Atavismus) dar. Aus ähnlichen Beobachtungen hat man geschlossen, daß die Traubeneiche (*Qu. petraea*) die Stammform der Stieleiche (*Qu. Robur*) ist (S. 66).

Wir müssen da an eine Arbeit von F. KRAŠAN (1887) erinnern, der bereits die Vermutung ausgesprochen hat, daß beim Johannistrieb „hereditäre Ursachen im Spiele sind und daß verschiedene Blattformen des Johannistriebes nicht zufällige, planlose Bildungen, vielmehr die Wiederkehr schon dagewesener Blattformen sind. So erinnert

1. das stumpfe Dreilappenblatt an *Qu. aquatica . . . tephroides* . . . Miozän;

2. die *Prinus*-Form an *Qu. Prinus* L. (Florida, Louisiana);

3. die *Pinnatifida*-Form an *Qu. Robur* var. *pinnatifida*, Pliozän.

Beide Arten (*Qu. petraea* und *Qu. Robur*) sind im ersten Jahre ihres Alters einander so ähnlich, daß es nicht möglich ist, sie voneinander zu unterscheiden. Der Artunterschied tritt erst im späteren Alter auf.

„Die durch den pathologischen Zustand (Stockausschläge nach Entlaubung durch Frost) wachgerufenen Triebe sind regressiver (atavistischer) Natur; sie zeigen, daß die Pflanze in der Kontinuität der vorausgegangenen Generationen der Vorzeit sich in diesen Bildungsrichtungen bewegte, und zwar in jenen geologischen Perioden, wo der Trieb bei ähnlich hohen Temperaturen erfolgte wie gegenwärtig der Nachtrieb im Sommer. Nur das Schlitzblatt gehört der Gegenwart und jüngsten Vergangenheit an; es ist das fortschrittlichste Element der Eiche."

Die Verschiedenheit der Blätter (Heterophyllie) an den Frühjahrs-, bzw. Sommertrieben der Platanen wertete Jankó (1888) zu phylogenetischen Untersuchungen aus. Er stellte fest:

1. Auf den Frühjahrstrieben waren viele Blattformen zu treffen, welche weder an den Sommer- noch an den Herbsttrieben vorkommen, hingegen bei etlichen der ältesten geologischen Arten zu finden sind.

2. An den Sommertrieben stehen viele Blätter, welche teils den an den Frühjahrstrieben auftretenden, teils den in jüngeren geologischen Formationen auftretenden ähnlich sind.

3. An den Herbsttrieben ist die Zahl der verschiedenen Formen am kleinsten und an diesen tritt der Arttypus am stärksten hervor.

4. Sämtliche Formen finden sich beinahe ohne Ausnahme an den astbeginnenden Blättern vor.

Zusammenfassung.

Der verzweigte Jahrestrieb (sylleptische Trieb) ist das Ergebnis der kontinuierlichen Wachstumsweise in den feuchtwarmen Tropengebieten.

Der unverzweigte Jahrestrieb ist charakteristisch für die gemäßigten Zonen mit rhythmisch gehemmter

Wachstumsweise, weil das Austreiben der Seitenknospen auf die für das Wachstum günstige Jahreszeit verschoben wird.

Bei den mitteleuropäischen Holzgewächsen zeigen sich verschiedene Stufen der Unterdrückung des Wachstums der Seitentriebe.

1. Seitentriebe am Jahresproß finden sich als sylleptische Triebe $\pm$ regelmäßig und normal bei den S. 500 aufgezählten Pflanzen, z. B. *Alnus incana* u. a.

2. Seitentriebe finden sich an vereinzelten Zweigen der Buche und Eiche als Johannistriebe.

3. Nur bei groben Verletzungen entstehen abnormal proleptische Triebe.

5. Zwangsrhythmik bei Stauden.

Wir verdanken L. Diels (1918) eine sehr interessante, viel zu wenig beachtete und ausgeschöpfte Studie über das Verhältnis von Rhythmik und Verbreitung bei mitteleuropäischen Laubwaldpflanzen.

In unseren Breiten scheint die Rhythmik der Arten im großen und ganzen der Periodizität des Klimas parallel zu laufen. Doch zeigen sich viele Abweichungen von dieser Parallele und gerade auf der Mannigfaltigkeit dieser Abweichungen beruht der Bestand unserer häufigsten Pflanzengesellschaften, z. B. der Wälder und Wiesen (Aspekte).

Um zu erfahren, ob diese Mannigfaltigkeit auf gefestigten Unterschieden der Arten beruht oder ob sie durch den Versuch leicht abgeändert werden kann, brachte L. Diels im Herbste verschiedene Laubwaldpflanzen in frostfreie Glashäuser. Die einzelnen Arten antworteten sehr verschieden auf die veränderte Lebenslage. Es lassen sich drei Typen des rhythmischen Verhaltens unterscheiden.

1. *Asperula*-Typus. Die Arten dieses Typus zeigen in niederen Gegenden Mitteleuropas eine jährliche Assimilations-, bzw. Wachstumsruhe von durchschnittlich $2^1/_2$—$3^1/_2$ Monaten. Im Glashause jedoch befanden sie sich durch zwei Jahre in fortgesetztem vegetativen Wachstum. Beispiele: *Asperula odorata, Mercurialis perennis.*

Die Ruhe bedeutet daher nicht die Äußerung einer wahren Periodizität, es ist vielmehr eine erzwungene Untätigkeit; an sich wachsen die Arten ununterbrochen.

Beide Arten, *Asperula* und *Mercurialis,* gehören zu Familien, die ihrer Entwicklung nach ganz vorwiegend tropisch sind. Es ist bezeichnend für die Arten dieses Typus, daß Reservestoffe nicht in größerer Menge angesammelt werden. Eine Speicherung von Nahrungsstoffen ist ja auch in einem Klima, das kontinuierliche Assimilation gestattet, nicht notwendig.

Zu diesem Typus gehört auch die Familie der Labiaten (vgl. S. 299).

2. *Leucojum*-Typus. Beispiele: *Leucojum vernum, Arum maculatum, Orchis*-Arten, *Ficaria verna.* In der Natur ruhen viele Arten dieses Typus in Mitteleuropa 8—9 Monate. In der Kultur läßt sich diese Ruhezeit um 2—2½ Monate verkürzen; lie läßt sich leicht im Herbst durch Frühtreiben aufheben. Auch im Freien kann man bei mildem Winter *Orchis mascula* um Neujahr, *Ficaria verna* schon im Dezember mit grünen Blättern beobachten.

Zum Unterschied von den Arten des *Asperula*-Typus besitzen die Arten dieses Typus Speicherorgane, in denen der Lauf der Jahreszeiten, der periodische Wechsel von Arbeit und Ruhe seinen morphologischen Ausdruck findet.

Die Gattungen dieses Typus haben ihren Schwerpunkt im Mittelmeergebiet, wo sie die größte Formenmenge entwickeln und wo sie verwandtschaftlichen Anschluß an verwandte Gruppen gewinnen. Wenn sich die Ruhe im Herbst bei uns so leicht durch mäßige Temperaturerhöhung aufheben läßt, so scheint darin das mediterrane Wesen der Gruppe zum Ausdruck zu kommen.

Die zum *Leucojum*-Typus gehörigen Elemente unserer Waldflora, die genetisch und wohl auch historisch als mediterrane Einstrahlungen zu betrachten sind, haben also im Rhythmus ihre mediterrane Veranlagung festgehalten.

3. *Polygonatum*-Typus. Unsere *Corydalis*-Arten zeigen in der Natur nahe Übereinstimmung mit *Leucojum.* Im Winterhaus zeigte sich aber, daß sie in Mehrheit verschieden geartet sind. Während *Leucojum* schon im Oktober austrieb, trat bei *Corydalis* der Sproß erst Ende Jänner über die Erde.

Weitere Beispiele: *Anemone nemorosa, Convallaria, Dentaria bulbifera, Aconitum Vulparia* (= *A. Lycoctonum* z. T.), *Polygonatum multiflorum.* In der Natur erscheinen alle Ende Jänner bis Ende März über der Erde und vergilben zwischen Mai und Herbst.

Bei diesem Typus herrscht also in Mitteleuropa eine (6—)8 Monate dauernde Ruhe der vegetativen Sphäre, durch erhöhte Temperatur läßt sich die Winterruhe nicht aufheben und nur wenig oder gar nicht verkürzen.

Speicherorgane, die bald gefüllt, bald entleert sind, spiegeln wie beim *Leucojum*-Typus den Lauf der Jahreszeiten wieder; aber im Gegensatz zu diesem, lassen sich die Arten des *Polygonatum*-Typus im Spätherbst nicht aus ihrer Ruhe bringen.

Geographisch ist er wesentlich von ihm verschieden; die meisten Arten bewohnen das extramediterrane Europa und Asien bis gegen den 60—67° n. Br.

Geographisch-genetisch gehören die Arten des *Polygonatum*-Typus zu ausgeprägt holarktischen Gattungen, denen auch in ihrer weiteren Verwandtschaft, im Gegensatz zum *Asperula*-Tyus, Gruppen mit tropischer Verbreitung fehlen.

Zusammenfassung.

Die mitteleuropäischen krautigen Laubwaldpflanzen lassen drei Typen von wesentlich verschiedener rhythmischer Beschaffenheit erkennen. Diese sind:

1. Aperiodische Arten mit gänzlich erzwungener Ruhezeit (*Asperula* — Waldmeister-Typus). Tropische Verwandtschaft; Speicherorgane fehlen; Ruhezeit läßt sich aufheben.

2. Periodische Arten mit teilweise erzwungener Ruhezeit (*Leucojum* — Frühlingsknotenblume-Typus). Mediterrane Verwandtschaft; Speicherorgane; Ruhezeit läßt sich verschieben.

3. Periodische Arten mit Ruhezeit in Übereinstimmung mit der Klimarhythmik der gemäßigten Zone (*Polygonatum* — Salomonssiegel-Typus). Holarktische Verwandtschaft; Speicherorgane; Ruhezeit läßt sich nur wenig oder nicht verschieben.

Leucojum und *Galanthus* zeigen also, wie so viele andere Zwiebel- und Knollenpflanzungen eine doppelte Ruhezeit, eine Sommerruhe, die auf Eigenrhythmik beruht, und eine Winterruhe, die als Zwangsrhythmik erscheint und sich durch künstliche Mittel ändern läßt.

Irmisch (1850, S. 262) äußert sich dazu:

Die meisten Zwiebel- und Knollenpflanzen verfallen in einen Sommerschlaf. Bei den Arten der Gattung *Gagea* sieht man das besonders deutlich. Im Herbst beginnt bei ihnen die Vegetation; sie treiben an geeigneten Stellen ihre Blätter aus der Erde, sie würden auch in unseren Gegenden schon im Jänner und Februar zur Blüte kommen, aber der Winter hält sie zurück: die Unterbrechung der Vegetation ist eine äußere, es ist eine Hemmung, welche durch künstliche Mittel beseitigt werden kann, dagegen tritt nach der Blütezeit oder für den Sommer eine innerliche Ruhe ein, die durch künstliche Mittel nicht aufgehoben wird.

Es ist hier ebenso wie bei manchen Ranunculaceen, die auch in einen Sommerschlaf verfallen und sich im ersten Frühling, oft schon im Herbst, z. B. *Pulsatilla vulgaris* (welche häufig im August bis November wieder blüht) wieder entfalten.

Der Sommerschlaf der Zwiebel- und Knollengewächse ist der Dauer nach bei den verschiedenen Arten verschieden, oder es ist auch die Periodizität eine andere, was mit den verschiedenen Wärme- und Feuchtigkeitsbedürfnissen zusammenhängt.

In Schlagworten: Die meisten Zwiebel- und Knollenpflanzen zeigen

	Sommer- und	Winterruhe
beruht auf	Eigenrhythmik	Zwangsrhythmik
läßt sich künstlich	nicht aufheben	aufheben

Die Ergebnisse von Diels fanden eine wichtige Erweiterung durch Studien von Rübel, 1925, an Alpenmattenpflanzen. Zunächst die Tatsachen.

1. Das Curvuletum kann als immergrün bezeichnet werden: *Carex curvula, Chysanthemum alpinum, Poa alpina, Senecio carniolicus, Potentilla aurea, Sieverisa montana, Veronica bellidioides, Gnaphalium supinum, Homogyne alpina, Sibbaldia procumbens, Loiseleuria procumbens, Sempervivum montanum.* Einzig *Salix herbacea* überwintert stets blattlos.

Die Pflanzen des Curvuletums haben grün überwintert und treiben im Treibhaus sofort lebhaft weiter. Ihre Winterruhe ist nicht autonomer Natur, denn sie wachsen zur kältesten Winterzeit sofort weiter, wenn sie unter günstige Bedingungen kommen.

Aus Rasenziegeln sproßten im Treibhaus alsbald heraus: *Avenastrum versicolor, Leontodon pyrenaicus, Polygonum viviparum, Phyteuma pedemontanum, Ph. hemisphaericum, Ligusticum Mutellina, Hieracium piliferum, Luzula spadicea, Agrostis rupestris.*

Entsprechend den mehr- oder weniger schneefreien Standorten überwintern die Pflanzen des Curvuletums obligat grün oder mehr weniger fakultativ grün.

2. Das Schneetälchen enthält nur immergrüne Pflanzen (mit Ausnahme von *Salix herbacea*): *Polytrichum sexangulare, Cardamine alpina, Sibbaldia procumbens, Gnaphalium supinum, Veronica alpina, Cerastium cerastioides, Soldanella pusilla, Plantago alpina.*

3. Die Alpenmatte ergab ein Grünüberwintern von vegetativen Organen bei *Nardus stricta, Carex sempervirens, Potentilla Crantzii, Anthyllis Vulnenaria, Polygala alpestris, Primula farinosa, Prunella vulgaris, Plantago serpentina, Chrysanthemum Leucanthemum, Taraxacum „officinale“, Selaginella selaginoides.* Alle entwickelten sich im Treibhaus sofort weiter, zeigten also keine autonome Ruhe.

4. Unsere Fettwiesen sind immergrün und treiben auch stets in Perioden wärmerer Witterung während des Winters. Das gilt auch für die alpinen Fettwiesen.

5. Die Pflanzen der Quellflur überwintern nicht nur grün unter der dicken Schneedecke, sondern wachsen auch langsam mitten im Winter weiter: *Cardamine amara, Veronica Beccabunga, Deschampsia caespitosa, Rumex alpinus, Marchantia polymorpha.*

Die Alpenmatten werden also mit Recht zu der Formationsgruppe der immergrünen Wiesen gerechnet. Immergrüne Pflanzen fordern aber ein ozeanisches Klima, während die Alpenhöhen ein relativ kontinentales Klima haben.

Dieser Widerspruch löst sich dadurch, daß lokal durch die Schneedecke die Sommer-Winter-Differenz bedeutend verringert wird, die Wintermitteltemperaturen am Pflanzenstandort durch die Schneedecke auf 0^{0} oder nur wenig darunter gehoben werden, während die Jännermittel an der Luft -8^{0} bis -9^{0} betragen.

Diesen Beobachtungen zufolge gehören die Alpenmattenpflanzen dem *Asperula*-Typus (Diels) an, weil ihre Winterruhe sich als eine Zwangsruhe, die im Treibhaus leicht aufgehoben oder wenigstens stark verkürzt werden kann, erweist. Durch ihre Rhythmik verraten dadurch diese Pflanzen ihre Abkunft von tropischen Vorfahren.

Im ersten Augenblick stutzt man, wenn man an den Gegensatz Tropenklima—Höhenklima denkt. Erinnert man sich aber daran, daß die Alpen zur Tertiärzeit, in der ein tropisch-subtropisches Klima herrschte, aufgewölbt wurden, ihre Pflanzen daher aus einer tropisch-subtropischen Ebenenflora sich entwickelten, so hat es nichts Befremdendes, in der Rhythmik und Wuchsform der Alpenmattenpflanzen nur Umbildungen tropischer Rhythmik und Wuchsformen zu finden, die sich nur in einem dauernd ungestörten Klima entwickeln konnten (Teppichsträucher, immergrüne Blätter usw.). Historische Ökologie.

6. Laubfall und Laubausbruch.

Immergrüne und laubabwerfende Holzgewächse.

Im Tertiärwalde kommen, wie auch heute in den Tropen, immergrüne und laufabwerfende Bäume zusammen vor. Dieses Zusammenvorkommen ist unverständlich, wenn man „immergrün = tropisch" und „laubabwerfend = extratropisch" (temperierte Zone) setzt. Die ungenaue Bezeichnung verschleiert und erschwert den Einblick in den Sachverhalt. In Wirklichkeit gibt es den Gegensatz immergrün—laubabwerfend gar nicht, denn alle Blätter haben eine begrenzte Lebensdauer: kein Blatt ist „immer" grün, alle Blätter werden nach einer bestimmten Zeitdauer abgeworfen und durch neue ersetzt. Nur die Lebensdauer der Blätter ist verschieden. Auch die Bezeichnung einjährige und mehrjährige Blätter trifft nicht das Wesentliche, denn sie führt den Begriff des Jahres ein. In den Tropen aber, von denen unsere Betrachtung ausgehen muß, ist die Blatterneuerung nicht durch die „Jahreszeit", sondern durch innere Rhythmik geregelt. Das Blatt wird abgeworfen, wenn seine Lebenskraft erschöpft ist.

Die Fichte erneuert ihre Blätter alle zehn Jahre, die Zirbe nach fünf Jahren, der Liguster ist im Mittelmeergebiet immergrün, bei uns sommergrün, unsere Laubbäume werfen ihr Laub im Herbst ab, die Zwiebelpflanzen (z. B. *Leucojum*) ziehen es schon im Sommer ein.

Im Laufe der Tertiärzeit tritt in Mitteleuropa ein auffälliger Gegensatz im Laube der Holzgewächse hervor.

Im Alttertiär (Paläozän und Eozän) finden sich zumeist Pflanzen tropischen und subtropischen Klimas; im Mitteloligozän beginnen im allgemeinen die Vertreter der gemäßigten Zone (*Acer, Salix, Fagus, Betula, Carpinus, Alnus* usw.) aufzutauchen. Ihre sommergrünen, klein und doppelt gezähnten Blätter unterscheiden sich wesentlich von den lederartigen, ganzrandigen oder groß, gleichmäßig scharf gezähnten (*Dryophyllum*) Blättern der alttertiären Formen, die in den montanen

Regenwäldern der Tropen weit verbreitet sind und das Regenwasser leicht ablaufen lassen (vgl. Träufelspitze), während an den Blattzähnchen der jungtertiären Blätter das Wasser haftet. *Prunus laurocerasus* und *Prunus Padus* sind typische Beispiele.

Es ist wahrscheinlich, daß im Tertiärwald zunächst alle Arten die Lauberneuerung nach innerer Rhythmik regelten und die klimatisch geregelte Lauberneuerung (Laubfall) in den gemäßigten Zonen erst allmählich bei der einsetzenden Klimaverschlechterung sich herausdifferenzierte. Von vielen heute „laubabwerfenden" Bäumen wissen wir, daß ihre Ahnen „immergrün" waren (Eiche, Lärche). Es muß also dahingestellt bleiben, ob man die tertiären Bäume in „immergrüne" und „laubabwerfende" scheiden kann. Die fossilen Blattreste geben darüber keine zuverlässige Aussage.

Betrachtet man den Laubfall von historischen Gesichtspunkten aus, so ergeben sich folgende Leitsätze.

1. Die Unterscheidung von „immergrünen" und „laubabwerfenden" Bäumen trifft nicht das Wesentliche. Alle Bäume werfen aus inneren Gründen von Zeit zu Zeit ihre Blätter ab und ersetzen sie durch neue Blätter. Wir können daher zwischen einem Laubfall, der aus Eigenrhythmik eintritt (Laubfall in den Tropen) und Zwangslaubfall in den gemäßigten Zonen unterscheiden. Bei den „immergrünen" erfolgt diese Erneuerung nicht in regelmäßiger Folge, während bei den „laubabwerfenden" die Erneuerung (Laubfall und Laubausbruch) periodisch, den Jahreszeiten der gemäßigten Zone parallel laufend, erfolgt.

2. Die laubabwerfenden Bäume der gemäßigten Zone stammen durchwegs von immergrünen Vorfahren in der tropischen Zone ab.

3. Die Anpassung an den Wechsel der Jahreszeiten ist bei vielen Bäumen bis heute nicht restlos durchgeführt. Eichen und Hainbuchen stoßen die vertrockneten Blätter erst im folgenden Frühjahr ab.

Bei der Esche (*Fraxinus excelsior*) tritt keine herbstliche Laubverfärbung ein; beim ersten Frost fallen die Blätter noch grün ab, dabei lösen sich die Teilblättchen vom Blattstiel. Auch der Holunder (*Sambucus nigra*) und der Flieder (*Syringa*) werfen ihre Blätter grün ab.

Die Lärche (*Larix decidua*) soll nach Drude in Süditalien die Nadeln nicht alljährlich abwerfen. Bei unserer Stieleiche fand Kerner (1890, I, 332) nächst der Solfatara bei Neapel

(Ende April) das Laub des verflossenen Jahres noch grün und fest an den Zweigen haftend, während neues Laub aus den Knospen hervorzubrechen begann.

Manche Gattungen haben immergrüne Arten in Südeuropa, laubabwerfende in Mitteleuropa: *Quercus, Ligustrum, Viburnum.*

5. Der winterliche Knospenschutz ist bei manchen mitteleuropäischen Holzgewächsen sehr mangelhaft. Dies weist auf mediterrane Abkunft. Nackte Knospen haben: *Viburnum Lantana, Cornus sanguinea, Hedera Helix, Rhamnus Frangula Juniperus communis.*

Wir deuten auch diese Tatsache als nicht vollständig durchgeführte Anpassung tropischer Gewächse an das Klima der gemäßigten Zone.

6. Bei einigen Gattungen zeigt sich, daß die phylogenetisch älteren (meist tropischen) Formen immergrün sind, während die jüngeren Formen laubabwerfend sind (*Prunus*).

7. Laubabwerfende Bäume der gemäßigten Zone können in der tropisch-subtropischen Zone wieder immergrün werden. So erwähnt DRUDE, daß die Lärche auf Sizilien ihr Laub nicht abwirft und SCHIMPER (1908, S. 266) berichtet, daß Holzpflanzen aus Europa, aus dem temperierten Asien und Nordamerika, welche in der Heimat winterkahl sind, im botanischen Garten zu Tjibodas (Westjava) immergrün geworden sind.

8. Manche Bäume sind in der Jugend immergrün, solange sie noch nicht Blüten erzeugen, während sie später vor der jemaligen Blütezeit ihr Laub abwerfen, z. B. *Schizolobium* auf Java (SCHIMPER, 1908, S. 272).

Denken wir uns, daß bei einem Baume tropischer Abkunft die Zeit des Kahlseins und die Blütezeit parallel mit Winter und Frühling in der gemäßigten Zone verläuft, so könnte ein solcher Baum sich leicht in die Klima-Rhythmik der gemäßigten Zone einfügen. Es bedürfte vielleicht nur einer Verlängerung der Dauer des unbelaubten Zustandes, d. i. der Ruheperiode. Darauf deutet hin, daß die Länge der winterlichen Ruheperiode bei manchen Pflanzen künstlich verkürzt werden kann (S. 210). In diesem Falle ist der Laubfall keine Anpassung, sondern eine Einfügung in die Klimarhythmik der gemäßigten Zone, also keine Neuerwerbung, sondern Modifikation der auf inneren Ursachen beruhenden und vererbten Rhythmik einer tropischen Pflanze. Auch die Erscheinung der bei unseren einheimischen Holzgewächsen so häufigen

Vorblütigkeit — die Blüten erscheinen vor den Blättern — ist vielleicht damit in Zusammenhang zu bringen.

9. Das Ablösen der Blätter von den Zweigen erfolgt bei unseren Bäumen durch die Ausbildung einer Trennungsschichte am Grunde des Blattstieles. Diese Trennungsschichte besteht aus zartwandigen Meristemzellen. Der unbedeutendste Anlaß (das Gewicht des Blattes, Wind, Frost) lockert den Verband der Zellen, die Trennungsschichte zerfällt, ohne daß die einzelnen Zellen verletzt oder zerrissen werden.

Die Wunde ist zunächst grün und durch kein Mittel gegen die Einflüsse der Außenwelt geschützt; aber schon wenige Tage nach dem Blattfall beginnt die Vernarbung. Die Zellwände imprägnieren sich mit Holz- und Korksubstanz, es bildet sich unter der Oberfläche der Wunde ein Holz-Kork-Häutchen. Die Oberfläche der Wunde, die zuerst hellgrün war, wird ± braun.

A. Tison (1900), unterscheidet nach den histologischen Veränderungen, die vor und nach dem Blattfall sich vollziehen,, elf Typen. Uns interessiert vor allem der *Hamamelis*-Typus, mit dem folgende Arten der mitteleuropäischen Flora übereinstimmen:

Sorbus Aria, Sorbus aucuparia, Quercus Robur, Cornus mas, Cornus sanguinea, Carpinus Betulus, Fagus silvatica.

Die Besonderheiten des *Hamamelis*-Typus bestehen

1. in der Ausbildung einer sekundären Vernarbungsschichte, die sich Ende Februar bis Mitte März unterhalb der herbstlichen Vernarbungsschichte bildet. Tison spricht von einer Ausbesserung der Vernarbung (rafraichissement de cicatrisation) weil die Vernarbungsschicht des 1. Jahres während des 2. Jahres abgestoßen wird und durch eine neuausgebildete Vernarbungsschichte ersetzt wird, die durch die Bildung einer neuen Trennungsschicht (4—1 mm unterhalb der 1. Schichte) erfolgt.

2. Bei diesen Arten bleibt aber ein verschieden großer Teil der Blätter abgestorben, vertrocknet (la marcescense des feuilles) bis zum Frühjahr am Baume haften. Diese Trockenblätter stehen an verspätet entwickelten Kurzzweigen (insérées sur les courtes pousses tardives) und konnten ihren Lebenszyklus bis zum Eintritt der ersten Fröste, die sie zum Absterben brachten, nicht vollenden. Die sonst im Herbst gebildete Trennungsschicht ist unvollständig ausgebildet oder fehlt. Das Abfallen der Blätter im Frühling des 2. Jahres geschieht durch die Ausbildung einer neuen Trennungsschicht.

Die angeführten Arten zeigen in der Ausbildung der sekundären Trennungsschichte und der Trockenblätter große Mannigfaltigkeit.

Für unsre geschichtlichen Betrachtungen können wir aus diesen Tatsachen entnehmen:

1. Der Kampf gegen die winterlichen Verhältnisse ist noch in vollem Gange. Die einzelnen Arten wehren sich auf die verschiedenste Weise (elf Typen des Blattfalles), ja jedes einzelne Blatt eines Baumes (z. B. der Hainbuche) führt individuell den Kampf.

2. Dabei scheinen die Blätter in einem jüngeren Entwicklungsstadium widerstandsfähiger zu sein; sie bleiben als Trockenblätter noch lange Zeit erhalten, während die „ausgereiften" Blätter abfallen.

3. Deutlich ist zu erkennen, daß die Pflanze unter der kurzen Vegetationsdauer, die unser Klima gestattet, leidet. Der Frost überrascht sie, bevor sie die Trennungsschichte ausbilden konnte.

4. Der Mechanismus des Blattfalles ist ein Organisationsmerkmal. Die Anpassung an das gemäßigte Klima — der geregelte Laubfall — liegt in der Wahl des Zeitpunktes der Ausbildung der Trennungsschichte. Die Ausbildung kann im Herbst und im Frühjahr, aber auch entweder im Herbst oder im Frühjahr (Abfall der Trockenblätter) erfolgen. Aus dem Verhalten von Eiche, Flieder, Lärche u. a., die im Süden bisweilen wintergrün sind, ersehen wir, daß der Zeitpunkt der Ausbildung der Trennungsschichte ebenso verschiebbar ist, wie etwa der der Blütenanlage, Blütenentfaltung u. a. Lebenserscheinungen. Ebenso wie diese ist er auf Eigenrhythmik begründet, die im gemäßigten Klima durch extreme Klimaverhältnisse (Trockenheit, Winterkälte) in eine geregelte Zwangsrhythmik übergeführt wird.

5. Die Ausbildung einer Trennungsschichte ist ein Organisationsmerkmal, das in der Mechanik des Blattfalles begründet ist und der Eigenrhythmik unterliegt — der Zeitpunkt ihrer Ausbildung ist eine Anpassungserscheinung und wird durch die Klimarhythmik geregelt.

Blatt-Blüten-Folge und Blüten-Blatt-Folge.

Bei dem in der gemäßigten Zone klimatisch geregelten Laubfall verlieren die Laubhölzer alljährlich ihre Blätter, die im Frühjahr wieder ersetzt werden müssen. Beim Laubausb r u c h erscheinen die Blätter entweder v o r den Blüten (Blatt-Blüten-Folge) oder n a c h den Blüten (Blüten-Blatt-Folge).

Die Blatt-Blüten-Folge ist charakteristisch für Gewächse tropischer Abkunft (*Sambucus, Viburnum, Castanea, Tilia* u. a. und die meisten Stauden, die auch noch andere tropische Merkmale, z. B. Syllepsis zeigen).

Die Blüten-Blatt-Folge ist charakteristisch für Holzpflanzen der gemäßigten Zone (Betulaceen).

In einzelnen Sippen, z. B. bei der Gattung *Salix* ist die U m s t e l l u n g der Blatt-Blüten-Folge (*Pleiandrae*) auf die Blüten-Blatt-Folge zu beobachten.

Die Blatt-Blüten-Folge ist die primäre Erscheinung, die sich bei den phylogenetisch älteren Gliedern der Sippe findet, während die Blüten-Blatt-Folge als abgeleitet anzusehen ist. (Vgl. SCHARFETTER, 1952, S. 46.)

7. Die phänologischen Methoden der Heimatbestimmung.

Es ist eigentlich sehr merkwürdig, daß die periodischen Lebenserscheinungen der Pflanzen bisher so wenig und erst spät zur Bestimmung der Heimat herangezogen wurden. Es ist ja richtig, daß die Periodizität der Pflanzen im wesentlichen mit der klimatischen Periodizität ihres Standortes im Einklang stehen muß, aber bei genauerer Beobachtung ergeben sich doch häufig Unstimmigkeiten und Differenzen zwischen beiden, die zu weittragenden Schlüssen Anlaß geben.

Auch hier ist der G r u n d g e d a n k e klar und einfach zu formulieren: D i e P f l a n z e h a t d o r t i h r e L e b e n s w e i s e a u s g e b i l d e t, w o d i e s e m i t d e n K l i m a v e r h ä l t n i s s e n i n v o l l e m E i n k l a n g s t e h t. Also eine Pflanze mit kurzer jährlicher Vegetationsdauer ist in einem Klima mit kurzer Dauer günstiger Vegetationsverhältnisse (Wärme und Niederschlag), eine Pflanze mit langer Vegetationsdauer in einem Klima mit langandauernden günstigen Verhältnissen entstanden. Freilich vermögen sich die Pflanzen zu akklimatisieren, d. h. dem herrschenden Klima anzupassen, aber der Akklimatisation sind Grenzen gesetzt, auch erfordert die Akklimatisation häufig eine sehr lange Zeitdauer, so daß sie bei manchen Pflanzen heute noch nicht restlos durchgeführt ist.

Es ist eine alte Erfahrung, daß uns die Erscheinungen, die wir in häufiger Wiederholung zu sehen gewohnt sind, schließlich als das Selbstverständliche erscheinen. Die alljährliche

Wiederholung des Frühlingsblütenwunders läßt uns vergessen, daß wir hier einen Sonderfall der Pflanzenentwicklung, eine charakteristische Erscheinung der gemäßigten Zone vor uns haben.

Die Blätter einer sehr großen Anzahl unserer mitteleuropäischen Flora werden bereits im Vorjahre (Juli, August) angelegt, sie entwickeln sich dann bis gegen den Herbst mehr weniger weiter und würden sich, wenn sie ihrer Innenrhythmik folgen und nicht durch das Klima gehindert würden, schließlich entfalten. Das ist ja auch in der Wirklichkeit oft der Fall und wir kennen zahlreiche Pflanzen mit dem Vermerk „blüht im Herbst ein zweitesmal". Der natürliche Ablauf, der darin besteht, daß sich an die allmähliche Entstehung der Blüte auch ihre Entfaltung anschließt, wird durch das ungünstige, herbstliche und winterliche Klima gewaltsam unterbrochen, eine Ruhepause eingeschaltet — ich spreche von erzwungener Rhythmik, von Zwangsrhythmik.

Was man gewöhnlich Blütezeit einer Pflanze nennt, ist nicht die Zeit der Blütenentstehung, sondern die der Blütenentfaltung. Ob der Apfelbaum reichlich blüht, entscheidet sich im August des Vorjahres und nicht im Mai des Jahres, in dem sich die Blüte entfaltet. Auch die günstigsten Kilmatage im Mai können keine reichliche Blüte verursachen, sie können nur die Entfaltung der Blüte begünstigen und fördern.

Wir können den Anfang der Zwangsrhythmik im Herbst und ihr Ende im Frühjahr unterscheiden. (Laubfall—Laubausschlag.) So aufgefaßt ist das Blühen so vieler Pflanzen in den Frühlingstagen nichts anderes als das Ende der Zwangsrhythmik, die Aufhebung der die Blüten*entfaltung*(!) hemmenden Einflüsse.

Alle die Frühlingsblüher zeigen an, daß ihre Heimat nicht in Mitteleuropa liegt, denn noch ist die Zeit zu kurz um durch Assimilation Baustoffe zu bilden und sie zur Blütenbildung zu verwenden. Die sich so rasch entwickelnden Blüten sind im Vorjahre angelegt worden, oder aus Reservespeichern des Vorjahres gebildet worden — *die kurze Vegetationszeit wurde dadurch verlängert*, daß die Ausbildung der Frucht auf 2 Jahre verteilt wurde: 1. Jahr — Blütenbildung, 2. Jahr — Blütenentfaltung und Fruchtreife.

Die Heimat der Pflanzen, die sich durch Blütenbildung im Vorjahr und Blütenentfaltung im ersten Frühjahr auszeichnen, liegt in wärmeren Gegenden. Besonders schöne Beispiele liefert das afrikanische Element der Alpenflora (*Erica carnea, Polygala Chamaebuxus*) oder Pflanzen des Mediterrangebietes (Flieder, Kirsche).

So kann die „Blütezeit" zu einem wichtigen Hilfsmittel zur Bestimmung der Heimat der Pflanzen werden.

Aus der Disharmonie zwischen jahreszeitlicher Rhythmik und phänologischer Rhythmik der Pflanzen kann man die Heimat der Pflanzen bestimmen. Dazu verwendet man:

1. die Ruheperioden (DIELS, S. 509);
2. die Triebformen (Johannistrieb, SPÄTH, S. 497);
3. die Fruchtreife (Pflanzen südlicher Herkunft reifen im Norden nicht ihre Früchte);
4. die Blütezeit. KRAŠAN (1882) vermerkte den Zeitpunkt der Blütenentfaltung bei Pflanzen Mitteleuropas über weite Strecken und fand Folgendes:

a) Nordische Pflanzen blühen im Norden früher als im Süden; im Süden später als im Norden.

b) Südliche Pflanzen blühen im Süden früher als im Norden; im Norden später als im Süden.

Wenn eine Pflanze im Norden früher blüht als im Süden, so liegt ihre Heimat im Norden.

Wenn eine Pflanze im Süden früher blüht als im Norden, so liegt ihre Heimat im Süden.

Mit anderen Worten: die Pflanzen blühen in ihrer Heimat früher.

Literatur.

BÜNNING, E., Die Anpassung der Pflanzen an die jahres- und tagesperiodischen Wechsel der Außenbedingungen. Naturwissenschaften, **31**, 1943. — DIELS, L., Das Verhältnis von Rhythmik und Verbreitung bei den Perennen des europäischen Sommerwaldes. Ber. d. D. B. Ges., **36**, Heft 6, 1917. — HABERLANDT, G., Eine botanische Tropenreise. Leipzig 1893. — JANKO, Die Abstammung der Platanen. E. B. J. 1888. — KRAŠAN, F., Über den kombinierten Einfluß . . . E. B. J., **3**, 1882. — RÜBEL, E., Alpenmatten-Überwinterungsstadien. Veröff. Geobot. Inst. Rübel, Heft 3, Feschrift f. C. SCHRÖTER, 1925. — SCHARFETTER, R., Klimarhythmik, Vegetationsrhymik und Formationsrhythmik. Österr. Bot. Zeitschr., 1922. — SCHARFETTER, R., Pflanzenschicksale, 1952. — SCHIMPER, A. F. W., Pflanzengeographie auf physiologischer Grundlage. 1908. — SCHMUCKER, Ph., Die Baumarten der nördlich gemäßigten Zone und ihre Verbreitung. Silvae orbis **4**, 1942. — SPÄTH, H., Der Johannistrieb. Berlin 1912.

VIII. Photoperiodizität.

Das „Klima" ist ein Faktorenkomplex, in dem Temperatur und Niederschlag als Hauptfaktoren gelten. GARNER und ALLAND (1920, 1923) wiesen nach, daß auch das Licht in diesem Komplex nicht übersehen werden darf, ja daß dieses u. zw. nicht so sehr durch die Lichtmenge und Intensität als durch die Dauer des Tageslichtes (Tageslänge) für die Entwicklung und das vegetative und fertile Wachstum der Pflanzen von ausschlaggebender Bedeutung ist. Den Einfluß der Tageslänge bezeichnen sie als Photoperiodismus, besser als Tageslängenwirkung und unterscheiden darnach

a) Langtagpflanzen, Pflanzen der langen Tage, die zur Auslösung des Blühens lange Tage, über 12 Stunden brauchen.

b) Kurztagpflanzen, Pflanzen der kurzen Tage, die nur bei kurzen Tagen, bei weniger als 12 Stunden Tageslänge zur Fortpflanzung schreiten.

c) Tagneutrale Pflanzen, auf welche die Tageslänge keinen Einfluß ausübt; sie können sowohl im Langtag als im Kurztag gedeihen.

In den Tropen herrscht der Kurztag (Tag und Nacht je 12 Stunden) in der gemäßigten Zone tritt mit zunehmender Breite eine Verlängerung des Tages ein, wobei die Tageslänge je nach der Jahreszeit wechselt.

Die verschiedenen Tageslängen in den einzelnen Breiten zeigt folgende Übersicht (nach BECKER-HELMER).

Geogr. Breite	0°	10°	20°	30°	40°	50°	60°	66½°
Längster Tag	12h	12h 35′	13h 13′	13h 56′	14h 51′	16h 9′	18h 30′	24h
Kürzester Tag	12h	11h 25′	10h 47′	10h 4′	9h 9′	7h 51′	5h 30′	0h
Unterschied	0h	1h 10′	2h 26′	3h 52′	5h 42′	8h 18′	13h	24h

Die Tageslänge beträgt in Mitteleuropa im

Jänner	8h 27′ bis 9h 28′		Kurztag
Februar	9h 30′ bis 10h 58′		
März	11h 1′ bis 12h 45′	21. März, 12h	Langtag
April	12h 49′ bis 14h 25′		
Mai	14h 29′ bis 15h 44′		
Juni	15h 15′ bis 16h	21. Juni, 16h	
Juli	15h 59′ bis 15h 4′		
August	15h 2′ bis 13h 28′		
September	13h 25′ bis 11h 47′	23. September, 12h	
Oktober	11h 43′ bis 10h 3′		
November	9h 59′ bis 8h 43′		Kurztag
Dezember	8h 42′ bis 8h 26′	21. Dezember, 8h 30′	

Die Pflanzen leben daher in der gemäßigten Zone im Herbst, Winter und Frühling im Kurztag, im Sommer im Langtag. In den Tropen aber herrscht dauernd Kurztag. Daher sind Kurztagpflanzen für die Tropen charakteristisch. Langtagpflanzen für die gemäßigte Zone charakteristisch, weil die Vegetationszeit zum größten Teil in den Langtag fällt.

Wir erinnern an die Ausführungen S. 445 und können jetzt sagen: die tropischen Pflanzen sind zumeist Holz- und Kurztagpflanzen, die Pflanzen der gemäßigten Zonen in überwiegender Zahl Kraut- und Langtagpflanzen. Daneben gibt es in beiden Gebieten tagneutrale Pflanzen.

Kurztagpflanzen gedeihen auch in den gemäßigten Zonen, wenn sie die kurzen Tage des Frühlings (Kätzchenträger *Erica carnea*, zahlreiche Vorfrühlings- und Frühlingsstauden) oder des Herbstes (*Calluna*, *Solidago*, *Aster*, *Hamamelis*, zahlreiche andere Herbstblüher) als Blütezeit ausnützen. In sehr vielen Fällen läßt sich nachweisen, daß diese Kurztagpflanzen tropischen oder subtropischen Ursprungs sind. Um Mißverständnissen vorzubeugen, betonen wir ausdrücklich, daß es hier nicht um eine allgemein gültige Gesetzmäßigkeit handelt, sondern nur um ein „in der Regel", ‚zumeist", „in überwiegender Zahl." Jede Sippe muß daraufhin gesondert untersucht werden.

Die Tageslänge hängt von der Stellung der Erdachse zur Erdbahn ab. Würde diese senkrecht zur Erdbahn stehen, so hätten alle Orte der Erde mit Ausnahme der polnahen Gebiete Kurztagklima. Derzeit schließt Erdachse und Erdbahn einen Winkel von 23° 27′ 3″ ein. Diese Neigung war nicht immer dieselbe, sondern änderte sich im Laufe der geologischen Perioden, dadurch änderte sich die Lage der Pole (WEGENER) und damit die der klimatischen Zonen. In der Kreidezeit herrschte auf den damaligen Landmassen ein ziemlich gleichmäßiges tropisches Klima (mit Kurztag) in der folgenden Tertiärzeit kam es zur Ausbildung eines gemäßigten Klimas mit differenzierten Jahreszeiten, wechselnder Temperaturhöhe und Tageslänge. Während die krautigen Langtagpflanzen jetzt in den höheren Breiten eine ungeahnte Entwicklung nahmen, hatten die Kurztagpflanzen die Wahl zwischen Aussterben, nach Süden in die Tropen abzuwandern oder sich mit den neuen Lebensbedingungen abzufinden, indem sie sich in den Kurztag, der ja auch in den gemäßigten Zonen im Frühling und Herbst herrscht, einfügten oder an den Langtag anpaßten, d. h. zu Langtagpflanzen wurden, S. 527. Versuche, die in neuerer Zeit in großer Zahl durchgeführt wurden, belehren uns über das

Verhalten einer Kurztagpflanze
(Boas 1937, S. 115.)

	im Kurztag (Frühling)	im Langtag (Sommer)
Zeit bis zur Blüte und Reife	verkürzt, Frühlingsblüher	verlängert (Sommerblüher)
Vegetatives Wachstum	gehemmt, Blätter im Sommer gefördert,	gefördert, Blätter im Frühjahr gehemmt,
Generatives Wachstum	Blüte im Frühling gehemmt	Blüte im Sommer gefördert
Unterirdische Triebe	kräftig Wurzelstock, Knolle	gering entwickelt, Faserwurzeln

Eine Kurztagpflanze kommt also im Kurztag schnell zur Blüte und Samenreife und verlegt die vegetative Entwicklung in den Langtag des Sommers. Unsere krautigen Frühlingspflanzen können als Beispiele gelten; das frühe Blühen vieler Frühlingspflanzen des Waldes (*Anemone nemorosa, Hepatica nobilis, Ficaria verna, Galanthus nivalis*) ist also keine Anpassung an die Lichtzeit des Waldes, einer Pflanzengesellschaft von Bäumen, die ja aus demselben Grunde im Kurztag des Frühjahrs blühen und im Langtag des Sommers ihre Assimilationsorgane üppig entfalten, sondern eine Einfügung in die Lichtzeit des Waldes als Folge ihrer ererbten Eigenschaften als Kurztagpflanzen.

Daß unsre mitteleuropäischen Laubwälder überhaupt eine „Lichtzeit" besitzen, ist eine Folge der tropisch-tertiären Abkunft der meisten Laubwaldbildner und ihrer Umstellung auf die Lebensverhältnisse der gemäßigten Zone.

Bei den Nadelhölzern war trotz ihrer ebenfalls tropischen Abkunft die Umstellung nicht notwendig, sie konnten sich ohne Veränderung ihrer Lebensform in die Lebensverhältnisse der gemäßigten Zone einfügen: daher fehlt auch den Nadelwäldern eine Lichtzeit.

Auch die Verhältnisse auf der Wiese werden uns jetzt verständlich. Die Langtag-Stauden entwickeln zuerst im Frühjahr die Blätter, um erst später im Sommer zu blühen. Der Mensch mäht die Wiese bevor die Gräser und Stauden fruchten.

Die Stauden entwickeln im Kurztag des Waldes Wurzelstöcke, Zwiebel und Knollen; die Langtagpflanzen der Wiese entwickeln Faserwurzeln.

Die Tageslänge ist nicht für sich allein wirksam, sondern immer im Zusammenwirken mit den übrigen Klimafaktoren, vor allem mit der Temperatur. Daraus ergibt sich eine Verschiebung der Blütenentfaltung der Kurztagpflanzen im Frühling über den 21. März bis in den April (und Mai). Charakteristisch bleibt für diese Kurztagpflanzen das Verweilen der generativen Tätigkeit vor der vegetativen, d. h. das Blühen v o r Laubausbruch (Obstbäume).

Der späte Eintritt der warmen Jahreszeit im G e b i r g e führt eine Verschiebung des Beginnens der Vegetation in der Richtung eines l a n g e n T a g e s herbei, im Gegensatz dazu ist in denselben Breitegraden die t i e f e r e L a g e mit früher beginnendem Frühling den k u r z t ä g i g e n Pflanzen vorteilhaft.

Nach der Regel (S. 524), daß in Kurztag das generative Wachstum gefördert (die Blüten eilen den Blättern voran), im Langtag das vegetative Wachstum gefördert wird (die Blätter erscheinen vor bzw. mit den Blüten), wäre — wenn man verallgemeinern darf, das Problem der Vorblütigkeit der kätzchentragenden einheimischen Bäume gelöst. Die Weiden der Ebene blühen im Kurztag des Frühlings v o r dem Erscheinen der Blätter, im Langtag des Gebirges gleichzeitig mit oder nach der Belaubung.

Die Tageslänge beeinflußt nicht nur den Zeitpunkt der Blütenentfaltung, sondern auch den Habitus, die Wuchsform der Pflanzen. Als bekannte Beispiele führen wir die Angaben von Harder und Witsch (1941, S. 355) über *Kalanchoë Blossfeldiana* und von Boas (1937/118) nach Hackbarth über *Solanum* an.

	im Langtag	im Kurztag
Kalanchoë	bis 30 cm hoch, stark verzweigt, reich beblättert, ausgebreitete Faserwurzeln, lange Stengelinternodien, schwach sukkulent	niedrig unverzweigt, 3—4 Blattpaare, knollige Wurzeln, rosettig verkürzt, stark sukkulent
Solanum tuberosum	aus S-Chile, viel Laub, keine Knollen, viel Wurzeln. Laub bis es spät im Herbst abfriert	aus Colombia, Ecuador, wenig Laub, ziemlich viel Knollen, wenig Wurzeln

Allard (in Murneek u. Whyte 1948, S. 112) ist der Meinung, daß die tropischen Kurztagpflanzen von *Solanum* die älteren sind und die Langtagpflanzen in Südchile (represents subsequent extension of rang) eine spätere Ausdehnung der Reife der tropischen Gruppe darstellen, d. h. daß die Langtagpflanzen aus Kurztagpflanzen hervorgegangen sind — eine Parallelerscheinung zu der Abstammung der Krautpflanzen von Holzpflanzen.

Der Tageslängeneinfluß ist in unserem Klima häufig mit Kälteeinwirkung gekoppelt. Abkühlung (Frost) bewirkt auch eine Änderung des Entwicklungsablaufes, einen Anstoß zur Blütenbildung. Durch niedere Keimtemperaturen kann man den Entwicklungsgang der Pflanzen beschleunigen, die Vegetationsdauer wird bei Langtagpflanzen abgekürzt, Schossen, Blühen und Fruchten erfolgt früher, wenn auf frühen Entwicklungsstadien der Keimling niederen Temperaturen ausgesetzt wird (Keimabstimmung Rudorf, Javorisation der Russen, Vernalisation). Wenn diese bei Kulturpflanzen (Getreidearten) gewonnene Erfahrung verallgemeinert werden dürfte, so hätte die Eiszeit selbst durch ihr Kälteklima Pflanzen mit kurzer Vegetationsdauer gezüchtet.

Die Herabsetzung der Keimtemperatur verkürzte die Zeitspanne von der Keimung bis zum Schoßen auf weniger als die Hälfte. Die allgemeine Verkürzung der Vegetationsperiode hat eine beschleunigte und verstärkte Entwicklung der Reproduktionsorgane zur Folge. Kältekeimung kann ersetzt werden durch eine kalte Periode nach dem Ansetzen der gekeimten Samen und dem Erscheinen der Keimsprosse. Kopfsalat (*Lactuca sativa*) schoßte schon im 1. Jahr und wurde also aus einer zweijährigen zu einer einjährigen Pflanze. Verhalten von mediterranen Pflanzen beim Übergang nach Norden. (Maximov 1929, S. 522.)

Bei einer Reihe von Pflanzen wir Hirse, Mais, Baumwolle kann man durch Wärmewirkung Keimstimmung erzielen, d. h. die Vegetationszeit abkürzen. Die Keimstimmung wird durch eine Temperatur von 20—30° vorgenommen (Boas 1937, S. 122). Man beachte, daß es sich bei den genannten Beispielen um tropische Kurztagpflanzen handelt und daß die mittlere Tagestemperatur in den Tropen 20° beträgt. Es wird daher bei der Keimstimmung die Temperatur des Entstehungsortes der Arten wiederhergestellt.

ALLARD (1948, S. 101) hat ausgehend von dem Gedanken, daß die Tageslänge nicht nur heute, sondern auch in der Vergangenheit dieselben Einflüsse auf die Entwicklung der Pflanzenwelt ausgeübt hat, eine Entwicklungsgeschichte der Angiospermenflora seit der Kreidezeit entworfen und ist auf Grund seiner Tagelängestudien zu ganz ähnlichen Ergebnissen gekommen wie SINNOT und BAILEY (S. 441) bei ihren Studien über den holzigen und krautigen Wuchs der Angiospermen.

Die Geschichte der mitteleuropäischen Pflanzen, die das Verhalten einer Sippe im Laufe der geologischen Zeitalter verfolgt, wird damit zum Problem der Umwandlung einer tropischen, holzigen Kurztagpflanze in eine temperierte, krautige Langtagpflanze.

Die weitere Untersuchung der Photoperiodizität läßt wertvolle Ergebnisse für die Geschichte der Pflanzen erwarten; doch ist dringend zu empfehlen, daß sie für ganze Sippen (Gattungen, Familien), deren Geschichte schon durch andere Teildisziplinen in ihren Grundzügen festgestellt wurde, durchgeführt werden. So erscheint *Hepatica nobilis*, die als alte Tertiärpflanze nach Verbreitung und Wuchsform erkannt wurde, nun auch Kurztagpflanze, wodurch ihre Abkunft aus tropisch-tertiärer Zeit neuerdings bestätigt wird.

Vorschneller Verallgemeinerung ausweichend können wir für Mitteleuropa folgende Arbeitshypothese aufstellen:

1. Pflanzen, die im Frühjahr zunächst blühen und dann erst das Laub entfalten, sind Kurztagpflanzen und vermutlich tertiär-tropischer Abkunft; sie haben sich in die Klimarhythmik der gemäßigten Zone eingefügt. SCHARFETTER, 1922.

2. Pflanzen, die sich zuerst belauben und erst später (Sommer) blühen, sind Langtagpflanzen, deren Ursprung in der gemäßigten Zone zu suchen ist. Sie haben sich am Ende der Tertiärzeit an die mitteleuropäische Klimarhythmik angepaßt.

Literatur.

BOAS, F., 1939. Dynamische Botanik. München. J. F. Lehmann. 1948. — HARDER, R. u. WITSCH, H., 1941. Über den Einfluß der Tageslänge auf den Habitus usw. von *Kalanchoë Blossfeldiana*. Jahrb. f. wiss. Bot., **89**. — MAXIMOV, N. A., Experimentelle Änderung der Länge der Vegetationsperiode bei Pflanzen. Biol. Centrbl., **49**, 1929. — MURNEEK, A. E. and WHYTE, R. O. Vernalisation and Photoperiodism. Waltham, Mass., U. S. A., 1948. Eine Sammlung (Symposion) grundlegender Referate. — SCHARFETTER, R., Klimarhythmik, Vegetationsrhythmik und Formationsrhythmik. Öst. bot. Zeit. **70**, 1921.

IX. Polyploidie.

1. Allgemeines.

Der Ausgangspunkt der historischen Pflanzenforschung ist und bleibt die morphologische Untersuchung, die zur natürlichen Gruppierung (Systematik) und zur Stammesgeschichte (Phylogenie) der Pflanzensippe führt. Überprüft wird der Entwicklungsgang durch die Verbreitungslehre (Arealkunde) und die Entwicklungslehre (Genetik); besonders die Lehre vom Zellkern (Karyologie) hat sich als wertvolles Überprüfungsmittel erwiesen.

Die Pflanze wächst durch Vermehrung ihrer Zellen. Diese geschieht durch Teilung zunächst des Zellkernes (Mitose). Bei der Teilung des Zellkernes muß dafür gesorgt werden, daß sich seine Substanz gleichmäßig auf die Tochterzellen verteilt. Die Kernsubstanz besteht aus Teilstücken, die man, weil sie sich leicht färben lassen, Chromosomen nennt. Die Chromosomen sind die Träger der Erbanlagen oder Gene. Die Gesamtheit aller Erbanlagen einer Pflanze bezeichnet man als ihr Genom. Für jede Pflanzenart ist die Zahl der Chromosomen charakteristisch.

Damit nun bei der Zellteilung jede Tochterzelle die gleiche Anzahl Chromosomen wie die Mutterzelle erhält, spaltet sich jedes Chromosom der Länge nach und je eine Hälfte wandert in jede der beiden Tochterzellen.

Was geschieht nun aber, wenn sich — wie bei der Befruchtung — zwei Zellen miteinander vereinigen? Nach dem bisher geschilderten Vorgange würde der neu entstehende Tochterkern die Chromosomen des Vaters und der Mutter, also die doppelte Zahl der Chromosomen enthalten. Dieser Prozeß, bei jeder Generation fortgesetzt gedacht, würde zu einer immer größeren, schließlich unendlichen Zahl von Chromosomen im Zellkern führen. Dies wird dadurch vermieden, daß die Geschlechtzellen v o r der Befruchtung eine besondere Ausbildung erfahren, so daß sie nur die halbe Anzahl der Chromosomen besitzen. Weil dabei die Chromosomenzahl herabgesetzt wird, spricht man von einer Reduktionsteilung oder Meiose.

Bezeichnet man die Zahl der Chromosen einer reifen Geschlechtszelle mit n, so enthalten die infolge der Befruchtung entstandenen Körperzellen die doppelte Zahl 2n Haplus (ἁπλοῦς) heißt einfach, diplus (διπλοῦς) doppelt; die Geschlechtszellen sind daher haploid (n), die Körperzellen diploid (2 n).

„Der Lebenslauf fast einer jeden Pflanze ist in zwei Abschnitte geteilt, in welcher der Kern die einfache Chromosomenzahl führt (haploide Phase) und in die diploide Phase, in der der Kern mit der doppelten Chromosomenzahl ausgestattet ist.“ (SCHÜRHOFF, 1925.)

Wenn diese Phasen eine gewisse morphologische und physiologische Selbständigkeit besitzen, wie bei vielen Algen, bei den Moosen und bei den meisten Farnpflanzen, kann man sie mit Recht auch als Generationen bezeichnen. Ihr regelmäßiger Wechsel heißt dann Generationswechsel.

Die ganze Welt der Blütenpflanzen, wie sie sich unserm unbewaffneten Auge darstellt, wird von der diploiden Phase (Generation) gebildet, während die haploide Phase (Generation) nur durch das Mikroskop zu beobachten ist, da sie keine selbständige Assimilation besitzt und ihren ganzen Nährstoffbedarf aus der mit ihr verbundenen diploiden Phase (Generation) bezieht (P. N. SCHÜRHOFF, 1925).

Wegen dieser Unselbständigkeit der Haplophase der Blütenpflanzen, spricht man hier besser nur von einem Phasenwechsel, nicht von einem Generationswechsel.

Was geschieht, wenn aus irgendeinem Grunde die Reduktionsteilung unterbleibt? Dann vereinigen sich zwei diploide Zellen und die neuentstehenden Kerne enthalten $2 \times 2n = 4n$, also die vierfache Zahl, sie heißen tetraploid; bei sechsfacher Zahl spricht man von hexaploiden, bei achtfacher von oktoploiden, allgemein von polyploiden Kernen und dementsprechend von polyploiden Pflanzen oder kurz von Polyploiden. (πολυπλοῦς, polyplus, vielfach). Natürlich kann die Polyploidie (Chromosomenvervielfachung) nicht ins Unendliche fortgesetzt werden. Die Polyploidie, sicher häufig durch den Wechsel äußerer Bedingungen ausgelöst, wirkt variationssteigernd und damit artenbildend und anpassungserhöhend oder differenzierend für die Verwandtschaftskreise (LEHMANN, 1941, S. 534.)

Die Polyploidie spielt nun bei der Entstehung neuer Arten eine große Rolle, wir können den Entwicklungsgang der Sippen mit ihrer Hilfe kontrollieren, wobei das dem exakten Naturforscher wertvollste, weil objektivste Kriterium — die Zahl — zur Anwendung kommt.

Die Auswirkungen der Polyploidie sind, wie die folgende Zusammenstellung zeigt, überaus mannigfaltig und führen zu den Grundfragen der Biologie überhaupt, z. B. zur Frage nach der Möglichkeit direkter Anpassung der Pflanze an die Lebensbedingungen der Umwelt. Für die Erforschung der Geschichte der Pflanzensippen ist die Polyploidie ein unentbehrliches Hilfsmittel geworden. Die Polyploidieforschung ist noch in vollem Fluße; es ergeben sich, wie am Schlusse dieses Abschnittes gezeigt werden soll, großartige Ausblicke auf den Entwicklungsgang der Pflanzenwelt über die Erde.

2. Die Entstehung polyploider Sippen im Experiment und in der Natur.

Wenn von der Entstehung polyploider Sippen gesprochen wird, ist es von Bedeutung, ob die Vervielfachung der Chr.Z. (im folgenden statt Chromosomenzahl) bei einer Art auftritt oder bei einem Bastard, der aus zwei Arten hervorgegangen ist. Im ersteren Falle spricht man von Autopolyploidie (Vervielfachung des arteigenen Chromosomensatzes), im letzteren Falle von Allopolyploidie.

Bei der Autopolyploidie entstehen meist nur Rassen innerhalb einer Art, nachgewiesen bei *Galium, Phleum alpinum, Festuca ovina, Nasturtium officinale, Campanula rotundifolia, Iris, Viola, Ranunculus.*

Bei der Allopolyploidie müssen wir unterscheiden:

a) einfache Bastarde zwischen verschiedenen Arten; sie sind oft unfruchtbar (steril), weil im Bastarde ungleichartige Chromosomen zusammentreffen. Ein solcher Bastard heißt heterozygot;

b) wird aber der Chromosomensatz jeder Elternart verdoppelt, so ist Chromosomenpaarung gleichartiger Chromosomen ohne weiters möglich, der Bastard heißt homozygot, ist fruchtbar (fertil) und vereinigt Merkmale beider Eltern, stellt also eine neue Sippe dar, nicht selten eine neue Art. Mit Hilfe der Polyploidie wurde die Entstehung durch Bastardierung für folgende Arten nachgewiesen:

Galeopsis Tetrahit $n = 16$ aus *G. pubescens* $n = 8 \times$ *speciosa* $n = 8$ (MÜNTZING).

Prunus domestica $2n = 48$ aus *P. cerasifera* $2n = 16 \times$ *spinosa* $2n = 32$.

Nicotiana tabacum $n = 24$ aus *N. silvestris* $n = 12 \times$ *tometosa* $n = 12$.

Salix laurina $n = 38$ aus *S. viminalis* $n = 19 \times$ *caprea* $n = 19$ und aus der gleichen Kreuzung (SCHWANIZ, 1939, S. 329):

Salix cinerea n = 38 aus *S. viminalis* n = 19 × *caprea* n = 19.

Aesculus carnea n = 40 aus *Ae. Hippocastanum* n = 20 × *Ae. Pavia* n = 20.

Triticum, Weizen, Kulturweizen.

n = 7 diploid; Einkorn, *T. monococcum*.

n = 14 tetraploid; Emmer, *T. dicoccum* und Hartweizen, *T. durum*.

n = 21 hexaploid; Dinkel, Spelz. *T. spelta* und Gewöhnlicher Weizen, *T. vulgare*.

Experimentell kann Polyploidie durch direkte Einwirkung äußerer Faktoren, sowohl auf Körperzellen als auch auf junge Geschlechtszellen herbeigeführt werden. Wundreiz, Röntgenstrahlen, extreme Temperaturen, wurden als Reizmittel verwendet. Bis zum Jahre 1937 fehlte es an einer leicht und mit sicherem Erfolge anwendbaren Methode zur Herstellung polyploider Pflanzen. In diesem Jahre wurde jedoch mit der eigenartigen Wirkung des Alkaloids Colchicin auf die Mitose (Verhinderung der Spindelbildung) ein Weg gefunden, der es jetzt ermöglicht, in einfachster und sicherster Weise wohl jede höhere Pflanze zu „polyploidisieren." R. GRIESINGER, 1942.

Auch in der freien Natur ist Polyploidie eine recht häufige Erscheinung. Der erste wildwachsende Polyploid wurde von PACE (1914) entdeckt. Extreme äußere Bedingungen, die im Laboratorium Polyploidie herbeiführen können, kommen auch in der Natur vor.

Das häufige Auftreten von Polyploiden auf unseren Wiesen ist zweifellos dem Wundreiz, der alljährlich mehrmals durch die Sense ausgeübt wird, zuzuschreiben. Beispiele:

Chromosomen			
14	*Festuca pratensis*	*Poa Chaixii*	*Phleum alpinum*
28	*Festuca glauca*	*Poa annua*	
42	*Festuca rubra*	*Poa nemoralis*	*Phleum pratense*
56	*Festuca rubra*	*Poa pratensis*	*Phleum pratense*
70	*Festuca ovina*	*Poa glauca*	

HAGERUP beobachtete in Grönland (1922) einerseits, in Timbuktu (1928) anderseits die Häufung polyploider Rassen und Arten in extremen Klimaten und führt diese auf die Einwirkung der extremen klimatischen Bedingungen zurück. Als wichtigstes Resultat seiner Untersuchungen ergibt sich, daß äußere Faktoren auf dem Umwege über die Polyplodie neue

Arten hervorrufen können, so daß wir in diesem Sinne von einer direkten Bewirkung der äußeren Faktoren auf die Pflanzen sprechen können. Die direkte Bewirkung kann zu einer direkten Anpassung führen, muß es aber nicht.

3. Chromosomenzahl.

Die Chromosomenzahl der einzelnen Pflanzensippen ist sehr verschieden; TISCHLER (1928) unterscheidet folgende Typen.

a) der *Chrysanthemum*-Typus, bei dem die Arten eine Grundzahl und ein ganzes Vielfaches dieser Zahl aufweisen; so kommen polyploide Reihen zustande (*Chrysanthemum*, *Bicornes*, S. 280).

b) den *Anthirrhinum*-Typus, bei dem Einheitlichkeit der Chr.Z. innerhalb der Gattung herrscht und Polyploidie nur selten auftritt; die benachbarten Gattungen folgen einer meist um ein Chromosom veränderten Grundzahl;

c) beim *Pinus*-Typus erstreckt sich die Einheitlichkeit der Chr.Z. über die ganze Familie oder Ordnung;

d) beim *Carex*-Typus endlich haben nahe verwandte Arten, ja selbst Rassen verschiedene Chr.Z.

Bei den Monokotylen ist der Prozentsatz der Arten mit hoher Chr.Z. zwei- bis dreimal höher als bei den Dikotylen; dabei nehmen die Dikotylen, je weiter wir nach Norden gehen, um so weniger Anteil an der Gesamtflora (TISCHLER, 1936, S. 33). Dies ist eine für die Gesichte der Pflanzenwelt außerordentlich wichtige Erkenntnis, die 1. für die Jugendlichkeit der Monokotylen im Vergleich zu den Dikotylen spricht und 2. den Monokotylen bei Besiedelung der eisfrei gewordenen Nordgebiete eine bevorzugte Rolle zuweist: als jüngere Pflanzenformen für jugendlichen Boden.

Niemals bestimmt die Chr.Z. allein die Entwicklung einer Pflanzensippe; es kommt auch auf die Größe und Form der Chr. an.

Mit der Vervielfachung des Chromosomensatzes zeigt sich eine Erhöhung des pflanzengeographischen und ökologischen Wertes. Die durch Polyploidie hervorgerufenen Veränderungen entstehen nicht langsam und kontinuierlich, sondern stoßweise wie bei den Mutationen (HAGERUP, 1931).

4. Polyploidie und Verbreitung der Pflanzen.

Wird durch die P. die Variation der Pflanze gesteigert, dann kann dies entweder zur Erhöhung der Anpassungsbreite der einzelnen Art (z. B. bei *Veronica persica*) oder zur erhöhten Spezialisierung und damit der größeren Möglichkeit der Besiedelung verschiedener Gebiete (z. B. bei *Veronica agrestis, V. opaca*) führen. (LEHMANN, 1941, S. 512). Beides hat eine Erweiterung des Verbreitungsgebietes zur Folge.

a) Auf Grund der Tatsache, daß Gebiete mit extremen Lebensbedingungen (arktische Gegenden, Hochgebirge, Salzsteppen und Wüsten) eine erhöhte Zahl von Polyploiden aufweisen, leiten TISCHLER und HAGERUP die Regel ab, daß die Polyploidie die Arten für die Besiedelung unwirtlicher Gegenden geeignet macht, die sie sonst nicht besiedeln könnten. Das bekannteste Beispiel ist das Brillenschöschen (*Biscutella laevigata*), das nach E. MANTON (1934) in diploider Form als inter- oder postglaziales Relikt in jenen Gegenden Mitteleuropas auftritt, die während der Eiszeit nicht vergletschert waren; sekundär sind infolge von Klimaverschlechterung mehrere Rassen tetraploid geworden, welche die ursprünglich vergletscherten Teile des Alpengebietes bewohnen. Von dort beginnt der Abstieg auch in jene Gegenden, in denen die diploiden Rassen vorherrschen. Wir müssen uns also vorstellen, daß die tetraploiden Rassen dem schmelzenden Eise nachwanderten und den für den Pflanzenwuchs freiwerdenden Boden besiedelten.

Daß es sich bei der TISCHLER-HAGERUP-Regel nur um eine Regel, nicht aber um ein durchgreifendes Verbreitungsgesetz handelt, beweisen eine Anzahl „Nord- und Alpenpflanzen", die diploid geblieben sind, z. B. *Cornus suecica, Pirola uniflora, Dryas octopetala, Diapensia lapponica, Thalictrum alpinum* u. a., ja es gibt Arten, die in Mitteleuropa nur polyploid bekannt sind, während sie in Grönland diploid sind: *Vaccinium uliginosum, V. Oxycoccos, Cochlearia officinalis, Chrysoplenium alternifolium.* TISCHLER erklärt dieses Verhalten mit dem Hinweis, daß die Konkurrenz im Süden größer sei, so daß sich hier nur die kräftigeren polyploiden Rassen durchsetzen konnten.

b) Bei vielen Unkräutern hat die Polyploidie zu weltweiter Verbreitung geführt.

Capsella Bursa-pastoris, dipl. selten in Mitteleuropa und im Mediterrangebiet; tetrapl. kosmopolitisch.

Solanum nigrum, dipl., nur in Japan und Indien; hexapl. kosmopolitisch.

Fumaria officinalis, dipl. nur in Japan; tetrapl. Unkraut.

Erodium cicutarium, dipl. selten in England; tetrapl. allgem. auf Äckern.

Rumex Acetosella, dipl. in Süd- und Westeuropa; tetrapl. in Mitteleuropa; oktopl. in Nordrußland, Sibirien.

Ficaria verna, dipl. im Mediterrangebiet und in England; tetrapl. in Mitteleuropa.

Von *Oxalis stricta, Galinsoga parviflora, Impatiens parviflora* sind nur die polyploiden Stufen bekannt.

c) Erhöhte Spezialisierung führt zur Besiedelung neuer Standorte; so findet sich:

Dactylis glomerata, diploid im Waldschatten; hexaploid auf Fettwiesen.

Luzula multiflora, diploid im Waldschatten; hexaploid auf Wiesen und Mooren.

Galium vernum, diploid auf Wiesen; tetraploid an trockenen Standorten.

Phleum pratense, diploid auf trockenen Wiesen; tetraploid auf feuchten Wiesen.

d) Für die meisten unserer Kulturpflanzen gilt die Regel, daß sie nur darum zu Kulturpflanzen geworden sind, weil sie eben polyploid waren und deshalb dem Menschen die Möglichkeit boten, aus den reichlich vorhandenen Mutanten, die gewünschte Mutante auszuwählen und die ausgewählte Mutante die Fähigkeit hatte auch unter ungünstigeren Umweltbedingungen sich auszubreiten. Die polyploiden Formen gedeihen auch auf so schwierigen Böden, wo die Eltern versagen.

5. Polyploide und Wuchsform.

Änderungen der Zahl, Größe und Struktur der Chromosomen haben wahrscheinlich auch Änderungen der Wuchsform zur Folge.

a) Polyploide neigen zu gesteigerter ungeschlechtlicher (vegetativer) Vermehrung bei Zurücktreten der geschlechtlichen Vermehrung.

Acorus Calamus, der Kalmus, aus Ostasien stammend, kommt wild nur triploid vor und vermehrt sich bei uns nur vegetativ durch Rhizome.

Ficaria verna, der Feigwurzelige Hahnenfuß, vermehrt sich diploid durch Samen, tetraploid nur durch Knöllchen.

Zahlreiche parthogenetisch — also ungeschlechtlich — sich fortpflanzende Rassen sind häufig triploid, ja selbst höher polyploid, z. B.

Taraxacum officinale, Hieracium umbellatum, Poa alpina, P. pratensis, Allium Schoenoprasum, Nigritella nigra	Ihre diploiden Rassen sind alle sexuell geblieben. Wir dürfen aber nicht annehmen, daß erst die Polyploidie die Parthenogenesis hervorgerufen hat, denn es gibt Diploide bei denen sexuelle und asexuelle Rassen nebeneinander vorkommen.

b) Polyploide neigen zu verlangsamten Wachstum, womit Perennieren verbunden ist.

Scleranthus annuus, diploid, einjährig ,Wiesen; *S. perennis* ausdauernd, tetrapl. Heide, Kiefernwälder.

Mercurialis annua, $n = 8$, einjährig; *M. perennis,* $n = 32$, ausdauernd.

Nach STEBBINS, 1938, sind Polyploide am zahlreichsten in Gattungen mit ausdauernden Stauden, viel weniger häufig bei einjährigen Kräutern und Holzgewächsen.

Holzgewächse haben eine höhere Chr.Z. (durchschnittlich 14.2, meist 12), ihre Zahl ist stabil, die Gattungen haben mit wenigen Ausnahmen nur eine Grundzahl; sie sind meist diploid.

Ausdauernde Stauden und Kräuter haben eine geringere Chr.Z. (durchschnittlich 9, meist 8); ihre Zahl wechselt bei den einzelnen Arten, 45% der Kräuter haben mehrere Grundzahlen. Ausdauernde Arten einer Gattung haben höhere Chr.Z. als einjährige Verwandte. MÜNTZING 1936, S. 263. Polyploide ist am zahlreichsten in Gattungen mit ausdauernden Stauden, viel geringer bei einjährigen Kräutern.

6. Polyploidie und phylogenetisches Alter.

STEBBINS, 1938, spricht den Holzgewächsen, besonders aber den Pteridophyten und Gymnospermen wegen der Stabilität der Grundzahlen ein höheres Alter zu, während die Chromosomenzahlenreihen der Kräuter auf jüngere Änderungen schließen lassen.

In den sogenannten pflanzlichen „Reliktgruppen", d. h. solchen, deren Hauptentwicklung in vergangenen Erdperioden lag und von denen wir heute nur relativ wenige Vertreter kennen, findet sich eine Häufung von Polyploiden. Mit dem Aussterben der Diploiden wird die Möglichkeit für ein Erhaltenbleiben der Gruppe immer mehr eingeengt. *Botrychium* und *Ophioglossum* sowie *Psilotum* mit ihren überaus hohen Chromosomenzahlen wären etwa als Beispiele zu nennen. Bei

Equisetum (HAGERUP, 1940) sind eindeutig derartige Beziehungen vorhanden (TISCHLER, 1942, S. 718).

Nach TISCHLER (1928) deutet der *Pinus*-Typus mit seiner konstant bleibenden Grundzahl auf ein „Stehenbleiben der Artbildung auf der nämlichen Organisationshöhe — die Entwicklung ist in eine Sackgasse geraten.

Wie notwendig hier weitere Untersuchungen sind, zeigt eine Äußerung bei E. SCHIEMANN (1932, S. 12): „Erfahrungen an Gruppen, wo die phylogenetischen Verhältnisse klar liegen, berechtigen zur Annahme, daß im allgemeinen die niedrigen Zahlen primitiver sind gegenüber den höheren. Ausnahmen siehe Mais". Das trifft z. B. zu bei der gut durchgearbeiteten Gattung *Veronica*; bei *Salix* dagegen haben die zweifellos phylogenetisch älteren Arten *S. pentandra* und *fragilis* $n = 38$, die jüngeren *S. viminalis* und *caprea* $n = 19$ Chromosomen.

In der Gattung *Festuca* haben die sicherlich älteren und primitiveren Formen die niedrigste Chromosomenzahl, die jüngeren die höchste; sie sind gleichzeitig höchstspezialisierte Formen von enger Verbreitung (SCHIEMANN, 1932, S. 208).

7. Polyploidie und Entwicklungsgeschichte der Pflanzenwelt.

Die Lehre von der Polyploidie ist von Genetikern und Ökologen ausgebaut worden und nur gelegentlich auf geographisch-geschichtliche Probleme angewendet worden. Es gilt nun, diese Lehre zu einer für die Lösung solcher Probleme tauglichen Arbeitshypothese auszugestalten.

Wir gehen von folgender Voraussetzung aus:

Diploidie ist eine primäre Erscheinung, Polyploidie eine sekundäre Erscheinung.

Daraus folgt, daß die ursprünglichen, primitiven Arten einer Gattung in ihrem Entstehungszentrum, ihrer Heimat, diploid sind.

Weiterhin können nun folgende Fälle eintreten:

a) Durch Variation und Mutation (Genmutation und Chromosomenmutation) bilden sich neue Formen, die untereinander zunächst nahe verwandt, daher auch bastardierungsfähig sind und durch Allopolyploidie neue Formen, die die Eigenschaften der Eltern kombinieren, erzeugen. Mutation und Kombination schaffen eine Häufung von Formen (Genzentrum); es entwickelt sich ein Entstehungszentrum, ein Reichtum von Arten.

b) Nicht alle Arten reagieren auf Reize, die zur Polyploidie führen; viele bleiben diploid mit geringer Chr.Z. Jene Arten aber, die auf die Reize mit Polyploidie antworten, erhalten dadurch eine erhöhte Vitalität, eine größere Besiedlungfähigkeit, können sich auch in Gebiete mit extremen Lebensbedingungen ausbreiten, weil sie durch Autopolyploidie ihre Vitalität erhöhen. Daher häufen sich in extremen Gebieten polyploide Arten. Es bilden sich sekundäre Entwicklungszentren (Arktis, Steppen usw.)

Was geschieht nun bei großen kosmischen Änderungen (Polverlagerungen und ihren Folgen: Eiszeit, Entstehung von Trockengebieten u. a.)?

1. Die primitiven, diploiden Formen mit geringer Chr.Z., welche auf Reize nicht reagieren, bleiben z. T. erhalten, z. T. sterben sie aus.

2. Andere primitive diploide Formen reagieren auf die Reize der veränderten Umwelt durch Polyploidie und erhöhen dadurch ihre ökologische Wertigkeit (direkte Anpassung, HAGERUP, S. 532).

Dabei lassen sich Gebiete, die von den Folgen kosmischer Ereignisse stark betroffen wurden, von solchen, in denen sich die kosmischen Ereignisse weniger stark oder gar nicht ausgewirkt haben, unterscheiden, z. B. ehemals vergletscherte und nie vergletscherte Gebiete. Letztere, wie z. B. Balkan, erscheinen denn als Erhaltungs- und Refugialgebiete im Gegensatz zu Mitteleuropa.

Wenden wir die angedeuteten Gedankengänge auf die Entwicklung der mitteleuropäischen Flora seit der Tertiärzeit an!

Die tertiären Pflanzen bewohnten warme (subtropische) Gebiete. Infolge einer Polverlegung kamen diese in extreme (ungünstige) Bedingungen. Zahlreiche Arten, bes. die Holzgewächse, die ja durch ununterbrochenes Wachstum charakterisiert sind, starben aus.

Die krautigen Pflanzen halfen sich durch ein erstaunlich einfaches Mittel: sie verdoppelten ihre Chromosomenzahl durch Autopolyploidie. Kausal läßt sich dies dadurch erklären, daß der Kernteilungsprozeß durch die ungünstigen Bedingungen (Temperatur) gehemmt wurde, so daß die Reduktionsteilung unterblieb und polyploide Rassen entstanden. Die Vitalität der Pflanzen wurde dadurch gesteigert; die extremen Lebensbedingungen werden nun ertragen; es kommt zu erneuter Formenbildung; auch neue Lebensformen, z. B. vegetative Vermehrung, Apogamie (S. 213) werden selektiv begünstigt.

So erhalten wir neue, quartäre, polyploide Arten (Zweiphasenentwicklung, S. 423, z. B. bei Ranunculaceen). Da gleichzeitig im Quartär Nordamerika von Eurasien infolge der Kontinentalverschiebung abgetrennt wurde, entwickelten sich einerseits in Nordamerika, andererseits in Eurasien selbständig neue Arten. Bei dieser Entwicklung kann häufig Parallelvariation aus gemeinsamen tertiären Stammformen festgestellt werden.

Es ergeben sich damit gewisse Gegensätze in der Entwicklung der mitteleuropäischen Pflanzenwelt.

Tertiär	Quartär (Eiszeit u. Nacheiszeit)
trop., subtropisches Klima	gemäßigtes Klima
Bastardierung häufiger zwischen den noch nahe verwandten Arten	Bastardierung tritt mit der Fixierung und Isolierung der tertiären Arten zurück
Allopolyploidie	Autopolyploidie
Bildung der Stammarten der Gattungen	Bildung von Varietäten und Rassen
Alt-Endemiten	Neu-Endemiten
Isolierte Formen	Kohärente Formen
Disjunkte Areale	Geschlossene Areale

Ich muß ausdrücklich darauf hinweisen, daß ich mir nicht vorstelle, daß der Ablauf der Entwicklung starr nach diesem Schema erfolgte. Es soll damit nur ein möglicher Weg der Entwicklung aufgezeigt sein; die Natur arbeitet niemals nach einem Schema, schon gar nicht nach einem einzigen Schema. Für jede Pflanzensippe (Form, Gattung, Art) muß der Entwicklungsgang gesondert untersucht werden.

Die Chromosomenforschung hat nicht nur Einblicke in die Geschichte und Verbreitung der Sippen, sondern auch in ihre Stammesgeschichte eröffnet. GUNDERSEN (1950, S. 22) hat auf Grund der Chromosomen-Zahl und -Beschaffenheit der Ranunculaceen-Gattungen einen Stammbaum dieser Familie entworfen (Abb. 80) und einem Stammbaum nach ENGLER gegenüber gestellt. Durch den Vergleich beider Stammbäume ist der Anstoß zu neuen, fruchtbaren Erörterungen gegeben, die uns zu vertiefter Kenntnis dieser Familie führen werden. Vgl. den Stammbaum der Oleaceen, Abb. 54.

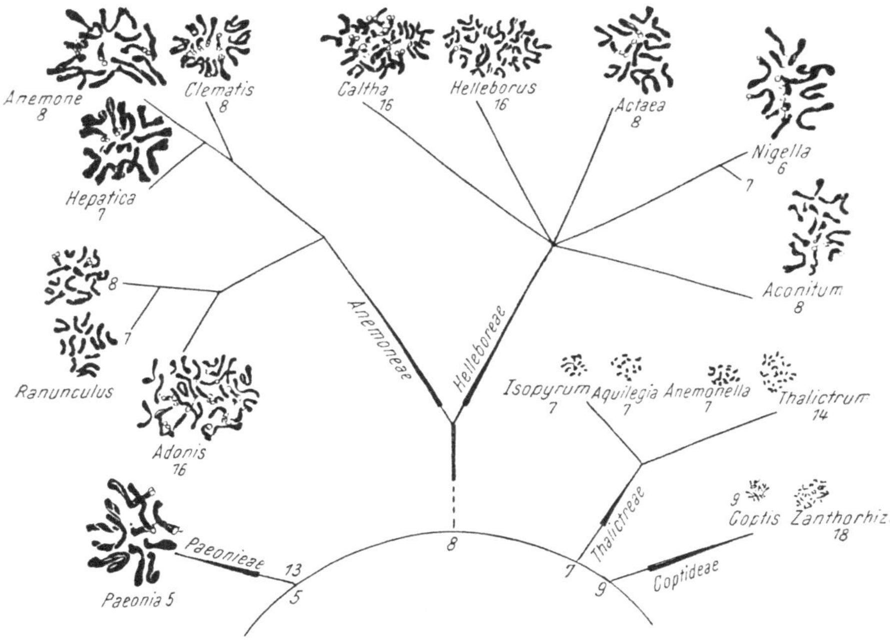

Abb. 80. Phylogenetischer Zusammenhang der Ranunculaceen-Gattungen auf Grund des Chromosomensatzes. Nach A. Gundersen, 1950 (W. C. Gregory).

Literatur.

AVDULOV, N. P., 1931. Karyo-systematische Untersuchung der Familie Gramineen. Suppl. 43, Bull. Appl. Bot. Leningrad. pp. 1—428. — BRIEGER, FR., 1930. Über die Bedeutung der Chromosomenverdopplung für das Problem der Artentstehung. B. D. B. G., **48**, Heft **4**. — FAGERLIND, F., **1944**. Perennität, Apomixis und Polyploidie, Hereditas, **30**, S. 179. — GEITLER, L., 1934. Grundriß der Cytologie; 1938. Chromosomenbau. — GRIESINGER, R., 1942. Die Bedeutung der Ergebnisse der Polyploidieforschung für die Pflanzenzüchtung. B. D. B. G., **60**, 1942. — GUNDERSEN, 1950. Families of *Dicotyledones*. Waltham 1950. — HAGERUP, O., Über Polyploidie in Beziehung zu Klima, Ökologie und Phylogenie. Chromosomenzahlen aus Timbuktu. Hereditas, **16**, 1932. — HOMEYER, H., 1936. Beiträge zur Kenntnis der Cytologie und Systematik der Rubiaceen. E. B. J., **67**. — LEHMANN, E., 1941, Polyplodie und Verbreitung der Arten der Gattung *Veronica*. Jahrb. f. wiss. Bot. **89**, S. 461—542. — MANTON, J., 1934: The problem of *Biscutella laevigata* L., Zs. f. ind. Abst. u. Vererb. Lehre 67 und Ann. of Bot. N. S. **1**, 1937. — MICHAELIS, P., 1926. Über den Einfluß der Kälte auf die Reduktionsteilung von *Epilobium*. Planta, Bd. 1. — MÜNTZING, A., 1930, Über die Chromosomenvermehrung in *Galeopsis*-Kreuzungen und ihre phylogenetische Bedeutung. Hereditas **14**, S. 153—172. — MÜNTZING, A., 1936, Polyploidie und Artbildung. Hereditas **21**, S. 263. — ROSENBERG, O., 1926. Über die Verdopplung der Chromosomenzahl nach Bastardierung. Ber. D. B. G., **44**, Heft 7. — ROSENBERG, O., 1928. Speziesbildung mit Vervielfältigung von Chromosomen. Verh. V. intern. Kongr. f. Vererbungswiss. Suppl. Bd. I der Zeitschrift f. ind. Abst.- u. Vererb.-Lehre, 1928. — SCHÜRHOFF, P. N., 1925. Die Haploidengeneration der Blütenpflanzen (siphonogamen Embryophyten). E. B. J., **59**, 1925. — SCHWANITZ, F., 1939. Polyploidie und Phylogenie. Der Biologe, 8, 1939, S. 323—335. — STEBBINS, G. L., 1939. Fortschritte der Botanik VIII, 1939, S. 63. — TISCHLER, G., 1927. Chromosomenzahlen. Tabulae biologicae **1** (1927), 7, 11, 12, 16. — TISCHLER, G., 1928. Über die Verwendung der Chromosomenzahl für phylogenetische Probleme bei Angiospermen. Biol. Centralbl., **48**, 1928. — TISCHLER, G., 1937. Die Bedeutung der Polyploidie für die Verbreitung der Angiospermen. E. Bot. Jahrb., 67. — TISCHLER, G., 1942. Polyploidie und Artbildung. Die Naturwissenschaften **30**, S. 713. — TISCHLER, G., 1950. Die Chromosomenzahlen der Gefäßpflanzen Mitteleuropas. Gravenhage. — TURESSON, G. 1930. Studien über *Festuca ovina* L. II. Chromosomenzahl und Viviparie. Hereditas, **13**, p. 177—184.

X. Apogamie.

Unter Apogamie versteht man das Unterbleiben der geschlechtlichen Vermehrung. ERNST (1917) und WINGE (1917) haben gleichzeitig die Hypothese ausgesprochen, daß Parthenogenese (ein Spezialfall der Apogamie) und Polyloidie bei pflanzlichen Objekten infolge von Artbastardierung auftreten.

Über die Auswirkung der Apogamie auf die Formbildung haben wir bei Besprechung der Gattung *Alchemilla* (S. 212) das Wesentliche gesagt.

Die Zeit der Entstehung dieser Fortpflanzungsart verlegt W. ROTHMALER (1938) bei *Alchemilla* an das Ende der Tertiärzeit. Zum gleichen Ergebnis kommt O. SCHWARZ (1936) für *Alchemilla fissa*.

Herrn Professor H. FRANZ (Wien, früher Admont) verdanke ich Literatur über Parthegonese im Tierreich. Aus dieser Literatur ergibt sich, daß die Zoologen die Entstehung der Parthenogenese ebenfalls mit der Klimaverschlechterung zur Eiszeit in Verbindung bringen. Für den Botaniker erscheinen mir einige Belegstellen aus diesen Arbeiten überaus wichtig und anregend.

W. SZÉKESSY (1937, S. 587) schreibt: „Aus den vorliegenden Beispielen können wir ganz deutlich die Entwicklung eines charakteristischen Merkmales durch verschiedene Stufen seiner Ausbildung hindurch verfolgen. Durch die Einwirkung äußerer Faktoren — daß es sich hier zweifelsohne um solche äußere Faktoren u. zw. um klimatische handelt, zeigt die in allen bisher bekannten Fällen auftretende streng gesetzmäßige Gebundenheit der Parthenogenese an die geographische Breite — tritt die neue Eigenschaft (P.) zuerst vereinzelt auf, um dann unter zusagenden Umständen allmählich das Übergewicht zu erreichen.

Die Bildung von geographischen Rassen erfolgt also in diesem Falle ganz allmählich und zwar als Folge des Klimas.

Daß die boreoalpinen, parthenogenetischen Rassen äußerlich keine Unterschiede zu ihren ambigenen Stammformen aufweisen, ist einerseits sicher auf das verhältnismäßig geringere Alter ihrer Trennung zurückzuführen, anderseits aber auch auf den Umstand, daß sich die Rassen- bzw. Artbildung im Norden in einem viel langsameren Tempo vollzieht als im Süden.

E. JAHN (1941, S. 369) äußert sich, wie folgt: „Die parthenogenetische Form findet sich in den während der Eiszeit vergletscherten Gebieten. — Während der Eiszeit haben sich im Umkreis der großen Gletschermassen unter dem Einfluß der unwirtlichen Verhältnisse parthenogenetische Formen, die man wohl als biologische Rassen auffassen kann, herausgebildet. Nur diese Rassen besiedelten in postglazialer Zeit das vom Eise verlassene Gebiet; sie besitzen eine viel größere Ausbreitungsfähigkeit als jene Formen, bei welchen zur Fortpflanzung Männchen benötigt werden. Die parthenogenetische Vermehrung war offenbar sehr vorteilhaft."

J. SEILER (1946, S. 533) zeigt durch zytologische Untersuchungen, daß bei *Solenobia triquetrella*

1. die diploid parthenogenetische Form aus der bisexuellen hervorging;

2. die tetraploid parthenogenetische Form aus der diploid parthenogenetischen entstand.

Der Übergang von der einen zur anderen Vermehrungsart fand im Zusammenhang mit großen Umweltänderungen statt und vollzog sich vielleicht während der Eiszeit und im Anschluß an diese. Die geographische Verbreitung bestätigt die Richtigkeit dieser Vermutung, denn

a) in der Gletscherrandzone und auf Nunatakern findet man die bisexuelle Ausgangsform;

b) anschließend eine Zone mit diploid-parthenogenetischen Formen;

c) mehr alpenwärts eine Zone mit tetraploid-parthenogenetischen Formen.

Was immer die Faktoren(komplexe) sein mögen, die den Übergang von der bisexuellen zur diploid- und weiter zur tetraploid-parthenogenetischen Vermehrung auslösten, eines scheint nun gezeigt zu sein, daß diese Umwandlung im Zusammenhang mit der Eiszeit erfolgte.

Übertragen wir diese Erkenntnisse der Zoologen auf botanisches Gebiet, so finden wir, daß auch bei *Alchemilla* wenigstens die uralte bisexuelle Art *A. pentaphyllea* auf Nunatakern die Eiszeit in den Alpen überdauerte, während die apogamen Kleinarten aus den Gruppen der *A. hybrida* und *A. vulgaris* auf ehemals vergletschertem Boden ihre Formenfülle entfalten. Bei insektenblütigen Pflanzen mag der Mangel an Insekten zur Eiszeit der auslösende Faktor gewesen sein, der den Übergang zur Apogamie herbeiführte.

Literatur.

Ernst, 1917/18. Bastardierung als Ursache der Apogamie im Pflanzenreich, Jena. — Jahn, E., 1941. Über Parthenogenese bei forstschädlichen *Otiorhynchus*-Arten in den während der Eiszeit vergletscherten Gebieten der Ostalpen. Zeitschr. f. angew. Entomologie, **27**, S. 366. — Seiler, J., 1946. Die Verbreitungsgebiete der verschiedenen Rassen von *Solenobia triquetrella* (Psychide) in der Schweiz. Revue Suisse de Zoologie, **53**, Nr. 24, S. 529. — Székessy, W., 1937. Über Parthenogenese bei Koleopteren. Biologia generalis, **12**, S. 578. — Winge, 1917. The chromosomes, their numbers and general importance. C. r. trav. d. Labor. de Carlsberg, **13**.

Nachwort, zugleich Selbstkritik.

In der Hoffnung, daß die diesem Buche zugrundeliegenden Gedanken weiter wirken, möchte ich am Schlusse meine Erfahrungen darlegen, die mich an der Erfüllung meiner Absicht, für die einzelnen mitteleuropäischen Pflanzensippen eine kurze Biographie auf wenigen Seiten zu entwerfen, gehindert haben.

1. Die Aufgabe war zu hoch gestellt. Das Buch ist um hundert Jahre zu früh geschrieben. Je mehr man in die Literatur eindringt, umsomehr ist man über die große Zahl der offenen

Fragen erstaunt. Es wird noch der Arbeit zahlreicher Forscher bedürfen, um den übergroßen Stoff — Zahl der Pflanzenformen und Zahl der Probleme — so zu beherrschen und zu sichten, daß eine kurze geschichtliche Darstellung aller mitteleuropäischen Pflanzensippen möglich ist. Die meisten Biographien sind kleine Abhandlungen geworden; dadurch ist das Buch zu umfangreich geworden, obwohl die Auswahl auf eine verschwindend kleine Zahl mitteleuropäischer Pflanzen beschränkt ist.

2. Die Teilung des Stoffes in Stammesgeschichte (Phylogenie, Beziehungen zur Erbwelt) und Geschichte (im Sinne der Beziehungen zur Umwelt) hat sich bewährt. Die Wuchsform ist das Bindeglied zwischen beiden, denn sie vereint stammesgeschichtliche und geschichtliche Merkmale und schleppt sie heute noch mit sich.

3. Die Stammesgeschichte ist ungleich schwieriger zu erforschen als die Geschichte. Der Grund liegt darin, daß jede Art ursprüngliche und abgeleitete Merkmale in sich vereinigt. Jedes Merkmal wird für sich beurteilt: Merkmalsphylogenie. Soll nun aber darüber entschieden werden, ob die Sippe als Ganzes (Sippenphylogenie, ZIMMERMANN) als ursprünglich oder abgeleitet — die Ausdrücke alt oder jung sollten der „Geschichte" vorbehalten bleiben — zu gelten hat, so wird der Schluß unsicher, weil es auf die subjektive Bewertung des Forschers ankommt, ob er den ursprünglichen oder den abgeleiteten Merkmalen die ausschlaggebende Bedeutung beilegt. Die Forscher kommen oft zu ganz entgegengesetzten Schlüssen, z. B. hinsichtlich der Gattung *Pinus* oder des Labiatensystems von GAMS (HEGI, V/4, 1927), das JANCHEN (Ö. B. Z. **93**, 1944) als nahezu auf den Kopf gestellt, bezeichnet.

Bei solchen Gegensätzen ist es dem Pflanzenbiographen, der nicht selbst eine Pflanzensippe erforschen, sondern die Ergebnisse der Fachspezialisten verwerten will, sehr schwierig, ja fast unmöglich eine kurze, das Wesen der Pflanzensippe erfassende Darstellung ihrer Beziehungen zur Erbwelt zu geben. Es fehlt oft die gesicherte, allgemein anerkannte Grundlage.

4. Die Darstellung der „Geschichte" der Sippen ist weniger von der subjektiven Ansicht der Forscher abhängig. Die Methode der Geschichtsforschung läßt sich klar und kurz angeben. Bezeichnet man die Summe aller Anlagen, die in einer Sippe z. B. in der Gattung *Gentiana* stecken, als das Gentianon, so liegt die Aufgabe des Pflanzenhistorikers darin, das Verhalten des Gentianons durch Raum und Zeit, d. h. in

der Ausbreitung auf der Erde und in den geologischen Erdperioden zu verfolgen und zu beobachten, welche Anlagen des Gentianons sich in der gegebenen Lebenslage entfalten, welche zurücktreten; mit anderen Worten, welche Lebensform das Gentianon jeweils annimmt. Die Änderung der äußeren Faktoren schreibt den Weg der Entwicklung vor, die plastische Pflanze ist gezwungen, diesen Änderungen Rechnung zu tragen durch Anpassen, Einfügen, Ausweichen oder Aussterben.

Eine Fundamentaltatsache, die uns die Erforschung der „Geschichte" überhaupt erst möglich macht, ist die Tatsache, daß manche Pflanzen auf gewissen Entwicklungsstadien stehen bleiben, ihre Form nicht mehr ändern, kurz, daß sie „erstarren". S. 158.)

5. Bei Beginn der Arbeit war ich der Meinung, daß das Schreiben der Biographie einer Sippe im Grunde in der Aufgabe besteht, ihr natürliches System in Form einer geschichtlichen Erzählung darzustellen. Es wäre daher vorerst das natürliche System der einzelnen Sippe festzustellen. Das war ein Irrtum, denn es gibt nicht *ein* natürliches System, das die natürliche Verwandtschaft der Sippenglieder voll zum Ausdruck bringt. „Das System ist nicht die natürliche Verwandtschaft selbst, sondern nur eine menschliche Darstellungsform und diese kann verschieden sein, so daß *mehrere verschiedene Systeme* mit Recht den Anspruch erheben können, als *natürliche* Systeme anerkannt zu werden" (JANCHEN briefl.), während für den natürlichen Entwicklungsgang, der auf der natürlichen Verwandtschaft beruht, nur *eine einzige Lösung* richtig sein kann.

Schon das Wort System erinnert immer an eine Einteilung nach bestimmten Leitsätzen, seien diese logischer Natur, wo sie zu künstlichen Systemes führen, oder seien es entwicklungsgeschichtliche Leitsätze, die sich meist nur auf *ein* Merkmal gründen und dann zu Systemen führen, die unnatürlich erscheinen, wenn ein anderes Merkmal als Einteilungsmerkmal genommen wird. Die freischaffende Natur läßt sich weder in ein künstliches noch in ein natürliches „System" pressen.

Wenn wir uns die Aufgabe stellen, *nicht ein natürliches System aufzustellen, sondern dem natürlichen Entwicklungsgang* einer Sippe *nachzuspüren*, so stellen wir uns eine Aufgabe, deren Lösung viel weniger von subjektiven Ansichten abhängig ist und zu viel gesicherteren Ergebnissen führt (vgl. die Ergebnisse der Merkmalsgeographie, S. 428).

Im Gegensatz zum natürlichen System einer Sippe erscheint es möglich, den Entwicklungsgang einer Sippe so überzeugend darzustellen, daß er allgemeine Zustimmung findet.

Im Zentrum der Forschung steht dann nicht die natürliche Verwandtschaft, sondern der natürliche Entwicklungsgang einer Sippe. Die natürliche Verwandtschaft wird zu einem Nebenproblem, dessen Lösung sich vielfach aus dem natürlichen Entwicklungsgang von selbst ergibt.

Diesem Wechsel in der Zielsetzung der botanischen Studien hat schon A. v. KERNER in seinem Pflanzenleben Rechnung getragen, wenn er sagt: „die Geschichte der Pflanzenwelt ist das großartigste, das höchste und letzte Ziel, das wir mit allen unseren botanischen Forschungen anstreben" — ein Satz, den ich als Motto diesem Buche vorangestellt habe.

6. Die „Anleitungen" zur historischen Betrachtung unserer einheimischen Pflanzen halte ich für sehr notwendig, damit dieses Buch nicht die „Archive der Wissenschaft" vermehrt. Diese Anleitungen, die nur als Zusammenfassung der Ausführungen in diesem Buche voll verständlich sind, sollten verbessert und vermehrt in einem handlichen Bändchen vereint, den Pflanzenfreund neben dem Bestimmungsbuch auf seiner Wanderung begleiten, damit er aufmerksam wird auf die Spuren, die das Schicksal in die heute lebenden Pflanzen eingegraben hat.

Schriftenhinweise.

Es kann nur eine sehr kleine Auswahl wichtiger Gesamtwerke angeführt werden, die meist eine Zusammenstellung weiterer Literatur enthalten. Spezialarbeiten sind bei den einzelnen Kapiteln verzeichnet.

ABDERHALDEN, E., Handbuch der biologischen Arbeitsmethoden. Abt. XI, Teil 1, 1924.

ENGLER-PRANTL, Die natürlichen Pflanzenfamilien. 1887—1898; 2. Aufl. eb. 1926. Abgekürzt: E.-P. Nat. Pfl.fam.

HEBERER, G., Die Evolution der Organismen. Jena. 1943.

HEGI, G.. Illustrierte Flora von Mittel-Europa. 7 Bde, 1908—1931, 2. Aufl. im Erscheinen.

IRMSCHER, E., Pflanzenverbreitung und Entwicklung der Kontinente. Mitt. d. Institutes f. allgem. Bot. in Hamburg. I. Teil 1922, II. Teil 1926.

KIRCHNENR, O., LOEW, E., SCHRÖTER, C., Lebensgeschichte der Blütenpflanzen Mitteleuropas. 1904 . . ., abgekürzt K.L.Sch.

MÄGDEFRAU, K., Paläobiologie der Pflanzen. Jena 1942.

MEUSEL, H., Vergleichende Arealkunde. 2 Bde., Berlin 1943.

SCHINDEWOLF, O., Grundfragen dei Paläontologie. Stuttgart 1950.

SCHIMPER-FABER, Pflanzengeographie auf physiologischer Grundlage. 2. Aufl. 1908, 3. Aufl. 1935.

TROLL, W., Vergleichende Morphologie der höheren Pflanzen. Berlin 1935.

WEGENER, A., Die Entstehung der Kontinente und Ozeane. 1915, 2. Aufl. 1922.

WETTSTEIN, R. v., Handbuch der Systematischen Botanik. 4. Aufl. Wien 1935.

ZIMMERMANN, W., Phylogenie der Pflanzen. Jena 1930. Siehe auch Heberer 1943.

Ferner mache ich aufmerksam auf:

ARESCHOUG, F. W. C., Beiträge zur Biologie der Holzgewächse. Lunds Univ. Ars. skrift, Tom XII, 1875—1876.

— Betrachtungen über die Organisation und biologischen Verhältnisse der nordischen Bäume. E. B. J. 9, 1888.

BRAUN, A., Betrachtungen über die Erscheinungen der Verjüngung in der Natur. Freiburg 1849—50.

— Das Individuum der Pflanze im Verhältnis zur Species. Abh. Akad. d. Wiss. Berlin 1853.

IRMISCH, Beiträge zur vergleichenden Morphologie der Pflanzen. Abh. Nat. f. Ges. Halle 3, 1856.

Diese ältere Literatur sollte nicht in Vergessenheit geraten; sie enthält zahlreiche Beobachtungen.

Batch number: 10682323

Printed by Printforce, the Netherlands